中国石化员工培训教材

油田企业安全处(科)长岗位培训教材

中国石化员工培训教材编审指导委员会　组织编写
本书主编　张　煜

中国石化出版社

内 容 提 要

《油田企业安全处(科)长岗位培训教材》为《中国石化员工培训教材》系列之一，本书以提高安全处(科)长的管理水平和解决实际问题的能力为中心，以岗位任职必备的安全知识和能力要求为基础，突出了针对性、实用性、前瞻性和科学性相统一，知识和技能相融合，以实际能力培训为导向，紧密结合生产和岗位实际，融入了安全法律法规、标准、制度和安全管理的基本理论等知识，综合安全管理以及物探、钻井、井下、采油、采气、油气集输、测井、海上作业、油田建设、供用电、社区等油田企业涉及的专业安全管理方面的内容。

本书是油田企业安全处(科)长进行岗位技能培训的必备教材，也是油田企业安全管理、工程技术人员等必备的安全参考书。

图书在版编目(CIP)数据

油田企业安全处(科)长岗位培训教材 / 张煜主编 .
—北京：中国石化出版社，2014. 1
中国石化员工培训教材
ISBN 978 -7 -5114 -2536 -2

Ⅰ. ①油… Ⅱ. ①张… Ⅲ. ①油田 - 安全生产 - 图集 - 技术培训 - 教材 Ⅳ. ①TE38

中国版本图书馆 CIP 数据核字(2014)第 002773 号

中国石化出版社出版发行
地址:北京市东城区安定门外大街 58 号
邮编:100011　电话:(010)84271850
读者服务部电话:(010)84289974
http://www.sinopec-press.com
E-mail:press@sinopec.com
北京科信印刷有限公司印刷
全国各地新华书店经销
*
787 ×1092 毫米 16 开本 27 印张 669 千字
2014 年 1 月第 1 版　2014 年 1 月第 1 次印刷
定价:75.00 元

《中国石化员工培训教材》编审指导委员会

《油田企业安全处(科)长岗位培训教材》
编　委　会

序

中国石化是上中下游一体化能源化工公司，经营规模大、业务链条长、员工数量多，在我国经济社会发展中具有举足轻重的作用。公司的发展，基础在队伍，关键在人才，根本在提高员工队伍整体素质。员工教育培训是建设高素质员工队伍的先导性、基础性、战略性工程，是加强人才队伍建设的重要途径。

当前，我们已开启了建设世界一流能源化工公司的新航程，加快转变发展方式的任务艰巨而繁重，这对进一步做好员工教育培训工作提出了新的更高要求。我们要以中国特色社会主义理论为指导，紧紧围绕企业改革发展、队伍建设和员工成长需要，以提高思想政治素质为根本，以能力建设为重点，积极构建符合中国石化实际的培训体系，加大重点和骨干人才培训力度，深入推进全员培训，不断提高教育培训的质量和效益，为打造世界一流提供有力的人才保证和智力支持。

培训教材是员工学习的工具。加强培训教材建设，能够有效反映和传递公司战略思想和企业文化，推动企业全员学习，促进学习型企业建设。中国石化员工培训教材编审指导委员会组织编写的这套系列教材，较好地反映了集团公司经营管理目标要求，总结了全体员工在实践中创造的好经验好做法，梳理了有关岗位工作职责和工作流程，分析研究了面临的新技术、新情况、新问题等，在此基础上进行了完善提升，具有很强的实践性、实用性和较高的理论性、思想性。这套系列培训教材的开发和出版，对推动全体员工进一步加强学习，进而提高全体员工的理论素养、知识水平和业务能力具有重要的意义。

学习的目的在于运用，希望全体员工大力弘扬理论联系实际的优良学风，紧密结合企业发展环境的新变化、新进展、新情况，学好用好培训教材，不断提高解决实际问题、做好本职工作的能力，真正做到学以致用、知行合一，把学习培训的成果切实转变为推进工作、促进改革创新的实际行动，为建设世界一流能源化工公司作出积极的贡献。

二〇一二年七月十六日

前 言

根据中国石化发展战略要求，为加强培训资源建设、推进全员培训的深入开展，集团公司人事部组织梳理了近些年培训教材开发成果，调研了企业培训教材需求，开展了中国石化员工培训课程体系研究。在此基础上，按职业素养、综合管理、专业技术、技能操作、国际化业务、新员工等六类，组织编写覆盖石油石化主要业务的系列培训教材，初步构建起中国石化特色的培训教材体系。这套系列教材围绕中国石化发展战略、队伍建设和员工成长的需要，以提高全体员工履行岗位职责的能力为重点，把研究和解决生产经营、改革发展面临的新挑战、新情况、新问题作为重要目标，把全体员工在实践中创造的好经验好做法作为重要内容，具有较强的实践性、针对性。这套培训教材的开发工作由中国石化员工培训教材编审指导委员会组织，集团公司人事部统筹协调，总部各业务部门分工负责专业指导和质量把关，主编单位负责组织培训教材编写。在培训教材开发和编写的过程中，上下协同、团结合作，各级领导给予了高度重视和支持，许多管理专家、技术骨干、技能操作能手为培训教材编写贡献了智慧、付出了辛勤的劳动。

《油田企业安全处(科)长岗位培训教材》为管理岗位培训类型的教材，在编写时综合考虑了油田企业安全处(科)长必备的安全知识和能力要求，突出了针对性、实用性、前瞻性和科学性相统一，紧密结合油田生产实际，以提升安全管理能力为培训导向，系统阐述了安全法律法规、标准、制度和安全管理的基本理论等知识，综合安全管理以及物探、钻井、井下、采油、采气、油气集输、测井、海上作业、油田建设、供用电、社区等油田企业涉及的专业安全管理方面的内容。

《油田企业安全处(科)长岗位培训教材》由胜利油田负责组织编写，主编张煜(胜利油田)，参加编写的单位有河南油田、西南石油局、上海海洋石油局。其中第1章和第2章第2.3节由王礼(胜利油田)编写，第2章第2.1节2.1.1至2.1.7由田野(胜利油田)、张久凤(胜利油田)编写，第2章第2.1节2.1.8和第2.2节由王海燕(河南油田)编写，第2章第2.4节由张俊河(胜利油田)编写，

第2章第2.5节和第2.11节由李英（胜利油田）编写，第2章第2.6节由邓少旭（胜利油田）编写，第2章第2.7节由喻丽娟（胜利油田）编写，第2章第2.8节由邱旭波（胜利油田）编写，第2章第2.9节由黄莹（胜利油田）编写，第2章第2.10节由闫玲（胜利油田）编写，第2章第2.12节由陈云江（胜利油田）编写，第2章第2.13节由郝立新（胜利油田）编写，第2章第2.14节由邓少旭（胜利油田）、姚明（胜利油田）编写，第3章由卞文龙（胜利油田）、徐宗辉（胜利油田）编写，第4章由刘涛（胜利油田）编写，第5章由李霏（胜利油田）编写，第6章由弭连群（胜利油田）编写，第7章由黄日成（胜利油田）、卞海霞（胜利油田）编写，第8章由安晓斌（西南石油局）、蒋德伟（西南石油局）编写，第9章由童德祥（胜利油田）编写，第10章由董伟（胜利油田）、李延庆（胜利油田）、谭林怀（胜利油田）、尹正钰（上海海洋石油局）、朱裕安（上海海洋石油局）编写，第11章由周红翠（胜利油田）编写，第12章由王震（胜利油田）编写，第13章由贾秉栋（胜利油田）编写。本教材已经由中国石油化工集团公司人事部组织审定通过，主审杜红岩（集团公司安全监管局）、闫进（集团公司安全监管局），参加审定的人员有栗明选（中原油田）、邵理云（中原油田）、马勇（西南石油局）、李健（上海海洋石油局）、崔伟珍（集团公司安全监管局）、刘小明（集团公司安全监管局）、许倩（中国石化出版社），本书的编审工作得到了胜利油田、上海海洋石油局、中原油田、河南油田、西南石油局等有关部门、单位和人员的大力支持；中国石化出版社对教材的编写和出版工作给予了通力协作和配合，在此一并表示感谢。

由于本教材涵盖的内容较多，不同企业之间也存在着差别，编写难度较大，加之编写时间紧迫，不足之处在所难免，敬请各使用单位及个人对教材提出宝贵意见和建议，以便教材修订时补充更正。

目　录

第1章　安全法律法规与制度

1.1　法律法规概述

1.1.1　我国立法体制

我国宪法对立法体制作了基本界定，确立了立法体制的框架，《地方各级人民代表大会和地方各级人民政府组织法》和《中华人民共和国立法法》作了进一步的界定。

全国人大及其常委会行使国家立法权，制定法律；国务院根据宪法和法律制定行政法规；省、自治区、直辖市人大及其常委会在不与宪法、法律、行政法规相抵触的前提下制定地方性法规；民族自治地方的人大有权制定自治条例和单行条例，分别报上级人大常委会批准；国务院部委可以根据法律、行政法规制定规章。

较大的市(包括省、自治区人民政府所在地的市，经济特区所在地的市，经国务院批准的较大的市)人大及其常委会根据本市的具体情况和实际需要，在不与宪法、法律、行政法规和本省、自治区的地方性法规相抵触的前提下，可以制定地方性法规，报省、自治区人大常委会批准后施行；省、自治区、直辖市人民政府以及省、自治区人民政府所在地的市和经国务院批准的较大的市的人民政府，可以根据法律、行政法规和本省、自治区的地方性法规，制定规章。

1.1.2　我国法规的制定和发布

1.1.2.1　法律

我国法律的制定权是全国人大及其常委会，法律由国家主席签署主席令予以公布。主席令载明了法律的制定机关、通过日期和施行日期。关于法律的公布方式，《立法法》明确规定法律签署公布后，应及时在全国人大常委会公报和在全国范围内发行的报纸上刊登。全国人大常委会公报上刊登的法律文本为标准文本，又称正式文本或官方文本。

1.1.2.2　行政法规

行政法规的制定权是国务院，由总理签署国务院令公布。国务院令载明了行政法规的制定机关、通过日期、发布日期和施行日期。关于行政法规的公布方式，《立法法》明确规定行政法规签署公布后，应及时在国务院公报和在全国范围内发行的报纸上刊登。国务院公报上刊登的行政法规文本为标准文本。

1.1.2.3　地方性法规、自治条例和单行条例

地方性法规的制定权是省、自治区、直辖市人大及其常委会；较大的市的人大及其常委会。自治条例和单行条例的制定权是民族自治地方的人大。地方性法规的公布分为以下三种情况：省、自治区、直辖市人大制定的地方性法规由大会主席团发布公告予以公布；省、自治区、直辖市人大常委会制定的地方性法规由常委会发布公告予以公布；较大的市的人大及其常委会制定的地方性法规由常委会发布公告予以公布。

自治条例和单行条例分别由自治区、自治州、自治县人大常委会发布公告予以公布。

地方性法规、自治条例和单行条例的发布令中一般都载明地方性法规、自治条例和单行条例的名称、通过机关、通过日期、生效日期等内容，经上级人大常委会批准的地方性法规、自治条例和单行条例还同时注明批准机关的名称和批准时间。关于地方性法规、自治条例和单行条例的公布方式，《立法法》明确规定地方性法规、自治条例和单行条例签署公布后，应及时在本级人大常委会公报和在本行政区域范围内发行的报纸上刊登。常委会公报上刊登的地方性法规、自治条例和单行条例文本为标准文本。

1.1.2.4 规章

规章的制定权是：国务院各部、委员会、中国人民银行、审计署和具有行政管理职能的直属机构；省、自治区、直辖市和较大的市的人民政府。

规章的发布分为以下两种情况：部门规章由部门首长签署命令予以公布；地方政府规章由省长或者自治区主席或者市长签署命令予以公布。

关于规章的公布方式，《立法法》明确规定：部门规章签署公布后，应及时在国务院公报或者部门公报和在全国范围内发行的报纸上刊登；地方政府规章签署公布后，应及时在本级人民政府公报或者部门公报和在本行政区域范围内发行的报纸上刊登；国务院公报或者部门公报和地方人民政府公报上刊登的规章文本为标准文本。

1.1.3 法规效力

在我国，宪法具有最高的法律效力，一切法律、行政法规、地方性法规、自治条例和单行条例、规章都不得同宪法相抵触。在宪法之下，各种法规在效力上是有层次之分的，上一层次的法规高于下一层次的法规。法规的层次划分如表 1－1 所示。

表 1－1 法规层次划分

层　次	法　规	层　次	法　规
第一层次	法律	第三层次	地方性法规
第二层次	行政法规	第四层次	规章

法的层级不同，其法律地位和效力也不同。上位法是指法律地位、法律效力高于其他相关法的立法。下位法相对于上位法而言，是指法律地位、法律效力低于相关上位法的立法。不同的立法对同一类或者同一个行为做出不同的法律规定的，以上位法的规定为准，适用上位法的规定。上位法没有规定的，可以适用下位法。

——法律的效力高于行政法规、地方性法规、规章；

——行政法规的效力高于地方性法规、规章；

——地方性法规的效力高于本级和下级地方政府的规章；

——省、自治区人民政府制定的规章的效力高于本行政区域内的较大的市的人民政府制定的规章；

——部门规章之间、部门规章与地方政府规章之间具有同等效力；

——地方性法规与部门规章之间无高低之分，但在一些必须由中央统一管理的事项方面，应以部门规章的规定为准。

1.2 安全法律法规体系

安全生产法律法规是法的组成部分，是保护劳动者在生产经营活动过程中的生命安全和身体健康的有关法律、法规、规章等法律文件的总称。

我国历来都比较重视职业健康安全法律法规建设。早在1956年5月，国务院便颁布了《工厂安全卫生规程》、《建筑安装工程安全技术规程》、《工人职员伤亡事故报告规程》“三大规程”。改革开放以来，相继出台了一大批职业健康安全法规。1992年通过了《矿山安全法》，这也是除《工会法》以外的真正意义上的劳动安全法律。2001年10月，我国又颁布了《中华人民共和国职业病防治法》，为我国职业病防治工作提供了法律依据。2002年6月29日，我国又颁布了《中华人民共和国安全生产法》。

安全生产法律体系是一个包含多种法律形式和法律层次的综合性系统。从具体法律规范上看，它是单个的；从法律体系上看，各个法律规范又是母体系不可分割的组成部分。安全生产法律规范的层级、内容和形式虽然有所不同，但是它们之间存在着相互依存、相互联系、相互衔接、相互协调的辩证统一关系。

1.2.1 宪法

《中华人民共和国宪法》是法律体系框架的最高层级，其规定：“国家通过各种途径，创造劳动就业条件，加强劳动保护，改善劳动条件，并在发展生产的基础上，提高劳动报酬和福利待遇”。这是安全生产方面最高法律效力的规定。

1.2.2 安全生产方面的法律

法律是安全生产法律体系中的上位法，居于整个体系的高层级，其法律地位和效力高于行政法规、地方性法规、部门规章、地方政府规章等下位法。

（1）安全普通法。我国安全生产的普通法是《中华人民共和国安全生产法》（以下简称《安全生产法》），《安全生产法》是综合规范安全生产法律制度的法律，它适用于所有生产经营单位，是我国安全生产法律体系的核心。

（2）安全专项法律。安全专项法律是规范某专业领域安全生产法律制度的法律。我国在专业领域的法律主要有：《中华人民共和国矿山安全法》、《中华人民共和国海上交通安全法》、《中华人民共和国消防法》、《中华人民共和国道路交通安全法》。

（3）安全相关法律。安全相关法律是安全生产专门法律以外的其他法律中涵盖有安全生产内容的法律，主要有：《中华人民共和国职业病防治法》、《中华人民共和国突发事件应对法》、《中华人民共和国石油天然气管道保护法》、《中华人民共和国矿产资源法》《中华人民共和国放射性污染防治法》、《中华人民共和国建筑法》、《中华人民共和国劳动法》等。

与安全生产监督行政执法工作有关的法律有：《中华人民共和国行政处罚法》、《中华人民共和国行政复议法》、《中华人民共和国国家赔偿法》、《中华人民共和国行政许可法》、《中华人民共和国行政强制法》等。

我国的安全生产立法是多年来针对不同的安全生产问题而制定的，有的侧重解决一般的安全生产问题，有的侧重或者专门解决某一领域的特殊的安全生产问题。因此，在安全生产法律体系同一层级的安全生产立法中，安全生产法律规范有普通法与专项法之分，两者相辅相成、缺一不可。这两类法律规范的调整对象和适用范围各有侧重。普通法是适用于安全生产领域中普遍存在的基本问题、共性问题的法律规范，它们不解决某一领域存在的特殊性、专业性的法律问题。专项法是适用于某些安全生产领域独立存在的特殊性、专业性问题的法律规范，它们往往比普通法更专业、更具体、更具有可操作性。

《安全生产法》是安全生产领域的普通法，它所确定的安全生产基本方针原则和基本法律制度，普遍适用于生产经营活动的各个领域。但对于消防安全和道路交通安全等领域存在的特殊问题，有专门法律另有规定的，则应适用《消防法》、《道路交通安全法》等专项法。在同一层级的安全生产立法对同一类问题的法律适用上，应当适用特殊法优于普通法的原则。

1.2.3 安全生产行政法规

安全生产法规分为国务院行政法规和地方性法规。国务院安全生产行政法规的法律地位和法律效力低于有关安全生产法律类，高于地方性安全生产法规、地方政府安全生产规章等下位法。地方性安全生产法规的法律地位和法律效力低于有关安全生产的法律、行政法规，高于地方政府安全生产规章。经济特区安全生产法规和民族自治地方安全生产法规的法律地位和法律效力与地方性安全生产法规相同。

安全生产行政法规是由国务院组织制定并批准公布的，是为实施安全生产法律或规范安全生产监督管理制度而制定并颁布的一系列具体规定，是我们实施安全生产监督管理和监察工作的重要依据，一般指国务院出台的《条例》。我国已颁布了多部安全生产行政法规，主要有：《安全生产许可证条例》、《生产安全事故报告和调查处理条例》、《中华人民共和国道路交通安全法实施条例》、《危险化学品安全管理条例》、《特种设备安全监察条例》、《使用有毒物品作业场所劳动保护条例》等。

地方性安全生产法规是指由有立法权的地方权力机关——人民代表大会及其常务委员会和地方政府制定的安全生产规范性文件，是由法律授权制定的，是对国家安全生产法律、法规的补充和完善，以解决本地区某一特定的安全生产问题为目标，其有较强的针对性和可操作性。一般是指省市级人大出台的《条例》。

1.2.4 安全生产规章

安全生产行政规章分为部门规章和地方政府规章。根据《立法法》的有关规定，部门规章之间、部门规章与地方政府规章之间具有同等效力，在各自的权限范围内施行。

国务院有关部门依照安全生产法律、行政法规的授权范围制定发布的安全生产规章的法律地位和法律效力低于法律、行政法规，在全国范围内适用。国家安全生产监督管理总局、国家质量监督检验检疫总局、公安部、交通运输部、城乡建设部等部门根据各自的安全管理领域制定部门规章。主要有：《放射性物品道路运输管理规定》、《建设项目安全设施“三同时”监督管理暂行办法》、《特种作业人员安全技术培训考核管理规定》、《作业场所职业危害申报管理办法》、《海洋石油安全管理细则》、《作业场所职业健康监督管理暂行规定》、《非煤矿矿山企业安全生产许可证实施办法》、《生产安全事故应急预案管理办法》、《安全生产事故隐患排查治理暂行规定》、《海洋石油安全生产规定》、《中央企业安全生产监督管理暂行办法》、《机关、团体、企业、事业单位消防安全管理规定》等。

地方政府安全生产规章是最低层级的安全生产立法，其法律地位和法律效力低于其他上位法，不得与上位法相抵触。地方政府安全生产规章一方面从属于法律和行政法规，另一方面又从属于地方法规，并且不能与之相抵触。一般以省市政府令形式出台。

1.2.5　安全生产标准

我国没有技术法规的正式提法，但是国家制定的许多安全生产立法却将安全生产标准作为生产经营单位必须执行的技术规范而载入法律。安全生产标准一旦成为法律规定必须执行的技术规范，它就具有了法律上的地位和效力。执行安全生产标准是生产经营单位的法定义务，违反法定安全生产标准的要求，同样要承担法律责任。因此，将法定安全生产标准纳入安全生产法律体系范畴来认识，有助于构建完善的安全生产法律体系。法定安全生产标准分为国家标准和行业标准，两者对生产经营单位的安全生产具有同样的约束力。法定安全生产标准主要是指强制性安全生产标准。

因此，安全生产标准是安全生产法规体系中的一个重要组成部分，也是安全生产管理的基础和监督执法工作的重要技术依据。

另外，我国已批准的国际劳工安全公约，也是一个重要的组成部分，国际劳工组织自1919年创立以来，一共通过了185个国际公约和为数较多的建议书，这些公约和建议书统称国际劳工标准，其中70%的公约和建议书涉及职业安全卫生问题。当国内安全生产法律与国际公约有不同时应优先采用国际公约（除保留条件的条款外）。目前我国政府已批准的公约有23个，如《作业场所安全使用化学品公约》、《建筑业安全卫生公约》等，与其他国际组织签订的相关公约，如《国际海上避碰规则公约》、《国际海上人命安全公约》等。

1.3　主要安全法律法规简介

1.3.1　中华人民共和国安全生产法

2002年6月29日，第九届全国人民代表大会常务委员会第二十八次会议审议通过了《中华人民共和国安全生产法》。其立法目的是为了安全生产监督管理，防止和减少生产安全事故，保障人民群众生命和财产安全，促进经济发展。

适用于在中华人民共和国领域内从事生产经营活动单位的安全生产（消防安全、道路交通安全、铁路交通安全、水上交通安全、民用航空安全不适用该法）。

1.3.1.1　安全生产方针

我国安全生产的方针是：安全第一、预防为主、综合治理。

安全第一：就是要在生产过程中始终把安全放在第一重要的位置上，切实保护劳动者的生命安全和身体健康。坚持安全第一，是贯彻落实以人为本科学发展观，构建和谐社会的必然要求。

预防为主：就是要把安全生产工作的关口前移、重心下沉、超前防范，建立预教、预测、预想、预报、预警、预防的递进式、主动式的事故隐患防范体系，改善安全状况，预防安全事故。

综合治理：遵循安全生产的规律，正视和针对安全工作的长期性、艰巨性、复杂性，重视安全隐患的广泛性和隐蔽性，针对安全事故的偶然性和突发性，抓住主要矛盾和主要环节，综合运用法律、经济、行政等手段，多部门齐抓共管，人防、技防措施多管齐下，有效解决安全生产领域中存在的问题。

1.3.1.2　生产经营单位的安全保障

（1）人员素质保障

按规定建立安全管理机构，配备专职安全管理人员；主要负责人和安管人员必须具备必要的素质、取得上岗资格；对从业人员要求，具备必要的安全生产知识、熟悉安全规章制度和操作规程、掌握本岗位安全操作技能；特种作业人员要求，经专业培训并考核合格持证上岗，定期审验。

（2）基础投入保障

主要包括：安全投入，即安全条件所必须的资金投入；新、改、扩建项目“三同时”审查；购置和教育职工正确佩戴劳保用品。

（3）管理措施保障

在有较大危险因素的生产经营场所和有关设施设备上，设置明显的安全警示标志；安全设备的设计、制造、安装、使用、检测、检验、维修、改造和报废，应当符合国家标准和行业标准；危险品的容器、运输工具由专业厂家生产，专业资质机构检测检验合格，取得使用证或使用标志；生产、经营、储存、使用危险物品的车间、商店、仓库，不得与员工宿舍在同一建筑物内，并保持安全距离；重大危险源要开展辨识、申报登记、监测监控、制定预案、定期评价，并对隐患进行整改，落实责任、强化管理；生产经营场所、员工宿舍、公众聚集场所出口，标志明显，保持畅通，禁止封闭堵塞；爆破、吊装作业要由专人现场管理，严格操作规程，落实安全措施；交叉作业，要签订安全协议，明确安全职责，采取安全措施，专人检查协调。

（4）事故管理保障

① 事前保障：企业提取安全费用，专账管理、专款专用。使用范围包括：完善、改造和维护安全防护设备、设施；应急器材、设备、安全防护用品；安全检查、评价；重大危险源、重大事故隐患评估、整改、监控；安全技能培训、应急救援演练；安全相关其他支出。

② 事中保障：六大高危行业及交通运输企业实行风险抵押金制度。六大高危行业分别为：煤矿、非煤矿山、交通运输、建筑施工、危险化学品、民爆器材、烟花爆竹生产企业。

③ 事后保障：工伤保险（基本保险）和责任保险（雇主、承运人、公众聚集场所）

1.3.2　中华人民共和国劳动法

1994 年 7 月 5 日，第八届全国人民代表大会常务委员会第 8 次会议审议通过《中华人民共和国劳动法》。这部法律既是劳动者在劳动问题上的法律保障，又是每一个劳动者在劳动过程中的行为规范。

1.3.2.1　工作时间规定

国家实行劳动者每日工作时间不超过八小时、平均每周工作时间不超过四十四小时的工时制度。用人单位由于生产经营需要，经与工会和劳动者协商后可以延长工作时间，一般每日不得超过一小时；因特殊原因需要延长工作时间的，在保障劳动者身体健康的条件下延长工作时间每日不得超过三小时，但是每月不得超过三十六小时。有下列情形之一的，延长工作时间不受限制：

——发生自然灾害、事故或者因其他原因，威胁劳动者生命健康和财产安全，需要紧急处理的；

——生产设备、交通运输线路、公共设施发生故障，影响生产和公众利益，必须及时抢修的；

——法律、行政法规规定的其他情形。

1.3.2.2 职业健康规定

企业应与职工一方就工作时间、休息休假、劳动安全卫生、保险福利等事项，签订集体合同。用人单位必须建立、健全劳动安全卫生制度，严格执行国家劳动安全卫生规程和标准，对劳动者进行劳动安全卫生教育，防止劳动过程中的事故，减少职业危害；劳动安全卫生设施必须符合国家规定的标准；新建、改建、扩建工程的劳动安全卫生设施必须与主体工程同时设计、同时施工、同时投入生产和使用；必须为劳动者提供符合国家规定的劳动安全卫生条件和必要的劳动防护用品，对从事有职业危害作业的劳动者应当定期进行健康检查；应当依法对劳动者在劳动过程中发生的伤亡事故和劳动者的职业病状况，进行统计、报告和处理等。

国家对女职工和未成年工实行特殊劳动保护。禁止安排女职工从事矿山井下、国家规定的第四级体力劳动强度的劳动和其他禁忌从事的劳动。不得安排女职工在经期从事高处、低温、冷水作业和国家规定的第三级体力劳动强度的劳动。不得安排女职工在怀孕期间从事国家规定的第三级体力劳动强度的劳动和孕期禁忌从事的活动。对怀孕七个月以上的女职工，不得安排其延长工作时间和夜班劳动。不得安排女职工在哺乳未满一周岁的婴儿期间从事国家规定的第三级体力劳动强度的劳动和哺乳期禁忌从事的其他劳动，不得安排其延长工作时间和夜班劳动。不得安排未成年工从事矿山井下、有毒有害、国家规定的第四级体力劳动强度的劳动和其他禁忌从事的劳动。用人单位应当对未成年工定期进行健康检查等。

1.3.2.3 对劳动者的规定

从事特种作业的劳动者必须经过专门培训并取得特种作业资格；在劳动过程中必须严格遵守安全操作规程；对用人单位管理人员违章指挥、强令冒险作业，有权拒绝执行；对危害生命安全和身体健康的行为，有权提出批评、检举和控告；患病、负伤，因工伤残或者患职业病，依法享受社会保险待遇等。

1.3.3 中华人民共和国职业病防治法

2001 年 10 月 27 日通过了《中华人民共和国职业病防治法》，于 2002 年 5 月 1 日起施行。2011 年 12 月 31 日第十一届全国人民代表大会常务委员会第二十四次会议通过了对《中华人民共和国职业病防治法》的修订。

1.3.3.1 职业病防治工作方针

职业病防治工作坚持预防为主、防治结合的方针，建立用人单位负责、行政机关监管、行业自律、职工参与和社会监督的机制，实行分类管理、综合治理。

1.3.3.2 用人单位的责任

用人单位的主要负责人对本单位的职业病防治工作全面负责。为劳动者创造符合国家职业卫生标准和卫生要求的工作环境和条件，并采取措施保障劳动者获得职业卫生保护；对本单位产生的职业病危害承担责任；应当如实提供职业病诊断、鉴定所需的劳动者职业史和职业病危害接触史、工作场所职业病危害因素检测结果等资料；应当保障职业病病人依法享受国家规定的职业病待遇。

产生职业病危害的用人单位除应当符合法律、行政法规规定的设立条件外，应当采取职业病防治管理措施，工作场所符合相关的职业卫生要求。

国家建立职业病危害项目申报制度。用人单位工作场所存在职业病目录所列职业病危害因素的，应当及时、如实向所在地安全生产监督管理部门申报危害项目，接受监督。

1.3.4 中华人民共和国矿山安全法

1992年11月7日，第七届全国人民代表大会常务委员会第二十八次会议通过了《中华人民共和国矿山安全法》，自1993年5月1日起施行。在中华人民共和国领域和中华人民共和国管辖的其他海域从事矿山产资源开采活动，必须遵守。

矿山主体责任主要包括：矿山企业必须具有保障安全生产的设施，建立、健全安全管理制度，采取有效措施改善职工劳动条件，加强矿山安全管理工作，保证安全生产。矿山建设工程的安全设施必须和主体工程同时设计、同时施工、同时投入生产和使用。矿山开采必须具备保障安全生产的条件，执行开采不同矿种的矿山安全规程和行业技术规范。矿山使用的有特殊安全要求的设备、器材、防护用品和安全检测仪器，必须符合国家安全标准或者行业安全标准；不符合国家安全标准或者行业安全标准的，不得使用。矿山企业不得录用未成年人从事矿山井下劳动。矿山企业对女职工按照国家规定实行特殊劳动保护，不得分配女职工从事矿山井下劳动。

1.4 安全标准体系

1.4.1 标准与标准化

为在一定的范围内获得最佳秩序，对活动或其结果规定共同的和重复使用的规则、导则或特性的文件，称为标准。标准应以科学、技术和经验的综合成果为基础，以促进最佳社会效益为目的。

为在一定的范围内获得最佳秩序，对实际的或潜在的问题制定共同的和重复使用的规则的活动，称为标准化。它包括制定、发布及实施标准的过程。标准化的重要意义是改进产品、过程和服务的适用性，防止贸易壁垒，促进技术合作。标准化的基本特性主要包括：抽象性、技术性、经济性、连续性、继承性、约束性、政策性。

没有标准，企业就无法组织好生产，生产的产品也无法更快更好地进入市场，也就不可能获取更多更好的经济效益；同时，违反强制性标准的企业，还要受到处罚。企业标准化管理是指以提高经济效益为目标，以搞好生产、管理、技术和营销等各项工作为主要内容，制定、贯彻实施和管理维护标准的有组织的活动。

1.4.2 标准分级

为保护人和物安全制定的标准，称为安全标准。安全标准一般均为强制性标准，由国家通过法律或法令形式规定强制执行。职业安全健康标准有国家标准、行业标准、地方标准和企业标准四级。根据《中华人民共和国标准化法》规定，标准一经批准实施就是技术法规，具有法律效力。

职业安全健康标准贯穿于企业安全生产、文明生产、科学管理的全过程，对保护广大职工安全健康起着重要作用。职业安全健康法规是标准的依据，技术标准是贯彻职业安全健康法规的具体保证，企业必须执行。

（1）国家标准

安全生产国家标准是指国家标准化行政主管部门依照《标准化法》制定的在全国范围内

适用的安全生产技术规范。

（2）行业标准

安全生产行业标准是指国务院有关部门和直属机构依照《标准化法》制定的在安全生产领域内适用的安全生产技术规范。行业安全生产标准对同一安全生产事项的技术要求，可以高于国家安全生产标准但不得与其相抵触。石油企业相关行业标准有：

AQ——安全行业标准，由国家安全生产监督管理总局组织制定；

SY——石油行业标准，由石油天然气标准委员会组织制定；

SH——石油化工标准，由石油化工标准委员会组织制定；

CB——船舶行业标准，由船舶标准委员会组织制定；

DL——电力行业标准，由电力标准委员会组织制定。

（3）地方标准

地方标准又称为区域标准，对没有国家标准和行业标准而又需要在省、自治区、直辖市范围内统一的工业产品的安全、卫生要求，可以制定地方标准。地方标准由省、自治区、直辖市标准化行政主管部门制定，并报国务院标准化行政主管部门和国务院有关行政主管部门备案，在公布国家标准或者行业标准之后，该地方标准即应废止，标准号为DB。

1.4.3 标准的属性

标准有法律属性，在一定范围内通过法律、行政法规等手段强制执行的标准是强制性标准；其他标准是推荐性标准。推荐性标准又称非强制性标准或自愿性标准，是指生产、交换、使用等方面，通过经济手段或市场调节而自愿采用的一类标准。这类标准，不具有强制性，任何单位均有权决定是否采用，违犯这类标准，不构成经济或法律方面的责任。应当指出的是，推荐性标准一经接受并采用，或各方商定同意纳入经济合同中，就成为各方必须共同遵守的技术依据，具有法律上的约束性。

1.4.4 采标方向

随着我国持续融入WTO，经济全球化、一体化的趋势日益凸显，采用国际统一标准是大势所趋，我们积极参与和采用国际化标准(ISO/IEC)或一些国家先进的标准。

采标表示方法采用国际标准分为：等同采用(idt或IDT)、修改采用(mod或MOD)和非等效采用(neq或NEQ)三种。

对于等同、修改采用国际标准(包括即将制定完成的国际标准)和国外先进标准(不包括国外先进企业标准)编制的我国标准，在标准封面上必须注明采用标准和采用程度；在标准前言中，写明被采用标准的组织、国别、编号、名称、采用的程度和简要说明我国标准同被采用标准的主要差别。非等效采用编制的我国标准，则不需要在封面上标注，也不算是采标。但在前言中应说明“本标准与ISO××××：××××标准的一致性程度为非等效”。

1.5 安全制度体系建设

生产经营单位安全规章制度是指生产经营单位依据国家有关法律法规、国家和行业标准，结合生产、经营的安全生产实际，以生产经营单位名义起草颁发的有关安全生产的规范性文件。一般包括：规程、标准、规定、措施、办法、制度、作业指导书等。

1.5.1 安全规章制度建设的目的和意义

安全规章制度是生产经营单位贯彻国家有关安全生产法律法规、国家和行业标准，贯彻国家安全生产方针政策的行动指南，是生产经营单位有效防范生产、经营过程安全生产风险，保障从业人员安全和健康，加强安全生产管理的重要措施。

建立、健全安全规章制度是生产经营单位安全生产的重要保障。单位在追求利润的过程中，如果不能有效防范安全风险，单位的生产、经营秩序就不能保障，甚至还会引发事故。生产经营单位要对生产工艺过程、机械设备、人员操作进行系统分析、评价，制定出一系列的操作规程和安全控制措施，以保障生产、经营工作合法、有序、安全地运行，将安全风险降到最低。

建立、健全安全规章制度是生产经营单位保护从业人员安全与健康的重要手段。安全生产的法律法规明确规定，生产经营单位必须采取切实可行的措施，保障从业人员的安全与健康。因此，只有通过安全规章制度的约束，才能防止生产经营单位安全管理的随意性，才能有效地保障从业人员的合法权益。

1.5.2 安全规章制度建设的依据

生产经营单位安全规章制度是一系列法律法规在生产经营单位生产、经营过程具体贯彻落实的体现。安全规章制度的建设，其核心就是危险有害因素的辨识和控制。通过对危险有害因素的辨识，有效提高规章制度建设的目的性和针对性，保障生产安全。同时，生产经营单位要积极借鉴相关事故教训，及时修订和完善规章制度，防范同类事故的重复发生。

1.5.3 安全规章制度建设的原则

（1）主要负责人负责的原则

安全规章制度建设，涉及生产经营单位的各个环节和所有人员，只有生产经营单位主要负责人亲自组织，才能有效调动所有资源，才能协调好各个方面的管理责任。

（2）安全第一的原则

在生产经营过程中，必须把安全工作放在各项工作的首位，正确处理安全生产和工程进度、经济效益等的关系。只有通过安全规章制度建设，才能把这一安全生产客观要求，融入到生产经营单位的体制建设、机制建设、生产经营活动组织的各个环节，落实到生产、经营各项工作中去，才能保障安全生产。

（3）系统性原则

风险来自于生产、经营过程之中，只要生产、经营活动在进行，风险就客观存在。因而，要按照安全系统工程的原理，建立涵盖全员、全过程、全方位的安全规章制度。即涵盖生产经营单位每个环节、每个岗位、每个人；涵盖生产经营单位的规划设计、建设安装、生产调试、生产运行、技术改造的全过程；涵盖生产经营全过程的事故预防、应急处置、调查处理等方面。

（4）规范化和标准化原则

生产经营单位安全规章制度的建设应实现规范化和标准化管理，以确保安全规章制度的严密、完整、有序和有效贯彻执行。应建立安全规章制度起草、审核、发布、宣贯培训、修订的严密的组织管理程序，为规范化和标准化奠定基础。

1.5.4 安全规章制度的建立

企业规章制度是企业内部全体职工应当遵守的日常行为准则，制度的编制要站在企业全局角度来看问题，以管事、做事(活动)为主线，以各部门、单位、班组、员工为支撑点，以落实法律法规和标准要求为出发点，以落实岗位责任制为落脚点而制定的作业指导书、操作规程、技术标准和管理办法等而构成一个纵横交错的网状化、立体化的篇章。

安全类制度的制定应充分体现国家安全法律法规和上级部门的要求，把国家安全法律法规和上级部门的要求转化为便于职工理解和执行的内部制度。具体内容应围绕单位的HSE方针、目标和生产过程及其危险因素展开，主要包括设计、基建、采购、技术、生产过程、设备、品控、储运、外包等环节的危险因素，将管理的四大功能(计划、组织、领导、控制)贯穿其中，制定相应的控制措施。

制度实行分层管理，一般有几个管理层就有几层管理制度，与单位的组织机构相适应。制度制定应与单位管理水平相适应，与采用综合管理工具相一致。制度制定应与单位人员素质相适应，其内容详略得当，描述适应于人员素质，能看得懂，读得明白，能够遵照执行。制度制定要把握总体风格、构思一致，注意总体和分项的衔接。

1.5.5 生产经营单位安全规章制度的体系

生产经营单位要通过自身的安全规章制度建设来贯彻国家要求，准确把握和驾驭生产、经营过程中的安全生产客观规律，规范生产、经营秩序，保障生产安全。生产经营单位至少应建立的各类制度包括：安全生产责任制度、安全生产投入制度、安全教育培训制度、建设项目“三同时”制度、职业危害(危险)预防制度、职业健康管理与防护制度、设备设施安全管理制度、重大危险源监控和重大隐患整改制度、作业安全规程和各工种操作规程、安全监督检查制度、生产安全事故管理制度、事故应急管理与应急制度、安全生产目标与奖惩制度、安全生产档案管理制度、安全责任追究制度、消防安全管理制度、相关方管理制度等。

1.6 法律法规等要求的贯彻落实

为了充分贯彻落实各项法律法规、标准和制度，首先要识别、获取与本单位的活动、生产、产品、服务等有关的各类安全法律法规标准及其他要求。应始终保持有效版本，组织职工进行宣贯学习并进行有效落实。

1.6.1 工作步骤

1.6.1.1 识别、获取

参与法律、法规及其他要求识别的部门应充分识别与本企业生产经营的活动、运行、产品、设备、服务等有关的安全方面的法律、法规、标准及其他要求。包括：国家法律、法规、标准及规章；地方法规、规章、标准；行业规范、规章、标准；集团公司、油田及本企业规章制度、标准；相关方、执法部门及上级部门的通知、公告等其他要求；应被本企业采用的有关国际公约。

识别的原则：必须与单位生产经营活动或发展有关；必须是有效的最新版本；必须清楚划分哪些是必须遵守的，哪些仅是指导性的；必须根据单位的具体情况和实际需要。并形成安全法律法规和其他要求的目录清单。

1.6.1.2 培训及沟通

（1）将识别出的法律法规及其他要求总目录清单和摘录汇总文本及时发给相关人员；

（2）培训主管部门对法律法规和其他要求的培训需求进行评估，编制培训计划，并组织执行；

（3）法律法规的宣传形式和渠道可以灵活多样，相关部门要充分利用广播、电视、黑板报等现有手段和工具，多渠道开展宣传，还可以组织知识竞赛，制作公益广告，基层单位也可结合自己的工作实际，开展岗位问答、警示问答、现场演练等活动；

（4）法律法规的培训，要严格执行培训管理的要求。

1.6.1.3 更新

对法律法规更新的负责人员，当法律法规及其他要求更新或增加时，应及时进行识别、修正和补充《部门（单位）安全法律法规及其他要求清单》和内容。

1.6.1.4 执行、监督及考核

各部门（单位）在各项工作活动中应严格遵守相关法律法规及其他要求条款的规定，并收集、保存相关的资料、文件和记录等证明文件，主要有：各类许可证、执照等；项目申报、评价、验收报告，“三同时”报告等；检验、检查、监测记录；管理、操作过程的记录等。

所有记录应按本单位有关记录管理要求执行，安全管理部门应对各部门（单位）的执行情况进行监督、检查及考核，及时纠正不符合要求的内容。

1.6.2 合规性评价

各项生产经营活动结束，及时收集有关证明遵守执行相关安全法律法规和其他要求的资料。各部门（单位）应根据所编制的《部门（单位）安全法律法规及其他要求清单》，每年至少进行一次法规符合性审查或评价。

第2章 安全管理基础

2.1 安全管理理论

2.1.1 安全与安全管理概念

2.1.1.1 安全的定义及其重要性

（1）安全的定义

安全，顾名思义，“无危则安，无缺则全”，即安全意味着没有危险且尽善尽美，这是与人的传统的安全观念相吻合的。随着对安全问题研究的逐步深入，人类对安全的概念有了更深的认识，并从不同的角度给它下了各种定义。

其一，安全是指客观事物的危险程度能够为人们普遍接受的状态。

该定义明确指出了安全的相对性及安全与危险之间的辩证关系，即安全和危险不是互不相容的。当将系统的危险性降低到其种程度时，该系统便是安全的，而这种程度即为人们普遍接受的状态。

其二，安全是指没有引起死亡、伤害、职业病或财产、设备的损坏、损失或环境危害的条件。

此定义来自美国军用标准 MIL—STD—882C《系统安全大纲要求》。对安全的定义也从开始时仅仅关注人身伤害，进而到关注职业病、财产或设备的损坏、损失直至环境危害，体现了人们对安全问题认识进化的全过程，也从这一个角度说明了人类对安全问题研究的不断扩展。

其三，安全是指因人、机、媒介的相互作用而导致系统损失、人员伤害、任务受影响或造成时间的损失。

该定义又进一步把安全的概念扩展到了任务受影响或时间损失，这意味着系统即使没有遭受直接的损失，也可能是安全科学关注的范畴。

综上所述，随着人们认识的不断深入，安全的概念已不是传统的职业伤害或疾病，也并非仅仅存在于企业生产过程之中，安全科学关注的领域涉及人类生产、生活、生存活动中的各个领域。如果仅仅局限于企业生产安全之中，会在某种程度上影响我们对安全问题的理解与认识。

（2）安全的重要性

安全问题对于人类的重要性是在社会的不断发展中被人们所认识的，它主要体现在三个方面：

一是经济损失大。事故是安全问题最主要的表现形式，无论是企业、家庭还是整个人类社会，事故所造成的经济损失都是相当巨大的，有些甚至是无法弥补的。

二是社会影响大。事故的发生会对社会造成不良影响，尤其是特别重大、特大事故的发生，对家庭，对企业，甚至对国家所造成的负面影响是相当大的。因事故的发生而造成的家庭破裂、企业解体等悲剧数不胜数；有些甚至引起社会的不稳定，使国家在世界上的声誉下降。

三是影响周期长。事故的发生所造成的影响绝非短期内就能消除，往往会在人们心头留下长期的抹不去的烙印，相关人员心理上的阴影难以拂去。特别重大、重大事故所造成的社会动荡更是久久难平。

2.1.1.2 安全管理及基本概念

在企业管理系统中，含有多个具有某种特定功能的子系统，安全管理就是其中的一个。该子系统的主要目的就是通过管理的手段，实现控制事故、消除隐患、减少损失，使整个企业达到最佳的安全水平，为劳动者创造一个安全舒适的工作环境。因而我们可以给安全管理下这样一个定义，即：以安全为目的，进行有关决策、计划、组织和控制方面的活动。

控制事故可以说是安全管理工作的核心，而控制事故最好的方式就是实施事故预防，即通过管理和技术手段的结合，消除事故隐患，控制不安全行为，保障劳动者的安全，这也是“预防为主”的本质所在。

根据事故的特性可知，由于受技术水平、经济条件等各方面的限制，有些事故是不可避免的。因此，控制事故的第二种手段就是应急措施，即通过抢救、疏散、抑制等手段，在事故发生后控制事故的蔓延，把事故的损失减少到最小。

既然有事故发生，必然就有经济损失。对于一个企业来说，一个重大事故在经济上的打击是相当沉重的，有时甚至是致命的。因而在实施事故预防和应急措施的基础上，通过购买财产、工伤、责任等保险，以保险补偿的方式，保证企业的经济平衡和在发生事故后恢复生产的基本能力，也是控制事故的手段之一。

所以，我们也可以说，安全管理就是利用管理的活动，将事故预防、应急措施与保险补偿三种手段有机地结合在一起，以达到保障安全的目的。

2.1.2 安全认识论

安全问题，是伴随着人类的诞生而产生的，生产活动是人类活动中最基本、最大量的活动，所有活动中都存在安全问题。因此，生产活动中的安全问题就成为了安全科学的主要研究内容。不仅要采取各种安全措施来解决生产中的不安全问题，还要研究生产过程中各种不安全因素之间的内在联系和变化规律，由此逐步形成自己的安全观。

人们对安全的认识主要是从研究事故的规律开始的。通过对事故机理进行逻辑抽象或数学抽象，描述事故成因、经过和后果，研究人、物、环境、管理及事故处理这些基本因素如何作用而形成事故、造成损失，形成了一系列的事故模式理论。目前，世界上有代表性的事故模式理论有十几种，下面分别介绍对我国影响较大的部分理论。

2.1.2.1 事故因果理论

事故因果理论包括各种类型的事故因果类型，如连锁型、多因致果型、复合型。

(1)连锁型。一个因素促成下一因素发生，下一因素又促成再下一个因素发生，彼此互为因果，互相连锁导致事故发生，这种事故模型称为连锁型，如图 2－1 所示。

(2)多因致果型(集中型)。多种各自独立的原因在同一时间共同导致事故的发生，称为多因致果型，如图 2－2 所示。

(3)复合型。某些因素连锁，某些因素集中，互相交叉，复合造成事故，这种事故模型称为复合型。

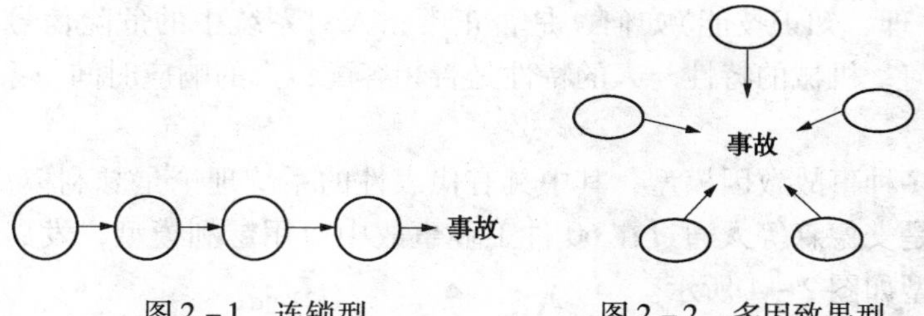

图 2－1　连锁型　　　　图 2－2　多因致果型

单纯集中型或单纯连锁型较少，事故的发生多为复合型。

2.1.2.2　多米诺骨牌理论

海因里希的多米诺骨牌理论又称海因里希因果连锁论或海因里希模型。它认为伤亡事故的发生是一连串事件，按一定的顺序互为因果依次发生的结果。这些事件犹如五块平行摆放的骨牌，第一块倒下后就引起后面的牌连锁式倒下。这五块牌依次是 M——人体本身，P——按人的意志进行的行动、指人的过失，H——人的不安全行为和物的不安全状态引起的危险性，D——发生事故，A——受到伤害。如图 2－3 所示。

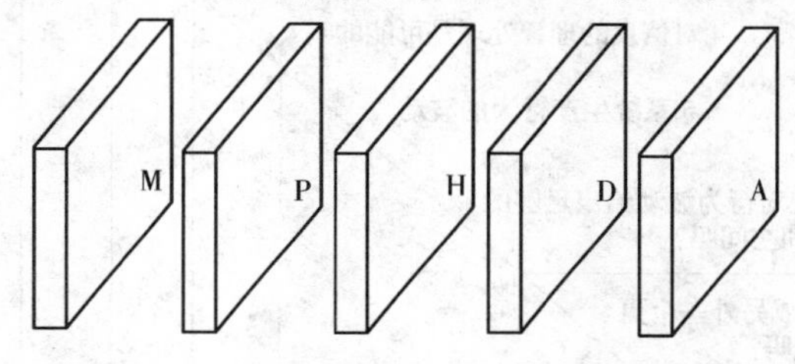

图 2－3　多米诺骨牌模型

多米诺骨牌理论确立了正确分析事故致因的事件链这一重要概念。它简单明了，形象直观地显示了事故发生的因果关系，指明了分析事故应该从事故现象逐步分析，深入到各层次中的道理。这一思想对于寻求事故调查分析的正确途径，找出防止事故发生的对策，无疑是很有启发的。按照这一理论，为了防止事故，只要抽去五块牌中的任何一块（如防止人的不安全行为和物的不安全状态），事件链就被破坏，就可以防止事故发生。

该理论的积极意义在于，如果移去因果连锁中的任一块骨牌，则连锁被破坏，事故过程即被中止，达到控制事故的目的。海因里希还强调指出，企业安全工作的中心就是要移去中间的骨牌，即防止人的不安全行为和物的不安全状态，从而中断事故的进程，避免伤害的发生。当然，通过改善社会环境，使人具有更为良好的安全意识，加强培训，使人具有较好的安全技能，或者加强应急抢救措施，也都能在不同程度上移去事故连锁中的某一骨牌或增加该骨牌的稳定性，使事故得到预防和控制。

当然，海因里希理论也有明显的不足，它对事故致因连锁关系描述过于简单化、绝对化，也过多地考虑了人的因素。事实上，各块骨牌之间的连锁不是绝对的，而是随机的。前面的牌倒下，后面的牌可能倒下，也可能不倒下。但尽管如此，由于这一理论的形象化和其在事故致因研究中的先导作用，使其有着重要的历史地位。

2.1.2.3　系统理论

系统理论把人、机和环境作为一个系统（整体），研究人、机、环境之间的相互作用、反馈和调整，从中发现事故的致因，揭示出预防事故的途径。

系统理论着眼于下列问题的研究，即机械的运行情况和环境的状况如何，是否正常；人的特性(生理、心理、知识技能)如何，是否正常；人对系统中的危险信号的感知，认识理解和行为响应如何；机械的特性与人的特性是否相容配；人的响应时间与系统允许的响应时间是否相容等。

系统理论有多种事故致因模型，其中具有代表性的系统理论是瑟利模型和安德森模型。其中安德森模型是安德森等人通过在60件工业事故中应用瑟利模型，发展改进而来的一种理论。安德森模型如图2－4所示。

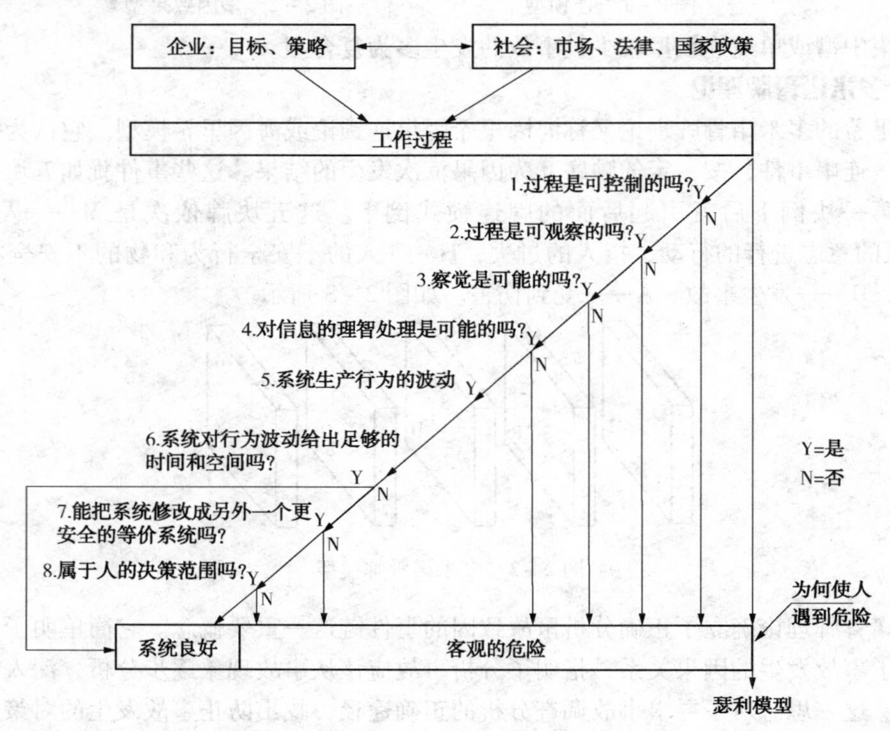

图2－4　安德森模型

2.1.2.4　轨迹交叉理论

轨迹交叉理论是一种从事故的直接和间接原因出发研究事故致因的理论。其基本思想是：伤害事故是许多相互关联的事件顺序发展的结果。这些事件可分为人和物(包括环境)两个发展系列。当人的不安全行为和物的不安全状态在各自发展过程中，在一定时间、空间发生了接触，使能量逆流于人体时，伤害事故就会发生。而人的不安全行为和物的不安全状态之所以产生和发展，又是受多种因素作用的结果。

轨迹交叉理论反映了绝大多数事故的情况。现实中有少量事故是与人的不安全行为或物的不安全状态无关的，但是绝大多数事故则是与二者同时相关的。在人和物两大系列的运动中，二者并不完全独立进行。人的不安全行为和物的不安全状态往往互为因果，互相转化。人的不安全行为会造成物的不安全状态(如：人为了方便拆去了设备的保护装置)，而物的不安全状态又会导致人的不安全行为(如：没有防护围栏和警告信号，人误人危险区域)。物的不安全状态和人的不安全行为是造成事故之表面的直接原因，而在它们背后，还有更深层次的管理方面的原因，管理缺陷是造成事故的间接原因，也是本质的原因。

2.1.3　安全方法论

方法论是对方法本身进行的研究，也指在某一门具体学科中所采用的研究方式、方法的综合；方法论是具体方法的指导，具体方法则是方法论的实现，两者相辅相成。现阶段，人类对安全事故的预测、预报、评价、辨识、控制措施等使用的安全方法主要有七种：本质安全化方法；人机匹配方法；生产安全管理一体化方法；系统工程方法；以人为本的安全教育方法；奖惩相结合的经济激励法；高技术系统安全管理方法。

2.1.3.1 本质安全化方法

本质安全化方法，指为达到本部门安全的基本要求从安全技术和管理上采取的措施方法。主要从物的方面（设备、能量）考虑，主要包括降低事故发生概率与降低事故严重程度两方面。

（1）降低事故发生概率

事故能不能发生，不仅取决于系统中各个要素的可靠性，还取决于企业的管理水平和物质条件的限制，因此降低事故发生概率的最根本措施是设法使系统达到本质安全化，使系统中的人、物、环境和管理安全化。

（2）减低事故严重度

事故严重度是指事故造成的财产损失和人员伤亡的严重程度。事故发生的原因是系统能量失控，事故严重度与系统中危险因素转化为事故时释放的能量有关，能量越高，事故越严重。

2.1.3.2 人机匹配法

要防止事故的发生，就要防止人的不安全行为和物的不安全状态。为了防止人的不安全行为和物的不安全状态应充分考虑人和机的特点，使人和机相互匹配，对防止事故的发生十分有益。

人与机器功能特征的比较，可以从创造性、信息处理、可靠性、控制能力、工作效能、感受能力、学习能力、归纳性、耐久性等方面比较：

（1）机械操作速度快，精度高，能够高倍放大和进行高阶运算；能量大，可以同时完成各种操作，具有较高的效率和准确度，不存在单调和疲劳，感受和反应能力高，抗不利环境能力强，信息传递能力、记忆速度和保持能力强。

（2）人的可靠度高，能够归纳、推理和判断，并能够形成概念和创造方法，人的某些器官比机械强，人的学习、适应和应付突发事件的能力强，人具有无限创造性和能动性。

2.1.3.3 生产安全管理一体化方法

建立生产安全管理一体化方法的指导思想，要充分认识人的生命价值和人力资源的重要性，避免和减少经济损失，加强事故和职业病预防及其安全管理。主要通过全面安全管理和安全目标管理来实现。

（1）全面安全管理

全面安全管理是在总结传统的劳动安全管理的基础上，应用现代管理方法并通过全体人员确认的全面安全目标，对全生产过程和企业的全部工作，进行统筹安排和协调一致的综合管理。主要内容包括四方面：全面安全目标管理、全员安全管理、全面过程安全管理和全部工作安全管理。

（2）安全目标管理

在一定时期内，根据企业经营管理的目标，从上到下制定一系列安全工作目标，并为达到这一目标制定一系列对策措施，开展一系列的组织、协调、指导、激励和控制活动为安全目标管理。

每年年初，根据各企业管理的总目标制定安全管理总目标，自上而下层层分解，制定各级、各部门直到每个职工的安全目标以及制定达到目标的措施(通常为达到目的，把安全目标与经济发展指标捆绑在一起)。开展一系列组织、协调、指导、激励、控制活动，实现目标。年末，对目标的实现情况考核、奖惩、总结，制定新的安全目标，进入下一年循环。

2.1.3.4 系统工程方法

由相互作用和相互依赖的若干组成部分结合而成的具有特定功能的有机整体称之为系统。人类的安全系统是人、社会、环境、技术、经济等因素构成的大协调系统。因此要有效地解决生产中的安全问题，人们需要采用系统工程方法，来识别、分析、评价系统中的危险性，并根据其结果调整工艺、设备、操作、管理、生产周期和投资等因素，控制系统可能发生的事故，并使系统安全性达到最好的状态。

安全系统的基本功能和任务是满足人类安全生产与生存，以及保障社会经济生产发展的需要，安全活动要以保障社会生产、促进社会经济发展、减低事故和灾害对人类自身生命和健康的影响为目的。

(1) 系统工程

以系统为研究对象，以达到总体最佳效果为目标，为达到这一目标而采取组织、管理、技术等方面的最新科学成就和知识的一门综合性的科学技术称之为系统工程。系统工程在解决安全问题采用的方法有工程逻辑、工程分析、统计理论与概率论、运筹学等。

(2) 系统工程方法解决的安全问题

使用系统工程方法，可以识别出存在于各个要素本身、要素之间的危险性。危险性是产生事故的根源，危险性存在于生产过程的各个环节，例如原材料、设备、工艺、操作、管理之中。安全工作的目的就是要识别、分析、控制和消除这些危险性，使之不致发展成事故。

使用系统工程方法，可以了解各要素间的相互关系，消除各要素因互相依存、互相结合而产生的危险性。要素本身可能并不具有危险性，但当进行有机的结合构成系统时，便产生了危险性，这一情况往往发生在子系统的交接面或相互作用时。人机交接面是多发事故的场所，最突出的例子如人和压力机、传送设备等的交接面。对交接面的控制，在很大程度上可以减少伤亡事故。

2.1.3.5 其他安全方法

(1) 以人为本的安全教育方法

安全教育是安全活动的重要形式。安全教育的目的、性质由社会体制所决定。在市场经济体制下，需要做到变要我安全为我要安全，变被动接受安全教育为主动要求安全教育。

安全教育的功能、效果以及安全教育的手段都与社会经济水平有关，都受社会经济基础的制约，并且安全教育为生产力所决定。安全教育的内容、方法、形式都受生产力发展水平的限制。现代生产的发展，使生产过程对于人的操作技能要求越来越简单，安全对于人的素质要求主体发生了变化，即强调了人的态度、文化和内在的精神素质，安全教育的主体也应当发生变化。因此，安全教育确实要与现代社会的安全活动要求合拍，安全教育的本质问题是人的安全文化素质教育。

教育的方法多种多样，各种方法都有各自的特点和作用，在应用中应当结合实际的知识内容和学习对象，灵活采用。对于企业职工的安全教育，则多采用讲授法、谈话法、访问法、练习与复习法、外围教育法、奖惩教育法等；对于安全专职管理人员，则应采用讲授法、研讨法、读书指导法、全方位教育法、计算机多媒体教育法等。

（2）安全经济法

随着人类社会的发展，经济水平的不断提高，用社会有限的投入，去获得人类尽可能高的安全水准，在获得人类可接受的安全水平下，尽力去节约社会的安全投入，于是有了安全经济法。希望用最少的投资来实现令人满意的安全水平。有限的安全投入和极大化的安全水平的期望是安全经济产生与发展的动力。

安全经济是研究生产活动中安全与经济相互关系及其对立统一规律的科学，它既是经济学的一个分支，也是安全科学的重要组成部分，具有系统性、预先性、决策性、边缘性、实用性等特点。

（3）高技术系统安全管理方法

21世纪重点研究开发的高技术——自动化技术以高集成度、高速度、低功耗、低成本的方向以惊人的速度发展，然而，随之而来的一些问题也呈现出来，高技术事故频发，其原因是由机器的错误因素和人的错误因素两方面造成。高技术系统安全管理方法有两种：安全确认型与危险检出型。

安全确认型仅认同被确认的安全，在被确认的安全之外，认为不安全，不允许作业。尽管被视为不安全的状态中确有可能存在实际上是安全的情况，但是这样处理不会带来危险的后果。

危险检出型仅在危险被检出时认为危险，除已发现的危险之外，认为安全的，允许作业。由于被认为安全的状态中可能存在着未被发现的危险．安全无法确保，会造成危险的后果，这正是危险检出型的致命缺陷。

高技术系统安全管理方法指导思想是安全确认型思想。高技术事故一般由机器的错误因素和人的错误因素两方面所造成，虽可通过各种努力使其发生概率降低，但终究是概率论前提下的安全，可能存在着未被发现的危险，可能会造成危险的后果，而安全确认型思想认为真正意义的安全，必须是经过确认的安全，即只有在安全得到确认状态下实施的作业，安全才有保证。

2.1.4 安全经济论

2.1.4.1 安全投资

要实现安全需要一定的投入，安全投资是生产活动中投入的一切人力、物力和财力的总和。安全投资能够保障安全功能的发挥，防止人员伤害、财产损失和环境污染，有利于提升国家、政府、企业或组织的国际形象或社会形象，体现对人生命的珍重和人道主义。安全投资的来源，是由一个国家的经济体制、管理体制、财政税收和分配体制等多种因素决定的。在我国，传统的安全投资来源主要有：

（1）工程项目中的预算安排；

（2）国家给企业下拨的安全技术专项措施费；

（3）企业按年度提取的安全措施经费；

（4）作为生产性费用的投入；

（5）支付从事安全或劳动保护的需要；

（6）企业从利润留成或福利中提取的保健、职业工伤保险费用。

随着安全经济研究和和科学管理工作的进一步开展，我国的某些企业利用价值规律和市场调节手段，对安全投资来源的支配进行了有益的尝试，出现了一些新的安全投资方式，如：

（1）对现有安全设备实施，按固定资产每年折旧的方式筹措当年安全技术措施费；

（2）根据产量（或产值）按比例提取安全投资；

（3）征收事故或危害隐患源罚金；

（4）职工个人缴纳安全保证金等；

（5）按用途划分：工程技术投资，人员业务投资，科学研究投资。

一个国家、行业或部门，其安全资源投入量的大小、投资比例增长速度的快慢、安全资源分配和投入的方向是否合理，直接关系着国家、行业或部门安全事业发展的规模和速度、安全水平的提高，关系着安全经济效能的发挥，从而影响者国家和企业的经济结构、技术结构和财政收支等能否合理、协调、稳定地发展和增长，关系着生产、生活的安全状态及其活动是否能有效地运行。

2.1.4.2 安全效益

安全效益是指安全条件的实现，对社会、国家、对集体企业、对个人所产生的效果和利益。从安全效益的表现形式看，安全的直接效果是人的生命安全与身体健康的保障和财产损失的减少，这是安全对减轻生命与财产损失的功能。安全的另一重要效果是维护和保障系统功能（生产功能、环境功能等）得以充分发挥，这是安全的价值增值能力。

安全效益的实质是用尽量少的安全投资，提供尽量多的符合全社会需要和人们要求的安全保障。

安全的经济效益是安全效益重要组成部分，是指通过安全投资实现的安全条件，在生产和生活过程中保障技术、环境及人员的能力和功能，并提高其潜能，为社会经济发展所带来的利益。

安全的非经济效益也叫安全的社会效益，是指安全条件的实现，对国家和社会发展、企业或集体生产的稳定、家庭或个人的幸福所起的积极作用。

提高安全效益的基本途径：一是合理配置安全投入，二是在保证应有安全水平条件下降低安全人员的劳动强度和数量，三是要降低安全生产的资本和资源消耗。

2.1.5 安全系统工程论

安全系统是一个“人—机—环境”等相互交融的复杂系统，安全系统工程也称为系统安全工程，两者不做严格区分，它是采用系统工程的基本理论和方法研究解决生产过程中的安全问题，预先识别、分析系统中存在的危险因素，评价并控制系统风险，使系统的安全性达到预期目标的工程技术。它通过指导设计，调整工艺、操作过程、管理方法、生产周期和费用投资等因素，使系统发生的事故减少到最低限度，以达到最佳安全状态。

安全系统工程的研究对象是"人—机—环境"系统(以下简称"系统")。安全系统工程是专门研究如何用系统工程的原理和方法确保实现系统安全功能的科学技术。安全系统工程的具体内容如表2－1所示。

表2－1　安全系统工程学的主要研究内容

名　称	定　义
安全系统分析	利用科学的分析工具和方法，从安全角度对系统中存在的危险性因素进行分析，主要分析导致系统故障或事故的各种因素及其相互关系
安全系统评价	以实现工程、系统安全为目的，应用安全系统工程原理和方法，对工程、系统中存在的危险、有害因素进行辨识与分析，判断工程、系统发生事故和职业危害的可能性及其严重程度，从而为制定防范措施和管理决策提供科学依据
安全系统预测	在系统安全分析的基础上，运用有关理论和手段对安全生产的发展或者是事故发生等做出的一种预测；可分为宏观预测和微观预测
安全系统建模	将实际系统的安全问题抽象、简化，明确变量、系数和参数，然后根据某种规律、规则或经验建立变量、系数和参数之间的数学关系，再解析地、数值地或人机对话地求解并加以解释、验证和应用，这样一个多次迭代的过程
安全系统模拟	用实际的安全系统结合模拟的环境条件，或者用安全系统模型结合实际的环境条件，或者用安全系统模型结合模拟的环境条件，利用计算机对系统的运行进行实验研究和分析的方法
安全系统优化	是各种优化方法在安全系统中的应用过程，它要求在有限的安全条件下，通过系统内部各变量之间、各变量与各子系统之间、各子系统之间、系统与环境之间的组合和协调，最大限度地满足生产、生活中的安全要求，使安全系统具有最好的政治、社会经济效益
安全系统决策	针对生产经营活动中需要解决的安全问题，根据安全标准和要求，运用安全科学的理论和分析评价方法，系统地收集分析信息资料，提出各种安全措施方案，经过论证评价，从中选定最优方案并予以实施的过程

2.1.5.1　安全系统分析

系统安全分析是从安全角度对系统中的危险因素进行分析，主要分析导致系统故障或事故的各种因素及其相关关系。系统安全分析(System Safety Analysis)的目的是为了保证系统安全运行，查明系统中的危险因素，以便采取相应措施消除系统故障或事故。在危险因素辨识中得到广泛应用的系统安全分析方法主要有：安全检查表法(Safety Checklist)、预先危险性分析(Preliminary Hazard Analysis，PHA)、故障类型和影响分析(Failure Model and Effects Analysis，FMEA)、危险性和可操作性研究(Hazard and Operability Analysis，HAZOP)、事件树分析(Event Tree Analysis，ETA)、事故树分析(Fault Tree Analysis，FTA)、因果分析(Cause－Consequence Analysis，CCA)、作业安全分析(Job Safe Analysis，JSA)。

其中作业安全分析(JSA)是一种常用于评估与作业有关的基本风险分析工具，以确保风险得以有效的控制，它通过有组织的过程来对工作任务中存在的危险进行识别，风险评估，并按照优先顺序来采取措施，降低风险至可接受水平。

此外，尚有What if(如果出现异常将会怎样)分析，MORT(管理疏忽和风险树)分析等方法，可用于特定目的的危险因素辨识。

在系统寿命不同阶段的危险因素辨识中，应该选择相应的系统安全分析方法。系统寿命期间内各阶段适用的系统安全分析方法见表2－2。

表2－2　系统安全分析方法适用情况表

分析方法	开发研制	方案设计	样机	详细设计	建造投产	日常运行	改建扩建	事故调查	拆除
安全检查表		√	√	√	√	√	√		√
预先危险性分析	√	√	√	√			√		
危险性与可操作性研究			√	√		√	√	√	
故障类型和影响分析			√	√		√	√	√	
事故树分析		√	√	√		√	√	√	
事件树分析			√			√	√	√	
因果分析			√	√		√	√	√	

2.1.5.2　系统安全评价

安全评价(Safety Assessment)是以实现工程、系统安全为目的，应用安全系统工程的原理和方法，辨识与分析工程、系统、生产管理活动中的危险、有害因素，预测发生事故或造成职业危害的可能性及其严重程度，提出科学、合理、可行的安全对策措施建议，做出评价结论的活动。在安全评价工作中必须自始至终遵循科学性、公正性、合法性和针对性原则。

目前国内将安全评价根据工程、系统生命周期和评价的目的分为安全预评价、安全验收评价、安全现状评价、专项安全评价。实际它是三大类，即安全预评价、安全验收评价、安全现状评价，专项评价应属于现状评价的一种，属于政府在特定的时期内进行专项整治时开展的评价。

安全评价依据的标准众多，不同行业会涉及不同的具体标准。但是对各行业进行安全评价都必须依据《安全评价通则》、《安全预评价导则》、《安全验收评价导则》等标准。

安全评价方法按评价结果的量化程度分类为定性安全评价方法与定量安全评价方法。

（1）定性安全评价方法

定性安全评价方法主要是根据经验和直观判断能力对生产系统的工艺、设备、设施、环境、人员和管理等方面的状况进行定性的分析，安全评价的结果是一些定性的指标，如是否达到了某项安全指标、事故类别和导致事故发生的因素等。

属于定性安全评价方法的有安全检查表、专家现场询问观察法、因素图分析法、事故引发和发展分析、作业条件危险性评价法、故障类型和影响分析、危险与可操作性研究等。

定性安全评价方法的特点是容易理解、便于掌握，评价过程简单。但定性安全评价方法往往依靠经验，带有一定的局限性，安全评价结果有时因参加评价人员的经验和经历等有相当的差异。同时由于评价结果不能给出量化的危险度，所以不同类型的对象之间安全评价结果缺乏可比性。

（2）定量安全评价方法

定量安全评价方法是运用基于大量的实验结果和广泛的事故资料统计分析获得的指标或规律(数学模型)，对生产系统的工艺、设备、设施、环境、人员和管理等方面的状况进行定量的计算，安全评价的结果是一些定量的指标，如事故发生的概率、事故的伤害(或破坏)范围、定量的危险性、事故致因因素的事故关联度或重要度等。

安全分析评价各类方法介绍详见表2－3。

表2-3　安全评价方法表

评价方法	评价目标	定性/定量	方法特点	适用范围	应用条件	优缺点
安全检查表	危险有害因素分析安全等级	定性定量	按事先编制的有标准要求的检查表逐项检查，按规定赋分标准赋分评定安全等级	各类系统的设计、验收、运行、管理、事故调查	有事先编制的各类检查表有赋分、评级标准	简便、易于掌握、编制检查表难度及工作量大
预先危险性分析(PHA)	危险有害因素分析危险性等级	定性	讨论分析系统存在的危险、有害因素、触发条件、事故类型，评定危险性等级	各类系统设计，施工、生产、维修前的概略分析和评价	分析评价人员熟悉系统，有丰富的知识和实践经验	简便易行，受分析评价人员主观因素影响
故障类型和影响分析(FMEA)	故障(事故)原因影响程度等级	定性	列表、分析系统(单元、元件)故障类型、故障原因、故障影响评定影响程序等级	机械电气系统、局部工艺过程，事故分析	同上有根据分析要求编制的表格	较复杂、详尽受分析评价人员主观因素影响
故障类型和影响危险性分析(FMECA)	故障原因故障等级危险指数	定性定量	同上。在FMEA基础上，由元素故障概率，系统重大故障概率计算系统危险性指数	机械电气系统、局部工艺过程、事故分析	同FMEA有元素故障率、系统重大故障(事故)概率数据	较FMEA复杂、精确
事件树(ETA)	事故原因触发条件事故概率	定性定量	归纳法，由初始事件判断系统事故原因及条件内各事件概率计算系统事故概率	各类局部工艺过程、生产设备、装置事故分析	熟悉系统、元素间的因果关系、有各事件发生概率数据	简便、易行，受分析评价人员主观因素影响
事故树(FTA)	事故原因事故概率	定性定量	演绎法，由事故和基本事件逻辑推断事故原因，由基本事件概率计算事故概率	宇航、核电、工艺、设备等复杂系统事故分析	熟练掌握方法和事故、基本事件间的联系，有基本事件概率数据	复杂、工作量大、精确。事故树编制有误易失真
作业条件危险性评价	危险性等级	定性半定量	按规定对系统的事故发生可能性、人员暴露状况、危险程序赋分，计算后评定危险性等级	各类生产作业条件	赋分人员熟悉系统，对安全生产有丰富知识和实践经验	简便、实用，受分析评价人员主观因素影响

续表

评价方法	评价目标	定性/定量	方法特点	适用范围	应用条件	优缺点
道化学公司法（DOW）	火灾爆炸危险性等级事故损失	定量	根据物质、工艺危险性计算火灾爆炸指数，判定采取措施前后的系统整体危险性，由影响范围、单元破坏系数计算系统整体经济、停产损失	生产、贮存、处理燃爆、化学活泼性、有毒物质的工艺过程及其他有关工艺系统	熟练掌握方法、熟悉系统、有丰富知识和良好的判断能力，须有各类企业装置经济损失目标值	大量使用图表、简捷明了、参数取位宽、因人而异，只能对系统整体宏观评价
帝国化学公司蒙德法（MOND）	火灾、爆炸、毒性及系统整体危险性等级	定量	由物质、工艺、毒性、布置危险计算采取措施前后的火灾、爆炸、毒性和整体危险性指数，评定各类危险性等级	生产、贮存、处理燃爆、化学活泼性、有毒物质的工艺过程及其他有关工艺系统	熟练掌握方法、熟悉系统、有丰富知识和良好的判断能力	大量使用图表、简捷明了、参数取位宽、因人而异，只能对系统整体宏观评价
单元危险性快速排序法	危险性等级	定量	由物质、毒性系数、工艺危险性系数计算火灾爆炸指数和毒性指标，评定单元危险性等级	同道化学公司法（DOW）的适用范围	熟悉系统、掌握有关方法、具有相关知识和经验	是 DOW 法的简化方法。简捷方便、易于推广
危险性与可操作性研究	偏离及其原因、后果、对系统的影响	定性	通过讨论，分析系统可能出现的偏离、偏离原因、偏离后果及对整个系统的影响	化工系统、热力、水力系统的安全分析	分析评价人熟悉系统、有丰富的知议和实践经验	简便、易行，受分析评价人员主观因素影响
模糊综合评价	安全等级	半定量	利用模糊矩阵运算的科学方法，对于多个子系统和多因素进行综合评价	各类生产作业条件	赋分人员熟悉系统，对安全生产有丰富知识和实践经验	简便、实用，受分析评价人员主观因素影响

2.1.5.3 系统安全预测

（1）系统安全预测程序

系统预测主要利用系统工程原则、类推和推断原则与惯性原理来预测，其程序如图2－5所示。

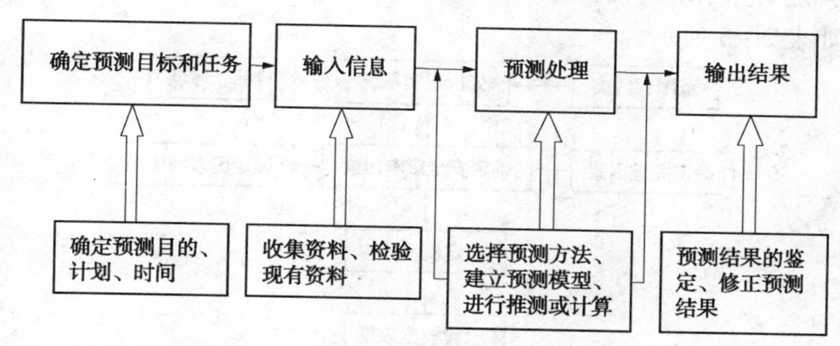

图2－5　预测程序图

（2）系统预测方法分类

① 经验推断预测法：头脑风暴法、特尔斐法、主观概率法、试验预测法、形态分析法等。

② 时间序列预测法：滑动平均法、指数滑动平均法、周期变动分析法、线性趋势分析法等。

③ 计量模型预测法：回归分析法、马尔科夫链预测法、灰色预测法、投入产出分析法等。

（3）安全系统预测方法简介

常用安全预测方法特点见表2－4。

表2－4　常用安全预测方法特点

方法名称	时间范围	主要特点
直观预测法	短中长期	对缺乏统计资料或趋势面临转折的事件进行预测；需要大量的调查研究工作
回归预测法	短中期	自变量和因变量之间存在线性或非线性关系需要收集大量的相关历史数据
时间趋势外推法	中长期	当因变量用时间表示，并无明显变化时，需要因变量的历史资料，要对各种可能趋势曲线进行试算
灰色预测法	短中期	适用于时序的发展呈指数趋势；需收集对象的历史数据
神经网络法	短中长期	对难以用数学方法建立精确模型的问题能进行有效建模，推理路线固定不灵活，隐藏节点层的感知器在系统中不能解释
贝叶斯网络法	短中长期	能有效处理变量较多且变量之间存在交互作用的情况；对线性、可加性等统计假设没有严格要求，缺少动态机制
马尔科夫链状预测法	短中长期	安全系统将来所处的状态只与现在安全系统的状态有关，而与安全系统过去的状态无关；需满足马尔科夫特性，容易忽略其他概率的影响

2.1.5.4 系统安全建模及模拟方法

系统建模既需要理论方法又需要经验知识，还需要真实的统计数据和有关信息资料。对于结构化强的系统，有自然科学提供的各种定量规律，系统建模较为容易处理；而对于非结构化的复杂系统，只能从对系统的理解甚至经验知识出发，再借助于大量的统计数据，去提炼出系统内部的某些内在定量联系，然后借助于数学或计算机手段，将系统描述出来。

安全系统模拟则是对于安全系统的描述、模仿和抽象，它反映安全系统的物理本质与主要特征，模型就是实际系统的代替物。安全系统建模及模拟的一般步骤如图 2－6 所示，常见的模拟方法如表 2－5 所示。

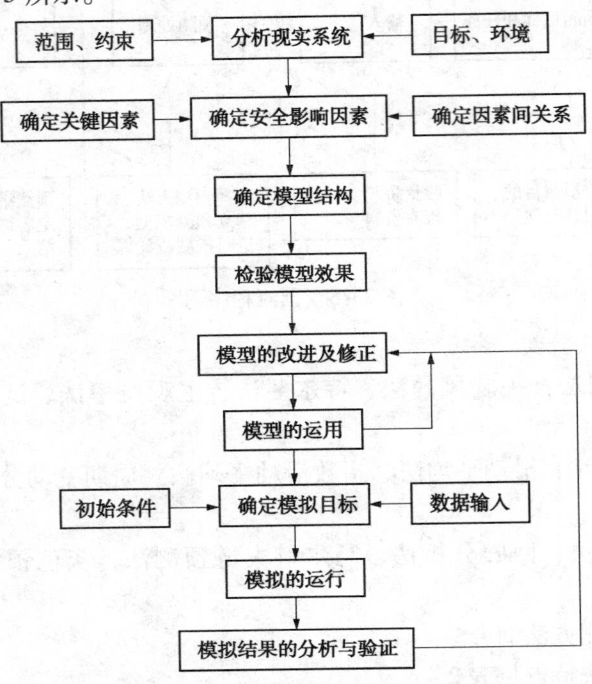

图 2－6　安全系统建模及模拟步骤

表 2－5　常见模拟方法特点

方法名称	主要特点
直观模拟	模仿自然物（原型）的外形以及由内、外形产生的某些功能，以便把原型的功能移植到所设计的工具或仪器上
模型模拟	用物理模型、数学模型等来模仿和研究安全系统，以便设计和建立与原型系统相似的安全系统
功能模拟	以不同系统的功能相似和行为相似为基础进行模拟，如利用人工神经网络系统模拟人脑神经系统、用遗传算法模拟生物进化过程等
计算机模拟	用计算机技术实现以上 3 类模拟，它既可以模拟人体机能，又可以模拟人脑思维功能，成为当前安全系统模拟的研究前沿和主要形式

2.1.5.5　系统安全优化方法

许多实际的安全系统相当复杂，如航空安全系统、矿山安全系统等。目前在规划与管理大的系统中，所追求的系统目标有安全效益、政治效益、社会效益、经济效益、生态环境效益等多个目标，因此，有必要对各个目标进行优化。安全系统优化方法的一般步骤如图2－7所示，各优化方法特点如表 2－6 示。

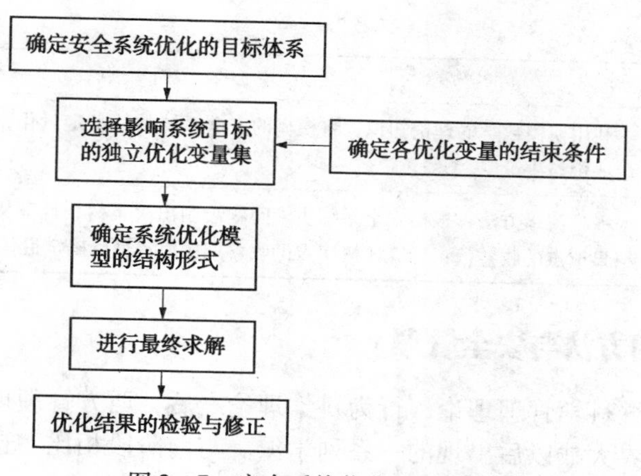

图2－7　安全系统优化方法步骤

表2－6　各类优化方法特点表

方法名称	主要特点
单层单目标最优化方法	用一个实数变量来表示安全系统目标的最优化方法。如安全资金投入、事故损失值、安全人员投入等，如果能用可以公度的货币进行统一测度，就成为一个单层单目标优化问题
单层多目标最优化方法	该方法的出发点是把目标转换成标量最优化问题，或者引入决策者的价值判断，用两个或两个以上实数量来表示多个系统目标的最优化方法
多层多目标最优化方法	由两个或两个以上具有层次性的目标组成，同一层次的目标之间具有相对独立性，它们都服务于上层目标。在这类复杂安全系统中如何协调各种目标的取值，以求得整个系统的满意解，是安全系统最优化方法研究的主要内容，仍处于初步阶段

2.1.5.6　系统安全决策

决策指人们在求生存与发展过程中，以对事物发展规律及主客观条件的认识为依据，寻求并实现某种最佳(满意)准则和行动方案而进行的活动。决策通常有广义、一般和狭义的三种解释。

决策的分类方法很多。根据决策系统的约束性与随机性原理，可分为确定型决策和非确定型决策。常见的安全决策方法特点如表2－7所示。

表2－7　常见安全系统决策方法特点

方法名称	主要特点
ABC分析法	根据统计分析资料，按照不同的指标和重要度进行分类与排列，找到其中的主要危险或薄弱环节，针对不同的危险性，实行不同的控制管理
德尔菲法	利用安全问题领域内的专家去预测未来安全状况的方法
智力激励法	采用会议的形式，引导每个参加会议的人围绕某个安全议题，广开思路，激发灵感，毫无顾忌地发表独立见解，并在短时间内从与会者中获得大量的观点
评分法	根据预先规定的评分标准对各个方案所能达到的安全指标进行定量计算并比较，从而达到对各个方案排序的目的
技术经济评分法	对抉择方案进行技术经济综合评价时，不但要考虑评价指标的加权系数，而且所取的技术价和经济价都是相对于理想状态下的相对值

续表

方法名称	主要特点
模糊综合决策法	利用模糊数学的理论知识，将模糊的安全系统的信息定量化，从而对多因素进行综合定量评价与决策
决策树法	一种演绎方法，根据安全系统决策问题绘制出决策树；计算概率分支的概率值和相应的结果节点的收益值；计算各概率点的收益期望值；最后确定最优方案

2.1.6 现代管理的方法与安全管理

现代管理理论是继科学管理理论，行为科学理论之后，西方管理理论和思想发展的第三阶段，特指第二次世界大战以后出现的一系列学派。与前阶段相比，这一阶段最大的特点就是学派林立，新的管理理论、思想、方法不断涌现。

现代管理理论是近代所有管理理论的综合，是一个知识体系，是一个学科群，它的基本目标就是要在不断急剧变化的现代社会面前，建立起一个充满创造活力的自适应系统。要使这一系统能够得到持续地高效率地输出，不仅要求要有现代化的管理思想和管理组织，而且还要求有现代化的管理方法和手段来构成现代管理科学。

现代安全管理是在安全管理的各个环节积极导入和运用先进管理方法或技术，实现持续改进企业安全管理体系或模式运行绩效，把企业的职业安全健康风险损失降到可接受水平的一系列活动的总和。

安全管理科学首先涉及的是常规安全管理，有时也称为传统安全管理，如安全行政管理、安全监督检查、安全设备设施管理、劳动环境及卫生条件管理、事故管理等。随着现代企业制度的建立和安全科学技术的发展，现代企业更需要发展科学、合理、有效的现代安全管理方法和技术。现代安全管理是现代社会和现代企业实现现代安全生产和安全生活的必由之路。一个具有现代技术的生产企业必然需要相适应的现代安全管理科学。目前，现代安全管理是安全管理工程中最活跃、最前沿的研究和发展领域。

现代安全管理的理论和方法有：安全哲学原理；安全系统论原理；安全控制论原理；安全信息论原理；安全经济学原理；安全协调学原理；安全思维模式的原理；事故预测与预防原理；事故突变原理；事故致因理论；事故模型学；安全法制管理；安全目标管理法；无隐患管理法；安全行为抽样技术；安全经济技术与方法；安全评价；安全行为科学；安全管理的微机应用；安全决策；事故判定技术；本质安全技术；危险分析方法；风险分析方法；系统安全分析方法；系统危险分析；故障树分析；PDCA 循环法；危险控制技术；安全文化建设等。

现代安全管理的意义和特点在于要变传统的纵向单因素安全管理为现代的横向综合安全管理；变传统的事故管理为现代的事件分析与隐患管理(变事后型为预防型)；变传统的被动的安全管理对象为现代的安全管理动力；变传统的静态安全管理为现代的安全动态管理；变过去企业只顾生产经济效益的安全辅助管理为现代的效益、环境、安全与卫生的综合效果的管理；变传统的被动、辅助、滞后的安全管理程式为现代主动、本质、超前的安全管理程式；变传统的外迫型安全指标管理为内激型的安全目标管理(变次要因素为核心事业)。

2.1.7 安全心理学管理

安全心理从简单意义来说，就是人们在特定的环境中从事物质生产活动过程中所产生的一种特殊的心理活动。安全心理学就是运用心理学的基本原理和方法，在事故前去研究人的安全心理现象和活动规律，评估和预测作业人员劳动行为的安全可靠性，并提出相应的对策和防范措施，以增强作业人员的安全意识，制约人的不安全行为，保证人身和设备安全，使生产得以顺利发展、安全进行的学科。此外，还应研究事故后人的心理状态并提出干预方法，以减少心理创伤。它的研究内容很广，主要有：

(1) 劳动者的一般心理现象，事故的心理动因，事故后人的心理状态，安全心理活动规律，以及个性心理对行为安全性的影响；

(2) 生产管理者、领导者的心理素质与安全生产的关系；

(3) 集团(群体)的激励对成员安全心理的影响；

(4) 如何培养和促进人的安全心理；

(5) 生产管理中的安全对策；

(6) 事故发生后对于人的心理创伤进行总结干预等。

安全心理学是在心理学和安全科学的基础上，结合多种相关学科的成果而形成的一门独立学科。它是一门应用心理学，也是一门新兴的边缘学科。它研究劳动生产过程中人的心理特点，探讨心理过程、个体心理与安全的关系，人－机－环境系统对劳动者的心理影响，人的失误模式在安全工作中的应用，事故发生后心理干预的作用，并提出安全管理的对策和预防事故的软措施。

2.1.7.1 心理训练和安全教育

运用安全心理学的学习理论，做好职工上岗前的安全技术培训和安全思想教育工作，特别是运用心理学的理论对从事起重、电、运输、压力容器、锅炉、爆破、焊接、机动车辆驾驶、机动船舶驾驶等危险性大的特种作业人员进行专业的安全技术教育。对员工进行情感教育，培养职工良好的心理素质。

每个人都有周期性的生物钟，有精力旺盛的时候，也有萎靡不振的时候。工作安排时，可运用人体生物节律的科学原理，事前预测分析人的智力、体力、情绪变化周期，控制临界期和低潮期，观察人员的精神状况。要在事故发生前调节和控制操作者的心理和行为，掌握安全生产的主动权，将事故消灭在萌芽状态。

艾宾浩斯遗忘曲线告诉人们，安全信息量的多少一定程度上决定着安全事故的发生与否。因此，要努力提高人的安全信息量是预防安全事故，跳出“事故周期律”的关键所在。为了预防安全事故，防止信息保持量低于安全信息量，遗忘的安全信息量必须通过反复教育使之重新激活。结合人的遗忘规律在适当的时候对员工进行经常性的、行之有效的针对性安全教育，以取得最佳培训效果。

2.1.7.2 心理学干预方法

心理上的救灾的意义比物质上的救灾的意义更长远些。心理干预在国外被称为危机干预，是指在遇到灾难事故是对当事人进行的一系列心理疏导活动。事故后人的心理干预也归属于安全心理学的学科体系中。

突发事故，尤其是重大灾害，无论是自然的或是人为的，在给人们生命和身体造成巨大伤害的同时，也给人们的心理、精神造成严重损害，引起社会心理的动荡，带来一系列负面影响和社会问题。事故发生后不仅要救命更加要“救心”，现有事故的调查和处理过程还需完善，不应该仅仅只停留在分析找出事故原因，应更进一步发现了解人的心理状态以及去改善事故后人的心理。一般地，人在事故发生后通常有以下的心理状态，如图2－8所示。

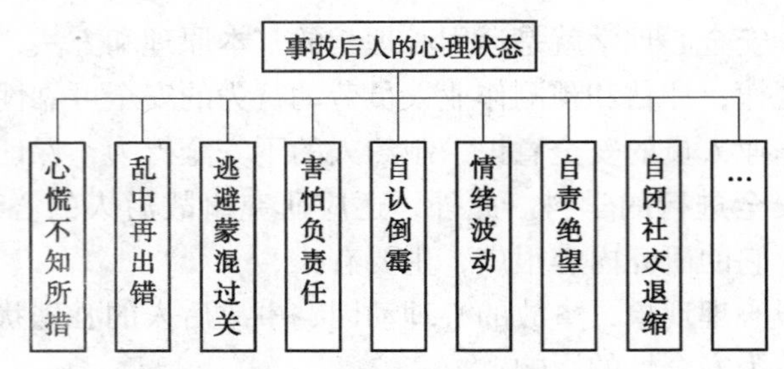

图 2-8　事故后人的心理状态

灾难后心理干预就是通过提供专业服务和各种类资源，为个人、家庭的心理状况尽可能恢复到灾难前的状态。恢复工作需要政府、社会的参与。对事故后恢复工作系统性、复杂性、动态性和长期性的特点引起重视，密切关注受影响的个体、家庭、群体甚至整个受影响地区内的心理变化；鼓励广泛有序的社会参与，不仅让受影响的基层社区和政府社会福利机构，还有专业心理咨询单位积极参与，还让其他公共部门尤其是安全管理部门的共同参与，同时要尽可能地吸纳相关的安全心理学专业人士予以指导；在灾难事故发生后，要争取在第一时间内开展心理干预工作，一旦事故发生后，我们必须努力将事故对人的心理伤害降到最低。

可以通过委派心理咨询员，深入员工的家庭生活，研究和掌握工人的安全心理状况。包括建立具体行业职工心理救助体系，对员工进行心理辅导，及时了解员工的心理问题，尤其要针对事故后出现的"自责"、"自闭"、"紧张"或者"焦虑"等情绪和不良意识进行辅导，减轻心理压力和负担。并减轻事故相关人员的心理压力，开展适当的心理应激能力培训，提高人的心理承受能力。自觉改善和控制人的事后不安全心理，真正实现"生者坚强"。

事故心理干预应成为事故调查与分析的重要内容，总结事故后人的心理状况为事故调查研究提供一个新的方向。

2.1.8　安全文化管理

2.1.8.1　安全文化概述

（1）安全文化的起源

安全文化伴随着人类的产生而产生，伴随着人类社会的进步而发展。安全文化经历了从自发到自觉，从无意识到有意识的漫长过程。在世界工业生产范围内，有意识并主动推进安全文化建设源于高技术和高危的核安全领域。

1986 年，前苏联切尔诺贝利核电站事故发生以后，国际原子能机构(INSAG)提出了"安全文化"一词。

1988 年国际核安全咨询组把安全文化的概念作为一种基本管理原则提出：安全文化必须渗透到核电厂的日常管理之中。

1991 年，INSAG 编写了《安全文化》，给出其定义："安全文化是存在于单位和个人中的种种素质和态度的总和，它建立一种超出一切之上的观念，即核电厂的安全问题由于它的重要性要保证得到应有的重视。"

1993 年国际核设施安全顾问委员会(ACSNI)进一步阐述了安全文化的概念："安全文化是决定组织的安全与健康管理承诺、风格和效率的那些个体或组织的价值观、态度、认知、胜任力以及行为模式的产物。"

（2）安全文化的定义与内涵

① 安全文化的定义

广义的安全文化在《中国安全文化建设》中给出定义：“安全文化是指人类在生产生活的时间过程中，为保障身心健康安全而创造的一切安全物质财富和安全精神财富的总和，它包含着人类的社会实践活动、科学技术的发展、物质财富的产出和人的意识形态的总和；是个人和团体中的种种素质和态度的总和；是价值观、能力和行为方式的综合产物。”

狭义的安全文化是指企业安全文化。如国际 INSAG（国际核安全咨询组）和 HSCASIN（英国安全委员会核设施安全咨询会）给出的定义：“一个单位的安全文化是个人和集体的价值观、态度、能力和行为方式的综合产物”。

《企业安全文化建设导则》（AQ/T 9004—2008）给出企业安全文化定义：被企业组织的员工群体所共享的安全价值观、态度、道德和行为规范的统一体。

② 安全文化的层次

一是直观的表层文化，如企业的安全文明生产环境与秩序；

二是企业安全管理体制的中层文化，它包括企业内部的组织机构、管理网络、部门分工和安全生产法规与制度建设；

三是安全意识形态的深层文化。

③ 企业安全文化的基本特征

安全文化是指企业生产经营过程中，为保障企业安全生产，保护员工身心安全与健康所涉及的种种文化实践及活动。

企业安全文化与企业文化目标是基本一致的，即“以人为本”为基础。

企业安全文化更强调企业的安全形象、安全奋斗目标、安全激励精神、安全价值观和安全生产及产品安全质量、企业安全风貌及“商誉”效应等，是企业凝聚力的体现，对员工有很强的吸引力和无形的约束作用，能激发员工产生强烈的责任感。

企业安全文化对员工有很强的潜移默化的作用，能影响人的思维，改善人们的心智模式，改变人的行为。

④ 企业安全文化的主要功能

导向功能。企业安全文化所提出的价值观为企业的安全管理决策活动提供了为企业大多数职工所认同的价值取向，它们能将价值观内化为个人的价值观，将企业目标“内化”为自己的行为目标，使个体的目标、价值观、理想与企业的目标、价值观、理想有了高度一致性和同一性。

凝聚功能。当企业安全文化所提出的价值观被企业职工内化为个体的价值观和目标后就会产生一种积极而强大的群体意识，将每个职工紧密地联系在一起。形成了一种强大的凝聚力和向心力。

激励功能。企业安全文化所提出的价值观向员工展示了工作的意义，员工在理解工作的意义后，会产生更大的工作动力。

辐射和同化功能。企业安全文化一旦在一定的群体中形成，便会对周围群体产生强大的影响作用，迅速向周边辐射。而且，企业安全文化还会保持一个企业稳定的、独特的风格和活力，同化一批又一批新来者，使他们接受这种文化并继续保持与传播，使企业安全文化的生命力得以持久。

2.1.8.2 安全文化体系标准与建设

(1) 安全文化建设模式

安全文化建设模式见图2-9。

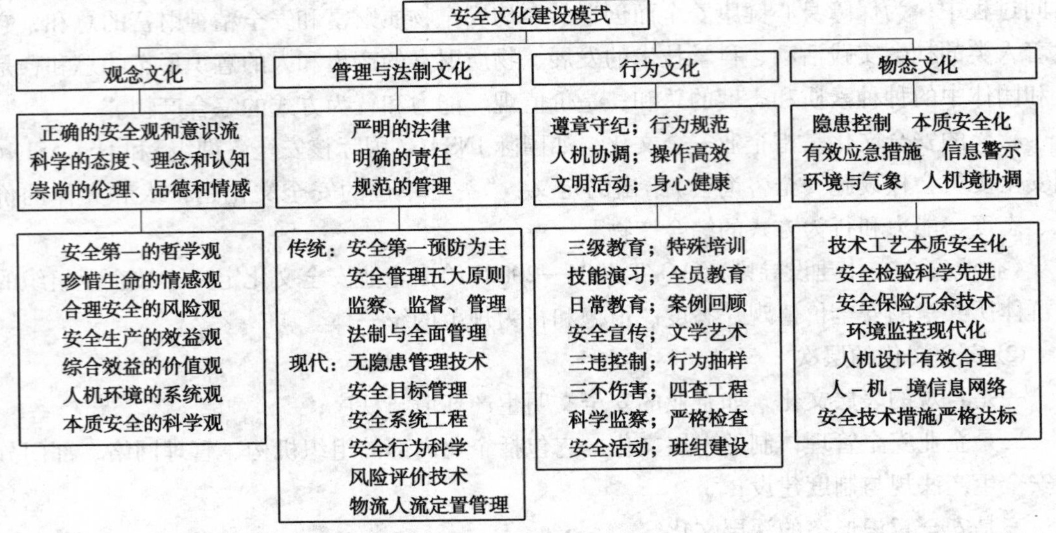

图2-9 安全文化建设模式

① 安全观念文化是组织(单位、企业或社区，下同)成员全体一致、高度认同的安全方针、安全理念、安全愿景、安全价值观、安全目标、安全态度等精神文化形态的总和。

② 安全制度文化是组织成员对确保安全法律、规程、规范、标准的理解、认知和自觉执行的方式和水平。

③ 安全行为文化是组织全体成员普遍、自觉接受的安全职责、安全行为规范、安全行为习惯、安全行为实践等有意识的行动与活动。

④ 安全物态文化是组织、企业或社区空间内的安全生产或活动的条件、安全信息环境、安全标志、安全警示等安全文化物态载体的总和。

安全物态文化、安全行为文化和安全制度文化是安全文化的表象和产物，安全观念文化是安全文化的核心与根基。

(2) 中国石化的安全文化理念

中国石化的安全文化理念主要包括社会责任理念、安全生产危机理念、“谁主管、谁负责”的责任理念等六个方面。

① 社会责任理念。我们认识到安全生产是经济社会发展的基础、前提和保障，是构建社会主义和谐社会的重要内容。

② 安全生产危机理念。中国石化从事的是高危行业，“高温高压、易燃易爆、有毒有害、连续作业、链长面广”的行业特点，以及石油石化在国民经济中的地位决定了安全是我们永恒的主题，安全是我们永远的责任。安全生产始终是我们的头等大事，必须永远把安全摆在首位，一时一刻不能放松。

③ “谁主管、谁负责”的责任理念。在落实安全生产责任方面，我们一直坚持“谁主管、谁负责”、“管生产必须管安全”的原则，实施“全员、全过程、全方位、全天候”的安全监督管理。

④ “以人为本”理念。我们始终认为人是安全生产的实践主体，是安全生产系统中最关键的一环。因此，安全生产必须坚持以人为本。

⑤ 事故预防理念。因为我们认为安全事故是可以避免的，安全工作也是有规律的。而规律是可以认识和把握的，只要工作到位，安全是有保证的。

⑥ 事故责任追究理念。中国石化一直坚持“小事故当大事故对待、未遂事故按已发事故要求”的原则，不断加强对安全事故（事件）的调查处理工作。我们坚持“任何事故的发生，都应该查找管理上的原因”这一理念。

（3）企业安全文化建设标准

安全文化的建设要遵循《企业安全文化建设导则》（AQ/T 9004—2008）的要求。

企业在安全文化建设过程中，应充分考虑自身内部的和外部的文化特征，引导全体员工的安全态度和安全行为，实现在法律和政府监管要求基础上的安全自我约束，通过全员参与实现企业安全生产水平持续提高。其总体模式见图 2－10。

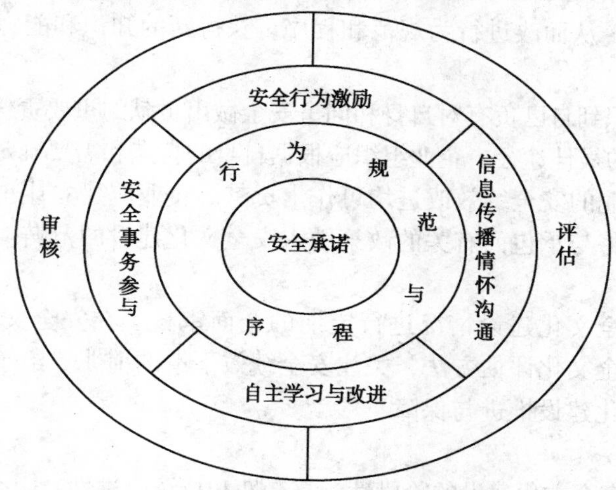

图 2－10　企业安全文化建设的总体模式

（4）企业安全文化建设基本要素

① 安全承诺

企业应建立包括安全价值观、安全愿景、安全使命和安全目标等在内的安全承诺。安全承诺应做到：切合企业特点和实际，反映共同安全志向；明确安全问题在组织内部具有最高优先权；声明所有与企业安全有关的重要活动都追求卓越；含义清晰明了，并被全体员工和相关方所知晓和理解。

② 行为规范与程序

企业内部的行为规范是企业安全承诺的具体体现和安全文化建设的基础要求。企业应确保拥有能够达到和维持安全绩效的管理系统，建立清晰界定的组织结构和安全职责体系，有效控制全体员工的行为。

程序是行为规范的重要组成部分。企业应建立必要的程序，以达到对与安全相关的所有活动进行有效控制的目的。

③ 安全行为激励

企业在审查和评估自身安全绩效时，除使用事故发生率等消极指标外，还应使用旨在对安全绩效给予直接认可的积极指标。员工应该受到鼓励，在任何时间和地点，挑战所遇到的潜在不安全实践，并识别所存在的安全缺陷。对员工所识别的安全缺陷，企业应给予及时处理和反馈。

企业应建立员工安全绩效评估系统，建立将安全绩效与工作业绩相结合的奖励制度。

④ 安全信息传播与沟通

企业应建立安全信息传播系统，综合利用各种传播途径和方式，提高传播效果。企业应优化安全信息的传播内容，将组织内部有关安全的经验、实践和概念作为传播内容的组成部分。企业应就安全事项建立良好的沟通程序，确保企业与政府监管机构和相关方、各级管理者与员工、员工相互之间的沟通。

⑤ 自主学习与改进

企业应建立有效的安全学习模式，实现动态发展的安全学习过程，保证安全绩效的持续改进。

企业应将与安全相关的任何事件，尤其是人员失误或组织错误事件，当做能够从中汲取经验教训的宝贵机会。从而改进行为规范和程序，获得新的知识和能力。

⑥ 安全事务参与

全体员工都应认识到自己负有对自身和同事安全做出贡献的重要责任。员工对安全事务的参与是落实这种责任的最佳途径。企业组织应根据自身的特点和需要确定员工参与的形式。

所有承包商对企业的安全绩效改进均可作出贡献。企业应建立让承包商参与安全事务和改进过程的机制，可将与承包商有关的政策纳入安全文化建设的范畴。

⑦ 审核与评估

企业应对自身安全文化建设情况进行定期的全面审核。在安全文化建设过程中及审核时，应采用有效的安全文化评估方法，关注安全绩效下滑的前兆。给予及时的控制和改进。

（5）企业安全文化建设推进与保障

① 规划与计划

企业应充分认识安全文化建设的阶段性、复杂性和持续改进性，由企业最高领导人组织制定推动本企业安全文化建设的长期规划和阶段性计划。规划和计划应在实施过程中不断完善。

② 保障条件

企业应充分提供安全文化建设的保障条件，包括：明确安全文化建设的领导职能，建立领导机制；确定负责推动安全文化建设的组织机构与人员，落实其职能；保证必需的建设资金投入；配置适用的安全文化信息传播系统。

③ 推动骨干的选拔和培养

企业应在管理者和普通员工中选拔和培养一批能够有效推动安全文化发展的骨干。这些骨干扮演员工、团队和各级管理者指导老师的角色，承担辅导和鼓励全体员工向良好的安全态度和行为转变的职责。

2.1.8.3 安全文化体系实施

（1）组织准备

成立“企业安全文化建设实施领导小组”，必须由最高层领导任组长；其他高层领导可以任副组长，有关管理部门负责人任组员。设置专门“企业安全文化实施办公室”。

（2）全面推进

① 对本单位的安全生产观念、状态进行初始评估。分析研究安全文化理念是否深入人心；员工安全行为发生了什么变换，安全管理风格和安全管理制度是否发生了变化，各级领导和员工是否履职等。

② 对本单位的安全文化理念进行定格设计。

③ 制订出科学的时间表及推进计划。

(3) 培训骨干

培养骨干是推动企业安全文化建设不断更新、发展，非做不可的事情。训练内容可包括理论、事例、经验和本企业应该如何实施的方法等。

(4) 宣传教育

宣传、教育、激励、感化是传播安全文化，促进精神文明的重要手段。规章制度那些刚性的东西固然必要，但安全文化这种柔的东西往往能起到制度和纪律起不到的作用。

(5) 实施

① 实施安全文化的方法：舆论导向法、形象重塑法、利用事件法、行为激励法、建立礼仪法、造就楷模法、领导垂范法、活动感染法、创造氛围法等。

② 安全文化"四个一建设"模式，是安全文化推进和优化的一种建设方法体系，目前在一些行业和地区得到普遍推广应用。

"一本手册"(企业安全文化手册)。

"一个规划"(企业安全文化发展与建设规划)。

"一套测评工具"(企业安全文化测评标准和方法)。

"一系列建设载体"(系列安全文化建设活动、方式、视觉系统等)。如安全文化竞赛活动模式可采用安全生产月(周)、安全演讲比赛、事故忌日活动、安全优胜竞赛、安全文艺活动等，见表2-8。

表2-8　安全文化宣传模式表

项目	内容	方式	目标	对象	责任者
三个第一	第一个文件是"安全文化"，第一大会是安全大会，第一项工作是安全一号文的宣传月活动	会议、学习、广播、电视、考试	突出安全，抓好安全，为全年的安全工作开好头	全员	党政负责人，安技、宣传部门
三个一工程	车间一套技图，厂区一套图标，每周一场录像	实物建设	增长知识	全员	安技、宣传部门
标志建设	禁止标志、警告标志、指令标志	实物建设	警示作用、强化意识	全员	安技、宣传部门
宣传墙报	安全知识、政策、规章、标准、事故教训等	实物建设	增加知识	全员	安技、宣传部门

2.1.8.4　企业安全文化建设评价

安全文化评价的目的是为了解企业安全文化现状或企业安全文化建设效果，而采取的系统化测评行为，并得出定性或定量的分析结论。《企业安全文化建设评价准则》(AQ/T 9005—2008)给出了企业安全文化评价的要素、指标、减分指标、计算方法等，企业安全文化状况评价可以参照标准实施。

2.2　HSE管理体系

2.2.1　HSE管理体系概述

健康、安全与环境(HSE)管理体系，是国际石油石化公司普遍认可的管理模式，它突出强调事前预防，是一种事前识别风险、评价风险、控制风险和消除风险的科学管理方法，旨在追求“零事故、零伤害、零损失”目标的实现。为了提升油田企业整体管理水平，建立更加规范、科学的管理系统，形成长效运行机制，实现可持续发展，建立与推行 HSE 管理体系，成为一种必然选择。

H——健康(Health)是指人身上没有疾病、心理、精神上保持一种完好状态。对于劳动者本身而言，健康是最基本也是最终的要求，它是人类创造物质和精神文明的基础，而且生产力发展水平越高，人类对健康的要求就越高。

S——安全(Safety)是指在活动过程中，努力改善劳动条件，消除不安全因素，从而避免生产安全事故发生，使组织的活动在保证员工身体健康、生命安全和企业财产不受损失的前提下顺利进行。

E——环境(Environment)是指与人类密切相关、影响人类生活和生产活动的各种自然力量或作用的总和，包括各种自然因素的组合，以及人类与自然因素之间相互形成的生态关系的组合。构成环境的基本要素有空气、水、土地、自然资源及生命物质等一切自然物质，以及它们之间的相互依存、相互转化关系和作用。

HSE 管理体系是将组织实施健康、安全与环境管理的组织机构、职责、做法、程序、过程和资源等要素有机组成的整体。这些要素通过先进、科学、系统的运行模式有机地融合，纳入一体化管理，强调事前预防和风险分析，体现以人为本的原则，遵循过程方法原则或 PDCA(计划、实施、检查、改进)管理循环模式，将社会可持续发展纳入企业管理行为的一种系统管理方法。

2.2.1.1 国际 HSE 管理体系的发展历程

(1) HSE 管理体系的开端

1985 年，壳牌石油公司首次在石油勘探开发领域提出了强化安全管理的构想和方法。1986 年，在强化安全管理的基础上，形成了体系，编制了手册，以文件的形式确定下来，HSE 管理体系初现端倪。

(2) HSE 管理体系的开创发展期

20 世纪 80 年代后期，国际上的几次重大事故对安全工作的深化发展与完善起了巨大的推动作用。如 1987 年的瑞士 SANDEZ 大火，1988 年英国北海油田的帕玻尔·阿尔法平台事故等引起了国际工业界的普遍关注，大家都深深认识到，石油石化作业是高风险的作业，必须进一步采取更有效、更完善的 HSE 管理系统以避免重大事故的发生。1991 年，在荷兰海牙召开了第一届油气勘探开发的健康、安全、环保国际会议，HSE 这一概念逐步为人们所接受。

(3) HSE 管理体系的蓬勃发展期

1994 年油气开发的安全、环保国际会议在印度尼西亚的雅加达召开，由于这次会议由 SPE 发起，并得到 IPICA(国际石油工业保护协会)和 AAPG 的支持，影响面很大，全球各大石油公司和服务厂商积极参与，HSE 的活动在全球范围内迅速展开。

1996 年 1 月，ISO/TC 67 的 SC6 分委会发布 ISO/CD 14690《石油和天然气工业健康、安全与环境管理体系》，成为 HSE 管理体系在国际石油业普遍推行的里程碑，HSE 管理体系在全球范围内进入了一个蓬勃发展时期。

2.2.1.2 国际 HSE 管理经验借鉴

(1) 挪威石油企业 HSE 管理

挪威政府对 HSE 的管理，经历了从具体要求到目标设定上的转变，从日常的 HSE 检查到对 HSE 体系的审核和验证的转变，从具体的强制要求转向沟通与对话上的转变等几个变化。

挪威石油 HSE 条例规定，在任何时候，生命和健康都居于第一位，对石油活动中的任何参与方都规定相应的责任。降低风险的理论受到特别关注，是最大限度减少事故、个人伤害、职业病和环境保护的主要手段。

（2）壳牌公司 HSE 管理

壳牌公司认为人的不安全行为、机械物质和环境的不安全状态是引起事故的重要原因。

壳牌公司认为对于一个能正确执行 HSE 政策的人来说，不仅要懂得实际的危险情况，能发现和消除它，还必须具有完成 HSE 任务的能力和技巧。

（3）BP 公司 HSE 管理

BP 公司 HSE 管理的最大特点之一，就是牢固树立 HSE 管理体系为主线的管理方针，并全力推行落实。

BP 公司把 HSE 体系的建立和推行，始终作为公司开展各项生产经营工作的头等大事，贯穿于生产经营各项活动全过程，以各项基础工作的整体进步，推动 HSE 管理的持续改进。

（4）美国杜邦公司 HSE 管理

美国杜邦公司突出的 HSE 管理经验主要表现在以下三个方面：

① 科学的 HSE 管理原则

所有的事故和职业病都是可以预防的，这是现实的目标，而不是理论的目标。

从董事长到一线管理人员，都直接承担预防工伤和职业病的责任。

每个雇员必须承担 HSE 职责和责任，这是雇佣的条件。

HSE 培训是实现 HSE 的基本方法。

必须进行有效的 HSE 检查。

所有设备和工艺缺陷，立即通过调整设备、改变工艺过程、改进培训工作等加以改进。

认真调查不安全操作及可能发生事故的事件。

对待非工作活动的 HSE 像对待工作一样抓。

预防事故和职业病是一项重要工作。

听取员工的意见，改善安全卫生条件。

② 树立一切事故的原因在于管理的观念

杜邦公司认为：“所有的工伤事故都应归于管理上的失误”。从管理出发对一切不安全因素进行反省，用管理的先进性来杜绝一切事故的可能性。

将 HSE 培训作为保证 HSE 的基本要求，并注重实效。

公司宁愿解雇违章雇员，也不愿意参加他们的葬礼。

③ 先进的应急措施

公司在美国得克萨斯州的萨拜因河化工厂不但保持了州工业界的最好 HSE 纪录，而且在整个杜邦公司系统内也是名列前茅的。他们的主要经验是：不但有一套 HSE 的联锁报警系统，而且有完整的预防、维护管理制度。即使这样，他们仍提出“没有 HSE 联锁报警系统我们不能保护自己，单靠 HSE 联锁报警系统仍不能绝对防止灾难”。因此，仍配备一套相当先进的急救和自救装置。

2.2.1.3 国内 HSE 的发展历程

1997 年 2 月石油工业行业标准 SY/T 6276—1997《石油天然气工业职业 HSE 管理体系》及相关标准的颁布标志着 HSE 管理体系正式进入中国，并首先在国内三大石油公司及其所属企业开始了 HSE 管理体系的建立工作。

（1）中国石油化工集团公司

中国石油化工集团公司 HSE 发展历程主要分为三个阶段：

1998 年年底至 1999 年 12 月：引入 HSE 管理体系并进行宣讲；1999 年 12 月至 2011 年：HSE 标准起草编制修订。

2001 年 2 月：中国石油化工集团公司发布了《中国石油化工集团公司安全、环境与健康（HSE）管理体系》、《油田企业安全、环境与健康（HSE）管理规范》、《炼油化工企业安全、环境与健康（HSE）管理规范》、《施工企业安全、环境与健康（HSE）管理规范》、《销售企业安全、环境与健康（HSE）管理规范》、《油田企业基层队 HSE 实施程序编制指南》、《炼油化工企业生产车间（装置）HSE 实施程序编制指南》、《销售企业油库、加油站 HSE 实施程序编制指南》、《施工企业工程项目 HSE 实施程序编制指南》、《职能部门 HSE 职责实施计划编制指南》。

2001 年 3 月：颁布中国石油化工集团公司 HSE 标准 Q/SHS 0001.1—2001《中国石油化工集团公司 HSE、环境与健康（HSE）管理体系》，向全社会发布 HSE 标准为企业标准。

（2）中国石油天然气集团公司

从 1998 年开始，中国石油天然气集团公司用三年的时间建立和实施 HSE 管理体系。2000 年 1 月正式发布了《中国石油天然气集团公司 HSE 管理手册》，2001 年 4 月正式发布了《中国石油天然气股份公司 HSE 管理体系总体指南》，向社会公开了中国石油的 HSE 承诺。中国石油天然气集团公司 HSE 管理体系执行的标准为 Q/SY 1002.1—2007《健康、安全与环境管理体系第 1 部分：规范》。其内容包括领导和承诺、健康、安全与环境方针、规划（策划）、组织结构、资源和文件、实施和运行、检查和纠正措施、管理评审七个要素。

（3）中国海洋石油总公司

中国海洋石油总公司合作的国外企业都是较早建立和实施 HSE 管理体系的单位，如壳牌、BP、菲利普斯等。她直接引进国外比较成熟的 HSE 管理体系，完全与国外先进的 HSE 管理体系接轨。1996 年 10 月发布了《海洋石油作业 HSE 管理体系原则》及《海洋石油 HSE 管理文件编制指南》，从 1997 年逐渐开始实施 HSE 一体化管理。其 HSE 管理体系包括方针、规划策划、实施和运行、检查和纠正措施、管理评审五个要素。

2.2.1.4 21 世纪 HSE 管理体系的发展趋势

进入 21 世纪以来，世界各国石油石化公司 HSE 管理的重视程度普遍提高，HSE 管理成为世界性的潮流与主题，建立和持续改进 HSE 管理体系将成为国际石油石化公司 HSE 管理的大趋势；以人为本的 HSE 管理核心思想，将得到充分的体现；HSE 管理体系的审核向标准化迈进，世界各国的环境立法更加系统，环境标准更加严格。

2.2.2 HSE 管理体系标准理解

国内三大石油公司在 HSE 体系管理上总体是一致的，但也具有自身的特点和独特的运行模式。不同企业根据自己的企业安全风险和管理特点确认的要素不同，表述不一，但其核心内涵是一致的。

中国石油化工集团公司 HSE 管理体系标准为 Q/SHS 0001.1，其系列标准，如图2－11所示。

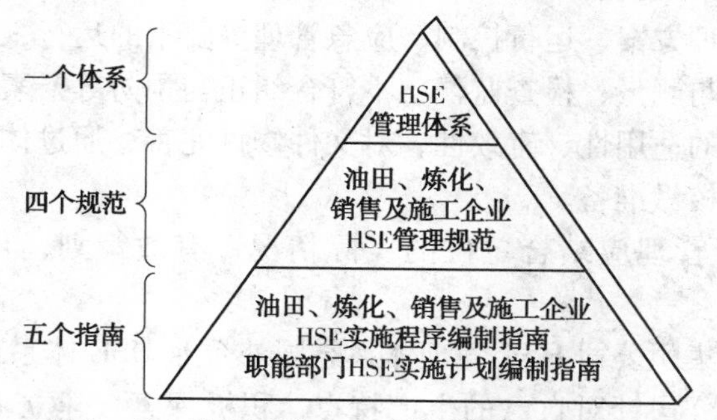

图2－11 中国石化 HSE 管理体系系列标准图

中国石油化工集团公司 HSE 管理体系包括十要素：

① 要素一：领导承诺、方针目标和责任

② 要素二：组织机构、职责、资源和文件控制

③ 要素三：风险评价和隐患治理

④ 要素四：承包商和供应商管理

⑤ 要素五：装置(设施)设计和建设

⑥ 要素六：运行和维修

⑦ 要素七：变更管理和应急管理

⑧ 要素八：检查和监督

⑨ 要素九：事故处理和预防

⑩ 要素十：审核、评审和持续改进

2.2.3 HSE 管理体系建立与运行

2.2.3.1 HSE 管理体系的建立

HSE 管理体系的建立包括领导承诺支持、参与；初始状态评审；成立工作小组，实施培训等步骤，见图 2－12。

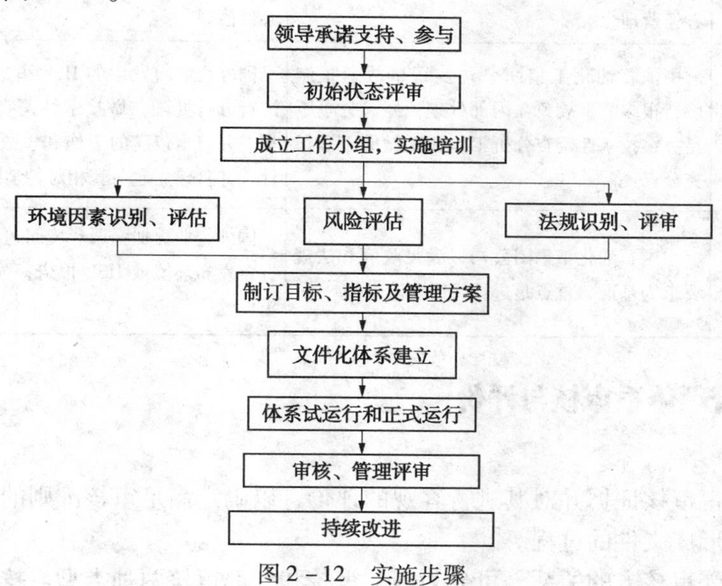

图 2－12 实施步骤

2.2.3.2 HSE管理体系运行管理

（1）中国石油化工集团公司HSE管理体系运行

企业通过目标、管理方案、运行控制、应急管理等要素的运行，实现对重大风险和环境影响的控制；通过检测与测量、检查监督、不符合纠正与预防等要素的实施，达到体系的初步完善；检查体系文件的适用性、有效性，对文件修订完善；通过体系各要素的实施，积累体系有效性证据，为审核做准备。

HSE管理体系运行管理应结合单位的实际情况，有效策划，自我实施，没有固定的模式。

（2）中国石油化工集团公司HSE管理体系与国外企业HSE体系运行差异

中国石油化工集团公司针对自己的生产特点，积极探索，建立HSE管理体系并与国际HSE管理体系接轨，在油气勘探、开发领域上共同提高。其在HSE管理体系的差异见表2－9。

表2－9 HSE管理体系的差异

序号	要素	中国石化HSE体系	国外企业HSE体系
1	管理承诺和责任	中国石油化工集团公司最高管理者向社会做出HSE承诺，明确最高管理者是HSE第一责任人，建立了系统科学的HSE责任体系	国外企业由总裁做出HSE承诺，向外界公布，阐明企业对HSE认识、理念和责任；各级管理者从上到下都做出了明确的承诺
2	组织结构	中国石油化工集团公司非常重视HSE职能机构的设置，逐级设立相应机构，HSE管理人员较多	国外企业单独设置HSE管理部门，小而精，并设置有HSE审计管理部门、应急响应管理部门、安全管理部门、环境管理部门
3	实施和运行	中国石油化工集团公司建立起一套比较完善的HSE管理体系和管理制度	国外企业针对业务活动过程制订了系统、详细的HSE程序和指南。并建立了HSE奖励制度
4	员工承诺	中国石油化工集团公司比较硬性强调按要求和标准去做，员工主动意识相对会减弱。实行员工HSE风险抵押金	国外企业非常强调员工的主动性，注重培养员工的意识。通过HSE奖励来加强员工的参与和承诺
5	HSE意识和理念	中国石油化工集团公司把HSE要求融入核心经营理念	国外企业把HSE当做企业文化的核心内容和核心价值观
6	对事故的认识和处理	中国石油化工集团公司实行事故通报制度，很多的事故只在内部处理，经验分享不足。在技术性调查分析工作往往做的不是很充分	国外企业内发生的HSE事故，有专人对事故去进行分析处理，做技术性调查分析并在企业内共享。并将承包商的工伤和事故纳入企业的HSE统计，并且建立起一套相对科学的事故统计指标体系
7	环境保护	中国石油化工集团公司以满足政府和法规要求为基准，重点是进行污染防治工作	国外企业更加强调环境问题都把守法作为首要前提，发布环境或HSE报告，强调公开环境问题的重要性

2.2.4 HSE管理体系审核与评价

2.2.4.1 审核

审核是为获得审核证据并对其进行客观的评价，以确定满足审核准则的程度所进行的系统的、独立的并形成文件的过程。

按审核方与受审核方的关系，可分为内部审核和外部审核两种类型。按实施审核的人员来分，有第一方审核、第二方审核和第三方审核。内部审核，有时称第一方审核。外部审核包括通常所说的"第二方审核"和"第三方审核"。内部审核与外部审核的区别见表2－10。

表2－10　审核类型的区别

分　类	内部审核	外部审核(第二方审核)	外部审核(第三方审核)
方式	自己查自己	相关方审查	第三方认证机构
对象	HSE体系	HSE体系	HSE体系
审核目的	评价自身体系是否符合标准要求；作为管理手段自我改进提高；为第二、三方审核准备；纠正不足，验证体系是否有效运行	相关方对受审方的初步评价；验证受审方的管理体系；是否满足规定要求并正在运行沟通审核方和受审核方对体系要求的共识；促进受审核方改进管理体系	确认体系各要素是否符合标准要求；确定现行体系实现方针目标的有效性；确定可否认证或确认注册发证；减少第二方重复审核和开支；为受审核方提供改进管理体系的机会；提高企业的信誉和市场竞争能力
重点	重在发现不符合项，进行纠正和预防以保持或改进管理体系	重在交流、学习，取长补短	重在评定，以便决定是否给予认证、认定或确认

2.2.4.2　管理评审

管理评审是由组织的最高管理者对健康、安全与环境现状进行系统的评价，以确定HSE方针、管理体系和程序是否适合于目标、法规和变化了的内外部条件。

管理评审由最高管理者按规定的(适当的)时间间隔组织进行，所谓"适当间隔"，可以半年一次，也可以是每年或更长时间一次，也可随着内、外部条件的变化而及时进行管理评审。

(1) 管理评审内容

管理评审内容包括：健康、安全与环境方针的持续有效性；健康、安全与环境目标、指标的持续适宜性；健康、安全与环境目标、指标和健康、安全与环境绩效的实现程度；健康、安全与环境管理体系内部审核的结果，内审报告提出的所有建议及纠正措施实施情况；风险控制措施的适宜性，健康、安全与环境事故中吸取的教训；相关方关注的问题，内、外部反馈的信息；针对有关情况对健康、安全与环境方针、计划、管理手册及有关文件进行修订。

(2) 管理评审程序

管理评审程序一般分为制订评审计划、准备评审资料、召开评审会议等6个步骤。

① 制订评审计划

根据最高管理者提出的要求，由管理者代表或指派健康、安全与环境主管部门拟制管理评审计划，报最高管理者批准后由主管部门于评审两周前分发、通知参加评审的人员。

② 准备评审资料

由管理者代表组织主管部门及有关部门汇集、准备评审资料。

③ 召开评审会议

最高管理者主持召开评审会议，由主管部门记录评审会议结果并编制评审报告。

④ 批发评审报告

评审报告报管理者代表审核，最高管理者批准，分发参加评审的人员和相关部门。

⑤ 报告留存

管理评审记录及报告由主管部门保存并归档，保存期至少3年。

⑥ 评审后要求

通过管理评审发现的问题，由管理者代表签发“纠正(预防)措施通知单”，由HSE主管部门发至责任单位或部门；

责任部门组织调查分析产生不符合的原因，制定改进和纠正措施并组织实施，填写过程和结果记录；

健康、安全与环境主管部门组织健康、安全与环境改进和纠正措施结果验证，填写验证报告；

由原编制、审批部门办理改进和纠正措施所涉及的文件更改。

管理评审的形式可以采取现场调查、分析研究形成评审报告讨论稿，由最高管理者或委托健康、安全与环境管理者代表主持会议，讨论评审报告讨论稿，并形成结论。由最高管理者审批后形成文件下发并存档。

2.2.5 安全标准化规范的建立实施

2.2.5.1 安全生产标准化的概念

《企业安全生产标准化基本规范》(AQ/T 9006—2010)对安全生产标准化的定义是：通过建立安全生产责任制，制定安全管理制度和操作规程，排查治理隐患和监控重大危险源，建立预防机制，规范生产行为，使各生产环节符合有关安全生产法律法规和标准规范的要求，人、机、物、环处于良好的生产状态，并持续改进，不断加强企业安全生产规范化建设。

2.2.5.2 安全生产标准化的建立实施

企业在建立实施安全标准化的过程中，应根据《企业安全生产标准化基本规范》(AQ/T 9006—2010)的要求，做好与HSE管理体系的有效融合。

(1) 目标

企业根据自身安全生产实际，制定总体和年度安全生产目标。

(2) 组织机构和职责

企业应按规定设置安全生产管理机构，配备安全生产管理人员。

企业应建立安全生产责任制，明确各级单位、部门和人员的安全生产职责。企业主要负责人全面负责安全生产工作。

(3) 安全生产投入

企业应建立安全生产投入保障制度，完善和改进安全生产条件，按规定提取安全费用，专项用于安全生产，并建立安全费用台账。

(4) 法律法规与安全管理制度

企业应建立识别和获取适用的安全生产法律法规、标准规范的制度，明确主管部门，确定获取的渠道、方式，及时识别和获取适用的安全生产法律法规、标准规范。

企业应建立健全安全生产规章制度，并发放到相关工作岗位，规范从业人员的生产作业行为。根据生产特点，编制岗位安全操作规程，并发放到相关岗位。

(5) 教育培训

企业应确定安全教育培训主管部门，按规定及岗位需要(安全生产管理人员、操作岗位人员、其他人员)，定期识别安全教育培训需求，制订、实施安全教育培训计划，提供相应的资源保证。

（6）生产设备设施

企业建设项目的所有设备设施应符合有关法律法规、标准规范要求；安全设备设施应与建设项目主体工程同时设计、同时施工、同时投入生产和使用。

（7）作业安全

企业应加强生产现场安全管理和生产过程的控制，应加强生产作业行为的安全管理。在有较大危险因素的作业场所和设备设施上，设置明显的安全警示标志，进行危险提示、警示，告知危险的种类、后果及应急措施等。

同时企业应执行承包商、供应商等相关方管理制度，对其资格预审、选择、服务前准备、作业过程、提供的产品、技术服务、表现评估、续用等进行管理。

（8）隐患排查和治理

企业应组织事故隐患排查工作，对隐患进行分析评估，确定隐患等级，登记建档，及时采取有效的治理措施。运用定量的安全生产预测预警技术，建立体现企业安全生产状况及发展趋势的预警指数系统。

（9）重大危险源监控

企业应依据有关标准对本单位的危险设施或场所进行重大危险源辨识与安全评估，对确认的重大危险源及时登记建档，并按规定备案。企业应建立健全重大危险源安全管理制度，制定重大危险源安全管理技术措施。

（10）职业健康

企业应按照法律法规、标准规范的要求，为从业人员提供符合职业健康要求的工作环境和条件，配备与职业健康保护相适应的设施、工具。应定期对作业场所职业危害进行检测，在检测点设置标识牌予以告知，并将检测结果存入职业健康档案。

企业与从业人员订立劳动合同时，应将工作过程中可能产生的职业危害及其后果和防护措施如实告知从业人员，并在劳动合同中写明。

企业应按规定，及时、如实向当地主管部门申报生产过程存在的职业危害因素，并依法接受其监督。

（11）应急救援

企业应按规定建立安全生产应急管理机构或指定专人负责安全生产应急管理工作。应按规定制定生产安全事故应急预案，并针对重点作业岗位制定应急处置方案或措施，形成安全生产应急预案体系。企业应定期组织生产安全事故应急演练，并对演练效果进行评估。根据评估结果，修订、完善应急预案，改进应急管理工作。

（12）事故报告、调查和处理

企业发生事故后，应按规定及时向上级单位、政府有关部门报告，并妥善保护事故现场及有关证据。按规定成立事故调查组，明确其职责与权限，进行事故调查或配合上级部门的事故调查。

（13）绩效评定和持续改进

企业应每年至少一次对本单位安全生产标准化的实施情况进行评定，验证各项安全生产制度措施的适宜性、充分性和有效性，检查安全生产工作目标、指标的完成情况。根据安全生产标准化的评定结果和安全生产预警指数系统所反映的趋势，对安全生产目标、指标、规章制度、操作规程等进行修改完善，持续改进，不断提高安全绩效。

2.2.5.3 中国石油化工集团公司安全生产标准化与标准化建设的比较

中国石油化工集团公司安全生产标准化工作严格按照 HSE 管理体系运行，并采用“策划、实施、检查、改进”动态循环的模式，依据标准的要求，自我纠正和自我完善，建立安全绩效持续改进的安全生产长效机制。中国石油化工集团公司 HSE 管理体系 10 个要素 44 个子要素与《企业安全生产标准化基本规范》(AQ/T 9006—2010)13 个要素 41 个子要素的比较见表 2-11。

表 2-11 中国石油化工集团 HSE 管理体系与标准化规范的比较

企业安全生产标准化基本规范要素名称	子要素名称	中国石油化工集团公司 HSE 体系要素名称	子要素名称
5.1 目标		3.1 领导承诺、方针目标和责任	3.1.1 领导承诺 3.1.2 方针目标 3.1.3 责任与考核
5.2 组织机构和职责	5.2.1 组织机构 5.2.2 职责	3.2 组织机构、职责、资源和文件控制	3.2.1 组织机构与职责 3.2.2 人力资源 3.2.3 财力资源 3.2.5 信息交流 3.2.6 文件控制 3.2.7 记录管理
5.3 安全生产投入			
5.4 法律法规与安全管理制度	5.4.1 法律法规、标准规范 5.4.2 规章制度 5.4.3 操作规程 5.4.4 评估 5.4.5 修订 5.4.6 文件和档案管理	3.4 承包商和供应商管理	3.4.1 承包商资格预审 3.4.2 承包商选择 3.4.3 开工前准备 3.4.4 作业管理 3.4.5 表现评价与业绩考核 3.4.6 供应商审查选择 3.4.7 供应与服务过程风险控制 3.4.8 供应商考核评价
5.5 教育培训	5.5.1 教育培训管理 5.5.2 安全生产管理人员教育培训 5.5.3 操作岗位人员教育培训 5.5.4 其他人员教育培训 5.5.5 安全文化建设		
5.6 生产设备设施	5.6.1 生产设备设施建设 5.6.2 设备设施运行管理 5.6.3 新设备设施验收及旧设备拆除、报废	3.5 装置(设施)的设计与建设	3.5.1 可行性研究与立项 3.5.3 工程建设管理 3.5.4 试运行与验收

续表

企业安全生产标准化基本规范要素名称	子要素名称	中国石油化工集团公司HSE体系要素名称	子要素名称
5.7 作业安全	5.7.1 生产现场管理和生产过程控制 5.7.2 作业行为管理 5.7.3 警示标志 5.7.4 相关方管理 5.7.5 变更	3.6 运行与维修	3.6.1 生产运行管理 3.6.2 设备运行管理 3.6.3 直接作业环节控制 3.6.4 关键装置要害部位管理 3.6.5 危险物品管理 3.6.6 交通安全管理 3.6.7 消防安全管理 3.6.8 职业卫生管理 3.6.9 环境保护管理 3.6.10 HSE 标志管理
5.8 隐患排查和治理	5.8.1 隐患排查 5.8.2 排查范围与方法 5.8.3 隐患治理 5.8.4 预测预警	3.3 风险评价和隐患治理	3.3.1 危害识别与风险评价 3.3.2 环境因素识别与风险评价 3.3.3 风险控制 3.3.4 隐患治理
5.9 重大危险源监控	5.9.1 辨识与评估 5.9.2 登记建档与备案 5.9.3 监控与管理		
5.10 职业健康	5.10.1 职业健康管理 5.10.2 职业危害告知和警示 5.10.3 职业危害申报		
5.11 应急救援	5.11.1 应急机构和队伍 5.11.2 应急预案 5.11.3 应急设施、装备、物资 5.11.4 应急演练 5.11.5 事故救援	3.7 变更管理和应急管理	3.7.1 变更管理 3.7.2 应急管理
5.12 事故报告、调查和处理	5.12.1 事故报告 5.12.2 事故调查和处理	3.8 检查和监督	3.8.1 检查和监督 3.8.2 不符合纠正
		3.9 事故处理和预防	3.9.1 事故处理 3.9.2 事故预防
5.13 绩效评定和持续改进	5.13.1 绩效评定 5.13.2 持续改进	3.10 审核、评审和持续改进	3.10.1 内部审核 3.10.2 管理评审

《中国石油化工集团公司HSE管理体系》与《企业安全生产标准化基本规范》相比，缺少5.5.5安全文化建设、5.6.3新设备设施验收、5.7.2作业行为管理、5.8.4预测预警”。但《企业安全生产标准化基本规范》与《中国石油化工集团公司HSE管理体系》相比，缺少3.7.1变更管理、3.8.1检查和监督、3.8.2不符合纠正、3.10.1内部审核、3.10.2管理评审。

2.2.6 HSE 信息管理系统介绍

中国石化 HSE 管理系统是生产营运体系下的 HSE 专业管理系统，应用上分为总部和企业两个层面，功能主要包括正常状态下的 HSE 监督管理、事故状态下的应急指挥和综合展示。企业层面 HSE 管理系统对试点企业现有的应用系统进行集成，结合手工录入支撑企业的 HSE 应用，通过总部生产营运信息集成平台支撑总部 HSE 管理系统的应用。中国石油化工集团公司 HSE 信息管理系统的总体架构见图 2－13。

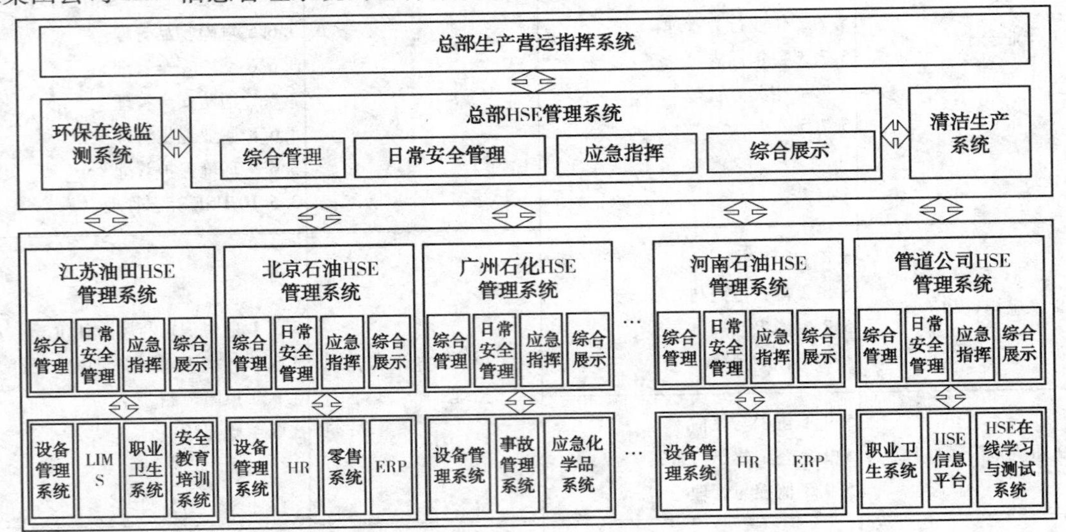

图 2－13　中国石油化工集团公司 HSE 信息管理系统的总体架构

为实现安全生产透明，应急指挥高效、管理规范、信息高度共享的目标，油田类型企业的 HSE 管理业务标准模板分为 16 个模块：教育培训、风险管理、隐患管理、承包商管理、建设项目“三同时”管理、关键装置/要害部位管理、作业许可管理、环保管理、职业健康、交通安全管理、公共安全、变更管理、应急管理、HSE 检查、事故管理、绩效管理。

2.3 安全管理责任

2.3.1 国家安全生产责任体制

《安全生产法》确立了我国的安全生产责任体制是：

（1）国家监察——国务院和地方各级人民政府对安全生产工作负有领导责任，支持、督促各有关部门依法履行安全生产监督管理职责。

国务院负责安全生产监督管理的部门对全国安全生产工作实施综合监督管理；县级以上地方各级人民政府负责安全生产监督管理的部门对本行政区域内安全生产工作实施综合监督管理。依法对涉及安全生产需要审查批准（包括批准、核准、许可、注册、认证、颁发证照等）验收的事项进行管理。

监察机关对安全生产监督管理职责履行情况实施监察；国家实行生产安全事故责任追究制度，依法追究生产安全事故责任人员的法律责任。

（2）行业管理——由政府相关行政主管部门或授权的资产经营管理机构或公司，实施直管、专项监管。

国务院有关部门依照安全生产法和其他有关法律、行政法规的规定，在各自的职责范围内对有关的安全生产工作实施监督管理；县级以上地方各级人民政府有关部门依照本法和其他有关法律、法规的规定，在各自的职责范围内对有关的安全生产工作实施监督管理。

（3）企业负责——生产经营单位必须遵守本法和其他有关安全生产的法律、法规，加强安全生产管理，建立、健全安全生产责任制度，完善安全生产条件，确保安全生产。生产经营单位是安全生产的责任主体，应当对本单位的安全生产承担主体责任，并对未履行安全生产主体责任导致的后果负责。

（4）中介服务——国家推行安全生产技术中介服务制度。依法设立的为安全生产提供技术服务的中介机构，依照法律、行政法规和执业准则，接受生产经营单位的委托为其安全生产工作提供技术服务。承担安全工作的中介机构，对其作出的结果负责。

（5）社会监督——工会、群众、媒体监督。工会依法组织职工对安全生产工作实施民主管理和民主监督，维护职工在安全生产方面的合法权益；任何单位或者个人均有权报告或者举报事故隐患、安全违法现象；新闻媒体对安全生产进行宣传教育和舆论监督。

2.3.2 单位的主体责任

2.3.2.1 单位主要负责人的责任

生产经营单位的主要负责人对本单位的安全生产工作全面负责，是本单位安全生产的第一责任人，依法对单位的安全生产状况承担最终责任。对本单位安全生产工作负有下列职责：

（1）建立、健全本单位安全生产责任制；

（2）组织制定本单位安全生产规章制度和操作规程；

（3）保证本单位安全生产投入的有效实施；

（4）督促、检查本单位的安全生产工作，及时消除生产安全事故隐患；

（5）组织制订并实施本单位的生产安全事故应急救援预案；

（6）及时、如实报告生产安全事故；

（7）法律、法规、规章规定的其他职责。

2.3.2.2 生产经营单位的主体责任

（1）物资保障责任：

① 具备法律法规和国家标准、行业标准规定的安全生产条件；

② 保证依法履行建设项目安全设施“三同时”的规定；

③ 依法为从业人员提供劳动防护用品，并监督、教育其正确佩戴和使用。

（2）资金投入责任：

① 按规定提取和使用安全生产费用，确保资金投入满足安全生产条件需要；

② 按规定存储安全生产风险抵押金；

③ 依法为从业人员缴纳工伤保险费；

④ 保证安全生产教育培训的资金。

（3）机构设置和人员配备责任：

① 依法设置安全生产管理机构，配备安全生产管理人员；

② 按规定委托和聘用注册安全工程师或者注册安全助理工程师为其提供安全管理服务。

（4）规章制度制定责任：建立健全安全生产责任制和各项规章制度、操作规程。

（5）教育培训责任：依法组织从业人员参加安全生产教育培训，取得相关上岗资格证书。

（6）安全管理责任：

① 依法加强安全生产管理；

② 定期组织开展安全检查；

③ 依法取得安全生产许可；

④ 依法对重大危险源实施监控；

⑤ 及时消除事故隐患；

⑥ 开展安全生产宣传教育；

⑦ 统一协调管理承包、承租单位的安全生产工作；

⑧ 必须执行依法制定的保障安全生产的国家标准或者行业标准。

（7）事故报告和应急救援的责任：

① 按规定报告生产安全事故；

② 及时开展事故抢险救援；

③ 妥善处理事故善后工作。

（8）法律、法规、规章规定的其他安全生产责任。

2.3.2.3 工会的监督责任

工会依法组织职工参加本单位安全生产工作的民主管理和民主监督，维护职工在安全生产方面的合法权益。

（1）工会有权对建设项目的安全设施与主体工程同时设计、同时施工、同时投入生产和使用进行监督，提出意见；

（2）工会对生产经营单位违反安全生产法律、法规，侵犯从业人员合法权益的行为，有权要求纠正；

（3）发现生产经营单位违章指挥、强令冒险作业或者发现事故隐患时，有权提出解决的建议，生产经营单位应当及时研究答复；

（4）发现危及从业人员生命安全的情况时，有权向生产经营单位建议组织从业人员撤离危险场所，生产经营单位必须立即作出处理；

（5）工会有权依法参加事故调查，向有关部门提出处理意见，并要求追究有关人员的责任；

（6）法律、法规、规章规定的其他安全生产责任。

2.3.3 单位安全责任制的建立

安全生产责任制是依照《安全生产法》、安全生产方针，将各级人员、职能部门及其岗位生产人员在安全生产方面应做的事情和应负的责任加以明确的一种制度。安全生产责任制是单位落实主体责任的核心制度，合理的责任制分配有利于各项制度的落实。

2.3.3.1 建立安全生产责任制的目的和意义

安全生产责任制是生产经营单位岗位责任制的重要组成部分，是生产经营单位各项安全生产规章制度的核心，同时也是生产经营单位最基本的安全管理制度。建立安全生产责任制的目的，一方面是增强生产经营单位各级负责人员、各职能部门及其工作人员和各岗位人员对安全生产的责任感；另一方面明确生产经营单位中各级负责人员、各职能部门及其工作人员和各岗位生产人员在安全生产中应履行的职能和应承担的责任，以充分调动各级人员和各部门在安全生产方面的积极性和主观能动性，确保安全生产。

建立安全生产责任制的重要意义主要体现在两方面。一是落实我国安全生产方针和有关安全生产法规和政策的具体要求。二是通过明确责任使各级各类人员真正重视安全生产工作，对预防事故和减少损失、进行事故调查和处理、建立和谐社会等均具有重要作用。

生产经营单位必须建立安全生产责任制，把“安全生产，人人有责”从制度上固定下来；生产经营单位法定代表人要切实履行本单位安全生产第一责任人的职责，把安全生产的责任落实到每个环节、每个岗位、每个人，从而增强各级管理人员的责任心，使安全管理工作既做到责任明确，又互相协调配合，共同努力把安全生产工作真正落到实处。

2.3.3.2 安全责任实施的基本原则

(1) 全员负责的原则。实施全员责任制，即安全生产，人人有责，从组织管理上是纵向到底，横向到边。在一个企业中，人人都享有工作的权利，也有保障安全的义务，真正达到既按时完成生产任务，又保证不出事故。

(2) 谁主管谁负责，管生产必须管安全的原则。即在一把手负总责的前提下，执行谁分管谁负责，谁引进谁负责，谁雇佣谁负责，谁采购谁负责，谁发包谁负责，谁审批谁负责，谁使用谁负责等。分管领导必须分管专业范围内的安全，主管哪一项工作，哪一项工作内的安全工作就要管。即第一责任人负全责，主管领导负领导责任，分管领导负直接领导责任，监管人员负监督责任，管理人员、操作人员负直接责任。

(3) 安全责任层层分解的原则。安全生产实施一岗双责制，明确工作责任和安全责任，层层有责任，人人有职责；每个部门、每个岗位都有自己的安全职责，“一把手”主要责任是要按照“谁主管、谁负责”的原则，分板块按照每一个人的分工，把安全生产的责任真正落实到每位班子成员的身上，落实到每个职能部门的头上，落实到分管安全的负责同志的身上，落实到每一层管理组织的头上。

(4) 强化落实的原则。一把手要亲自过问，各位分管领导要亲自上手，各部门要主动牵头，层层抓落实，在安排部署生产时落实安全工作的“五同时”。

(5) 失职追责的原则。即对责任事故进行追究，谁出事谁负责，实施一票否决权。各单位年度内发生安全事故影响和损失较大的，年终考核时不能评为先进或文明单位。单位安全责任人、安全管理人和直接责任人当年不能评为先进个人，情节严重的，个人年度内不得晋级、晋职等，依法追求相关责任人的责任。

2.3.3.3 全员责任制建立

安全生产责任制建立就是进一步明确规定各级层次的领导、职能部门和各类人员在生产（施工）活动中应负的安全职责，使安全管理工作做到“纵向到底、横向到边”，“专管成线、群管成网”，责任明确，齐抓共管，把安全生产工作落到实处。安全生产责任制建立要体现责、权相结合的原则，没有无权利的责任，也没有无责任的权利。

(1) 部门和所属单位安全责任制

单位应当按组织机构和管理层次分别制定本单位的安全生产责任制。纵向方面，企业各层级单位自上而下地建立安全生产责任制。有多少层次就建多少层次责任制，各层次的各个单位按工作范围制定安全责任制，对所辖范围内的所有工作负安全责任。有多少单位就有多少单位的安全责任制。

横向方面是各层次上的各个部门按部门职责权限制定安全责任制，管辖什么业务就应该对业务范围的安全负责任，如企业中的生产、技术、机动、材料、财务、教育、劳资、计划、卫生等职能部门都应制定相应的安全生产职责。有多少部门就有多少部门的责任制。

（2）人员岗位责任制

部门（单位）的职责是通过各个岗位人员来落实的，因此各个岗位人员应制定与职权相适应的岗位责任制。

单位可依据组织机构审批的职权范围、上级管理部门的要求，参照以上责任划分，制定各部门（单位）人员的岗位安全生产职责。

2.3.3.4 安全责任的有效落实

（1）安全责任的落实要实行目标化管理。明确各部门和各层次的安全责任目标，并逐级签订安全生产责任目标书，做到界限清晰，责任明确，使各级领导、各班组岗位职工，人人明确各自安全责任，人人知晓各自承担的风险和目标。达到一级对一级负责，层层落实健全责任，做到有标可依、有责可定、有量可查，确保生产过程中的安全工作环环相扣，避免事故发生。

（2）安全责任的落实要实行安全责任的检查。各级安全责任人和各岗位职工安全责任落实的如何，必须通过检查考核来评估，否则安全责任意识必然会淡化。安全责任检查主要分为两大类，一类是依据责任制要求检查各级管理人员履行安全责任情况，主要是检查他们抓宣传教育、抓制度建设、抓施工现场安全管理的情况，检查他们在安全工作中对人、财、物的投入是否合理，检查他们实行“三同时”及“四不放过”的情况，检查他们抓安全队伍建设及关心安全干部工作、生活、活动情况，检查从上自下责任制的落实情况。另一类是依据安全操作规程检查各岗位职工履行安全责任的情况，主要检查现场的过程和行为的落实状况，是否达到了规定的要求，杜绝违章现象的发生。

（3）安全责任的落实要实行安全责任的奖惩。离开了奖惩措施，安全责任落实就是一句空话。要落实措施，必须实行安全生产责任制与经济责任制挂勾。设立安全奖励基金，形成奖惩分明的安全目标和考核体系，做到奖惩兑现。

2.3.4 安全生产责任追究制

事故发生后，如果是责任事故就要进行问责追究，可以对单位也可以对个人。其方式有行政责任、刑事责任和民事责任。

2.3.4.1 行政责任形式

行政处分包括：警告、记过、记大过、降级、降职、责令辞职、撤职、留用察看、开除；行政处罚包括：警告、罚款、没收违法所得、没收非法所得、责令停产停业、暂扣或吊销许可证照、行政拘留。

2.3.4.2 刑事责任

公司、企业、事业单位、机关、团体实施的危害社会的行为，法律规定为单位犯罪的，应当负刑事责任。单位犯罪的，对单位判处罚金，并对其直接负责的主管人员和其他直接责任人员判处刑罚。

刑法规定的主要刑事责任有：以危险方法危害公共安全罪、交通肇事罪、重大责任事故罪、强令违章冒险作业罪、重大劳动安全事故罪、大型群众性活动重大安全事故罪、危险物品肇事罪、工程重大安全事故罪、教育设施重大安全事故罪、消防责任事故罪、不报或谎报安全事故罪、生产或销售不符合安全标准的产品罪。

2.3.4.3 民事责任

公民、法人由于过错侵害国家的、集体的财产，侵害他人财产、人身的，应当承担民事责任。因防止、制止国家的、集体的财产或者他人的财产、人身遭受侵害而使自己受到损害的，由侵害人承担赔偿责任，受益人也可以给予适当的补偿。侵害公民身体造成伤害的，应当赔偿医疗费、因误工减少的收入、残废者生活补助费等费用；造成死亡的，并应当支付丧葬费、死者生前扶养的人必要的生活费等费用。从事高空、高压、易燃、易爆、剧毒、放射性、高速运输工具等对周围环境有高度危险的作业造成他人损害的，应当承担民事责任；如果能够证明损害是由受害人故意造成的，不承担民事责任。在公共场所、道旁或者通道上挖坑、修缮安装地下设施等，没有设置明显标志和采取安全措施造成他人损害的，施工人应当承担民事责任。建筑物或者其他设施以及建筑物上的搁置物、悬挂物发生倒塌、脱落、坠落造成他人损害的，它的所有人或者管理人应当承担民事责任，但能够证明自己没有过错的除外。因紧急避险造成损害的，由引起险情发生的人承担民事责任。如果危险是由自然原因引起的，紧急避险人不承担民事责任或者承担适当的民事责任。因紧急避险采取措施不当或者超过必要的限度，造成不应有的损害的，紧急避险人应当承担适当的民事责任。

2.4 安全生产规划与考核

安全生产事关人民群众生命财产安全，事关国家、企业改革发展稳定大局，事关党和政府形象和声誉。为贯彻落实党中央、国务院关于加强安全生产工作的决策部署，应根据国民经济和社会发展规划纲要和《国务院关于进一步加强企业安全生产工作的通知》(国发〔2010〕23号)精神，结合行业特点制订适合于企业的安全生产工作规划和年度工作计划。

2.4.1 安全生产工作规划

安全生产工作规划要围绕企业总体发展战略目标，从全局性、战略性、前瞻性的高度，研究、分析企业面临的安全形势和发展机遇，明确提出企业安全生产等工作的目标、任务、投资重点和政策措施，引导企业、动员全员共同参与，实现企业的安全生产和可持续发展。

安全生产工作规划，集中体现了企业对安全生产的根本要求，是各级职能部门履行监管职责、编制实施年度计划和制定各项制度措施的重要依据，是企业安全生产工作的行动纲领，是企业保持可持续发展的重要保障。

安全生产工作规划应包括以下内容：前一时期企业安全生产现状和问题；安全生产面临的形势和任务；安全生产指导思想、方针和目标；安全生产主要控制指标；安全生产主要任务；安全生产规划实施的保障措施；安全生产规划实施的投资和效果；安全生产远景目标。

2.4.2 安全生产工作计划

企业的安全工作计划是指在一定时期内企业安全工作的指导纲要和奋斗目标。具体地说就是在规定的时间内，通过采取安全管理和安全技术措施，分解成若干个工作任务，以实现制定的目标，称为安全工作计划。

企业的安全工作计划是企业管理的重要组成部分，是企业生产、经营方针目标能够实现的基本保证。

（1）一般企业制订的安全工作计划有：年度工作计划；月度工作计划；安全活动计划：隐患治理计划；安全技术措施计划；安全检查计划；安全教育计划；安全工作计划的评审计划等。

（2）编制安全工作计划的要求：符合企业安全生产的客观性；安全工作计划目标实用性；安全计划要符合政策性。

针对上级布置的任务，结合本企业实际情况，制订出切实可行的计划。

（3）编制安全工作计划的程序，一般要进行以下几方面的工作：全面、深入了解企业安全生产状况；分析研究企业现状；分析安全生产形势发展趋势，找出影响安全生产的不利因素；展望计划实施后希望的结果；编制安全工作计划；统一下发，并宣传贯彻执行，定期考核执行情况。

2.4.3 企业安全生产考核管理

（1）安全管理考核方案

安全管理考核是企业安全管理的重要组成部分，是安全管理的必要手段。它根据安全法律、法规及安全工作计划制定不同层次的考核方法，重点要将企业安全管理中难度较大、问题较多的工作，影响安全生产关键因素等作为考核的对象。通过考核制定出管理标准和与其对应的奖惩办法，以此来提高安全管理水平。

（2）制订考核方案的工作程序

仔细查阅本企业现行的安全制度、标准、规范、规定；对照各项法律、法规，明确量化了的重点目标与指标；对照安全工作计划目标，找出完成计划目标而需要加强的工作重点，并制定不同侧面的考核细则，一个完整的考核方案。制定的考核细则内容分为两部分：第一部分是总则，包括：制定本细则的目的和意义；本细则的适用范围；第二部分是考核内容，包括：考核项目、考核内容、奖罚标准（也可能是金额、也可能是评分标准）。

（3）制订安全管理考核方案的要求

① 考核方案必须有利于安全管理，符合工作实际，实用。总体方案的制订，要根据企业内各生产单位的生产性质、危险程度、管理难度的不同，来划定标准。对于生产性质、管理难度不同的单位，应加权平均。考核内容必须具体细化，分解成量化指标，通过与经济效益挂钩，约束作业人员（集体环境中）的不安全行为。所以，制订的方案必须符合本企业实际情况，可操作性强。

② 制订考核方案过程中，不能与国家、省市、行业、集团公司的有关法规制度相冲突。同时，结合企业各单位生产实际情况，如生产性质、危险程度、规模大小、管理难度等，将相关因素统筹考虑进去，具有特殊灵活性。

③ 考核方案的制订是在安全管理细化的情况下，对应每一项条款，制订工作标准和奖惩办法。方案不能只体现出处罚，没有奖励的方案在执行过程中就没有动力，容易使被考核的单位和个人产生消极因素，不利于考核方案的贯彻和落实。

④ 考核方案是对企业内各项安全管理制度的深化，要与之相一致，对安全管理制度比较重要的、应用较多的条款，或安全管理制度中没有明确、没有完善的内容做进一步的补充、完善、深化；对影响安全生产关键因素、重点工作要注意严细考核。制定细则中，要根据考核内容的相对重要程度，定出相应扣分标准或处罚金额。考核方案的条款要具体、清楚，概念明确、措词严谨、便于操作。

⑤ 考核方案中的奖惩办法必须认真贯彻执行，要坚持原则性标准不动摇，不能因人而异，也不能此一时、彼一时，要严格按照“谁主管，谁负责”的要求；注重考核方案的严肃性、权威性，依法办事，决不纵容和姑息迁就。

⑥ 考核方案要随着企业中生产发展变化，而不断修改。

2.4.4 分析安全动态和安全信息处理

（1）分析安全动态

安全动态分析是根据企业安全生产的实际需要，调查整体或某一方面安全工作的实际状况，应用不同的分析方法进行评价，找出企业安全生产的薄弱环节或有利因素，为有效制订工作计划打好基础的一项重要工作。

① 安全动态分析的内容

职工的安全素质分析；生产作业现场事故隐患分析；现场安全管理杜绝“三违”分析；事故的综合分析。

② 安全动态分析的要求

一是安全动态分析要有针对性；二是安全动态分析内容要真实；三是安全动态分析内容要及时。

③ 安全动态分析的程序

确定分析题目：即确定为什么要进行动态分析，明确分析的意义和目的，并有针对性地进行选题。在确定分析题目过程中要做到，对安全工作环境细致观察、思考；及时发现安全工作中存在的各方面动向；判断要分析的安全动向对安全工作的影响程度。

进行调查：调查是做好分析的基础，调查要细致，要围绕主题，调查的内容一般来自于多方面的信息资料。主要的来源是各业务部门反馈的信息，各基层单位各类统计、报表、报告、总结，日常管理和检查的情况，安全信息、事故信息等。

④ 进行分析

要将调查的有关信息资料，认真地进行整理，加以分类，选择恰当的分析方法进行综合、归纳。其中综合分析直接显示个人基本素质，上岗应具备的个人通用技能。在进行分析过程中要遵循以下几点：一是研究安全动态分析题目的工作标准；二是将调查资料的信息和有关数据对照选题的工作标准找出问题和差距；三是选择分析方法；四是进行实地分析；五是对分析结果进行评价。

⑤ 写出动态分析报告

一个完整的动态分析过程，都要有一个科学、准确的动态分析报告，将分析过程、分析调查结果科学表达出来，以此找出工作中的薄弱环节，指导今后工作。动态分析报告要求文字处理得当、表达清楚、词意明了，能直观地说明问题。

⑥ 安全动态分析的方法

数据统计分析法、抽样调查法、重点问卷法、专家意见法、归纳法、安全评价法、经验对比法、图表曲线法、网络跟踪法。

(2)安全信息处理

安全信息是指与企业安全生产有关的信息集合，通常指安全方面的音讯、消息、动向。在企业内所指安全信息的具体内容，有安全方面的文件、通报、会议、检查、调研等反馈出的信号。

① 处理安全信息的程序

通常安全岗位日常工作接触的一切，都可能是安全信息的来源。根据安全信息的出处一般可归纳为以下几个方面。

有关会议：参加政府部门、石化集团公司的会议，公司内的生产调度会，企业管理和安全管理有关会议，各类事故分析会，二级单位安全科长工作例会等。

工作交谈：与上级领导工作交谈，与出国考查人员交谈，与下属部门人员交谈，与二级单位安全管理人员交谈，与现场作业人员交谈，与其他人员交谈。

现场管理：现场的安全检查，现场的工作调研。

公文资料：文件、通报（内部）、报刊、杂志（外部）等安全技术资料、安全技术标准等。

利用现代通信手段，如网上信息（信息共享，加快信息反馈速度），电视新闻等，及时收集国内外、行业内、本企业的最新事故信息。

基层单位反映上来的信息，主要是有关生产中潜在危险因素、频发隐患的书面报告等。

② 利用安全信息

安全信息来源是多方面的，内容繁杂，必须经过对收集的信息加以整理、分类、筛选、分析，确认哪些信息真实可靠，哪些信息对本单位的安全管理工作起指导、监督、促进、提高的作用，整理出来的有用的安全信息，采取不同的方法途径及形式，推广使用。

（3）收集、处理安全信息的要求

安全信息来源要注意多面性、准确性、真实性，如新闻媒体的报道，工作中暴露出来的问题，动态分析的结果；分析、判断、加工、整理的信息，要客观对待和处理，尽量减少主观因素；安全信息的处理要有选择性；处理安全信息要有自己明确的意见和要求，既要与上级部门保持高度一致，同时要考虑本企业的特殊性和可操作性；在处理信息过程中，注重时效性，不等、不拖，及时整理、汇报、利用；建议和整改措施必须确实可行。

2.5 安全培训教育

2.5.1 安全培训教育管理

安全培训教育是为实现安全生产的目的，以提高全体员工安全技术水平和事故防范能力为内容而进行的培训教育工作，是贯彻党和国家的安全生产方针、落实企业安全生产规章制度，防止员工产生不安全行为、减少人为失误的重要途径，是增强员工安全意识和安全生产责任感的重要手段，是企业安全工作的一项重要内容。

从油田企业安全生产实践中也可以看到，油田企业所发生的事故，70%以上是由于各种违章所造成的，其中绝大部分违章又是由于企业员工安全意识较低，对安全生产的规章制度、技术标准、安全要求和具体的操作规程了解的不够或掌握的不熟练，也就是安全教育培训管理考核不到位所造成，也充分说明了做好安全教育培训工作的重要意义。

安全培训教育规划和计划是指对本企业未来一定时期内的安全教育培训工作的主要任务目标、内容、实施步骤、措施等做出的具体、科学的安排和计划，它是做好企业安全教育培训工作的前提和基础。

（1）制定安全培训教育规划的原则

企业在制定安全培训教育规划时，应坚持符合法规、企业需要，目标明确、经济可行的原则。

符合法规、企业需要，就是企业应根据法律、法规对安全教育的要求，以及企业本身生产经营所涉及的职工安全教育范围、培训教育现状和企业发展必要和市场要求，并由此确定企业安全培训教育的范围。

（2）制订安全教育培训计划的要求

① 集团公司及企业有关安全教育培训的规定。

② 安全生产教育的特点，遵循安全教育培训的原则。

③ 企业安全生产实际。

④ 考虑企业生产技术的发展，满足生产发展需要。

⑤ 开拓，积极进取，不断探索安全教育培训的新方法和新路子。

（3）安全教育培训计划的基本格式

① 前言：一般可概述目前企业生产经营及安全生产状况，并阐述与安全教育培训的关系，最后提出制订计划的意图。

② 现状和问题：现状和问题是制订计划的根据，只有准确地分析企业安全教育培训的现状和存在的问题，才能使安全教育培训计划有的放矢。

③ 指导思想：指导思想要符合国家有关安全教育规定，服从集团公司、企业发展和职业健康安全规划(计划)；要贯彻落实全员、全面、全过程、全天候的安全教育思想。

④ 具体目标：制定具体目标要根据企业安全生产的实际现状，尤其是安全教育培训目前的状况和存在的问题，提出具体可行的目标。制定目标时，不能脱离企业实际情况，如果不考虑目前职工素质，好大求全，目标太高，就难以实现；也不能只是对以前工作简单翻版，不能满足现代化企业制度和企业发展的要求。

⑤ 主要任务：主要任务是解决当前存在的问题、实现具体目标等必须完成的工作，是整个计划的重点内容。

⑥ 主要措施：主要措施是计划的重要组成部分，主要包括领导的支持、资金的保证、师资的建立、教材的完善等。

2.5.2 安全取证培训

2.5.2.1 企业主要负责人和安全管理人员的安全培训

（1）各企业及其二级单位的主要负责人，安全管理人员应按照国家有关规定要求，参加政府要求的安全生产教育培训，并取得《安全资格证书》。

（2）企业安全负责人和安全管理人员，除参加政府组织的安全培训，取得《安全资格证书》外，还应参加中国石化集团公司组织的石油化工安全专业技术培训。

（3）各企业应根据本企业安全生产特点，组织安全负责人和安全技术管理人员进行安全专业培训。培训由人事、教育部门会同安全管理部门组织。

（4）安全教育培训的主要内容包括：

① 国家安全生产方针、政策和有关安全生产的法律、法规、规章及标准；

② 石油化工安全生产管理、安全生产技术、职业卫生等知识；

③ 伤亡事故统计、报告及职业危害的调查处理方法；

④ 应急管理、应急预案编制以及应急处置的内容和要求；

⑤ 国内外先进的安全生产管理经验；

⑥ 典型事故和应急救援案例分析；

⑦ 其他需要培训的内容。

其他管理负责人（包括职能部门负责人、基层单位负责人）、专业工程技术人员的安全教育由本企业人事、教育部门会同安全管理部门，按干部管理权限分层次组织实施，经考核合格后方能任职。

（5）企业负责人和安全生产管理人员初次安全培训时间不得少于32学时；每年再培训时间不得少于12学时。非煤矿山、危险化学品等生产经营单位主要负责人和安全生产管理人员安全资格培训时间不得少于48学时；每年再培训时间不得少于16学时。

2.5.2.2 特种作业人员取证培训

特种作业是指容易发生事故，对操作者本人、他人的安全健康及设备、设施的安全可能造成重大危害的作业。特种作业的危险性较大，一旦发生事故，对整个企业生产的影响大，常常会造成比较严重的人身伤害和财产损失。

直接从事特种作业的人员称为特种作业人员。按照《安全生产法》第二十三条的规定："生产经营单位的特种作业人员必须按照国家有关规定经专门的安全教育培训，取得特种作业安全操作资格证书，方可上岗作业。"国家安监总局颁布的《特种作业人员安全技术培训考核管理规定》，对特种作业的目录做了新的规定。

（1）特种作业的范围

油田企业主要（通用）特种作业人员油田企业所拥有的属于国家有关部门明确统一规定的特种作业人员，主要有以下6类。

① 电工作业：指对电气设备进行运行、维护、安装、检修、改造、施工、调试等作业（不含电力系统进网作业）。含高压电工作业、低压电工作业、防爆电气作业。

② 焊接与热切割作业：指运用焊接或者热切割方法对材料进行加工的作业（不含《特种设备安全监察条例》规定的有关作业）。含熔化焊接与热切割作业、压力焊作业、钎焊作业。

③ 高处作业：指专门或经常在坠落高度基准面2m及以上有可能坠落的高处进行的作业。含登高架设作业、高处安装、维护、拆除作业。

④ 制冷与空调作业：指对大中型制冷与空调设备运行操作、安装与修理的作业。含制冷与空调设备运行操作作业、制冷与空调设备安装修理作业。

⑤ 石油天然气安全作业：司钻作业，指石油、天然气开采过程中操作钻机起升钻具的作业。适用于陆上石油、天然气司钻（含钻井司钻、作业司钻及勘探司钻）作业。

⑥ 危险化学品安全作业：指从事危险化工工艺过程操作及化工自动化控制仪表安装、维修、维护的作业，含光气及光气化工艺作业、氯碱电解工艺作业、氯化工艺作业、硝化工艺作业、合成氨工艺作业、裂解（裂化）工艺作业、氟化工艺作业、加氢工艺作业、重氮化工艺作业、氧化工艺作业、过氧化工艺作业、胺基化工艺作业、磺化工艺作业、聚合工艺作业、烷基化工艺作业、化工自动化控制仪表作业等。

（2）特种作业人员的培训

特种作业人员应当接受与其所从事的特种作业相应的安全技术理论培训和实际操作培训。

已经取得职业高中、技工学校及中专以上学历的毕业生从事与其所学专业相应的特种作业，持学历证明经考核发证机关同意，可以免予相关专业的培训。

跨省、自治区、直辖市从业的特种作业人员，可以在户籍所在地或者从业所在地参加培训。

培训机构开展特种作业人员的安全技术培训，应当制订相应的培训计划、教学安排，并报有关考核发证机关审查、备案。

培训机构应当按照安全监管总局、煤矿安监局制定的特种作业人员培训大纲和煤矿特种作业人员培训大纲进行特种作业人员的安全技术培训。

（3）特种作业人员的复审

特种作业操作证每3年复审1次。特种作业人员在特种作业操作证有效期内，连续从事本工种10年以上，严格遵守有关安全生产法律法规的，经原考核发证机关或者从业所在地考核发证机关同意，特种作业操作证的复审时间可以延长至每6年1次。

（4）中国石化集团公司对特种作业人员的要求

凡从事特殊工种作业的人员，应按照国家有关要求进行专业性安全技术培训，经考试合格，取得特种作业操作证，方可上岗工作，并定期参加复审，成绩记入个人安全教育卡片。

2.5.2.3 特种设备作业人员取证培训

（1）特种设备作业人员的范围

根据国务院《特种设备安全监察条例》、《特种设备作业人员监督管理办法》及质量技术监督部门有关文件的规定，凡从事锅炉、压力容器(含气瓶)、压力管道、电梯、起重机械、客运索道、大型游乐设施、场(厂)内专用机动车辆等特种设备的作业人员及其相关管理人员统称特种设备作业人员。

（2）特种设备作业人员培训

① 从事特种设备作业的人员，经考核合格取得《特种设备作业人员证》，方可从事相应的作业或者管理工作。

② 用人单位应当对作业人员进行安全教育和培训，保证特种设备作业人员具备必要的特种设备安全作业知识、作业技能和及时进行知识更新。作业人员未能参加用人单位培训的，可以选择专业培训机构进行培训。

③ 作业人员培训的内容按照国家质检总局制定的相关作业人员培训考核大纲等安全技术规范执行。

（3）特种设备作业人员复审

①《特种设备作业人员证》每4年复审一次。持证人员应当在复审期届满3个月前，向发证部门提出复审申请。对持证人员在4年内符合有关安全技术规范规定的不间断作业要求和安全、节能教育培训要求，且无违章操作或者管理等不良记录、未造成事故的，发证部门应当按照有关安全技术规范的规定准予复审合格，并在证书正本上加盖发证部门复审合格章。

② 复审不合格、逾期未复审的，其《特种设备作业人员证》予以注销。

（4）特种设备作业人员考试和发证

① 特种设备作业人员考核发证工作由县以上质量技术监督部门分级负责。省级质量技术监督部门决定具体的发证分级范围，负责对考核发证工作的日常监督管理。申请人经指定的考试机构考试合格的，持考试合格凭证向考试场所所在地的发证部门申请办理《特种设备作业人员证》。

② 特种设备作业人员考试和审核发证程序包括：考试报名、考试、领证申请、受理、审核、发证。

③ 发证部门和考试机构应当在办公处所公布本办法、考试和审核发证程序、考试作业人员种类、报考具体条件、收费依据和标准、考试机构名称及地点、考试计划等事项。其中，考试报名时间、考试科目、考试地点、考试时间等具体考试计划事项，应当在举行考试之日前2个月公布。

(5) 特种设备作业人员的管理

① 申报特种设备作业人员必须具备以下基本条件：年满18周岁，身体健康并满足申请从事的作业种类对身体的特殊要求，有与申请作业种类相适应的文化程度且具备相应的安全技术知识与技能，参加国家规定的安全技术理论和实际操作考核并成绩合格，符合安全技术规范规定的其他要求。

② 培训、考核及用人单位应当加强特种设备作业人员的管理，建立特种设备作业人员档案，做好申报、培训、考核、复审的组织工作和日常的检查工作。用人单位应加强对特种作业人员身体检查与健康监护工作。

2.5.2.4 滩海陆岸石油作业安全(四小证)培训

滩海陆岸石油作业安全规程要求：滩海陆岸石油作业人员资格要求、安全检验与评价、设计安全要求、安全生产管理规定、应急管理等基本要求。其中作业人员资格要求是：

(1) 基本条件

① 身体健康并具有资质的县级以上(含县级)由油田主管部门认可的医院出具的证明，证明没有妨碍从事本岗位工作的疾病、生理缺陷和传染病。

② 经过安全和专业技术培训，具有从事本岗位工作所需的安全和专业技术知识。

(2) 持证要求

① 在滩海陆岸石油设施上的作业人员应接受“海上求生”、“海上急救”、“平台消防”培训并取证；在滩海陆岸石油设施上配备救生艇筏的，还应持有“救生艇筏操纵证”。

② 凡到滩海陆岸石油设施上进行检查、视察、设备维修、参观、学习、实习等的临时人员(时间少于3d)，均应接受安全教育，并持有“临时进驻证”。

③ 钻井队长、钻井监督、钻井工程师(技术员)、钻井正副司钻、井架工、作业队长、作业监督、试油工程师(技术员)、作业正副司钻、采油队长、采油监督、采油岗位人员、安全人员等与井控有关的人员，应持有“井控操作合格证”；钻井，井下作业正副司钻应持有“司钻安全操作证”。

④ 在含硫化氢的滩海陆岸石油设施上从事石油作业所有人员应持有“防硫化氢技术合格证”。在滩海陆岸油田进行探井作业的钻井人员和井下作业人员持有“防硫化氢技术合格证”的要求应符合。

2.5.3 班组长培训教育

(1) 班组长的安全教育由本企业人事、教育部门会同安全管理部门组织实施，经考核合格后方可任职。

(2) 安全教育时间不应少于24学时，安全教育的主要内容：

① 国家有关安全生产方针、政策、法律、法规和集团公司及本企业安全生产规章制度。

② 安全技术、职业卫生和安全文化的知识、技能。

③ 班组和有关岗位的危险危害因素、安全注意事项、本岗位安全生产职责。

④ 典型事故案例及事故抢救与应急处理措施等。

2.5.4 三级安全培训教育

2.5.4.1 概述

1995年原劳动部《企业职工劳动安全教育管理规定》提出了“企业新员工上岗前必须进行厂级、车间级、班组级三级安全教育”的要求。2002年，国家安全生产监督管理局下发的安监管人字[2002]123号文件重申三级安全教育的重要性。

三级安全教育是最基本的安全生产教育。按照有关规定，学徒工、外单位调入人员、合同工、代培人员、大中专院校毕业生、技术岗位的季节性临时工都必须参加三级安全教育。单位内工作调动、转岗、下岗再就业、干部顶岗以及脱岗6个月以上新参加工作的各类人员，转岗、脱岗6个月以上重新上岗的人员，都应进行二、三级安全教育。

三级安全教育是对一个单位、车间、班组安全生产情况和要求最基本的了解，尤其是对新参加工作的员工，能够接受良好的三级安全教育，对掌握安全生产的基本知识和在今后的工作中养成良好的安全生产习惯具有十分重要的作用。因此，单位、车间、班组都应该给予高度重视。尤其是车间级和班组级安全教育，更应该结合本车间的生产和工作的实际，按照HSE管理体系的要求，逐项进行认真讲解，直到职工弄懂为止，决不能应付了事，以免职工在以后的工作中对安全生产的要求一知半解、无所适从，造成事故。

2.5.4.2 三级安全教育的内容

（1）一级(公司级)安全教育由本企业人事、教育部门会同安全管理部门组织实施，时间不少于24学时。安全教育的主要内容包括：

① 国家有关安全生产方针政策、法律法规。

② 通用安全技术、职业卫生、安全生产基本知识，包括一般机械、电气安全知识、消防知识、安全文化知识和气体防护常识等。

③ 本单位安全生产的一般状况、性质、特点和特殊危险部位的介绍。

④ 集团公司、各企业和本单位安全生产规章制度，企业五项纪律(劳动、操作、工艺、施工和工作纪律)。

⑤ 典型事故案例及其教训，预防事故的基本知识。

（2）二级(车间级)安全教育时间不少于32学时，安全教育的主要内容包括：

① 工作环境及危险有害因素。

② 所从事工种可能遭受的职业危害和伤亡事故。

③ 所从事工种的安全职责、操作技能及强制性标准。

④ 自救互救、急救方法、疏散和现场紧急情况的处理。

⑤ 安全设施、个人防护用品的使用和维护。

⑥ 本车间安全状况及相关的规章制度。

⑦ 预防事故和职业危害的措施及应注意的事项。

⑧ 有关事故案例。

⑨ 其他需要培训的内容。

（3）三级(班组级)安全教育时间不少于16学时，安全教育的主要内容包括：

① 班组、岗位的安全生产概况，本岗位的生产流程及工作特点和注意事项；

② 本岗位的职责范围，应知应会；

③ 本岗位安全操作规程，岗位间衔接配合的安全卫生事项；

④ 本岗位预防事故及灾害的措施。

（4）三级安全教育的方法如下：

按照国家的有关规定，新从业人员安全教育培训的时间不得少于24学时；危险性较大的行业和岗位，教育培训的时间不得少于48学时。因此，三级安全教育应该以脱产教育培训为主。依据中国石化集团公司《安全教育管理规定》：所有新员工(包括学徒工、外单位调入员工、合同工、代培人员和大中专院校毕业生、有技术岗位的季节性农民外用工等)上岗前应接受三级安全教育，教育时间不少于72学时，经考试合格后方可上岗。

厂级安全教育应由单位主管领导负责组织，劳资、人事或教育、安全、消防、技术、装备等有关部门组织人员，按照安全教育的内容进行集中授课。

车间级安全教育应由车间主任或主管安全的副主任负责组织，由劳资、人事、安全、技术、设备等有关部门组织人员进行授课。在条件允许的情况下，也可以考虑让新员工到比较典型的生产现场进行参观或观看反事故的演练。

班组级安全教育培训由班组长负责组织，由班组长和安全员进行讲授，也可以同时安排同岗位或相近、相关岗位的老职工进行讲解，并且要在进行讲解安全生产有关规定、规则的基础上，将重点放在实际操作上，主要在现场讲解安全操作规程，生产设备、安全装置、劳动防护用品的性能和使用方法，确保新入厂职工弄清、弄懂本班组、本岗位所应注意的安全事项。要达到不仅能让职工“知其然”，而且“知其所以然”，增强新员工的安全意识，提高新员工的安全技能和遵守安全生产规章制度的自觉性。

2.5.5 转(复、换)岗培训教育

员工调动工作后应重新进行入厂三级安全教育。单位内工作调动、转岗、下岗再就业、干部顶岗以及脱离岗位12个月以上者，应进行二、三级安全教育，经考试合格后，方可从事新岗位工作。

2.5.6 “四新”培训教育

（1）在新工艺、新技术、新装置、新产品投产前，主管部门应组织编制新的安全操作规程，并进行专门培训。有关人员经考试合格后，方可上岗操作。

（2）发生事故或未遂事故时，按照《事故管理规定》的要求，对事故责任者和相关员工进行安全教育，吸取教训，防止发生类似事故。

2.5.7 全员日常培训教育

（1）基层单位应开展以部门、班组为单位的安全活动。安全活动应有针对性、科学性，做到经常化、制度化、规范化，防止流于形式和走过场。班组安全活动应做到有领导、有计划、有内容、有记录，对活动形式、内容和要求，安全部门应有明确规定。单位领导和安全管理人员应对安全活动记录进行检查、签字，并写出评语；安全部门应定期检查。

（2）班组安全活动每月不应少于2次，每次不少于1学时；部门安全活动每月1次，每次不少于2学时。安全活动时间不应挪作他用。

（3）班组安全活动是班组的一项重要工作，应认真组织，严格考勤制度，保证出勤率，不得无故缺席，有事须经单位领导批准。

（4）各企业的领导每季度参加1次班组安全活动，二级单位领导及管理人员每月参加1

次班组安全活动，基层单位领导每月参加 2 次班组安全活动。

（5）安全部门应联系班组安全生产实际，制订班组安全活动计划，做到有计划、有安排。

（6）班组安全活动主要内容包括：

① 学习国家有关安全生产的法令和法规。

② 学习有关安全生产文件、安全通报、安全技术规程、安全管理制度和安全技术知识。

③ 结合事故通报和《班组安全》等安全学习材料，讨论分析典型事故，总结和吸取事故教训。

④ 开展防火、防爆、防中毒和自我保护能力训练，以及异常情况紧急处理和应急演练。

⑤ 开展岗位安全技术练兵，组织各种安全技术表演。

⑥ 检查安全规章制度执行情况，查找并组织消除事故隐患。

⑦ 开展安全文化活动、安全技术座谈、观看安全教育电影和录像。

⑧ 其他安全活动。

2.5.8 外来人员安全培训教育

（1）临时用工人员、外来施工人员的身体状况应能适应所从事的工作，实际年龄不得超过 60 周岁；能按照要求独自完成安全教育答卷、签订《安全承诺书》，并有效识别现场各种警示标识。

（2）临时用工、外来施工和实习人员的公司级安全教育由二级单位安全管理部门负责，安全教育时间不应少于 8 学时。

（3）安全教育主要内容包括：企业安全生产基本特点、进入厂区应遵守的安全生产规章制度、所从事工作的危险有害因素及 HSE 注意事项、事故教训等。

（4）临时用工、外来施工和实习人员的车间级安全教育由基层车间领导和安全管理人员负责，安全教育时间不应少于 4 学时。

安全教育主要内容包括：车间危险部位（主要生产系统、关键设备）及安全、环保注意事项；车间职业危害因素（包括危险化学品和各种伤害能量）的性质及防护处理注意事项；着火爆炸、泄漏中毒、环境污染事故的应急处理措施；安全作业许可证办理的程序及注意事项；生产装置的安全消防、气防卫生器材及设施的位置、使用程序和使用方法；作业活动中应遵守的安全规定。

（5）外来参观人员的安全教育，由企业接待部门负责，内容包括本单位的有关安全规定及安全注意事项，参观人员应有专人陪同。

2.6 危害辨识与隐患治理

2.6.1 危险、有害因素辨识

危险因素是指对人造成伤亡或对物造成突发性损害的因素。有害因素是指能影响人的身体健康，导致疾病，或对物造成慢性损害的因素。危险因素是指突发性和瞬间作用，危害因素强调在一定时间范围内的积累作用。通常情况下，二者并不加以区分，统称为危险、有害因素。危险、有害因素主要指客观存在的危险、有害物质或能量超过一定限值的设备、设施和场所等。

所有的危险、有害因素尽管可能表现形式不同，但从本质上讲，之所以能够造成危险、有害的后果，都可归结于存在危险、有害物质、能量和危险、有害物质、能量失去控制两方面因素的综合作用，并导致危险，有害物质的泄漏、散发和能量的意外释放。因此存在危险、有害物质、能量和危险、有害物质、能量失去控制是危险、有害因素转化为事故的根本原因。

2.6.1.1 危险、有害因素的分类

对危险有害因素分类，是为了便于对其进行分析和识别。危险有害物质和能量失控主要体现在人的不安全行为、物的不安全状态和管理缺陷3个方面。

在GB 6441—1986《企业职工伤亡事故分类》中，将人的不安全行为分为操作失误、造成安全装置失效、使用不安全设备等十三大类；将物的不安全状态分为防护、保险、信号灯装置缺乏或有缺陷，设备、设施、工具、附件有缺陷，个人防护用品、用具缺少或有缺陷，以及生产(施工)场地环境不良等四大类。安全管理的缺陷可参考如下分类：对物(含作业环境)性能控制的缺陷，如设计、监测等；对人失误控制的缺陷，如教育、培训等；工艺过程、作业程序的缺陷；用人单位的缺陷，如人事安排不合理等；对来自相关方(供应商、承包商等)风险管理的缺陷，如合同签订忽略了安全管理要求等；违反安全人机工程原理，如使用的机器不适合人的生理或心理特点。

分类方法有多种，如按可能导致生产过程中危险和有害因素的性质进行分类，主要是根据《生产过程危险和有害因素分类与代码》(GB/T 13861—2009)，生产过程危险和有害因素共分为四大类，分别是“人的因素”、“物的因素”、“环境因素”、“管理因素”。还有参照《企业职工伤亡事故分类》(GB 6441—1986)分类，是综合考虑起因物、引起事故的诱导性原因、致害物、伤害方式等，将事故分为20类。按职业健康分类是参照卫生部《职业病危害因素分类目录》(卫法监发[2002]63号)进行划分。

2.6.1.2 危险有害因素辨识的内容和方法

(1) 辨识的主要内容

在进行危险、有害因素的识别时，要全面、有序地进行，防止出现漏项，宜从厂址、总平面布置、道路运输、建构筑物、生产工艺、物流、主要设备装置、作业环境、安全措施管理等几方面进行。

① 厂址：从厂址的工程地质、地形地貌、水文、气象条件、周围环境、交通运输条件、自然灾害、消防支持等方面分析、识别。

② 总平面布置：从功能分区、防火间距和安全间距、风向、建筑物朝向、危险有害物质设施、动力设施(氧气站、乙炔气站、压缩空气站、锅炉房、液化石油气站等)、道路、贮运设施等方面进行分析、识别。

③ 道路及运输：从运输、装卸、消防、疏散、人流、物流、平面交叉运输和竖向交叉运输等几方面进行分析、识别。

④ 建构筑物：从厂房的生产火灾危险性分类、耐火等级、结构、层数、占地面积、防火间距、安全疏散等方面进行分析识别。从库房储存物品的火灾危险性分类、耐火等级、结构、层数、占地面积、安全疏散、防火间距等方面进行分析识别。

⑤ 工艺过程：对新建、改建、扩建项目设计阶段危险、有害因素的识别，对设计阶段是否通过合理的设计进行考察，尽可能从根本上消除危险、有害因素。当消除危险、

有害因素有困难时，对是否采取了预防性技术措施进行考察。在无法消除危险或危险难以预防的情况下，对是否采取了减少危险、危害的措施进行考察。在无法消除、预防、减弱的情况下，对是否将人员与危险、有害因素隔离等进行考察。当操作者失误或设备运行一旦达到危险状态时，对是否能通过联锁装置来终止危险、危害的发生进行考察。在易发生故障和危险性较大的地方，对是否设置了醒目的安全色、安全标志和声、光警示装置等进行考察。

⑥ 生产设备、装置：对于工艺设备可从高温、低温、高压、腐蚀、振动、关键部位的备用设备、控制、操作、检修和故障、失误时的紧急异常情况等方面进行识别。对机械设备可从运动零部件和工件、操作条件、检修作业、误运转和误操作等方面进行识别。对电气设备可从触电、断电、火灾、爆炸、误运转和误操作、静电、雷电等方面进行识别。

⑦ 作业环境：注意识别存在毒物、噪声、振动、高温、低温、辐射、粉尘及其他有害因素的作业部位。

⑧ 安全管理措施：可以从安全生产管理组织机构、安全生产管理制度、事故应急救援预案、特种作业人员培训、日常安全管理等方面进行识别。

（2）辨识方法

选用哪种辨识方法要根据分析对象的性质、特点、寿命的不同阶段和分析人员的知识、经验和习惯来定。常用的危险、有害因素辨识方法有直观经验分析方法和系统安全分析方法。

① 直观经验分析方法：直观经验分析方法适用于有可供参考先例、有以往经验可以借鉴的系统，不能应用在没有可供参考先例的新开发系统。一种是对照、经验法，是对照有关标准、法规、检查表或依靠分析人员的观察分析能力，借助于经验和判断能力对评价对象的危险、有害因素进行分析的方法。另一种是类比方法，是利用相同或相似工程系统或作业条件的经验和劳动安全卫生的统计资料来类推、分析评价对象的危险、有害因素。

② 系统安全分析方法：系统安全分析方法是应用系统安全工程评价方法中的某些方法进行危险、有害因素的辨识。系统安全分析方法常用于复杂、没有事故经验的新开发系统。至今，国内外安全分析方法有几十种，有定性的，有定量的；有文字图表法，如安全检查表、预先危险性分析法、故障模式及影响分析等；有逻辑分析法，如事件树分析法、事故树分析法等；有统计表分析法等，如事故比重图、事故趋势图等。

各种安全分析方法由于背景及原理不同，使得其都有各自的特点和使用范围，应结合分析对象的实际特点选择合适的安全分析方法。

2.6.2 隐患治理项目管理

2.6.2.1 事故隐患的定义和分类

依据《安全生产事故隐患排查治理暂行规定》(国家安监总局令16号)，安全生产事故隐患(以下简称事故隐患)，是指生产经营单位违反安全生产法律、法规、规章、标准、规程和安全生产管理制度的规定，或者因其他因素在生产经营活动中存在可能导致事故发生的物的危险状态、人的不安全行为和管理上的缺陷。

事故隐患分为一般事故隐患和重大事故隐患。一般事故隐患，是指危害和整改难度较小，发现后能够立即整改排除的隐患。重大事故隐患，是指危害和整改难度较大，应当全部或者局部停产停业，并经过一定时间整改治理方能排除的隐患，或者因外部因素影响致使生产经营单位自身难以排除的隐患。

2.6.2.2 生产经营单位职责

各级安全监管部门按照职责对所辖区域内生产经营单位排查治理事故隐患工作依法实施综合监督管理。生产经营单位是事故隐患排查、治理和防控的责任主体，应当建立健全事故隐患排查治理和建档监控、事故隐患报告和举报奖励等制度，其主要负责人对本单位事故隐患排查治理工作全面负责。

生产经营单位应当保证事故隐患排查治理所需的资金，建立资金使用专项制度；定期组织安全生产管理人员、工程技术人员和其他相关人员排查本单位的事故隐患。对排查出的事故隐患，应当按照事故隐患的等级进行登记，建立事故隐患信息档案，并按照职责分工实施监控治理。

生产经营单位应当每季、每年对本单位事故隐患排查治理情况进行统计分析，并分别于下一季度15日前和下一年1月31日前向安全监管部门和有关部门报送书面统计分析表，统计分析表应当由生产经营单位主要负责人签字。

生产经营单位在事故隐患治理过程中，应当采取相应的安全防范措施，防止事故发生。事故隐患排除前或者排除过程中无法保证安全的，应当从危险区域内撤出作业人员，并疏散可能危及的其他人员，设置警戒标志，暂时停产停业或者停止使用；对暂时难以停产或者停止使用的相关生产储存装置、设施、设备，应当加强维护和保养，防止事故发生。

生产经营单位对承包、承租单位的事故隐患排查治理负有统一协调和监督管理的职责。安全监管监察部门和有关部门的监督检查人员依法履行事故隐患监督检查职责时，生产经营单位应当积极配合，不得拒绝和阻挠。

2.6.2.3 重大事故隐患报告内容和治理方案

重大事故隐患报告内容应当包括：隐患的现状及其产生原因、隐患的危害程度和整改难易程度分析、隐患的治理方案。

对于一般事故隐患，由生产经营单位(车间、分厂、区队等)负责人或者有关人员立即组织整改。对于重大事故隐患，由生产经营单位主要负责人组织制定并实施事故隐患治理方案。重大事故隐患治理方案应当包括：治理的目标和任务；采取的方法和措施；经费和物资的落实；负责治理的机构和人员；治理的时限和要求；安全措施和应急预案。

2.6.2.4 集团公司隐患项目界定

下列固定资产投资项目，可以界定为隐患项目：生产设施和公共场所存在的不符合国家和集团公司安全生产法规、标准、规范、规定要求的隐患；可能直接导致人身伤亡、火灾爆炸事故或造成事故扩大的生产设施、安全设施等存在的隐患；可能造成职业病或职业中毒的隐患；集团公司下达重大隐患项目整改通知书要求治理的隐患；预防可能造成灾害扩大的固定资产投资项目。

新投产的项目，从项目验收后三年内发现的问题，原则上不作为隐患项目；通过设备更新、装置正常检维修能解决的问题，不得列入隐患项目。

2.6.2.5 隐患项目的有关程序和要求

(1) 隐患项目决策程序

程序包括隐患评估、项目申报、项目审批和计划下达。

隐患评估：由企业主管领导、职能部门和具有实际工作经验的工程技术人员组成评估小组或集团公司认可的有资质的评价机构，以国家和行业安全法规、标准、规范以及集团公司安全生产监督管理制度为依据，提出评估整改意见或评价报告。

项目申报：在隐患评估、可研报告的基础上，按照集团公司编制年度固定资产投资项目计划的总体要求，结合本企业的实际情况，提出隐患项目治理计划及投资计划，并列入下一年度固定资产投资项目计划。企业的隐患项目及投资计划应在每年 9 月底前，分别报集团公司财务计划部、企业经营管理部和安全监管局。

项目审批：隐患项目的审批应按集团公司固定资产投资决策程序及管理办法规定的程序执行。

文件下达：经由上述程序确定的隐患项目，由安全监管局提出年度隐患项目资金补助计划，经集团公司有关职能部门会签后，以集团公司文件下达。

（2）隐患项目的计划管理和分级监管

① 计划管理

隐患项目都应列入直属企业当年固定资产投资项目计划，并报集团公司有关职能部门。企业计划部门应严格按集团公司固定资产投资决策程序及管理办法申报隐患项目，不得将隐患项目化整为零，改变审批渠道。隐患项目由企业安全部门对口管理。凡集团公司批准列入计划的隐患项目，企业要认真按要求组织力量抓好实施，做到当年完成不跨年度。确需跨年度实施的，应向安全监管局提交专题报告。

在应急状态下必须立即进行整改的隐患项目，各企业可在进行治理的同时申报隐患项目。对不按固定资产投资项目决策程序要求，先开工后报批的隐患项目，集团公司不予补批。凡未列入企业固定资产投资项目计划，又未经集团公司有关部门审查的隐患项目，集团公司均不予立项。

② 隐患项目的分级监管

根据隐患项目重要程度及投资规模，按照总部监督、分级管理、企业负责的三级监管原则，凡列入集团公司年度投资计划的隐患项目由安全监管局提出总部重点监管项目、总部主管部门重点监管项目和企业负责监管项目。

总部重点监管项目负责人为总部领导，主管部门分别为总部相关职能管理部门，督查部门为安全监管局。总部部门重点监管项目负责人为项目所在企业一把手，主管部门分别为总部相关职能管理部门，督查部门为安全监管局。

企业负责监管项目由企业相关部门负责组织实施，企业安全监督管理部门监督检查。属于企业级隐患治理项目，由各企业自行立项治理。

（3）隐患项目的实施管理

隐患治理项目及资金计划下达后，企业应按照集团公司固定资产投资项目实施管理办法组织实施。企业应建立隐患治理工作例会制度，定期召开隐患治理项目专题会，施工部门确保施工进度，财务部门确保资金到位，安全监督管理部门对隐患治理工作进行全过程的监督管理，确保按时完成隐患治理年度计划。

企业对隐患项目的管理，应做到“四定”（定整改方案、定资金来源、定项目负责人、定整改期限）。企业主要领导对隐患项目的实施负主要责任，企业分管领导对隐患项目整改方案负责。不能及时整改的隐患，企业应采取切实有效的安全措施加以监护。

隐患治理项目及资金计划下达后，企业应按月上报列入集团公司隐患治理计划的隐患项目的实施进度情况。集团公司下达隐患项目及资金计划后，企业不得擅自变更项目、投资、完成期限或将资金挪作他用。

（4）隐患项目的验收考核

重大隐患治理项目竣工验收，由安全监管局组织或委托企业组织验收。总投资500万元以上的隐患治理项目验收后，企业应将竣工验收报告、竣工验收表连同补助项目的财务决算一并上报集团公司安全监管局。项目验收合格后，企业生产、设备部门应制定相应的规章制度，组织操作人员学习，纳入正常维护管理。企业隐患项目完成情况，列入集团公司对企业年终安全评比、考核兑现内容。未能按时完成治理任务的企业将被扣分，因隐患整改不力造成事故的将追究有关人员责任。

（5）隐患项目的安保基金补助

列入集团公司投资计划及资金计划的隐患项目，按规定给予安保基金补助。

隐患项目的安保基金补助比例，视年度安保基金收支预算情况，由安全监管局提出具体意见，报集团公司安全生产监督委员会决定。

2.6.3 关键装置要害（重点）部位安全管理

2.6.3.1 关键装置、要害（重点）部位的范围

（1）关键装置系指以下设施或装置

陆上、海（水）上油气勘探开发重要的生产设施；工艺生产操作是在易燃、易爆、有毒、有害、易腐蚀、高温、高压、真空、深冷、临氢、烃氧化等条件下进行的装置等。

（2）要害（重点）部位系指以下场所或区域

多工种联合作业，频繁拆卸、搬迁、安装，生产过程中不安全因素多的野外施工现场；相对集中的油气生产与处理装置区；制造、贮存、储运和销售易燃易爆化学危险品，化学毒性为高度、极度危害的化学物质，以及可能形成爆炸和火灾场所的罐区、装卸台站、码头、油库、仓库等；对装置和生产安、稳、长、满、优运行起关键作用的公用工程系统等；运送危险品的专业运输车（船）队。

2.6.3.2 关键装置、要害（重点）部位分级监控

集团公司对关键装置要害（重点）部位实行直属企业、二级单位、基层单位和班组分级管理与分级监控原则。直属企业根据本单位实际情况，由主管生产的领导组织生产、技术、设备、仪表、电气、安全等有关部门进行关键装置要害（重点）部位的界定分级。一般可将其分为两级。发生火灾时，影响全企业的生产或容易造成重大人员伤亡的关键生产装置及部位可定为一级。一级关键装置要害（重点）部位划分参见附表的规定。一级关键装置要害（重点）部位应上报集团公司安全监管局备案。关键装置要害（重点）部位应制定安全管理监控措施和应急预案。

2.6.3.3 领导联系（承包）要求

集团公司对关键装置要害（重点）部位实行领导干部分级定点联系（承包）的安全管理制度。一级关键装置要害（重点）部位由直属企业现职处长以上领导干部进行联系（承包）。联系（承包）点应设置“领导干部安全联系（承包）责任牌”。

联系（承包）人对所负责的关键装置要害（重点）部位负有安全监督与指导责任，具体是：指导帮助安全承包点实现安全生产；监督安全生产方针、政策、法规的执行；检查安全生产中存在的问题与隐患；帮助并督促隐患整改；监督事故“四不放过”原则的实施；帮助解决影响安全生产的突出问题。

实行工作联系及反馈制度。局级领导至少每季、处级干部至少每月到联系（承包）点进

行1次安全活动，联系点所在单位应及时将参加活动情况反馈到安全管理部门。其活动形式包括参加基层或班组安全活动、安全检查、督促整改事故隐患等。直属企业安全部门每季度分别对领导干部联系（承包）到位情况进行1次考核和公布。考核情况应纳入领导干部年度政绩考核中。

2.6.3.4 关键装置要害（重点）部位的管理要求

直属企业及二级单位应建立关键装置要害（重点）部位档案和登记台账，建立安全检查书面报告制度。对一级关键装置要害（重点）部位，每半年至少进行1次安全监督检查，对二级关键装置要害（重点）部位，进行不定期抽查。应制定“机、电、仪、操、管”人员和有关管理部门职责，安全监督管理部门应定期对职责落实情况进行检查、监督和考核。

二级单位、工艺、技术、机动、仪表、电气等相关职能处（科室）有关部门按照安全生产责任制对关键装置要害（重点）部位的安全进行监控管理，每季度组织1次安全检查，并建立健全完整的二级关键装置、重点部位安全检查档案。

基层单位要确认关键装置要害（重点）部位的安全监控危险点，绘制出危险点分布图，明确安全责任人；每月进行1次安全检查，对查出的隐患和问题及时整改或采取有效防范措施；关键装置设置专职安全工程师，要害（重点）部位设置专职工程师或安全员；操作人员应经培训合格并持证上岗。

班组应严格执行巡回检查制度；严格遵守工艺、操作、劳动纪律和操作规程；每周对安全设施、每天对危险点进行安全检查；及时报告险情和处理存在的问题。

2.6.3.5 关键装置要害（重点）部位应急管理

直属企业应组织制定和完善关键装置要害（重点）部位各种应急处理预案，每半年至少进行1次实际演练，使关键装置要害（重点）部位的操作、检修、仪表、电气等工作人员会识别和及时处理各种不正常现象及事故。

2.6.4 重大危险源管理

国家于2000年颁布实施了《重大危险源辨识》（GB 18218—2000），2009年修订标准名称改为《危险化学品重大危险源辨识》（GB 18218—2009），标准的全部技术内容为强制性的。2011年7月22日，国家安全生产监督管理总局公布《危险化学品重大危险源监督管理暂行规定》，明确了从事危险化学品生产、储存、使用和经营的单位的危险化学品重大危险源的辨识、评估、登记建档、备案、核销及其监督管理的有关要求。

2.6.4.1 辨识依据

（1）危险化学品重大危险源的辨识依据是危险化学品的危险特性及其数量，标准中以表格的形式，明确了类别、名称和说明、临界量。

（2）危险化学品临界量的确定方法，属于第一个表格内的危险化学品，按表格内规定的临界量确定；未在第一个表格范围内的危险化学品，依据其危险性，按第二个表格确定临界量；若一种危险化学品具有多种危险性，按其中最低的临界量确定。

2.6.4.2 重大危险源的辨识指标

单元内存在危险化学品的数量等于或超过标准中规定的临界量，即被定为重大危险源。单元内存在的危险化学品的数量根据处理危险化学品种类的多少区分为以下两种情况：

（1）单元内存在的危险化学品为单一品种，则该危险化学品的数量即为单元内危险化学品的总量，若等于或超过相应的临界量，则定为重大危险源。

（2）单元内存在的危险化学品为多品种时，每种危险化学品实际存在量与各危险化学品相对应的临界量比值之和大于等于1，则定为重大危险源。

2.6.5 安全技术措施计划

安全技术措施计划是企业计划的重要组成部分，通过编制和实施安全技术措施计划，可以把改善劳动条件工作纳入国家和企业的生产建设计划中，有计划有步骤地解决企业中一些重大安全技术问题，使企业劳动条件的改善逐步走向计划化和制度化；也可以更合理使用资金，使国家在改善劳动条件方面的投资发挥最大的作用。

2.6.5.1 安全技术措施计划的范围

安全技术措施计划的范围包括以改善企业劳动条件、防止伤亡事故和职业病为目的的一切技术措施，大体可分为六个方面：

一是安全技术措施，以防止工伤、火灾、爆炸事故为目的的一切措施，如防护、保险、信号等装置或设施；

二是工业卫生技术措施，以改善对职工身体健康有害的作业环境和劳动条件与防止职业中毒和职业病为目的的一切技术措施，如防尘、防毒、防噪声及通风、降温、防寒等；

三是辅助房屋及设施是确保生产过程中职工安全卫生方面所必需的房屋及一切设施，如淋浴室、更衣室、消毒室、妇女卫生室、休息室等，但集体福利设施（如公共食堂、浴室、托儿所、疗养所）不在其内；

四是宣传教育，有购置和编印安全教材、书刊、录像、电影、仪器及举办安全技术训练班、安全技术展览会、安全教育室所需的经费；

五是安全科学研究与试验设备仪器；

六是减轻劳动强度等其他技术措施。

2.6.5.2 编制安全技术措施计划的依据和原则

编制安全技术措施计划的依据有：国家公布的安全生产法令、法规和各产业部门公布的有关安全生产的各项政策、指示等；安全检查中发现的隐患；职工提出的有关安全、工业卫生方面的合理化建议；针对工伤事故，职业病发生的主要原因所采取的措施；采用新技术、新工艺、新设备等应采取的安全措施。

编制安全技术措施计划要根据需要和可能两方面的因素综合考虑，对拟安排的安全技术措施项目要进行可行性分析，并根据安全效果好、花钱尽可能少的原则综合选择确定。主要应考虑：当前的科学技术水平是否能够做到；结合本单位生产技术、设备以及发展远景考虑；本单位人力、物力、财力是否允许；安全技术措施产生的安全效果和经济效益。

2.6.5.3 安全技术措施费用

安全技术措施经费要在财务上单独设账，专款专用，不得挪用。根据国家规定，企业安全技术措施经费是从企业更新改造资金中划拨出来的，主要包括：固定资产的折旧费；企业报废的与有偿调出的固定资产的变价收入；出租固定资产的租金收入；矿业、林业等企业按产品量提取的更改资金；留给企业的治理“三废”产品的净利润；固定资产遭受意外损失后收到的保险赔款。

2012年，财政部印发《企业安全生产费用提取和使用管理办法》（财企［2012］16号）要求，非煤矿山开采企业依据开采的原矿产量按月提取。其中石油，每吨原油17元；天然气、煤层气（地面开采），每千立方米原气5元。

2.6.5.4 实施步骤

企业一般应在每年的第三季度开始着手编制下一年度的生产、技术、财务计划的同时，编制安全技术措施计划。安全技术措施实施步骤包括：

（1）确定项目实施负责单位，安技部门负责监督检查；

（2）资金调拨　由安技部门根据下达的安全技术措施计划和实施情况，批转各项目负责单位的用款计划，交财务部门控制专项基金使用；

（3）监督实施和调整计划　安技部门应定期检查各项目的实施进度，安全技术措施计划如需调整，需经分管领导批准；

（4）安全技术措施项目竣工、验收，必须有安全技术部门的代表参加；

（5）项目管理　安全技术部门应建立安全技术措施项目台账，列明项目名称、地点、危害情况、主要措施、实施进度、开工竣工时间、投产使用时间、试车效果等；

（6）监督使用　已完工交付使用的项目，使用基层队（车间）应保持正常使用，不得借故不用；

（7）计划考核　计划部门要像对待生产计划一样，考核安全技术措施项目的完成情况。安全技术措施项目一般要求当年完成，少数工程复杂的大项目和订货困难的项目，可跨年度安排。

2.6.6 安全生产保证基金

安保基金是由集团公司向所属企事业单位从生产成本中集中的企业安全生产保险基金，应专款专用，严禁挪用。依据《中国石油化工集团公司安全生产保证基金管理办法》安保基金的收缴、管理、使用和开展相关业务由集团公司安全监管局负责。

2.6.6.1 安保基金的收缴

安保基金计提的依据是企事业单位固定资产原值和存货。

属于缴纳安保基金的范围：固定资产和存货；基本建设项目中引进的成套设备；新装置建成投料试车，但尚未报转的固定资产。

已向社会保险的资产不应再缴安保基金，安保基金缴纳单位按照期末固定资产原值和存货账面平均余额的4‰提取。

2.6.6.2 安保基金使用

集团公司集中的安保基金分企业与集团公司两级使用，即小部分由集团公司返回企业使用，大部分由集团公司统筹使用。

集团公司对企业返回安保基金的比例根据企业缴纳的情况定为安保基金实际上缴额的20%和17%。按期足额缴纳安保基金的企业，返回比例为20%；未按期足额缴纳的企业，返回比例为17%。返回安保基金由企业按规定开支范围和比例使用：60%用于事故隐患治理和安全技术措施；20%用于安全教育培训；20%用于防止重大事故、消除重大隐患和对安全生产有特殊贡献的先进单位和个人的奖励。未完成集团公司安全考核指标的单位不应提取20%的奖励，并将这部分奖励全部用于增补事故隐患治理和安全技术措施支出。企业年末安保基金结余结转下年继续使用。

集团公司统筹使用的安保基金的开支范围：一是自然灾害及事故损失赔偿费；二是隐患治理补助费；三是安全技术装备和安全技术产品开发补助费；四是安全科研补助费；五是安全教育培训费；六是安全先进奖励费；七是工作经费。

2.6.6.3 安保基金监督管理

安保基金实行分级管理。集团公司安全监管局负责安保基金的管理和使用，财务计划部和财务公司负责安保基金财务监督和银行结算。企事业单位的安监部门负责本单位安保基金管理和使用，财务部门负责安保基金的财务监督和银行结算。安保基金缴纳单位应设专人负责安保基金管理。建立安保基金分类使用台账、详细的固定资产缴纳台账和管理制度。安保基金支付业务，由集团公司安全监管局开具拨款通知单，财务公司负责拨款。集团公司内部应定期组织审计。

2.7 建设项目“三同时”管理

2.7.1 建设项目“三同时”概述

2.7.1.1 定义

《安全生产法》第二十四条对生产经营单位在建设工程的“三同时”进行了明确规定：“生产经营单位新建、改建、扩建工程项目的安全设施，必须与主体工程同时设计、同时施工、同时投入生产和使用。安全设施投资应当纳入建设项目概算。”在法律中明确规定这条的目的，就是确保安全设施的质量，确保建设工程的安全设施不会由于某种原因而被排挤掉，以免建设工程先天不足而造成后患无穷，做到本质安全。

2011 年 2 月 1 日起施行的国家安全生产监督管理总局令第 36 号《建设项目安全设施“三同时”监督管理暂行办法》，为加强建设项目安全管理，预防和减少生产安全事故，保障从业人员生命和财产安全，对建设项目安全设施“三同时”监督管理也作出了明确的规定。

2.7.1.2 建设项目“三同时”监督管理工作

建设项目“三同时”监督管理工作分为可行性研究、基础设计(初步设计)、总体试车方案制定审查、投料前安全条件确认、竣工验收五个阶段。

(1) 可行性研究编制安全条件论证报告

建设项目在进行可行性研究时，应当编制安全条件论证报告。安全条件论证报告应当包括下列内容：

① 建设项目内在的危险和有害因素及对安全生产的影响；

② 建设项目与周边设施(单位)生产、经营活动和居民生活在安全方面的相互影响；

③ 当地自然条件对建设项目安全生产的影响；

④ 其他需要论证的内容。

(2) 建设项目安全专篇的内容

生产经营单位在建设项目初步设计时，应当委托有相应资质的设计单位对建设项目安全设施进行设计，编制安全专篇。安全设施设计必须符合有关法律、法规、规章和国家标准或者行业标准、技术规范的规定，并尽可能采用先进适用的工艺、技术和可靠的设备、设施，充分考虑建设项目安全预评价报告提出的安全对策措施。安全设施设计单位、设计人应当对其编制的设计文件负责。

安全专篇的内容主要包括：设计依据，建设项目概述，建设项目涉及的危险、有害因素和危险、有害程度及周边环境安全分析，建筑及场地布置，重大危险源分析及检测监控，安全设施设计采取的防范措施，安全生产管理机构设置或者安全生产管理人员配备情况，从业人员教育培训情况，工艺、技术和设备、设施的先进性和可靠性分析，安全设施专项投资概算，安全预评价报告中的安全对策及建议采纳情况，预期效果以及存在的问题与建议，可能出现的事故预防及应急救援措施，法律、法规、规章、标准规定需要说明的其他事项。

（3）建设项目安全设施设计有下列情形之一的，不予批准，并不得开工建设：

① 无建设项目审批、核准或者备案文件的；

② 未委托具有相应资质的设计单位进行设计的；

③ 安全预评价报告由未取得相应资质的安全评价机构编制的；

④ 未按照有关安全生产的法律、法规、规章和国家标准或者行业标准、技术规范的规定进行设计的；

⑤ 未采纳安全预评价报告中的安全对策和建议，且未作充分论证说明的；

⑥ 不符合法律、行政法规规定的其他条件的。

（4）经批准的建设项目及其安全设施设计有下列情形之一的，生产经营单位应当报原批准部门审查同意；未经审查同意的，不得开工建设：

① 建设项目的规模、生产工艺、原料、设备发生重大变更的；

② 改变安全设施设计且可能降低安全性能的；

③ 在施工期间重新设计的。

2.7.1.3 法律责任

建设单位未按《安全生产法》、《建设项目安全设施“三同时”监督管理暂行办法》等的规定实施建设安全设施“三同时”的，由安全生产监督管理部门责令改正，并依法进行处罚，造成安全事故的，依法追究有关责任人的责任。建设项目建设单位主管部门、建设项目审批部门未按照《建设项目安全设施“三同时”监督管理暂行办法》的规定对建设项目实施行政许可或者审批的，按照有关规定追究有关责任人的责任。安全生产监督管理部门未按照有关规定对有关单位申报的新建、改建、扩建工程项目的安全设施，与主体工程进行同时设计、同时施工、同时投入生产和使用组织审查验收，或者对不符合安全生产条件的建设项目予以审查通过，导致发生安全生产事故的，依法追究责任。

2.7.2 油田企业建设项目管理

2.7.2.1 石油天然气建设项目管理

按照国家安监总局相关要求建设项目的劳动安全“三同时”监督工作实施分类管理。

（1）以下建设项目的安全预评价报告、安全设施设计、安全设施竣工验收评价报告，应报国家安监总局备案、审批和验收：

① 年产 100×10^4t 及以上的陆上新油田开发项目；

② 年产 20×10^8m^3 及以上的陆上新气田开发项目；

③ 新建进口液化天然气接收、储运设施项目；

④ 跨省（自治区、直辖市）的原油长输管道项目；

⑤ 跨省（自治区、直辖市）或年输气能力为 10×10^8m^3 及以上的输气管道项目；

⑥ 其他跨省（自治区、直辖市）和需要国家安全监管总局协调、有特殊要求或特殊影响的项目。

（2）以下建设项目的安全预评价报告、安全设施设计、安全设施竣工验收评价报告，应报省（市）政府安全生产监督管理部门进行劳动安全“三同时”备案、审批和验收：

① 10×10^4t/a(及以上)规模的原油产能建设项目；

② 1×10^8m^3/a(及以上)规模的天然气产能建设项目；

③ 投资2亿元以下的建设项目；

2.7.2.2 需抗震设防的建设项目管理

(1) 以下建设项目地震安全性评价报告应报国务院地震工作主管部门审定：

① 由国务院投资主管部门和国务院授权的有关部门审批、核准或备案的建设项目。

② 跨省、自治区、直辖市行政区域的建设项目。

(2)其他的建设项目的地震安全性评价报告，应报省、自治区、直辖市人民政府负责管理地震工作的部门审定。

2.7.2.3 组织相关内审、申报的部门

报国家有关部门进行审查、审核、备案、验收的建设项目，由公司有关部门负责组织相关内审、申报工作；其他报地方政府有关部门进行审查、审核、备案、验收的建设项目，由建设单位负责组织初审、申报等工作。

2.8 特种设备安全

2.8.1 特种设备安全管理概述

特种设备是指涉及生命安全、危险性较大的锅炉、压力容器(含气瓶，下同)、压力管道、电梯、起重机械、客运索道、大型游乐设施。

特种设备安全是安全生产的重要组成部分。特种设备安全管理的内容可以归纳为“三落实、两证、一检验、一预案”，即落实安全管理机构、落实责任人员、落实规章制度；特种设备具有使用证，作业人员特证上岗；对特种设备应申报检验；生产、使用单位应制定科学有效的特种设备事故应急救援预案。

特种设备管理包括如下主要内容：

(1) 特种设备岗位安全责任制；

(2) 特种设备使用管理制度(包括特种设备档案管理制度，注册登记、报废制度，定期检验制度等)；

(3) 特种设备作业人员教育培训制度；

(4) 事故应急救援；

(5) 事故报告与处理制度；

(6) 特种设备的操作规程。

取得《特种设备作业人员证》者，每4年进行一次复审。持证者应当在期满前3个月，填写好《特种设备作业人员复审申请表》、《特种设备作业人员证》，经用人单位签署意见后，向发证部门提出复审申请。复审不合格的应当重新参加考试。逾期未申请复审或考试不合格的，其《特种设备作业人员证》自动失效，由发证部门予以注销。下面按特种设备种类进行专项安全管理价绍。

2.8.2 锅炉安全管理

2.8.2.1 基本知识

锅炉是指利用各种燃料、电或其他能源，将所盛装的液体(工质)加热到一定的参数，

并承载一定压力的密闭设备，其范围规定为容积大于或者等于30L的承压蒸汽锅炉；出口水压大于或者等于0.1MPa(表压)，且额定功率大于或者等于0.1MW的承压热水锅炉；有机热载体锅炉。

压力表、水位表、安全阀统称为锅炉三大安全附件，在用锅炉的安全阀每年至少应校验一次。

2.8.2.2 安全管理知识

(1) 锅炉投入运行的必要条件

① 锅炉设备要符合《蒸汽锅炉安全技术监察规程》及《热水锅炉安全技术监察规程》规定。锅炉必须取得锅炉使用登记证和有效期内的锅炉定期检验报告。

② 锅炉使用单位必须有专人负责锅炉的管理工作。

③ 司炉人员必须符合国家颁发的《锅炉司炉人员安全考核管理规定》的有关规定，水质化验人员也应持有合格证。

③ 锅炉应使用设计燃料或和设计燃料相近的燃料。

④ 锅炉房应具备相应的规章制度。

⑤ 新安装的锅炉应进行烘炉和煮炉。

(2) 锅炉点火前的准备工作及注意事项

为了防止锅炉在点火前升压时因存在没有消除的缺陷而延误时间，或者因存在没有消除的隐患而造成锅炉事故，在点火前应做好以下工作。

① 进行锅炉内外部检查。

② 水位表、压力表、安全阀、水位警报器等安全附件要符合有关要求。

③ 流化床锅炉的防磨部位应完好，返料器应能通畅。

④ 机械传动系统各转动部分应润滑良好。

⑤ 水泵应处于正常状态并经试运转，给水管路、阀门、水箱及附件应正常。

⑥ 除渣、除尘脱硫等设备应运转正常。

⑦ 电路、控制盘、调节阀及一次仪表应正常，燃油燃气锅炉的点火程序和灭火保护装置应灵敏可靠。

⑧ 过热器出口集箱的空气阀、泄水阀及省煤器的进、出口阀全部打开。

⑨ 上水速度不宜过快。

⑩ 点火操作必须严格按操作顺序进行，点火时严禁用挥发性强烈的油类或易爆物引火。

(3) 锅炉事故与处理

锅炉在运行时，锅炉的某个部分损坏或运行失常，被迫中止运行或减少供热量的，称为锅炉事故。

常见的锅炉事故有锅内缺水、锅内满水、锅炉超压、爆管事故、炉膛爆炸事故、尾部烟道二次燃烧事故等。

(4) 锅炉的使用管理

锅炉使用单位的安全管理部门或其他相关部门，在锅炉正式投运前或者在投运后30日内，应当向直辖市或者设区的市的特种设备安全监督管理部门办理登记手续，国家大型发电公司所属电站锅炉的使用登记由省级质监部门办理。在锅炉投运后，应建立健全各项规章制度，抓好司炉人员的培训管理工作，加强日常运行的安全监督，预防事故的发生。

(5) 锅炉的检验检测

① 检验目的

锅炉是长期在高温高压下工作的设备，它时刻受到烟、火、汽、水、空气和烟灰等物质的侵蚀，同时又可能制造、安装、运行不当，因此易产生腐蚀、磨损、裂纹和变形。对锅炉产生的缺陷，若不及时发现和消除，运行中可能导致爆炸事故，被迫停炉、停产、危及人身安全。因此必须对锅炉进行检验。

在用锅炉检验的目的是：及时发现和消除设备缺陷和事故隐患；保证锅炉安全经济运行，延长使用寿命；保证安全附件灵敏可靠；为大修做好准备。

② 检验分类

锅炉定期检验工作包括外部检验、内部检验和水压试验三种。锅炉的外部检验一般每年进行一次，内部检验一般每 2 年进行一次，水压试验一般每 6 年进行一次。

对于无法进行内部检验的锅炉，应每 3 年进行一次水压试验。

2.8.3 压力容器安全管理

2.8.3.1 基本知识

压力容器的指盛装气体或者液体，承载一定压力的密闭设备，其范围规定为最高工作压力(p_w)大于或者等于 0.1MPa(表压)，且压力与容积的乘积大于或者等于 2.5MPa · L 的气体、液化气体和最高工作温度高于或者等于标准沸点的液体的固定式容器和移动式容器；盛装公称工作压力大于或者等于 0.2MPa(表压)，且压力与容积的乘积大于或者等于1.0MPa · L的气体、液化气体和标准沸点等于或者低于 60℃ 的液体的气瓶；医用氧舱等。

压力容器安全附件包括：安全阀、爆破片装置、紧急切断装置、压力表、液面计、测温仪表、快开门式压力容器的安全联锁装置。除以上七类以外，安全附件通常还包括易熔塞装置、具有特殊功能的阀门等。

(1) 安全阀

安全阀有下列情况之一时，应停止使用并更换：安全阀的阀芯和阀座密封不严且无法修复；安全阀的阀芯与阀座粘死或弹簧严重腐蚀、生锈；安全阀选型错误。

安全阀的材料、设计、制造、检验、安装、使用、校验和维修等，应当严格执行《安全阀安全技术监察规程》。

(2) 爆破片

爆破片装置通常由爆破片和夹持器组成。爆破片又称为爆破膜或防爆膜，由金属或非金属材料做成，可以是韧性的，也可以是脆性的，在指定的温度下具有标定爆破压力。爆破片结构一般有平板型、普通正拱形、开缝正拱形、反拱形四种基本类型。

爆破片装置应进行定期更换，对于超过最大设计爆破压力而未爆破的爆破片应立即更换；在苛刻条件下使用的爆破片装置应每年更换；一般爆破片装置应在 2 ~ 3 年内更换(制造单位明确可延长使用寿命的除外)爆破片装置应符合 GB 567《爆破片与爆破片装置》的要求。

(3) 压力表

压力表的校验和维护应符合国家计量部门的有关规定。压力表安装前应进行校验，在刻度盘上应划出指示最高工作压力的红线，注明下次校验日期。压力表校验后应加铅封。

(4) 液位计

液位计是用来观察和测量容器内液位位置变化情况的仪表。对液位有严格要求的容器，特别是对于盛装液化气体的容器，液位计是一个必不可少的安全装置。液位计有玻璃管式、玻璃板式、浮球磁力式、旋转管式、滑管式等型式。

液面计应安装在便于观察的位置，液位计的定期检修可根据运行实际情况，规定检修周期，但不应超过压力容器内外部检验周期。

（5）测温仪表

测温仪表是用来测量物质冷热程度的装置，温度计可分为膨胀式、压力式、热电阻、热电偶式四种类型。测温仪表应按使用单位规定的期限进行校验。

2.8.3.2 安全管理知识

（1）压力容器的安装管理

压力容器的安装主要分两种情况：一种是将零部件运至现场进行组焊，如大型压力容器的现场组焊和球形储罐的组焊；另一种是指将完整的压力容器产品运至现场就位，安装到装置中。现场组焊的情况，是制造的继续，一般由该压力容器的制造厂进行，但球形储罐的现场组焊可由一定资格的制造厂进行，也可由专业的安装单位进行，这些单位的许可是按制造许可来管理的。对于医用氧舱的安装，应按《医用氧舱安全管理规定》的要求，由该医用氧舱的制造单位来进行。

对于完整压力容器产品的安装情况，取得压力容器制造许可的企业可以从事相应压力容器的安装，其他压力容器安装单位应经省级质量技术监督部门许可。

《压力容器安全技术监察规程》(1999 版)中规定：对于第三类压力容器、容积大于等于$10m^3$的压力容器、蒸球、成套生产装置中同时安装的各类压力容器、液化石油气储存容器、医用氧舱等压力容器在安装前，安装单位或使用单位应向压力容器使用登记所在地的安全监察机构申报压力容器名称、数量、制造单位、使用单位、安装单位及安装地点办理报装手续。

压力容器的专业安装单位必须经质量技术监督部门审核批准才可以从事承压设备的安装工作。安装作业必须执行国家有关安装的规范。

压力容器安装竣工后，施工单位应将竣工图、安装及复验记录等技术资料及安装质量证明书等移交给使用单位。

（2）压力容器的修理、改造管理

压力容器的维修、改造是恢复或改变其使用性能的过程，如修理、改造不当，则会影响其安全性能。压力容器的重大修理(重大维修)是指主要受压元件的更换、矫形、挖补和一些重要焊接接头焊缝的焊补。压力容器的重大改造是指改变主要受压元件的结构或改变压力容器运行参数、盛装介质或用途等。

从事压力容器修理和技术改造的单位必须是已取得相应的制造资格的单位或者是经省级安全监察机构审查批准的单位。压力容器的重大的修理或改造方案应经原设计单位或具备相应资格的设计单位同意，施工单位在施工前应将维修、改造情况书面告知施工所在地的地、市级安全监察机构审查备案。修理或改造单位应向使用单位提供修理或改造后的图样、施工质量证明文件等技术资料。压力容器经修理或改造后，必须保证其结构和强度满足安全使用要求。压力容器重大维修或改造过程实行监督检验制度。

压力容器内部有压力时，不得进行任何修理。对于特殊的生产工艺过程，需要带温带压紧固螺栓时；或出现紧急泄漏需进行带压堵漏时，使用单位必须按设计规定制定有效的操作要求和防护措施，作业人员应经专业培训并持证操作，并经使用单位技术负责人批准。在实际操作时，使用单位安全部门应派人进行现场监督。

改变移动式压力容器的使用条件(介质、温度、压力、用途等)时，由使用单位提出申请，经省级或国家安全监察机构同意后，由具有资格的制造单位更换安全附件，重新涂漆和标志；经具有资格的检验单位进行内、外部检验并出具检验报告后，由使用单位重新办理使用证。

(3) 压力容器的使用管理

压力容器使用单位的安全管理工作主要包括如下内容：

① 贯彻执行本规程和有关的压力容器安全技术规范规章。

② 制定压力容器的安全管理规章制度。

③ 参加压力容器订购、设备进厂、安装验收及试车。

④ 检查压力容器的运行、维修和安全附件校验情况。

⑤ 压力容器的检验、修理、改造和报废等技术审查。

⑥ 编制压力容器的年度定期检验计划，并负责组织实施。

⑦ 向主管部门和当地安全监察机构报送当年压力容器数量和变动情况的统计报表，压力容器定期检验计划的实施情况，存在的主要问题及处理情况等。

⑧ 压力容器事故的抢救、报告、协助调查和善后处理。

⑨ 检验、焊接和操作人员的安全技术培训管理。

⑩ 压力容器使用登记及技术资料的管理。

压力容器的使用单位，在压力容器投入使用前，应按《锅炉压力容器使用登记管理办法》的要求，到安全监察机构或授权的部门逐台办理使用登记手续。

压力容器的使用单位，应在工艺操作规程和岗位操作规程中，明确提出压力容器安全操作要求，其内容至少应包括：

① 压力容器的操作工艺指标(含最高工作压力、最高或最低工作温度)。

② 压力容器的岗位操作法(含开、停车的操作程序和注意事项)。

③ 压力容器运行中应重点检查的项目和部位，运行中可能出现的异常现象和防止措施，以及紧急情况的处置和报告程序。

压力容器操作人员应持证上岗。压力容器使用单位应对压力容器操作人员定期进行专业培训与安全教育，培训考核工作由地、市级安全监察机构或授权的使用单位负责。

压力容器的使用单位，必须建立压力容器技术档案并由管理部门统一保管。技术档案的内容应包括：

① 压力容器档案卡。

② 安全技术规范规定的压力容器设计文件。

③ 安全技术规范规定的压力容器制造、安装技术文件和资料。

④ 检验、检测记录，以及有关检验的技术文件和资料。

⑤ 修理方案，实际修理情况记录，以及有关技术文件和资料。

⑥ 压力容器技术改造的方案、图样、材料质量证明书、施工质量检验技术文件和资料。

⑦ 安全附件校验、修理和更换记录。

⑧ 有关事故的记录资料和处理报告。

压力容器作为生产工艺过程中的主要设备，要保证其安全运行，必须做到：

① 平稳操作：压力容器在操作过程中，应尽可能使操作压力保持平稳。同时，容器在运行期间，也应避免壳体温度的突然变化，以免产生过大的温度应力。压力容器加载(升

压、升温)和卸载(降压、降温)时，速度不宜过快，要防止压力或温度在短时间内急剧变化对容器产生不良影响。

② 防止超载：防止压力容器超载，主要是防止超压。反应容器要严格控制进料量、反应温度，防止反应失控而使容器超压，贮存容器充装进料时，要严格计量，杜绝超装，防止物料受热膨胀使容器超压。

③ 状态监控：压力容器操作人员在容器运行期间要不断监督容器的工作状况，及时发现容器运行中出现的异常情况，并采取相应措施，保证安全运行。

容器运行状态的监督控制主要从工艺条件、设备状况、安全装置等方面进行。

① 工艺条件：主要检查操作压力、温度、液位等是否在操作规程规定的范围之内；容器内工作介质化学成分是否符合要求等。

② 设备状况：主要检查容器本体及与之直接相连接部位如人孔、阀门、法兰、压力温度液位仪表接管等处有无变形、裂纹、泄漏、腐蚀及其他缺陷或可疑现象；容器及与其连接管道等设备有无震动、磨损；设备保温(保冷)是否完好等情况。

③ 安全装置：主要检查各安全附件、计量仪表的完好状况，如各仪表有无失准、堵塞；联锁、报警是否可靠投用，是否在允许使用期内，室外设备冬季有无冻结等。

(3) 压力容器的定期检验

压力容器的定期检验是指在容器使用的过程中，每隔一定期限采用各种适当而有效的方法，对容器的各个承压部件和安全装置进行检查和必要的试验。通过检验，发现容器存在的缺陷，采取措施，以防压力容器在运行中发生事故。

压力容器的年度检查是指为了确保压力容器在检验周期内的安全而实施的运行过程中的在线检查，每年至少一次。固定式压力容器的年度检查可以由使用单位的压力容器专业人员进行，也可以由国家质量监督检验检疫总局核准的检验检测机构持证的压力容器检验人员进行。

压力容器年度检查包括使用单位压力容器安全管理情况检查、压力容器本体及运行状况检查和压力容器安全附件检查等。

压力容器的定期检验工作包括全面检验和耐压试验。全面检验是指压力容器停机时的检验。全面检验应当由国家质检总局核准的检验机构进行。其检验周期为：

① 安全状况等级为 1、2 级的，一般每 6 年一次；

② 安全状况等级为 3 级的，一般 3 ~ 6 年一次；

③ 安全状况等级为 4 级的，其检验周期由检验机构确定。

压力容器一般应当于投用满 3 年时进行首次全面检验。下次的全面检验周期，由检验机构根据本次全面检验结果进行确定。

压力容器(不包括移动式压力容器和医用氧舱)全面检验的具体项目包括：宏观(外观、结构以及几何尺寸)、保温层隔热层衬里、壁厚、表面缺陷、埋藏缺陷、材质、紧固件、强度、安全附件、气密性以及其他必要的项目。

压力容器(不包括移动式压力容器、医用氧舱、低温液体(绝热)压力容器)全面检验的方法以宏观检查、壁厚测定、表面无损检测为主，必要时可以采用超声检测、射线检测、硬度测定、金相检验、化学分析或者光谱分析、涡流检测、强度校核或者应力测定、气密性试验、声发射检测和其他方法。

为防止压力容器的介质对检验人员造成伤害，全面检验前，被检容器内部介质必须排放、清理干净，同时要用盲板从被检容器的第一道法兰处隔断所有液体、气体或者蒸汽的来源，同时设置明显的隔离标志。压力容器内部空间的气体含氧量应当在18%～23%（体积比）之间。必要时，还应当配备通风、安全救护等设施；应当有专人监护，并且有可靠的联络措施。

耐压试验是指压力容器全面检验合格后，所进行的超过最高工作压力的液压试验或者气压试验。每两次全面检验期间内，原则上应当进行一次耐压试验。

当全面检验、耐压试验和年度检查在同一年度进行时，应当依次进行全面检验、耐压试验和年度检查，其中全面检验已经进行的项目，年度检查时不再重复进行。

现场检验工作结束后，检验机构或者使用单位应当在规定的时限内出具报告。因设备使用需要，检验人员可以在报告出具前，先出具《特种设备检验意见书》，将检验初步结论通知使用单位。

压力容器经过定期检验或者年度检查合格后，检验机构或者使用单位应当将全面检验、年度检查或者耐压试验的合格标记和确定的下次检验（检查）日期标注在压力容器使用登记证上。

检验（检查）发现设备存在缺陷，需要使用单位进行整治，可以利用《特种设备检验意见书》将情况通知使用单位，整治合格后，再出具报告。检验（检查）不合格的设备，可以利用《特种设备检验意见书》将情况告知发证机构。

检验机构应当按照要求将检验结果汇总上报发证机构。凡在定期检验过程中，发现设备存在缺陷或者损坏，需要进行重大维修、改造的，逐台填写并且上报检验结果。

2.8.4 压力管道安全管理

2.8.4.1 基本知识

压力管道是指利用一定的压力，用于输送气体或者液体的管状设备，其范围规定为最高工作压力大于或者等于0.1MPa（表压）的气体、液化气体、蒸汽介质或者可燃、易爆、有毒、有腐蚀性、最高工作温度高于或者等于标准沸点的液体介质，且公称直径大于25mm的管道。其设计、制造、安装、使用、检验、修理、改造等环节要得到政府特种设备安全监督管理部门的严格监管。

为了便于对压力管道的管理，我国将压力管道按其用途划分为工业管道、公用管道和长输管道。

工业管道是指工业企业所属的用于运输工艺介质的工艺管道、公用工程管道和其他辅助管道。工业管道主要集中在石化炼油、冶金、化工、电力等行业。

公用管道是指城镇范围内用于公用事业或民用的燃气管道和热力管道。

长输管道是指产地、储存库、使用单位之间的用于运输商品介质的管道，主要是原油管道、天然气管道、油田集输管道和成品油管道。

根据《特种设备安全监察条例》、《压力管道安全管理与监察规定》及《压力容器压力管道设计单位资格许可与管理规则》的有关规定，从事压力管道设计的单位，必须具有相应级别的设计资格，取得《压力容器压力管道设计许可证》。

2.8.4.2 安全管理知识

（1）使用登记

使用压力管道的单位和个人（以下统称使用单位），应当按照国家质检总局《压力管道使用登记管理规则》(试行)的规定办理压力管道使用登记。压力管道使用登记分为登记注册和登记发证两种形式。使用登记证有效期为6年。

国家质量监督检验检疫总局负责办理跨省(自治区、直辖市)的长输管道的使用登记;省级质量技术监督行政部门负责办理所辖行政区域内不跨省(自治区、直辖市)的长输管道的使用登记;省级质量技术监督行政部门或其授权的市(地级)级质量技术监督行政部门负责办理所辖行政区域内公用管道和工业管道的使用登记。使用登记部门内设的负责压力管道安全监察的机构(以下简称安全监察机构),负责压力管道使用登记的受理、注册和发证工作。

使用登记程序包括申请、受理、审核(核查)和发证(注册)。新建、扩建、改建压力管道在投入使用前或者使用后30个工作日内,使用单位应当填写压力管道使用登记申请书和压力管道使用注册登记汇总表(一式3份),携同下列资料向安全监察机构申请办理使用登记:

① 压力管道安装质量证明书、压力管道安装竣工图(单线图);

② 监督检验机构出具的《压力管道安装安全质量监督检验报告》;

③ 压力管道使用单位安全管理制度,事故预防方案(包括应急措施和救援方案等),管理人员和操作人员名单;

④ 重要压力管道使用注册登记表。

(2) 使用管理

① 使用单位应当贯彻执行本规则和有关压力管道安全的法律、法规、国家安全技术规范和国家现行标准;配备满足压力管道安全所需求的资源条件,建立健全压力管道安全管理体系,在管理层设有1名人员负责压力管道安全管理工作。派遣具备相应资格的人员从事压力管道的安全管理、操作和维修工作;

② 压力管道安全管理人员和操作人员应当经安全技术培训和考核;

③ 使用单位已经建立安全管理制度,对压力管道的安全管理内容做出了明确规定并有效实施;

④ 使用单位已经建立压力管道技术档案和压力管道标识管理办法;

⑤ 使用单位的压力管道安全管理人员和操作人员能够严格遵守有关安全法律、法规、技术规程、标准和企业的安全生产制度。

长输管道和公用管道使用单位必须制定公共安全教育计划并组织实施,以使用户、居民和从事相关作业的人员了解压力管道安全知识,增强公共安全意识。

(3) 压力管道的检验检测和监督检查

按照《压力管道元件制造监督检验规则(埋弧焊钢管与聚乙烯管)》(TSGD 7001—2005)的规定,对压力管道元件中的埋弧焊钢管和燃气用埋地聚乙烯管实行制造过程监督检验。凡未经监督检验合格的埋弧焊钢管和燃气用埋地聚乙烯管产品,不得出厂或者交付安装使用。

新建、扩建、改建的压力管道应由有资格的检验单位对其安装质量进行监督检验,对压力管道进行重大改造时,其技术和管理要求应与新建压力管道的要求一致。压力管道安全性能监督检验的主要内容应包括:

① 管道元件及焊接材料的材质确认;

② 管道焊接或其他固定连接和可拆卸连接装配质量;

③ 影响管道热补偿和热传导的支承件安装质量;

④ 管道防腐质量；

⑤ 管道焊接、防腐质量检验检测质量；

⑥ 管道附属设施和设备安装质量；

⑦ 管道穿跨越、隐蔽工程等重要项目安装质量；

⑧ 管道强度试验、严密性试验(工业管道为压力试验、泄漏性试验，下同)；

⑨ 管道通球、扫线、干燥；

⑩ 管道的单体试验及整体试运行；管道安全保护装置及密封性能测试。

在用工业管道定期检验分为在线检验和全面检验。在线检验是在运行条件下对在用工业管道进行的检验，在线检验每年至少一次。在线检验一般以宏观检查和安全保护装置检验为主，必要时进行测厚检查和电阻值测量。管道的下述部位一般为重点检查部位：

① 压缩机、泵的出口部位；

② 补偿器、三通、弯头(弯管)、大小头、支管连接及介质流动的死角等部位；

③ 支吊架损坏部位附近的管道组成件以及焊接接头；

④ 曾经出现过影响管道安全运行的问题的部位；

⑤ 处于生产流程要害部位的管段以及与重要装置或设备相连接的管段；

⑥ 工作条件苛刻及承受交变载荷的管段。

全面检验是按一定的检验周期在在用工业管道停车期间进行的较为全面的检验。安全状况等级为1级和2级的在用工业管道，其检验周期一般不超过6年；安全状况等级为3级的在用工业管道，其检验周期一般不超过3年。管道检验周期可根据下述情况适当延长或缩短。

经使用经验和检验证明可以超出上述规定期限安全运行的管道，使用单位向省级或其委托的地(市)级质量技术监督部门安全监察机构提出申请，经受理申请的安全监察机构委托的检验单位确认，检验周期可适当延长，但最长不得超过9年。

2.8.5 电梯安全管理

2.8.5.1 基本知识

依据特种设备安全监察条例，广义的电梯，是指动力驱动，利用沿刚性导轨运行的箱体或者沿固定线路运行的梯级(踏步)，进行升降或者平行运送人、货物的机电设备，包括载人(货)电梯、自动扶梯、自动人行道，以及杂物电梯和液压电梯等。

曳引式电梯是垂直交通运输工具中使用最普遍的一种电梯，主要包括：曳引系统；导向系统；门系统；轿厢；重量平衡系统；电力拖动系统；电气控制系统；安全保护系统。

电梯的安全，首先是对人员的保护，同时也要对电梯本身和所载物资以及安装电梯的建筑物进行保护。电梯的维护和使用必须随时注意，随时检查安全保护装置的状态是否正常有效。

2.8.5.2 安全管理知识

(1) 电梯的使用管理

电梯使用单位，应当严格执行《特种设备安全监察条例》和有关安全生产的法律、行政法规的规定，保证电梯设备的安全使用。

电梯交付使用前，应由有资格的检测部门进行安全检验，检验合格后并在相关特种设备安全监督管理部门登记，电梯方可投入使用。投入使用前，使用单位与安装单位进行设备交接时，应办理相应的交接手续。使用单位应当核对其是否附有《电梯制造与安装安全规范》（GB 7588—2003）要求的设计文件、产品质量合格证明、安装及使用维修说明、监督检验证明等文件。电梯制造、安装单位应向使用单位提交随机文件及安装相关的资料、图纸。使用单位应根据电梯制造、安装单位提供的资料和文件，建立电梯安全技术档案，以利于今后的管理。安全技术档案应当包括以下内容：

① 电梯的设计文件、制造单位、产品质量合格证明、使用维护说明等文件以及安装技术文件和资料；

② 电梯的定期检验和定期自行检查的记录；

③ 电梯的日常使用状况记录；

④ 电梯及其安全附件、安全保护装置、测量调控装置及有关附属仪器仪表的日常维护保养记录；

⑤ 电梯运行故障和事故记录。

使用单位应当根据本单位拥有的电梯使用实际情况，设置电梯安全管理机构或者配备专职的安全管理人员。电梯作业人员（电梯司机、维护人员）及其相关管理人员应当按照国家有关规定经特种设备安全监督管理部门考核合格，取得相应的资格证书。电梯使用单位应当对电梯作业人员进行电梯安全教育和培训，保证电梯作业人员具备必要的电梯安全作业知识。对在用电梯应当至少每月进行一次自行检查，并作出记录。在自行检查和日常维护保养时发现异常情况的，应当及时处理。应当对在用电梯的安全附件、安全保护装置、限速器及有关附属仪器仪表进行定期校验、检修，并作出记录。

电梯使用单位应将电梯的安全注意事项和警示标志置于易于为乘客注意的显著位置，并在安全检验合格有效期届满前 1 个月向特种设备检验检测机构提出定期检验要求。未经定期检验或者检验不合格的电梯，不得继续使用。

电梯的日常维护保养必须由依照《特种设备安全监察条例》取得许可的安装、改造、维修单位或者电梯制造单位进行。电梯应当至少每 15 日进行一次清洁、润滑、调整和检查。电梯的日常维护保养单位应当在维护保养中严格执行《电梯制造与安装安全规范》（GB 7588—2003 标准）的要求。

电梯操作规程是电梯安全工作的重要内容，使用单位及维修保养单位应建立、健全相关操作规程。电梯操作规程包括安全操作规程和运行管理规程两个方面。安全操作规程分《电梯司机安全操作规程》、《电梯维修安全操作规程》、《电梯运行管理规程》包括维护保养及中、大修、专项修理等内容。

电梯出现故障或者发生异常情况，使用单位应当对其进行全面检查，消除事故隐患后，方可重新投入使用。电梯存在严重事故隐患，无改造、维修价值，电梯使用单位应当及时予以报废，并应当向原登记的特种设备安全监督管理部门办理注销。电梯使用单位应当制定电梯的事故应急措施和救援预案。

电梯发生事故，事故发生单位应当迅速采取有效措施，组织抢救，防止事故扩大，减少人员伤亡和财产损失，并及时、如实地向负有安全生产监督管理职责的部门和特种设备安全监督管理部门等有关部门报告。

（2）电梯的检验检测和监督检查

特种设备检验检测机构负责对电梯进行检验检测，如发现严重事故隐患，应当及时告知电梯使用单位，并立即向特种设备安全监督管理部门报告。特种设备安全监督管理部门依照

《条例》规定，对电梯生产、使用单位和检验检测机构实施安全监察。

2.8.6 起重机械安全管理

2.8.6.1 基本知识

起重机械是指用来垂直升降或垂直升降并水平移动重物的机电设备，其范围规定为额定起重量大于或者等于0.5t的升降机；额定起重量大于或者等于1t，且提升高度大于或者等于2m的起重机和承重形式的电动葫芦等。

2.8.6.2 安全管理知识

（1）安装改造维修

起重机械安装、改造、维修单位应当依法取得安装、改造、维修许可，方可从事相应的活动。许可证有效期为4年，许可证有效期届满而未换证的，不得继续从事起重机械安装、改造、维修活动。

从事安装、改造、维修的单位应当按照规定向质量技术监督部门告知，告知后方可施工。对流动作业并需要重新安装的起重机械，异地安装时，应当按照规定向施工所在地的质量技术监督部门办理安装告知后方可施工。

施工前告知应当采用书面形式，告知内容包括：单位名称、许可证书号及联系方式，使用单位名称及联系方式，施工项目、拟施工的起重机械、监督检验证书号、型式试验证书号、施工地点、施工方案、施工日期，持证作业人员名单等。

从事安装、改造、重大维修的单位应当在施工前向施工所在地的检验检测机构申请监督检验。安装、改造、维修单位应当在施工验收后30日内，将安装、改造、维修的技术资料移交给使用单位。

（2）使用

起重机械在投入使用前或者投入使用后30日内，使用单位应当按照规定到登记部门办理使用登记。流动作业的起重机械，使用单位应当到产权单位所在地的登记部门办理使用登记。起重机械使用单位发生变更的，原使用单位应当在变更后30日内到原登记部门办理使用登记注销；新使用单位应当按规定到所在地的登记部门办理使用登记。起重机械报废的，使用单位应当到登记部门办理使用登记注销。

使用单位应当建立起重机械安全技术档案。起重机械安全技术档案应当包括以下内容：

① 设计文件、产品质量合格证明、监督检验证明、安装技术文件和资料、使用和维护说明；

② 安全保护装置的型式试验合格证明；

③ 定期检验报告和定期自行检查的记录；

④ 日常使用状况记录；

⑤ 日常维护保养记录；

⑥ 运行故障和事故记录；

⑦ 使用登记证明。

起重机械定期检验周期最长不超过2年，不同类别的起重机械检验周期按照相应安全技术规范执行。使用单位应当在定期检验有效期届满1个月前，向检验检测机构提出定期检验申请。

流动作业的起重机械异地使用的，使用单位应当按照检验周期等要求向使用所在地检验检测机构申请定期检验，使用单位应当将检验结果报登记部门。

起重机械承租使用单位在承租使用期间对起重机械进行日常维护保养并记录，对承租起重机械的使用安全负责。禁止承租使用下列起重机械：

① 没有在登记部门进行使用登记的；

② 没有完整安全技术档案的；

③ 监督检验或者定期检验不合格的。

起重机械的拆卸应当由具有相应安装许可资质的单位实施。起重机械拆卸施工前，应当制定周密的拆卸作业指导书，按照拆卸作业指导书的要求进行施工，保证起重机械拆卸过程的安全。

起重机械具有下列情形之一的，使用单位应当及时予以报废并采取解体等销毁措施：

① 存在严重事故隐患，无改造、维修价值的；

② 达到安全技术规范等规定的设计使用年限或者报废条件的。

起重机械出现故障或者发生异常情况，使用单位应当停止使用，对其全面检查，消除故障和事故隐患后，方可重新投入使用。发生起重机械事故，使用单位必须按照有关规定要求，及时向所在地的质量技术监督部门和相关部门报告。

(3) 检验检测

从事起重机械监督检验、定期检验、型式试验检验检测工作的检验检测机构，应当经国务院特种设备安全监督管理部门核准。

起重机械使用单位设立的检验检测机构，经国务院特种设备安全监督管理部门核准，负责本单位一定范围内的起重机械定期检验、型式试验工作。

起重机械的监督检验、定期检验和型式试验应当由依照本条例经核准的起重机械检验检测机构进行。

从事起重机械监督检验、定期检验和型式试验的检验检测人员应当经国务院特种设备安全监督管理部门组织考核合格，取得检验检测人员证书，方可从事检验检测工作。起重机械检验检测机构和检验检测人员不得从事起重机械的生产、销售，不得以其名义推荐或者监制、监销起重机械。

起重机械检验检测机构进行起重机械检验检测，发现严重事故隐患，应当及时告知起重机械使用单位，并立即向特种设备安全监督管理部门报告。

2.9 直接作业环节安全管理

2.9.1 临时用电作业安全管理

2.9.1.1 临时用电

因施工、检验需要，凡在正式运行的供电系统上加接或拆除如电缆线路、变压器、配电箱等设备以及使用电动机、电焊机、潜水泵、透风机、电动工具、照明用具等一切临时性用电负荷，通称为临时用电。

2.9.1.2 临时用电作业许可证的审批程序

(1) 施工队伍负责人持电工作业操作证、施工作业单等资料到配送电单位办理临时用电作业许可证。

（2）配送电单位负责人应对作业程序和安全措施进行确认后，签发临时用电作业许可证。

（3）施工队伍负责人应向施工作业人员进行作业程序和安全措施的交底。

（4）作业结束后，施工队伍通知配送电单位停电，然后负责拆除临时用电线路。

2.9.1.3 临时用电作业相关人员的安全职责

（1）现场临时用电作业人员安全职责。工作前必须熟知临时用电许可证填写的内容，检查安全措施的落实；听从指挥，接受监督，做好事故预案，及时处理异常现象。

（2）临时用电申请人安全职责。申请人必须懂电气技术和防火防爆知识，能在临时用电许可证上正确填写需采取的安全技术措施；负责对临时用电安全措施的实施，并对其正确性负责；事先对各现场临时用电作业人员做好安全交底，教育用电人员遵章守纪。

（3）临时用电审批人安全职责。懂电气技术和防火防爆知识，其资格必须经本单位审查确认和书面公布；亲临现场检查，充分了解临时用电地点的环境状况，审查申请人提出的措施是否得当，确认后方可签发用电许可证；随时检查现场安全用电情况，有权停止违章者作业，并通知电工断开电源；派出电工送上临时用电电源，用电结束后及时断开或拆除。

（4）临时用电许可证执行电工安全职责。根据临时用电许可证审批人的指令和用电的书面要求连接和送上电源，用电结束后及时断开或拆除电源，不留隐患；随时检查现场的安全措施是否和许可证相符，否则可要求作业人员立即整改，必要时可断开电源或拒绝送电，并报告用电审批人。

（5）安全管理人员安全职责。随时检查监督现场临时用电安全情况，及时纠正并制止违章作业，对违章者酌情进行处理。

2.9.1.4 临时用电作业施工前安全措施

首先，施工队伍应按要求到供电单位办理临时用电作业许可证，做到持证作业。其次，应做好施工队伍作业前的安全教育和安全交底工作，使所有作业人员都明白施工作业的主要风险，重点防范措施，做到有备无患。然后，按标准架设好临时电源、电线。

2.9.1.5 临时用电作业施工安全措施

（1）电力线路架设安全措施

电缆线最大弧垂与地面距离，在施工现场不低于2.5m，穿越机动车道不低于5m。架空线应架设在专用电杆上，严禁架设在树木和脚手架上。临时用电架空敷设的电缆线应采用绝缘铜芯线。

（2）电力线路埋地敷设安全措施

沿地敷设的电缆严防受碾压，要有机械保护措施；对需埋地敷设的电缆线路应设有走向标志和安全标志。电缆埋地深度不应小于0.7m，穿越公路时应加设防护套管。临时用电线宜采用护套橡皮软电缆。

（3）临时用电线路保护

临时用电设施应做到一机一闸一保护，移动工具、手持式电动工具应安装符合规范要求的漏电保护器。

（4）移动灯具使用安全措施

临时照明用行灯电源电压不超过36V，灯泡外部有金属保护网；在潮湿和易触及带电体场所的照明电源电压不得大于24V，在特别潮湿的场所或塔、釜、罐、槽等金属设备内作业的临时照明灯电压不得超过12V。

2.9.1.6 施工后安全措施

临时用电结束后，临时用电使用单位应及时通知供电单位停电，由临时用电使用单位拆除现场临时用电线路各设备，其他单位不得私自拆除，拆除工作应由正式电工负责。

2.9.2 高处作业安全管理

2.9.2.1 高处作业

(1) 定义

高处作业是指在坠落高度基准面2m以上(含2m)，有坠落可能的位置进行的作业。

(2) 高处作业分级

高处作业按照其高度，由低到高户分为四级，即：高处作业在2~5m时，为一级高处作业；在5~15m时，为二级高处作业；在15~30m时，为三级高处作业；在30m以上时，为四级或特级高处作业。

(3) 中国石化高处作业许可证的要求

中国石化规定，进行15m(含15m)以上的高处作业，应办理“中国石化高处作业许可证”；高处作业涉及用火、临时用电、进入受限空间等作业时，应办理相应的作业许可证。许可证应妥善保管，保存期为一年。许可证的有效期为作业项目一个周期。当作业中断，再次作业前，应重新对环境条件和安全措施予以确认；当作业内容和环境条件变更时，需要重新办理许可证。

2.9.2.2 高处作业的许可证办理程序

(1) 施工单位负责人持施工任务单，到生产单位办理许可证。

(2) 生产单位负责人应对作业程序和安全措施进行确认后，签发许可证。

(3) 施工单位负责人应向施工作业人员进行作业程序和安全措施的交底，生产单位与施工单位现场安全负责人对高处作业的全过程实施现场监督。

(4) 高处作业完工后，生产单位与施工单位现场安全负责人应在许可证完工验收栏签字。

2.9.2.3 高处作业相关人员的职责

(1) 作业负责人职责：负责按规定办理高处作业票，制定安全措施并监督实施，组织安排作业人员，对作业人员进行安全教育，确保作业安全。

(2) 作业人员职责：持有经审批同意、有效的许可证方可进行15m以上(含15m)高处作业；在作业前充分了解作业的内容、地点(位号)、时间和作业要求，熟知作业中的危害因素和许可证中的安全措施，按规定穿戴劳动防护用品和安全保护用具，认真执行安全措施，在安全措施不完善或没有办理有效作业票时应拒绝高处作业。

(3) 监护人职责：负责确认作业安全措施和应急预案，遇有危险情况时命令停止作业；高处作业过程中不得离开作业现场；监督作业人员按规定完成作业，及时纠正违章行为。

(4) 生产部门职责：负责监督检查高处作业安全措施的落实，签发高处作业票。

(5) 其他签字领导的职责：对特殊高处作业安全措施的组织、安排、作业负总责。

2.9.2.4 高处作业的基本要求

(1) 人员资质要求

高处作业的人员必须经安全教育合格，取得相应的操作许可证；熟悉现场环境和施工安全要求，直属企业基层单位与施工单位现场安全负责人应对作业人进行必要的安全教育。

(2) 作业条件要求

在进行高处作业时，作业人员必须系好安全带、戴好安全帽，作业现场必须设置安全护梯或安全网(强度合格)等防护设施。

(3) 气候条件的要求

在进行高处作业时，遇有六级以上大风、暴雨或雷电天气时，应停止高处作业。高温天气一般也不允许进行露天高处作业，必须进行时应采取可靠的防暑降温措施。

2.9.2.5 高处作业的危害类型

施工中的高处作业主要包括临边、洞口、攀登、悬空、交叉、平台等类型，这些类型的高处作业是高处作业伤亡事故可能发生的主要地点。

(1) 临边作业

临边作业是指施工现场中，工作面边沿无围护设施或围护设施高度低于80cm时的高处作业。包括：基坑周边，无防护的阳台、料台与挑平台等；无防护楼层、楼面周边；无防护的楼梯口和梯段口；井架、施工电梯和脚手架等的通道两侧面；各种垂直运输卸料平台的周边。

(2) 洞口作业

洞口作业是指孔、洞口旁边的高处作业，包括施工现场及通道旁深度在2m及2m以上的桩孔、沟槽与管道孔洞等边沿作业。

(3) 攀登作业

攀登作业是指借助建筑结构或脚手架上的登高设施或采用梯子或其他登高设施在攀登条件下进行的高处作业。包括在建筑物周围搭拆脚手架、张挂安全网，装拆塔机、龙门架、井字架、施工电梯、桩架，登高安装钢结构构件等。

(4) 悬空作业

悬空作业是指在周边临空状态下进进行高处作业。其特点是在操作者无立足点或无牢靠立足点条件下进行高处作业。

(5) 交叉作业

交叉作业是指在施工现场的上下不同层次，于空间贯通状态下同时进行的高处作业。

(6) 平台作业

平台板本是一种安全防护设施，用来保护在作业平台施工的作业人员，但平台板的安装或拆除却是一件非常不安全的作业活动，要按照铺设顺序进行，要安装一块固定一块，作业现场要设置相应的防护网、安全绳等防护措施。

2.9.2.6 高处作业的施工安全措施

(1) 正确使用安全带、安全绳。

安全带必须系挂在施工作业处上方的牢固构件上，不得系挂在有尖锐棱角的部位。安全带系挂点下方应有足够的净空。安全带应高挂(系)低用，不得采用低于腰部水平的系挂方法。水平绳的拉设高度视具体情况而定，拉设时以钢结构的柱子为固定点，钢丝绳必须绕柱一圈以上，且要避免柱子的尖锐棱角损坏水平绳，将水平绳拉直，用不少于三个马鞍卡将钢丝绳头锁死。

(2) 严防有毒有害气体伤害。

在邻近地区设有排放有毒、有害气体及粉尘超出允许浓度的烟囱及设备的场合，严禁进行高处作业。如在允许浓度范围内，也应采取有效的防护措施。

（3）防止工具材料坠落伤人。

（4）高处作业脚手架使用安全措施。

高处作业应使用符合安全要求、并经有关部门验收合格的脚手架。进行高处作业前，应检查脚手架、跳板等上面是否有水、泥、冰等，如果有，要采取有效的防滑措施，当结冰、积雪严重而无法清除时，应停止高处作业。

（5）防止触电措施。

高处作业地点应与架空电线保持规定的安全距离，距普通电线1m以上，距普通高压线2.5m以上，并要防止运输的导体材料触碰电线。夜间高处作业应有充足的照明。

（6）其他安全措施。

供高处作业人员上下用的梯道、电梯、吊笼等应完好；高处作业人员上下时手中不得持物。高处作业人员不得站在不牢固的结构物上进行作业，不得在高处休息。高处作业必须设专人监护。

2.9.2.7 施工后安全措施

高处拆除工作，必须提前作好方案，并落实到人。高处拆除时应注意以下几点：

（1）脚手架拆除时，应设警戒区和醒目标志，有专人负责警戒。

（2）架体上材料、杂物等应消除干净；架体若有松动或危险的部位，应予以先行加固，再进行拆除。

（3）拆除顺序应遵循“自上而下，后装的构件先拆，先装的后拆，一步一清”的原则，依次进行。不得上下同时拆除作业，严禁用踏步式、分段、分立面拆除法。

（4）拆下来的杆件、脚手板、安全网等应用运输设备运至地面，严禁从高处向下抛掷。

（5）拆除作业时，应边拆除边清理，并认真检查装置各部位上是否遗留工具或物品，以免拆除下一层时物件坠落伤人。

2.9.3 破土作业安全管理

2.9.3.1 破土作业

破土作业系指在炼化企业生产厂区、油田企业油气集输站（天然气净化站、油库、液化气充装站、爆炸物品库）及销售企业油库（加油加气站）内部地面、埋地电缆、电信及地下管道区域范围内，以及交通道路、消防通道上开挖、掘进、钻孔、打桩、爆破等各种破土作业。

2.9.3.2 破土作业许可证的审批

（1）破土作业许可证由施工单位填写，施工主管部门根据情况，组织电力、电信、生产、机动、公安、消防、安全等部门、破土施工区域所属单位和地下设施的主管单位联合进行现场地下情况交底，根据施工区域地质、水文、地下供排水管线、埋地燃气（含液化气）管道、埋地电缆、埋地电信、测量用的永久性标桩、地质和地震部门设置的长期观测孔、不明物、沙巷等情况向施工单位提出具体要求。

（2）施工单位根据工作任务、交底情况及施工要求，制定施工方案，落实安全施工措施，施工方案经施工主管部门现场负责人和建设基层单位现场负责人签署意见，有关部门和工程总图管理负责人确认签字后，由施工区域所属单位的工程管理部门负责人审批。

2.9.3.3 破土作业的安全监督

破土施工单位应明确作业现场安全负责人，对施工过程的安全作业全面负责。在开工装置、罐区内施工，应设专人进行施工安全监督。

破土前，施工单位就逐条落实审核意见及有关安全措施，并对所有作业人员进行安全考试和安全技术交底后方可施工。破土作业涉及电力、电信、地下供排水管线生产工艺埋地管道等地下设施时，施工单位要设安全监护人。安全监护人逐条对安全措施进行落实，确认无误后，方可通知作业人员进行作业，并在作业过程中加强检查督促，防止意外情况的发生。严禁作业过程中破坏电力、电信、地下供排水管线、生产工艺埋地管道等地下设施。作业人员在作业中应按规定着装和佩戴劳动保护用品。

2.9.3.4 破土作业的安全措施

(1) 防止坍塌事故措施。

在破土开挖过程中，出现滑坡、塌方或其他险情时，应做到：立即停止作业；先撤出作业人员及设备；挂出明显标志的警告牌，夜间设警示灯；划出警戒区，设置警戒人员，日夜值班；通知设计、建设和安全等有关部门，共同对险情进行调查处理。

(2) 防止道路、管线、电缆损坏。

电力电缆、电信电缆、地下供排水管线、工艺管线确认保护措施已落实。破土临近地下隐蔽设施时，应轻轻挖掘，禁止使用抓斗等机械工具。破土作业按施工方案图划线施工。道路施工作业报交通、消防、调度、安全监督管理部门。

(3) 防止中毒事故措施。

在坑、沟、槽、井、地道内施工应严格按《进入设备作业安全管理制度》办理进入设备作业许可证，施工时必须保持通风良好，注意对有毒气体和易燃易爆物的检查检测工作，遇有可疑情况，应立即停止作业，向上级报告，查清情况定出防范措施，作业人员进出口和撤离保护措施已落实。方可再施工。作业人员必须佩戴防护器具。

(4) 防止坠落事故措施。在道路上(含居民区)及危险区域内施工，应在施工现场设围栏及警示牌，夜间应设警示灯。作业人员上下时要铺设跳板。

(5) 应急管理措施

在施工过程中如遇下列情况：需要占用规划批准范围以外场地的；可能损坏道路、管线、电力、邮电通信等公共设施的；需要临时停水、停电、中断道路交通的；需要进行爆破的。应报告公司(厂)有关部门，经审批同意并采取有效措施后方可进行施工，大型危险破土作业要制定施工作业方案，并经公司(厂)主管领导或职能部门审查批准。

(6) 特殊季节施工安全措施

在雨期和解冻期进行土方工程作业时，应及时检查土方边坡，当发现边坡有裂纹或不断落土及支撑松动、变形、折断等情况应立即停止作业，当采取可靠措施并检查无问题后方可继续施工。

(7) 异常情况处理措施

在施工过程中，如发现不能辨认物体时，不得敲击、移动，应立即停止作业，上报建设单位有关部门，待查清情况采取有效措施后，方可继续施工。

2.9.4 用火作业安全管理

2.9.4.1 用火作业

用火作业系指在具有火灾爆炸危险场所内进行的施工过程。

用火作业包括以下方式的作业：各种气焊、电焊、铅焊、锡焊、塑料焊等各种焊接作业及气割、等离子切割机、砂轮机、磨光机等各种金属切割作业；使用喷灯、液化气炉、火炉、电炉等明火作业；烧(烤、煨)管线、熬沥青、炒砂子、铁锤击(产生火花)物件，喷砂和产生火花的其他作业；生产装置和罐区连接临时电源并使用非防爆电器设备和电动工具；使用雷管、炸药等进行爆破作业。

2.9.4.2 油田企业用火作业分级

① 一级用火作业

原油储量在10000m^3及以上的油库、联合站内爆炸危险区域范围内的油气管线及容器用火等；5000m^3及以上的原油罐罐体用火；天然气柜和不小于400m^3的液化气储罐用火；不小于1000m^3成品油罐的用火；长输管线在不停产紧急情况下及停输情况下用火；输油(气)长输管线干线停输用火；天然气井口失控部分用火；处理重大井喷事故现场急需的用火。

② 二级用火作业

原油储量在1001～10000m^3的油库、联合站里爆炸危险区域内的油气管线及容器用火；在单罐小于5000m^3储罐(包括原油罐、成品油罐、炼化油料罐、污油罐、含油污水罐、含天然气水罐)用火；1001～10000m^3原油库的原油计量标定间、计量间、阀组间、仪表间及原油、污油泵房用火；铁路槽车原油装卸栈桥、汽车罐车原油灌装油台及卸油台用火；天然气净化装置、集输站及场内的加热炉、溶剂塔、分离器罐、换热设备用火；天然气压缩机厂房、流量计间、阀组间、仪表间、天然气管道的管件和仪表处用火；油罐区防火堤以内的用火；输油(气)站、石油液化气站站内外设备、输油码头、油轮码头内外设备及管线上的用火；液化石油气充装间、气瓶库、残液回收库用火；钻穿油气层时有井涌、气侵条件下的井口用火。

③ 三级用火作业

原油储量不大于1000m^3的油库、集输站内爆炸危险区域范围内的在用油气管线及容器用火；原油储量不大于1000m^3的油罐和原油库的计量标定间、计量间、阀组间、仪表间、污油泵房用火；在油气生产区域内的油气管线穿孔正压补漏用火；采油井单井联头和采油井口处用火；钻穿油气层时没有发生井涌、气侵条件下的井口处用火；输油(气)干线穿孔微正压补漏，腐蚀穿孔部位补焊加固用火；焊割盛装过油、气及其他易燃易爆介质的桶、箱、槽、瓶用火；制作和防腐作业，使用有挥发性易燃介质为稀释剂的容器、槽、罐等用火。

④ 四级用火作业

在天然气集输站(场)、输油泵站、计量站、接转站等生产区域内非油气工艺系统用火；钻井、试油作业过程中未打开油气层时，距井口10m以内的井场用火；除一、二、三级用火外，其他非重要油气区生产和在严禁烟火区域的生产用火。

日常实行每周2天集中用火，节假日期间的用火实行升级管理，即在原定用火级别的基础上升一级。

2.9.4.3 用火作业许可证审批程序

(1) 油田企业一级、二级由用火单位填写中国石化用火作业许可证，报企业二级单位安全监督管理部门、生产部门审查合格后，由主管安全生产领导签发。

(2) 油田企业三级、四级用火作业由用火单位填写用火作业许可证，报基层单位负责人签发。

(3) 固定用火区的设定应由用火单位提出申请，报企业二级单位安全监督管理部门会同消防部门进行审查批准。

2.9.4.4 用火作业相关人员职责

（1）用火作业人员职责

用火作业人员应持有效的本岗位工种作业证；用火作业人员应严格执行“三不用火”的原则（没有经批准的用火作业许可证不用火、用火监护人不在现场不用火、防火措施不落实不用火）；对不符合的，有权拒绝用火。

（2）用火监护人职责

① 用火监护人在保证自身安全的情况下，还应对用火人以及用火过程中的安全负责任。会使用消防器材、防毒器材，懂急救知识，且经安全监督管理部门培训考试并持有用火监护人资格证书的人员担任。

② 监护人应由用火所在单位指派有岗位操作合格证，了解用火区域或岗位的生产过程，熟悉工艺操作和设备状况；有较强的责任心，具有正确处理、应对突发事故的能力。

③ 用火监护人在接到用火作业许可证后，应在安全技术人员和单位领导的指导下，逐项检查落实防火措施；检查用火现场的情况；用火过程中发现异常情况应及时采取措施。监火时应佩戴明显标志，用火过程中不得离开现场，确需离开时，由监护人收回用火许可证，暂停用火。动火结束，负责检查现场有无遗留火种，经半小时以上观察，确认无火种遗留时，方可离开现场。

④ 当发现用火部位与用火作业许可证不相符合，或者用火安全措施不落实时，用火监护人有权制止用火；当用火出现异常情况时有权停止用火；对用火人不执行“三不用火”，又不听劝阻时，有权收回用火作业许可证，并向上级报告。

（3）审批人职责

各级用火审批人应亲临现场检查，督促用火单位落实防火措施后，方可审签用火作业许可证。

2.9.4.5 用火作业安全措施

用火作业的安全措施因用火区域、用火对象等多方面的因素的不同而异，但防火防爆原理相同，主要预防措施也有一定规律。通常采用的主要预防措施有以下各项。

（1）拆迁隔离措施

在正常运行生产区域内，凡可用可不用的用火一律不用火，凡可以拆迁搬运的设备、管线都应拆下来移到安全地方用火，应尽量采用先行拆卸、异地预制、无火安装的动火方式，以降低动火的危险性。

（2）封堵隔离及通风措施

在生产、储存、输送可燃物料的设备、容器及管道上用火，应首先切断物料来源并加好盲板；经彻底吹扫、清洗、置换后，打开人孔，通风换气；打开人孔时，应自上而下依次打开，并经分析合格，方可用火；若间隔时间超过1小时继续用火，应再次进行用火分析，或在管线、容器中充满水后，方可用火。

（3）技术检测措施

在塔、罐、容器等设备和管线内用火，应进行内部和环境气体化验分析，并将分析数据填入用火作业许可证中，分析单附在用火作业许可证的存根上。

（4）防有害气体措施

用火部位存在有毒有害介质的，应对其浓度作检测分析，若含量超过车间空气中有害物质最高容许浓度时，应采取相应的安全措施，并在用火作业许可证上注明。

（5）置换清洗措施

在盛装或输送可燃气体、可燃液体、有毒有害介质或其他重要的运行设备、容器、管线上进行焊接作业时，可先注入惰性气体、蒸汽或清水，把残存在里面的可燃气体置换出来。对储存过可燃液体的设备和管道进行焊、割前，应先用热水、蒸汽或酸液、碱液把残存在里面的可燃液体清洗掉。

（6）停工检修安全措施

装置在停工大修时，应彻底撤料、吹扫、置换，分析合格后，系统采取须有效隔离措施。设备、容器、管道首次用火，须采样分析。装置在停工吹扫期间，严禁一切明火作业。

2.9.4.6 用火作业后的安全措施

用火作业结束后，必须及时彻底清理现场，消除遗留下来的火种，并及时关闭电源、气源，把工具放在安全地方。

2.9.4.7 用火作业过程的现场监督

施工用火作业涉及其他管辖区域时，由所在管辖区域单位领导审查会签，并由双方单位共同落实安全措施，各派1名用火监护人，按用火级别进行审批后，方可用火。

用火作业时实行“三不用火”。安全监督管理部门和消防部门的各级领导、专职安全和消防管理人员有权随时检查用火作业情况。在发现违反用火管理制度的用火作业或危险用火作业时，有权收回用火作业许可证，停止用火，并根据违章情节，由安全监督管理部门对违章者进行严肃处理。

2.9.5 高温作业安全管理

高温作业，是指在生产劳动过程中，工作地点平均WBGT指数不小于25℃的作业。WBGT指数又称湿球黑球温度，是综合评价人体接触作业环境热负荷的一个基本参量，单位为℃。

依据工作场所职业病危害作业分级（GBZ/T 229.3—2010），将高温作业分为4级，级别越高表示热强度越大。其中分为：轻度危害作业（Ⅰ级）、中度危害作业（Ⅱ级）、重度危害作业（Ⅲ级）、极重度危害作业（Ⅳ级）。

2.9.5.1 高温作业对人体的危害和中暑

高温作业时，人体可出现一些生理功能改变，这些变化在一定限度范围内是适应性反应，但如超过此范围，则产生不良影响，甚至引起病变。

（1）高温作业对人体的危害

① 对循环系统的影响。高温作业时，皮肤血管扩张，大量出汗使血液浓缩，造成心脏活动增加、心跳加快、血压升高、心血管负担增加。

② 对消化系统的影响。高温对唾液分泌有抑制作用。使胃液分泌减少胃蠕减慢，造成食欲不振；大量出汗和氯化物的丧失，使胃液酸度降低，易造成消化不良。此外，高温可使小肠的运动减慢，形成其他胃肠道疾病。

③ 对泌尿系统的影响。高温下，人体的大部分体液由汗腺排出经肾脏排出的水盐量大大减少，使尿液浓缩，肾脏负担加重。

④ 对神经系统的影响。在高温及热辐射作用下，肌肉的工作能力、动作的准确性、协调性、反应速度及注意力降低。

（2）中暑

中暑是在高温、高湿或强辐射气象条件下发生的，以体温调节障碍为主的急性疾病。

① 中暑根据病症的程度可分为先兆中暑、轻症中暑和重症中暑。

先兆中暑。在高温作业场所工作一定时间后，出现大量出汗、口渴、头昏、耳鸣、胸闷、心悸、恶心、全身疲乏、四肢无力、注意力不集中等症状，体温正常或略升高。如能及时离开高温环境，经休息短时间内症状可消失。

轻症中暑。除先兆中暑症状外，尚有下列症状：体温在38℃以上，有面色潮红、皮肤灼热等现象，有面色苍白、恶心、呕吐、大量出汗、皮肤湿冷、血压下降、脉搏细弱而快等呼吸、循环衰竭的早期表现。脱离高温环境，轻症中暑可在4~5h内恢复。

重症中暑。表现为除上述症状外，出现突然昏倒或痉挛症状，皮肤干燥无汗，体温在40℃以上。

② 中暑的处置措施。对于先兆中暑和轻症中暑，应首先将患者移至阴凉通风处休息，擦去汗液，给予适量的清凉含盐饮料，并可选服人丹、十滴水等药物，一般患者可逐渐恢复。如有循环衰竭倾向，属于重症中暑，必须采取紧急措施抢救。对昏迷者，治疗以迅速降温为主，对循环衰竭者或患热痉挛者，以调节水、电解质平衡和防止休克为主。

2.9.5.2 高温作业环境的安全防护措施

（1）改革工艺过程

合理设计工艺过程，改进生产工艺流程和操作过程，尽量实现机械化、自动化、仪表控制，减少高温和热辐射对员工的影响。

（2）特殊高温作业措施

对特殊高温作业，如高温车间的天车驾驶室、车间内的监控室、操作室等应有良好的隔热措施，使室内热辐射强度小于700W/m^2，气温不超过28℃。

（3）隔热措施

对室内热源在不影响生产工艺的情况下，可以采用喷雾降温；当热源（炉、蒸汽设备等）影响员工操作时，应采取隔热措施。水隔热效果最好，能最大限度地吸收辐射热。利用石棉、玻璃纤维等导热系数小的材料包敷热源也有较好的效果。

（4）合理布置热源，热源的布置应符合下列要求：尽量布置在车间外；采用热压为主的自然通风时，尽量布置在天窗下面；采用穿堂风为主的自然通风时，尽量布置在夏季主导风向的下风侧；在热源之间可设置隔墙（板），使热空气沿着隔墙上升，通过天窗排出，以免扩散到整个车间。

（5）通风措施

高温作业场所应采用自然通风或机械通风的形式进行降温。

（6）监测措施

根据工艺特点，对产生有毒气体的高温工作场所，应采用隔热向室内送入清洁空气等措施，减少高温和热辐射对员工的影响。按照《工作场所物理因素测量》对高温作业场所进行定期监测。

2.9.5.3 高温作业人员的防护

（1）加强野外作业防护

夏季野外露天作业宜搭建临时遮阳棚供员工休息。

（2）加强个人防护

根据高温岗位的情况，为高温作业员工配备符合要求的防护用品，如防护手套、鞋、护腿、围裙、眼镜、隔热服装、面罩、遮阳帽等。

（3）合理的劳动休息制度

从事高温作业的员工，制定合理的劳动休息制度，根据气温的变化，适时调整作息时间。对超过《工作场所有害因素职业接触限值第2部分：物理因素》中高温作业职业接触限值的岗位，应采取轮换作业等办法，尽量缩短员工1次连续作业时间。

（4）医疗预防

应对从事高温作业员工进行上岗前和入暑前的职业健康检查，在岗期间健康检查的周期为1年。凡有职业禁忌症者，均不得从事高温作业。

（5）供给含盐饮料

对高温作业的员工提供符合卫生要求的含盐清凉饮料，提供充足的水分、盐分。

（6）发放保健食品

在高温环境下作业，能量消耗增加，应增加蛋白质、热量、维生素等的摄入。以减轻疲劳，提高工作效率。

2.9.6 起重作业安全管理

起重作业，是指使用起重机械对物料进行起重、运输、装卸、安装，以间歇、重复的工作方式在一定范围内实现垂直升降、水平移动物料的作业。

按起吊工件质量划分为三个等级：大型为100t以上；中型为40~100t；小型为40t以下。

2.9.6.1 起重作业伤害事故类型

从起重作业过程分析可见，起重机械特殊的结构形式和搬运的运动形式本身就存在着诸多危险因素，危险因素是事故发生的起源。各种危险有显现的、潜在的，不同形态危险因素往往交织在一起造成事故。常见的起重伤害事故类型主要有以下几种：

（1）重物坠落的打击伤害。

（2）起重机丧失稳定性。起重机失稳可能有两种情况，一是由于操作不当(例如超载、臂架变幅或旋转过快等)、支腿未找平或地基沉陷等原因，导致起重机由于力矩不平衡而倾翻；二是由于坡度或风载荷作用，使起重机沿倾斜路面或轨道滑动，发生不应有的位移、脱轨或翻倒。

（3）金属结构的破坏。

（4）人员高处跌落伤害。

（5）夹挤和碾轧伤害。有些桥式起重机轨道两侧缺乏良好的安全通道，塔式起重机或汽车起重机的起重臂架作业回转半径与邻近的建筑结构之间的距离过小，使起重机在运行或回转作业期间，对尚滞留在其间的其他人员造成夹挤伤害。

（6）触电伤害。大多数起重机都是电力驱动，或通过电缆，或采用固定裸线将电力输入，起重机的任何组成部分或吊物，与带电体距离过近或触碰带电物体时，都可以引发触电伤害。

（7）其他机械伤害。人体某部位与运动零部件接触引起的绞、碾、戳等伤害，液压元件或管路破坏造成高压液体的喷射伤害等，这些在一般机械上发生的伤害形式，在起重机作业中都有可能发生。

2.9.6.2 起重作业施工准备安全措施

安全部门应对从事指挥、司索和操作人员进行资格确认；对起重机械和吊具保护装置进行安全检查确认，确保状态完好；对安全措施落实情况进行确认；对吊装区域内的安全状况进行检查(包括吊装区域的划定、标识、障碍)；核实天气情况。在进行大型起重作业前，安全部门应会同有关技术部门对作业方案、作业安全措施和应急预案进行风险评估和审查。

2.9.6.3 起重作业施工安全措施

(1) 起重作业时指挥人员应佩戴明显的标志，按规定的指挥信号进行指挥，其他操作人员应清楚吊装方案和指挥信号。

(2) 起重指挥人员应严格执行吊装方案，发现问题要及时与方案编制人协商解决。任何人不得随同吊装重物或吊装机械升降，在特殊情况下，必须随之升降的，应采取可靠的安全措施，并经过现场指挥人员批准。严禁在已吊装物下通行或站人。

(3) 汽车起重机工作前应按要求平整停机场所，牢固可靠打好支脚。

(4) 所吊重物接近或达到额定起重量时，吊运前应检查制动器并用小高度(200 ~ 300mm)，短行吊后，再平稳地吊运。

(5) 重物不得在空中悬停时间过长，且起落速度要平稳，非特殊情况不得紧急制动和急速下降。

(6) 吊运有毒有害液、易燃易爆物品时，也必须先进行小高度、短行程试吊。

(7) 正式起吊前应进行试吊，检查全部机具、地锚受力情况。发现问题，应先将工件放回地面，待故障排除后重新试吊。确认一切正常后，方可正式吊装。

(8) 吊装过程中出现故障，起重操作人员应立即向指挥人员报告。没有指挥令，任何人不得擅自离开岗位。起吊重物就位前，不得解开吊装索具。

(9) 有下述情况之一时，禁止进行起吊作业：起重臂、吊钩或吊物下面有人，或吊物上有人、浮置物等；使用起重机或其他起重机械起吊超载、重量不清的物品和埋置物体等；制动器、安全装置失灵、吊钩防松装置损坏、钢丝绳损伤达到报废标准等；吊物捆绑、吊挂不牢或不平衡可能造成滑动，吊物棱角处与钢丝绳、吊索或吊带之间未加衬垫等；工作场地昏暗，无法看清场地、吊物情况和指挥信号等。

2.9.6.4 施工后安全措施

(1) 将吊钩和起重臂放到规定的稳妥位置，所有控制手柄均应放到零位，对使用电气控制的起重机械，应将总电源开关断开。

(2) 对在轨道上工作的起重机，应将起重机有效锚定。

(3) 将吊索、吊具收回放置于规定的地方，并对其进行检查、维护、保养。

(4) 对接替工作人员应告知设备、设施存在的异常情况及尚未消除的故障。

(5) 对起重机械进行维护保养时，应切断主电源并挂上标志牌或加锁。

2.9.7 爆破作业安全管理

爆破作业，是指利用炸药的爆炸能量对介质做功，以达到预定工程目标的活动。

2.9.7.1 爆破作业人员安全职责

(1) 爆破作业人员须进行专业培训，取得《爆破作业人员许可证》。

(2) 领用爆破器材，不得超过当天所需爆破器材用量。必须由施工员核定当天用量、填写领料单和准领证，交单位负责人签字后，经有关部门审核，方可到炸药库领取。

（3）爆破器材的组装、加工等危险作业必须在专门场所进行，严禁在放炮现场或库房内进行。当天领用的火工品未使用完的必须退库保管，严禁私自保管炸药。

（4）保管好爆破现场的爆破器材，严防被盗、丢失，严禁赠送、转卖、转借爆破器材；严禁使用爆破器材炸鱼、炸兽等。

（5）爆破作业时，必须严格按照规范进行操作，爆破作业人员对爆破设计无安全措施或安全措施不足的项目，有权拒绝进行爆破作业。

（6）爆破后检查工作面，发现盲炮和其他不安全因素应及时上报并请相关人员到现场研究处理方案后处理。

2.9.7.2 爆破作业安全措施

（1）有专（兼）职安全监督员或指定专人负责安全。

（2）爆破作业前应佩戴好安全帽，穿好工作服、工作鞋等劳动防护用品，严禁穿铁钉鞋和易产生静电的化纤衣服作业。

（3）禁止在大雾、大风雨或雷雨天气中进行爆破作业。

（4）炸药、雷管不准与其他物品混装、搬运过程中不得扔、砸、撞，应轻拿轻放。药包加工、装药作业中，严禁携带火柴、打火机等引火物品，严禁在作业场所吸烟。

（5）爆破工作开始前，必须确定危险区的边界，并设置明显的标志。地面爆破应在危险区的边界设置岗哨和标志。

（6）爆破前必须有信号，危险区内人员必须撤至安全地点。

（7）必须在爆破后进行现场检查，确认安全后，才能发出解除警戒信号。

（8）发现盲炮或怀疑有盲炮，应立即报告并及时处理。若不能及时处理，应在附近设明显标志，并采取相应的安全措施。

2.9.8 受限空间作业安全管理

受限空间指在生产辖区域内炉、塔、釜、罐、仓、槽车、管道、烟道、下水道、沟、井、池、涵洞、裙座等进出口受限，通风不良，存在有毒有害风险，可能对进入人员的身体健康和生命安全构成危害的封闭、半封闭设施及场所。在进入受限空间作业前，应该办理进入受限空间作业许可证。

2.9.8.1 进入受限空间作业安全措施

进入受限空间作业的安全防范措施可以归纳为三大类，即前期控制措施、过程监控措施和后期控制措施。

前期控制措施主要是指施工前的队伍、人员和机具的准备情况。过程控制措施比较一般复杂，往往因设备结构、空间大小、介质类别以及外部自然气候条件的不同而异。为保证各项控制措施落实到位，设置现场监护人员是必不可少的一环。后期控制措施主要是指施工作业之后的现场清理和资料归档保存。

2.9.8.2 许可证的办理程序

（1）作业风险辨识分析

办理许可证前，生产及施工单位应针对作业内容对受限空间进行危害识别，分析受限空间内是否存在缺氧、富氧、易燃易爆、有毒有害、高温、负压等危害因素，制定相应作业程序、安全防范和应急措施。

（2）填写作业许可证

进入受限空间作业前，生产单位必须向施工单位进行现场检查交底，生产单位有关专业技术人员会同施工单位的现场负责人及有关专业技术人员、监护人，对需进入作业的设备、设施进行现场检查，对进受限空间作业内容、可能存在的风险以及施工作业环境进行交底，结合施工作业环境对许可证列出的有关安全措施逐条确认，并将补充措施确认后填入相应栏内。

（3）办理作业许可证

进入受限空间作业单位负责人应持施工任务单和填写完毕作业许可证，到生产单位审批作业许可证。

（4）作业许可证审批

生产单位主管安全的负责人对作业程序和安全措施进行确认后，签发许可证。

（5）组织施工

施工单位负责人按照许可证审定措施组织进入受限空间作业施工。

2.9.8.3　受限空间作业监护人的职责

（1）作业监护人应熟悉作业区域的环境和工艺情况，有判断和处理异常情况的能力，掌握急救知识。

（2）在作业人员进入受限空间作业前，负责对安全措施落实情况进行检查，发现安全措施不落实或不完善时，有权拒绝作业。

（3）应清点出入受限空间的作业人数，在出入口处保持与作业人员的联系，严禁离岗，当发现异常情况时，应及时制止作业，并立即采取救护措施。

（4）应随身携带许可证。

（5）在作业期间，不得离开现场或做与监护无关的事。

2.9.8.4　施工准备安全措施

施工准备的安全措施，主要是指作业前要预先充分做好人员、物资、措施等方面的准备工作，以备突发事件出现时，可以有效防御。

（1）作业人员准备

由生产单位与施工单位现场安全负责人指派作业监护人，对现场监护人和作业人员进行必要的安全教育。

（2）作业空间准备

作业前必须对作业空间进行认真清理，清除出所有一切与施工作业无关的机具、杂物等障碍物。特别是要对作业空间出入通道进行认真清理，务必保持出入通道畅通无阻，以便随时疏散空间内作业人员。

（3）应急预案准备

进入受限空间作业前，必须按照风险识别评估情况，认真编制好事故应急预案，在紧急情况下，按照预先拟订好紧急状况下的疏散路线和抢险方法，以确保万无一失。

（4）装置设备准备

在进入受限空间作业前，应切实做好工艺处理工作，将受限空间吹扫、蒸煮、置换合格；对所有与其相连且可能存在可燃可爆、有毒有害物料的管线、阀门加盲板隔离、不得以关闭阀门代替安装盲板、盲板处应挂标识牌。

（5）分析数据准备

进入受限空间作业前，应对空间介质进行取样分析，分析合格后方可进入作业。

（6）相关器材准备

作业空间外面应预先备好一定数量的呼吸器具，并准备一定数量的消防器材，必要时施工人员应佩戴呼吸器进行作业。

2.9.8.5 作业施工安全措施

（1）“三不进入”具体指：未持有批准的进入受限空间作业许可证不进入；安全措施不落实不进入；监护人不在场不进入。当受限空间状况改变时，作业人员应立即撤出现场，同时为防止人员误入，在受限空间入口处应设置警告牌或采取其他封闭措施，处理后需重新办理许可证方可进入。

（2）可采用自然通风，必要时采取强制通风，严禁向内充氧气，进入受限空间内的作业人员每次工作时间不宜过长，应轮换作业或休息。

（3）进入受限空间作业应使用安全电压和安全行灯作业人员应穿戴防静电服装，使用防爆工具，严禁携带手机等非防爆通信工具和其他非防爆器材。

（4）在特殊情况下，作业人员可戴供风式面具、空气呼吸器等，使用供风式面具时，必须安排专人监护供风设备。发生人员中毒、窒息的紧急情况，抢救人员必须佩戴隔离式防护面具进入受限空间，并至少有1人在受限外部负责联络工作。

（5）作业结束后，应对受限空间进行全面检查，确认无误后，生产单位与施工单位现场安全负责人在许可证完工验收栏中签字确认。

（6）进入受限空间涉及用火、临时用电、高处等作业时，必须遵守有关安全规定，办理相应的作业许可证。

2.9.8.6 作业后安全措施

在受限空间作业结束，最重要的是要将空间清理干净，特别是在油罐、球罐、装置等设备内作业结束后，更要做好清理工作，防止工具、配件、物料等遗留在设备内，更不能在人员未撤离时，开始运行设备。

2.10 危险化学品安全管理

危险化学品是指具有爆炸、易燃、腐蚀、放射性等性质，在生产、经营、储存、运输、使用和废弃物处置过程中，容易造成人身伤亡和财产损毁而需要特别防护的化学品。

2.10.1 危险化学品储存的安全管理

随着危险化学品产量的增加，使用范围的扩大，危险化学品由于储存、运输、包装不当而发生的事故越来越多，危害越来越大。

安全储存是危险化学品流通过程中非常重要的一个环节，储存不当，就会发生重大事故，给国家造成巨大的经济损失，还会造成人员伤亡。为了加强对危险化学品储存的管理，国家不断加强储存监管力度，并制定了有关危险化学品储存标准，对规范化学品的储存，起到了重要作用。

危险化学品的储存根据物质的理化性状和储存量的大小分为整装储存和散装储存两类。整装储存是将物品装于小型容器或包件中储存，如各种袋装、桶装、箱装或钢瓶装的物品。这种储存往往存放的品种多，物品的性质复杂，比较难管理。

散装储存是物品不带外包装的净货储存，量比较大，设备、技术条件比较复杂，如有机液体危险化学品汽油、甲苯、二甲苯、丙酮、甲醇等。一旦发生事故难以施救。

2.10.1.1 危险化学品储存企业应具备的条件

（1）有符合国家标准的设备或者储存方式、设施

① 建筑物

《危险化学品经营企业开业条件和技术要求》(GB 18265—2000)明确规定：危险化学品仓库的建筑屋架应根据所存危险化学品的类别和危险等级采用木结构、钢结构或装配式钢筋混凝土结构，砌砖墙、石墙、混凝土墙及钢筋混凝土墙。

库房门应为铁门或木质外包铁皮，采用外开式，设置高侧窗(剧毒物品仓库的窗户应加设铁护栏)。

毒害性、腐蚀性危险化学品库房的耐火等级不得低于二级。易燃易爆性危险化学品库房的耐火等级不得低于三级。爆炸品应储存于一级轻顶耐火建筑内，低、中闪点液体、一级易燃固体、自燃物品、压缩气体和液化气体类应储存于一级耐火建筑的库房内。

② 储存地点及建筑结构的设置

储存地点及建筑结构的设置，除了应符合国家有关规定外，还应考虑对周围环境和居民的影响。

储存危险化学品的建筑必须安装通风设备，并注意设备的防护措施；通排风系统应设有导除静电的接地装置；通风管应采用非燃烧材料制作；通风管道不宜穿过防火墙等防火分隔物，如必须穿过时应用非燃烧材料分隔。

储存危险化学品建筑采暖的热媒温度不宜过高，热水采暖不应超过80℃，不得使用蒸汽采暖和机械采暖。采暖管道和设备的保温材料，必须采用非燃烧材料。

③ 禁配要求

根据危险品性能分区、分类、分库储存。各类危险品不得与禁忌物料混合储存。禁忌物料是指化学性质相抵触或灭火方法不同的化学物料。危险化学品的储存必须具备适合储存方式的设施，储存方式分为以下几种。

隔离储存：在同一房间或同一区域内，不同的物料之间分开一定的距离，非禁忌物料间用通道保持空间的储存方式。

隔开储存：在同一建筑物或同一区域内，用隔板或墙，将禁忌物料分开的储存方式。

分离储存：在不同的建筑物或远离所有的外部区域内的储存方式。

④ 安全设施、设备

应当根据危险化学品的种类、特性，在车间、库房等作业场所按照国家标准和国家有关规定设置相应的监测、通风、防晒、调温、防火、灭火、防爆、泄压、防毒、消毒、中和、防潮、防雷、防静电、防腐、防渗漏、防护围堤或者隔离操作等安全设施、设备，保证符合安全运行要求。

⑤ 报警装置

危险化学品的生产、储存、使用单位，应当在生产、储存和使用场所设置通信、报警装置，并保证在任何情况下处于正常适用状态。

（2）仓库的周边防护距离符合国家标准或者国家有关规定

《危险化学品经营企业开业条件和技术要求》(GB 18265—2000)明确规定危险化学品仓库按其使用性质和经营规模分为三种类型：大型仓库(库房或货场总面积大于9000m²)；中型仓库(库房或货场总面积在550~9000m² 之间)；小型仓库(库房或货场总面积小于550m²)。

大中型危险化学品仓库，应选址在远离市区和居民区的当地主导风向的下风方向和河流下游的地域；应与周围公共建筑物、交通干线（公路、铁路、水路）、工矿企业等距离至少保持1000m。大中型危险化学品仓库内应设库区和生活区，两区之间应有高2m以上的实体围墙，围墙与库区内建筑的建筑距离不宜小于5m，并应满足围墙两侧建筑物之间的防火距离要求。汽车加油加气站的站址选择还要符合《汽车加油加气站设计与施工规范》（GB 50156—2002）的要求。

（3）有符合储存需要的管理人员和技术人员

《安全生产法》第二十条规定：危险物品的生产、经营、储存单位以及矿山、建筑施工单位的主要负责人和安全生产管理人员，应当由有关主管部门对其安全生产知识和管理能力考核合格后方可任职。

《安全生产法》第二十一条规定：生产经营单位应当对从业人员进行安全生产教育和培训，保证从业人员具备必要的安全生产知识，熟悉有关的安全生产规章制度和安全操作规程，掌握本岗位的安全操作技能。未经安全生产教育和培训合格的从业人员，不得上岗作业。

《危险化学品安全管理条例》第四条规定：生产、储存、使用、经营、运输危险化学品的单位的主要负责人对本单位的危险化学品安全管理工作全面负责。

危险化学品单位应当具备法律、行政法规规定和国家标准、行业标准要求的安全条件，建立、健全安全管理规章制度和岗位安全责任制度，对从业人员进行安全教育、法制教育和岗位技术培训。从业人员应当接受教育和培训，考核合格后上岗作业；对有资格要求的岗位，应当配备依法取得相应资格的人员。

《危险化学品经营企业开业条件和技术要求》（GB 18265—2000）规定从事危险化学品配送（储存）的企业法定代表人或经理应经过国家授权部门的专业培训，取得合格证书方能从事经营活动。危险化学品仓库应设有专职或兼职的危险化学品养护员，负责危险化学品的技术养护、管理和监测工作。

《常用化学危险品贮存通则》（GB 15603—1995）中明确危险化学品仓库工作人员应进行培训，经考核合格后持证上岗。

（4）有健全的安全管理制度

《安全生产法》规定：矿山、建筑施工单位和危险物品的生产、经营、储存单位，应当设置安全生产管理机构或者配备专职安全生产管理人员。

安全管理制度要结合储存单位储存的商品类别、数量、仓库的规模、设施等情况具体确定。一般要有：各个岗位安全操作规程；出入库管理制度：商品养护管理制度；安全防火责任制；动态火源的管理制度；剧毒品的管理制度；设备的安全检查制度等。

（5）符合法律、法规规定和国家标准要求的其他条件

《安全生产法》第十八条规定：生产经营单位应当具备的安全生产条件所必需的资金投入，由生产经营单位的决策机构、主要负责人或者个人经营的投资人予以保证，并对由于安全生产所必需的资金投入不足导致的后果承担责任。

2.10.1.2 危险化学品储存地点的选择

危险化学品生产装置或者储存数量构成重大危险源的危险化学品储存设施（运输工具加油站、加气站除外），与下列场所、设施、区域的距离应当符合国家有关规定：

居住区以及商业中心、公园等人员密集场所；学校、医院、影剧院、体育场（馆）等公

共设施；饮用水源、水厂以及水源保护区；车站、码头(依法经许可从事危险化学品装卸作业的除外)、机场以及通信干线、通信枢纽、铁路线路、道路交通干线、水路交通干线、地铁风亭以及地铁站出入口；基本农田保护区、基本草原、畜禽遗传资源保护区、畜禽规模化养殖场(养殖小区)、渔业水域以及种子、种畜禽、水产苗种生产基地；河流、湖泊、风景名胜区、自然保护区；军事禁区、军事管理区；法律、行政法规规定的其他场所、设施、区域。

储存数量构成重大危险源的危险化学品储存设施的选址，应当避开地震活动断层和容易发生洪灾、地质灾害的区域。

2.10.1.3 储存危险化学品的基本要求

(1) 危险化学品储存仓库

危险化学品储存仓库必须经省、自治区、直辖市人民政府经济贸易管理部门或者设区的市级人民政府负责危险化学品安全监督管理综合工作的部门审查批准的危险化学品仓库中，储存危险化学品必须遵照国家法律、法规和其他有关的规定。

(2) 生产、储存剧毒化学品单位要求

生产、储存剧毒化学品单位或者国务院公安部门规定的可用于制造爆炸物品的危险化学品(以下简称易制爆危险化学品)的单位，应当如实记录其生产、储存的剧毒化学品、易制爆危险化学品的数量、流向，并采取必要的安全防范措施，防止剧毒化学品、易制爆危险化学品丢失或者被盗；发现剧毒化学品、易制爆危险化学品丢失或者被盗的，应当立即向当地公安机关报告。

生产、储存剧毒化学品、易制爆危险化学品的单位，应当设置治安保卫机构，配备专职治安保卫人员。

(3) 危险化学品储存规定

应当在专用仓库、专用场地或者专用储存室(以下统称专用仓库)内，并由专人负责管理；剧毒化学品以及储存数量构成重大危险源的其他危险化学品，应当在专用仓库内单独存放，并实行双人收发、双人保管制度。

危险化学品的储存方式、方法以及储存数量应当符合国家标准或者国家有关规定。

储存危险化学品的单位应当建立危险化学品出入库核查、登记制度：对剧毒化学品以及储存数量构成重大危险源的其他危险化学品，储存单位应当将其储存数量、储存地点以及管理人员的情况，报所在地县级人民政府安全生产监督管理部门(在港区内储存的，报港口行政管理部门)和公安机关备案。

储存危险化学品的仓库必须配备有专业知识的技术人员，其仓库及场所应设专人管理，管理人员必须配备可靠的个人安全防护用品。

危险化学品露天堆放时，应符合防火、防爆的安全要求，爆炸物品、一级易燃物品、遇湿燃烧物品、剧毒物品不得露天堆放。

(4) 危险化学品的养护

危险化学品入库时，应严格检验商品质量、数量、包装情况、有无泄漏；危险化学品入库后应根据商品的特性采取适当的养护措施，在储存期内定期检查，做到一日两检，并做好检查记录。发现其品质变化、包装破损、渗漏、稳定剂短缺等及时处理，库房温度、湿度应严格控制，经常检查，发现变化及时调整。

（5）危险化学品出入库管理

建立危险化学品出入库核查、登记制度。出入库前均应按合同进行检查验收、登记，验收内容包括：

① 危险化学品的包装必须符合国家法律、法规、规章的规定和国家标准的要求。

② 危险化学品包装的材质、型式、规格、方法和单件质量，应当与所包装的危险化学品的性质和用途相适应，便于装卸、运输和储存。

③ 危险化学品的包装物、容器，必须由省、自治区、直辖市人民政府经济贸易管理部门审查合格的专业生产企业定点生产，并经国务院质检部门认可的专业检测、检验机构检测、检验合格，方可使用。

④ 重复使用的危险化学品包装物、容器在使用前，应当进行检查，并作出记录：检查记录应当至少保存 2 年。

（6）进入危险化学品储存区域的人员、机动车辆和作业车辆要求

必须采取防火措施。进入危险化学品库区的机动车辆应安装防火罩。机动车装卸货物后，不准在库区、库房、货场内停放和修理。

汽车、拖拉机不准进入易燃易爆类物品库房。进入易燃易爆类物品库房的电瓶车、铲车应是防爆型的，进入可燃固体物品库房的电瓶车、铲车，应装有防止火花溅出的安全装置。

（7）其他要求

应按照有关规定进行，做到轻装、轻卸。严禁摔、碰、撞击、拖拉、倾倒和滚动。

操作人员应根据危险条件，穿戴手套、相应的防毒口罩或面具、防护服、护目镜、胶皮手套、胶皮围裙等必要的防护用品。装卸易燃液体需穿防静电工作服。禁止穿带铁钉鞋。大桶不得在水泥地面滚动。桶装各种氧化剂不得在水泥地面滚动。

各项操作不得使用沾染异物和能产生火花的机具，作业现场须远离热源和火源。各类危险化学品分装、改装、开箱（桶）检查等应在库房外进行。不得用同一个车辆运输互为禁忌的物料，包括库内搬倒。

各类危险化学品企业应在经营店面和仓库，针对各类危险化学品的性质，准备相应的急救药品和制定急救预案。

2.10.2 危险化学品运输的安全管理

《安全生产法》规定：生产、经营、运输、储存、使用危险物品或者处置废弃危险物品的，由有关主管部门依照有关法律、法规的规定和国家标准或者行业标准审批并实施监督管理。生产经营单位生产、经营、运输、储存、使用危险物品或者处置废弃危险物品，必须执行有关法律、法规和国家标准或者行业标准，建立专门的安全管理制度，采取可靠的安全措施，接受有关主管部门依法实施的监督管理。

生产经营单位使用的涉及生命安全，危险性较大的特种设备，以及危险物品的容器、运输工具，必须按照国家有关规定，由专业生产单位生产，并经取得专业资质的检测、检验机构检测、检验合格，取得安全使用证或者安全标志，方可投入使用。检测、检验机构对检测、检验结果负责。

2.10.2.1 危险化学品运输资质认定

《安全生产法》第三十二条规定：生产、经营、运输、储存、使用危险物品或者处置废弃危险物品的，由有关主管部门依照有关法律、法规的规定和国家标准或者行业标准审批并

实施监督管理。

从事危险化学品道路运输、水路运输应当分别依照有关道路运输、水路运输的法律、行政法规的规定，取得危险货物道路运输许可、危险货物水路运输许可，并向工商行政管理部门办理登记手续。

2.10.2.2 危险化学品道路运输企业、水路运输企业的人员要求

驾驶人员、船员、装卸管理人员、押运人员、申报人员、集装箱装箱现场检查员应当经交通运输主管部门考核合格，取得从业资格。具体办法由国务院交通运输主管部门制定。

（1）从业人员

驾驶员应当符合下列条件：年龄不超过55周岁，持有合法有效的机动车驾驶证，并具有5年或15×10^4km的安全驾驶经历；经道路危险货物运输从业资格培训考试合格，取得相应的从业资格证件，并按规定复审合格。

上岗前应接受相关危险货物性质、危害特征、包装容器的使用特性和装卸作业操作规程、防火灭火知识、消防器材使用方法以及突发事件处置措施等相关知识的岗前培训，并考试合格。定期参加上岗后的岗位安全教育培训和应急预案演练。

（2）装卸管理人员和押运员

应当符合下列条件：年龄不超过60周岁；高中以上学历；经危险货物从业资格培训考试合格，取得相应的从业资格证件，并按规定复审合格。

押运员宜由危险货物托运单位配备或托运单位、承运单位双方协议确定。

2.10.2.3 用于化学品运输工具的槽罐以及其他容器

必须依照《危险化学品安全管理条例》的规定，由专业生产企业定点生产，并经检测、检验合格后，方可使用。质检部门应当对前款规定的专业生产企业定点生产的槽罐以及其他容器的产品质量进行定期的或者不定期的检查。

用于运输危险化学品的槽罐以及其他容器应当封口严密，能够防止危险化学品在运输过程中因温度、湿度或者压力的变化发生渗漏、洒漏；槽罐以及其他容器的溢流和泄压装置应当设置准确、起闭灵活。

装运危险货物的罐（槽）应适合所装货物的性能，具有足够的强度，并应根据不同货物的需要配备泄压阀、防波板、遮阳物、压力表、液位计、导除静电等相应的安全装置；罐（槽）外部的附件应有可靠的防护设施，必须保证所装货物不发生“跑、冒、滴、漏”并在阀门口装置积漏器。

2.10.2.4 运输危险化学品的车辆规定

运输危险化学品的车辆，应专车专用，并有明显标志，要符合交通管理部门对车辆和设备的规定；车厢、底板必须平坦完好，周围栏板必须牢固；机动车辆排气管必须装有有效的隔热和熄灭火星的装置，电路系统应有切断总电源和隔离火花的装置；车辆左前方必须悬挂黄底黑字“危险品”字样的信号旗；根据所装危险货物的性质，配备相应的消防器材和捆扎、防水、防散失等用具。

（1）基本要求

车辆应为国家汽车行业主管部门公告的车辆，其技术状况应达到JT/T 198规定的一级车辆要求。车辆应按照相关法律法规的要求注册登记，申请危险货物运输资格，取得车辆号牌、机动车辆行车证和相应的危险货物运输资格后，方可从事危险货物运输。

车辆和罐体应按规定要求进行检验并合格，车辆日常运行安全技术状况应符合GB 7258

的规定。车辆应安装符合 AQ 3004 规定要求的 GPS 安全监控车载终端和配备必要的通信工具。

运输液化气体、压缩气体、易燃液体和剧毒液体时，应使用不可移动罐体车、拖挂罐体车或罐式集装箱。除罐式集装箱外，禁止使用移动罐体从事危险货物运输。运输爆破器材的车辆，应符合国家《爆破器材运输车安全技术条件》和 GB 20300 的规定。运输放射性物品的车辆和容器，应符合《放射性物品运输安全管理条例》和 GB 11806 的规定。运输剧毒、爆炸、强腐蚀性危险货物的非罐式专用车辆，核定载质量不应超过 10t。

（2）车辆外观标志

车辆应按照规定要求安装标志灯、标志牌，粘贴和喷涂反光带、安全标示（告示）牌、装运介质名称等。外观标志应光洁鲜明、无破损、无污染。标志灯和标志牌应符合 GB13392 的规定；安全标示（告示）牌应符合 GB20300—2006 中 6. 2 的规定；罐（箱）体应粘贴环形橙色反光带，反光带应沿罐（箱）中心线的水平面与罐（箱）体外表面的交线均匀对称粘贴，反光带的宽度为 150mm ±20mm，且反光带的技术要求应符合 GA 406 的规定。罐（箱）体两侧后部反光带上方应喷涂装运介质的名称，字高不小于 200mm，字体为仿宋体，字体颜色应符合表 2 – 15 的要求。

表 2 – 12　装运介质字体颜色要求

介质类型	字体颜色	介质类型	字体颜色
易燃易爆类介质	红色	腐蚀、强腐蚀介质	黑色
有毒、剧毒类介质	黄色	其余介质	蓝色

2. 10. 2. 5　运输的基本要求

（1）运输

承运危险货物的单位应具有合法有效的相应运输资质。运输危险货物时应随车携带符合 JT 617 要求的“道路运输危险货物安全卡”。

运输危险货物的车辆，出车前应检查车辆安全技术状况、罐体或厢体及安全附件是否良好、安全可靠，标志标识、消防器材和有关证件是否齐全有效，若发现隐患应立即排除。禁止证件、手续不全和车辆带故障、隐患出车，禁止拖带挂车、携带其他危险物品和搭载无关人员。

运输危险货物的车辆应在押运员的监管之下按规定路线行驶，不应进入危险货物运输车辆禁止通行的区域；确需进入禁止通行区域的，应当事先向当地公安部门报告，按照公安部门指定线路、时间行驶。禁止在学校、幼儿园、医院、商场和公共广场等人员密集的地方停车。

运输危险货物的车辆在一般道路上最高车速为 60km/h，在高速公路上最高车速为 80km/h，并应确认有足够的安全车间距离。如遇雨天、雪天、雾天等恶劣天气，最高车速为 20km/h，并开启应急双闪灯，警示后车，防止追尾。

驾驶员一次连续驾驶 4h 应停车休息 20min 以上；24h 内实际驾驶车辆时间累计不应超过 8h，禁止疲劳驾驶。

运输过程中，押运人员应密切注意所装载的危险货物，并每隔 2h 停车检查一次。若发现问题应及时会同驾驶员采取措施妥善处理，必要时应及时联系当地公安等有关部门予以处理。驾驶员、押运员不应擅自离岗、脱岗。

运输过程中遇有雷雨时，不应在树下、电线杆、高压线、铁塔、高层建筑及容易遭到雷击和产生火花的地点停车。若要避雨时，应选择安全地点停放。遇有泥泞、冰冻、颠簸、狭窄及山崖等路段时，应低速缓慢行驶，防止车辆侧滑甩尾、方向失控和危险货物剧烈震荡等现象发生，确保运输安全。

运输过程中临时停车时，车辆应与周围设施保持安全距离，并有专人看管。需要停车住宿或遇有无法正常运输的情况时应向当地公安部门报告。

装运易燃易爆货物的车辆，运输途中禁止接近明火和高温场所。

运输过程中如果发生事故或失火、泄漏时，驾驶员应立即停车熄火，切断汽车总电源，戴好防护面具与手套，与押运员一起尽可能地采取堵漏、灭火、设置警示标志、组织人员向逆风方向疏散等相应的应急救援措施。同时应立即拨打119、122和110等应急救援电话，并向单位报告。

运输危险货物的车辆发生故障需修理时，应选择在安全地点和具有相关资质的汽车修理企业进行修理。禁止在装卸作业区内维修车辆。

装运易燃易爆危险货物的车辆行车途中发生故障需要动火维修时，应选择有易燃易爆危险运输车辆维修资质的修理厂进行维修，并根据所装载的危险货物特性，采取可靠的安全防护措施，在安全人员的监护下作业；或向当地公安部门报告，在公安消防人员的监护下作业。

(2) 装卸

危险货物的装卸应在装卸管理人员的现场指挥下，按照装卸操作规程进行。

人员进入易燃、易爆危险货物装卸作业区时应：穿着不产生静电的工作服和不带铁钉的工作鞋；禁止随身携带火种，严禁吸烟；关闭随身携带的手机等通信工具和电子设备。

车辆进入易燃、易爆危险货物装卸作业区时应：没有安装排气管火花熄灭器的车辆应安装防火帽；安装开关式排气管火花熄灭器的车辆应将开关关闭；进入时应将防静电拖地带提起，装卸时将其放下。

雷雨天气装卸易燃、易爆危险货物时，应确认避雷电、防湿潮措施有效。无避雷电、防湿潮措施时，应停止装卸作业。

车辆应在进入装卸作业区的入口外停车，到登记处登记并接受安全教育和检查，符合规定要求后驶入装卸作业区，依次排队等候；装卸车辆应停在易于驶离装卸现场的位置，不准堵塞安全通道；待装卸的车辆与装卸中的车辆应保持足够的安全距离，并服从管理人员的指挥。

装卸作业前，车辆发动机应熄火，拉紧手制动，切断总电源（需从车辆上取得动力的除外），连接好导静电接地线。在有坡度的场地装卸作业前，还应采取防止车辆溜坡的有效措施。

2.10.2.6 剧毒化学品的运输

《危险化学品安全管理条例》对剧毒品的运输进行了专项的规定：

通过道路运输剧毒化学品的，托运人应当向运输始发地或者目的地县级人民政府公安机关申请剧毒化学品道路运输通行证。

申请剧毒化学品道路运输通行证，托运人应当向县级人民政府公安机关提交下列材料：拟运输的剧毒化学品品种、数量的说明；运输始发地、目的地、运输时间和运输路线的说明；承运人取得危险货物道路运输许可、运输车辆取得营运证以及驾驶人员、押运人员取得上岗资格的证明文件。

剧毒化学品、易制爆危险化学品在道路运输途中丢失、被盗、被抢或者出现流散、泄漏等情况的，驾驶人员、押运人员应当立即采取相应的警示措施和安全措施，并向当地公安机关报告。

禁止通过内河封闭水域运输剧毒化学品以及国家规定禁止通过内河运输的其他危险化学品。

铁路发送剧毒化学品时必须按照铁道部铁运[2002]21号《铁路剧毒品运输跟踪管理暂行规定》执行：必须在铁道部批准的剧毒品办理站或专用线，专用铁路办理。

2.10.3 危险化学品使用的安全管理

《危险化学品管理条例》第十五条规定：使用危险化学品从事生产的单位，其生产条件必须符合国家标准和国家有关规定，并依照国家有关法律、法规的规定取得相应的许可，必须建立、健全危险化学品使用的安全管理规章制度，保证危险化学品的安全使用和管理。

2.10.3.1 对使用危险化学品从事生产的企业要求

使用危险化学品从事生产的企业，必须遵守企业管理规章制度。需要建立的各项规章制度包括：安全生产职责制、安全教育制度、安全作业证制度、工艺操作规程、生产要害岗位管理制度、防火与防爆制度、危险物品管理制度、电气安全制度、安全装置和防护用品(器具)管理制度、施工与检修制度、防尘防毒制度、厂区交通安全制度、安全技术措施管理制度、新建、改建、扩建工程“三同时”制度、安全检查制度、事故管理制度等。

2.10.3.2 使用单位的职责

使用有安全标签的危险化学品，向操作人员提供安全技术说明书。

购进危险化学品必须核对包装(或容器)上的安全标签。安全标签若脱落或损坏，经检查确认后应补贴。

购进的危险化学品需要转移或分装到其他容器时，在转移或分装后的容器上应粘贴安全标签。

盛装危险化学品的容器在未净化处理前，不得更换原安全标签。

危险化学品产生的危害应定期进行检测和评估。

对工作场所使用的危险化学品产生的危害应定期进行检测和评估，对检测和评估结果应建立档案。作业人员接触的危险化学品浓度不得高于国家规定的标准，暂时没有规定的，使用单位应在保证安全作业的情况下使用。

2.10.3.3 消除减少和控制工作场所危险化学品产生危害的方法

选用无毒或低毒的化学替代品；选用可将危害消除或减少到最低程度的技术；采用能消除或降低危害的工程控制措施(如隔离、密闭等)；采用能减少或消除危害的作业制度和作业时间；采取其他的劳动安全卫生措施。

2.10.3.4 危险化学品使用的其他规定

在危险化学品工作场所应设有急救设施，并提供应急处理的方法。

按国家有关规定清除化学废料和清洗盛装危险化学品的废旧容器。

使用单位应对盛装、输送、贮存危险化学品的设备，采用颜色、标牌、标签等形式，标明其危险性。

将危险化学品的有关安全卫生资料向职工公开，教育职工识别安全标签、了解安全技术说明书、掌握必要的应急处理方法和自救措施，并经常对职工进行工作场所安全使用化学品的教育和培训。

2.11 承包商安全管理

2.11.1 承包商安全管理基本要求

(1) 承包商是指承担工程项目建设任务的单位，包括工程总承包单位、施工总承包单位(以下统称总承包单位)、分包单位，以及设计、物资供应服务商、监理公司等单位。

(2) 工程项目的范围包括：建设工程项目、改扩建工程项目、检维修项目、维护保养项目，以及所有石油工程作业类项目。

(3) 承包商安全管理基本要求：承包商应自觉遵守国家安全生产法律法规，树立与中国石油化工集团公司、中国石油化工股份有限公司(以下统称中国石化)相同的安全价值取向，接受中国石化的教育培训，执行中国石化及其所属建设单位安全生产禁令及安全生产规章制度，接受建设单位的安全监管及安全、环境与健康管理体系(以下简称 HSE 管理体系)评审。

(4) 承包商的安全监督管理坚持“谁发包、谁负责”的原则。

① 由建设单位直接发包的工程项目，建设单位要履行安全监管职责，将承包商纳入本单位 HSE 管理体系，统一标准，统一要求，统一管理，严格考核。

② 实行总承包的项目，总承包单位要承担起对分包单位安全监管的职责，对分包单位实行全过程管理与控制，并对建设单位负责。

(5) 总承包单位对分包工程的安全管理职责。

① 建设单位安全监督管理部门负责制定本单位承包商 HSE 管理规定和考核细则；对各承包商进行年度 HSE 资格评审；对本单位及承包商的执行情况(包括作业现场)进行监督、检查和考核，并定期公布。

② 建设单位工程项目管理部门负责监督检查项目安全措施的落实情况，对查出的问题督促承包商整改，并跟踪检查，在项目完工后，建设单位工程项目管理部门负责对承包商 HSE 业绩及表现做出评价，并抄送建设单位安全监督管理部门。

2.11.2 承包商资质管理

(1) 承包商应具备与所承担工程项目相应的等级资质。

(2) 承包商应建立 HSE 管理体系或职业安全健康管理体系，并有两年以上良好的安全业绩。

(3) 承包商应将本单位承担工程项目的相应施工资质报建设单位工程项目管理部门审核，取得该部门签发的《工程项目承包商施工资格确认证书》。

(4) 承包商在取得《工程项目承包商施工资格确认证书》后，向建设单位安全监督管理部门申请 HSE 资质审查，并提交以下书面资料。

① 建筑施工企业的《安全生产许可证》。

② HSE 管理体系文件。

③ 2 年以上安全事故、事故发生率的原始记录以及安全隐患治理台账。

④ 符合国家法规规定的特殊工种作业人员操作证和安全管理人员资格证的原件及复

印件。

⑤ 建设单位工程项目管理部门签发的《工程项目承包商施工资格确认证书》原件、复印件。

（5）建设单位安全监督管理部门向承包商签发《工程项目承包商 HSE 资格确认证书》，《工程项目承包商 HSE 资格确认证书》每年复审 1 次，连续 3 年复审合格的承包商可将复审周期延长至 2 年 1 次。

（6）工程项目实行总承包的，由总承包单位按照上述规定，对分包单位施工资格、HSE 资格进行审查，并将合格分包商名录及资质审查情况报建设单位安全监督管理部门备案审查。

2.11.3 承包商招标投标管理

（1）承包商按照业主招标书中 HSE 基本要求，进行项目 HSE 规划，编制其 HSE 初步投标方案，承包商 HSE 管理体系的主要内容至少包括：

① 承包商 HSE 承诺；

② HSE 管理组织机构；

③ HSE 管理体系文件和规章制度；

④ 危害识别、风险评价及风险控制措施；

⑤ 承包商 HSE 培训计划；

⑥ 安全监督管理人员及作业人员的 HSE 培训计划、内容和相关会议纪要；

⑦ 个人职业防护器具的目录和有效检验证书；

⑧ 职业健康体检程序；

⑨ 事故（事件）调查和处理管理规定；

⑩ 其他相应内容。

（2）中标后，业主、承包商应共同确定 HSE 协议。其内容至少应明确以下几点：

① 项目适用的 HSE 方面的法律、法规、标准以及业主的规定；

② 项目相关的 HSE 风险因素；

③ 工程技术服务《HSE 作业计划书》；

④ HSE 责任、权利和义务；

⑤ HSE 违约责任与处理；

⑥ HSE 实施及管理费用。

2.11.4 承包商人员培训管理

（1）施工前，承包商应持《工程项目承包商 HSE 资格确认证书》，到建设单位安全监督管理部门接受全员 HSE 教育。考核合格后，由建设单位保卫部门向承包商发放“临时出入证”，其有效期应与施工期限同步，最长不超过 6 个月。

（2）承包商需要的取证培训有如下几方面：

① 承包商需要培训取证的人员包括单位主要负责人、安全生产管理人员、特种作业人员和其他从业人员。其中煤矿、非煤矿山、危险化学品、烟花爆竹等生产经营单位主要负责人和安全生产管理人员，经安全资格培训考核合格，由安全生产监管监察部门发给安全资格证书。其他生产经营单位主要负责人和安全生产管理人员经安全生产监管监察部门认定的具备相应资质的培训机构培训合格后，由培训机构发给相应的培训合格证书。

② 承包商应建立健全从业人员安全培训档案，详细、准确记录培训考核情况。

③ 承包商主要负责人和安全生产管理人员、特种作业人员安全培训工作，必须由省以上安监部门认定的具备相应资质的安全培训机构实施。

④ 承包商主要负责人和安全生产管理人员、特种作业人员及其他从业人员的培训内容应符合国家有关规定要求。

⑤ 不具备安全培训条件的承包商，应当委托具有相应资质的安全培训机构，对从业人员进行安全培训。

(3) 建设单位应对全体施工人员进行三级安全教育。

2.11.5 承包商现场监管

(1) 施工作业基本条件

① 明确承包商 HSE 管理工作的第一责任人。

② 确定承包商现场 HSE 管理及应急联络人员。

③ 承包商施工方案已报建设单位工程管理部管门审核。

④ 承包商应针对施工方案开展危害识别和风险评价，并将风险识别结果及控制措施报建设单位工程项目管理、安全监督部门审核确认。

⑤ 建设单位工程项目管理部门、项目所在基层单位已向施工单位明确了 HSE 措施及要求。

⑥ 建设单位已对全体施工人员进行三级安全教育。

⑦ 在建的建筑物、临时设施应符合防火、防爆、防毒等要求，消防器材配备齐全，道路畅通。

⑧ 确认作业现场已具备安全作业条件。

(2) 现场管理要求

① 使用的机具、工具应符合安全要求。

② 遵守建设单位的安全生产管理规定，办理相关作业许可证。

③ 进入施工现场应穿戴符合国家标准及建设单位规定的劳动防护用品。

④ 施工作业人员自觉接受建设单位安全监督管理部门、总承包及监理单位的检查和监督。

⑤ 工程项目施工前，承包商要在危害识别与风险评价基础上，编制施工现场应急预案，并将应急预案报建设单位安全监督管理部门备案，实行总承包的，由总承包单位统一组织编制应急预案，各分包单位按照应急预案要求落实本单位应急措施，建立应急救援组织，配备救援器材，并定期组织演练。

⑥ 总承包单位要监督分包单位项目 HSE 管理体系的建立与运行，至少每半年对各分包单位项目 HSE 管理进行 1 次审核，并提交建设单位安全监督管理部门备查。

⑦ 总承包单位应成立包括各分包单位安全管理人员在内的 HSE 管理综合检查组，定期对作业现场实施检查，确保各项 HSE 管理措施落实并有效执行。

2.11.6 承包商工程服务验收

(1) 对承包商承接的所有工程项目应按照中国石化合同管理要求签订工程合同，合同中应明确双方 HSE 管理工作的内容及应负的责任。为保证 HSE 职责明确，在签订合同的同时，双方应签订 HSE 管理协议。

（2）监理单位的 HSE 管理协议应进一步明确其对 HSE 管理人员配备的数量和素质要求，对不能满足 HSE 要求的监理单位，建设单位可以直接预留部分费用用于第三方安全监理。

（3）工程项目实行总承包的，分包合同中应明确双方安全生产方面的权利和义务。

（4）合同在双方确认签订前，应报建设单位安全监督管理部门会审，未经会审的工程项目一律不得开工，为确保安全生产需要紧急抢修临时追加的工程项目，由建设单位安全监督管理部门组织审定安全措施后，方可实施。

2.11.7 承包商业绩评价

（1）建设单位要建立健全承包商安全生产信用体系和奖惩制度，对承包商实施动态管理，积极探讨安全生产抵押金制度，安全生产奖惩制度和退出机制，以及安全措施费用专费专用制度。

（2）建设单位工程项目管理部门、安全监督管理部门应定期深入现场，监督检查直接作业环节安全措施的落实情况，发现承包商施工人员违反 HSE 管理规定，有权勒令整改或停止作业，向承包商下达“整改通知单”并跟踪检查，对承包商违反 HSE 管理规定的不良行为，应按照合同条款进行处罚。

（3）建设单位应对多次违章或违章情节较为严重的承包商进行通报批评、警告，直至收回《工程项目承包商 HSE 资格确认证书》，责令其停工整顿，

（4）对 HSE 管理混乱、违章施工导致发生安全事故的承包商，建设单位应按照合同条款对其进行处罚。情节严重的按照有关规定予以清退。

（5）施工过程中发生的安全事故应按照国家有关法律法规及中国石化事故管理规定调查处理。承包商事故要与企业内部事故同样对待、处理和考核，对事故中负有责任的有关人员要严肃追究责任，承包商应建立与中国石化事故管理相适应的管理制度，建设单位对承包商的事故调查处理情况予以监督。

（6）对承包商的各项约束性条款，由建设单位负责落实到合同中，工程项目实行总承包的，总承包单位负责将有关条款落实到与分包单位的合同中。

2.12 道路交通运输安全管理

为了保障道路交通运输安全，减少交通事故造成的危害，1988 年 8 月 1 日国务院发布了《中华人民共和国道路交通管理条例》，2004 年 5 月 1 日发布了《中华人民共和国道路交通安全法实施条例》，2011 年 5 月 1 日修改了《中华人民共和国道路交通安全法》。

油田企业的道路交通运输安全管理有着与社会大环境相同的共性的一面，也有着自身特殊的一面。其特殊性表现在：一是油田企业都是一个独立的工矿区，处于城乡结合部，人员成分复杂，素质参差不齐，城市化管理的要求与居民交通文明意识的反差较大。加上内部管理的人力和手段限制，矿区道路交通运输安全管理的难度很大；二是由于油田都是国有企业，自身的车辆和驾驶员管理比较规范。大部分车辆和驾驶员都是以车队形式管理，管理基础较好；三是各油田基本都形成了一套带有自身特点的行之有效的管理制度；四是其野外作业的性质和行业管理、行业联系的特性决定了油田企业车辆长途行驶、艰苦条件、恶劣环境行驶比较多，对驾驶员的素质技能提出了特殊的要求；五是由于工程施工的需要，油田企业

的大型车辆、危运车辆、特种车辆很多，运输的危险性大。

2.12.1 安全管理要求

在道路交通运输管理的法律、法规、制度体系中，企业的交通安全规章制度是最基础、最具体的管理约束手段，它能充分体现企业的自身特性和独特要求。目前各油田企业都有自己的道路交通运输安全管理规定，尽管内容和形式各不相同，但其基本实质都大致相同。

交通安全“十八法”是油田企业长期以来坚持和推广的一个成功做法，尽管目前各企业没有完整地照搬“十八法”的模式，但其主要措施和做法仍然被广泛借鉴和采用。在驾驶员管理中，“企内机动车辆准驾证”制度已经成为一个通行的管理方式。在车辆管理中，长途车管理、队车行驶制度、节假日的“三交一定或一封”规定是各企业管理的基本措施。

（1）交通安全“十八法”

《运输车队安全管理十八法》是诞生于油田企业，并被广泛应用推广的一套成功管理经验。它非常适合油田企业的特点，它以动态分析为基础，把人的因素放在第一位，倡导超前管理、主动管理，充分体现了集团公司提出的全员、全方位、全过程、全天候的“四全”原则。尽管目前各油田结合自身实际推陈出新，采取了许多新的、更有效的做法和措施，但“十八法”的核心实质仍然被广泛地借鉴和应用，成为指导交通安全管理的成功范本。交通安全“十八法”的具体内容包括：动态分析法、任务分解法、路线限制法、时速控制法、整队督导法、天气优选法、车型固定法、长途施令法、跟车帮教法、单兵教练法、停车思考法、家访借助法、安全承包法、巡回检查法、事故分析法、定期培训法、评比奖励法、安全升级法，其中的核心是动态分析法。

动态分析法是对驾驶员安全素质、安全状态进行定期分析、判断，提出预防控制措施，从而实现对驾驶员动态监控的一种管理手段。要做好动态分析工作，应具备三个条件：一是车管干部、安全员对每名驾驶员的素质和状态要了如指掌；二是要争取驾驶员的积极配合；三是落实监控措施的责任人要有高度的责任心和使命感。

动态分析一般每月进行一次，对素质较好、状态稳定的驾驶员按C类进行正常管理；对素质一般、状态不够稳定的驾驶员按B类进行适当监控（如及时提醒、不派重点及大型任务等）；对素质相对较差、安全状态不良的驾驶员按A类进行重点监控。动态分析的基本步骤为：

① 由安全第一责任者组织安全领导小组对全体驾驶员进行驾驶行为、驾驶心态、影响因素的全面排队分析；

② 根据分析结果对驾驶员进行A、B、C类定性分类，并对A、B类提出针对性的具体监控措施，措施应明确到人、具体到点；

③ 由安全员建立动态分析基本台账和记录；

④ 动态分析结果应建立公布栏，向全体驾驶员公示，提醒驾驶员自我约束并互相监督；

⑤ 由监控人根据监控措施实施监控；

⑥ 监控结果在次月的动态分析时应进行评估，提出是否解除监控或改变措施。

（2）企内机动车辆准驾证

实行“企内机动车辆准驾证”制度是强化驾驶员源头管理的一项基本制度，它突出体现了“预防为主”的管理思想。这项制度明确规定：企内的上岗驾驶员在持有公安交通管理机关核发的驾驶证的同时，应取得油田交通安全管理部门颁发的“企内机动车辆准驾证”，方可驾驶企内机动车辆。

“企内机动车辆准驾证”的发证范围为两类：一是经二级单位综合素质审查合格，油田交通安全管理部门考试、考核合格的驾驶员；二是确系工作需要经审查、考试合格的车管人员和安全管理人员。

（3）机动车辆安全管理制度

各油田建立的机动车辆安全管理制度很多，主要都是为了实现对车辆及驾驶行为的有效监控而制定的，由于各油田的管理重点和主要控制环节有所不同，所以制定的制度也有所不同。

长途车审批制度：这是从交通安全“十八法”中的“长途施令法”进一步完善规范出来的一项管理制度。安排长途车应执行以下管理要求：

① 所有外派长途车辆应进行能力性评估，本单位不具备承担此任务的能力、车辆不符合执行此任务的条件、驾驶员没有执行此类任务的经验，不得外派执行任务；

② 长途车外派要进行严格的逐级审批，组织对车辆进行安全技术检验，对驾驶员进行出车安全教育，并明确审批过程中相关人员的管理责任和带车人（义务安全员）的监护责任；

③ 长途车出车前，基层车辆单位（车队）应提前安排驾驶员休息，可一日到达的长途，当日可以行驶10h；两日（含两日）以上的长途，每天行驶不能超过8h。驾驶员执行完一次长途任务后，原则上3日之内不能再交派长途任务；

④ 抢险、救护或执行紧急任务需日夜兼程或单日连续行驶超过10h的，应加派一名驾驶员，并明确监控措施；

⑤ 已经派出的长途车辆需要改变行驶路线、延长行驶距离或增加在外滞留时间，需报原审批部门批准备案。

队车行驶制度：这是根据交通安全“十八法”中的“整队督导法”提出的一项制度。需要多台机动车辆同时执行同一任务，需要编队行驶。两台车（含两台）以上执行同一任务时就应该实行队车行驶；5～10台车队车行驶应有队领导带队抓安全。大型搬迁或紧急任务应由三级单位领导亲自指挥、带队协调。队车行驶应执行以下规定：

① 队车行驶应确定带队组长，指定头车和尾车，明确各自的安全职责。

② 出车前应规定车辆安全间距、中途休息地点及紧急事态的处理办法。

③ 调度在开具路单的同时填写“车辆队车编组卡”，由带队组长随车保管。

④ 紧急事态下由带队组长行使指挥权，其他组员应予配合。

⑤ 执行任务结束后，带队组长应持“车辆队车编组卡”到调度部门交单销号。

“三交一定”、“三交一封”制度：按照中国石油化工集团公司文件中国石化安［2011］775号关于印发《中国石化机动车辆交通安全管理规定》的通知要求，日常车辆实行“三交一定”（驾驶员应将准驾证、车辆行车证和钥匙上交基层车辆单位统一保管，将车辆停放在指定车位）制度，法定节假日期间无工作（公务）任务的车辆实行“三交一封”（驾驶员将准驾证、行车证、车辆钥匙上交单位统一封存，将车辆固定停放并封存）制度。

（4）车队安全管理要求

因油田企业机动车辆的70%～90%都集中在建制车队，车队是企业交通运输管理的最基本单元，如何规范车队的安全管理，把住车队这个监控关口显得异常重要。车队安全管理应体现以下相关要求：

① 健全安全管理网络

应成立由安全生产第一责任者为组长的安全工作领导小组，明确一名主抓日常安全工作的领导（副队长），配备专（兼）职安全员。车队领导应分工对班组（分队）进行安全生产责任承包，逐级签订安全生产承包责任书。

② 确定管理目标

包括全年事故发生率，严重违章、重大事故隐患发生率，安全教育到位率，动态分析落实率，准驾证取证率，管理措施落实率等具体目标。

③ 建立完善的规章制度

应包括各岗位安全生产责任制、安全技术操作规程、安全领导小组例会制度、安全检查检验制度、安全培训教育制度、车辆调派制度、车辆维修保养制度、安全生产考核奖惩制度等一系列相关制度。

④ 建立系统资料台账

通常应建立以下资料台账：安全生产综合记录本、安全领导小组会议记录、年度工作计划和每月周安全活动实施计划、安全承包责任书、车队安全风险抵押金台账、驾驶员动态分析记录及台账、驾驶员例会签到台账、驾驶员安全行车考核台账等相关资料台账。

2.12.2 驾驶员安全要求

（1）对驾驶员的基本安全要求

根据国家的交通安全法规和集团公司《车辆安全十大禁令》的要求，结合油田的管理特点，油田企业的驾驶员驾驶企业内车辆应自觉做到“十不准”。

① 不准超速行驶、强超抢会、酒后驾驶、开私车、无路单行车；

② 不准将车辆交给无驾驶证、准驾证的人驾驶；

③ 不准驾驶与驾驶证准驾驶车型不符合的车辆；

④ 不准驾驶乘车人未按规定系好安全带的车辆；

⑤ 不准带病或疲劳驾驶；

⑥ 不准空挡放坡或采用直流供油；

⑦ 不准穿拖鞋、高跟鞋或赤足驾驶车辆；

⑧ 不准驾驶安全附件不符合要求或机件失灵的车辆；

⑨ 不准乱停乱放车辆；

⑩ 不准驾驶人货混载、超限装载、驾驶室超员和违反规定装运危险物品的车辆。

（2）对驾驶员的安全教育要求

驾驶员每年应按规定参加年审和冬训学习，由企业安全管理部门协助地方交警部门统一组织。除此项学习之外，各级安全部门还应定期组织一系列的驾驶员安全培训学习活动。

① 驾驶员月度安全例会：例会由企业各三级单位安全部门统一组织，每月履行一次并形成制度。例会应有计划、有教材、有签到台账、有活动记录。

② 周安全活动：周安全活动应固定时间、地点和形式并形成制度，主要内容包括：上周安全讲评，本周安全要求；传达上级文件精神，提出贯彻落实措施；分析本周的生产任务情况和特点；事故案例分析；动态分析情况通报等。

（3）“当年事故、今日反思”活动

企业、二级单位和基层车辆单位（车队）应根据情况分别组织事故反思活动，用血的教训警示驾驶员。

(4)其他安全教育内容

① 新上岗驾驶员应进行上岗前培训和三级安全教育；复工、转岗驾驶员应进行复工、转岗安全教育；

② 执行大型、特殊拉运任务的驾驶员应取得特种作业操作证，应接受专项特殊教育；

③ 执行长途任务的驾驶员，出发前应由基层车辆单位(车队)安全员进行长途行驶警示教育；

④ 基层车辆单位(车队)对外出执行长期任务的驾驶员，出发前对驾驶员应进行当地法律法规、风土人情、环境因素的学习教育；

⑤ 企业应定期举办违章、肇事驾驶员学习班，进行交通安全强化培训教育。

(5) 对驾驶员的行为安全要求

① 超常的控制能力

汽车驾驶是一个单兵作战的特殊作业，驾驶员应学会有效地控制自己的情绪、情感。重点做到五点：第一，心情舒畅地驾驶车辆；第二，行车时心平气静、精力集中；第三，操作要迅速、敏捷、及时；第四，观察分析情况要灵敏果断；第五，处理道路情况有预见、有准备、有措施，切忌急躁情绪。

② 良好的行为习惯

驾驶员要养成良好的行为习惯，这对安全行车至关重要。第一，要养成行驶中定时休息的习惯。驾驶员应结合自己的身体素质，形成定时休息的习惯。行驶中每隔2~3h下车休息10~15min，换一换空气，调节一下精神，同时检查一下安全附件；第二，要养成良好的生活习惯。八小时之外的时间要作为八小时之内安全行车的保证，要有一个合理的安排和节度。要特别注意保证充足的睡眠。第三，要养成随时检查、保养车辆的习惯。每天执行完任务回场后或者待命时，都要认真检查和保养自己的车辆，随时发现和处理一些小的隐患，保持车辆的完好状态。

③ 熟练的驾驶技术

油田企业的驾驶员由于接触环境的特殊性，应急和险情处置比较频繁，必须根据自己岗位的需要掌握一定的应急驾驶技术。根据油田环境的行车特点，每个驾驶员应具有四项普通应急驾驶技术：转向失控、制动失效、轮胎故障和紧急安全停车；同时还应掌握四项特殊的应急驾驶技术：行车火灾、倾翻、泥泞滑陷、拖拉牵引。应急处置的基本原则：一是头脑冷静、清醒；二是减速控制方向；三是先人后物；四是就轻处理；五是先他人后自己。

④ 过人的防范意识

驾驶员必须警惕的三种思想。第一，麻痹思想。这是造成交通事故的主要原因之一，主要表现在行车中注意力不集中，自我放松了警惕性，对道路情况观察不周，对运动对象缺乏观察、分析、判断；第二，傲慢思想。它的典型表现是以“我”为中心处理行车中的各类问题，过分相信自己的驾驶技术和水平，开大车霸道不让、挤兑小车；开小车的强超抢会、飞车穿梭；第三，违章思想。它来自于驾驶员的两个心理：一是图省事、占便宜；二是侥幸心理，认为不在警察眼皮底下，违点章不会被处罚，从而形成了违章的行为习惯。

2.12.3 车辆安全技术要求

《中华人民共和国道路交通安全法》第十条明确规定：“准予登记的机动车应当符合机动

车国家安全技术标准”。这里所指的机动车的国家安全技术标准是GB 7258—1997《机动车运行安全技术条件》。此标准规定了机动车的整车及发动机、转向系统、制动系统、照明与信号系统、行驶系统、传动系统、车身、安全防护装置等有关运行安全和排气污染物排放控制、车内噪声和驾驶员耳旁噪声控制的基本技术要求和检验方法。

（1）车辆安全装置的基本要求

① 转向系统

机动车的转向盘应转动灵活，无阻滞现象，设计时速大于100km/h的机动车最大自由转动量不应大于100°，在平直道路上行驶，转向盘不得有摆振；转向节及臂，转向横、直拉杆及球销应无裂纹和损伤，并且球销不得松旷。

② 制动系统

行车制动必须使驾驶员在能够控制车辆行驶的情况下，使车辆安全有效地减速和停车，行车制动系统制动踏板的自由行程应符合该车的有关技术条件；应急制动必须在行车制动系统有一处管路失效的情况下，在规定的距离内将车辆停住；驻车制动应能使车辆即使在没有驾驶员的情况下，也能使车辆停在上、下坡道上，不致溜滑。

（2）照明和信号装置

机动车辆的照明和信号装置应完好有效。机动车的前后转向信号灯、危险报警闪光灯及制动灯白天距100m可见，侧转向信号灯白天距30m可见；前后位置灯、示廓灯和挂车标志灯夜间好天气距300m可见；后牌照灯夜间好天气距20m能看清牌照号码。制动灯的亮度应明显大于后位灯。

（3）其他要求

① 机动车辆的刮水器、后视镜等应保持齐全有效。

② 机动车辆应按规定配备随车工具，配备灭火器、故障车警告标志牌等。

③ 大型货车、大型特种车、大型矿山专用车（带裙边的车辆除外）等机动车辆应按照GB 11567《汽车和挂车侧面及后下部防护装置要求》的有关技术要求安装侧下部安全防护装置。

④ 小型客车、大型客车、客货两用车前排应配备安全带，安全带性能应符合GB 14166《汽车安全带性能要求和实验方法》有关规定，其安装应符合GB 14167《汽车安全带固定点》有关要求。

⑤ 载重车、油罐车、自卸车、平板拖车、管子拖车、吊车、客车等特种车辆应遵守相应的安全技术操作规程；承担油品、爆炸物品、放射物品、液化气等特殊拉运应配备专用运输车辆，并按规定接受检测、检验和检查；装载易燃、易爆、剧毒等危险物品应遵守相关安全规定。

（4）车辆的检验和维护

① 所有车辆应按规定进行年度安全技术检验。检验由地方公安车管部门统一组织，进行外检和上线检测后，出具《机动车安全技术检测报告》，检验合格后验证签章；车辆应按规定每年进行一次冬检由公安车管部门现场验车、签章。

② 车辆应每年进行一次技术等级评定。企业统一安排车辆技术等级评定上线检测，检测评定为一、二级的车辆，进行车辆技术等级评定签章；评定为三级的车辆，由单位组织进厂维修并重新上线检测。

③ 车辆单位根据车辆运行里程，按规定的维护间隔里程安排车辆进行日常维护、一级维护和二级维护。

④ 车辆单位应建立回场检查制度，每月对机动车辆进行不少于4次的安全状况检验；车辆修保后应经检验合格后方可继续投用。

⑤ 车辆到达报废年限，按照公安车管部门的规定，由单位提出预处置意见，油田设备、资产、安全等部门进行现场鉴定，提出鉴定结论。需要报废的按报废处置程序进行；需要报废延期使用的，车辆技术状况良好，符合相关规定，报公安车管部门批准后，按规定进行加密检验。

2.12.4 车辆行驶安全要求

（1）车辆行驶的一般要求

企内车辆运行应持有效行驶路单，路单应标明目的地、任务、路线、时间、派车人和主车驾驶员，出车前应进行安全讲话，应向驾驶员交清任务、行驶路线、安全注意事项；执行紧急、重点任务需日夜兼程的车辆，应配备两名或两名以上驾驶员，路单上应写明安全措施；行驶中禁止私自改道、延长行驶路线，长时间行车2～3h应停车休息两次；完成任务后，驾驶员应回队报勤，车辆应及时归场，禁止乱停乱放。车辆运行应严格执行“三检制”。

必须重视出车前的检查，出车前检查包括五项内容：一是车辆外部检查。检查轮胎气压、轮胎螺栓、清除轮胎间杂物，燃油是否充足，有无漏水、油、气、电的现象，车厢和货物装载是否符合规定；二是驾驶室检查。检查刮水器、后视镜、内视镜和门窗是否齐全有效，方向盘自由转动量、离合器踏板自由行程是否正常；三是发动机舱的检查。检查冷却水、润滑油量、液压制动液量、蓄电池电解液量是否充足，盖是否完好有效；四是安全部位检查。检查转向机构各连接部位是否牢固可靠，钢板弹簧及U形螺栓是否完好坚固；五是其他项目检查。检查随车装备和工具是否齐全，并随带必要的备件和配件行车证件是否齐全。

行车途中停车检查的主要检查内容为：有无漏水、油、气、电现象；制动轮毂、减速器、中间轴承、变速器的温度是否正常，过热时应查明原因予以排除；轮胎气压是否正常，轮胎有无损伤，并排除胎间杂物；转向机构、传动轴、万向节各连接部位是否牢靠；钢板弹簧是否完好及U形螺栓有无松动，空气悬架系统是否磨损或泄漏；拖挂装置是否安全可靠；货物装载是否移位。

收车后的检查项目主要包括：清洁全车外表和驾驶室内部，是否有漏油、气、电现象；补给燃油量、润滑油量、制动液量、按需加注润滑脂；检查冷却系工作情况，检查百页窗开度和风扇皮带松紧度，冬季气温低于3℃时，未加防冻液的冷却水应放净；冬季气温低于-30℃时，露天停放的车辆应拆下蓄电池，置于室内保温；检查各连接装置有无松动、脱落；检查悬挂总成各部位状况；检查轮胎气压及胎间杂物；放净制动储气筒的油、水，并关好开关；检查拖挂装置是否安全可靠。发现的故障和隐患应及时排除和报修。

（2）大型拉运的安全要求

油田企业由于自身生产施工的需要，大型搬迁、特殊作业非常频繁。这些拉运项目往往都要动用多台车辆、多种车型联合行动。这些拉运项目按规定采取队车行驶措施外，还要采取以下措施：

① 成立以主管领导为组长的拉运领导小组，明确牵头部门、参与部门(单位)的工作分工、职责和责任人；

② 组织现场踏勘和相关影响因素调研，进行危害辨识和风险评价，由牵头部门组织制

定拉运安全监护方案和应急救援预案；

③ 牵头部门要对参与拉运的所有部门进行安全措施交底，对驾驶员要进行安全教育和素质审查；

④ 必要时车辆要上线检验；

⑤ 牵头部门会同安全监察部门负责监控措施的落实及检查。

(3)“三超拉运”的安全要求

拉运不解体三超件要特别注意：一是必须报当地交通部门批准方可在指定道路和时间内通行；二是拉运前要制定拉运方案及安全措施；三是三超件必须捆绑牢固，经专门安全人员检查合格后方可拉运；四是必须要有超宽、超长、超高的标志，白天行驶应在超出部悬挂红色标志示意；夜间行驶应提前勘察道路情况；五是选择有驾驶经验的驾驶人员执行拉运任务。

(4) 专用施工车辆行驶安全要求

油田企业的专用施工车辆多而且车型杂，包括钻井固井、采油井下作业、测井施工、地震施工、油建施工、水电施工等多种施工作业车辆。这些车辆尽管用途不一样，但作为企业生产的专用施工车辆须遵守以下规定：

① 严禁专用施工车辆(包括工程车、仪器车、吊车等)当做运输车或交通(通勤)车使用；

② 专用施工车辆在执行任务之前应落实“三交一封”措施，接受任务后凭任务通知单和行车路单启动车辆；

③ 专用施工车辆行驶中应规定行驶路线，明确行驶区间，两台车以上执行同一任务应落实队车行驶措施；

④ 专用施工车辆在施工作业过程中应严格按照保证安全、利于健康、保护环境的原则进行，不应妨碍其他车辆通行。需要驾驶人员配合的作业项目，在工作时，驾驶员应坚守岗位，严格遵守相关安全操作规程；

⑤ 专用施工车辆完成任务后，应立即回场停车并落实“三交一封”措施。

(5) 装载危险化学品运输车辆的行驶安全要求

① 须由具有三年以上安全驾驶经验并持有危险品运输许可证的驾驶员驾驶。押运员应熟悉危险品性质并接受过安全培训，经当地政府有关部门考试合格发证后，方可押运；

② 应根据危险化学品的性质给车辆配带相应的防护、消防、消毒器材；

③ 严禁在拉运易燃、易爆物品的车辆上及车辆周围吸烟；

④ 运输危险化学品的车辆应按国家标准 GB 13392《道路运输车辆标志》的规定悬挂标志和标志灯；

⑤ 根据危险化学品的性质，应采取相应的遮阳、控温、防爆、防火、防震、防水、防冻、防粉尘飞扬、防泄漏等措施；

⑥ 装卸作业应严格遵守操作规程，轻装、轻卸，严禁摔碰、撞击、重压、倒置，使用的工具不应损伤货物，不准粘有与所装货物性质相抵触的物品。货物应堆放整齐、捆扎牢固，防止失落。操作过程中，有关人员不应擅离岗位；

⑦ 运输危险化学品车辆排气管应装有有效的隔热和火星熄灭装置，电路系统应有切断总电源和隔离火花的装置，车辆应有良好的接地等有效安全保护措施，用于危险化学品运输工具的槽罐以及其他容器应符合《危险化学品安全管理条例》有关规定要求；

⑧ 两台以上车辆跟踪行驶时，两车最小间距为50m；行驶中不得紧急制动；严禁超车；

中途停车应选择安全地点，停车或未卸完货物前，驾驶员和押运员除紧急情况外，不得同时离车；

⑨ 装卸剧毒物品的车辆卸完货物后，应按国家有关规定到指定地点，采取严格措施进行清洗、消毒；

⑩ 石油测井专用放射源运输应遵守 SY 5131《石油放射性测井辐射防护安全规程》的有关规定；石油工业专用运输爆破器材运输应遵守 SY 5436《石油射孔和井壁取芯用爆炸物品的储存、运输和使用的安全规定》的有关规定及 SY 5857《地震勘探爆炸物品安全管理规定》的有关规定；液化石油气运输应遵守 SY/T 6356《液化石油气储运》的有关规定。

2.13 安全监督检查管理

2.13.1 安全生产监督管理的方式与内容

2.13.1.1 安全生产监督管理方式

安全生产监督管理方式多种多样，如召开有关会议、安全大检查、许可证管理、专项整治等，综合来说，大体可以分为事前、事中和事后三种。

（1）事前的监督管理

有关安全生产许可事项的审批，包括安全生产许可证、经营许可证、矿长资格证、生产经营单位主要负责人安全资格证、安全管理人员安全资格证、特种作业人员操作资格证等。

（2）事中的监督管理

主要是日常的监督检查、安全大检查、重点行业和领域的安全生产专项整治、许可证的监督检查等，事中监督管理重点在作业场所的监督检查。

（3）事后的监督管理

生产安全事故发生后的应急救援，以及调查处理，查明事故原因，严肃处理有关责任人员，提出防范措施。严格按照“四不放过”的原则，处理发生的生产安全事故。

2.13.1.2 安全生产监督管理的内容

安全生产监督管理的内容很多，主要包括以下几个方面：

（1）安全管理和技术。

（2）机构设置和安全教育培训。

（3）隐患治理。

（4）伤亡事故报告、调查、处理、统计、分析，事故的预测和防范，以及事故应急救援预案等。

（5）职业危害。

（6）对女职工和未成年工特殊保护。

（7）行政许可的有关内容。

2.13.2 安全检查内容、类型及要求

安全检查是企业根据生产特点和安全生产的需要，对安全管理和生产过程（现场）可能存在的隐患、缺陷、危险及有害因素等进行查证，确定其存在的状态及转化为事故的条件，以便制定整改措施加以消除，确保生产安全而进行的检查活动。

安全检查的主要任务是：进行危害识别，查找不安全因素、不安全行为，提出消除或控制不安全因素的方法和纠正不安全行为的措施。

2.13.2.1 安全检查的内容

安全检查的对象包括人、物、环境、管理。安全检查的主要内容包括安全管理检查和现场安全检查两部分。

（1）安全管理检查主要内容

① 各级领导和员工对安全生产工作的认识，HSE 委员会及各级领导班子研究安全工作情况的会议记录、安全管理台账、安全活动记录或者总结等。

② 安全生产责任制、安全管理制度等修订完善和落实情况，安全基础工作管理情况等。

③ 各级领导和管理人员的安全法规教育和安全生产管理资格教育是否达到要求；员工的安全意识、安全知识教育，以及特殊作业人员的安全技术知识教育是否达标。

④ 安全管理体系运行是否达到既定要求，为管理评审及持续改进提供要素。审核内容包括规章、规程的完整性、有效性；现场设备设施及环境条件的符合性；管理操作行为的符合性等。

（2）现场安全检查主要内容

① 按照工艺、设备、储运、电气、仪表、消防、检维修、工业卫生等专业的标准、规范、制度等，检查在生产、施工现场是否落实，是否存在安全隐患。

② 企业各级机构和个人的安全生产责任制是否落实，员工是否认真执行各项安全生产制度和操作规程。

③ 直接作业环节各项安全生产保证措施是否落实。

2.13.2.2 安全检查的类型

（1）外部检查

外部安全检查是按照国家职业安全卫生法规要求进行的法定监督、检测检查和政府部门组织的安全督查。

（2）内部检查

内部检查是指企业所属主管部门及企业内部根据生产情况，开展的计划性和临时性的自查活动。主要有综合性检查、日常检查和专项检查等形式。

① 综合性检查

综合性安全检查是以落实岗位安全责任制为重点，各专业共同参与的全面检查。中国石化集团公司主管部门对直属企业单位至少每年组织检查或抽查 1 次；直属企业至少每半年组织 1 次；直属企业的二级单位至少每季组织 1 次；基层单位至少每月组织 1 次。

② 日常检查

班组和岗位员工应严格履行交接班检查和班中巡回检查职责，特别对关键装置、要害部位的危险点（源）进行重点检查，发现问题和隐患，及时报告有关部门解决。基层单位领导及工艺、设备、安全等专业技术人员，应在各自业务范围内经常深入现场进行安全检查，并且对关键装置、要害部位的检查要作好记录。

③ 专项检查

专项安全检查包括季节性检查、节日前检查和专业性安全检查。专业性安全检查又可分为专业安全检查和专题安全调查两种。它是对一项危险性较大的安全专业或某一安全生产薄弱环节进行的专门检查或专题调查。

2.13.2.3　安全检查的要求

（1）各单位要认真对待各种形式的安全检查，正确处理内、外部安全检查的关系，坚持综合检查、日常检查和专项检查相结合的原则，做到安全检查制度化、标准化、经常化。

（2）对法定的检测检查和政府部门督查，各单位应积极配合，按照规范标准定期开展法定检测工作。对政府部门组织的督查，各单位应将检查情况及时向总部报告。

（3）各企业开展安全综合性检查和专项检查，应成立由单位领导负责、有关专业部门专业人员参加的安全检查组织，提出明确的目的和计划。参加检查人员应有相应的知识和经验，熟悉有关标准和规范。

（4）安全检查应依据充分、内容具体，必要时编制安全检查表，科学、规范开展检查活动。

（5）安全检查应认真填写检查记录，对查出的问题，检查人员或检查组应向被检单位提交隐患问题整改通知单。对于综合性检查和重要的专项检查，检查组须做好安全检查总结工作，并按要求报主管部门。

（6）隐患问题整改通知单应符合单位职业健康安全管理体系要求。其主要内容包括：检查单位、被检查单位、检查日期、存在问题、原因分析、整改或防范措施、要求整改期限、实际整改完成时间、整改责任人、措施复核人等。

（7）被检查单位对查出的问题应立即落实有针对性的整改措施进行整改；暂时不能整改的，除采取有效防范措施外，还应制订计划，落实整改；对需资金投入整改的问题，应按照《中国石化事故隐患治理项目管理规定》执行，并对整改措施进行有效性评估。

（8）对隐患和问题的整改情况，各单位应进行复查，跟踪督促整改措施的落实，实现PDCA闭环管理。

2.13.3　安全检查的方法手段

在确定需要的安全检查种类和频次以后，选取适当的检查方法和手段、配用合适的检查者、利用有效的检查工具等方面就尤其重要，因为这是真正取得检查效果的关键所在。

2.13.3.1　安全检查的方法

（1）巡视检查法

这是当前采用最普遍的安全检查方法，在检查前计划好检查对象和路线，确定被检查单位和地点，由检查人员按规定的步骤逐个实施检查。

（2）文字材料检查法

通过发放和回收调查表，查看汇报和报告材料，收集和调看各种档案、记录等形式，对文字材料反映的情况进行文案检查，从中发现安全生产方面的问题。

（3）仪器检查法

机器、设备内部的缺陷及作业环境的真实信息或定量数据，只能通过仪器检查法来进行定量化的检测与测量，才能发现安全隐患，从而为后续整改提供信息。因此，必要时需要实施仪器检查，如超声波检测、射线检测、磁粉检测等。

2.13.3.2　安全检查的时间和顺序安排

（1）安全检查的时间

安全检查的时间指的是每次检查过程所需要耗费的时间长短，而不是检查频次（检查时间间隔），检查所需时间应根据检查种类和频次由检查者进行安排。时间的安排除了保证检查过程需要的时间外，还应考虑检查后的材料整理、情况分析和被检查单位整改的时间。

（2）安全检查的顺序

安全检查的对象往往不止一个，必须合理安排检查的顺序才能保证在规定的时间内完成全部检查内容。要结合实际，综合考虑全面和重点、文案和现场、设备和人员、自上而下或自下而上、按部就班或抽样挑选等方式。

2.13.3.3 安全检查者的选择和安排

规格较高、涉及范围较广的检查通常是由相关单位或部门组成检查组，不同的检查，检查者可以是固定的，也可以有变动。在企业内可以由安全环保部门、生产组织部门、设备管理部门、消防部门及其他相关部门的参加，根据不同检查种类适当增减。

对大型检查来说，通常将整个检查组划分为若干小组，分别承担相应的检查职责。对检查小组来说，应由具备相应的管理和组织能力同时有必要的技术背景和检查经验的人担任组长，小组内部适当分工，分别承担现场察看、文案检查、记录等职责。

2.13.4 安全检查的程序

安全检查要遵循一定的程序，有计划地进行安全检查，使检查取得预期的效果，达到治理隐患遏制事故的目的。安全检查的程序不是一成不变的，而是根据不同种类的检查有所区别，应当因时、因地、因情、因人而异，根据需要适当取舍和增减。

2.13.4.1 准备阶段

（1）召开安全检查准备会

明确安全检查人员的职责，根据安全检查范围和内容确定检查组组成及人员的搭配，明确检查组负责人、检查记录人以及其他检查人员的分工。

（2）明确安全检查的要求

① 安全检查的目的：主要确定为什么组织此次检查、检查的背景以及此次检查要达到的目标等；

② 安全检查的类型：主要明确本次检查的种类是什么；

③ 检查时间：要明确本次安全检查时间从何时开始，到何时结束；

④ 检查顺序：确定将要检查的单位和部门及其检查顺序；

⑤ 检查内容：将本次安全检查的内容列出，有利于各基层部门根据检查内容事先进行自查，也有利于安全检查人员做好准备工作。

（3）收集相关资料

在开始检查前，根据小组划定的检查范围（单元）、内容、对象，收集相关资料，主要包括以下几方面的内容：

① 国家、地方相关安全生产法律法规和技术标准、规范；

② 行业、企业有关的安全生产规章制度、标准及企业安全生产实际状况、操作规程（岗位作业标准）；

③ 国内外同行或相关行业、企业生产安全事故；

④ 行业及企业安全生产的经验，特别是本企业安全生产的实践经验，引发事故的各种潜在的不安全因素及成功杜绝或减少事故发生的经验；

⑤ 企业内所有重大危险源（点）的分布情况；

⑥ 企业生产装置和设施布局、运行参数、环境状况；

⑦ 安全预评价、现状评价、验收评价报告；

⑧ 有关设计资料和其他资料。

（4）选用或编制安全检查表

针对现场实际情况选用或编制一份安全检查表，以便检查有依据，不会遗漏关键、重要的内容。此表应按单元编制，根据每一个单元的特点，逐条列出要检查的项目，必要时标注哪些项目是在检查中要特别关注的，以便在检查中做到心中有数。

2.13.4.2 实施阶段

进入检查区域前，检查人员要穿戴好现场需要的防护用品。首先与被检查单位有关人员进行交流，或听取被检查单位的汇报，进一步了解被检查单位的当前生产情况，以进一步验证事先编制好的安全检查表是否符合企业的实际情况，必要时对编制好的安全检查表进行适当的调整。一般需要被检查单位有关人员的陪同开展检查工作，一是便于检查的顺利进行，二是有疑问时便于咨询。

在实施检查时，要按照安全检查表的既定内容，逐一对各个单元进行检查。检查可以对照企业现有的规定和标准，认真查看台账、记录、资料、机器设备的安全运行状况等。也可以采用座谈会或现场随机抽问的形式向有关人员了解他们对本单位安全生产的认识和看法，征求职工的意见和建议。

对于检查中发现的问题要详细地在检查表上进行记录，有些需要追踪的应进一步追踪到有关岗位和人员，以确认达到了落实并检查完后要及时与被检查单位交换检查意见，肯定好的做法，提出存在的问题，指出具体的整改意见。

2.13.4.3 总结阶段

（1）对检查发现的情况进行整理、分析

收集所有检查实施中形成的记录，按一定的逻辑关系或模式将其分类整理，得出相应的清单和内容。

（2）得出检查结论

根据检查依据对检查出的现象一一进行判定，得出符合或不符合的结论，并根据检查准备阶段确定的定性标准（对错法）或定量标准（打分法）对所有“不符合”分出等级或顺序，如重大、一般、轻微、问题，形成清单和内容。

（3）提出整改要求

向被检查者提供检查发现记录和需要整改问题的清单，并应得到被检查者的认可（口头或签字），提出整改目标，对比较严重的问题可发出“整改指令书”。

2.13.4.4 整改阶段

对于检查出的问题，根据整改要求予以认真落实。被检单位对查出的问题应落实整改，暂时不能整改的项目，除采取有效防范措施外，应纳入计划，落实整改。对确定为隐患管理的项目，应按《事故隐患治理管理规定》执行。对隐患和问题的整改情况，应进行复查、跟踪、督促落实，形成闭环管理。

2.14 生产安全事故管理

2.14.1 主要事故管理的有关法律法规

为了规范生产安全事故的报告和调查处理，落实生产安全事故责任追究制度，防止和减少生产安全事故，根据《中华人民共和国安全生产法》和有关法律，国务院和有关部门相继制定了生产安全事故管理的有关法规和部门规章，主要有：《生产安全事故报告和调查处理条例》(中华人民共和国国务院令第493号)、《〈生产安全事故报告和调查处理条例〉罚款处罚暂行规定》(国家安监总局令第13号)、《生产安全事故信息报告和处置办法》(国家安监总局令第21号)、《国家安全监管总局关于进一步加强和改进生产安全事故信息报告和处置工作的通知》(安监总统计[2010]24号)、《国务院安委会关于印发〈重大事故查处挂牌督办办法〉的通知》(安委[2010]6号)、《国家安全监管总局关于印发生产经营单位瞒报谎报事故行为查处办法的通知》(安监总政法[2011]91号)、《国家安全监管总局关于修改〈生产安全事故报告和调查处理条例〉罚款处罚暂行规定〉部分条款的决定》(国家安监总局令第42号)。

2.14.2 事故分类和事故报告

2.14.2.1 事故的分类和等级

根据《中国石化安全事故管理规定》，安全事故包括火灾事故、爆炸事故、人身事故、生产事故、设备事故、交通事故和放射事故。具体的含义分别为：

火灾事故，是指在生产经营过程中，由于各种原因引起的火灾，并造成人员伤亡或财产损失的事故；

爆炸事故，是指生产经营过程中，由于各种原因引起的爆炸，并造成人员伤亡或财产损失的事故；

人身事故，是指员工在劳动过程中发生与工作有关的人身伤亡和急性中毒事故；

生产事故，是指由于“三违”(违章指挥、违章作业、违反劳动纪律)或其他原因造成停产、减产以及井喷、跑油、跑料、串料、油气泄漏、油品变质、混油等事故；

设备事故，是指由于设计、制造、安装、施工、使用、检维修、管理等原因造成机械、动力、电气、电信、仪器(表)、容器、运输设备、管道等设备及建(构)筑物等损坏，造成损失或影响生产的事故；

交通事故，是指车辆、船舶在行驶、航运过程中，由于违反交通、航运规则或因机械故障等造成车辆、船舶损坏、财产损失或人身伤亡的事故；

放射事故，是指放射源丢失、失控、保管不善等，造成人员伤害、环境污染，以及重大社会影响的事故。

另外，根据《企业职工伤亡事故分类》(GB/T 6441—1986)规定，按照人身伤害程度分为轻伤、重伤和死亡三类；同样依据此标准。按照伤害方式分为20类：物体打击；车辆伤害；机械伤害；起重伤害；触电；淹溺；灼烫；火灾；高处坠落；坍塌；冒顶片帮；透水；放炮；火药爆炸；瓦斯爆炸；锅炉爆炸；容器爆炸；其他爆炸；中毒和窒息；其他伤害。按事故性质分为责任事故和非责任事故。

职业病危害事故分类，依据《职业病危害事故调查处理办法》(中华人民共和国卫生部令第25号)按一次职业病危害事故所造成的危害严重程度，职业病危害事故分为三类：一般事故：发生急性职业病10人以下的；重大事故：发生急性职业病10人以上50人以下或者死亡5人以下的，或者发生职业性炭疽5人以下的；特大事故：发生急性职业病50人以上或者死亡5人以上，或者发生职业性炭疽5人以上的。

根据《生产安全事故报告和调查处理条例》(中华人民共和国国务院令第493号)规定，根据生产安全事故造成的人员伤亡或者直接经济损失，事故一般分为四个等级：

一是特别重大事故，是指造成30人以上死亡，或者100人以上重伤(包括急性工业中毒，下同)，或者1亿元以上直接经济损失的事故；

二是重大事故，是指造成10人以上30人以下死亡，或者50人以上100人以下重伤，或者5000万元以上1亿元以下直接经济损失的事故；

三是较大事故，是指造成3人以上10人以下死亡，或者10人以上50人以下重伤，或者1000万元以上5000万元以下直接经济损失的事故；

四是一般事故，是指造成3人以下死亡，或者10人以下重伤，或者1000万元以下直接经济损失的事故。

2.14.2.2 集团公司级事故分类

根据中国石化集团公司《中国石化安全事故管理规定》，集团公司级事故，根据事故造成的人员伤亡、直接经济损失情况，一般分为4个等级：特别重大事故；重大事故；较大事故；一般事故。尚未构成集团公司级的事故，纳入各单位级事故管理。

另外，中国石化专门规定了备案事故，并明确了备案事故的类别，共有四大类：

一是按照属地化管理的原则，上报总部备案事故包括：各单位辖区内(含厂区外独立油库、码头、铁路油品作业区、加油站、长输管道及站场等)发生的，且事故造成人员伤亡、直接经济损失严重程度尚未构成集团公司级事故的火灾、爆炸、油气泄漏、井喷和放射事故。炼化企业一次性造成3套及以上生产装置或全厂停产，影响日产量50%及以上的事故。销售企业发生油品变质5t及以上事故；一次混入量20t及以上的混油事故。承包商在辖区内作业过程中发生的死亡、重伤、急性中毒，或其他造成重大影响的事故。

二是承运商在公路、水路运输中发生的人身伤亡、火灾、爆炸、油品泄漏事故，以及水路运输中发生撞船、搁浅事故。

三是被授权使用中国石化形象标识的单位所发生的人身伤亡、火灾、爆炸、油品泄漏事故。

四是其他在社会上造成重大影响的事故、事件。

2.14.2.3 事故报告

事故报告应当及时、准确、完整，任何单位和个人对事故不得迟报、漏报、谎报或者瞒报。

(1) 集团公司有关要求

发生集团公司级事故或总部备案事故后，事故单位应立即上报。各单位接到报告后，应在1h内报告安全监管局。情况特别紧急时可先用电话口头报告。

各单位应当按照国家有关规定，及时向事故发生地人民政府安全生产监督管理部门和负有安全生产监督管理职责的有关部门报告有关事故情况，同时向安全监管局报告。辖区周边发生的，可能对企业造成影响的重大事故、事件，也要作为紧急信息报告安全监管局。

各单位应当在事故(事件)发生12h内填写《中国石化事故快报》或《中国石化备案事故快报》上报安全监管局。

具体内容包括：事故发生的时间、地点、单位、类别；人员伤亡情况，重伤人数、死亡人数；事故经过，附事故现场示意图、简单工艺流程图、设备简图、并注明设备、设施的型号或外形尺寸；事故发生原因的初步分析；事故发生后采取的防范措施；事故报告单位安全监督管理部门负责人、单位主管领导。

(2) 国家有关规定

根据《生产安全事故报告和调查处理条例》(中华人民共和国国务院令第493号)，事故发生后，事故现场有关人员应当立即向本单位负责人报告；单位负责人接到报告后，应当于1h内向事故发生地县级以上人民政府安全生产监督管理部门和负有安全生产监督管理职责的有关部门报告。情况紧急时，事故现场有关人员可以直接向事故发生地县级以上人民政府安全生产监督管理部门和负有安全生产监督管理职责的有关部门报告。

事故报告后出现新情况的，应当及时补报。自事故发生之日起30日内，事故造成的伤亡人数发生变化的，应当及时补报。道路交通事故、火灾事故自发生之日起7日内，事故造成的伤亡人数发生变化的，应当及时补报。

2.14.3 事故调查有关要求

依据《企业职工伤亡事故分类标准》(GB 6441—86)、《生产安全事故报告和调查处理条例》(中华人民共和国国务院令第493号)，《中国石化安全事故管理规定》(中国石化安[2011]789号)等，开展事故调查与处理工作。依据的法律法规根据专业不同，包括一些专业的法律法规，如《消防法》、《道路交通法》、《火灾事故调查规定》、《建筑安全生产监督管理规定》、《特种设备监察条例》等，同时国务院及地方政府依法制定出台的一些规范性文件，以及企业制定的制度也对各自权限范围内的事故调查工作具有法定作用。

2.14.3.1 事故调查的基本要求

按照国家有关规定，特别重大事故由国务院或者国务院授权有关部门组织事故调查组进行调查。重大事故、较大事故、一般事故分别由事故发生地省级人民政府、设区的市级人民政府、县级人民政府负责调查。省级人民政府、设区的市级人民政府、县级人民政府可以直接组织事故调查组进行调查，也可以授权或者委托有关部门组织事故调查组进行调查。未造成人员伤亡的一般事故，县级人民政府也可以委托事故发生单位组织事故调查组进行调查。

自事故发生之日起30日内(道路交通事故、火灾事故自发生之日起7日内)，因事故伤亡人数变化导致事故等级发生变化，依照规定应当由上级人民政府负责调查的，上级人民政府可以另行组织事故调查组进行调查。特别重大事故以下等级事故，事故发生地与事故发生单位不在同一个县级以上行政区域的，由事故发生地人民政府负责调查，事故发生单位所在地人民政府应当派人参加。

各单位发生事故后，在地方政府部门调查处理的同时，中国石化内部也应组织调查。一般事故由各单位组织调查；较大及以上事故由总部组织调查。受安全监管局委托，青岛安全工程研究院参与事故调查工作。必要时，总部可对一般事故进行调查处理。

(1) 各类事故的调查主管部门划分

系统外的承包商、承运商发生事故，由其自行组织调查。各单位应对承包商、承运商的事故调查工作进行监督。各单位安全监督管理部门负责本单位各类事故的汇总、统计、分析和上报工作，对本单位各类事故的调查处理情况进行监督管理。各类事故的调查、处理、统计、分析、归档等工作要按照“谁主管，谁负责”的原则，由各单位相关职能部门分工负责。

具体职责划分为：人身事故由安全监督管理部门负责；火灾和爆炸事故由消防管理部门负责；设备事故由设备管理部门负责；生产事故由生产、技术管理部门负责；放射事故由环境保护管理部门负责；交通事故由交通管理部门负责。

(2) 事故调查组工作要求和成员条件要求

根据事故的具体情况，事故调查组由有关人民政府、安全生产监督管理部门(负有安全生产监督管理职责的有关部门)、监察机关、公安机关以及工会派人组成，并应当邀请人民检察院派人参加。事故调查组可以聘请有关专家参与调查。

事故调查组成员在事故调查工作中应当诚信公正、恪尽职守，遵守事故调查组的纪律，保守事故调查的秘密。未经事故调查组组长允许，事故调查组成员不得擅自发布有关事故的信息。事故调查组应当自事故发生之日起60日内提交事故调查报告；特殊情况下，经负责事故调查的人民政府批准，提交事故调查报告的期限可以适当延长，但延长的期限最长不超过60日。集团公司规定内部事故调查，事故调查报告无法在30日内完成的，经安全监管局同意后，可适当延长，延长期最长不得超过30天。

调查组成员应具备以下条件：事故调查组成员应当具有事故调查所需要的知识和专长，并与所调查的事故没有直接利害关系；事故调查组组长由负责事故调查的人民政府指定，事故调查组组长主持事故调查组的工作。

（3）事故调查组的职责

一是查明事故发生的经过、原因、人员伤亡情况及直接经济损失；二是认定事故的性质和事故责任；三是提出对事故责任者的处理建议；四是总结事故教训，提出防范和整改措施；五是提交事故调查报告。同时，事故调查组有权向发生事故的单位、有关部门和有关人员了解有关情况和索取有关资料，任何单位和个人不得拒绝。

（4）事故调查的步骤

事故调查的步骤包括：事故的通报、成立事故调查小组、事故现场处理、物证收集、事实材料收集、人证材料收集记录、事故现场摄影拍照、事故图（表）绘制、事故原因的分析、事故调查报告编写、事故调查结案归档。

（5）事故调查报告内容

事故调查报告应包括：事故发生单位概况；事故发生经过和事故救援情况；事故造成的人员伤亡和直接经济损失；事故发生的原因和事故性质；事故责任的认定以及对事故责任者的处理建议；事故防范和整改措施。事故调查报告应当附具有关证据材料。事故调查组成员应当在事故调查报告上签名。

事故调查报告报送负责事故调查的人民政府后，事故调查工作即告结束。事故调查的有关资料应当归档保存。

2.14.3.2 事故调查的程序及项目

（1）现场处理

事故发生后，应先救护受害者，采取措施防止事故蔓延扩大；凡与事故有关的物体、痕迹、状态不得破坏，保护好事故现场；为抢救受害者，需移动现场某些物体时，必须做好标志。

（2）物证收集

物证指破坏部件、碎片、残留物、致害物及其位置等；在现场收集到的所有物品，均应标签注明地点、时间、管理者；所有物品均要保持原样，不能擦拭冲洗；对健康有害的物品应采取不损害原始证据的防护措施。

（3）事故事实材料收集

一是与事故鉴别、记录有关的材料，包括事故发生的单位、时间、地点；受害者、肇事者的基本情况，出事当天的工作内容、要求、情况，过去的事故记录等。二是事故发生的有关事实材料，包括设备设施情况、材料情况；工艺设计、制度执行情况；环境情况；个人防护措施状况；事前受害者、肇事者的健康和精神状况；其他可能与事故有关的细节或因素等。三是证人材料的收集，要尽快并认真考证其真实度。四是现场摄影，通过照片、录像，以提供较完善的信息内容。五是事故图，包括了解事故情况所必需的信息。

2.14.3.3 事故调查的内容与方法

事故调查的内容可以按照事故系统要素原理，即包括与事故有关的人，与事故有关的物，以及管理状况及事故经过等方面进行，如图 2－14 所示。

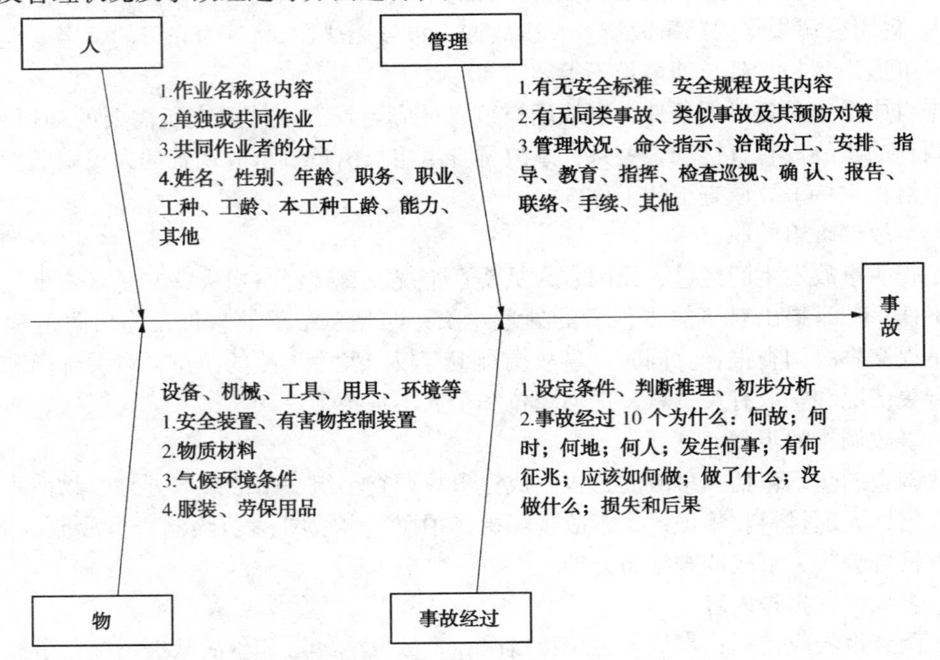

图 2－14　事故调查内容

事故调查方法应从现场勘查、调查询问入手，收集人证、物证材料，进行必要的技术鉴定和模拟试验，寻求事故原因及责任者，并提出防范措施。

2.14.4 事故分析

事故调查结束后，要对事故调查的资料进行综合分析，开展事故处理工作。包括确定事故的性质；分析事故责任，提出事故处理意见；制定防范措施；建立事故档案四项工作。事故综合分析包括：事故的原因分析、事故的责任分析及事故的经济损失分析等几方面内容。

2.14.4.1 事故原因分析

事故原因分析是事故分析的重点，包括直接原因、间接原因、主要原因。要明确事故的原因，首先要确定事故原点。所谓事故原点就是事故隐患转化为事故的具有初始性突变特征与事故发展过有直接因果关系的点，也就是事故发生的最初起点，如火灾的第一起点、爆炸的第一起点。

直接原因，是指直接导致事故发生的原因，包括物的不安全状态和人的不安全行为。其中人的不安行为在《企业职工伤亡事故调查分析规则》(GB 5442—86)，物的不安全状态在《企业职工伤亡事故分类》(GB/T 6441—1986)中均有明确规定。

间接原因，是指直接原因得以产生和存在的原因。主要指技术、设计上的缺陷及教育培训、劳动组织、检查指导、操作规程、隐患整改、防范措施等方面的问题。主要原因指直接原因和间接原因中对事故发生起主要作用的原因。

2.14.4.2 事故责任分析

根据事故原因分析及有关人员对事故应负的责任不同，确定事故责任者。包括分析事故的直接责任者、领导责任者、主要责任者。

（1）直接责任者

指行为与事故发生有直接因果关系，对重大伤亡结果的发生起决定作用的责任人。一般包括：违章指挥、违章作业、冒险作业；违反安全生产责任制、违反劳动纪律；擅自拆除、更改、毁坏安全设施。

（2）领导责任者

指行为对事故发生负有领导责任的人。领导责任包括：工人未经培训即分配上岗作业；缺乏安全技术操作规程或者规程不健全；缺乏安全设施或者安全设施缺乏；对事故隐患未采取预防措施；对事故熟视无睹、致使发生同类事故。其中：所谓领导，泛指政府和企业两个层面，各负其责；对领导责任，又根据领导与事故的关系紧密程度，分主要领导责任和重要领导责任。

（3）主要责任者

指在直接责任者和领导责任者中对事故发生负有主要责任的人。确定事故主要责任者的原则是事故的主要原因是由谁造成的，谁就是事故的主要责任者。

2.14.4.3 事故的经济损失分析

依据《企业职工伤亡事故经济损失统计标准》(GB 6721—86)，伤亡事故的经济损失指企业职工在劳动生产过程中发生死亡事故所引起的一切经济损失，包括直接经济损失和间接经济损失。

（1）直接经济损失分析

指因事故造成人身伤亡及善后处理支出的费用和毁坏财产的价值。统计范围包括：人身伤亡后所支出的费用：医疗费用(含护理费用)；丧葬及抚恤费用；补助及救济费用；歇工工资。

善后处理费用：处理事故的事务性费用；现场抢救费用；清理现场费用；事故罚款和赔偿费用。

财产损失价值：固定资产损失价值；流动资产损失价值。其中，固定资产损失价值按下列情况计算：报废的固定资产，以固定资产净值减去残值计算；损坏的固定资产，以修复费用计算。流动资产损失价值按下列情况计算：原材料、燃料、铺助材料等均按账面值减去残值计算；成品、半成品、在制品等均以企业实际成本减去残值计算。

对于事故已处理结案而未能结算的医疗费、歇工工资等，采用测算方法计算；对分期支付的抚恤、补助等费用，按审定支出的费用，从开始支付日期累计到停发日期(见附录)。

（2）间接经济损失分析

指因事故导致产值减少、资源破坏和受事故影响而造成其他损失的价值。间接经济损失的统计范围：停产、减产损失价值；工作损失价值；资源损失价值；处理环境污染的费用；补充新职工的培训费用(技术工人的培训费用每人按2000元计算；技术人员的培训费用每人按1万元计算；补充其他人员的培训费用，视补充人员情况参照上述酌定)；其他损失费用。对于停产、减产损失，按事故发生之日起到恢复正常生产水平时止，计算其损失的价值。

（3）事故伤害损失工作日标准

事故伤害损失工作日的计算，在国家标准《事故伤害损失工作日标准》(GB/T 15499—

1995)中给了比较详细的说明。标准规定了定量记录人体伤害程度的方法及伤害对应的损失工作日数值。该标准适用于企业职工伤亡事故造成的身体伤害。

2.14.5 事故综合统计分析

事故的统计分析是建立在完善的事故调查、登记、建档基础上的，通过对大量的、偶然发生的事故进行综合分析就可以从中找出必然的规律和总的趋势，从而达到能对事故进行预测和预防的目的。

事故的统计是事故管理工作的重要内容。做好该项工作，能及时掌握准确的统计资料，如实反映企业的安全状况和事故发展趋势，为各级领导决策，指导安全生产，制订计划提供依据。

2.14.5.1 基本知识

(1) 事故的统计分析

事故的统计分析就是运用数理统计方法，对大量的事故资料进行加工、整理和分析，从中揭示出事故发生的某种必然规律，为防止事故指明方向。

(2)统计表

统计表的形式很多，有简单表、分组表和复合表等。简单表，如逐月事故统计表，按性别、单位划分的统计表等；分组表，如按工龄、年龄、文化程度划分的事故统计表；复合表则为两者结合的统计表。

(3)统计图

统计图是根据统计数字，用几何图形、事物的形象等绘制的各种图形。其中有几何图，如条形比较图、条形结构图、条形动态图、圆形图、玫瑰图、对数曲线图等；象形图，如人体图、总平面图、金字塔图等。

(4)统计指标

除了伤亡事故的绝对指标和相对指标外，《企业职工伤亡事故分类》中还规定了以下6种伤亡事故统计指标：千人死亡率、千人重伤率、伤害频率、伤害人数、伤害严重度、伤害平均严重度。

2.14.5.2 事故统计分析工作的基本程序和内容

事故统计分析的基本程序是：事故资料的统计调查→加工整理→综合分析。三者是紧密相连的整体，是人们认识事故本质的一种重要方法。

事故资料的统计调查，是采用各种手段收集事故资料，将大量零星的事故原始资料系统全面地集中起来。如事故发生的时间，地点，受害人的性别、年龄、工种、伤害部位、伤害性质、直接原因，间接原因，起因物，致害物，事故类型，事故经济损失，休工天数等。

事故资料的整理，是根据事故统计分析的目的进行恰当分组和进行事故资料的审核、汇总，并根据要求计算有关数值，统计分组。如按行业、事故类型、伤害严重程度、经济损失大小、性别、年龄、工龄、文化程度、时间等进行分组。审核汇总过程，要检查资料的准确性。

事故资料的综合分析是将汇总、整理的事故资料及有关数据填入统计表或标上统计图，得出恰当的统计分析结论。

2.14.5.3 上报统计报表

根据集团公司的有关规定，进行事故统计明确了时间要求：各单位安全监督管理部门每月6日前填写《中国石化各单位(年)月事故统计表》报安全监管局。

交通事故统计原则：一是在生产厂区、作业场所内，本单位车辆发生负主要责任的事故，造成执行任务的员工伤亡或直接经济损失在10万元及以上的，作为工业伤亡事故统计；负次要责任的作为交通事故统计。二是在生产厂区、作业场所内，本单位车辆发生负主要责任的事故，造成单位外部人员伤亡或直接经济损失在10万元及以上的，作为交通事故统计；负次要责任的不作考核统计。三是在生产厂区、作业场所内，外单位车辆发生负次要责任的交通事故，造成我单位执行任务的员工伤亡或直接经济损失在10万元及以上的，作为交通事故统计；负主要责任的不作考核统计。四是在公共交通道路上，本单位车辆在执行任务中发生负主要责任的交通事故，造成人员伤亡或直接经济损失在10万元及以上的，作为交通事故统计；负次要责任的不作考核统计。五是对于船舶发生事故，应按照海(水)上交通事故有关规定处理。

2.14.5.4 事故处理

(1) 基本知识

① 四不放过原则：事故原因分析不清不放过；事故责任者和群众没有受到教育不放过；没有防范措施不放过；事故责任者没有受到处理不放过。

② 事故的性质：事故的性质是划清事故的界限，分为责任事故、自然事故、有意破坏，为领导机构对人的处理提供依据。责任事故是由于人的失误或失职造成的非预谋性事故；自然事故是人力不可抗拒的非人为事故：有意破坏则是有预谋的人为破坏事件。

③ 确定事故责任者的原则：根据事故造成的原因，如没有按规定对工人进行安全教育和技术培训，或未经工种考试合格就上岗操作；缺乏安全技术操作规程或规程不健全；安全措施、安全信号、安全标志、安全用具、个体防护用品缺乏或有缺陷；设备严重失修或超负荷运转；对事故熟视无睹、不采取措施、或挪用安全技术措施经费，致使重复发生同类事故；对现场工作缺乏检查或指导错误；应首先追究领导者的责任。

对于没有履行安全职责或因“三违”造成事故的主要责任者；对已列入事故隐患治理或安全技术措施计划的项目，不按期实施整改和采取应急措施造成事故的主要责任者；强令冒险作业，或不听劝阻造成事故的主要责任者；因忽视劳动条件，消减安全防护设施造成事故的主要责任者；因设备长期失修、带病运转，不采取措施造成事故的主要责任者；发生事故后，不按照“四不放过”的原则处理、认真吸取教训、落实防范措施，造成事故重复发生的主要责任者。凡是发生上述情况，将按照中国石化《安全生产禁令》及有关规定给予严肃处理。

④ 处罚的形式：罚款，提交主管部门给予行政处分和党内处分，吊销各种资格证、合格证等，提请司法机关依法处理。行政处分，有行政警告、记过、记大过、降职、撤职、开除留用、开除。党内处分有警告、严重警告、撤职、留党察看、开除党籍。

(2) 处理事故责任者

① 由事故调查组提出事故处理意见和防范措施建议，由发生事故的企业及其主管部门负责处理。按照国家有关规定，对有关事故责任者给予行政处理：构成犯罪的，由司法机构依法追究刑事责任。如重大责任事故、违反危险品管理规定肇事罪、玩忽职守罪等。

② 发生事故后，隐瞒不报、谎报、故意迟报，或故意破坏现场，无正当理由拒绝调查、提供有关情况和资料的，由有关部门按国家有关规定，对有关单位负责人和直接责任人员，给予行政处分；构成犯罪的移交司法机关依法追究刑事责任。

④ 对于下列情况，必须严肃处理：

对工作不负责，违反劳动纪律，不严格执行各项规章制度，造成事故的主要责任者；

对已列入安全技术措施项目，不按期实施，又不采取应急措施而造成事故的主要责任者；

对违章指挥，强令冒险作业，劝阻不听造成事故的主要责任者；

对忽视劳动条件，消减劳动保护措施而造成事故的主要责任者；

对设备长期失修、带病运转，又不采取紧急措施而造成事故的主要责任者；

发生事故后，不按“三不放过”原则处理，不认真吸取教训，不采取整改措施，造成事故重复发生的主要责任者。

⑤ 在调查、处理事故中玩忽职守、徇私舞弊或打击报复的，同样要受到行政处分，或追究刑事责任。

另外，对于事故责任者或其他人员，如果存在毁灭、伪造证据、破坏、伪造事故现场，干扰调查工作或嫁祸于人的；利用职权隐瞒事故，虚报情况或故意拖延报告的；多次不管理，违反规章制度，或强令工人冒险作业的；对批评、制止违章行为，如实反映事故情况的人员进行打击报复的情形之一的，应从重处罚。

⑥ 对于事故处分审批权限主要分为两类，一般事故由企业处理，报集团公司备案；发生重大事故和特大事故，由企业提出处理意见，报集团公司审批处理：事故情节严重者，上级部门有权直接处理。

(3) 事故责任追究的特点

企业层面(主体责任)，追究直接导致事故发生的违章违规从业人员责任，追究企业相关管理者违章指挥责任，追究制度及培训等工作不落实、不到位的责任。对领导责任，根据领导与事故的关系紧密程度，分主要领导责任和重要领导责任，另外安全生产责任追究的一个重要特点是追究连带责任。事故责任追究要客观，客观的关键是要体现“尽职免责”，这应该成为事故责任追究中的一项基本原则。

(4) 制定事故防范措施

事故防范措施的建议由事故调查组提出。它是根据事故的原因，提出有针对性的具体措施。这些措施，既要考虑技术的、经济的可行性，又要注重其有效性、可靠性；既要考虑防止事故发生的措施，又要考虑防止事故扩大的措施；既要注重设计、制造等技术性措施，更要注意管理、教育、培训等其他措施。防范措施不能一劳永逸，要随生产和科学技术的发展而发展，注重科学研究，特别是对尚未认识的危险因素的科学研究。

事故预防措施的制定，要针对不同的事故及其原因采取相应的安全技术整改措施：一是安全技术整改措施，主要包括防火防爆技术措施、电气安全技术措施、机械伤害防护措施、安全防护措施、厂内运输安全对策措施；二是安全管理整改措施；三是安全培训和教育措施。

(5) 建立和使用事故档案

事故档案是各种事故的档案，对研究事故发生规律，防范发生事故有重要作用。可作为职工安全教育的素材，也可作为领导机关的决策提供依据，应当长期保存，建立档案管理制度。

事故档案主要包括：事故调查报告及领导批示；事故调查组织工作的有关材料(包括事故调查组成立批准文件、内部分工、调查组成员名单及签字等)；事故抢险救援报告；现场勘查报告及事故现场勘查材料（包括事故现场图、照片、录像，勘查过程中形成的其他材料等）；事故技术分析、取证、鉴定等材料（包括技术鉴定报告，专家鉴定意见，设备、仪器等现场提取物的技术检测或鉴定报告，以及物证材料或物证材料的影像材料，物证材料的事后处理情况报告等）；安全生产管理情况调查报告；伤亡人员名单，尸检报告或死亡证明，受伤人员伤害程度鉴定或医疗证明；调查取证、谈话、询问笔录等。

2.14.5.5 事故汇报

各单位发生集团公司级事故或辖区内发生承包商死亡事故，应到总部汇报。一般事故由各单位主管领导、主管部门负责人、安全监督管理部门负责人及事故单位主要负责人汇报；较大及以上事故由各单位主要领导、主管领导、主管部门负责人、安全监督管理部门负责人及事故单位主要负责人汇报。

事故汇报一般在事故发生后30天内进行，汇报材料内容包括事故调查报告、事故现场视频、照片等资料。

一般事故向安全监管局汇报，有关事业部、管理部参加；较大及以上事故向总部领导汇报，安全监管局和相关事业部、管理部、人事部、监察局等部门参加。

2.14.5.6 未遂事件管理

未遂事件上报、分析、共享是增强全员安全意识、规范操作行为、做好事前预防和提高管理水平的重要手段。从HSE的理念以及杜邦理念来看，都是非常看重对未遂事故的管理。应该充分调动基层及时上报和控制未遂事故的积极性，只有基层的及时准确上报，公司层面才能得到准确的统计分析材料，然后采取措施，最终实现对未遂事故的控制。

（1）集团公司有关要求

根据《中国石化未遂安全环保事件管理规定》（中国石化安[2011]776号），所称未遂安全环保事件（简称未遂事件）是指可能导致健康损害、人员伤亡、财产损失、环境破坏或声誉损害，低于本单位事故等级的安全环保事件。未遂事件按照潜在后果的严重性分为一般未遂事件和高危未遂事件两级：一般未遂事件是指潜在后果可能导致本单位级事故的事件；高危未遂事件是指潜在后果可能导致集团公司级事故的事件。

（2）单位职责

各单位负责对未遂事件进行分析、分级，建立台账，制定预防措施；各单位及二级单位业务主管部门按照“谁主管，谁负责”的原则，负责对本专业管理范围内的高危未遂事件进行分析，监督落实防范措施；各单位及二级单位HSE管理部门负责未遂事件的汇总、统计，建立未遂事件信息库，并对下属单位未遂事件的管理进行督导和考核；员工应及时准确报告未遂事件，并配合事件分析。

（3）管理内容及要求

未遂事件的报告，发现未遂事件后，应及时填写《未遂事件报告卡》报基层单位。未遂事件发现人对一般未遂事件应于12h内向基层单位报告，对高危未遂事件应于24h内逐级报告至本单位业务主管部门。基层单位（含辖区内施工承包商）对一般未遂事件进行管理，并根据未遂事件的潜在严重性和分析难度决定是否向上级业务主管部门报告；对高危未遂事件应逐级报告至上级业务主管部门。

一般未遂事件由基层单位组织分析，高危未遂事件由二级单位组织分析，必要时各单位业务主管部门组织分析。承包商发生的未遂事件由承包商负责《未遂事件报告卡》的收集、整理、分析和上报工作；各单位业务主管部门进行监督，必要时协助分析。未遂事件分析应找出发生原因和潜在后果，提出防范措施。分析结束后，业务主管部门将事件分析信息输入HSE管理系统，15个工作日内将事件分析结果反馈给未遂事件发生单位，并对相关人员进行教育和培训。

各单位HSE管理部门每季度对未遂事件进行统计分析，提出HSE管理改进建议，编制《未遂事件季报》，定期发布，分享经验。各单位应根据未遂事件的上报情况对未遂事件报告人予以奖励，并对二级单位未遂事件的管理情况进行考评。

2.14.6 工伤管理有关要求

2.14.6.1 处理工伤(含职业病)的依据

处理工伤(含职业病)的依据是《工伤保险条例》(2010年修订版)，与2003年版本相比，主要做了五方面修改：一是扩大了工伤保险的适用范围；二是调整了工伤认定范围；三是简化了工伤认定、鉴定和争议处理程序；四是提高了部分工伤待遇标准；五是减少了由用人单位支付的待遇项目、增加了由工伤保险基金支付的待遇项目等。

《职工工伤与职业病致残等级》(GB/T 16180—2006)是工伤鉴定的国家标准，工伤等级共分10级，其中符合标准一级至四级的为全部丧失劳动能力，五级至六级的为大部分丧失劳动能力，七级至十级的为部分丧失劳动能力。

2.14.6.2 工伤保险基金

工伤保险基金由用人单位缴纳的工伤保险费、工伤保险基金的利息和依法纳入工伤保险基金的其他资金构成。用人单位应当按时缴纳工伤保险费，职工个人不缴纳工伤保险费。

工伤保险基金存入社会保障基金财政专户，用于规定的工伤保险待遇，劳动能力鉴定，工伤预防的宣传、培训等费用，以及法律、法规规定的用于工伤保险的其他费用的支付。任何单位或者个人不得将工伤保险基金用于投资运营、兴建或者改建办公场所、发放奖金，或者挪作其他用途。工伤保险基金应当留有一定比例的储备金，用于统筹地区重大事故的工伤保险待遇支付。

2.14.6.3 工伤认定

(1) 职工有下列情形之一的，应当认定为工伤：

在工作时间和工作场所内，因工作原因受到事故伤害的；

工作时间前后在工作场所内，从事与工作有关的预备性或者收尾性工作受到事故伤害的；

在工作时间和工作场所内，因履行工作职责受到暴力等意外伤害的；

患职业病的；

因工外出期间，由于工作原因受到伤害或者发生事故下落不明的；

在上下班途中，受到非本人主要责任的交通事故或者城市轨道交通、客运轮渡、火车事故伤害的；

法律、行政法规规定应当认定为工伤的其他情形。

(2) 职工有下列三种情形之一的，视同工伤：

在工作时间和工作岗位，突发疾病死亡或者在48h之内经抢救无效死亡的；

在抢险救灾等维护国家利益、公共利益活动中受到伤害的；

职工原在军队服役，因战、因公负伤致残，已取得革命伤残军人证，到用人单位后旧伤复发的。

前两种情形，按照条例的有关规定享受工伤保险待遇。第三种项情形，按照条例的有关规定享受除一次性伤残补助金以外的工伤保险待遇。

（3）有下列情形之一的，不得认定为工伤或者视同工伤：

故意犯罪的；醉酒或者吸毒的；自残或者自杀的。

（4）职工发生事故伤害或者按照职业病防治法规定被诊断、鉴定为职业病，所在单位应当自事故伤害发生之日或者被诊断、鉴定为职业病之日起30日内，向统筹地区社会保险行政部门提出工伤认定申请。遇有特殊情况，经报社会保险行政部门同意，申请时限可以适当延长。

用人单位未按规定提出工伤认定申请的，工伤职工或者其近亲属、工会组织在事故伤害发生之日或者被诊断、鉴定为职业病之日起1年内，可以直接向用人单位所在地统筹地区社会保险行政部门提出工伤认定申请。职工或者其近亲属认为是工伤，用人单位不认为是工伤的，由用人单位承担举证责任。

社会保险行政部门应当自受理工伤认定申请之日起60日内作出工伤认定的决定，并书面通知申请工伤认定的职工或者其近亲属和该职工所在单位。社会保险行政部门对受理的事实清楚、权利义务明确的工伤认定申请，应当在15日内作出工伤认定的决定。

职工发生工伤，经治疗伤情相对稳定后存在残疾、影响劳动能力的，应当进行劳动能力鉴定。自劳动能力鉴定结论作出之日起1年后，工伤职工或者其近亲属、所在单位或者经办机构认为伤残情况发生变化的，可以申请劳动能力复查鉴定。

2.14.6.4 法律责任

单位或者个人违反条例规定挪用工伤保险基金，构成犯罪的，依法追究刑事责任；尚不构成犯罪的，依法给予处分或者纪律处分。被挪用的基金由社会保险行政部门追回，并入工伤保险基金；没收的违法所得依法上缴国库。

用人单位依照条例规定应当参加工伤保险而未参加的，由社会保险行政部门责令限期参加，补缴应当缴纳的工伤保险费，并自欠缴之日起，按日加收万分之五的滞纳金；逾期仍不缴纳的，处欠缴数额1倍以上3倍以下的罚款。依照条例规定应当参加工伤保险而未参加工伤保险的用人单位职工发生工伤的，由该用人单位按照本条例规定的工伤保险待遇项目和标准支付费用。用人单位参加工伤保险并补缴应当缴纳的工伤保险费、滞纳金后，由工伤保险基金和用人单位依照本条例的规定支付新发生的费用。

2.14.7 应急管理

2.14.7.1 应急管理基础知识

（1）应急管理概念与术语

突发事件：指突然发生，造成或者可能造成严重社会危害，需要采取应急处置措施予以应对的自然灾害、事故灾难、公共卫生事件和社会安全事件。

应急管理：为了迅速、有效地应对可能发生的事故灾难，控制或降低其可能造成的后果和影响，而进行的一系列有计划、有组织的管理，包括预防、准备、响应和恢复四个阶段。

（2）突发事件应急管理

传统的突发事件应急管理注重事件发生后的即时响应、指挥和控制，具有较大的被动性和局限性。从20世纪70年代后期起，更具综合性的现代应急管理理论逐步形成，并在许多国家的实践中取得了重大成功。无论在理论上还是在实践上，现代应急管理都主张对突发事件实施综合性应急管理。

结合突发事件的特点，突发事件应急管理应强调对潜在突发事件实施全过程的管理，即由预防、准备、响应和恢复四个阶段组成，使突发事件应急管理贯穿于各个过程，并充分体现“预防为主、常备不懈”的应急理念。

(3) 突发事件的分类和分级

《中华人民共和国突发事件应对法》将突发事件界定为：突然发生，造成或者可能造成严重社会危害，需要采取应急处置措施予以应对的自然灾害、事故灾难、公共卫生事件和社会安全事件。

突发事件的形式和种类很多，每个事件都会因环境和原因等情况呈现各自的特性。通常，根据突发事件的发生过程、性质和机理，可以将突发事件分为以下四类：自然灾害；事故灾难；公共卫生事件；社会安全事件。

根据《国家突发公共事件总体应急预案》，各类突发公共事件按照其性质、严重程度、可控性和影响范围等因素，一般分为四级：Ⅰ级(特别重大)、Ⅱ级(重大)、Ⅲ级(较大)和Ⅳ级(一般)。

2.14.7.2 安全生产应急体系

应急体系是指应对突发安全生产事故所需的组织、人力、财力、物力等各种要素及其相互关系的总和。通常所说的“一案三制”，构成应急体系的基本框架，而应急队伍、应急物资、应急平台、应急通信、紧急运输、科技支撑等则构成应急体系的能力基础。

建立健全安全生产应急体系主要通过各级政府、企业和全社会的共同努力，建立起一个统一协调指挥、结构完整、功能齐全、反应灵敏、运转高效、资源共享、保障有力符合国情的安全生产应急管理体系，重点建立和完善应急指挥体系应急预案体系、应急资源体系应急救援体系和紧急状态下的法律体系，并与公共卫生、自然灾害、社会安全事件应急体系进行有机衔接，可以有效应对各类安全生产事故灾难，并为应对其他突发公共事件提供有力的支持。

2.14.7.3 安全生产应急资源管理

应急资源是指应急响应过程中所使用的各种类型的资源的总称，它是应急管理工作的基础，是应急管理体系运转的物质保障。合理、有效配置事故应急资源，实现资源的最优化利用，对提升应对安全生产事故的科学技术水平和应急能力具有非常重要的意义。

应急资源包括人力保障资源、资金保障资源、物资保障资源、设施保障资源、技术保障资源、信息保障资源和特殊保障资源七个方面，各级安全生产应急管理部门应根据本辖区的需要针对各个方面做好内容、数量和质量的保障。

应急资源管理主要指安全生产事故灾难发生之后的应急响应包括几个关键环节：确定所需的应急资源，从相关单位调配该应急资源，开展救援活动。对在应急响应的过程中所需要的应急资源的种类和数量的预测将决定其后应急服务的质量。要实现资源的合理利用需要对资源进行布局、调度和维护。

2.14.7.4 应急预案

应急预案是针对可能发生的事故，为迅速、有序地开展应急行动而预先制订的行动方案。这一行动方案，针对可能发生的重大事故及其影响和后果严重程度，为应急准备和应急响应的各个方面预先做出详细安排，明确在突发事故发生之前、发生之后及现场应急行动结束之后，谁负责做什么、何时做、怎么做，是开展及时、有序和有效事故应急救援工作的行动指南。

应急救援预案是针对作业过程中可能发生的重大事故或者突发事件，所需的应急准备和响应行动而制定的指导性文件，其编制的主要内容包括方针与原则、应急策划、应急准备、应急响应、现场恢复、预案管理与评审改进六大要素。

企业应急预案的组织编制应分以下 8 个步骤进行：成立应急预案编制小组；授权、任务和进度；资料收集；危险源与风险分析；应急资源评估；应急能力评估；应急预案编制；应急预案评审与发布。

2.14.7.5 应急处置及事后恢复

（1）应急响应

应急响应是在出现紧急突发事件的情况下所采取的一种紧急避险行动，属于应急方案准备的一种。编制应急方案对人员行动做出规定，按照应急方案有秩序地进行救援，可以减少损失。应急方案应符合本地区实际，必须有可操作性和很强的针对性。

事故应急救援工作是在预防为主的前提下，按照统一指挥、分级负责、属地为主、企业自救和社会救援相结合的原则，及时、准确地控制突发事件进一步恶化，尽量减少人员伤亡和财产损失。重大事故具有发生突然、发生后迅速扩散以及波及范围广的特点，这决定了应急响应行动必须迅速、准确、有序和有效。各应急组织和人员除了要做好各项突发事件的预防工作，避免和减少突发事件发生外，还要加强落实救援工作的各项准备措施，确保一旦发生事故能及时进行响应。

（2）事故应急处置现场的控制与安排

安全生产突发事件的处置是整个应急管理的核心环节，当安全生产突发事件发生后，要根据突发事件的性质、特点以及危害程度，及时组织有关部门，调动各种应急资源，对突发事件进行有效的处置，以降低人员生命健康和财产损失的程度。

（3）应急恢复与善后工作

突发事件事态得到控制后应急管理从以救援抢险救灾为主的阶段转为以恢复重建为主的阶段。恢复重建是消除突发事件短期、中期和长期影响的过程，主要包括以下四种活动：一是最大限度地限制灾害结果的升级；二是弥合或弥补社会、情感、经济和物理的创伤与损失；三是抓住机遇进行调整，满足人们对社会经济、自然和环境的需要；四是减少未来社会所面临的风险。

2.14.7.6 应急能力评估

应急能力即应急管理能力，是为使重大事故发生时能够高效、有序地开展应急行动，减少重大事故给人们造成的伤亡和经济损失而在组织体制、应急预案、事故速报、应急指挥、应急资源保障、社会动员等方面所做的各种准备工作的综合体现。

应急能力评估主要用于评估资源准备状况的充分性和从事应急救援活动所具备的能力，并明确应急救援的需求和不足，以便及时采取完善的纠正措施。应急能力评估的范围包括：人力、财力、物力医疗、交通运输、治安、人员保护、通信、避难场所、人员生活条件、公共设施等各种保障能力。应急能力评估是一个动态过程，包括应急能力自我评估和相互评估等。通过评估，在重大事故发生之前审查应急准备工作的进展情况，可以持续改进应急管理工作，确保应急预案的有效性，提高组织应急救援的水平。

第3章　物探作业安全管理

3.1　地震勘探简介

石油地震勘探(简称物探)，是运用地质学和物理学原理，吸收和引用运动学、电子学、信息论等许多学科的新技术、新成就，查清地下地质构造和岩性演变过程，寻找油气富集区带，为油田提供油气储量、构造圈闭、钻探井位。在石油工业系统中，物探是油田勘探开发整个生产过程中的首要环节，素有“油田先驱”、“勘探尖兵”的称号。

石油地震勘探可简单定义为，通过人工方法激发地震波，研究地震波在地层中传播的情况，查明地下地质构造，为寻找油气田或其他勘探项目服务的一种物探方法。迄今为止，物探的方法主要有四类：地质法、钻井法、化探法和物探法。物探法与其他勘探法相比，具有轻便、快速、成本低的特点，而且几乎不受自然条件(山脉、平原、沙漠、海滩、浅海、海洋等)的限制。物探法按照其物性依据不同，又分为重力勘探、磁法勘探、电法勘探和地震勘探。地震勘探是最常用的物探法，技术方法主要有：二维勘探、三维勘探、高分辨率地震勘探、垂直地震剖面法、横波勘探、地震地层学、亮点技术、地震模型、神经网络、油藏描述等。

3.2　地震勘探生产环节

石油地震勘探生产的方法较多，各种方法的工序复杂，但基本生产过程都包括资料采集、处理和解释三个环节。

第一阶段是地震资料采集，在野外进行。这个阶段的任务是在地质工作和其他物探工作初步确定的有含油气希望的地区，布置测线，人工激发地震波，并用野外地震仪把地震波传播的情况记录下来。进行野外生产的组织形式是地震队。HSE 管理和监控的重点也在该阶段。

第二阶段是地震资料处理，在室内进行。这个阶段的任务是根据地震波的传播理论，利用计算机，对野外获得的原始资料进行各种去粗取精、去伪存真的加工处理工作，以及计算地震波在地层内传播的速度等。

第三阶段是地震资料的解释，在室内进行。运用地震波传播的理论和石油地质学的原理，综合地质、钻井和其他物探资料，对地震剖面进行深入的分析研究，对反射层作出正确判断，对地下地质构造的特点作出说明，并绘制构造图，查明有含油气希望的构造，提出钻探井位。

3.3　安全管理要点

地震资料采集在野外进行，涉及的车辆设备较多，再由于受地表、环境因素的制约，生产过程中面临许多安全风险，加强安全管理，确保生产安全进行是安全管理工作的重点。

地震资料采集主要工作流程：设备设施搬迁—营地设置及管理—测量作业—钻井作业—放线作业—涉爆作业或震源激发作业—仪器操作作业。

下面，将按照生产工作流程讲述各个阶段的安全风险及采取的风险消减措施。

3.3.1 设备设施搬迁安全风险与消减措施

生产工区确定后，地震队根据工作量、生产组织方式等要求确定生产要素的配置，并把生产设备设施运往工区。

3.3.1.1 危害与产生原因分析

设备设施搬迁主要危害与产生原因分析见表 3－1。

表 3－1 搬迁主要危害与产生原因分析

作业活动/环境	主要危害	主要产生原因
设备设施搬迁	1. 车辆故障	1. 车辆老化； 2. 维护不及时
	2. 拉运物资散落	1. 装载物资过多； 2. 物品捆扎不牢固
	3. 车辆刮擦、碰撞	1. 现场指挥不当； 2. 驾驶员安全意识差，违章驾驶； 3. 疲劳驾驶； 4. 技术不熟练，突发事件应对措施不当
	4. 人身伤害	1. 交通事故伤人； 2. 装卸作业伤人
	5. 拉伤、扭伤	1. 搬运、装卸作业时，物品过重、动作不当或过度劳动； 2. 人员自身原因，不适合体力劳动； 3. 现场安排管理不当

3.3.1.2 风险消减措施

（1）搬迁前安全准备工作

① 成立搬迁领导小组，指定专人负责搬迁管理工作；

② 详细拟定搬迁计划，包括参与搬迁的设备、人员、行驶路线、安全措施等。如有可能，最好对行驶路线进行实地踏勘，通过交通要塞时，提前与地方公安交通管理部门联系，要求给予协助；

③ 搬迁前，对参与搬迁人员进行专项安全教育，明确任务、路线及安全措施；

④ 对搬迁车辆进行全面检查及维修，消除安全隐患；

⑤ 吊装设备设施时，要有专人指挥，严格执行“十不吊”作业规则；

⑥ 装运的物资要捆扎牢固，超宽、超长要设置标志；

⑦ 租用运输公司车辆进行搬迁时，要签订安全协议；

⑧ 搬迁前，及时了解途经路线的天气，遇有恶劣天气时，要停止搬迁；

⑨ 搬迁前，禁止驾乘人员饮酒和参加刺激性娱乐活动，保证充分的休息。

（2）搬迁过程中安全监控工作

① 列队、限速行驶，前设引导车，后设服务车；

② 遵守道路交通规定，严格控制车速；

③ 限速行驶，及时休息，严禁疲劳驾驶；

④ 杜绝恶劣天气条件下行驶、夜间行驶。

3.3.2 营地安全风险与消减措施

营地是地震队临时性的生产、生活基地，营地建设是为了便于生产，但也必须在保障安全、保证职工身体健康的前提下进行。因所在地区的条件和要求各不相同，营地建设差异也较大，如有的地震队在工农业比较发达、交通便利的地区，一般租住民房、公房或旅馆。而工作在荒无人烟、气候和交通条件较差的地区，地震队必须自建营地。

3.3.2.1 危害与产生原因分析

营地建设过程的主要危害与产生原因分析见表3－2。

表3－2 营地主要危害与产生原因分析

作业活动/环境	主要危害	主要产生原因
营地设置及管理	1. 噪声	1. 工作区、生活区设置不合理，安全距离不符合要求； 2. 营地选址不合理，与周围工厂等设施距离过近
	2. 碰伤、挤伤、拉伤、扭伤等人身伤害	1. 作业时不了解安全风险或忽视安全风险的存在； 2. 不遵守安全操作规程； 3. 不按要求穿戴劳保用品； 4. 出入营地车辆，违章驾驶； 5. 搬运、装卸作业时，物品过重、动作不当或过度劳动； 6. 人员自身原因
	3. 触电	1. 违章用电、检修； 2. 用电设施陈旧老化或接地不良； 3. 未按要求设置隔离网； 4. 安全标识缺失
	4. 高处作业	1. 登高作业不系安全带； 2. 防护措施不落实
	5. 灼伤	电焊作业未按规定穿戴劳保用品
	6. 雷击	1. 油库、炸药库等要害场所未按要求设置避雷设施； 2. 避雷设施不符合安全要求
	7. 火灾	1. 违章动火； 2. 违章使用电器； 3. 防火设施、消防器材不符合要求； 4. 应急措施未落实
	8. 食物中毒	1. 水质不达标； 2. 食堂卫生不符合标准； 3. 食品供应、储存不符合要求
	9. CO中毒	1. 宿舍(帐篷)内煤气泄漏； 2. 通风不良； 3. 值班措施不落实
	10. 传染性疾病	1. 岗前未体检，尤其是食堂人员； 2. 食宿卫生条件不达标； 3. 临时用工隐瞒传染病史； 4. 未坚持定期对生活区进行消毒； 5. 未配备队医和药品

3.3.2.2 风险消减措施

（1）营地安全要求

① 营地一般应选在工区范围之内，通往工区的道路要方便、通畅；

② 应避开生产易燃、易爆物品或有毒、有害气体的工厂，避开传染病高发区，取水、用电便利；

③ 租住当地陈旧住房或库房时，应注意检查有无塌裂危险或其他危害人身安全的因素；

④ 做到营区场地平整，进出道路平坦、宽敞、视线好；

⑤ 功能区域划分合理，设置安全标志和照明信号灯；

⑥ 营地内无易燃、易爆物品堆放；

⑦ 电气线路架设安全、合理，无裸露或破损电线，院内有照明设施；

⑧ 各种电器设施、开关插头齐全完好，无破损，无违章接线、用电；

⑨ 配备灭火器齐全、完好；

⑩ 自建营地时，应选在地势平坦、宽敞、干燥和背风的地方，还要注意周围的地质、自然因素的危害，如洪水、雷击、滑坡等。

（2）帐篷安全要求

① 帐篷搭建应避开危险地段场所，繁华地段、危险场所以及易引发雷击事故的设施，避开湖泊、水库、河流、沟渠等危险水域，避开公路、高速公路、铁路、油井、油气管线及附属设施，以及高压线、变电站等；

② 帐篷应设置通风口，在帐篷显著位置粘贴反光标志；

③ 使用煤炉取暖、做饭时，帐篷内烟道设置合理，固定牢靠，各接头无漏烟；

④ 烟道穿越帐篷时，应使用防阻燃隔垫；

⑤ 帐篷内配备灭火器和 CO 报警器。

（3）临时炸药库安全要求

① 应独立设置，并远离营区、居民区至少 500m（SY/T 5857）以外的距离；

② 临时炸药库设警戒区，周围加设禁行围栏、安全标志；

③ 配备一定数量的灭火器材；

④ 库区内干净、整洁，无杂草，无易燃物，无杂物堆放；

⑤ 炸药、雷管要分库存放，安全距离至少在 10m 以上（SY/T 5857）；

⑥ 严禁宿舍与库房混用或将爆破器材存放在宿舍内；

⑦ 库房通风、干燥，严禁有明火、电源；

⑧ 爆破器材摆放整齐、合理、数量清楚，不超量、超高储存，雷管要放在专用防爆保险箱内，脚线要保持短路状态；

⑨ 严格落实人防、物防、技防、犬防安保措施，执行 24h 值班制度和交接班制度。

（4）临时加油站安全要求

① 距离营区或居民点的距离至少在 50m 以外（GB 50156—2002）；

② 库区四周应加设 1.8m 以上（GB 50156—2002）的禁行围栏，四周挖有排水沟，设置安全标志牌；

③ 架设避雷装置和配备一定数量的灭火器材、防火沙；

④ 库区整洁，无杂草，无易燃物堆放；

⑤ 储油罐和管线的各接头、阀门无渗漏、无油污，油泵、加油机及各种抽输油管、油枪等工具、容器摆放整齐且有防尘保护；

⑥ 油罐有接地装置，有防腐、隔热、防尘、通风保护措施；

⑦ 罐盖、库门上锁，并有专人管理；

⑧ 各种油品要标牌存放，进出油料有检查、验收、登记制度；

⑨ 临时加油站周围30m（GB 50156—2002）范围内严禁动用烟火、存放车辆设备。

（5）临时停车场安全要求

① 与营地或其他设施应控制足够的安全距离；

② 场地平整、清洁，无杂草和易燃物堆放；

③ 四周应架设1.8m的禁行围栏；

④ 进出口宽敞、视线良好，夜间有足够的照明灯光；

⑤ 进出口处应设置安全警示牌；

⑥ 配备灭火器齐全、有效，有专人管理；

⑦ 场内按车型划分停车区、停放线、车号标志；

⑧ 严禁在场内修车、用汽油擦车、使用明火作业。

（6）发（配）电站安全要求

① 与营地至少保持20m以外的安全距离，周围无杂草、无易燃、易爆物品堆放；

② 场地整洁无杂物、无油污，设置“防火”、“防触电”标志牌，并配备一定数量的干粉灭火器；

③ 有防尘、防雨、散热、保温措施；

④ 电站发电机之间至少保持2m的安全间距，护罩完整，发电机组保持清洁，无油污、不带病运转；

⑤ 接地线安装牢固；

⑥ 电气线路架设安全，走向合理，整齐、清楚，无裸露、无漏电；

⑦ 接线盒要绝缘、封闭，无超负荷接线；

⑧ 各种插座、开关无破损、老化；

⑨ 供油罐和发电机组之间要至少保持5m的安全距离，油罐、油管、阀门无渗漏，罐口封闭上锁；

⑩ 夜间场地有照明装置。

（7）食堂安全要求

① 应避开污水、垃圾等污染源；

② 工作间干净整洁，地面无污水，无变质、变味杂物堆放；

③ 房内无蝇、无鼠，剩余饭菜无变质、变味，并用罩盖好；

④ 生熟食品分开放置，两刀、两板分开使用；

⑤ 各种炊具、用具、容器摆放整齐合理，用后清洗、消毒、擦净，无污垢、无灰尘；

⑥ 各种炊事机械、电动炊具及鼓风机、电动机、排风扇性能良好，无漏电，安全防护装置齐全，接地可靠，有专人负责使用管理；

⑦ 配电盘、闸刀开关、插头无破损、老化；

⑧ 电线连接牢固，架设安全、合理，无漏电、短路，无裸露；

⑨ 液化气瓶、炉灶使用符合防火安全要求。

3.3.3 测量作业安全风险与消减措施

测量作业是把设计规定的测线，布置在工区的实际地面位置上，确定激发点和接收点的位置和高程，并在激发点和接收点上用小旗和木桩作上标志，奠定基础工作。工作中除使用全站仪、GPS 定位仪等专业设备外，还要使用运输车辆、船舶、铁锹等辅助工具。

3.3.3.1 危害与产生原因分析

测量作业过程的主要危害与产生原因分析见表 3－3。

表 3－3 测量作业主要危害与产生原因分析

作业活动/环境	主要危害	主要产生原因
测量作业	1. 触电	1. 触碰带电设施； 2. 跨步电压触电
	2. 淹溺	1. 未按规定穿戴救生衣或未使用过水专用工具； 2. 监护措施不到位
	3. 摔伤	1. 冒险作业，如登山登高作业； 2. 没有采取防护措施
	4. 雷击	1. 雷雨天在大树下、高大建筑物下避雨； 2. 违章作业
	5. 火灾	1. 易燃易爆场所吸烟，使用明火及通信射频器材； 2. 野外违章取暖； 3. 禁火区域动用明火

3.3.3.2 风险消减措施

（1）工作前，应与有关部门联系，了解清楚工区地下电缆、油、气和水管道等地下设施的精确位置，以确保这些地下设施及地面上的一般民用建筑、沙堤、水库、桥梁等在后续作业的安全；

（2）在测量确定井位时，炮井应按规定的安全距离远离这些设施，并且要求井口周围场地须相对平坦，无下陷、垮塌因素，在周围 30m 范围内无高压输电线路通过；

（3）当测线经过河流、沟渠、陡崖等危险地段时，测量工作应在采取监护措施的情况下进行。

3.3.4 物探钻井作业安全风险与消减措施

钻井作业是在测线的激发点上按试验确定的参数进行钻井，钻井深度符合设计要求。钻井后要用清水或泥浆洗井，将井中的泥包或岩屑冲出，保证药包顺利下井。然后按规定的药量把炸药包下至井中指定深度。钻井专业设备主要包括车载钻机和山地钻机。

3.3.4.1 危害与产生原因分析

钻井作业过程的主要危害与产生原因分析见表 3－4。

表3-4 钻井作业主要危害与产生原因分析

作业活动/环境	主要危害	主要产生原因
钻井作业	1. 触电	1. 触碰带电设施； 2. 跨步电压触电； 3. 高压线下打井； 4. 碰触地下电线光缆
	2. 淹溺	未按规定穿戴救生衣等过水专用工具
	3. 机械伤害	1. 未持特种作业证上岗； 2. 违章操作钻机； 3. 钻机传动、转动部分无防护装置； 4. 未按要求穿戴劳保用品； 5. 人员安全意识淡薄，操作不当
	4. 物体打击	1. 钻井过程中未佩戴安全帽； 2. 钻机移动过程中，钻杆未落下
	5. 雷击	1. 雷雨天在大树下、高大建筑物下避雨； 2. 雷雨天气作业
	6. 坠落	在斜坡搬运钻机时失足
	7. 地下管网穿孔	未对地下设施识别进行打井

3.3.4.2 风险消减措施

（1）在选井位时，保证井位上方无高压电线，井位下面无地下设施；

（2）当井位上方有高压电线通过或离地面建筑距离较近时，井位必须偏移或空点，移动井位后，必须绝对保证竖立井架时的安全及偏移点的安全性；

（3）井架竖立后，人字架锁钩挂牢。各液压管线无挤压、扭转、死弯及磨碰；

（4）设备运转时不准用手调整钻头、钻杆、修理维护；

（5）井架上严禁站人，在平台上工作时，应注意离开转动轴；

（6）人抬钻机装车搬运时，应先装大件，后装小件，摆放整齐、牢固，防止车辆行驶时，造成机具碰撞损坏及碰伤人员；

（7）井位间移动，应拆解后进行，钻机部件应用绳子固定在抬杠上；

（8）钻机供油桶不得用普通塑料桶替代，供油桶离发动机发热部位要至少保持2m的安全距离；

（9）遇有雷雨天气，及时落放井架，停止作业。

3.3.5 放线作业安全风险与消减措施

放线作业是按要求铺设电缆和按一定的组合方式埋置检波器，为接收地震波做好准备工作。专业设备为采集站、大线、小线等，辅助设备为运输车辆、船舶等。

3.3.5.1 危害与产生原因分析

放线作业过程的主要危害与产生原因分析见表3-5。

表 3-5 放线作业主要危害与产生原因分析

作业活动/环境	主要危害	主要产生原因
放线作业	1. 人身伤害	1. 负重跳沟坎和爬栅栏； 2. 草丛中睡觉被碾压； 3. 违反直升机吊装操作规程
	2. 拉伤、扭伤	1. 搬运、装卸作业时，物品过重、动作不当或过度劳动； 2. 人员自身原因，不适合体力劳动； 3. 现场安排管理不当
	3. 物体打击	1. 油井区、建筑工地等危险区域下施工未佩戴安全帽； 2. 搬运采集设备时掉落砸伤
	4. 触电	1. 触碰带电设施； 2. 跨步电压触电
	5. 淹溺	1. 未按规定穿戴救生衣； 2. 未使用过水专用工具
	6. 雷击	1. 雷雨天在大树下、高大建筑物下避雨； 2. 雷雨天气作业
	7. 火灾	1. 易燃易爆场所吸烟、动用明火； 2. 帐篷内违章使用煤炉做饭、取暖

3.3.5.2 风险消减措施

(1) 装卸车安全注意事项

① 装车和卸车时，要防止检波器的尾椎和检波器串架子伤到头部和眼睛；

② 背负检波器串和大小线时，要注意背负的重量不能太重，要注意背负行走的姿势，注意自我保护。

(2) 特殊地形施工安全注意事项

① 公路上架线时，要有专人负责警戒和监护，前后设有警示标志；

② 过路作业人员应穿反光背心；

③ 不得在行驶中的车辆大箱内进行收、放线作业；

④ 两栖作业，放线工应穿救生衣，用放缆船作业时，操作人员衣扣、袖口必须系紧；

⑤ 在黑夜或有雾等情况下应使用信号工具。

(3) 其他注意事项

① 在野外工作期间，放线工工作间歇时不得躺在车下及庄稼地、草丛中和其他容易看不见的地方休息，应特别注意沿测线移动的各种车辆。

② 放炮期间严格执行仪器操作员的指令，应懂得爆炸员给出的信号、危险区标志及安全距离，放炮 10s 后(SY/T 5857)方可疏散流动人员及车辆。

3.3.6 涉爆作业安全风险与消减措施

施工现场的涉爆作业主要指工地运输爆炸物品、包药、下药等。主要作业设施有爆炸物品专用运输车、包药工具、扛药工具等。

3.3.6.1 危害与产生原因分析

涉爆作业过程的主要危害与产生原因分析见表 3-6。

表3-6 涉爆作业主要危害与产生原因分析

作业活动/环境	主要危害	主要产生原因
涉爆作业	1. 雷击	1. 炸药库、临时流动炸药库未装避雷设施或避雷设施失效； 2. 雷雨天在大树下、高大建筑物下避雨； 3. 雷雨天气作业
	2. 火灾	炸药库等易燃易爆场所吸烟、使用明火，炸药存放不符合安全要求
	3. 爆炸	1. 易燃易爆场所吸烟、动用明火； 2. 使用通信射频器材； 3. 违章进行包药、爆破作业
	4. 静电	1. 炸药库未放置放静电球； 2. 炸药车未接接地带(链)； 3. 包药现场未使用放静电叉； 4. 包药等涉爆人员未穿防静电服； 5. 冬季施工，人员穿着衣物多，易产生静电
	5. 人身伤害	1. 炸药库、临时炸药库选址不符合要求； 2. 炸药车停靠位置不合理； 3. 包药、下药等涉爆现场不符合安全距离
	6. 失窃、账目不清	1. 治安保卫措施不落实； 2. 涉爆现场人员监控不到位； 3. 包药时药包实际数量与相对应药量卡数量不一致，造成账目不清

3.3.6.2 风险消减措施

(1) 接触爆炸物品前的安全注意事项

① 选派具备足够的安全意识和责任心强的人员担任涉爆工作；

② 接触爆炸物品人员应取得公安等部门颁发的作业许可证；

③ 按规定穿戴防静电劳保服装；

④ 严禁携带射频器材、火种。

(2) 装卸运输作业安全注意事项

① 装卸民用爆破器材时，应尽量在白天进行，确需在夜间装卸时，应有足够的安全照明设备并加强警戒；

② 装卸时应轻拿轻放，禁止震动、捶击、摩擦、抛掷和倒置；

③ 性质相抵触的民用爆破器材不能在同一地点同时装卸；

④ 爆炸物品运输应使用专用运输车辆(船舶)，雷管和炸药不宜同车(船)运输，确需同车(船)运输时应有隔离措施；

⑤ 雷管应放置在专用雷管箱内，雷管箱应具有防射频、防静电、防爆功能；

⑥ 严禁爆破器材车停放在村庄、高压线及重要设施附近。

(3) 包药作业安全注意事项

① 包装炸药包须在炸药车10m以外进行，并设置警戒区，警戒距离不小于15m (SY/T 5857)；

② 取用雷管应疏管拿取，不得牵管抽线；

③ 同一炮点禁止同时包装、存放两个或两个以上炸药包；

④ 严禁携带包好的炸药包长距离穿越或穿越危险场所。

（4）下药作业安全注意事项

① 下药应用爆炸杆（铝或木、竹制品）按规定程序将炸药包下到井内预定深度，爆炸杆应用稳定压力，不应用力冲击、震动，禁止强压炸药包；

② 下完炸药包，应轻提炮线，检查炸药包是否上浮；

③ 炸药包下井遇卡，不应硬性下砸或上提，应作为盲炮引爆。

（5）爆破作业安全注意事项

① 作业前，操作员要正确穿戴劳动保护用品，包括安全帽、防静电服、工鞋等；

② 爆炸站应设置在井口通视良好的上风方向，安全距离一般为：地表为黏土、沙土层：不少于30m；地表为岩石、冻土层：不少于60m；

③ 在接近危险区的边界处应设警戒岗哨和安全标志，禁止人、畜、车（船）进入危险区域内；

④ 操作员不应提前将炮线接入爆炸机，并不得提前充电；

⑤ 放炮时，译码器（爆炸机）插孔专孔专用，插头不应插错或交叉，正确选择工作开关；

⑥ 放完炮后，应立即拔掉爆炸机的炮线。

3.3.7 激发作业安全风险与消减措施

震源激发就是为地震资料采集提供振动能量。按工艺分为炸药震源激发、机械震源激发和气枪震源激发等形式。专业设备包括爆炸机、机械震源和气枪震源等。

3.3.7.1 危害与产生原因分析

震源激发作业过程的主要危害与产生原因分析见表3－7。

表3－7 震源激发作业主要危害与产生原因分析

作业活动/环境	主要危害	主要产生原因
激发作业	1. 噪声	机械、气枪震源作业时，操作员未佩戴耳罩
	2. 人身伤害	1. 作业时，激发现场有无关人员或作业人员未采取防护措施； 2. 震源带点人员现场指挥时，站在震源右侧； 3. 夜间施工，光线不足
	3. 坍塌	1. 钻井深度不足； 2. 炸药量选取不合理； 3. 震源距离建筑物安全距离不符合要求

3.3.7.2 风险消减措施

（1）炸药震源激发作业安全注意事项

① 作业人员应戴好安全帽；

② 爆炸站应设置在井口通视良好的上风方向，按地表性质保持安全距离，黏土、沙土层不小于30m，岩石、冻土层不小于60m（SY/T 5857）；

③ 爆破前应检查井周围的危险区内有无房屋、桥梁、水堤、输电通信线路和输油输气管道等建筑物、构筑物，如有并对其构成威胁时，不应放炮；

④ 在安全距离边界处设警戒岗哨和安全标志，禁止人、畜、车进入危险区域内；

⑤ 警戒岗哨应用旗语传递信号，不准用口语代替旗语；

⑥ 严禁将两个或两个以上炮点的炮线同时引到爆炸站；

⑦ 严禁用爆炸机以外的电源放炮，不准在车上放炮；

⑧ 天色昏暗、大雪、浓雾或其他原因造成与井口的通视不良以及打雷时，应停止爆炸作业；

⑨ 刚爆炸完的井，禁止抢拔井口炮线，防止毒气熏人或井口塌陷。

（2）机械震源激发作业安全注意事项

① 震源车在起步前应确认震动板已完全提升，车前、车后、车下无人及障碍物；

② 震源行驶时，任何人不应在震源平台或其他部位上搭乘，各震源车要保持规定距离，严禁过分靠近或尾随；

③ 不应在坡度大于30°的坡道停车，检查和排除故障应在降压后进行；

④ 振动作业，在升压情况下不得转动任何液压元件管路等连接处，不得搬动电控箱体的电源开关，任何人不得靠近液压系统；

⑤ 严禁任何人任何时候站、坐在震源平台或其他部位，无关人员禁止到驾驶室扳动各种开关和按钮。

（3）气枪震源激发作业安全注意事项

① 震源船应符合国家有关海上船舶运行的基本条件和资质，气枪高压储气瓶、安全阀定期检验，高压管汇器具符合标准要求；

② 起吊气枪，严禁侧风、侧浪航行时起吊气枪，应保持吊臂平稳，防止因侧浪船舶摇摆而损坏气枪设备；

③ 气枪沉放到工作深度后，将气压调到工作压力，拧紧各保险装置；

④ 气枪激发时，与它船的安全距离必须大于100m，且150m内无人涉水作业（SY/T 5857）；

⑤ 气枪作业，要防范高压危险，不能将手放在空气喷嘴前或压力释放口；

⑥ 在作业区域的所有人员都应戴上防护眼镜和听力保护器；

⑦ 要防范噪声危害，震源船的主要噪声来源于前后机舱、空压机舱、发电机舱和气枪作业脉冲，作业场所应该按照职业健康有关管理规定配备防噪声耳麦或防噪声耳罩，定期对工作场所进行噪声水平检测，加强降噪、隔噪技术和工艺的研究力度，加强技术改进，有效降低震源船工作场所的噪声水平；

⑧ 要防范机械伤害，机械设备的叶轮、皮带、传动轴处加装防护罩隔离，机舱作业人员必须按规定佩戴安全帽等劳动防护用品，工服衣扣、袖口系紧，禁止穿拖鞋下机舱；

⑨ 防范烫伤，机舱内产生高温的设备（发动机、排烟管、增压器等）进行隔热处理或隔热防护，设置高温警示标识，机舱作业人员按规定正确穿戴劳动保护用品。

3.3.8 仪器操作安全风险与消减措施

仪器操作工作包括放炮前要测试调节记录系统各单元的技术指标，取得合格的日检记录，并检查外线，排除故障，保证全部检波器连通接好，待仪器工作正常后，方可给爆炸员发出信号启动爆炸机，同时启动磁带机进行记录。主要设备是地震仪器，一般装在运输车辆或船舶上。

3.3.8.1 危害与产生原因分析

仪器操作过程的主要危害与产生原因分析见表3－8。

表3-8　仪器操作主要危害与产生原因分析

作业活动/环境	主要危害	主要产生原因
仪器操作	1. 触电	1. 违章用电、检修； 2. 仪器接地线接触不良
	2. 机械伤害	1. 仪器车停车点选择不合理、停靠不平稳； 2. 吊装仪器箱体时，未固定牢固； 3. 仪器车后箱体违章载人
	3. 火灾	1. 车内违章吸烟、动用明火； 2. 超负荷使用电气设备； 3. 仪器箱体内存放易燃易爆物品
	4. 雷击	遇雷雨天时，仪器车天线未收回

3.3.8.2　风险消减措施

(1) 乘坐仪器车时不得超员，仪器车行驶时仪器箱体内严禁载人；

(2) 仪器车到达工地后，需选择地势平坦的上风处停靠；

(3) 吊、装仪器箱体时，操作员应在现场监督，仪器箱体应固定牢固；

(4) 仪器使用前，箱体应按规定接地；

(5) 箱体内严禁烟火，仪器箱体内严禁存放易燃、易爆及与工作无关的物品；

(6) 严禁超负荷使用电气设备，操作仪器前确认供电系统正常后，方可开始工作；

(7) 雷雨时严禁施工。

3.3.9　运输作业安全风险与消减措施

地震队生产，使用大量的运载设备，包括陆上机动车辆、两栖设备和船舶，几乎每一个工种都牵涉到运输，运输安全是地震队安全管理工作的重点。

3.3.9.1　危害与产生原因分析

地震作业运输过程的主要危害与产生原因分析见表3-9。

表3-9　运输主要危害与产生原因分析

作业活动/环境	主要危害	主要产生原因
工地运输	1. 车辆故障	1. 车辆老化陈旧； 2. 定期维护保养不及时； 3. 没有做好每天“三检”工作
	2. 人身伤害	1. 驾驶员安全意识差，违章驾驶； 2. 技术不熟练，突发事件应对措施不当； 3. 疲劳驾驶

3.3.9.2　风险消减措施

(1) 陆上运输安全注意事项

① 操作人员应取得上岗合格证，方可操作运输设备；

② 陆上运输，驾驶车辆时，驾驶员不准穿拖鞋，不准吸烟、饮食、闲谈、接打手机或做其他妨碍安全行车的行为；

③ 乘车人应按指定车辆乘坐，上车后系好安全带，行车中不应站立或坐在车厢栏板上；

④ 严禁人货混装，杜绝超员；

⑤ 严禁携带易燃易爆、危险化学物品乘车。

（2）两栖运输安全注意事项

① 水网、潮间带等两栖地带运输，不应超过额定载荷；

② 过水域时两侧轮胎或履带同时入水或登岸；

③ 渡越潮沟、路坎、沟坝等危险地段时，车上人员必须下车，待设备安全通过后方准上车。

（3）水上运输安全注意事项

① 水上运输，起航前清理锚机周围物品，确认安全后方可起锚；

② 夜间或能见度不良情况下航行时，开启 GPS 卫星导航、雷达和探照灯，确保航行安全；

③ 船舶进出港，通过狭水道、浅滩、危险水域或抛锚等情况时，应提前做好各种准备工作；

④ 船舶抛锚后，船舶应悬挂锚泊信号，安排人员值班。

3.3.10 特殊地表作业安全风险与消减措施

由于地震勘探作业的特殊性，地震勘探作业多在沙漠、草原、森林、山地、高原等地区进行，地表的复杂多样性给安全管理带来了很大困难。

3.3.10.1 危害与产生原因分析

特殊地表作业过程的主要危害与产生原因分析见表 3－10。

表 3－10 特殊地表作业主要危害与产生原因分析

作业活动/环境	主要危害	主要产生原因
高原作业	1. 高原病	空气稀薄呼吸困难，缺氧易引发高原病
	2. 雷击	1. 高原云层低、多雨雪，闪电距离地面近； 2. 未及时搜集天气预报，提前部署； 3. 预防应急措施未落实
	3. 紫外线灼伤	1. 海拔高，皮肤长期暴露灼伤皮肤； 2. 防护措施未落实
	4. 雪盲症	1. 常年积雪不化，积雪反光刺伤员工眼睛； 2. 防护措施未落实
	5. 滑落	1. 常年积雪、山高路滑； 2. 防护措施未落实
	6. 雪崩	意外震动或其他因素影响雪山崩塌
沙漠作业	1. 人员迷失	1. 培训不到位； 2. 生产组织不合理，没有使用 GPS 定位系统； 3. 没有结伴施工； 4. 重要路口或交叉口，未做醒目路标
	2. 沙尘暴等特殊天气	1. 未及时收集天气资讯，造成人员、设备未及时撤离； 2. 预防应急措施未落实
	3. 疟疾等疾病	使用不洁水源
	4. 狗、蛇、虫等动物咬伤	预防应急措施未落实

续表

作业活动/环境	主要危害	主要产生原因
山区作业	1. 山洪	山区降雨集中、雨量大
	2. 泥石流	暴雨、冰雪融化等水源激发形成泥石流
	3. 山体滑坡	1. 地震、下雨使地层松软向下滑落； 2. 爆破作业引起震动
	4. 坠落	1. 没有山地作业经验，安全意识不强； 2. 攀登过程中不遵守安全规定
	5. 山体坍塌、山石滚落	1. 大风或动物、人员不慎将碎石碰落； 2. 爆破作业引起震动
	6. 山间暗洞	石灰岩长期受雨水侵蚀、冲刷形成暗洞
	7. 雷击	雷雨天作业，避雨地点选择不合理
	8. 触电	矿山地带施工触碰用电设施
	9. 火灾	1. 林区吸烟，违章动火； 2. 预防应急措施未落实
	10. 划伤	山地树林较多，行走时易发生树枝划伤
	11. 狗、蛇、虫等动物咬伤	预防应急措施未落实
沼泽作业	1. 淹溺	1. 未辨清施工区域，就进行作业； 2. 沼泽施工时腿部痉挛，陷入泥炭层较深
	2. 划伤	盐碱壳较多，易划伤
	3. 腿部疾病	1. 作业人员膝关节以下部位长期没在水中或泥炭层内； 2. 未采取预防应急措施
林区作业	1. 热带传染病	1. 蚊虫叮咬，发炎传染； 2. 预防应急措施未落实
	2. 火灾	没有遵守相关管理规定，擅自动用明火、吸烟
	3. 人员迷失	1. 林深草密、地形复杂、视野差能见度低； 2. 预防应急措施未落实
	4. 意外伤害	1. 掉入非法狩猎陷阱等； 2. 突发事件应对措施不当
	5. 雷击	山高林密，雨水多；预防应急措施未落实
	6. 狗、蛇、虫等动物咬伤	预防应急措施未落实
草原作业	1. 火灾	没有遵守相关管理规定，擅自动用明火、吸烟
	2. 植被破坏	车辆乱压植被
	3. 蛇、虫等动物伤害	草原地区可能存在蛇、虫，人员疏忽，造成蛇、虫咬人事件
	4. 意外伤害	1. 可能出现虎、豹等大型动物； 2. 出现突发恶劣天气

续表

作业活动/环境	主要危害	主要产生原因
水域作业	1. 淹溺	1. 未穿戴救生用品或穿戴不正确； 2. 未使用专用过水工具或操作不正确； 3. 水域作业前，未进行培训讲解； 4. 安排不合理
	2. 冻伤	1. 气候寒冷潮湿，易发生人员冻伤； 2. 人员淹溺，造成冻伤
	3. 翻船	操作不当或大风等恶劣天气出现

3.3.10.2 风险消减措施

（1）高原作业安全注意事项

① 患有明显的心、肺、肝、肾等疾病，患有高血压、严重贫血者，均不适合在高原地区作业；

② 作业人员应接受高原健康安全培训，明确各种人体反应和应急措施；

③ 发生高原病人员应转移到低海拔地区；

④ 高原地区的温度低且温差大，稍不注意，便会有冻伤、冻僵及其他各种意外伤害，所以野外作业除注意防寒和保暖外，主要是注意个人防护，应穿够防寒衣服，注意锻炼，增强耐寒性，人体皮肤在反复寒冷的作用下，表皮层能增厚，抗寒能力增强；

⑤ 在有积雪或冰冻地区作业，应配备防滑、攀登的有关工具。

（2）沙漠作业安全注意事项

① 作业车辆须配备 GPS、营地路线图、主要点位坐标及应急联络表；

② 严格执行车辆行程管理制度，对外出的车辆，要落实行车路线、乘员数量，车辆到达目的地要及时向地震队反馈信息；

③ 应设专人接收天气预报，密切注意天气变化，遇有沙暴、大风等恶劣天气，地震队应及时做好防范措施，对推土机推出的道路要做出标记，以防被风沙埋没后迷路；

④ 在沙漠腹地施工的营区上空，应悬挂队旗和设置信号灯，为作业人员回归营地起引导作用；

⑤ 营地和外出施工队伍必须备有救援用的电台通信工具或发出求救信号的物资（如旧轮胎、火种、反光镜等）；

⑥ 施工人员必须穿信号服、携带护目镜和按规定乘车，必须带足水、食物和衣服，以防气温骤降、沙暴、尘暴等恶劣天气突变。

（3）山区作业安全注意事项

① 开工前施工人员要熟悉掌握自身安全保护和相互安全保护的方法，学会调整人的重心（在支撑面内），防止滑倒坠落或滚石伤人；

② 要时刻注意天气变化，禁止雨天作业；

③ 要多向当地人员请教，弄清山洪的征兆，发现险情时，及时撤离危险区域；

④ 地震队营地应避开可能有泥石流侵袭或易滑坡的地区，发现征兆时，要及早撤离；

⑤ 遇有雾天、雨天、雪天时，应停止作业并组织迅速撤离，防止山洪袭击，特别注意防范上游下雨造成的突发山洪；

⑥ 遇有雷雨时，为避免雷击伤人，禁止使用铁器工具，不能在树下或枯树旁避雨。

（4）沼泽作业安全注意事项

① 要有向导做路探，了解沼泽概况，包括深浅、植物生长、有无蛇虫或传染病及其防治方法等；

② 沼泽中有蛇虫及虫媒传染病，水极不卫生，凡下水作业人员需穿戴劳动防护用品，避免与水直接接触，以防被蛇虫咬伤或感染传染病；

③ 在沼泽中作业一般用履带式轻型车辆，载重量不能超过额定质量，履带传动轴易被植物挤塞缠绕而不能转动，易被损坏，需经常检查或更换。

（5）林区作业安全注意事项

① 应在道路两旁做好路标，以防迷路；

② 严禁吸烟、携带火种，车辆行驶时要带防火帽；

③ 特殊情况需在林区生火时，要征得有关部门批准，制定相应安全措施，如应有专人看护火堆，人离开时，应将火熄灭，或用潮湿泥土将余火覆盖好；

④ 向当地群众了解在林区有无狩猎用具、陷阱、爆炸性弹药，并要求撤销或做好明显标记，以防误伤施工人员。

（6）草原作业安全注意事项

① 车辆行驶时要带防火帽，施工人员严禁携带火种或吸烟；

② 配备防止被昆虫、蚊虫叮咬的防护用品及治疗药品，同时要教育职工注意识别和防止接触有毒植物，以防中毒；

③ 注意防范草原的虎豹狼群等凶猛动物，以及毒蛇等，当遇到时切记不要挑逗和袭击，应主动避让。

（7）水域作业安全注意事项

① 要了解水区的气象情况和水域的情况，如风向、风速、水深、水速、台风、大风、寒潮等；

② 船上应配备航行必需的方向盘、桨、篙、锚、绳索、排水设施、常用的修理材料，个人救生设备，消防设备，急救药箱，求救的无线电通信设备，并存有备用的粮、菜储备；

③ 船不能超载，重量要分置，尽量保持平衡，人员不要坐在船舷上渡过险滩和激流；

④ 水面上雾幕很大时，应停止航行，以免迷失方向和发生触礁、搁浅、碰撞、翻船等事故；

⑤ 夏天水上作业因气温高、湿度大，要特别注意防止中暑；

⑥ 冬天水上作业因气温低，要注意防冻、防寒；

⑦ 严禁饮用未经净化处理的河水；

⑧ 海上作业，要做好防风(风暴潮)工作，配备母船和守护船，完善管理制度、措施及应急预案。

3.3.11 特殊气候条件作业安全风险与消减措施

由于地震勘探作业的特殊性，有时须在高温、严寒等特殊气候条件下作业，安全管理难度较大。

3.3.11.1 危害与产生原因分析

特殊气候作业过程的主要危害与产生原因分析见表3－11。

表3－11 特殊气候作业主要危害与产生原因分析

作业活动/环境	主要危害	主要产生原因
特殊气候	热疹、热痉挛、热疲劳、中暑	高温气候引起的
	战壕足、冻伤	高寒气候引起的

3.3.11.2 风险消减措施

（1）高温作业安全注意事项

① 人员要选择适应能力强、精神上松弛的，减少体力工作，为职工提供休息地方；

② 采用轮班制和合理安排工作时间，如在早晨和一天中凉爽的时间内工作，休息时可间隙性地用水冲洗；

③ 在有限的或封闭的空间内，限制作业人员的数量；

④ 给工人提供凉水或其他凉饮料（除了酒精饮料），要求他们要经常性地少量饮水；

⑤ 对于中暑的人员，应争取尽快恢复患者正常体温和水盐平衡；

⑥ 凡有感觉轻微头痛、头晕、耳鸣、眼花、心慌等症状时，就应立即离开高温处所，转到通风阴凉的地方安静休息，并用凉水擦洗身体和喝一点含盐饮料，以促进体温恢复热平衡状态；

⑦ 如发生昏倒等重症中暑时，应将患者抬到阴凉通风处，脱衣解带，平卧休息，然后，根据情况请医生对症治疗；

⑧ 车辆也应采取相应的安全措施，携带必要的水桶、防雨帆布、防滑链条等用品，行车中要注意防止发动机过热；

⑨ 发现胎温、胎压过高时，应选择阴凉处停息，使胎温自然下降，胎压恢复正常；

⑩ 下长坡要注意途中停车休息“凉刹”，以保证制动性能的良好。

（2）严寒作业安全注意事项

① 要防止发生冻伤事件，使用专为高寒地区设计的防寒服，注意增减衣服，戴防寒面罩和围巾；

② 手与脚要特别保护，杜绝用裸手接触冰冷的金属；

③ 为使身体产生足够的热量，保证定期供应食物和饮料；

④ 若手脚已有早期冻伤症状，应及时治疗，平时可用辣椒杆煮水洗手洗脚加以预防，还可以加强锻炼，洗冷水脸、冷水澡等；

⑤ 战壕足病是一种处在阴冷、潮湿的环境中引起的伤害。从经验上来说，发病的范围在0～10℃之间，发病原因几乎是相同的，其为逐渐受冻所致，只是潮冷的程度有异。预防措施是要穿防水鞋和毛袜，使腿部干燥，保持脚部温暖；

⑥ 设备在严寒条件下应采取防冻、防滑、预热启动的措施；

⑦ 事先做好车辆的换季保养工作，冷却水换用防冻液；

⑧ 出工前应做好冰雪道路上行车的思想准备，要根据各种车辆运行任务的特点和需要，携带必须的防滑链、喷灯、三角木、锹镐等防寒救急用品；

⑨ 各种车辆通过冰河时，应勘测好进出两岸的地形、冰层的厚度和强度，从而决定行车路线；

⑩ 多台车辆过河时，不可聚集在一起。

第 4 章　钻井作业安全管理

4.1　石油钻井基本知识

钻井是利用一定的工具和技术在地层中钻出一个规定孔径孔眼的过程。石油工业中所钻井直径一般为 100 ~ 500mm，深为几百米到几千米深的圆柱形井眼。石油钻井是油、气勘探开发的重要手段，要直接了解地下的地质情况，要证实用其他方法勘探得到的地下油气构造和其含油、气情况及储量，要将地下的油气资源开发利用，都要通过钻井工作来实现。钻井工作始终贯穿在油、气田勘探开发的地质勘探、区域勘探和油田开发的三个阶段中。

根据钻井目的和开发的要求，把井分为不同的类别。我国各油气田目前对单井井别划分可分为探井和开发井两大类共 11 个类别。探井井别有：区域探井（含参数井或科学探索井）、预探井、评价井、地质井、水文井。开发井井别有：生产井、注水井、注汽井、观察井、资料井、检查井。

根据所钻井眼轨迹不同，把井分为直井和定向井。

根据钻井流体循环压力和地层孔隙压力的差别，又可分为常规钻井和欠平衡钻井（液相欠平衡钻井、气相欠平衡钻井和气液混相欠平衡钻井）。

4.1.1　钻井方法

钻井方法是指钻井所采用的设备、工具和工艺技术的总称，通常指为了在地下岩层中钻出所要求的孔眼而采用的钻孔方法。钻井的实质就是破碎岩石、取出岩屑、净化井筒、稳定井壁，继续加深井筒深度至目的深度。在石油钻井发展过程中使用的钻井方法主要有人工掘井法、人力冲击钻井法、顿钻钻井法、旋转钻井法和连续管钻井法，目前正在探索化学钻井法和激光钻井法等。现阶段国内外普遍使用的是旋转钻井法，旋转钻井法又可分为顶部驱动旋转钻井法、转盘旋转钻井法和井底动力钻具旋转钻井法。

钻井施工主要采取的技术有喷射钻井技术、防斜打直技术、定向钻井技术、取芯钻井技术、完井技术、钻井井控技术。

4.1.2　钻井工艺过程

钻井生产过程中，尽管钻井目的不同，井的深浅各异，陆上还有海上，但钻井的工艺过程基本相同。一口井的建井过程从确定井位到最后的试油、投产，要完成许多作业，按其顺序可分为三个阶段，即钻前准备、钻进和完井三个阶段，其主要施工工序一般包括：定井位、井场及道路勘测、基础施工、安装井架、搬家、安装设备、各次开钻、钻进、起钻、换钻头、下钻、中途测试、电测、下套管、固井施工、完井等。

4.1.3　钻井设备

钻井设备（简称钻机）是指石油天然气钻井过程中所需各种机械设备的总称。钻机主要部件必须相互配合才能完成钻机起升、循环和旋转的3项主要工作。按动力设备的不同通常可分为机械传动钻机、电动钻机和复合钻机三种。陆用钻盘钻机是钻井设备的基本型式，通常称为常规钻机。进入21世纪以来，石油钻机自动化、数字化、智能化、信息化水平快速发展。钻机整体向着交流变频调速电驱动石油钻机（AC－GTO－AC）方向发展，该型钻机具有现用机械驱动钻机和直流电驱动钻机无可比拟的优越性能，将成为陆地和海洋石油钻机发展的换代产品。

目前油田的石油钻机的类型有：20型车载式石油钻机、30L、40L、40LDB、50LDB、50D、70LDB、70D、70DB等多种类型石油钻机。

钻井工艺对钻机的主要要求是：具有一定的提升能力和提升速度；具有一定的旋转钻井能力，即给钻具提供一定的扭矩和转速；具有一定的洗井能力，即能够提供一定的压力和排量，将井底破碎的岩屑顺利携带到地面；具有在任何情况下都能够封闭井口的能力。

钻机的最大井深、最大起重量、额定钻柱重量、游动系统结构、快绳最大拉力及钢丝绳的直径、起升速度及挡数、绞车功率、转盘开口直径、转盘转速及挡数、转盘扭矩及功率、泵压、泵组功率和钻机总功率等钻机的基本参数，反映了全套钻机工作性能的主要数量指标，是设计和选择钻机类型的基本依据。

因为钻机从动力机到各个工作机或井底钻具之间有着不同的能量转换方式和传递路线，它的传动与控制系统比较复杂。在生产过程中，钻机一般是在旷野、山地、沙漠、沼泽及水上、海上进行流动作业，其工作场所多变，要求钻机具有高度的运移性，即拆装容易、部件的尺寸、质量都要在通用的汽车和吊车的工作范围之内，并适应在野外检修和更换易损件的要求。

石油钻机各系统设备和设施见表4－1。

表4－1　石油钻机各系统设备和设施

<table>
<tr><th>序号</th><th colspan="2">系　统</th><th>设备设施</th></tr>
<tr><td>1</td><td colspan="2">提升系统</td><td>绞车、井架、天车、游车、大钩及钢丝绳等组成</td></tr>
<tr><td>2</td><td colspan="2">旋转系统</td><td>旋转系统包括转盘和水龙头两大部分</td></tr>
<tr><td>3</td><td colspan="2">循环系统</td><td>钻井泵、地面管汇、钻井液净化设备等。在井下动力钻井中，循环系统还担负着传递动力的任务</td></tr>
<tr><td rowspan="4">4</td><td rowspan="4">动力与传动系统</td><td>动力设备</td><td>柴油机直接驱动、柴油机－液力驱动、柴油机－（交）直流电驱动和工业电网电驱动四类</td></tr>
<tr><td>传动系统</td><td>各种并车、变速、倒车机构。钻机传动系统的总体布置有统一驱动、分组驱动和单独驱动三种形式</td></tr>
<tr><td>柴油发电机组</td><td>柴油发电机</td></tr>
<tr><td>电传动系统</td><td>SCR房、MCC房</td></tr>
<tr><td>5</td><td colspan="2">气控系统</td><td>空气压缩机、压缩空气处理装置和贮气罐三部分组成。控制阀有压力控制阀、方向控制阀和流量控制阀三大类</td></tr>
<tr><td>6</td><td colspan="2">底座</td><td>结构分为箱叠式、块装式、弹弓式、旋升式和升缩式</td></tr>
<tr><td rowspan="2">7</td><td rowspan="2">辅助设备及设施</td><td>辅助作业设备和设施</td><td>气动绞车、液压猫头、自动送钻装置、气动卡瓦、手拉葫芦、液压千斤顶等</td></tr>
<tr><td>其他设备</td><td>电动机、泥浆泵、冲气压缩机、电焊机等；离心泵和潜水电泵；氧气瓶、乙炔气瓶；消防器材</td></tr>
</table>

续表

序号	系　统	设备设施
8	钻井仪器和仪表	指重表、泵压表、超压自动控制压力表、测斜仪
9	井控装置	防喷器组合、液压防喷器控制系统、井控管汇、钻具内防喷工具、井控仪器仪表。钻井液加重、除气、灌注设备，井喷失控处理和特殊作业设备
10	常用工具	吊钳、液气大钳、吊卡、吊钳、卡瓦、安全卡瓦、滚子方补心

4.2 钻井作业危害识别概述

4.2.1 钻井作业生产施工的特点

钻井行业具有野外独立施工、流动分散、多工种、多工序、立体交叉、重体力、连续作业的特点。在钻井施工过程中，存在着高温、高压、有毒、有害、易燃、易爆等众多的危险因素，周围施工环境、区域气候条件复杂多变，地层情况具有不确定性，生产作业过程中容易发生井喷、物体打击、高处坠落、起重伤害、机械伤害、火灾、爆炸、触电、中毒窒息等人身伤害、环境污染事故，由此决定了钻井行业是一个相对高风险行业。

4.2.2 钻井作业风险识别的特征

(1) 差异性：由于钻机类型不同、设备新旧程度不同、施工井型不同、钻井工艺不同、地层情况不同、施工区域和环境不同、队伍人员组成和素质不同导致安全管理难度不同、生产节奏快慢不同、安全设施配备要求不同，从而体现出钻井作业风险的差异性。

(2) 严重性：由于钻井施工作业涉及的高温、高压、有毒、有害、易燃、易爆等重大危险因素，施工环境可能处于人员聚集区域，生产过程中如果对地层压力控制不当，可能造成天然气、酸性气体或原油等地层流体外溢，若处置不当，可能产生群死群伤等重大或特别重大事故。如2003年“12·23”事故由于硫化氢逸出造成周围群众243人死亡。

(3) 多样性：由于钻井施工作业工序复杂，受人、物、环境影响大，人员在不同地域、不同环境作业，生理和心理容易波动，可能造成物体打击、高处坠落、触电、机械伤害、起重伤害、中毒窒息等人身伤害事故。钻井施工作业场所同时存在噪声、振动、粉尘、有毒有害的微生物、病毒等职业健康有害因素，可能造成职业病以及传染病。

(4) 时间性：由于钻井施工属于野外流动、长时间、重体力连续施工作业，受季节影响以及人员生物钟的影响较大，雨季、冬季以及节假日期间较易发生事故；夜间以及交班期间容易发生事故。钻井现场施工人员流动频繁，新工人、独立顶岗时间不长的人员也容易发生事故。

(5) 隐蔽性：由于钻井施工属于隐蔽性工程施工，地下情况无法完全掌握，地面交叉作业、协同作业较多，钻机频繁搬迁、安装和拆卸。受经济、技术、人员素质和管理等因素的限制，人、机、环境中存在的一些危害因素不容易识别，风险具有一定的隐蔽性。

(6) 变化性：石油钻井施工和传统意义上的具有固定生产场所的施工不同，其属于工厂不断搬家，最终产品(井筒)留下的生产。由于存在设备、井型、工艺、工序、地层、人员等的差异性，高温、高压、有毒、有害、易燃易爆等危害因素的多样性，沙漠、雨林、高原、山地、滩涂等施工地理环境的差异性，受雨、雪、雾、风等自然气候条件变化影响较大，长时间、重体力、相对封闭环境施工，对职工个人生理和心理影响较大，加上地层情况的隐蔽性，因此其风险也在不断发生变化。

4.2.3 钻井作业主要风险的识别

识别钻井作业过程中存在的风险，一般来说可从以下六个方面来考虑：

（1）根据钻井施工的不同阶段；

（2）根据钻井施工工序；

（3）按照钻井现场不同的施工区域和位置（包括外部区域和位置）；

（4）按照钻井施工所使用的设备、设施、原材料等；

（5）按照钻井队以及承包商队伍不同岗位；

（6）按照钻井队及不同作业施工承包商。

具体识别过程中，上述几个方面既可单独使用也可结合使用。

一般来说，钻井施工作业过程中存在的主要安全风险包括以下方面：井喷及井喷失控着火；火灾及爆炸：地层烃类物质、硫化氢气体逸出，汽油、柴油、工业酒精、润滑油脂以及原油等泄漏造成火灾爆炸事故，井场及营房电气火灾或其他物品火灾；高处坠落；物体打击（包括高压气流或液流刺伤）；起重伤害；机械伤害；触电伤害；车辆伤害；中毒或缺氧窒息；灼烫；滑跌、扭伤及其他伤害；坍塌及淹溺；噪声和振动；放射物品辐射伤害；交通事故；食物中毒；酒精或药品的滥用伤害；恶劣天气或自然灾害造成的危险（包括高温和低温）；有毒有害的动植物、致病菌、地方病或流行性传染病等；社会公共危害。

4.2.4 钻井作业风险的控制

钻井作业 HSE 风险的控制措施就是根据法律法规要求、钻井生产施工队伍组织形式、岗位设置、人员技能和文化水平及工作经验、管理制度、钻机类型和设备设施状况、钻井生产使用的物料、钻井工艺技术要求、施工所在地地理环境和气候条件，采取教育培训措施、工程技术措施和强化管理的措施，将风险降低至实际合理的最低的水平（ALARP，as low as reasonable practicable）。在制定风险消减措施时，主要考虑以下几个方面的因素：减少和预防事故发生的可能性；限制事故的范围和发生的频率；降低事故长期和短期的影响；正常、异常和紧急情况；社会要求、技术水平现状以及经济承受能力。风险控制的基本原则、策略性方法、选择风险控制对策的原则具体内容见本书的有关章节。

4.2.4.1 强化管理的措施

在事故预防和风险控制的措施中，安全技术对策是最佳选择，因为其不受人的行为的影响，并有着极高的可行性和安全性，解决的是本质安全的问题；而安全教育对策主要强调增强人的安全意识、学习安全知识和提高安全技能，提高人的综合素质，解决人执行规章、养成良好操作习惯，发挥人的主观能动性的问题；强化管理的对策解决整个工作活动过程中人、机器、环境之间存在的各项问题和矛盾，进而成为控制风险的重要手段。强化管理的措施内容主要包括：

（1）建立完善的组织机构、合理配备人员、明确各岗位人员的工作职责、安全职责，明晰安全管理规章制度，生产物料、设备设施的采购、安装、运行、操作、维修、保养规程，确保全员、全过程、全方位、全天候安全管理受控；

（2）合理安排和组织生产，明确钻井现场存在的危害因素以及风险，提出防范措施并组织实施；

（3）建立定期监督检查、考核、事故调查和处理、应急救援和演练制度，并组织实施和演练，确保事前、事中和事后可控。

强化管理的内容主要包括定置管理、5S管理、目视化管理、安全检查、安全审核、安全监督、安全评价、安全目标管理、作业许可证制度等。

4.2.4.2 工程技术措施

工程技术措施是以工程技术手段解决安全问题，降低风险发生的可能性和严重性，减少事故的发生和减少伤害和损失。除钻井施工必需的生产设备设施外，钻井现场实施工程技术措施所需的安全设施及防护用品见表4－2。

表4－2 钻井现场安全设施及防护用品一览表

类别	种别	项目
预防事故设备	一、自动保护设备	1. 联锁装置
		2. 泥浆泵自动停泵装置
	二、阻火设备	3. 车用阻火器
		4. 柴油机阻火消声器与防火罩
	三、安全封断设施	5. 防碰天车（机械、电子）
		6. 绞车刹车装置
	四、防喷装备	7. 防喷器及控制装置
		8. 节流管汇及压井管汇
		9. 钻具止回阀、旋塞
	五、设备安全附件	10. 安全阀
		11. 高低液位报警装置
		12. 压力表
	六、安全防护设施	13. 液压大钳
		14. 液压猫头
		15. 井场照明隔离电源
		16. 井场低压照明灯（36V以下）
	七、其他	17. 手提电动工具触电保护器
		18. 全身式安全带，安全绳，安全网
		19. 防坠落器
		20. 攀升保护器
		21. 二层台逃生装置
		22. 逃生滑道
		23. 洗眼台与淋浴喷头
		24. 保险链与保险绳
		25. 铝制或钢制轻便梯子
		26. 标志牌、风向标
		27. 急救担架
		28. 设备冲洗机，点火装置
		29. 上锁和挂牌安全锁定设备
		30. 工衣、工鞋以及护目镜、耳塞等

续表

类　别	种　别	项　目
防止事故设备	八、防止火灾扩大设施	31. 防火(爆)墙
	九、气体防护设施	32. 正压式空气呼吸器
		33. 呼吸空气压缩机
		34. 排风扇
	十、水上逃生救生设备	35. 救生圈
		36. 救生衣(防寒救生衣)
		37. 救生索
	十一、测试仪器	38. 接地电阻测量仪
		39. 钢丝绳检测仪
	十二、火灾、检测报警器	40. 烟雾检测报警器
消防设备	十三、其他消防设备	41. 消防砂
		42. 手提式灭火器、车推式灭火器
		43. 其他消防器材(如锹、镐、斧等)
	十四、消防人员装备	44. 隔热服、防化服
安全专用通信	十五、通信报警设备	45. 无线电话
		46. 对讲机
		47. 有线声光报警器
		48. 手摇式报警器(井场和营房)

4.2.4.3　安全教育培训措施

安全教育是事故预防和风险控制的重要手段之一。安全教育的内容可分为安全态度教育、安全知识教育和安全技能教育。如石油钻井队岗位人员的安全教育培训按培训要求不同可分为法定安全教育培训、行业要求安全教育培训以及岗位安全教育培训。法定安全教育培训包括生产经营单位主要负责人安全资格培训、安全管理人员上岗资格培训、新工人三级安全教育培训、特种作业人员和特种设备操作人员培训等；行业要求安全教育培训包括 HSE 培训、硫化氢防护技术培训、井控培训等；岗位安全教育培训包括岗位安全操作技能培训和直接作业环节安全知识培训、安全设施使用知识培训以及现场急救知识培训等。

4.3　钻井施工过程安全风险与消减措施

在钻井施工实际作业过程中，凡是具有明显危险的作业，一律填写申请作业许可证并根据级别制定施工安全技术方案，经钻井队长(平台经理)预审后，甲方作业监督(值班干部或安全管理人员)批准，签发许可证才可执行作业。但由于不同国家所依据的标准不同，钻井施工过程中的需要办理作业许可证的要求也不同。一般情况下钻井生产需要许可证的作业有：

(1) 动火作业；

(2) 高处作业；

(3) 起重作业；

(4) 进入受限空间作业；

（5）破土作业；

（6）临时用电；

（7）放射性作业。

钻井施工中，也需要对各次开钻前、打开油气层作业、油气层测试作业进行验收检查和审批。钻井设备拆装搬迁、起放井架、下套管、吊甩钻具等危险性较大的工序需要进行现场重点监控。“三高”井、非常规井或其他新技术、新工艺井也需要对生产全过程进行现场重点监控。另外，钻井队应按照要求组织开展交接班巡回检查、班前会交底、班中巡检以及班后会安全讲评、日常安全教育培训等活动，以确保钻井生产全过程安全管理受控。

4.3.1 钻前工程及钻机拆搬和安装作业安全风险与消减措施

钻前工程一般包括道路修建、桥梁架设、井场土建、设备基础摆放以及井架安装（仅适用于塔型井架的安装，不适用于自升式井架）等作业。井场是钻井队生产活动的场所，钻机、井架、柴油机、钻井泵等大型设备都安装在此，从钻进、取芯、固井、测试等生产工艺均在井场上进行。

4.3.1.1 钻前工程施工作业危害因素及风险控制措施

钻前工程作业过程中的危害因素及风险控制措施见表4－3。

表4－3 钻前工程危害因素及风险控制措施

工序	活动	危害因素	风险控制措施
钻前工程施工	井场和道路土方施工	破坏“下三线”、推土机倾倒；车辆伤害	钻井井场施工应符合SY/T 5466—2004《钻前工程及井场布置技术要求》以及SYT 5505—2006《丛式井平台布置》有关要求。执行井场管线位置调查，查明情况后再施工；在井场进行清理；工作的所有设备上加装防翻装置；应有专人负责指挥和监督
	井架基础施工	起重伤害、触电以及机械伤害	严格遵守起重作业“十不吊”规定，搅拌机应专人操作，料斗下严禁有人通过；发电机设备及电路有专人负责，并认真检查线路和接头情况
	井架底座及主体安装和拆卸	起重伤害、高处坠落、坍塌、物体打击	严格执行SY/T 6059—1994《塔型井架拆装作业规程》有关要求；遵守起重作业“十不吊”规定；施工前做好井架安装车检查，不留安全隐患
	吊装回收基础	起重伤害	严格遵守起重作业“十不吊”规定
	井架交接验收及整改	高处坠落、物体打击	严格执行高处作业有关管理规定；整改前，将所使用的设备、工具进行认真检查；禁止在夜间或恶劣天气情况下进行交接验收和整改

4.3.1.2 钻机拆搬和安装危害因素及风险控制措施

钻机的搬迁一般分为整体搬迁（现场也称为整拖）和零散搬迁。目前，钻井井架和基础的整体搬迁有轮式和导轨式两种方式。

钻机拆搬和安装作业主要指老井完井后将一整套钻井所用的设备按一定的顺序拆卸下来，吊运到运输车辆上搬迁到新井，将钻机重新安装、调试后准备进行新井开钻施工的全过程。不同类型的钻机在设备拆搬和安装作业的内容也有所不同，如车载钻机、塔型井架和自升式井架在拆搬和安装过程中工作内容有较大的差异。

整体搬迁一般适用于地面平坦、空中无障碍物的开阔地带或同台丛式井的施工。整体搬迁可以缩短钻机搬迁安装周期，节约材料和运输费用，减轻工人的劳动强度，提高钻井生产效率，因此在条件允许的情况下，最好采用这种搬迁形式。

零散搬迁时钻机搬迁的主要形式。受地形、道路、季节、气候、车辆配置、新老井的距离、准备工作等因素的影响，零散搬迁动用人员多、车辆多、协作单位多，与整体搬迁相比作业难度要大得多。根据钻井工作实际，可以将零散搬迁分为短途车辆多次往返搬迁和长途车辆一次搬迁。钻井队在每次搬迁前，要结合钻井生产实际，根据老井和新井距离远近，采取的零散搬迁的方式，召集全队职工开会，交待有关事项，具体包括：新老井场人员分工；新老井场吊车分配；设备搭配装车安排；道路井场介绍；生活安排；使用的工具及注意事项；设备摆放要求；架设通信设备等。国外一般要求钻井队在搬迁前应根据井队需搬迁的设备的数量、尺寸、质量等确定搬迁需用的车辆、车型等，并制定出相应的搬迁方案报甲方批准后由甲方指定的专业运输公司实施。

搬迁安装过程的危害因素及风险控制措施见表4－4。

表4－4　搬迁安装过程的危害因素及风险控制措施

工序	活动	危害因素	风险控制措施
搬迁作业	设备零散搬迁	车辆倾覆、货物滑脱或坠落、车辆伤害、触电、起重伤害、交通事故等	货物装运应符合国家有关车辆运输方面的法律法规；起重作业应遵守“十不吊”规定
	井架整拖	井架倒塌、变形，触电，起重伤害	塔型井架整拖应遵守SY/T 6057—1994《塔型井架整体运移规程》有关规定；自升式井架整拖应遵守各企业制定的安全技术规程
设备设施安装	自升式井架安装和起放	高处坠落、物体打击、起重伤害、摔井架事故	自升式井架起放应遵守SY/T 6058—2004《自升式井架起放作业规程》有关规定 钻机安装应遵守SY/T 6586—2012《石油钻机现场安装及检验》有关规定 固控系统安装应遵守SY/T 6871—2012《石油钻井液固相控制设备安装、使用、维护和保养》有关规定 井控装置的安装应遵守SY/T 5964—2006《钻井井控装置组合配套安装调试与维护》有关规定 其他设备设施的安装应遵守SY 5974—2007《钻井井场、设备、作业安全技术规程》有关规定
	穿大绳	高处坠落、物体打击	
	绞车、转盘就位（上钻机、转盘）	设备损坏、物体打击、坍塌	
	钻台设备的安装	物体打击、高处坠落、触电、火灾、起重伤害以及其他伤害	
	机房、泵房设备安装	触电、高处坠落、起重伤害、物体打击、其他伤害	
	钻井液循环罐及固控设备安装	起重伤害、物体打击、高处坠落以及其他伤害	
	电气设备、设施、装置的安装	触电、高处坠落	

4.3.2　钻进作业安全风险与消减措施

钻进是钻井获得进尺的唯一手段。钻进过程中需要多工种人员协同作业才能完成，而司钻作为钻井生产过程中的关键岗位人员，手里掌握着井下、设备和人身三个方面的关键环节，其个人的工作经验、自身素质的高低、技术的熟练程度、处理突发事件的能力对保证钻进过程中的安全生产占有十分重要的位置。钻进阶段涉及的作业过程比较复杂，工作头绪多，一环紧扣一环，不能超越程序进行作业，包括冲鼠洞、接钻头、下钻铤、下钻杆、接方钻杆、开泵操作、钻进、吊单根、接单根、卸方钻杆、起钻杆、起钻铤、卸钻头、钻井井控设备安装调试作业等。

钻进阶段是一个较为复杂的过程，包含的作业环节比较多，井场上的动力设备、传动设备等机械设备使用较多，关键作业活动基本上在钻台上完成，职工劳动强度大，作业活动频繁，地面和地上作业环境复杂，因此存在相对较多的危害因素。

钻进过程的危害因素及风险控制措施见表4－5。

表4－5　钻进过程的危害因素及风险控制措施

工　序	活　　动	危害因素	风险控制措施
钻进	首次开钻	物体打击、机械伤害、触电、设备损害等事故	首次开钻应遵守SY/T 5954—2004《开钻前验收项目及要求》有关规定
	高压试运转	物体打击	高压试运转应遵守SY/T 5954—2004《开钻前验收项目及要求》有关规定
	下钻过程	井喷、顿钻重大事故	下钻、钻进和起钻过程应遵守SY 5974—2007《钻井井场、设备、作业安全技术规程》有关规定
	钻进过程	井喷、触电、物体打击、机械伤害、其他伤害	
	起钻过程	井喷、高处坠落、物体打击、单吊环起钻、崩砸井口工具、顶天车等事故	

4.3.3　完井作业安全风险与消减措施

完井作业是指钻井队钻完设计井深或目的层，调整好钻井液性能，将钻具从井内全部起出以后的工作，它包括测井、下套管、固井、套管柱试压和电测固井质量等几项工作。在这些工作中，除下套管是由钻井队独自完成的以外，测井和固井都有各自的施工单位，由钻井队协助其完成各项工作。

完井作业危害因素及风险控制措施见表4－6。

表4－6　完井作业危害因素及风险控制措施

工序	活　动	危害因素	风险控制措施
完井	下套管	物体打击、高处坠落、机械伤害等事故	下套管作业应遵守SY/T 5412—2005《下套管作业规程》有关规定
	固井	触电、火灾或中毒窒息、车辆伤害、物体打击	固井作业应遵守SY/T 5374.1—2006《固井作业规程第1部分：常规固井》和SY/T5374.2—2006《固井作业规程第2部分：特殊固井》有关要求
	测井	车辆伤害、触电、物体打击、高处坠落、放射事故、井喷	测井作业应遵守SY 5726—2011《石油测井作业安全规范》有关要求
	原钻机试油	物体打击、机械伤害、火灾或爆炸、起重伤害	原钻机试油作业应遵守SY/T 5981—2000《常规试油试采技术规程》和SY/T 6293—2008《勘探试油工作规范》有关规定
	完井后拆卸设备	高处坠落、物体打击、机械伤害	完井拆设备作业应遵守SY 5974—2007《钻井井场、设备、作业安全技术规程》有关规定

4.4 井控管理

井控，即井涌控制或压力控制，是指采取一定的方法控制住地层孔隙压力，基本上保持井内压力平衡，保证钻井的顺利进行的技术。井控工作是一项系统工程，其涉及的生产过程包括钻井、测井、录井、测试、注水(气)、井下作业、正常生产井管理和报废井弃置处理等油气勘探开发全过程。井控管理的具体工作涉及井位选址、地质与工程设计、设备配套及检维修、生产组织、技术管理、现场管理等各个环节，需要计划、财务、地质、设计、安全、生产组织、工程、装备、监督、培训等部门相互配合，共同完成。钻井井控工作的原则是"立足一次井控，搞好二次井控，杜绝三次井控"，井控工作的重点在基层，关键在班组，要害在岗位，现场井控工作应做到早发现、早关井和早处理。

4.4.1 井控管理制度

生产经营单位井控管理包括成立组织机构并确定专职管理人员以及各级管理的职责，人员技术培训，建立和完善井控管理制度，井控设计，井控装置配套、安装、试压、使用和管理，钻开油气层前准备和检查验收，油气层钻进过程中的井控作业，防火防爆、防硫化氢、防一氧化碳等有毒有害气体安全措施，井喷应急救援处置等内容。如中国石化集团公司规定井控管理应执行井控分级管理制度，井控工作责任制度，井控工作检查制度，井控工作例会制度，井控持证上岗制度，井控设计管理制度，甲方监督管理制度，井控和 H_2S 防护演习制度，井控设备管理制度，专业检验维修机构管理制度，井控装置现场安装、调试与维护制度，开钻(开工)检查验收制度，钻(射)开油气层审批(确认)制度，干部值班带班制度，坐岗观察制度，井喷应急管理制度，井喷事故管理制度等十七项井控管理制度。

4.4.2 钻井井控管理

钻井队承担钻井现场井控管理的主要职责，并协调录井、测井、测试、钻井液、定向、欠平衡等技术服务和协作单位一起做好井控管理工作。

4.4.2.1 井位选址基本要求

(1) 井位选址应综合考虑周边人口和永久性设施、水源分布、地理地质特点、季风方向等，确保安全距离满足标准和应急需要。

(2) 井场及进入道路除满足选址基本要求外还应满足井场布置安全距离的要求，井控物资、装备进场与安装以及井喷或 H_2S 逸出时人员和物资装备的撤离要求，不应有乡村道路穿越井场，含 H_2S 油气井场应实行封闭管理。

(3) 油气井的井口间距不应小于5m；高含 H_2S 油气井的井口间距应大于所用钻机钻台长度，且最低不少于8m。

4.4.2.2 钻井工程设计要求

钻井工程设计中应有井控、防 H_2S 等有毒有害气体的内容，并按标准要求提供含 H_2S 的层位、含量、防护措施等相关资料。具体如下：

(1) 表层套管下深应能满足井控装置安装和封固浅水层、疏松层、砾石层需要，且坐入稳固岩层应不小于10m。

(2) 山区"三高"气井表层套管下深应不少于700m。

（3）固井水泥应返至地面。

4.4.2.3 钻井井控基本要求

（1）油气井钻井井控装备配置应符合 SY/T 6426—2005 中相关要求，含硫地区井控装备配置应符合 SY/T 5087—2005 中的相关要求。防喷器压力等级、尺寸系列和组合形式以及压井、节流管汇压力等级和组合形式应符合 SY/T 5964—2006 中相关要求。防喷器的检查和维修应符合 SY/T 6160—2008 中的相关要求。

（2）区域探井、高压及含硫油气井钻井施工，从技术套管固井后至完井，均应安装剪切闸板。

（3）钻井队应按标准及设计配备便携式气体监测仪、正压式空气呼吸器、充气机、报警装置、备用气瓶等，并按标准安装固定式检测报警系统。

（4）每次开钻及钻开主要油气层前，均应组织检查验收，应向施工人员进行地质、工程和应急预案等井控措施交底，明确职责和分工。存在重大井控隐患的应下达停钻通知书限期整改，并经检查验收合格后方可开钻(或钻开油气层)。

（5）新区第一口探井和高风险井应进行安全风险评估，落实评估建议及评审意见，消减井控风险。

（6）“三高”油气井应确保三种有效点火方式，其中包括一套电子式自动点火装置。

4.4.2.4 钻开油气层应具备的条件

（1）管理基本条件

① 加强随钻地层对比，及时提出可靠的地质预报。

② 进入油气层前 50～100m，按设计下部井段最高泥浆密度值对裸眼地层进行承压能力检验，确保井筒条件满足井控要求。

③ 开发井应安排专人检查邻近注水(气、汽)井停注和泄压情况。

（2）应急基本条件

高含 H_2S 油气井钻开产层前，应按照 SY/T 6137—2005 中相关规定，将钻遇 H_2S 层位的时间及危害、安全事项、撤离程序等告知 1.5km 范围内人员，并组织井口 500m 半径范围内居民进行应急疏散演练，撤离放喷口 100m 内居民。

（3）井控基本条件

① 钻台应备好与防喷器闸板尺寸一致且能有效使用的防喷单根。

②“三高”油气井应对全套井控装置进行试压，并对防喷器液缸、闸板、控制部分作可靠性检查。

③ 对含硫油气井连续使用超过 3 个月，一般油气井连续使用超过 12 个月的闸板胶芯予以更换。

（4）物资储备条件

① 认真落实压井液、加重剂、加重泥浆、堵漏材料和其他处理剂的储备数量。

② 对于距离远、交通条件差和地面环境复杂的井应适当提高应急物资储备标准。

4.4.2.5 进入油气层主要井控措施

溢流和井漏的处置及关井、井喷失控的处理应符合 SY/T 6426—2005 中相关要求。

4.4.2.6 下套管固井的井控基本要求

（1）下套管前应更换与套管外径一致的防喷器闸板芯子，并试压合格。

（2）下套管前应压稳地层，确保油气上窜速度小于 10m/h。固井前应确定井眼承压能力。

（3）固井及候凝过程中应确保井筒液柱平衡地层压力。候凝时间未到，不应进行下一步工序作业。

（4）固井和候凝期间，应安排专人坐岗观察。

4.4.2.7 裸眼井中途测试的井控基本要求

（1）施工应有专项设计，设计中应有井控基本要求。

（2）必须测双井径曲线，以确定坐封井段。

（3）测试前应调整好泥浆性能，保证井壁稳定和井控安全。

（4）测试阀打开后如有天然气喷出，应先点火后放喷。

（5）测试完毕起封隔器前，如钻具内液柱已排空，应打开反循环阀，进行反循环压井后方可起钻。

（6）含硫气井中途测试前应进行专项安全风险评估，应制定专项测试设计和应急预案。

（7）含硫油气层测试应采用抗硫封隔器、抗硫油管和抗硫采气树。对“三高”油气井测试时，应准备充足的压井材料、设备和水源，以满足正反循环压井需要。

4.4.2.8 液相欠平衡钻井的井控特殊要求

（1）液相欠平衡钻井的实施条件

① 对地层压力、温度、岩性、敏感性、流体特性、组分和产量基本清楚，且不含 H_2S 气体。

② 裸眼井宜选择压力单一地层，若存在多个压力系统，则各层压差值不应超过欠平衡钻井允许范围。

③ 在主要目的层进行欠平衡钻井，上层套管下深及固井质量应能满足施工要求。

④ 欠平衡钻井技术服务队伍应具备相应资质。

（2）液相欠平衡钻井的井控设计

① 井控设计应以钻井地质设计提供的岩性剖面、岩性特征、地温梯度、油气藏类型、地层流体特性及邻井试油气等资料为依据编制，并纳入钻井工程设计中。

② 选择钻井方式和确定欠压值时应综合考虑地层特性、孔隙压力、破裂压力、井壁稳定性、预计产量、地层流体和钻井流体特性，以及套管抗内压、抗外挤强度和地面设备处理能力等因素。

③ 选择钻井井口、地面设备、钻具和井口工具等应根据设计井深、预测地层压力、预计产量及设计欠压值等情况确定。

④ 欠平衡钻井应安装并使用1套独立于常规节流管汇的专用节流管汇及专用液气分离器。

（3）液相欠平衡钻井施工的前期条件

① 成立现场施工领导小组，明确岗位、职责和权限。

② 组织落实施工作业准备、技术要求、作业交底、开工验收等事项。组织编写应急预案并进行演练。

③ 欠平衡钻井装备按设计安装并试压合格。按标准和设计要求储备加重泥浆及处理材料、加重材料，并配齐消防、气防及安全防护器材。

④ 配备综合录井仪，且监测设备应能满足实时监测、参数录取的要求。

（4）液相欠平衡钻井的施工作业

① 发现返出量明显增多或套压明显升高时，应在确保安全的前提下关井求压，并根据地层压力调整泥浆密度。

② 钻井队、录井队和欠平衡服务队值班人员应分工明确，实时观察并记录循环罐液面、钻井与泥浆参数、气测全烃值、返出量、火焰高度等变化，发现异常应立即报告。

③ 套压控制应以立管压力、循环液面和排气管出口火焰高度或喷出情况等为依据，综合分析，适时进行处理。

④ 每次起钻前均应对半封闸板防喷器进行关开检查。每次下钻前应对全封闸板防喷器进行关开检查。

⑤ 钻柱中至少应接两个止回阀，其中钻具底部至少应接 1 个常闭式止回阀。每次下钻前，应由专人负责检查确认，钻具止回阀功能完好后方可入井。

⑥ 钻进或起下钻具时，发现旋转防喷器(旋转控制头)失效时应紧急关井，视现场情况确定下一步施工措施。

(5) 进行液相欠平衡钻井时，如发现返出气体中含 H_2S，钻具内防喷工具失效，设备无法满足工艺要求或地层溢出流体过多等任何一种情况时，则应立即终止欠平衡钻井作业。

4.4.2.9 气体钻井的井控要求

(1) 气体钻井施工的基本条件

① 地层压力剖面和岩性剖面清楚，井身结构合理，裸眼井段井壁稳定。

② 地层出水量不影响井壁稳定和气体钻井工艺实施，且所钻地层不含 H_2S 气体。

③ 实施空气钻井段返出气体中全烃含量小于 3%。实施氮气钻井段天然气无阻流量在 $8\times10^4 m^3/d$以下。

④ 实施气体钻井的专业队伍应具有相应资质。

(2) 气体钻井的井控设计

气体钻井井控设计应纳入钻井工程设计中，至少应包括以下内容：

① 分层地层压力系数、地表温度和地温梯度。

② 准确预告所钻井段油、气、水层和预测产量，并提供地层流体组分和性质。

③ 气体流量设计。

④ 气体钻井井控设备的配备及安装使用。

⑤ 燃爆检测系统、气防器具和消防器材的配备及安装使用。

⑥ 异常情况应急措施等。

(3) 气体钻井的准备及施工要求

① 按照标准和设计要求安装好井控装置、气体钻井设备及监测仪器设备，配齐消防、气防及安全防护器材，并按要求储备泥浆及处理材料、加重材料。

② 施工作业前应由气体钻井工程师、地质工程师和井队工程师对全体施工作业人员进行作业交底，并组织进行施工前检查验收。

③ 编制气体钻井专项应急预案，并组织培训和演练。

④ 在钻柱底部(钻头之上)至少安装 1 只钻具止回阀。

⑤ 实施气体钻井前应关闭内防喷管线靠近四通的平板阀，且每趟钻活动 1 次。每趟钻至少应用喷射接头冲洗 1 次防喷器。每次下完钻应在钻杆顶部接 1 只可泄压止回阀。

(4) 气体钻井的终止条件

① 全烃含量连续大于3%或井下连续发生两次燃爆，应立即停止空气钻井并转换为其他

钻井。天然气无阻流量超过 $8\times10^4m^3/d$，应立即停止氮气钻井并转换为常规钻井。

② 钻遇地层出油，应立即停止并转换为其他钻井方式。

③ 钻井过程发现返出气体含有 H_2S，应立即停止气体钻井并转换为常规钻井。

④ 大风天气且风向使排砂口处于井场上风方向并危及井场安全时，应立即停止气体钻井。

4.4.3 录井井控管理

（1）现场录井井控工作服从钻井队管理，参加钻井队组织的防喷演习，接受钻井队的井控工作检查。录井队的应急预案应纳入钻井队的应急预案之中。如发生井喷、H_2S 浓度超标，应按井队应急预案统一联合行动。

（2）录井队应及时掌握工程、地质录井动态参数，向钻井队提供防喷、防漏、地层压力异常等地质预告。发现溢流、油气显示、井漏等异常情况应及时向当班司钻发出预报，然后报告值班干部和现场监督，提出建议并收集相关信息资料。

（3）录井队应为钻井值班房和监督房提供显示终端，有条件的可在钻台上配备防爆显示终端。

① 重点井、含硫油气井采用超声波泥浆池体积传感器进行液面监测。进入油气层前100m（含硫油气层150m）开始，应全天候开启液面监测及声光报警系统，保证预报及时、准确。

② 加强坐岗观察，保证人工监测的及时性和有效性。

（4）在新探区、新层系及已知含 H_2S 地区录井作业时，应配备 H_2S 监测仪、报警系统、气防设施和用品。

（5）录井过程中发现钻井液体积变化异常时，应及时判别溢流的真伪。当同时发现油气显示或 H_2S 显示及钻井液体积变化异常时，应立即报告当班司钻，同时向现场监督、值班干部报告，并做好相关记录。

（6）钻井队在起下钻和检修设备、电测等非钻进过程中，录井仪器应连续监测工程参数，坐岗人员应坚持坐岗观察。

4.4.4 测井井控管理

（1）现场测井井控工作服从钻井队、井下作业队、采油（气）队的井控管理。测井队的应急预案应纳入钻井队、井下作业队、采油（气）队的应急预案之中。如发生井喷、H_2S 浓度超标，应按钻井、井下作业队、采油（气）队的应急预案统一联合行动。

（2）“三高”油气井及重点探井测井施工前，应有测井施工设计，并按规定程序审批、签字。应与钻井队、录井队制定联合应急预案，并组织联合演练。

① 在含硫地区测井作业时，应至少配备 3 套 H_2S 监测仪、空气呼吸器等气防设施和用品。

② 在含 H_2S 井测井时，测井电缆及入井仪器应具有良好的抗硫性能。

（3）测井车辆应停放在井架大门前，且距井口 25m 以外，确保进出场道路畅通。

① 测井车发动机的排气管应配备阻火器，配备必要的消防设施。

② 车上使用的电暖器，负荷不得超过 3kW，不得使用电炉丝等直接散热设施，取暖器须远离易燃物，车上无人时须切断电源，且放在安全位置。

（4）测井的井控安全要求

① 测井施工前，测井队、钻井队[或井下作业队、采油（气）队]、录井队应参加由测井监督组织召开的协调会，进行技术交底，通报井眼状况、油气上窜速度、测井安全施工时间，明确配合事宜，确保安全施工。

② 测井施工前，应进行通井（压井）循环，保证井眼通畅、泥浆性能稳定、压稳油气水层。

③ 测井作业应在井筒安全时间内进行，超出安全时间应通井循环。

④ 带压测井应使用专用电缆防喷器，并安装防喷管，测井仪器长度应小于防喷管长度。带压测井防喷装置压力级别应满足井口控制压力要求。带压测井要有专人观察记录套压，发现异常应及时报告。

（5）测井施工时，钻井队[或井下作业队、采油（气）队]应有值班人员与测井人员保持联系，掌握测井作业进度，非值班人员撤离工作区。

① 钻井队[或井下作业队、采油（气）队]应有专人坐岗观察井口，及时灌满钻井液（压井液）。

② 备有一根带止回阀（旋塞阀）与闸板防喷器（电缆防喷器）闸板尺寸相符钻杆（油管）以备封井之用。

（6）发现有溢流或井喷迹象，应服从钻井队（或井下作业队）指挥，立即采取有效的控制措施。

① 测井过程中发生溢流，条件许可将井下仪器慢速起过高压地层，然后快速起出井口停止测井作业。

② 测井过程中发生井喷，应先关闭电缆防喷器，情况危急时可切断电缆并按空井溢流处理。

③ 在井眼不具备井控安全条件，而工程方面又未采取有效的控制措施时，不得进行或继续进行测井作业。

第5章 测井作业安全管理

5.1 测井、射孔基本原理

5.1.1 测井基本原理

测井就是对井下情况进行测量，其工作原理就是利用不同的下井仪器沿井身连续测量地质剖面上各种岩石的地球物理参数。地下不同的岩层有着不同的地球物理特性，如孔隙度、渗透率、含水饱和度等，同时，其还具有不同的电化学性质及导电性、导热性、原子核物理特性、声学特性等，通过测量地层的这些物理特性，即可间接地确定地层的地质特性。地层不同的物理特性需依据不同的方法和测量原理进行测量。

目前石油测井所担负的任务可以概括为以下几方面：建立钻井剖面，详细划分岩性和各类储集层，准确地确定岩层的深度和厚度；评价油气层的生产能力，包括确定油气层的有效厚度，定量或半定量计算储层的性能：孔隙度、渗透率、含油气饱和度、可动油气饱和度、地层压力、地层流体密度及相对渗透率等；进行地层对比，研究构造产状和地层沉积等问题；在油田的开发过程中，提供地下各储层的动态资料，如残余油饱和度、出水层位等；研究油气井的技术状况，如井斜、井径、固井质量、地层压裂效果、套管技术状况等。

5.1.2 射孔基本原理

射孔基本原理就是用磁性定位器或放磁组合下井仪所测曲线进行深度校正后，利用油气井专用的聚能射孔弹爆炸时产生的高温、高压射流，依次射穿枪体、套管、水泥环及污染带，从而形成由目的层通向井筒的油气通道。

5.2 测井场地作业主要设备

场地作业的设备主要有：地面系统、井下仪器、测井电缆、动力系统、车辆、其他辅助设备等。

地面系统以计算机为核心，凭借所加载的各种控制程序，来完成各种不同的施工作业，如对测量信号的处理、记录、显示、质量控制以及对现场测井资料的井场快速处理和解释。目前主要使用的有数控测井系统和成像测井系统。

井下仪器是用来测量地层的各种物理参数。主要有常规测井仪器(包括双侧向、双感应、微球、微电极、邻近侧向、声波、补偿中子、补偿密度、岩性密度、自然伽马、井径、连续测斜等)、成像测井仪器(包括声成像、电成像、核磁共振、交叉偶极子阵列声波、高分辨率阵列感应等)、特殊测井仪器(地层倾角、地层测试器、VSP 等)及生产井测井仪器(PND、C/O、七参数、40/36 臂井径等)。

测井电缆用来输送井下仪器、遥测传输井下仪器信号、为井下仪器供电并传送各种控制信号。测井电缆按缆芯数量可分为单芯，三芯、四芯、六芯、七芯等，目前勘探测井多采用七芯电缆，生产测井多采用单芯电缆。

动力系统是指绞车，通过操纵绞车液压系统来控制电缆滚筒以不同的速度转动，从而使电缆和井下仪器在井中下放或上提，达到完成施工作业的目的。液压系统一般由液压泵、液压马达、液压管线、液压控制原件等组成。

车辆一般包括绞车、工程车、测井专用源车等。绞车一般安装测井地面系统和绞车滚筒，是施工作业的核心设备。工程车一般供人员乘坐、运输下井仪器、射孔枪、工具和备件等，同时作为作业人员现场休息场所。测井专用源车用来运送、现场贮存放射源的车辆，为了保证放射源的运输和使用安全，车内设置测井用放射源的专用源箱，其中有：中子源箱，伽马源箱和刻度源箱，源箱的辐射防护层主要采用高含氢的石蜡和重金属铅为主要材料，能有效防护中子、γ射线。

辅助设备一般有马丁代克(用以测量电缆运行的速度、电缆起下的深度)、车载发电机。另外还包括井口滑轮、T型棒、张力计、洗缆器、井口记号器、井口喇叭、组装台、六方卡盘、链条等井口工具以及仪器支架、源罐、防爆箱、各种刻度器和专用工具等。

5.3 测井、射孔作业安全风险与消减措施

测井、射孔作业过程风险分析与控制措施见表5-1。

表5-1 测井、射孔作业过程风险分析与控制措施

序号	作业活动	存在的风险	风险控制措施
1	领取放射源	放射源丢失、人员意外照射	1. 小放射源罐应放入源车大源罐中； 2. 源罐、源车后门应上锁
2	设备吊装	设备损坏、人员砸伤	1. 吊装人员应戴安全帽； 2. 吊装过程有专人指挥； 3. 吊索、吊具检验合格
3	危险品运输	放射性同位素丢失、洒漏；意外照射；爆炸物品意外爆炸、丢失	1. 源罐上锁； 2. 装载危险品车辆上锁； 3. 射孔枪固定、上锁； 4. 装载危险品车辆附近禁止存放火种或其他易燃易爆物品； 5. 队车行驶
4	车辆行驶	人员伤害、车辆受损	1. 超速行驶； 2. 疲劳作业； 3. 气候条件恶劣
5	海上危险品运输	人员和设备落水、爆炸物品意外爆炸、放射源丢失	1. 危险品运输箱放置安全位置； 2. 危险品运输箱使用浮漂； 3. 安排专人押运； 4. 设置警示标志； 5. 特殊天气禁止运输； 6. 施工人员穿戴救生防护用品

续表

序号	作业活动	存在的风险	风险控制措施
6	野外施工现场拖车	人员伤害、车辆损坏	1. 确保拖车钩、绳安全可靠； 2. 车辆禁止带挡拖车； 3. 驾驶员小心细致操作； 4. 拖车时应有指挥人员
7	现场施工用电	人员触电	1. 使用合格的接地线； 2. 用电车辆安装漏电保护开关； 3. 外接电源线应完好、没有损伤； 4. 外接电源线应架空； 5. 接电时使用绝缘手套； 6. 接电时应有专人监护
8	井口安装	人员砸伤、扭伤、挤伤、摔伤、仪器落井	1. 正确安装天、地滑轮； 2. 正确使用仪器卡盘； 3. 绞车操作工与井口工配合不当； 4. 禁止从钻井平台高空抛物； 5. 施工人员应注意防范湿滑的钻台
9	现场使用放射源	人员意外照射，放射源落井	1. 操作放射源应穿戴辐射防护用品； 2. 井口装卸放射性源使用井口盖板和封布； 3. 两人配合装卸放射性源
10	现场射孔枪装配	爆炸物品意外爆炸、丢失，人身伤害，误射孔	1. 射孔枪装配使用专用工具； 2. 爆炸物品随用随取； 3. 爆炸物品箱随时上锁； 4. 射孔枪装配禁止使用无线通信设备和火种； 5. 射孔枪装配严格按装配单要求装配
11	绞车操作	拉断电缆；电缆打结、仪器落井、设备损坏、人员伤害	1. 禁止疲劳作业； 2. 应按操作规程起下电缆； 3. 起下电缆过程应注意张力变化； 4. 观察井口情况
12	水平井钻具输送测井	仪器、电缆落井	1. 按规定保养水平井工具； 2. 正确使用井下张力计； 3. 认真与协作方沟通并提出要求； 4. 固定牢天地滑轮； 5. 输送泵下枪泵压压力不能过大； 6. 钻具输送仪器时速度应符合仪器规定速度、速度应均匀
13	含硫化氢井施工	电缆腐蚀、仪器损坏、人员伤害	1. 在上风方向作业； 2. 仪器、电缆在含硫化氢井中停留时间不能过长； 3. 携带配备硫化氢检测仪、正压式空气呼吸器
14	高温高压井的施工	电缆、仪器损坏	1. 使用耐温耐压仪器； 2. 井底温度过高，采取安全措施； 3. 仪器在井下工作时间不能过长； 4. 施工人员对井下状况详细了解

续表

序号	作业活动	存在的风险	风险控制措施
15	拆卸未引爆的射孔器材	爆炸物品意外爆炸、人员伤害	1. 雷雨天气禁止拆卸爆炸物品施工； 2. 选择射孔器拆卸区域应合理，远离高压线路或有电源线穿越装配区； 3. 正确应对下过井且稳定性变差的雷管，使用安全避爆装置； 4. 使用符合安全要求的拆卸工具； 5. 雷管等射孔器材及时放入防爆保险箱
16	放射源贮存	放射源被盗、人员意外照射	1. 值班人员认真值班，做好巡回检查； 2. 监控设备保持完好； 3. 发放、归还放射源时应检测、确认； 4. 操作放射源穿戴辐射防护用品
17	同位素配置、废弃物处理	放射性意外照射、同位素衰减池污水泄漏	1. 配置同位素时穿戴辐射防护用品； 2. 及时打开抽风机，降低空气中的同位素粉尘浓度； 3. 及时冲洗同位素残留物； 4. 同位素配置室污水排量不能超过处理池的安全上限； 5. 同位素处理池密封应良好，防止雨水进入

5.4 测井、射孔施工安全风险与消减措施

5.4.1 测井施工流程

测井施工作业一般流程包括：生产准备、道路运输、施工前准备、井口安装、仪器检查、仪器井口组装、电缆起下及施工收尾等。另外，还有井壁取芯施工作业、水平井施工作业、海上(滩海陆岸)测井施工作业、同位素配制等特殊施工作业。

(1) 生产准备

测井生产准备是测井作业的关键环节。准备工作对提高测井施工效率、保障安全生产有着十分重要的意义，要求是“三分测井，七分准备”，主要包括：领取测井通知单、任务分配、测井辅助设备准备、下井仪器准备、仪器配车检查、仪器装车固定、检查落实等几个环节。

(2) 道路运输

道路运输是测井作业前去往作业现场和作业完成后返回驻地的交通道路运输过程。包括：队车行驶、中途检查和进入井场几个环节。

(3) 施工前准备

施工前准备主要是测井队到达井场施工作业前所进行的一系列准备工作，主要包括：勘察现场、清理障碍物、车辆摆放、设定警示区域和标志、外接电源、队长检查确认等一系列工作。

(4) 井口安装

井口安装包括常规井井口辅助设备安装和无起吊井架施工现场布置。

常规井井口辅助设备安装是测井作业的前期一项重要的施工过程，主要包括：辅助设备

吊装、安装T型棒、张力计与天滑轮、安装地滑轮、固定链条、安装马笼头、安装马丁代克、安装各种辅助线、吊装天滑轮等几个主要方面。

无起吊井架施工现场布置主要是指吸水剖面、产液剖面等生产测井的现场布置，现场无作业队人员和设备配合，需要一辆起重吊车作为起吊井架，在生产测井现场施工中非常普遍。主要包括施工前检查、车辆定位、施工区域规划、辅助设备安装和安装后检查等几道施工工序。

(5) 仪器检查

仪器检查作业是指在仪器下井之前在钻井滑板上对下井的仪器进行配车检查确认，以保证下井仪器处于完好状态，主要有仪器支架摆放、仪器搬运、仪器连接、通电检查等环节。

(6) 仪器井口组装

仪器井口组装包括常规仪器井口组装和带压套管井测井现场防喷设备与井下仪器安装。

常规仪器井口组装是指常规测井过程中，在井口进行井口仪器连接的作业，包括：检查仪器与马笼头护帽、连接仪器与马笼头、仪器吊装、安装组装台与卡盘、井口安装、仪器下井等。

带压套管井测井现场防喷设备与井下仪器安装主要用于带压吸水剖面、产液剖面等生产测井。主要包括施工前检查、安装BOP与防掉器、仪器连接、防喷管连接、组装仪器与防喷管、吊装防喷管和安装后检查等施工工序。

(7) 电缆起下

电缆起下包括常轨井电缆起下和带压套管井测井电缆起下。

常轨井电缆起下操作是指在测井过程中通过操作测井绞车实现下放、上提测井电缆，以完成测井资料的录取，包括绞车操作、电缆下放、电缆上提等。

带压套管井测井电缆起下主要是指带压吸水剖面、产液剖面等生产测井在防喷设备与井下仪器安装完成后电缆起下的操作，带压套管井测井电缆起下，主要包括仪器下井、仪器下井后检查和仪器上提出井口操作等施工工序。

(8) 施工收尾

施工收尾是测井资料采集完成后所进行的一系列工作，主要包括：仪器拆卸、电缆盘整、辅助设备装车、井场恢复原貌、返厂等工序。

(9) 井壁取芯施工作业

井壁取芯就是用电缆将取芯器输送到井下，利用火药把岩芯筒打入地层，从而取出岩芯，主要包括：取芯施工作业路途运输、取芯枪的现场装配、取芯施工作业等。

(10) 水平井施工作业

在常规测井中，仪器必须克服仪器与井壁间的摩擦力、泥浆浮力、电缆黏力等多种阻力，才能到达井底。当井斜角增大，仪器靠自身重力到达井底愈加困难。当井斜角大于65°时，仪器自身重力小于或等于各种阻力之和，在井中静止不动。在这样的井要获取测井资料，就必须用钻杆或油管将仪器送到井底完成测井施工作业。包括：仪器串(或保护套)下到预定深度、安装泵下枪总成、湿接头对接、电缆夹固定和电缆导向、下放测井、上提测井、拆卸旁通短节和提出泵下枪、施工收尾等工序。

(11) 海上(滩海陆岸)测井(射孔)施工作业

海上(滩海陆岸)测井(射孔)是指在海上平台以及滩海区域内所进行的测井(射孔)施工作业，除包括测井一般流程外还应包括：安全教育、仪器设备吊装、船舶运输或进入滩海通井路、上下平台、平台(滩海陆岸)施工等工序。

(12) 同位素配制

同位素配制是吸水剖面、产液剖面等生产测井前施工准备的重要环节，主要包括准备、打开抽风机、穿戴劳动防护用品、同位素配制、现场处理、返回办公区和检查等工序。

5.4.2 射孔施工安全风险与消减措施

射孔作业施工流程包括射孔生产准备、道路运输、施工前准备、井口安装、射孔器装配、射孔器下井、跟踪射孔及深度校正、施工收尾八个工作内容，在施工过程中，还包括了未引爆射孔器材处置、爆炸物品管理的工作内容。

(1) 射孔生产准备

射孔生产准备分为出车前准备、射孔器材库备料两个阶段。生产管理部门处置《射孔通知单》，生产准备部门准备射孔资料，组织人员进行射孔器材的装配，射孔队长领取生产任务后，组织各岗人员进行生产准备，借取射孔资料，检查天地滑轮、张力计、马丁代克、电缆、射孔马笼头等辅助设备，进行仪器、车辆检查，保证仪器正常使用，车辆性能良好，领取本井所需的射孔器材以及其他配件，检查射孔器材的装载固定情况。

(2) 道路运输

道路运输是射孔作业前往作业现场和作业完成后返回驻地的运输过程。包括：队车行驶、停车检查和火工品押运几个环节。

(3) 施工前准备

施工前准备是射孔队到达现场后，对现场施工条件进行确认，核对《射孔通知单》，召开施工前沟通会，交代安全注意事项和配合要求，选择并圈闭施工区域，检查漏电情况，使用外接电源，准备井口安装之前的操作。

(4) 井口安装

井口安装是进行后续施工的基础，其功能是改变电缆运行方向，承受井下电缆和仪器、射孔器重力，采集施工中张力数据、测量信号。射孔队安装马丁代克，测井绞车下放适当电缆，连接与射孔器配套的射孔马笼头，布放张力线，固定地滑轮，连接张力计、天滑轮，安装防喷器控制头，上起天滑轮至适当高度，准备射孔器的装配。

(5) 射孔器装配

射孔器装配是射孔施工的关键环节，其装配质量直接影响着射孔质量和工程安全。射孔队人员搬卸射孔枪至专用支架，根据《跟踪射孔施工表》检查排炮次序、弹型、孔数、孔密及夹层是否一致，根据不同射孔器型号量取相应长度的导爆索，安装止退管，安装传爆管，固定弹架，装配枪头、枪尾，安装雷管，安装挂接帽，油管输送射孔时，射孔枪两端应安装防水防潮护帽，并标记射孔枪下井序号，准备下井。

(6) 射孔器下井

射孔器下井是依据《跟踪射孔施工表》或油管输送射孔施工设计，将装配好的射孔器(连接好的射孔器)使用电缆或油管输送至射孔目的层的操作。

(7) 跟踪射孔及深度校正

电缆输送射孔跟踪射孔是射孔器下到目的层后，对射孔深度进行跟踪确认无误后，进行点火引爆的操作。

油管输送射孔深度校正及引爆是射孔管柱下到目的层附近，对射孔深度进行校正，调整射孔管柱并安装井控防喷装置，进行投棒(加压)引爆的操作。

(8) 施工收尾

施工收尾是施工完成后所进行的一系列工作，主要包括：射孔器拆卸、电缆盘整、辅助设备装车、井场恢复原貌、剩余火工品交还、返厂等工序。

5.5 测井及射孔现场施工风险控制措施

施工人员应认真学习各项安全生产管理制度和施工标准规程，经常性地开展隐患排查，学习应急知识，参与应急预案的演练。

为了防止人员的损伤，工作人员在搬抬与连接测井仪器时，要求穿戴劳保防护用品，要用正确的姿势搬抬和配接仪器，要注意人员之间配合和协调，搬抬仪器时要轻拿轻放，避免测井仪器受到损坏，仪器在运输过程中，要固定牢固，采取防震措施。

安全用电。组织施工人员学习临时用电知识，车辆用电要配有漏电保护器，用电前必须先切断电源总开关，接好车辆接地线，连接外引电源要戴绝缘手套，在通电检查仪器之前，必须检查各个连接环节的绝缘、通断，并保证连线正确。

防止机械伤害。加强操作人员的技术素质培训，提高风险识别能力。电缆在运行过程当中严禁跨越、触摸电缆；滚筒驱动系统防护罩应牢固、可靠；严禁电缆滚筒运转中操作人员在周围作业；操作人员应熟练掌握绞车操作技能，起下电缆应按要求操作，听从操作工程师的指令，电缆起下速度要均匀，按规定速度起下，严禁快速冲下仪器。绞车车轮处应设置掩木，防止车辆后移。施工中绞车后禁止站人，出现遇阻显示时电缆要谨慎地下冲，以免电缆呈放松状态导致打结情况的发生，出现遇卡情况时，尝试解卡的拉力不要超过电缆抗拉强度的50%和弱点强度的75%，多次尝试仍不能解卡时，必须采用穿心打捞技术打捞仪器。

天地滑轮要定期保养，所有连接部位不能有松动，转动部分要转动顺畅；定期检查天滑轮的固定链条，保证牢固、可靠；新购进的滑轮必须附有检验合格证和维护保养说明书，施工小队在领取新滑轮后，必须按规定的保养方法对滑轮进行一次全面检查及保养，之后按规定做拉力试验，试验合格方能投入使用，施工小队滑轮的维护保养安排专人负责，每口井施工完毕后必须对滑轮进行细致的检查保养，对于检查出的问题及隐患及时认真整改，整改完毕后填写好维护保养记录，适时地对怀疑有隐患的滑轮做拉力试验，试验不合格的要查明原因并进行整改，直至合格。

含硫化氢井的测井施工，施工人员要求有硫化氢防护知识培训，必须配备正压式空气呼吸器和硫化氢报警仪，施工中要注意监控井口，施工车辆要停放在容易撤离的安全位置，在含硫化氢井段，仪器不能停留时间过长，以免仪器受到硫化氢的腐蚀破坏；在含硫化氢井施工前，要组织人员做好相应的防硫化氢的应急演练。

在容易井喷的井施工中，要求施工人员应有井控方面知识的培训，施工前要详细地了解井况，绞车操作人员应慢放慢提井筒中的仪器，以免因仪器对井筒的抽吸作用而促进井喷的发生，测井项目应尽可能地组合测量，减少测井占用井口时间，要时刻注意是否有井涌现象，时刻准备安全地撤离。

沙漠、海洋、高原、滩海陆岸等特殊环境施工作业，车辆通行特殊路段前一定要先行勘查，生产准备一定要细致，保证车辆、其他设备的完好。特殊环境施工作业一定要做好应急准备，携带轮胎防滑链、救生衣等。

5.6 放射源的安全管理

5.6.1 测井放射源的描述

放射性测井是放射性射线技术应用的一种具体方式，它是为油、气田勘探与开发提供必不可少的物理参数的重要手段之一。放射性测井按其应用的射线类型，主要分为伽马测井和中子测井两大类。伽马测井是以 γ 射线为基础的一种测井方法，目前有自然伽马测井、自然伽马能谱测井、放射性同位素示踪测井、密度测井等方法。中子测井是以中子和地层的相互作用为基础的一种测井方法，有超热中子测井、热中子测井、中子伽马测井、脉冲中子测井非弹性散射伽马能谱测井、中子寿命测井、活化测井等方法。放射性测井常用放射源的类型有密封型放射源和非密封型放射性同位素两种，目前测井常用放射源和放射性同位素主要有铯源(^{132}Cs)，镭源(^{226}Ra)，钡源(^{137}Ba)等。这些放射源都有较强的辐射，对人身有较大的伤害，所以放射性源在储存、运输、使用过程中都有较严格的制度，同时存在较大的风险因素。

5.6.2 放射源使用过程的风险因素

测井用放射源涉及储存、运输、使用等环节，由于放射源对人体具有辐射伤害，任何一个环节出现管理失误都有可能造成放射源的意外丢失，流入社会危害更加严重。使用单位若没有建立放射源的安全管理制度、标准规程和体系管理程序，用源单位安全责任制若没有有效落实，都有可能造成放射源的丢失、洒漏等事故。

人身的辐射。由于测井用放射源存在较强的电离辐射能力，操作人员在放射源使用过程中一般都是近距离操作，把放射源放于放射性仪器中，对放射源加以可靠的固定，所以操作时间较长，对人身的辐射剂量也较大，在对放射源的装卸过程中，装卸人员如果防护用品使用不当，或者操作中出现意外情况，都有可能对操作人员造成不同程度的辐射伤害。

环境的破坏。放射源的半衰期较长，一旦意外洒漏进入土壤或饮用水会对周围的生态环境造成严重影响，较长时间对人类及动植物的生长和生存带来严重的威胁。

放射源落井。放射性测井是获取地质参数的重要手段，其大多被用在复杂的裸眼钻井井眼中，使用中可能发生放射源掉落井中的工程事故。

5.6.3 放射源的意外丢失、洒漏风险控制及防范措施

建立放射源安全管理制度，执行放射源库、放射源现场使用的安全标准规程，建立放射源储存使用的体系管理程序，制定放射源突发事故的应急预案并定期演练，落实放射源主要管理和承包管理的责任。

放射性测井队设置专职护源工，施工小队配备放射性探测仪、放射性个人剂量计、铅衣铅镜等辐射防护用品。放射源实行专车运输，护源工负责路途押运，放射源实行狱控管理系统，实行"三锁"管理(即大、小源罐和运输车门的上锁)，源车安装卫星定位系统。测井队上井时，护源工持生产管理部门签发的《取源通知单》和安全部门下发的《危险品领取卡》到源库领取放射源，并按规定办理相关交接登记手续，护源工填写放射源使用记录，护源工按规定将领出的放射源装入专用运源车，经检查无误后，方可锁上车门，施工小队车辆及运源

车应按指定路线行驶，禁止无关人员搭乘，不应在人口稠密区和危险区段停留，中途停车、住宿时，应有专人看护。

放射性射线外照射的防护原则与手段。距离防护，距离防护是在保证工作顺利进行的条件下，要尽可能增大放射源与人之间的距离，使受照射剂量降到较小的限度，在进行放射源操作时，一定要严格执行操作规程，一定要正确使用操作工具，要绝对禁止用手直接拿放射源。时间防护，从事放射性工作时，工作人员受到的外照射累积剂量与照射时间长短成正比，因此，在不影响工作的前提下，应尽可能减少在放射源旁边停留的时间，为了达到这一要求，放射工作人员必须进行安全技术培训教育，用放射源模型(不含放射性的假源)反复进行模拟操作，达到熟练后，然后再进行实际装源操作，以达到缩短操作时间，减少受照射的时间。屏蔽防护，屏蔽防护是根据射线通过任何物质时都会被减弱的原理，在人和放射源之间加上适当厚度的屏蔽物质，一般单靠缩短工作时间和增大工作距离仍达不到安全防护的目的，必须根据实际情况，采用有效的屏蔽防护，尤其对高活度放射源操作、运输、保管和储存显得更为重要。放射源的安全操作。放射工作人员，应经过放射防护培训教育，做到持证操作。放射源操作人员应按要求穿戴好放射工作劳保用品，配戴放射性个人剂量计。井场装卸放射源时，应设立“当心电离辐射”标志和监护人员。装卸放射源人员应使用专用工具，按操作规程操作，做到迅速、准确、牢固。起吊载源仪器时，井口扶仪器人员应使用专用工具，禁止用手抓扶仪器载源处。在井口装卸放射源时，应先盖好井口，并有可靠措施。

放射性源具有较强的环境破坏作用，一旦洒漏会给居民、环境造成伤害和污染，所以加强放射性源的管理，定期对测井放射源进行监测，保证密封放射源不出现泄漏，一旦因工程事故出现放射源落井，必须采取各种措施打捞，若打捞失败，必须对其可靠地封固、标识、记录、上报。

为了增强放射源使用的安全，防止放射源意外落井，在井口使用放射源必须使用为施工单位配备的密封井口的相关工具，要求按规定对放射源进行可靠地固定；由于井下情况一般较复杂，要求放射性测井系列放于其他测井项目的后面，如果井况使测井仪器上下不通畅，就不能进行放射源的测井施工作业；在放射源测井过程中，要求操作人员精细操作，按操作规程和相关技术标准处理遇到的放射性测井中特殊情况，要保证放射源所在仪器的推靠臂能正常收拢，以避免工程处理时放射源的意外落井；为防止钻具输送放射源测井的安全，对测井用放射性仪器进行特殊改造与改进，采用爬行器保证放射性测井仪器的方向性，对放射源所在的推靠臂进行改造，使其推靠臂适应钻具输送操作，使其伸出仪器的角度大大减小，避免了因钻具输送折断放射性仪器推靠臂的风险，从而也防止了测井用放射源的落井。

5.7 放射源库的安全管理

5.7.1 放射源库区基本要求

放射源库应为独立的建筑，四周应设不低于2m的实体围墙，应设源库值班室、警卫室。库区不得放置易燃、易爆等其他危险物品，不得设其他建筑。源库外和库区大门应设明显的电离辐射标志，源库内应设放射源贮存坑，源库内应有良好的照明及通风条件，设置有机械提升和传送设备。源库内应设有防盗报警装置和电视监控装置。

5.7.2 放射源库的管理

放射源库应有完善的安全管理制度，实行24h值班制度。值班室应有通信设施，并保持畅通。测井用放射源及废源应放在贮源坑内。源库内应设有明示牌。明示牌应标明每个贮源坑内放射源的编号、核素、活度等情况。源库内应备有辐射检查的仪器。库区实行双人双锁管理，钥匙分别保管。

源库工作人员进入库区工作应穿戴劳动防护用品并佩带个人剂量计。放射源出入库应有完备的手续。取源要凭通知单，交接要有检查、签字手续。放射源出入库应用仪器检查源，不得用眼直接观察裸源。

源库安全防护性能的定期检查，检查的内容主要包括：源库内外放射性剂量当量的测定、贮源罐防护、放射源泄漏情况等。安全防护性能检查原则上每年进行一次，并记录备案。如有新源进库或更换贮源罐，要及时进行检查并记录备案。

源库应建立放射源资料台账并及时更新，资料分别由主管部门、使用单位或保管单位保存，每年进行一次核查，并记入台账。

放射源库应建立放射源突发事故的应急预案并定期演练。

5.8 爆炸物品的管理

5.8.1 射孔爆炸物品的描述

射孔使用的爆炸物品主要有射孔弹、导爆索、雷管、起爆器、取芯药饼、切割弹、爆松弹。

聚能射孔弹是根据聚能效应原理设计的。聚能射孔弹是聚能射孔器的主体部件，由传爆药、炸药、药型罩和壳体四部分构成，当射孔弹被引爆后，装药爆轰，压垮药型罩，形成高温高压的高速聚能射流，射流冲击目的物，在目的物内形成孔道，达到射孔的目的。装药量、药型罩配方及药型罩几何形状尺寸决定了聚能射孔弹的穿透深度。

雷管是在其他外界能量作用下，发生爆轰并引起其后的爆炸元件爆轰的火工品。雷管按起爆机理分为电雷管、电磁雷管、撞击式雷管三种。

5.8.2 爆炸物品的丢失、被盗或意外爆炸的主要风险因素

爆炸物品的储存、使用没有执行国家爆炸物品相关的管理规定，使用单位没有建立爆炸物品的安全管理制度、操作规程，或者操作爆炸物品过程违反制度和规定，就有可能造成爆炸物品的丢失、被盗或意外爆炸，流入社会则会造成严重的社会影响和爆炸事故。

意外爆炸。爆炸物品不按规定轻拿轻放、爆炸物品储存库区防雷设施不完善、领取使用爆炸物品时携带火种，违章处理废旧爆炸物品等都有可能造成爆炸物品的意外爆炸。

爆炸物品的丢失被盗。爆炸物品的储存、使用过程存在丢失被盗的风险，如果储存库区没有使用监控系统或监控系统失效、施工队伍没有设置专职护源工或运输途中没有专人押运、施工现场没有设置警戒区等情况都有可能造成测井用的爆炸物品的丢失或被盗。

5.8.3 爆炸物品的丢失、被盗或意外爆炸的风险控制及防范措施

爆炸物品使用单位应建立爆炸物品储存、运输、使用、废旧爆炸物品回收处理的安全管

理制度，制定爆炸物品使用的操作规程，落实岗位责任制，制定爆炸物品储存、使用突发事故的应急预案并定期演练。

爆炸物品的运输和看管：从事爆炸物品使用作业的施工小队应配备专职护炮工，负责爆炸物品从库区领出、途中押运、住宿、现场看管，直至施工完毕返回把剩余爆炸物品送交库房等安全管理工作。施工队上井时，护炮工持生产管理部门签发的《施工通知单》和安全部门下发的《危险品领取卡》到库房领取爆炸物品，并按规定办理相关交接登记手续。雷管在运输过程中要装入保险箱内加锁，另外需将保险箱用链条索在车内安全位置内。射孔枪放入装置内固定，严禁零散摆放。施工小队车辆应按指定路线行驶，禁止无关人员搭乘，不应在人口稠密区和危险区段停留。中途停车、住宿时，应有专人看护。

5.8.4　井壁取芯、油气井射孔及射孔工程施工的风险控制措施

井壁取芯：操作人员必须经过专业知识教育培训取得合格证后才能上岗工作。施工区域应设立安全警示牌，取芯药饼应放在保险箱内。装配药饼时，严禁用金属物敲击药饼，装好药饼的取芯器，取芯筒头应朝地面。未用完的火药饼及废火药饼保管好，归队后及时交回。暴风、雷雨天不能施工。

油气井射孔：射孔工作人员必须经过专业知识教育培训取得合格证后才能上岗工作，雷雨天气不准进行射孔作业，装炮区选择安全地方(避开高压线，离井口、车辆、电源的距离符合标准规定，施工区域设立安全警示牌)，射孔枪、雷管箱由护炮工看管，射孔枪顶孔下入井口内，再接点火线，接线前必须把点火线对电缆外皮短路放电，接好点火线后再通仪器电源。

射孔工程：井下爆炸用的爆炸筒，必须经过地面试压合格才能使用。装配好的爆炸筒严禁用仪表测量雷管，已装配好的爆炸筒下井前，井场应断掉一切电源。下过井口50m后再接通仪器电源；井下切割、高能气体压裂等工艺，火工品下井前应模拟通井，证明确实能下到目的深度方能准备施工。

5.9　爆炸物品储存库的安全管理

5.9.1　爆炸物品储存库库区基本安全要求

库区应由具有工程设计资质并有民用爆破器材的相关专业设计经验的单位进行设计。投入使用前，应由当地公安部门组织验收。库区周围应设围墙，围墙到最近库房的距离不得小于25m。库区内各类建筑物必须设有避雷设施，避雷设计每年应在雨季前和雨季后各进行一次接地电阻检查。

库区所有排水沟应畅通，排水迅速。库区应设消防水池并配备消防水泵，水池储水量不少于15m^3。储存库区内单个储存库应配备至少两个5kg及以上的磷酸铵盐干粉灭火器。

库区应安装具有联网报警功能的入侵报警、视频监控等技术手段的防范系统，其中，库房应安装入侵报警、视频监控装置；库区及重要通道应安装周界报警、视频监控装置。报警、视频监控与辅助照明灯光应实行联动。通信设施终端应连接至或安装在门卫室。库区必须设有专用通信设施或信号报警装置。值班室与上级公安、消防和安全、保卫部门的通信联络保证日夜畅通。

库区应安装适当数量的探照灯确保照明，电器总闸和分闸开关应有防雨、防潮保护设施。

库区设立值班室，实行24h值班，值班人员应定期对库区进行巡逻。

5.9.2 爆炸物品库区管理

库区应建立爆炸物品各项安全管理制度、岗位责任制、操作规程、应急安全措施等。进入库区的人员严禁携带火种和无线通信设备。库区严禁烟火、使用明火、存放其他易燃易爆品及杂物。进入库区的车辆应安装防火帽且防火帽处于工作状态。

爆炸物品应设专职人员管理，持证上岗。工作人员进入装配工房和库房必须穿戴防静电工衣、工鞋并进行静电释放。爆炸物品库房外，应安装视频监视控制器并实行双人、双锁管理，门前应安装消除静电的触摸器。

爆炸物品出入库要有交接手续。交料人和收料人必须在相关记录上签字。爆炸物品的包装箱外应贴有爆炸物品标志。装入箱内的爆炸物品要码放整齐，空隙部位用防静电的软质填充。装卸爆炸物品要轻拿轻放，严禁摩擦、撞击和抛掷。

施工剩余和下过井不能继续使用的爆炸物品要全部回收，交、接人员分别在相关台账上签字。每次发放爆炸物品都应进行严格核销，应做到日清月结，发现账、物不符，应立即查明原因，并向上级主管部门汇报。如实记录爆炸物品出入库数量、流向和储量，每天核对库存情况，做到账、物、卡相符。

5.10 放射源和爆炸物品储存、使用的其他要求

放射源和爆炸物品储存、使用必须首先办理储存、使用许可证，应从具备国家生产资质的厂家购置放射源和爆炸物品，并及时向当地主管部门备案。放射源的储存、使用场所应定期进行辐射监测，放射源和爆炸物品库应定期进行安全评价。

从事辐射工作的人员应建立职业健康防护档案，做好辐射人员的职业健康查体和定期休假；应给辐射操作人员配备齐全的辐射防护用品。放射源及爆炸物品海洋运输箱应设置浮漂。

另外，对爆炸物品的储存、使用应加强监督检查，消除隐患、杜绝违章，建立健全爆炸物品的隐患排查制度，加强隐患治理，提升爆炸物品管理和使用的本质安全。在海上施工平台应选择安全位置存放放射源和爆炸物品箱，通向放射源和爆炸物品箱的通道口应设置中英文警示标志。

第6章　井下作业专业安全管理要点

6.1　井下作业概述

油田开发过程中，油、水井经过长期的生产，由于人为因素、地质因素、自然灾害（地震）等因素的影响，会使油水井出现复杂情况，甚至发生井下事故，从而导致停产、停注，就会影响到油田开发生产的正常运行。

石油企业中的井下作业就是通过采取人工措施把不正常的井下状态变为正常的生产状态。井下作业是对油气层进行油气勘探和对油、气、水井进行增产、修理或报废前的善后工作等一切施工作业。

6.2　井下作业装备

井下作业装备是从事井下作业施工的一整套作业机组，主要包括动力设备、提升设备、地面设备、循环设备、旋转设备、井控设备及特种设备。

6.2.1　动力设备

动力设备主要是从事井下作业施工的动力来源，主要有修井机和通井机。

常用修井机有XJ250、XJ350、XJ450、XJ250、XJ550、XJ650、XJ750等型号。

目前作业施工现场上用得比较多的是青海工程机械厂制造的XT-12通井机和鞍山红旗拖拉机厂制造的AT-10通井机两种型号。

6.2.2　提升设备

井下作业提升设备主要包括井架、天车、游车大钩、水龙头、吊环、吊卡、小钩及钢丝绳等。

6.2.3　循环设备

循环设备主要包括水龙头、水龙带、泥浆泵等。

6.2.4　旋转设备

转盘是旋转钻进的主要设备，它安装在钻台的中间或井口上面，将发动机提供的水平旋转运动变为钻台的垂直旋转运动。

修井常用的轻便转盘有两种：一种是船型底座转盘；另一种是法兰底座转盘。

6.2.5　地面工具及设备

地面工具及设备主要有扳手、管钳、液压钳、吊钳、链钳等。

6.2.6 生产活动中的安全风险及消减措施

井下设备操作过程中的安全风险及消减措施见表6－1。

表6－1 设备操作安全风险及消减措施

主要设备	安全风险	主要生产活动	削减措施
修井机	物体打击	1. 起下作业	1. 刹带、刹把调整得当，各连接部位牢固可靠； 2. 滚筒上的防碰天车装置必须灵敏、可靠； 3. 严格根据负荷选择合适的挡位进行作业，并平稳操作； 4. 油水分离器、储气筒应按时排污
	机械伤害	2. 操作附属设备	1. 液压小绞车不得提升超过其额定载荷的物体； 2. 悬吊液压大钳应使用标准钢丝绳，并卡紧牢固； 3. 液压系统工作压力应在规定的范围内，方可进行作业； 4. 预报六级以上(包括六级)大风时不得进行作业； 5. 严禁带负荷调整井架
通井机	物体打击	起下作业	1. 操作离合器必须平稳、柔和(快离、慢合)，避免使离合器处于半接合状态下工作； 2. 提、放管柱，刹车必须保持灵活可靠； 3. 作业时必须根据负荷情况正确选择挡位； 4. 在使用滚筒刹车时，不得切断主离合器、使发动机熄火； 5. 停止作业时，必须打好滚筒死刹车
井架、天车	1. 物体打击 2. 高空坠落	1. 起下作业 2. 二层平台操作	1. 井架应符合质量标准，无变形等缺损，应定期检测； 2. 二层平台应安装正确、牢固，护栏、梯子齐全，固定牢靠； 3. 天车滑轮组及固定部分应齐全、完好、紧固，且有止退销； 4. 天车应有防跳槽装置，螺丝紧固，且有止退销
游动滑车、大钩	1. 物体打击 2. 机械伤害	起下作业	1. 游动滑车、天车、滑轮应转动灵活、护罩完好； 2. 游动滑车与大钩必须定期检测，确保无损伤、弹簧完好、耳环螺栓穿开口销； 3. 大钩弹簧、保险(锁)销应完好，转动灵活，耳环螺栓应紧固
吊环、吊卡	1. 物体打击 2. 机械伤害	起下作业	1. 吊环、吊卡并定期检验； 2. 吊环应等长并无变形，磨损应小于10mm，超过10mm应报废； 3. 吊卡手柄(活门)操纵灵活，吊卡销与吊卡规格应匹配； 4. 吊卡本体应完好、无裂痕，吊卡月牙销应完好、销子弹簧起作用并有防倒扣措施； 5. 抽油杆吊钩提升绳套所用钢丝绳直径不小于19mm，不少于两圈，用4个绳卡卡牢
钢丝绳	物体打击	1. 提升作业 2. 吊装作业	1. 提升钢丝绳不应有严重磨损、锈蚀及挤压、弯扭等变形； 2. 钢丝绳的选用和维护应按《石油天然气工业用钢丝绳的选用和维护的推荐做法》(SY/T 6666)执行
水龙头、水龙带	1. 高压刺伤 2. 物体打击	高压施工	1. 鹅颈管丝扣和下体丝扣应完好无损，盘根组件无渗漏； 2. 泵压不准超过水龙带的最大工作压力，高压区禁止人员穿越； 3. 一般水龙带没有防酸和防腐蚀层，不能用以打酸、注腐蚀性液剂； 4. 冬季应将水龙带内液体放空，以防结冰冻裂； 5. 水龙带两端应拴直径13mm以上的保险钢丝绳，保险绳套必须完好，无变形、锈蚀

续表

主要设备	安全风险	主要生产活动	削减措施
泥浆泵	高压刺伤	高压施工	1. 泥浆泵应固定牢靠，转动部位护罩齐全有效； 2. 泥浆泵泄压阀应灵敏可靠； 3. 压力表应定期校验，灵敏可靠； 4. 泥浆泵与罐应连接牢固，泄压管线安装应合理并固定
转盘	机械伤害	旋转作业	1. 转盘锁紧装置灵活好用； 2. 转盘转动装置护罩齐全； 3. 转盘内润滑油质量、液面高度符合设备要求
地面工具及设备	1. 物体打击 2. 机械伤害	操作液压钳	1. 液压动力钳吊绳、尾绳应根据其型号选用 $\phi9.5\sim15.5$ 的钢丝绳，每端各用3个以上绳卡卡好，卡距为钢丝绳直径的6～8倍。吊绳通过滑轮调节，滑轮满足负荷要求，保险销子齐全； 2. 液压动力钳应符合标准要求，完好、灵活好用，钳口应装防护板，高低速挡灵敏，转速稳定，清洁、密封，钳牙不缺且固定牢靠； 3. 液压动力钳的尾绳销轴应使用开口销锁住； 4. 更换液压部件或修理液压钳应先切断动力源； 5. 操作液压钳时，尾绳两侧不准站人，严禁两个人同时操作

6.3 施工准备安全风险与消减措施

6.3.1 搬迁施工安全风险与消减措施

确定生产任务后，作业队要与相关单位联系交接井问题，然后将施工所需的物资搬运到施工井场，这个过程就是搬迁。

（1）主要设备设施

主要包括：货车、吊车、平板车、推土机及吊装索具。

（2）施工工艺

按目前现场施工的通常做法是：井场及井调查→接井→搬迁(吊装、运输）。

井场及井调查的主要包括：井位情况、油水井生产情况、井下情况、地面道路、井场、供电电源、采油树、地面流程、井场设备及装置和排污池等方面情况的调查。

交接井的主要内容包括：井场地面情况、井场设备情况、井口采油树及地面流程；井场用电设施；井场安全环保情况。

（3）生产活动中的安全风险及消减措施

井下设备搬迁过程中的安全风险及消减措施见表6－2。

表6－2　设备搬迁安全风险及消减措施

主要设备	安全风险	主要生产活动	消减措施
通井机	1. 物体打击 2. 交通事故	1. 搬迁准备 2. 搬迁作业 3. 交通行驶	1. 检查机车刹车、转向等关键部位，运行正常； 2. 平板拖车停放在平整坚硬且上空无障碍物便于设备上下的地面上并且刹好车； 3. 通井机缓慢地爬上爬下，应有专人指挥； 4. 在平板上必须刹好车，关好门，并打好掩木； 5. 严禁通井机驾驶室内坐人

续表

主要设备	安全风险	主要生产活动	消 减 措 施
轮式通井机、车载修井机	1. 物体打击 2. 交通事故	1. 搬迁准备 2. 搬迁作业 3. 交通行驶	1. 检查转向、制动器等关键部位，灵活、可靠； 2. 搬迁行进时要严格控制速度，土路行驶时要选择平坦道路，通过危险路段(包括村镇、繁华地区、胡同、铁路道口、转弯、窄路、窄桥、掉头、下陡坡，进出非机动车道)时必须有专人指挥，要提前100m减速到5km/h； 3. 严禁爬行坡度大于30°的斜坡； 4. 严禁在发动机熄火时下坡、转向
托运车辆	1. 物体打击 2. 交通事故 3. 机械伤害	1. 搬迁准备 2. 拖房作业 3. 交通行驶	1. 活动值班房在搬迁前，对刹车装置、刹车灯、轮胎、底盘、拖拉支架及各部位要认真检查，确保完好、灵活、有效； 2. 活动值班房在拖拉时，要由直径13mm以上的钢丝绳作保险绳，保险绳两端不少于两个匹配绳卡；拖钩并安装有保险销； 3. 拖车与值班房对接过程中，操作人员和指挥人员应站位合理，配合默契，严格遵守操作规程； 4. 车辆行驶速度应小于40km/h；通过危险路段时，必须有专人指挥，车辆行驶速度应小于10km/h；在雨雪天气或结冰泥泞道路上行驶，时速不得超过10km/h，不准空挡滑行； 5. 装运货物时，严禁超长、超宽、超高、超重； 6. 拖运过程中，值班房内严禁坐人，对不稳定货物进行有效固定
起重机械	1. 物体打击 2. 机械伤害	吊装作业	1. 吊装物品时，要有专人指挥，所有人员要注意安全，凡吊臂行程范围内和被吊物上不许站人； 2. 吊装索具必须符合安全要求； 3. 装卸体积、重量较大货物时，应使用推拉杆或拴扶绳； 4. 货物起吊时应严格遵守“十不吊”原则，装车要平稳，不准猛蹾猛放； 5. 操作人员没有摘、挂好绳套不得离开
运输车辆	1. 物体打击 2. 交通事故 3. 机械伤害	运输作业	1. 货物装车后，必须采取可靠的加固措施； 2. 车辆配备与货物规格应匹配，应避免物件超长、超宽、超高、超载等；如确需超高、超宽时要在车上做有明显的、符合交通管理的标志； 3. 行车应有人跟车，发现问题及时纠正、调整；通过障碍时，应有专人指挥，车辆慢行通过

6.3.2 井架安装安全风险与消减措施

井架安装是井下作业施工准备的一项重要内容，他关系到井下作业能否顺利施工和安全生产。可分为三个过程：立井架、穿大绳、校正井架。立井架是将作业中的吊升起重系统安装在井口的过程。穿大绳是指用钢丝绳将吊绳系统的天车与游车按要求连接在一起的过程。校正井架是指为保证井架施工安全，通过调整绷绳，使井架与井口之间的位置达到规定要求的过程。

6.3.2.1 立放井架主要设备设施

立放运井架车，在载重汽车底盘上装配专用的设备，把立放运井架于一身的专用车，称立放运井架车，简称井架车。常用的型号有 LFY1802/T148、LFY1803/奔驰、LTY1804/T815 等。

6.3.2.2 施工工艺

各油田修井使用的井架种类较多，目前常用的是 BJ 型固定式井架和修井机自带井架两大类。

1. 固定式作业井架的安装

(1) 放井架时：用起升液缸将托架顶起使其贴在井架的上部，再把气动锁销伸出抱住井架，然后收回托架，把井架放下来背在车上，完成放井架动作。

(2) 放下来的井架卧在托架内，用调整液缸将其锁紧，同固定装置一起把井架固定，利用汽车(井架车)本身行走能力，完成搬运井架动作。

(3) 立井架时，通过汽车的油压系统，使液缸将托架、井架顶起，使卧着井架的托架围绕后支点翻转，将所背的井架竖起来，直到达到要求的位置，完成立井架的动作。

2. 修井机井架的安装

修井机(车载钻机)开到井场后，按有关要求将其就位，做好各种检查和准备工作后，即可按下面的程序起升井架。

(1) 起升井架

井架起升前检查→试起升(井架离开前支架 10～20cm)，观察、检查液路系统→起升井架至工作位置，使下节井架缓慢地坐在井架底座上→接入下节井架与井架底座的连接锁→松开上、下井架的连接件→开启上节井架伸缩液压缸液压换向阀，使上节井架缓慢上升至足够高度→然后慢放上节井架，使其与下节井架锁紧→挂负荷绷绳→调整、检查井架的倾斜度→固定其他六根绷绳，并保证绷绳的预紧力→接好井架部分的电、气路。

(2) 下放井架

摘开电、气路及固定销子→放松负荷绷绳，摘开其他绷绳。放净伸缩及起升液缸中的气体→开启上节井架伸缩液缸液压阀手柄，直至上节井架锁销脱开下节井架，使上井架下降到停车位置→摘下下节井架的固定装置，调整主液缸并将其顶部的空气排出→打开主液缸液压手柄，使井架放倒在井架前支腿上→收起所有的绷绳，升起井架底座千斤顶及其他千斤顶，把井架固定→检查所有部件固定合格后即可运移搬迁。

(3) 井架位置的固定

地锚或绷绳坑能拉紧绷绳，使绷绳的一端牢固地固定在适当的位置，以稳定井架的工作状态。因地锚较绷绳坑使用方便、灵活，目前现场使用的较多。下面以 BJ—18m 井架为例介绍安装固定情况，平面分布示意图见图 6－1，井架与地锚的距离见表 6－3。

表 6－3 井架与地锚桩距离 m

井架高度	前绷绳地锚桩			后绷绳地锚桩		
	距井口中心距		内(外)绷绳之间距离	内(外)绷绳之间距离		内(外)绷绳之间距离
	外绷绳	内绷绳		外绷绳	内绷绳	
18	22	20	14～16	24	22	14～16
24	26	24	20～24	28	26	20～24
29	29	26	26～30	29	26	22～28

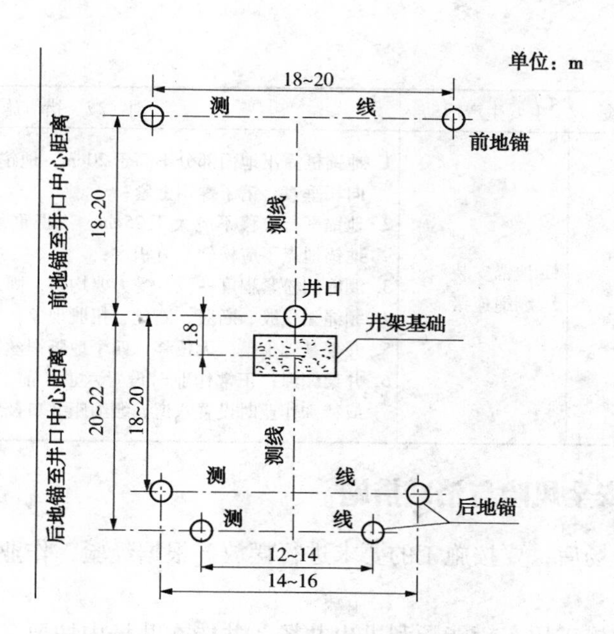

图6－1　平面分布示意图

6.3.2.3　生产活动中的安全风险及消减措施

井下设备安装过程中的安全风险及消减措施见表6－4。

表6－4　设备安装安全风险及消减措施

主要设备	安全风险	主要生产活动	消减措施
井架	1. 物体打击 2. 井架倒塌	立放井架	1. 立放井架应由专人指挥，专人操作，专人观察； 2. 在立、放井架期间，无关人员应远离井架，工作人员不应站立在井架下面； 3. 以井口为中心，在不小于1.2倍井架总高度为半径的范围内不应有高压线、房屋建筑等； 4. 下列环境及气候条件下不应立放井架：四级及以上风力，雷雨天气，能见度小于100m，夜间； 5. 立放井架施工现场不应有相互影响的其他项目同时施工； 6. 按相关规定，定期由具备检验资质的机构对井架进行检测； 7. 防碰天车采集传感器连接牢固，工况显示正确，动作反应灵敏准确，并设有足够的防碰距； 8. 有高空防坠落装置，固定牢固，灵活好用
	1. 物体打击 2. 机械伤害	穿大绳	1. 穿钢丝绳时，天车上的操作者不能用手扶、撑钢丝绳； 2. 上井架操作人员要系好安全带，所带工具必须拴尾绳并套在手腕上或固定在井架上； 3. 井口操作人员要戴好安全帽及其他防护用品； 4. 钢丝绳跳槽后应及时告知地面人员停止抽拉，再进行处理；如游动滑车已提起后跳槽，应将游动滑车固定在井架横梁上（即卸载后），再进行跳槽处理； 5. 指重表安装规范，在检验有效期内使用

续表

主要设备	安全风险	主要生产活动	消减措施
地锚、绷绳	1. 物体打击 2. 井架倒塌 3. 机械伤害	1. 地锚安装 2. 绷绳连接	1. 地锚桩露出地面部分不高于20cm，地锚鼻子开口应与拉绷绳的方向相垂直，销子螺帽上紧； 2. 地锚平行位移不应大于25cm，不得重复使用原有的旧地锚坑眼；地锚地点不应松软、有积水； 3. 绷绳的松紧程度一致，受力要均匀，固定牢靠； 4. 绷绳无松股、断股、断丝、扭股现象； 5. 井架基础平整，无位移，四个地脚螺丝紧固； 6. 井架绷绳；正常作业时设置六道，前二后四道；井深超过3000m或特殊作业时设置八道，绷绳距井口及地锚间距满足要求

6.3.3 井场布置安全风险与消减措施

设备设施运到井场后，要按施工的要求进行摆放。根据经验，作业井场可按下列原则进行布置：

使用方便，各种施工用车辆能顺利进出井场，并能在井场内按要求摆放、施工；有利于设备的保护；防火。

6.3.3.1 主要设备设施

修井施工常用的大件设备有：作业机、井架、值班房、工具房、发电房、爬犁等。容器有罐、池子(数量根据施工而定)。

6.3.3.2 施工工艺

(1) 井场布置主要包括：通井机的摆放→油管桥和抽油杆桥的摆放→井口操作台的摆放→值班房、工具房、爬犁的摆放→储液罐的摆放→发电机房摆放→泥浆泵的摆放→消防器材的摆放→各类警示标识的摆放等。

(2) 搭设油管(抽油杆、钻杆)桥。

(3) 搭设井口操作台。

6.3.3.3 设备设施布置要求

(1) 通井机停放在井架的正后方，其尾部距离井架几处中心线为3~5m，并平稳摆放；通井机地基基础坚实，高于地面0.05~0.1m。

(2) 值班房、工具房、爬犁等放在井场边缘摆成一条线，距井口应大于20m，并与机车平行摆放；应有良好的接地线。

(3) 储液罐与值班房以相反方向摆放，应靠近井场边缘，摆放要整齐，便于施工，$15m^3$和$40m^3$储液罐要并排放在一起，以利于进行各种计量作业。储油罐与储液罐分开摆放。间距不小于30m。

(4) 发电机房位置距井口大于30m；与值班房、职工宿舍房距离应大于20m。

(5) 泥浆泵应该摆放在储液池旁，操作人员位置面对井口，与井口、司钻保持有良好的视线联系。

(6) 必须戴安全帽，禁止烟火，必须系安全带，当心触电，当心机械伤人，当心坠落，当心落物，当心井喷，高压工作(需要高压工时)，对使用380V以上电压的设施，还应在配电箱处挂“高压危险”等警示牌，有宣传提示注意环保的标语和队标，井场周围25m、抽油机、电器设备等固定设施必须围警示带。

（7）井场布置要规格、标准，各种车辆的通道要符合安全要求，不积水，不碰挂。布置井场时可参照图6－2。

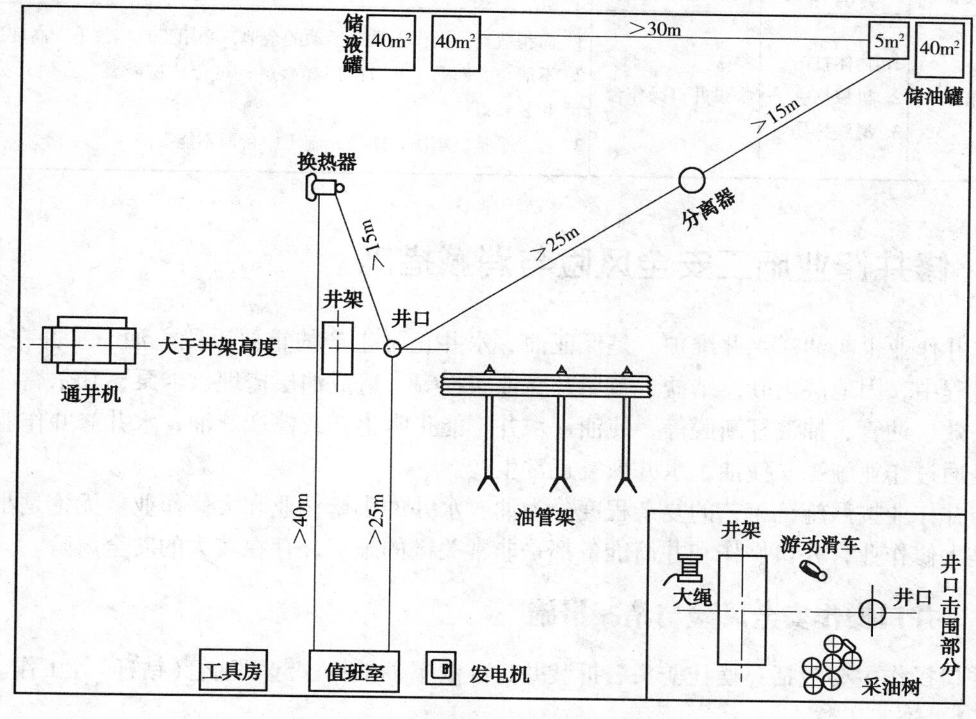

图6－2　井场布置图

6.3.3.4　生产活动中的安全风险及消减措施

井场布设的安全风险及消减措施见表6－5。

表6－5　井场布设安全风险及消减措施

主要设备	安全风险	主要生产活动	消减措施
通井机、值班房及其他设备	1. 物体打击 2. 井架倒塌 3. 火灾爆炸	值班房与其他配备设备的布置	1. 井场布置要规格、标准。布置井场时可参照井场布置图； 2. 泥浆泵应该摆放在储液池旁，操作人员位置面对井口，与井口、司钻保持有良好的视线联系； 3. 井场消防器材可放在值班房门前的架子上或放在值班房内； 4. 井场安全通道畅通；有工业、生活垃圾桶；有临时厕所，井场隔离带；工业、生活区标识清楚； 5. 安全警示标识安装齐全； 6. 车辆的通道要符合安全要求，不积水，不碰挂
油管（抽油杆、钻杆）桥	1. 物体打击 2. 机械伤害 3. 环境污染	起下管、杆施工	1. 油管桥不少于3道，桥距2～3m，每道不少于4个支点，每个支点高于0.3m，平整、均匀分布； 2. 抽油杆桥不少于4道，每道支点高于0.3m，平整，均匀分布，严禁用抽油杆做横担； 3. 距油管（抽油杆、钻杆）桥周围0.5m处，筑起高于0.2m的围堰，并铺设防渗布； 4. 当油管桥、钻杆桥排放超过三层时，应加设防倾倒装置； 5. 管、杆桥搭在便于施工的位置，管、杆桥间必须留有不小于1.5m的安全通道； 6. 井口周围无杂物，确保安全通道畅通

续表

主要设备	安全风险	主要生产活动	消 减 措 施
井口操作台	1. 物体打击 2. 机械伤害 3. 滑跌摔伤	搭设井口操作台	1. 面积适当，操作人员有活动的余地，必用工具能放下，高度适当； 2. 不能与大四通、井口闸门相接触；符合放喷需要，方便开关闸门和装井口； 3. 台子平整，牢固，防滑，施工中台面不能下陷

6.4 修井作业施工安全风险与消减措施

修井作业也叫油、水井维护，是保证油、水井正常生产的重要手段。油、水井在采油、注水过程中，因地层出砂、结盐、节垢及腐蚀磨损等，造成油层掩埋、卡泵、凡尔腐蚀、封隔器失效、油管、抽油杆断脱等，使油、水井不能正常生产或停产。油、水井修井作业的目的，是通过作业施工，使油、水井恢复正常生产。

修井作业按照施工工艺的复杂程度分为油、水井的小修作业和大修作业。无论是小修作业还是大修作业，井口操作和井筒准备都是非常关键的施工，存在较大的安全风险。

6.4.1 井口操作安全风险与消减措施

井口操作主要包括：摆挂驴头、拆装井口、起下抽油杆、起下油管(钻杆)等工作。

6.4.1.1 施工工艺

（1）摆挂驴头

① 摆驴头：将抽油机驴头停在接近下死点位置→安装卸载方卡子→卸光杆方卡子→提出悬绳器→调整抽油机游梁至水平状态→退出驴头固定销子→摆动驴头→固定驴头。

② 挂驴头：调好防冲距→安装光杆方卡子→摆动驴头关锁销→挂悬绳器→拆除下光杆的方卡子→试抽。

（2）拆装井口

井口一般是由清蜡闸门、油管闸门、油管四通、油嘴套、总闸门、总闸门法兰盘、套管四通、套管闸门、套管短接法兰盘组成。拆装井口是试油、修井作业中的一个重要环节，是达到施工要求标准的重要条件。

抽油机井换井口装置的施工工序如下：

① 拆井口装置：摘悬绳器→摆转驴头→拆采油树→卸防喷盒→起抽油杆及活塞→提悬挂器。

② 装井口装置：下悬挂器→装采油树→下活塞及抽油杆→装防喷盒→摆正驴头→挂悬绳器。

（3）起下管杆

起下管柱是作业队的主要日常工作。施工中涉及岗位多，配合不当和操作失误容易导致机械伤害、物体打击、高空坠落、甚至井喷等事故的发生。为保证施工安全，应严格按照安全操作规程进行施工。

① 起下抽油杆(以起抽油杆为例)：

在光杆上卡方卡子→卸防喷盒→扣抽油杆吊卡→摘挂抽油杆吊卡→上提抽油杆→卸扣→

拉离井口→摆放至抽油杆桥。

② 起下油管单根(以下光油管为例):

接喇叭口→摘扣吊卡→摘挂吊环→涂丝扣油→上油管扣→井口装自封封井器(下3~5根)→下至设计深度→坐悬挂器。

6.4.1.2 生产活动中的安全风险及消减措施

井口操作过程的安全风险及消减措施见表6-6。

表6-6 井口操作安全风险及消减措施

主要工艺	安全风险	主要生产活动	消减措施
摆挂驴头	1. 物体打击 2. 机械伤害 3. 高空坠落 4. 触电危险	1. 摆驴头 2. 摘挂驴头 3. 调防冲距	1. 刹车灵活，安全可靠，达到作业安全标准； 2. 启停抽油机必须戴绝缘手套，侧身合电源闸刀； 3. 检查控制柜内是否有延时装置，若有必须切断； 4. 抽油机游梁应停在水平位置，打好死刹车，刹把应用专用安全卡子固定。15型抽油机必须吊下驴头； 5. 按规定系好安全带，工具必须拴好保险绳； 6. 翻头后毛辫子固定在驴头上，防止抽油机刹车失灵，毛辫子挂拉井架； 7. 抽油机和游梁上不准存放零部件。抽油机上有人工作时，驴头周围3~5m内不得站人； 8. 严禁用手或管钳盘转皮带和皮带轮； 9. 摘挂悬绳器、调防冲距时，不应用手抓光杆或用手丈量防冲距离； 10. 上提、下放光杆过程中，人员应离开井口
拆装井口	1. 物体打击 2. 机械伤害 3. 高压刺伤	1. 拆装采油树 2. 装卸防喷盒	1. 拆装前先关严流程闸门并放压彻底； 2. 起吊前认真检查钢丝绳，确保钢丝绳安全可靠； 3. 吊装过程中专人指挥，吊物下方严禁站人； 4. 方卡子上紧，卡瓦片吃入至少2/3，同时上紧方卡子两端螺纹，并有专人负责检查
起下抽油杆	1. 物体打击 2. 机械伤害	起下抽油杆施工	1. 检查小钩保险具有吊卡防脱作用，安全可靠； 2. 绳套必须打到安全标准，使用ϕ19钢丝绳，4个绳卡卡牢，安全可靠； 3. 吊卡要与杆柱匹配，舌头灵活好用，安全可靠；起下时，吊卡开口应向上，抽油杆下方严禁站人； 4. 操作时放慢速度，操作人员手扶位置要标准，提高操作技能； 5. 管钳本体无损伤，钳牙咬紧不退扣打滑，操作人员密切配合，增强安全防范意识
起下管柱	1. 物体打击 2. 机械伤害 3. 高压刺伤 4. 井喷事故 5. 环境污染	起下管柱施工	1. 拆井口前必须放掉油套管压力； 2. 严格操作，顶丝卸扣完全，拔悬挂器时有专人指挥，井架前严禁站人； 3. 吊卡必须与管柱匹配，达到安全要求； 4. 月牙销锁牢，灵活好用，安全可靠，吊环销要插到位，有防脱措施，必须拴好保险绳，下放单根速度要平稳，使用滑车，拉油管人员不得站在丝扣位置，吊卡开口向上，司钻与井口人员配合好，车速要稳定，严格执行操作规程；油管桥周围围坝，使用喷提漏斗； 5. 摘挂吊环，手应放在接箍以上100mm处； 6. 提放单根过程中，拉送油管人员应站于油管滑道外测，严禁跨骑油管； 7. 高压油、气井，起油管过程中应按规定及时向井筒补充修井液，油管起完应把井筒灌满，暂停施工，应及时关闭封井器，以防井喷

续表

主要工艺	安全风险	主要生产活动	消减措施
起下管柱	1. 物体打击 2. 机械伤害 3. 高空坠落	提电缆油管	1. 系好安全带，横杠用保险绳拴牢，导轮保险绳用绳卡固定在井架上； 2. 打好背钳，预防管柱旋转，严格控制速度； 3. 严格执行液压钳操作标准； 4. 固定地锚要达到深度，用 ϕ16mm 钢丝保险绳固定在专用地锚上，人员要站在滚筒一侧
大绳跳槽处理	1. 物体打击 2. 机械伤害 3. 高空坠落	1. 天车大绳跳槽处理 2. 游动滑车大绳跳槽处理 3. 大绳打扭处理	1. 高空作业(超过 2m)必须系好安全带，采取高挂低用，固定牢固； 2. 随带工具必须拴保险绳，并严禁从高处抛下； 3. 大绳跳槽处理问题前，先固定游动滑车卸掉负荷，再进行处理； 4. 处理完打扭和跳槽后，现使游动滑车吃负荷，然后解除固定，检查处理情况； 5. 拨大绳时要用撬杠拨，严禁用手拨钢丝绳，以防挤伤； 6. 处理跳槽要有专人指挥，高空作业人员与地面操作人员要协调配合好； 7. 钢丝绳跳槽或打扭时，首先要放松钢丝绳后，不再下滑无负荷时，方可用撬杠或其他工具解除

6.4.2 井筒准备安全风险与消减措施

井筒准备作业主要包括探洗压井、探冲砂、通井和套管刮削等工序。

6.4.2.1 主要设备设施

水泥车是进行洗井、循环、压井、封堵及注水泥车装的特种车辆。

常用的水泥车有我国黄河 SNC－H300 水泥车(300 表示最大工作压力为 300atm)。罗马尼亚 AC－400 型水泥车(400 表示最高工作压力为 400atm)等。

6.4.2.2 施工工艺

(1) 洗(压)井

① 洗井：用准备好的洗井液(多为清水)，在井内进行循环、冲洗，清除井筒内污物的过程就是洗井。按洗井液走的路径分为正洗井和反洗井两种方法。

② 压井：根据油层静压大小，选择一定密度的压井液，用水泥车替挤(替出或挤回井内原有液体)入井内，液体在井底造成稍大于油层静压的回压，阻止油气水流到井底和喷出地面，便于起下作业。按压井液走的路径来分压井方法有：灌注法、循环法(正循环、反循环)和挤注法。

③ 洗(压)井工艺：下入洗井管柱→安装采油树或作业井口→连接洗井流程管线并试压合格→按选定的洗(压)井方式洗(压)井。

(2) 探砂面、冲砂

① 探砂面施工：起原井管柱→下探砂面管柱(带笔尖)→探砂面并记录深度。

② 冲砂：向井内高速注入流体，靠流体作用将井底沉砂冲散，利用流体循环上返的携带能力将冲散的砂子带到地面。按照液体的流向分为正冲砂、反冲砂、正反冲砂。

③ 冲砂施工：安装封井器并试压合格→连接冲砂工具→冲砂→沉砂→复探砂面并记录

深度。

(3) 通井

① 通井：用规定外径和长度的柱状规(通井规)下井直接检查套管内通径的作业。

② 通井施工：连接通井规→下通井管柱→探人工井底→洗井。

(4) 套管刮削

① 套管刮削：刮削套管内壁，清除套管内壁上的水泥、硬蜡、盐垢及炮眼、毛刺等的作业。

② 套管刮削施工：连接套管刮削器→下套管刮削管柱→洗井。

6.4.2.3 生产活动中的安全风险及消减措施

井筒准备作业过程的安全风险及消减措施见表6-7。

表6-7 井筒准备作业安全风险及消减措施

主要工艺	安全风险	主要生产活动	消减措施
洗(压)井	1. 物体打击 2. 机械伤害 3. 高压刺伤	1. 连接管线 2. 管线试压 3. 开关流程 4. 洗、压井	1. 现场应配备防喷装置及专用连接管线； 2. 出口不得使用软管线，出口硬管线应固定牢靠； 3. 由壬丝扣完好，无腐蚀，并焊牢靠； 4. 洗(压)井前应对所有压井管线试压，试验压力为工作压力的1.5倍； 5. 管线接头刺漏，应停泵放压以后再做处理； 6. 开关井口高压闸门身体不得正对丝杠，应侧身操作，缓慢开关； 7. 施工人员站在安全区，严禁跨越管线，非施工人员禁止进入施工现场； 8. 压井完毕，应将剩余压力放净再拆卸泵车管线； 9. 剩余修井液必须及时回收，禁止随地排放
探砂面、冲砂	1. 物体打击 2. 机械伤害 3. 高压刺伤 4. 井喷事故 5. 环境污染	1. 连接管线 2. 管线试压 3. 起下管柱 4. 探冲砂	1. 冲砂管柱安装单流阀，现场施工应有防喷措施； 2. 不得将手放在自封片以下； 3. 操作要标准，人员离开榔头操作下方位置，必须使用硬管线连接； 4. 水龙带完好，两端应有保险防脱措施； 5. 洗井前管线试压达标，不刺漏； 6. 水龙头旋转部分要灵活，丝扣上紧，密封要严密无刺漏，水龙带要有专人拉送； 7. 冲砂过程中应尽量使进、出口排量大致平衡，专人观察，防止发生井喷或漏失； 8. 冲砂期间机车不准熄火，接单根时应快速准确，接前充分循环，接后开泵循环正常后，方可下放； 9. 冲开砂埋地层前应判断地层压力，遇高压层时，应提前预备合适的压井液，并做好防喷工作
通井刮管	1. 物体打击 2. 机械伤害 3. 井喷事故 4. 环境污染	1. 通井施工 2. 刮管施工	1. 通井时，下放速度应小于0.5m/s。通井规下至距设计深度100m时，要减慢下降速度； 2. 通井中途遇阻或探人工井底，加压不得超过30kN。遇阻时应起出通井规进行检查，找出原因； 3. 对射开油(气)层的井，通井时做好防井喷工作； 4. 刮管管柱下放平稳，速度控制在20~30m/min； 5. 遇阻时悬重下放不能超过30kN

6.4.3 大修作业安全风险与消减措施

大修作业主要包括：复杂井下落物事故处理、石油井管柱和工具的卡钻事故处理、整修变形套管、套管内侧钻、报废井处置等。

6.4.3.1 施工工艺

（1）打捞与解卡

在油水井生产过程中，由于各种原因造成井下落物和井下工具遇卡，影响油水井的正常生产，严重时会造成停产。因此，需要针对不同类型的井下落物，选用相应的打捞工具，捞出井下落物，恢复油水井正常生产。卡钻是指油水井在生产或作业过程中，由于操作不当或某种原因造成井下管柱或井下工具在井下被卡住，按正常方式不能上提起出的一种井下事故。卡钻会使油水井的生产不能正常进行，严重时还会使油水井报废。

① 一般施工工艺：落实井况(打铅印)→修理鱼顶(套磨铣)→选择打捞工具→打捞解卡→捞出落物。

② 磨(套)铣工艺是解决遇卡管柱与套管环形空间之间的堵塞物及采取破碎清除井下落物的方法。可用于处理较复杂的卡埋事故井、复杂落物井、严重套损井的修正鱼头、铣磨环空等等。

③ 解卡打捞方法主要包括活动管柱法解卡打捞、震击法解卡打捞、倒扣法解卡打捞(机械倒扣和爆炸松扣)、切割法解卡打捞(机械割刀切割、爆炸切割和化学切割)和铣磨钻法解卡打捞等。

（2）套管损坏的修复

套管修复作业主要是对井下损坏的油层套管进行修复的施工。根据套管损坏程度不同修复方法主要可分为套管整形、套管补贴和取套换套等。

① 套管整形工艺技术

利用套管整形工具采取冲击、旋转碾压、旋转震击和爆炸等方法来修复套管变形。

② 套管加固工艺技术

套管加固工艺技术是在套损段打开的井筒生产通道内，下入小直径套管或衬管，利用悬挂、密封和固井技术，对套损修复井段实现加固，在一定时期内防止套管再次发生损坏，维持油水井正常注采生产。

常用的套管加固方式主要是在套损井段内下入小直径衬管进行加固。

③ 套管补贴工艺技术

套管补贴工艺技术就是利用特制钢管，对套管破漏部位进行补贴，采用机械力使特制钢管紧紧补贴在套管内壁上，封堵套管漏失部位。套管补贴可以解决油水井套管腐蚀穿孔、破裂，废旧射孔段等问题。

④ 取换套管工艺技术

取换套管工艺技术是针对严重错断、变形、腐蚀穿孔、破裂外漏等套管损坏事故，利用套铣、切割、倒扣等工艺，取出损坏套管，再下入质量好的套管与原井套管对扣，并试压合格，完成对套损井的修复。

6.4.3.2 生产活动中的安全风险及消减措施

大修作业过程的安全风险及消减措施见表6－8。

表6-8 大修作业安全风险及消减措施

主要设备	安全风险	主要生产活动	消减措施
打铅印	1. 物体打击 2. 机械伤害 3. 井喷事故	1. 起下作业 2. 打铅印	1. 起铅模时，上起速度不宜过快，以防抽汲作用引起井喷； 2. 起管柱卸扣时，打好背钳，严防下部管柱倒扣铅模落井
打捞解卡	1. 物体打击 2. 机械伤害	1. 打捞作业 2. 解卡作业	1. 打捞施工有专人指挥，按设计标准施工； 2. 控制下钻速度，防止中途遇阻及蹾钻。控制起钻速度，防止挂吊环、顶天车； 3. 解卡前应检查设备系统、井架系统、游动系统等，地锚应有专人看守，站于地锚后方； 4. 指重表应灵活好用，刻度清晰，指重准确。注意观察吨位变化，防止上提负荷太大，拉倒井架； 5. 解卡施工中禁止超过设备规定负荷，严禁大钩长时间处于大负荷的悬吊状态； 6. 解卡施工过程中，井架前后方、井架与提升设备之间不准站人，非操作人员应远离现场； 7. 吊环销子必须拴保险绳固定牢靠； 8. 使用安全接头，防止打捞遇卡管柱无法脱手； 9. 现场应有防喷措施
套磨铣	1. 物体打击 2. 机械伤害 3. 井喷事故	1. 磨铣作业 2. 套铣作业	1. 施工前准备好性能符合要求、数量足够的备用修井液，并制定出相应的防漏、防塌和防喷措施； 2. 下套铣管时要控制下放速度，并有专人观察修井液返出情况； 3. 无关人员应远离井口、高压水龙带等施工区域； 4. 水龙带与水龙头连接后应系保险绳； 5. 方补心应用螺栓连接，并拴有安全绳； 6. 施工中，司钻、泵工、坐岗人员等不得擅离操作台； 7. 套铣管起钻时，应控制上提速度，并向井内灌满修井液； 8. 中途停泵，应上下活动钻具，防止卡钻
套管整形	1. 物体打击 2. 爆炸伤害	1. 起下作业 2. 爆炸整形作业	1. 爆破装置应由技术服务单位现场指导连接。爆破装置入井时，必须断电； 2. 调配爆破管柱时，应将钻具(管柱)用吊卡坐至井口(钻台)，不得用大钩悬吊管柱爆破； 3. 若出现爆炸声波异常、爆破后未通过等情况，提钻至最后5根后，等待爆破施工技术服务单位到现场指导施工； 4. 若出现爆炸声波正常但爆破后未通过的情况，提至最后1根时，井口操作人员应在远处(距离20m)观察，确认爆破装置已爆炸，可正常施工；如未爆炸，则立即将其放回井内，由爆破施工技术服务单位进行施工； 5. 若投棒后出现未爆炸情况，应不动管柱，等待爆破施工技术服务单位捞出撞针后再提管柱
套管补贴	1. 物体打击 2. 机械伤害 3. 高空坠落	1. 管线试压 2. 套管补贴	1. 活动弯头、三通、由壬等配件螺纹应无损伤，并经试压合格； 2. 地面流程，应按照设计要求试压，试验压力为工作压力的1.5倍； 3. 压力表、指重表、密度计、黏度计、计量器必须进行定期校检； 4. 施工泵车工作压力，不低于施工设计要求； 5. 无关人员应远离井口、高压水龙带等施工区域

6.5 油(水)井增产(注)措施安全风险与消减措施

油(水)井增产(注)的主要措施包括：防砂、堵水调剖、酸化、压裂、蒸汽吞吐等施工工艺。下面介绍压裂、酸化增产措施。

6.5.1 压裂、酸化施工的主要设备设施

设备设施主要包括：压裂车、混砂车、管汇车、运砂车、仪表车、液氮车、压缩机(压风机)等。

6.5.2 施工工艺

6.5.2.1 压裂施工工艺

压裂是利用地面高压泵注设备，将高黏度的流体以大大超过地层吸收能力的排量注入井筒，在射孔油层附近憋气高压，当井底压力超过井壁附近地层最小主应力及岩石的抗张强度后，在地层中形成裂缝并向前延伸。然后，利用高黏度的压裂液携带支撑剂注入裂缝中，停止注入后，随着压裂液的快速破胶，黏度大大降低，破胶后的压裂液沿裂缝流向井底，排出地面，携带的支撑剂随即在裂缝中沉降，在地层中形成了具有一定长度、宽度和高度的高导流能力的支撑裂缝。改善了地层附近流体的渗流方式和渗流条件，扩大了渗流面积，减小了渗流阻力并解除了井壁附近的污染，从而达到增产、增注的目的。

(1) 一般压裂施工工艺

井筒准备→下入压裂管柱→装压裂井口→连接地面管汇→走泵试压→压裂施工→关井扩散压力→开井放喷排液。

(2) 井场布置

压裂施工车辆、流程摆放如图 6－3 所示。

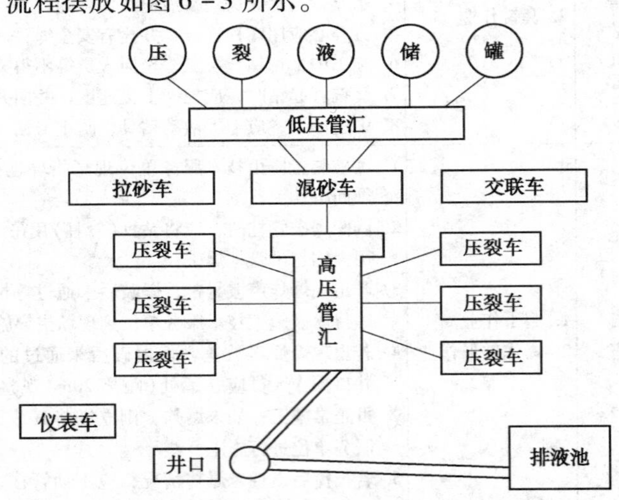

图 6－3 压裂施工车辆、流程摆放

(3) 安全要求

① 施工车辆应摆放整齐、紧凑，便于管线连接、施工操作和指挥。

② 井场条件允许时，车辆应背向井口，车辆和大罐(或酸池)应相互不为上风口。

③ 下封隔器井若需打平衡，应在套管一翼接一部平衡泵车。

④ 地面施工管线应尽可能短、直，减少弯头个数。

⑤ 高压管线出口与采油(气)树应以活动弯头连接。

6.5.2.2 酸化施工工艺

酸化作业是通过向地层中注入一种或几种酸液，利用酸与地层矿物的化学反应，溶解或

分散地层中的污染堵塞物质，或者在井与碳酸盐岩地层之间产生新的无污染的流动通道，增加孔隙、裂缝的流动能力，从而达到油气井增产（或注水井增注）的一种工艺措施。酸化作业分为基质酸化和压裂酸化。

（1）施工工序

施工准备→走泵（清水走泵正常）→试压（应比预计施工压力高 3～5MPa，3min）→替酸→挤酸→顶替→关井反应（按设计要求时间关井）→返排。

（2）井场布置

酸化施工车辆、流程摆放如图 6－4 所示。

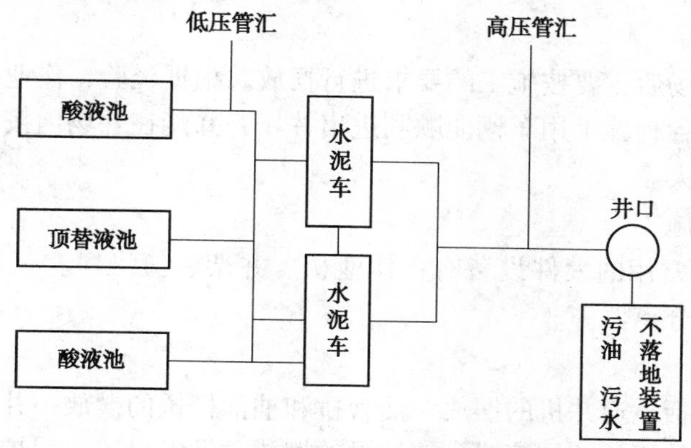

图 6－4　酸化施工车辆、流程摆放

6.5.3　安全风险及消减措施

增产措施作业过程的安全风险及消减措施见表 6－9。

表 6－9　增产作业安全风险及消减措施

主要设备	安全风险	主要生产活动	消　减　措　施
压裂车 施工管汇	1. 物体打击 2. 机械伤害 3. 高压刺伤	1. 井场布置 2. 连拆管汇	1. 井场布置应有专人指挥，车辆调位时，车后不得站人； 2. 车辆设备摆放整齐、合理，发生事故时便于撤离，并有必要的安全防护措施； 3. 砸、接管线时要站稳，防滑倒或砸伤他人； 4. 施工结束，应先关井口闸门，压裂车放压后方可砸、卸管线
	1. 物体打击 2. 高压刺伤	压裂、酸化、防砂等高压施工	1. 施工中有专人指挥，统一部署，各负其责、协调配合； 2. 地面管线试压到计算施工压力的 1.2～1.5 倍，5min 不刺不漏为合格； 3. 施工人员站在安全区，严禁跨越管线，非施工人员不得进入井场； 4. 需要修整管线时必须先放压彻底后再修整； 5. 开关闸门时操作人员严禁正对丝杠
压裂车 压裂井口 防砂管汇	1. 物体打击 2. 高压刺伤 3. 环境污染 4. 井喷事故	压裂施工	1. 按设计要求装好专用井口装置，井口管线用地锚、钢丝绳固定； 2. 施工压力控制在设计允许范围内； 3. 压裂后要关井扩散压力并待压裂液水化。扩压后开井时若压力较高，应用油嘴控制防喷，以免地层吐砂刺坏井口闸门； 4. 放喷管线严格按照规范要求固定
压裂车 酸化井口 酸化管汇	1. 物体打击 2. 高压刺伤 3. 酸压危害 4. 环境污染	酸化施工	1. 连接好挤、排酸地面管线，高压管线要垫实，排酸管线要用地锚固定； 2. 施工现场必须配备清水或苏打水等防护用品，放酸液人员站在上风口，并戴好眼罩及劳保用品； 3. 严禁酸液落地，剩余酸液及时回收

6.6 试油(试气)作业安全风险与消减措施

试油(试气)就是利用专用的设备和作业方法，对通过间接手段(即通过钻井取芯、录井、测井等)初步确定的油、气、水层进行直接测试，并取得目的层的产能、压力、温度和油、气、水性质等资料，来认识和鉴别油、气层的工艺过程。其完整的工序应包括生产准备、施工准备、作业施工、完井验收交井等。

6.6.1 井场布置

设备设施运到井场后，要按施工的要求进行摆放。根据经验，作业井场可按下列原则进行布置：使用方便；各种施工用车辆能顺利进出井场，并能在井场内按要求摆放、施工；有利于设备的保护；防火。

(1) 主要设备设施

试油(试气)施工常用的大件设备有：作业机、井架、值班房、工具房、发电房、储液罐、储油罐、锅炉、分离器等。

(2) 井场布置

井场布置主要包括：通井机的摆放→油管桥和抽油杆桥的摆放→井口操作台的摆放→值班房、工具房、爬犁的摆放→储液罐、储油罐的摆放→发电机房、锅炉、分离器的摆放→泥浆泵的摆放→消防器材的摆放→各类警示标识的摆放等。

(3) 试油(气)测试流程布置

自喷井试油流程示意图如图6-5所示；气井试气流程示意图如图6-6所示；高压、高产气井试气流程示意图如图6-7所示；高压、高产油井试油流程示意图如图6-8所示。

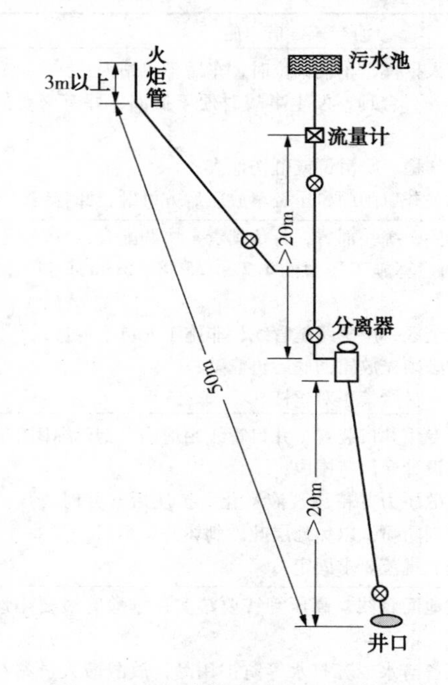

图6-5 自喷井试油流程示意图

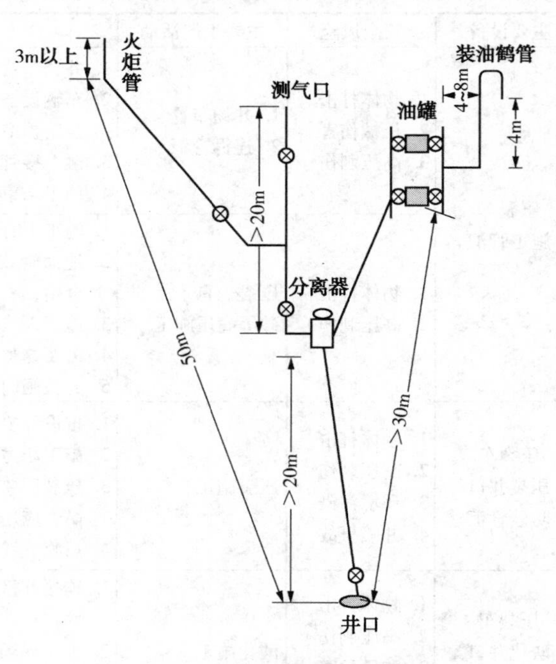

图6-6 气井试气流程示意图

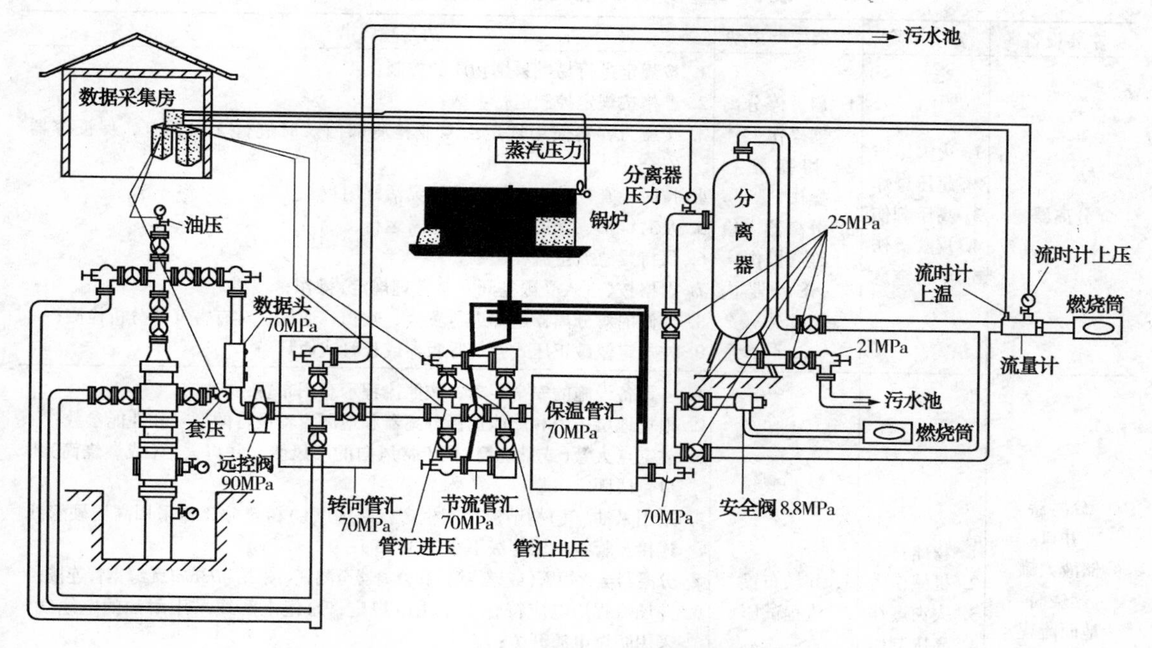

图 6－7　高压、高产气井试气流程示意图

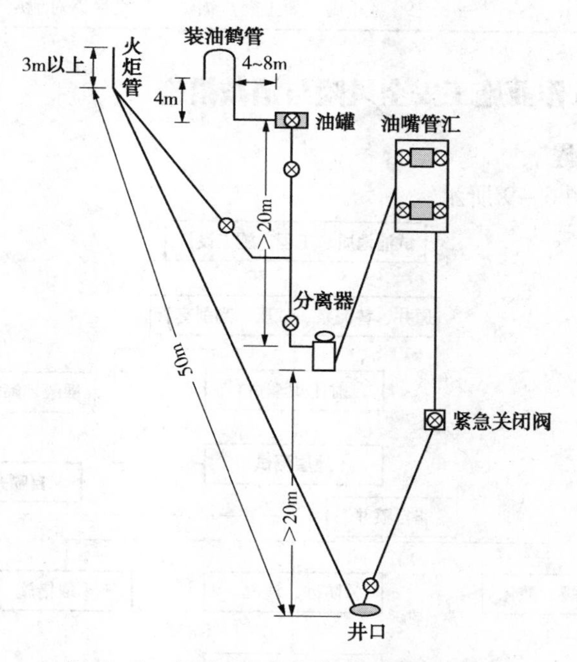

图 6－8　高压、高产油井试油流程示意图

（4）生产活动中的安全风险及消减措施

试油（试气）作业井场布置的安全风险及消减措施见表 6－10。

表 6-10　井场布置安全风险及消减措施

主要设备	安全风险	主要生产活动	消减措施
分离器	1. 火灾爆炸 2. 超压爆炸 3. 高压刺伤 4. 皮肤烫伤 5. 中毒窒息	1. 启、停分离器操作 2. 切换流程操作 3. 分离器内检维修操作 4. 分离器内清砂	1. 按规定进行易燃易爆物质的控制； 2. 严格按规定控制运行参数； 3. 按压力容器使用规定由专业检测部门及时进行无损探查，保证容器安全； 4. 按时检查校验安全阀，保证灵活好用； 5. 及时维护、保证监控系统正常运行； 6. 保持紧急放空流程通畅； 7. 严格按《进入受限空间安全管理规定》操作； 8. 检修前对分离器内部进行置换、吹扫、通风，对有害气体分析检测； 9. 按规定佩戴正压式空气呼吸器或长管式面具
分离器 井口 储液大罐 燃烧筒 地面流程 采油（气）树 节流管汇	1. 物体打击 2. 机械伤害 3. 火灾爆炸 4. 高压刺伤	1. 井场布置 2. 流程试压	1. 各设备设施的安全距离，按照流程示意图布置； 2. 根据地层压力和产能选择分离器和地面流程设备的型号和性能参数； 3. 放空点火管（或燃烧筒）位于常风向的下风侧，并将火炬（或燃烧筒）出口管线固定牢靠； 4. 采用采油（气）树节流控制生产，采油（气）树至分离器采用高压硬管线连接，管线耐压等级不小于35MPa； 5. 分离器至火炬管（或燃烧筒）和分离器至测气口采用ϕ73mm无缝钢管连接； 6. 井场流程用电应符合安全用电规定；泵组电源线采用耐油的电缆线，采用防爆电源开关； 7. 分离器、地面设备、管汇、管线通畅，闸门灵活可靠，扫线干净；停用时应放掉分离器和流程内的液体，清水扫线干净后，再用空气把水排出干净； 8. 地面流程各部分，分别按自己的压力等级进行清水试压30min，压降小于0.5MPa为合格； 9. 冬季施工要上蒸汽锅炉或热交换器对地层液体升温和保温流程

6.6.2　试油（试气）作业施工安全风险与消减措施

6.6.2.1　试油工艺流程

试油工艺流程如图 6-9 所示。

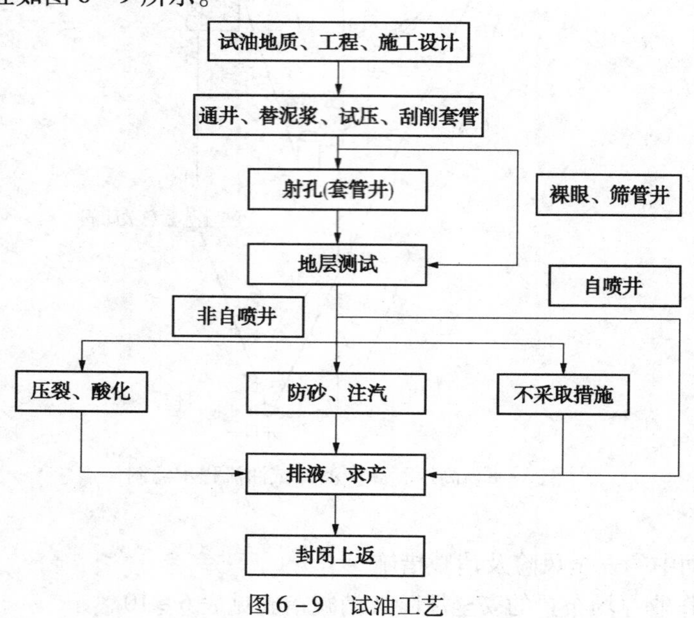

图 6-9　试油工艺

6.6.2.2 试气工艺流程

（1）一般工序同试油。

（2）试气特殊要求。

① 若用泥浆压井，必须采用二次替喷。

② 采用油管输送射孔。

③ 严禁用压风机诱喷，可用液氮或抽汲诱喷。

④ 放喷应装油嘴或针型阀控制，出口管线应用地锚固定。

⑤ 对地层疏松井，油嘴应由小到大控制放喷，每两小时做一次含砂分析。

⑥ 放喷井口压力应控制在最大关井压力的80%。

⑦ 含硫化氢井的施工安全要求符合SY 6137/SY 6277的规定。

6.6.2.3 试油（试气）工艺

（1）射孔作业

油井完成方法也叫井底结构，根据油层的具体性质。井底结构有多种形式。射孔完成法就是其中的一种，也是目前最常见的油井完成方法。所谓射孔就是将带有射孔弹的枪身下至油层部位，把套管、水泥环打穿，并穿透油层一定深度，从而构成油层至井底的出油通道。

目前射孔方法有三种：一是常规射孔；二是过油管射孔；三是油管输送射孔（无电缆射孔）；四是水利喷砂射孔。

（2）诱喷排液

目前现场自喷井的诱喷方法常有替喷法、气举法、混气水排液法和抽汲法等。

（3）封闭上返

注灰：将油管下至预计水泥塞低界，将计算好的水泥浆替到预计位置，然后上提管柱至预计水泥面反循环洗井，上提油管，关井候凝。

钻塞：利用管柱携带磨铣工具，通过转盘带动钻具旋转，对井内灰塞研磨，并通过修井液将钻屑携带出井筒。

6.6.2.4 生产活动中的安全风险及消减措施

试油（试气）作业过程的安全风险及消减措施见表6-11。

表6-11 试油（试气）作业安全风险及消减措施

主要工艺	安全风险	主要生产活动	消 减 措 施
射孔	1. 火灾爆炸 2. 井喷事故	施工准备	1. 井口应安装防喷装置，并有防火安全措施； 2. 射孔应根据补孔层资料合理确定射孔液，气井和高压油井射孔前井筒灌满压井液以保证射孔过程不发生井喷； 3. 对仪器绞车、井口、井架、抽油机座等设施，应进行漏电检查，漏电电流强度不应大于10mA，并检查井场照明线，不得有破损、漏电等现象，用导线将仪器绞车、井架和井口连成等势电位； 4. 夜间、雷、雨、潮湿天气不宜施工，六级风以上天气应停止施工

续表

主要工艺	安全风险	主要生产活动	消 减 措 施
射孔	1. 火灾爆炸 2. 井喷事故 3. 物体打击 4. 机械伤害 5. 触电危险	1. 射孔作业 2. 起下管柱 3. 设备操作	1. 对负压射孔井，按设计负压值决定排空深度，严格落实防喷措施； 2. 射孔施工时，非操作人员严禁进入井场； 3. 动力设备运转正常，中途不得熄火，司钻不准离开驾驶室； 4. 起下电缆过程中，绞车后面严禁站人，在检查、拆卸下过井的射孔器时，射孔器两端严禁站人； 5. 射孔施工过程中，井场内严禁使用无线通信器材及动用明火； 6. 施工中，电缆起下速度不应超过8000m/h，定位测量速度1000～2000m/h，电缆起下速度应均匀，发现遇阻应及时刹住，防止电缆打结和打扭； 7. 射孔完成后，应有专人观察井口，防止井喷； 8. 起下射孔管柱时，每小时不应超过40根油管，且速度均匀，防止溜、蹾射孔管柱； 9. 电缆射孔射孔器下井未点响时，先关闭点火电源再上提
气举诱喷	1. 物体打击 2. 井喷事故 3. 机械伤害 4. 中毒窒息 5. 高压刺伤 6. 火灾爆炸	1. 流程试压 2. 气举施工	1. 气举管线应全部为硬管线、试泵压力应为最高工作压力的1.5倍，要求坐好井口不漏气； 2. 出口管线应用弯头接入罐内，并固定牢； 3. 压风机距大罐、井口至少20m，排气管上应装消声器，防火罩； 4. 气举时应严格注意油井产出的天然气与注入的空气混合后的防爆问题； 5. 气举后在井内空气和油气混合物未排净前，切勿进行井下作业和测压工作，以防摩擦静电引起井下爆炸； 6. 严禁用空气压缩机在高油气比的油井、气井气举诱喷； 7. 使用氮气气举时，泵车应置于井口的上风方向； 8. 氮气气举施工过程中，非泵车操作人员未经允许不得靠近液氮泵今及液氮罐车或制氮设备。注气过程中，排液计量罐上不得站人，大罐应摆放在作业人员的下风处
抽汲诱喷	1. 物体打击 2. 井喷事故 3. 机械伤害 4. 烫伤	1. 抽汲准备 2. 抽汲施工 3. 灌绳帽	1. 在距抽子20～30m内的钢丝绳上作“0”记号； 2. 抽子下到最大深度滚筒上剩余钢丝绳不少于25圈，滚筒上的钢丝绳必须缠紧排齐； 3. 地滑车应固定牢靠，在抽汲设备到地滑车之间要留一段不小于20m的距离； 4. 抽汲、提捞时，井口应按要求安装防喷装置；钢丝绳均不得磨井口； 5. 抽汲时，施工人员应远离井口和抽汲绳，禁止跨越抽汲绳穿行； 6. 停抽时，抽子应起入防喷管内，以防掉抽子； 7. 灌绳帽时，操作人员必须戴好手套和眼镜，以防烧伤
混气水排液工艺	1. 物体打击 2. 井喷事故	混气水排液施工	1. 在水泥车和压风机出口处均应装有单流阀； 2. 出口管线用地锚固定，出口流量用针形阀控制； 3. 排液过程中要连续工作，不应中断

续表

主要工艺	安全风险	主要生产活动	消 减 措 施
放喷排液	1. 物体打击 2. 井喷事故 3. 中毒窒息 4. 高压刺伤 5. 火灾爆炸	1. 流程安装 2. 放喷施工	1. 放喷流程应装油嘴、针形阀控制压力和流速，出口处应装120°弯头，管线应用地锚固定； 2. 出口管线前方应留有足够的空间，防止高压气流冲击砂石引起火灾； 3. 按照要求配备消防设施； 4. 高压区无关人员撤离，开关阀门侧身平稳操作； 5. 动用明火，禁止带手机进入作业现场； 6. 按规定配备硫化氢、一氧化碳等有毒有害气体检测仪及正压式呼吸器等防护设施
注灰钻塞	1. 物体打击 2. 高压刺伤 3. 粉尘危害 4. 环境污染	1. 流程试压 2. 注灰施工	1. 施工前对管线试压至设计压力的1.2~1.5倍； 2. 施工中途机车出现故障应及时反洗井，洗出井内水泥浆； 3. 操作人员站在上风口，穿戴好口罩等劳保用品； 4. 进出口管线应固定，施工时人员不准横跨管线； 5. 返出液进大罐集中处理，不得落地污染环境
	1. 物体打击 2. 井喷事故 3. 高压刺伤 4. 环境污染	钻塞施工	1. 施工前井口安装防喷器，并试压合格； 2. 进口水龙带应采取防脱、防摆、防落措施，出口管线应固定； 3. 管柱螺纹应密封，上扣扭矩符合要求；起下钻具速度均匀、平稳； 4. 施工过程中从井内排出的液体应进罐回收，不得随意排放，以免污染环境

6.7 井下作业井控

6.7.1 井控设备

井控设备系指实施油气井压力控制所需要的一套装置、仪器、仪表和专用工具，是井下作业施工必须配备的设备。

井控设备主要包括井口装置；防喷器控制装系统；井控管汇；管柱内防喷工具；井控仪器仪表；井液加重、除气、灌注设备；特殊井控设备和工具。

(1) 井口装置

井口装置又称井口防喷器组。主要包括液压防喷器组、手动锁紧装置、套管头、钻井四通、过渡法兰等。

常用的防喷器通常有环形防喷器、闸板防喷器(手动闸板防喷器和液压闸板防喷器两大类)。

(2) 防喷器控制装系统

防喷器控制装系统主要包括司钻控制台、远程控制台、辅助遥控台等。如图6-10所示。

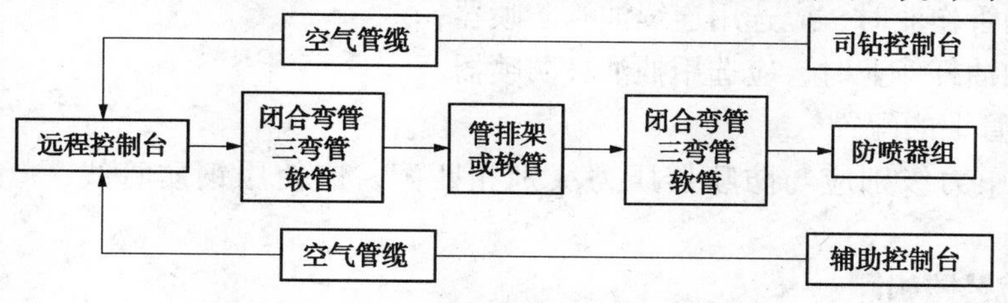

图6-10 防喷器控制装系统布置图

地面防喷器控制装置(以下简称控制装置)是控制井口防喷器组以及液动节流阀、压井阀的重要设备，是钻井、修井作业中防止井喷失控不可缺少的装置；正确的使用和维护保养对控制装置是非常重要的。

(3) 井控管汇

井控管汇包括节流管汇和压井管汇。

节流管汇主要由节流阀、闸阀、管线、管子配件、压力表等组成。

压井管汇主要由单向阀、闸阀、压力表、连接管线等组成。它一端与防喷器四连，另一端与注入泵相连。

(4) 管柱内防喷工具

管柱内防喷工具是装在管柱串上的专用工具，用来封闭管柱的中心通孔，防止管柱内喷，与井口防喷器组配套使用。现场常用的管柱内防喷工具有旋塞阀、井下安全阀、管柱止回阀、背压阀、管柱堵塞器、防顶装置等。

6.7.2 井控设备的配置与安装

井下作业现场必须安装或配备井控装置和内防喷装置，“三高”井应安装剪切闸板。井筒存在多种规格管柱组合时，防喷器应能满足井控要求，内防喷工具应配有相应的转换接头，并能迅速完成连接。

6.7.2.1 井控设备的选择原则

(1) 井控装置必须是具有该类产品生产资质的生产商生产的合格产品。井控装置在施工现场安装使用前，应具有井控设备检测资质部门(井控车间)颁发的合格证。

(2) 井下作业施工，应结合具体施工项目和流体特点，配齐满足井控技术和安全要求的井控装置。

(3) 每口施工井都应安装井控装置。

(4) 不装采油树的测试井，测试作业必须安装好地面测试流程，管柱顶端必须安装大于预测井口压力的旋塞阀及高压生产阀门。

(5) 井控装置、变径法兰、高压防喷管的压力等级，应大于生产时预计的最高关井井口压力或大于油气层预测的最高地层压力。

6.7.2.2 井控设备的配置

(1) 防喷器的配置

① 地层压力系数小于1.0的作业井，选用相应压力级别的手动或液压防喷器(组合)；

② 大修井、气井作业、井场环保要求高的作业井、含有毒有害气体的作业井，地层压力系数大于或等于1.0的作业井，选用液压防喷器(组合)；

③ 电缆射孔井应选用电缆射孔防喷器；

④ 连续油管作业时，应选用连续油管防喷器；

⑤ 起下抽油杆作业时，应选用抽油杆防喷器。

(2) 井控管汇的配置

井控管汇压力级别应与防喷器压力级别相匹配，应使用钢质管线，管汇内通径不小于62mm。

6.7.2.3 井控装置检测

(1) 防喷器、节流压井管汇、内防喷工具(旋塞阀等)使用期满6个月或使用中出现问题，应由具有资质的井控车间进行维护、检测；使用期满3年应由具有资质的井控检测部门进行全面检测。检测部门出具合格证后方可使用。

（2）高压试气流程装置使用期满6个月，必须对管体、壁厚进行检测；使用期满12个月（正在使用的待完成该井任务），要送井控设备资质检测部门进行全面检测，检测部门出具合格证后方可使用。

（3）压裂井口每使用3井次，必须由具有资质井控车间进行维护、检测；使用期满15井次必须由具有资质的井控检测部门进行全面检测。检测部门出具合格证后方可使用。

6.7.2.4 井口装置安装

井口装置包括套管头、防喷器组、防喷器控制系统、四通、转换法兰、双法兰短节、转换短节、采油气井口装置的油管头等。下面介绍主要大修作业时，井控装置的安装要求。

（1）防喷器组的安装要求

① 转换法兰在安装时应注意上、下螺栓孔的方向，确保四通安装后方向正确。

② 闸板防喷器、环形防喷器在安装时，油路方向应背对着井架大门方向，并避开流程闸门操作手柄的一侧，并无偏磨现象。

③ 对闸板防喷器应根据所使用的管具尺寸，装配相应规格的管封闸板，并在司钻台和远程台上挂牌标明所装闸板尺寸。

④ 所有的密封垫环槽、螺纹都必须清洗干净，涂润滑脂。对R或RX型垫环可以重复使用。对BX型垫环由于受刚性连接的限制，只能使用一次。对角拧紧螺栓，保持法兰平整，使所有的螺栓受力一致。

⑤ 防喷器顶盖安装防溢管时用螺栓连接，不用的螺纹孔用螺钉堵住。防溢管法兰与顶盖的密封用密封垫环或专用橡胶圈。

⑥ 防喷器安装完毕后，必须校正井口、转盘、天车中心，其偏差不大于10mm；同时，防喷器组必须用16mm钢丝绳和反正螺丝在井架底座对角线上绷紧。

⑦ 防喷器必须装齐所有闸板手动操作杆，靠手轮端应支撑牢固，其中心与锁紧轴之间的夹角最大不超过30°，并须挂牌标明手轮的开关方向和到底的圈数。

⑧ 应根据不同油气井的实际情况，或采用单四通或采用双四通配置。但无论哪种配置，均要求下四通旁侧出口要位于地面之上并保证施工四通旁侧出口高度始终不变。

（2）防喷器控制系统的安装要求

① 远程控制台应安装在井架大门左前方，距井口距离不少于25m的专用活动房内，距放喷管线或压井管线应有1m以上的距离，并在周围留有宽度不少于2m的人行通道，周围10m内不得堆放易燃、易爆、易腐蚀物品。

② 安装管排架前必须用压缩空气将所有管线吹扫干净。检查所有活接头的密封圈，按规定“对号入座”。管排架与防喷管线的距离应不少于1m，车辆跨越处应装有过桥盖板，不允许在管排架上堆放杂物和以其作为电焊接地线或在其上进行割焊作业。

③ 气源应与司钻控制台气源分开连接，并配有气源排水分离器。

④ 气管的安装应顺管排架安放在其侧面的专门位置上，或从空中架设。多余的管线盘放在远程台附近的管排架上，严禁强行弯曲和压折。电源应从配电板总开关处直接引出，并用单独的开关控制。

⑤ 蓄能器完好，压力达到规定值，并始终处于工作状况。

（3）防喷器控制装置正常待命时的工况

① 远程控制台工况

电源空气开关合上，电控箱旋钮转至自动位；气源压力表显示0.65～0.80MPa；蓄能器压力表显示18.5～21.0MPa；环形防喷器供油压力表显示10.5MPa；闸板防喷器供油压力表显示10.5MPa；电接点压力表的上限针位于21MPa刻度处，下限针位于18.5MPa处；气动压力变送器的一次气压表显示0.14MPa；油箱中盛油高于下部油位计下限。

② 司控台工况

气源压力表显示0.65～0.80MPa；蓄能器示压表、环形防喷器供油示压表、闸板防喷器供油示压表，三表示压值与远程控制台上相应油压表的示压值压差不超过1MPa。

6.7.2.5　井控管汇安装要求

管汇包括节流管汇、压井管汇、防喷管线与放喷管线。

（1）节流管汇和压井管汇上所有管线、闸阀、法兰等配件的额定工作压力，必须与全井最高压力等级防喷器的额定工作压力相匹配。

（2）井液回收管线、防喷管线和放喷管线应使用经内部探伤的合格管材，含硫化氢油气井的防喷管线和放喷管线采用抗硫专用管材。节流压井管汇以内的防喷管线采用螺纹与标准法兰连接不得现场焊接。如长度大于6m应用地锚固定进行固定。

（3）井液回收管线应连接牢靠，拐弯处必须使用角度大于120°的铸（锻）钢弯头，其内径不得小于62mm。

（4）井控管汇所配置平板阀应符合SY/T 5127中的相应规定。

（5）防喷器四通两翼应各装两个闸阀，紧靠四通的闸阀应处于常开状态。

（6）防喷管线控制闸阀（手动或液动阀）必须接出井架底座以外。寒冷地区，在冬季应对防喷管线采取防冻措施。

（7）布局要考虑当地季节风向、居民区、道路、油罐区、电力线路及各种设施。

（8）放喷管线内通径不小于62mm。两条管线走向一致时，应保持大于0.3m的距离，并分别固定。管线尽量平直引出，如因地形限制需转弯时，转弯处使用铸（锻）钢弯头，其转弯夹角应大于120°。管线出口接至距井口75m以上的安全地带，距各种设施不小于50m。

（9）管线每隔10m及转弯处、出口处用水泥基墩加地脚螺栓或地锚或预制基墩固定牢靠，悬空处要支撑牢固；若跨越10m宽以上的河沟、水塘，应架设金属过桥支撑。水泥墩基坑长×宽×深为0.8m×0.8m×1.0m。遇地表松软时，基坑体积应大于1.2m^3。地锚可采用水泥桩或钢管，打入地下系上绷绳后抗拉力不小于70kN。

（10）预埋地脚螺栓直径不小于20mm，长度大于0.5m。

6.7.2.6　井控装置试压

（1）全套井控装置在施工现场安装好后，整体进行清水试压。在不超过采油（气）井口额定压力和套管抗内压强度80%的情况下，环形防喷器封油管试压到额定工作压力的70%、闸板防喷器试压到额定工作压力，稳压时间不少于15min，允许压降不超过0.7MPa。

（2）节流、压井管汇试压：节流阀前各阀应与闸板防喷器一致，节流阀后各阀可比闸板防喷器低一个压力等级，并从外向内逐个试压。稳压时间不少于15min，允许压降不超过0.7MPa。

（3）更换井控装置部件后，应重新试压。

6.7.3 含硫作业安全风险与消减措施

6.7.3.1 作业设备的要求

（1）作业机、特殊作业设备和油气井装置的制造材料宜选择抗硫化氢腐蚀的材料，或采用敏感性材料与硫化氢环境互相隔离的设计。

（2）钻机、修井机、作业机提升系统的额定载荷应大于本井作业的所有工况的载荷，包括解卡工况下的载荷(在原悬重基础上增加400kN以上)。钻台或修井操作台应满足井控装置安装及操作、起下钻作业要求。

6.7.3.2 作业场地的特殊要求

（1）井场设施的安全间距

① 职工生活区距离井口应不小于500m。

② 井场锅炉房、发电房、值班房、储油罐、测试分离器距离井口不小于30m。

③ 远程控制台距离井口不小于25m，并在周围保持2m以上的人行通道。

④ 放喷排污池、火炬或燃烧筒出口距离井口应大于100m。

⑤ 高压节流管汇、低压泥浆分离器距离井口应大于10m。

⑥ 值班房与锅炉房、储油罐、高压节流管汇、放喷排污池的距离应不小于30m。

⑦ 储油罐与放喷排污池、锅炉房、发电房的距离应大于30m。

⑧ 炬或燃烧筒出口距离森林应大于50m，上空20m半径范围内无高压电线或高空距离大于150m，且位于主导风向的下风侧。处在林区的井．井场周围应有防火隔离墙或隔离带，隔离带宽度不小于20m。

⑨ 燃烧筒应用水泥基墩地脚螺栓和钢质压板固定在放喷排污池入口，排污池的长度大于25m、宽度大于15m，地面砖墙高度大于3m，防火墙高度大于5m；所有放喷管线出口应正对对面防火墙，禁止出口斜对侧面砖墙。

⑩ 井场应有逃生通道和两个以上的逃生出口，并有标识。放喷口附近、值班房、钻台、井场入口、应设置方向标；作业井场应设置明显的安全警示标识。

（2）双放喷口要求

要求安装方向不同的两个放喷口，井场设置风向标，放喷时，要随时注意风向变化，以便及时调整放喷口，转移到上风方向作业。

（3）井场通风要求

① 井场周围要空旷，尽量在各方面让盛行风畅通，并吹过采气设备。所有设备的安装必须有空间，井口装置周围禁止堆放杂物以便空气流通，避免硫化氢在井口及其周围聚集。测井射孔等辅助设备和机动车辆应尽量远离井口，至少保持在25m以外。

② 放喷、测试施工时，在钻台上、井口旁、循环罐、油嘴(节流)管汇、分离器等重要部位应放置大功率排风扇各1台。

6.7.3.3 地面作业流程的要求

（1）地面流程(含压井管汇、节流管汇、试油管汇)

必须采用抗硫油管、抗硫管汇台和抗硫热交换器、抗硫油气分离器。井口与管汇台之间、管汇台之间、放喷管线采用抗硫油管(短节)，并采用丝扣或法兰连接。井口关井压力大于45MPa的井井口与管汇台必须采用法兰连接。

（2）流程安装要求

放喷、压井、回浆管线应用油管连接紧密，安装平直；转弯处宜采用大于120°的弯头。含硫气井地面流程应安装两套成90°~180°的放喷、测试管线，主出口位于下风方向。

（3）流程固定要求

管汇台、分离器、转弯的弯头两端、放喷口及平直段小于15m，用水泥基墩地脚螺栓和钢质压板固定，压板与管线之间用垫子垫好，上紧压板螺丝。管线应落地固定，悬空长度超过10m时，必须采用刚性支撑并固定。

（4）流程固定基础要求

固定分离器、节流管汇、放喷及测试管线的水泥基墩坑长度大于0.8m、宽度大于0.6m、深度大于0.8m，深固定放喷口的水泥基墩坑长度大于1.5m、宽度大于1.0m、深度大于1.0m，距喷口应小于0.5m；水泥基墩应采用混凝土浇筑。

6.7.3.4　入井工具、作业管柱的要求

（1）采用抗硫化氢腐蚀的合金钢油管；必须使用合金钢油管专用作业设备。起下抗硫生产管柱时应使用微牙痕液压大钳、微牙痕吊卡等专用作业设备。

（2）井下作业时应尽量使用抗硫化氢腐蚀钻具，若条件不允许，也可采用低钢级钻具进行作业施工，但必须保证修井液pH为9.5~11。

（3）电缆钢丝测试工艺只在斜度小于30°的气井中采用，电缆钢丝测试装备及仪器的材质必须符合耐腐蚀要求，井口防喷装置必须具有高指标的动静密封性能。

（4）限制在涂层管内进行钢丝、电缆作业或其他方法投送工具作业时，限制速度小于30m/min。

6.7.3.5　修井液的要求

（1）维持修井液pH为9.5~11。

（2）修井液中应添加适量的除硫剂、缓蚀剂，并密切监测修井液中除硫剂的残留量，控制硫化氢质量浓度小于$50mg/m^3$。

（3）应另外储备2倍井筒容积、密度大于修井液密度$0.2g/cm^3$以上的压井液。

（4）应储备足量的泥浆加重材料及除硫剂，加重材料不少于200t，能配制1倍以上井筒容积的压井液。

（5）对易漏失层，还应储备堵漏材料，应备有能配制堵漏液$100m^3$以上的堵漏材料。

6.7.3.6　队伍资质及人员的要求

（1）施工队伍资质

① 具有中石化乙级以上队伍资质、天然气施工资质和HSE体系认证资质。

② 驻井试气队技术干部不少于2人，熟悉试气工艺全过程，能妥善处理突发事件；工人具有中级工以上（含中级工）资历，3年以上试油（气）工作经验，吃苦耐劳。

（2）人员资质

① 现场施工人员应持有经主管部门批准的培训部门培训考核颁发的“井控操作合格证”。

② 现场施工人员及相关管理人员均应接受硫化氢、二氧化碳等有毒、有害气体的培训，并取得“H_2S防护技术”培训合格证。

③ 现场所有施工人员及相关管理人员应持有经主管部门授权批准的培训部门考核颁发的“安全、环境与健康”培训合格证（HSE证）。

④ 锅炉工、司钻、电（气）焊工等特殊工种应持证上岗。

6.7.3.7　检测急救器材与组织管理的要求

（1）实施作业的主要人员数量应保持最低。

（2）井场硫化氢容易积聚的地方应安装固定式硫化氢监测仪和可燃气体检测仪，确认工作性能正常，报警系统正常。作业过程中，应至少配备便携式硫化氢监测仪5台，并使用硫化氢监测设备对大气情况进行监测。

（3）井场值班室、工程室应设在井场盛行风向的上风方向，并应设置防护，储备急救箱、担架、氧化袋等用具。

（4）在作业前，应召开相关工作人员参加的特殊安全会议，并特别强调使用压式空气呼吸器、施工组织方案及应急预案。

（5）应在保证人员安全的条件下，排放并燃烧产生的所有气体。

（6）放喷口保证有3种以上的点火方式(必须包括长明火)。

第7章　采油作业安全管理

7.1　自喷采油安全管理

7.1.1　工艺原理

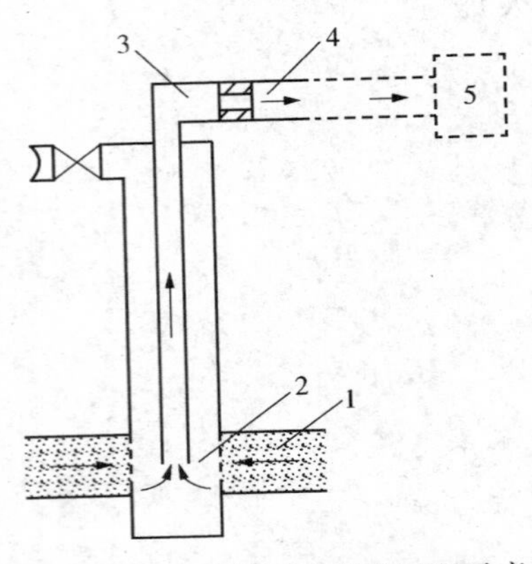

图7－1　自喷井四个流动过程示意图
1—地层渗流；2—垂直管流；3—嘴流；
4—地面管流；5—计量间

当钻穿油层完井后，地层能量比较大，埋藏在地层深处的原油，在生产压差(地层压力与井底压力之差)的作用下，从油层渗流到井底，又在井底压力的作用下从井底举升到地面。这种完全依靠地层天然能量克服重力及流动阻力而被举升到地面的生产方式称为自喷采油。原油从油层流到地面计量站，一般要经过四个流动过程，即地层渗流、垂直管流、嘴流和地面(水平)管流，如图7－1所示。

7.1.2　主要设备

自喷采油设备主要包括井下管柱、井口装置、水套加热炉和计量站。

7.1.2.1　井下管柱

井下管柱主要由套管、油管、封隔器、配产器、支撑卡瓦及油嘴等组成，用以控制各层在合理的压差下平衡开采。分层开采可分为单管分采、油套管分采和多管分采。

7.1.2.2　井口装置

井口装置由套管头、油管头和采油树三部分组成。其中，套管头和油管头为悬挂密封部分，用于悬挂油管、承托井内全部油管柱重量；密封油、套管之间的环形空间。采油树为控制调节部分，用于控制和调节油井的生产；录取油、套压力资料、测试、清蜡等日常管理；保证各项作业施工的顺利进行。按连接方式分为螺纹式、法兰式和卡箍式三种。以国产GY250采油树为例，各零部件有：采油树套管四通、左右套管闸门、油管头、油管四通、总闸门、左右生产闸门、测试闸门或清蜡闸门(封井器)、油管挂顶丝、卡箍、钢圈及其他附件。

7.1.2.3　计量站

油气计量站设在油井附近，主要用于量油和测气。它主要由集油阀组(俗称总机关)和油气计量分离器组成。计量站分为单井计量和多井计量两种。单井计量在井口进行。多井计量是将几口井的油、气计量工作集中进行，其流程如图7－2所示。

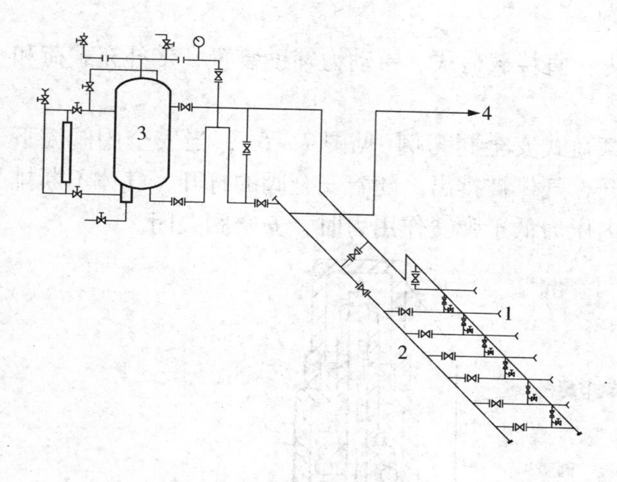

图 7－2　多井计量间流程图

1—单井来油；2—汇管；3—计量分离器；4—计量站出口

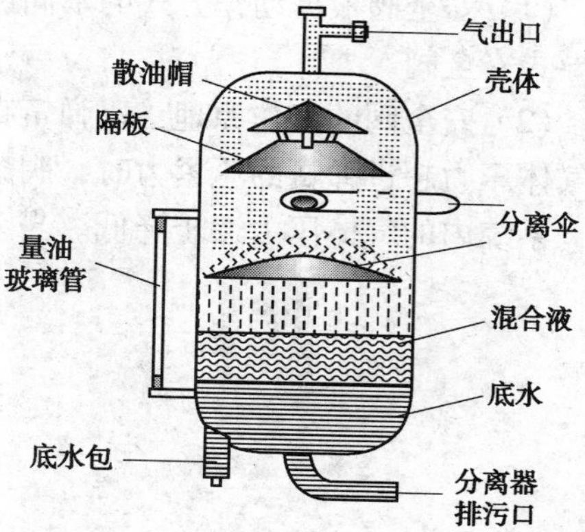

图 7－3　立式切向计量分离器结构示意图

7.1.2.4　油气分离器

油气分离器是把油井生产出的原油和伴生天然气分离开来分别计量的装置。主要由分离筒、分离伞、散油帽、分离器隔板、加水漏斗、量油玻璃管等组成。从外形分大体有三种形式，立式、卧式和球形，目前石油矿场主要使用的是立式油气分离器，如图 7－3 所示。

7.1.2.5　水套加热炉

水套加热炉是给油井产出的油气加温降黏的装置。主要由水套、火筒、火嘴、沸腾管和走油盘管五部分组成，如图 7－4 所示。采用走油盘管浸没在水套中的间接加热方法是为了防止原油结焦。

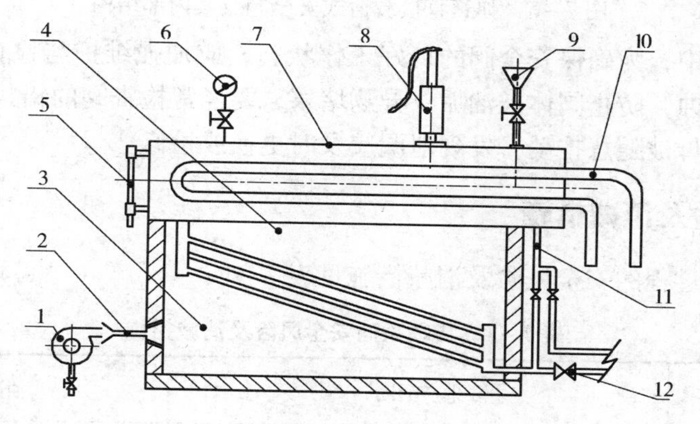

图 7－4　水套加热炉结构示意图

1—燃烧器；2—火嘴；3—炉膛；4—沸腾炉；5—水位表；6—压力表；
7—水套；8—安全阀；9—加水漏斗；10—走油盘管；11—水循环管线；12—回水闸门

7.1.2.6　安全阀

安全阀是一种安全保护用阀，它的启闭件受外力作用下处于常闭状态，当设备或管道内的介质压力升高，超过规定值时自动开启，通过向系统外排放介质来防止管道或设备内介质压力超过规定数值。安全阀属于自动阀类，主要用于锅炉、压力容器和管道上，控制压力不超过规定值，对人身安全和设备运行起重要保护作用。

（1）安全阀根据动作方式的不同可分为：直接载荷式、带动力辅助装置、带补充载荷和先导式安全阀。

（2）安全阀的工作原理：以弹簧直接载荷式安全阀为例（见图 7－5），当安全阀阀瓣下的气体压力超过弹簧的压紧力时，阀瓣顶开，气体被排出。随着安全阀的打开，气体不断排出，系统内的气体压力逐步降低。当系统内压力低于弹簧作用力时，安全阀关闭。

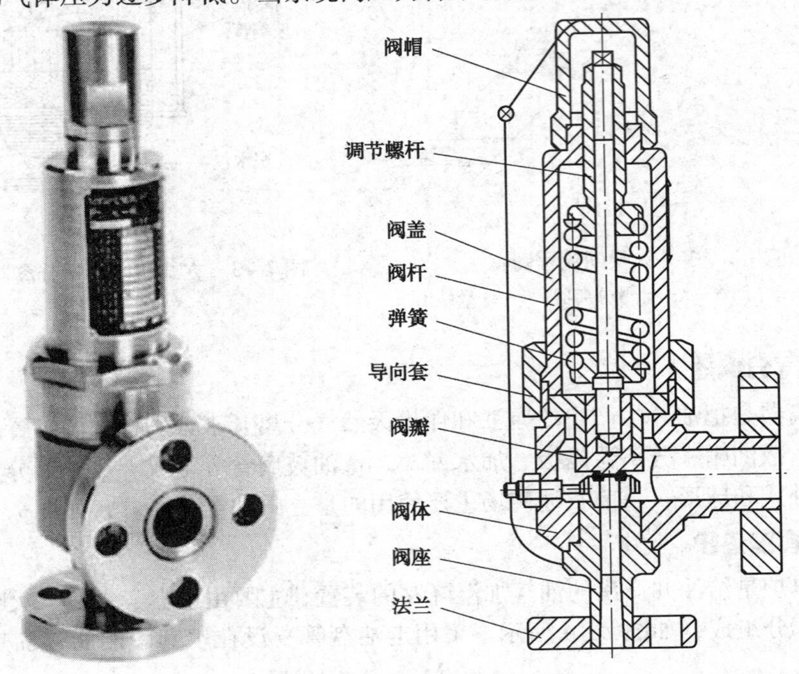

图 7－5　弹簧直接载荷式安全阀及其内部结构

（3）日常使用中，为确保安全阀的良好工作状态，应加强维护与检查，保持阀体清洁，防止阀体及弹簧锈蚀，防止阀体被油垢、异物堵塞，要经常检查阀的铅封是否完好，防止弹簧式安全阀调节螺母被随意拧动，发现泄漏应及时更换或检修。

7.1.3　安全风险及消减措施

自喷采油工艺过程的安全风险及消减措施见表 7－1。

表 7－1　自喷采油安全风险及消减措施

主要设施	安全风险	主要生产活动	消减措施
井口装置	火灾爆炸	井口动火	1. 动火必须有相关报告； 2. 严禁井场范围内吸烟； 3. 正确穿戴劳动保护用品； 4. 严格按照操作规程操作； 5. 正确使用工具用具
	机械伤害	1. 自喷井清蜡； 2. 井口取油样； 3. 更换井口阀门及垫子； 4. 自喷井更换油嘴	1. 正确穿戴劳动保护用品； 2. 严格按照操作规程操作； 3. 正确使用工具用具

续表

主要设施	安全风险	主要生产活动	消减措施
井口装置	中毒	1. 自喷井开、关井; 2. 自喷井清蜡; 3. 井口取油样; 4. 自喷井巡回检查; 5. 更换井口阀门及垫子; 6. 自喷井更换油嘴	1. 操作时站立在上风口; 2. 严格按照操作规程操作; 3. 含 H_2S 井采取必要的防中毒措施
	高压刺伤	1. 自喷井开、关井; 2. 自喷井清蜡; 3. 井口取油样; 4. 更换井口阀门及垫子; 5. 自喷井更换油嘴	1. 正确穿戴劳动保护用品; 2. 严格按照操作规程操作; 3. 正确使用工具用具; 4. 定期检测、保养各部件
水套炉	1. 高压刺伤 2. 烫伤	1. 加热炉点火与停火; 2. 加热炉巡回检查; 3. 水套加热炉加水	1. 正确穿戴劳动保护用品; 2. 严格按照操作规程操作; 3. 正确使用工具用具; 4. 定期检测、保养各部件
	火灾爆炸	1. 加热炉点火与停火; 2. 加热炉巡回检查; 3. 水套加热炉加水	1. 动火必须有相关报告; 2. 严禁加热炉范围内吸烟; 3. 正确穿戴劳动保护用品; 4. 严格按照操作规程操作; 5. 正确使用工具用具
计量站	火灾爆炸	站内动火	1. 动火必须有相关报告; 2. 严禁站内吸烟; 3. 正确穿戴劳动保护用品; 4. 严格按照操作规程操作; 5. 正确使用工具用具
	机械伤害	1. 单井量油、测气操作; 2. 更换计量站上流阀门; 3. 更换闸板阀密封填料; 4. 冲洗计量分离器; 5. 更换量油玻璃管(板)	1. 正确穿戴劳动保护用品; 2. 严格按照操作规程操作; 3. 正确使用工具用具
	中毒	1. 单井量油、测气; 2. 更换计量站上流阀门; 3. 更换闸板阀密封填料; 4. 冲洗计量分离器; 5. 更换量油玻璃管(板)	1. 通风良好; 2. 严格按照操作规程操作; 3. 有 H_2S 采取必要的防中毒措施
	高压刺伤	1. 单井量油、测气操作; 2. 更换计量站上流阀门; 3. 更换闸板阀密封填料; 4. 冲洗计量分离器; 5. 更换量油玻璃管(板)	1. 正确穿戴劳动保护用品; 2. 严格按照操作规程操作; 3. 正确使用工具用具; 4. 定期检测、保养管线及各部件

续表

主要设施	安全风险	主要生产活动	消减措施
管网	高压刺伤	1. 扫线； 2. 管线焊补堵漏； 3. 挖沟作业； 4. 日常巡检	1. 正确穿戴劳动保护用品； 2. 严格按照操作规程操作； 3. 正确使用工具用具； 4. 定期检测、保养管线及各部件
	塌方掩埋	1. 管线堵漏； 2. 挖沟作业	1. 必须办理动土操作许可证； 2. 操作坑必须有斜坡

7.2 有杆泵采油安全管理

在油田开发过程中，如油井不能自喷，则必须借助机械的能量进行采油。机械采油是指人为地通过各种机械从地面向油井内补充能量举油出井的生产方式。目前使用的机械采油分为有杆泵采油和无杆泵采油两种方法。

有杆泵采油是指通过抽油杆来传递动力将原油开采出地面的采油方法。目前使用的有杆泵有：抽油机－深井泵采油装置和地面驱动螺杆泵采油装置。

7.2.1 抽油机－深井泵采油

7.2.1.1 工艺原理

抽油机－深井泵采油装置，主要由抽油机、抽油泵和抽油杆组成，简称“三抽”设备。工作时电机将电能转变为电机输出轴的高速旋转运动，经减速装置将高速旋转运动变为曲柄的低速旋转运动，并由曲柄－连杆－游梁机构，将旋转运动变为抽油杆的上下往复运动，带动深井泵工作，抽油出井。

7.2.1.2 主要设备

（1）抽油机

抽油机按结构分为游梁式抽油机和无游梁式抽油机两类。游梁式抽油机按结构的不同分为常规型抽油机、前置型抽油机、异形抽油机。无游梁式抽油机可分为皮带式抽油机、链条抽油机、液压抽油机、电动机换向智能抽油机等类型。

（2）抽油泵

抽油泵也称深井泵，通过油管和抽油杆下到井中，并沉没在液面以下一定深度，靠抽吸作用将油抽至地面的井下设备。其工作原理如图7－6所示：上冲程：活塞上行，游动阀关闭，泵筒内压力下降，当泵筒内压力低于泵入口处压力时，固定阀打开，液体进入泵内，同时井口排出活塞让出泵筒体积的液体。下冲程：活塞下行，泵筒内压力升高，固定阀关闭，游动阀打开，液体从泵内排出到活塞以上的油管中，同时井口排出光杆进入油管所占据空间的液体体积。常规抽油泵按结构和原理不同分杆式泵和管式泵两类，如图7－7所示。

① 管式泵：如图7－7(a)由一个工作筒、活塞、固定阀、游动阀四部分组成。适用于供液能力强，产量较高的浅、中深油井。

② 杆式泵：如图7－7(b)由内外两个工作筒、活塞、固定阀、游动阀组成。适用于液面较低，产量小的油井。

在有杆泵抽油系统中，抽油泵在井下工作状况十分复杂，每口井的情况均不相同，归纳起来为气体、砂、蜡、稠油、腐蚀等影响。为了适应不同的油井情况，又在常规泵的基础上设计改造出了很多特种泵，主要有：防砂卡泵、抽稠油泵、防气泵、耐腐蚀泵等。

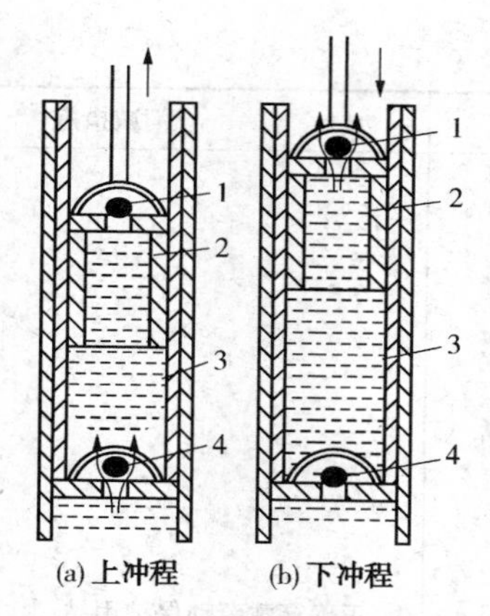

图7－6　抽油泵工作原理示意图
1—游动阀；2—活塞；
3—工作筒；4—固定阀

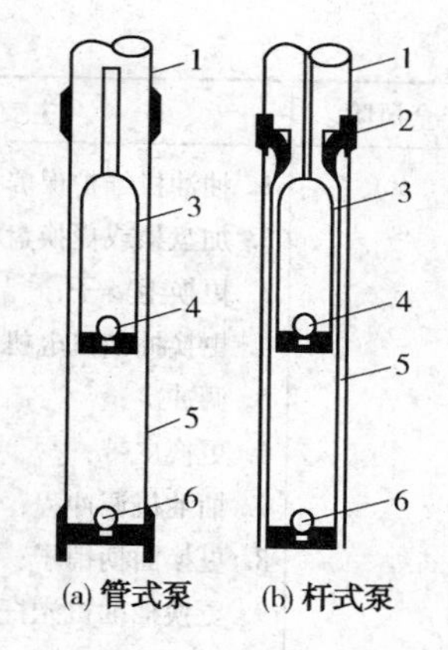

图7－7　抽油泵
1—油管；2—卡簧；3—柱塞；
4—游动阀；5—工作筒；6—固定阀

（3）抽油杆

抽油杆通过接箍连接成杆柱，上经光杆连抽油机，下接抽油泵柱塞。国产抽油杆有两种，一种是碳钢抽油杆，另一种是合金钢抽油杆。光杆因承受载荷最大、承受应力集中，所以光杆用高强度的50～55号优质碳素钢制成。

为了适应特殊井的需要，研究开发出各种类型的特种抽油杆。目前应用较多的特种抽油杆有超高强度抽油杆、玻璃钢抽油杆、空心抽油杆、连续抽油杆和柔性抽油杆等。

（4）控制设备

控制设备用于抽油机电机控制，具有保护电机、节电作用。有普通控制箱（柜）和变频控制箱（柜）两类。石油矿场常用的是普通电控箱（柜），它的主要功能是自动或手动开停机；重新供电后顺序自动开机；自动开机过程中就地声响报警；电机供电断相自动保护停机；电机短路自动保护停机；电机过负荷自动保护停机；抽油杆断脱自动保护停机等。变频控制箱（柜）主要是通过改变极对数的方法来实现电机的节能，还具有快速、简便切换转速、功率、改变抽油机冲次，满足调参要求的特点。

7.2.1.3　生产活动中的安全风险及消减措施

有杆泵采油工艺过程的安全风险及消减措施见表7－2。

表7－2　有杆泵采油安全风险及消减措施

主要设施	安全风险	主要生产活动	消减措施
控制柜（变频器）	1. 触电危险 2. 电弧伤人	1. 更换铁壳开关熔断器保险片； 2. 三相异步电动机找头接线； 3. 电动机及电缆的绝缘检测； 4. 10kV跌落式熔断器停、送电； 5. 更换抽油井铁壳开关； 6. 更换抽油井低压电缆； 7. 更换抽油机控制柜； 8. 更换抽油机电动机； 9. 游梁式抽油机启、停； 10. 抽油机井巡回检查； 11. 挖沟埋线	1. 正确使用工具用具； 2. 按规定穿戴好绝缘护具； 3. 严格按照操作规程操作； 4. 做好电器设备的保护措施

续表

主要设施	安全风险	主要生产活动	消减措施
抽油机	机械伤害	1. 抽油机维护保养； 2. 加盘根或更换盘根盒； 3. 更换毛辫子； 4. 更换抽油机电机； 5. 调冲次； 6. 更换皮带； 7. 抽油机调冲程； 8. 更换曲柄销子； 9. 更换抽油机光杆； 10. 调防冲距； 11. 抽油机井碰泵； 12. 调曲柄平衡； 13. 更换井口阀门及垫子； 14. 油井液面测试； 15. 抽油机井示功图测试； 16. 单井井口憋压； 17. 抽油机井热洗； 18. 游梁式抽油机驴头对中； 19. 测量游梁式抽油机剪刀差； 20. 抽油机的巡回检查	1. 正确穿戴劳动保护用品； 2. 严格按照操作规程操作； 3. 正确使用工具用具
	高空坠落	1. 抽油机安装； 2. 抽油机维护保养； 3. 更换毛辫子； 4. 调冲次； 5. 更换皮带； 6. 抽油机调冲程； 7. 更换曲柄销子； 8. 调曲柄平衡； 9. 游梁式抽油机驴头对中； 10. 加盘根或更换盘根盒	1. 按照要求系好安全带； 2. 正确使用工具用具； 3. 严格按照操作规程操作
井口装置	高压刺伤	1. 加盘根或更换盘根盒； 2. 单井井口憋压； 3. 抽油机井热洗； 4. 抽油机的巡回检查； 5. 抽油机井热洗； 6. 抽油机维护保养； 7. 井口憋压判断抽油泵状况； 8. 更换井口阀门及垫子	1. 正确穿戴劳动保护用品； 2. 严格按照操作规程操作； 3. 正确使用工具用具； 4. 定期检测、保养各部件
	火灾爆炸	1. 井口动火； 2. 液面测试	1. 动火必须有相关报告； 2. 严禁井场范围内吸烟； 3. 正确穿戴劳动保护用品； 4. 严格按照操作规程操作； 5. 正确使用工具用具

续表

主要设施	安全风险	主要生产活动	消减措施
管网	高压刺伤	1. 扫线； 2. 油井管线焊补堵漏； 3. 挖沟作业； 4. 日常巡检	1. 正确穿戴劳动保护用品； 2. 严格按照操作规程操作； 3. 正确使用工具用具； 4. 定期检测、保养管线及各部件
	塌方掩埋	1. 管线堵漏； 2. 挖沟作业	1. 必须办理动土操作许可证； 2. 操作坑必须有斜坡

7.2.2 地面驱动螺杆泵采油

7.2.2.1 工艺原理

地面驱动螺杆泵采油系统由电机提供动力，通过皮带、皮带轮的减速，带动输入轴转动，通过角齿与盆齿的啮合，变成输出轴的旋转运动，再通过光杆卡箍使光杆转动，从而带动抽油杆、转子旋转。工作过程中，转子转动，形成的空腔携带液体从吸入端运动到排出端，空腔的连续运动就在排出口形成连续的液流，达到抽汲液体的目的。

地面驱动螺杆泵采油根据传动形式不同，可分为皮带传动和直接传动两种型式。皮带传动是电动机、皮带传动轮、减速器等均置于地面采油井口装置上面，当驱动装置工作时，带动抽油杆和转子旋转，将油举升到地面；直接传动是将电动机轴立起来，通过行星减速器与抽油杆光杆直接连接，驱动抽油杆旋转。

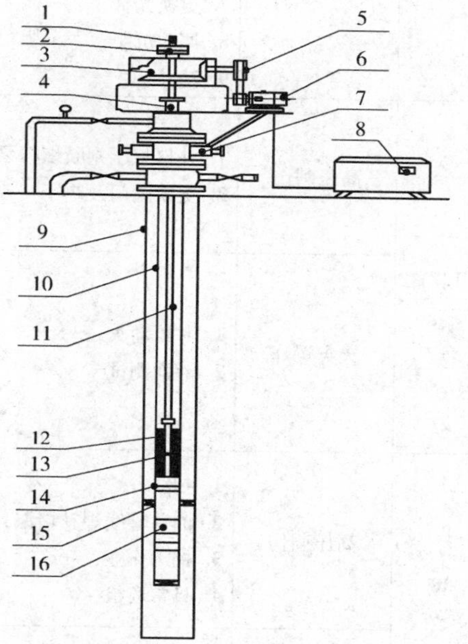

图 7-8　螺杆泵采油系统示意图

1—光杆；2—方卡；3—减速箱；4—密封盒；5—皮带轮；6—电动机；7—专用井口；8—电控箱；9—套管；10—油管；11—抽油杆；12—定子；13—定位销；14—锚定工具；15—防蜡器；16—筛管

7.2.2.2 主要设备

包括电控设备、地面驱动装置(驱动头)、井下管柱、井下泵、配套工具五部分，如图7-8所示。

7.2.2.3 生产活动中的安全风险及消减措施

地面驱动螺杆泵采油工艺过程的安全风险及消减措施见表 7-3。

表 7-3　螺杆泵采油安全风险及消减措施

主要设施	安全风险	主要生产活动	消减措施
控制柜（变频器）	1. 触电危险 2. 电弧伤人	1. 更换铁壳开关熔断器保险片； 2. 三相异步电动机找头接线； 3. 电动机及电缆的绝缘检测； 4. 10kV 跌落式熔断器停、送电； 5. 更换铁壳开关； 6. 更换低压电缆； 7. 更换控制柜； 8. 更换电机； 9. 启停螺杆泵； 10. 挖沟埋线	1. 正确使用工具用具； 2. 按规定穿戴好绝缘护具； 3. 严格按照操作规程操作； 4. 做好电器设备的保护措施

续表

主要设施	安全风险	主要生产活动	消减措施
地面驱动装置	机械伤害	1. 停泵； 2. 加盘根； 3. 更换驱动头； 4. 更换电机； 5. 调转速； 6. 更换皮带； 7. 更换光杆； 8. 调防沉距； 9. 洗井	1. 正确穿戴劳动保护用品； 2. 严格按照操作规程操作； 3. 正确使用工具用具
井口装置	高压刺伤	1. 井口憋压判断螺杆泵状况； 2. 更换阀门及垫子	1. 正确穿戴劳动保护用品； 2. 严格按照操作规程操作； 3. 正确使用工具用具； 4. 定期检测、保养各部件
	火灾爆炸	1. 井口动火； 2. 液面测试	1. 动火必须有相关报告； 2. 严禁井场范围内吸烟； 3. 正确穿戴劳动保护用品； 4. 严格按照操作规程操作； 5. 正确使用工具用具
管网	高压刺伤	1. 扫线； 2. 油井管线焊补堵漏； 3. 挖沟作业； 4. 日常巡检	1. 正确穿戴劳动保护用品； 2. 严格按照操作规程操作； 3. 正确使用工具用具； 4. 定期检测、保养管线及各部件
	塌方掩埋	1. 管线堵漏； 2. 挖沟作业	1. 必须办理动土操作许可证； 2. 操作坑必须有斜坡

7.3 无杆泵采油安全管理

7.3.1 电动潜油离心泵采油

7.3.1.1 工艺原理

电动潜油离心泵采油简称电潜泵采油，是将井下工作的多级离心泵，同油管一起下入井内，地面电源通过变压器、控制屏和潜油电缆将电能输送给井下潜油电机，电机将电能转换为机械能，带动多级离心泵旋转，把油井中的井液举升到地面。在油田生产中，特别是在高含水期，大部分原油是靠电潜泵生产出来的。

7.3.1.2 主要设备

电潜泵采油设备分为井下、地面和电力传送三个部分。井下部分主要有多级离心泵、油气分离器、潜油电机和保护器；地面部分主要有变压器、控制屏和井口装置；电力传送部分是电缆。

供电流程：地面电源→变压器→控制屏→潜油电缆→潜油电机。

抽油流程：分离器→多级离心泵→单流阀→泄油阀→井口→出油干线。

其工作流程如图 7 - 9 所示。

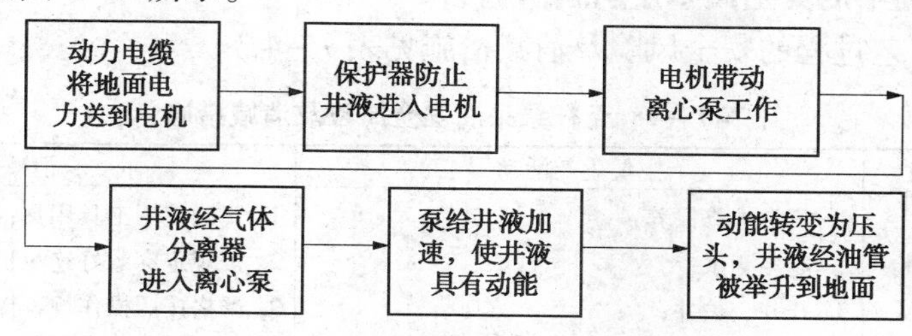

图 7 - 9　潜油电泵工作流程图

(1) 潜油电动机将地面输入的电能转化为机械能，进而带动多级离心泵高速旋转；它位于井内机组最下端，其主要结构和工作原理与常用的异步电动机相同，是一种两极、三相鼠笼式异步感应电机。

(2) 保护器是利用井液与电机油密度间的差异，以防止井液进入电机造成短路而烧毁电机的装置，主要是通过隔离腔连接井液与电机油来完成。

① 保护器通过连接外壳和传动轴，把泵和电机连接起来。

② 保护器装有止推轴承，以吸收泵轴的轴向推力。

③ 为电机提供润滑油(电机油)，保证电机的长期平稳运转。

④ 隔离井液与电机油，同时使井筒 - 电机的压力保持平衡。

⑤ 允许电机运行时温度升高所造成的电机油热膨胀以及停机后电机油的收缩。

目前国内外在电潜泵机组中，所使用的保护器种类很多，但从其原理来看，使用比较普遍的有三种，即连通式、沉淀式和胶囊式。

(3) 油气分离器安装在泵的液体吸入口处，当混气流体进入多级离心泵之前，先通过分离器，把自由气体分离出来，以减少气体进泵，防止泵的气体影响或产生气锁，保证电潜泵具有良好的工作特性，使多级离心泵能够正常工作。常用的分离器有两种：沉降式分离器和旋转(离心)式分离器。

(4) 潜油多级离心泵的工作原理同地面离心泵一样，当充满在叶轮流道内的液体在离心力作用下从叶轮中心沿叶片间的流道甩向叶轮四周时，液体受叶片的作用，使压力和速度同时增加，并经导轮的流道被引向次一级叶轮。这样，逐级流过所有的叶轮和导轮，进一步使液体的压能增加，逐级叠加后就获得一定的扬程，从而将井液举升到地面。

(5) 潜油电缆作为从地面向井下机组传输电力的介质，从外形上看，可分为圆电缆和扁电缆两种，主要由导体(三芯独根铜线或三芯多股铜绞线)、绝缘层、护套层，并用钢带铠装而组成，其中扁电缆分大扁电缆和小扁电缆两种。

(6) 控制屏是电动潜油泵机组的专用控制设备，电动潜油泵机组的启动、运转和停机都是依靠控制屏来完成的。它主要是由主回路、控制回路、测量回路三个部分组成的。其功能是：能连接和切断供电电源与负载之间的电路；通过电流记录仪，把机组在井下的运行状态反映出来；通过电压表检测机组的运行电压和控制电压；有识别负载短路和超负荷来完成机组的超载保护停机功能；借助中心控制器，能完成机组的欠载保护停机；还能按预定的程序实现自动延时启动；通过选择开关，可以完成机组的手动、自动两种启动方式；通过指示灯可以显示机组的运行、欠载停机、过载停机三种状态。

(7) 接线盒是用来连接地面与井下电缆的，具有方便测量机组参数和调整三相电源相序(电机正反转)功能，还可以防止井下天然气沿电缆内层进入控制屏而引起的危险。

7.3.1.3 生产活动中的安全风险及消减措施

无杆泵采油工艺过程的安全风险及消减措施见表 7-4。

表 7-4 无杆泵采油安全风险及消减措施

主要设施	安全风险	主要生产活动	消减措施
控制柜（变频器）	1. 触电危险 2. 电弧伤人	1. 日常维修保养； 2. 能耗测试； 3. 开井、关井； 4. 挖沟埋线	1. 正确使用工具用具； 2. 按规定穿戴好绝缘护具； 3. 严格按照操作规程操作； 4. 做好电器设备的保护措施
井口装置	机械伤害	1. 设备维修； 2. 故障处理	1. 正确穿戴劳动保护用品； 2. 严格按照操作规程操作； 3. 正确使用工具用具
	高压刺伤	1. 井口取样； 2. 更换油嘴； 3. 测量油压； 4. 液面资料录取	1. 正确穿戴劳动保护用品； 2. 严格按照操作规程操作； 3. 正确使用工具用具； 4. 定期检测、保养各部件
	火灾爆炸	1. 井口动火； 2. 液面测试	1. 动火必须有相关报告； 2. 严禁井场范围内吸烟； 3. 正确穿戴劳动保护用品； 4. 严格按照操作规程操作； 5. 正确使用工具用具
管网	高压刺伤	1. 扫线； 2. 油井管线焊补堵漏； 3. 挖沟作业； 4. 日常巡检	1. 正确穿戴劳动保护用品； 2. 严格按照操作规程操作； 3. 正确使用工具用具； 4. 定期检测、保养管线及各部件
	塌方掩埋	1. 管线堵漏； 2. 挖沟作业	1. 必须办理动土操作许可证； 2. 操作坑必须有斜坡

7.3.2 水力活塞泵采油

7.3.2.1 工艺原理

水力活塞泵采油是由地面动力泵将动力液增压后经油管或专用通道泵入井下，驱动马达做上下往复运动，将高压动力液传至井下驱动油缸和换向阀，来帮助井下柱塞泵抽油。

7.3.2.2 主要设备

水力活塞泵抽油系统由两大部分组成，即水力活塞泵油井装置以及地面流程。水力活塞泵油井装置包括：水力活塞泵井下机组、井下管柱结构和井口装置。地面流程包括：地面动力液罐、三缸高压泵、控制管汇、井口控制阀、动力液处理装置和计量装置与地面管线。

(1) 井口装置以常规采油树为主，并具备防喷、便于投捞(捕捉器)正循环(油管进液套管出液)可投入泵工作，反循环可起泵检修等功能。

(2) 井下机组是水力机械换向控制的，主要由液马达(换向阀活塞等)、抽油泵(活塞、排、吸阀)投捞装置组成；其中，液马达将动力液的压能转换为机械能带动泵工作，常用的是往复柱塞式液马达；泵将液马达传递给它的机械能转换成液体的压能，用来提高油层产出液的压能，常用的是往复柱塞泵；主控制滑阀是利用液压差动原理控制液马达和泵柱塞做往复运动的换向控制机构。

其工作流程图如图 7-10 所示。

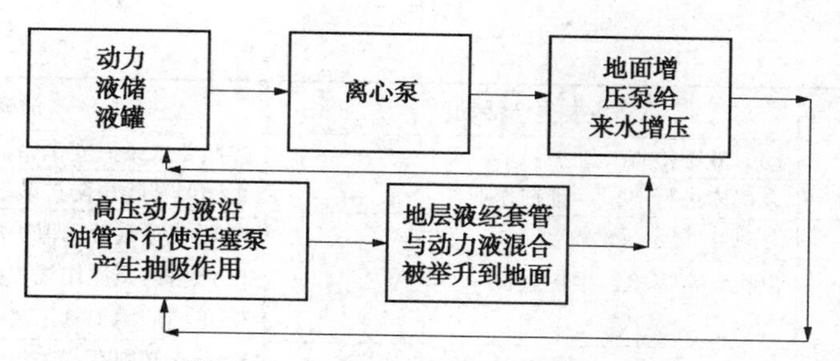

图 7－10　水力活塞泵工作流程图

7.3.2.3　生产活动中的安全风险及消减措施

水力活塞泵采油工艺过程的安全风险及消减措施见表 7－5。

表 7－5　水力活塞泵采油安全风险及消减措施

主要设施	安全风险	主要生产活动	消减措施
动力液泵房	触电危险	1. 冷却系统启、停； 2. 润滑油系统启、停； 3. 柱塞泵的启、停； 4. 高压离心泵启、停； 5. 日常巡检、维护； 6. 泵房紧急停电故障处理； 7. 电机检修； 8. 挖沟埋线	1. 正确使用工具用具； 2. 按规定穿戴好绝缘护具； 3. 严格按照操作规程操作； 4. 做好电器设备的保护措施
	高压刺伤	1. 动力液泵加盘根； 2. 动力液泵日常巡检、保养； 3. 更换动力液泵流量计； 4. 更换动力液泵出口压力表； 5. 更换动力液泵单流阀； 6. 更换动力液泵出口闸门； 7. 管线穿孔； 8. 更换高压阀门密封填料； 9. 更换安装法兰垫片； 10. 更换安装法兰阀门	1. 正确穿戴劳动保护用品； 2. 严格按照操作规程操作； 3. 正确使用工具用具； 4. 定期检测、保养管线及各部件
	机械伤害	1. 启、停动力液泵； 2. 动力液泵维护、保养； 3. 动力液泵加盘根； 4. 更换动力液泵流程闸门； 5. 拆装机械密封操作； 6. 拆装柱塞泵泵阀操作； 7. 机泵对正； 8. 更换高压阀门密封填料； 9. 柱塞泵例行保养； 10. 离心泵倒泵； 11. 更换离心泵密封填料； 12. 离心泵一级保养； 13. 更换离心泵的轴承； 14. 更换安装法兰垫片； 15. 清洗机泵轴瓦	1. 正确穿戴劳动保护用品； 2. 严格按照操作规程操作； 3. 正确使用工具用具

续表

主要设施	安全风险	主要生产活动	消减措施
动力液泵房	高空坠落	动力液罐检查、维护	按照要求系好安全带
	噪声伤害	泵房内进行巡检、维护作业	正确佩戴噪声防护装置
	皮肤烫伤	电机日常巡检、维护过程	1. 正确穿戴劳动保护用品； 2. 严格按照操作规程操作； 3. 正确使用工具用具
	火灾爆炸	1. 泵房内动火； 2. 电器设备操作	1. 动火必须有相关报告； 2. 严禁泵房内吸烟； 3. 正确穿戴劳动保护用品； 4. 严格按照操作规程操作； 5. 正确使用工具用具
井口装置	机械伤害	1. 水力活塞泵井投泵操作； 2. 水力活塞泵井起泵操作； 3. 水力活塞泵井巡回检查	1. 正确穿戴劳动保护用品； 2. 严格按照操作规程操作； 3. 正确使用工具用具
	高压刺伤	1. 水力活塞泵井投泵操作； 2. 水力活塞泵井起泵操作； 3. 水力活塞泵井巡回检查	1. 正确穿戴劳动保护用品； 2. 严格按照操作规程操作； 3. 正确使用工具用具
	火灾爆炸	1. 井口动火； 2. 液面测试	1. 动火必须有相关报告； 2. 严禁井场范围内吸烟； 3. 正确穿戴劳动保护用品； 4. 严格按照操作规程操作； 5. 正确使用工具用具
管网	高压刺伤	1. 扫线； 2. 管线焊补堵漏； 3. 挖沟作业； 4. 日常巡检	1. 正确穿戴劳动保护用品； 2. 严格按照操作规程操作； 3. 正确使用工具用具
	塌方掩埋	1. 管线堵漏； 2. 挖沟作业	1. 必须办理动土操作许可证； 2. 操作坑必须有斜坡

7.3.3 水力喷射泵采油

7.3.3.1 工艺原理

水力射流泵(也称喷射泵)是利用射流原理将注入井内的高压动力液的能量传递给井下油层产出液的无杆水力采油设备。

7.3.3.2 主要设备

喷射泵采油系统由地面(包括动力液供给和产出液收集处理系统)和井下(包括动力液及产出液在井筒内的流动系统和射流泵)两大部分组成。地面部分和井筒流动系统与水力活塞泵开式采油系统相同，动力液在井下与油层产出液混合后返回地面。其工作流程如图7－11所示。

动力液系统有多种类型，不同系统的地面流程和设备及处理能力不同，按系统管理的井数分，有单井系统和中心站多井系统；按动力液排出方式分，有开式动力液循环系统和闭式动力液循环系统；按动力液流动方向分，有正循环系统和反循环系统。

动力液一般采用油或水作动力液，动力液的质量对水力泵系统的使用寿命和维修成本影响很大。

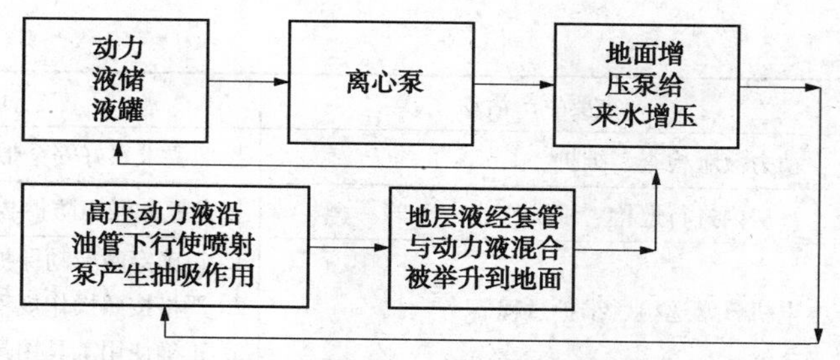

图 7-11　水力喷射泵工作流程图

7.3.3.3　生产活动中的安全风险及消减措施

水力喷射泵采油工艺过程的安全风险及消减措施见表 7-6。

表 7-6　水力喷射泵采油安全风险及消减措施

主要设施	安全风险	主要生产活动	消减措施
动力液泵房	触电危险	1. 冷却系统启、停； 2. 润滑油系统启、停； 3. 柱塞泵的启、停； 4. 高压离心泵启、停； 5. 日常巡检、维护； 6. 泵房紧急停电故障处理； 7. 电机检修； 8. 挖沟埋线	1. 正确使用工具用具； 2. 按规定穿戴好绝缘护具； 3. 严格按照操作规程操作； 4. 做好电器设备的保护措施
	高压刺伤	1. 动力液泵加盘根； 2. 动力液泵日常巡检、保养； 3. 更换动力液泵流量计； 4. 更换动力液泵出口压力表； 5. 更换动力液泵单流阀； 6. 更换动力液泵出口闸门； 7. 管线穿孔； 8. 更换高压阀门密封填料； 9. 更换安装法兰垫片； 10. 更换安装法兰阀门	1. 正确穿戴劳动保护用品； 2. 严格按照操作规程操作； 3. 正确使用工具用具； 4. 定期检测、保养管线及各部件
	机械伤害	1. 启、停动力液泵； 2. 动力液泵维护、保养； 3. 动力液泵加盘根； 4. 更换动力液泵流程闸门； 5. 拆装机械密封操作； 6. 拆装柱塞泵泵阀操作； 7. 机泵对正； 8. 更换高压阀门密封填料； 9. 柱塞泵例行保养； 10. 离心泵倒泵； 11. 更换离心泵密封填料； 12. 离心泵一级保养； 13. 更换离心泵的轴承； 14. 更换安装法兰垫片； 15. 清洗机泵轴瓦	1. 正确穿戴劳动保护用品； 2. 严格按照操作规程操作； 3. 正确使用工具用具

续表

主要设施	安全风险	主要生产活动	消减措施
动力液泵房	高空坠落	动力液罐检查、维护	按照要求系好安全带
	噪声伤害	泵房内进行巡检、维护作业	正确佩戴噪声防护装置
	皮肤烫伤	电机日常巡检、维护过程	1. 正确穿戴劳动保护用品； 2. 严格按照操作规程操作； 3. 正确使用工具用具
	火灾爆炸	1. 泵房内动火； 2. 电器设备操作	1. 动火必须有相关报告； 2. 严禁泵房内吸烟； 3. 正确穿戴劳动保护用品； 4. 严格按照操作规程操作； 5. 正确使用工具用具
井口装置	1. 高压刺伤 2. 机械伤害	1. 水力喷射泵井投泵操作； 2. 水力喷射泵井起泵操作； 3. 水力喷射泵井巡回检查	1. 正确穿戴劳动保护用品； 2. 严格按照操作规程操作； 3. 正确使用工具用具
	火灾爆炸	1. 井口动火； 2. 液面测试	1. 动火必须有相关报告； 2. 严禁井场范围内吸烟； 3. 正确穿戴劳动保护用品； 4. 严格按照操作规程操作； 5. 正确使用工具用具
管网	高压刺伤	1. 扫线； 2. 管线焊补堵漏； 3. 挖沟作业； 4. 日常巡检	1. 正确穿戴劳动保护用品； 2. 严格按照操作规程操作； 3. 正确使用工具用具
	塌方掩埋	1. 管线堵漏 2. 挖沟作业	1. 必须办理动土操作许可证； 2. 操作坑必须有斜坡

7.4 三次采油安全管理

当油藏采用水或气驱方式采油后，地层的残余油仍然占60%～70%，它们是以不连续的油块被圈捕在油藏砂岩孔隙中，此时采出液中含水85%～90%，有的甚至达到了98%。为了提高油藏采收率，利用物理和化学的方法改变岩石和流体的物性，来改善驱油效果，进而提高油藏采收率，这一采油阶段称为三次采油。三次采油方法分为以下四大类：

化学法：即向油层中注入适当的化学药剂提高原油采收率的方法，其包括聚合物驱、表面活性剂驱、碱水驱，以及在此基础上发展起来的碱—聚合物复合驱（AP）、碱—表面活性剂—聚合物复合驱（ASP）、表面活性剂—碱—聚合物复合驱（SAP）。

混相法：即向油层中注入能够同原油混相的物质提高原油采收率的方法，其包括 CO_2 混相驱、轻烷烃混相驱、惰性气体混相驱。

热力法：即向油层中注入热源提高原油采收率的方法，包括蒸汽驱、火烧油层驱、蒸汽吞吐。

微生物法：即向油层中注入微生物或者激活油层中原来存在的微生物提高原油采收率的

方法，其包括生物聚合物驱、微生物表面活性剂驱等。

石油矿场采用的三次采油方式主要有聚合物驱和蒸汽吞吐采油，目前已成为油田三次采油的主导工艺。

7.4.1 聚合物驱

7.4.1.1 驱油机理

聚合物通过增加注入水的黏度和降低油层的水相渗透率，从而改善水油流度比，调整注入剖面而扩大波及体积，进而提高原油采收率。

7.4.1.2 主要设备

聚合物驱基本流程框图如图7－12所示。

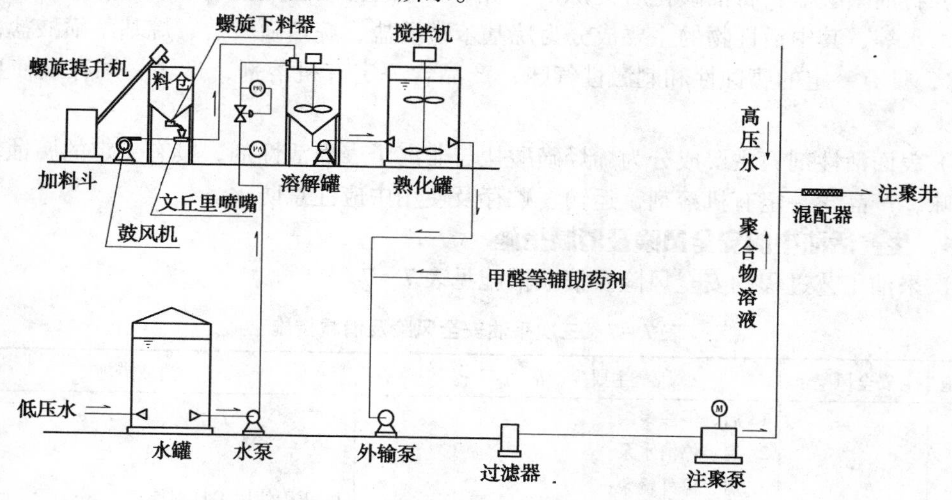

图7－12　注聚合物工艺流程

（1）注聚站主要包括母液配制系统、混配注入系统、辅助药剂投加系统三部分，其中母液配制系统主要设备包括分散溶解装置、转输泵、熟化罐、搅拌机、外输泵等，其主要作用是将聚合物干粉充分溶解于水中，经过搅拌、熟化形成高浓度的聚合物母液；混配注入系统主要包括注聚泵、高压注水流程、母液及清(污)水计量仪表等设施，其主要作用是通过准确的计量、调整母液和水量，混配成一定浓度的聚合物溶液进行注入；辅助药剂投加系统主要包括计量泵(螺杆泵)、储罐等设施，其主要作用是定量储存药剂(甲醛、交联剂、石油磺酸盐、表活剂等辅助药剂)，并按一定的浓度进行注入。

（2）注聚泵是注聚合物地面处理系统的重要设备之一，通常采用往复柱塞泵。与柱塞式注水泵类的主要区别在于吸入阀、排出阀结构和衬套材质上。因为聚合物受剪切易降解，所以注聚泵阀芯和阀座上一般不设置阀簧，泵的入口应有0.02～0.04MPa的喂入压力，吸入阀才能很好地工作。同时注聚泵的曲轴、十字头润滑多为油浴飞溅润滑，而柱塞式注水泵的曲轴、十字头的润滑方式有油浴飞溅润滑的，也有强制润滑的。

（3）注聚管网包括母液干线、高压水干线、单井注聚管线三部分，主要用于高低压聚合物溶液的输送、分流等。

7.4.1.3 常用药剂易产生的危害

（1）聚合物：聚丙烯酰胺，白色无定形颗粒，现场质量要求固含量大于89%，部分产品现场存在一定刺激性氨味；易吸潮、亲水性高，能以不同比例溶于水中，遇水具有极强的黏滑性。

（2）甲醛：分子式 CH_2O；工业品甲醛溶液一般含35%～37%甲醛，闪点约为56℃。危险化学品，具有极强的刺激气味，气体易燃、易爆；甲醛是原浆毒物，能与蛋白质结合，吸入高浓度甲醛后，会出现呼吸道的严重刺激和水肿、眼刺痛、头痛，也可发生支气管哮喘。皮肤直接接触甲醛，可引起皮炎、色斑、坏死。经常吸入少量甲醛，能引起慢性中毒，出现黏膜充血、皮肤刺激症、过敏性皮炎、指甲角化和脆弱、甲床指端疼痛等。全身症状有头痛、乏力、胃纳差、心悸、失眠、体重减轻以及植物神经紊乱等。

（3）有机交联剂：采用特殊的催化剂，以苯酚和甲醛为原料制备酚醛树脂的预聚体作为交联剂，具有较强的腐蚀性和刺激性气味。

（4）石油磺酸盐：石油磺化后提炼的产品，产品主要成分为活性物（C_{12-18}）、磺化油、无机盐、水等，其中活性物的主要成分为烷基苯磺酸盐、烷基磺酸盐、烷基萘磺酸盐，闪点≥188℃，具有一定的腐蚀性和刺激性气味，产品含一定有机溶剂，运输、贮存及使用中应注意防火。

（5）表面活性剂：主要成分为烯烃磺酸盐与非离子表面活性剂，具有一定的腐蚀性和刺激性气味，产品含一定有机溶剂，运输、贮存及使用中应注意防火。

7.4.1.4 生产活动中的安全风险及消减措施

三次采油工艺过程的安全风险及消减措施见表7－7。

表7－7 三次采油安全风险及消减措施

主要设施	安全风险	主要生产活动	消减措施
注聚站	1. 触电危害 2. 电弧伤人	1. 启、停注聚泵； 2. 启、停清水泵； 3. 启、停外输泵； 4. 启甲醛泵（计量泵）； 5. 变频器接线与调试； 6. 配电屏送电装置； 7. 注聚站巡回检查、维护； 8. 泵房紧急停电故障处理； 9. 挖沟埋线	1. 正确使用工具用具； 2. 按规定穿戴好绝缘护具； 3. 严格按照操作规程操作； 4. 做好电器设备的保护措施
	高压刺伤	1. 注聚泵加盘根； 2. 注聚泵日常巡检、保养； 3. 更换注水泵压力计量部件； 4. 更换注水泵丝堵、阀门丝堵、螺杆泵机械密封放空丝堵等； 5. 更换管汇单流阀； 6. 更换注聚泵柱塞； 7. 更换注聚泵填料； 8. 更换注聚泵皮带； 9. 主泵倒备用泵； 10. 装配注聚泵进排液阀； 11. 更换注聚泵弹簧式安全阀； 12. 用低剪切取样器取样； 13. 更换调节阀阀芯； 14. 更换管汇单流阀	1. 正确穿戴劳动保护用品； 2. 严格按照操作规程操作； 3. 正确使用工具用具； 4. 定期检测、保养管线及各部件

续表

主要设施	安全风险	主要生产活动	消减措施
注聚站	机械伤害	1. 注聚泵加盘根； 2. 注聚泵日常巡检、保养； 3. 更换注水泵压力计量部件； 4. 更换注水泵丝堵、阀门丝堵、螺杆泵机械密封放空丝堵等； 5. 更换管汇单流阀； 6. 更换注聚泵柱塞； 7. 更换注聚泵填料； 8. 更换注聚泵皮带； 9. 主泵倒备用泵； 10. 装配注聚泵进排液阀； 11. 更换注聚泵弹簧式安全阀； 12. 用低剪切取样器取样； 13. 更换调节阀阀芯； 14. 更换管汇单流阀； 15. 更换注聚泵轴瓦	1. 正确穿戴劳动保护用品； 2. 严格按照操作规程操作； 3. 正确使用工具用具
	高空坠落	1. 熟化罐、清水罐维修、检查； 2. 鼓风机维护、保养	按照要求系好安全带
	噪声伤害	泵房内进行巡检、维护作业	正确佩戴噪声防护装置
	火灾爆炸	1. 站内动火； 2. 电器设备操作； 3. 聚合物溶液配制	1. 动火必须有相关报告； 2. 严禁站内吸烟； 3. 正确穿戴劳动保护用品； 4. 严格按照操作规程操作； 5. 正确使用工具用具
	皮肤烫伤	电机日常巡检、维护过程	1. 正确穿戴劳动保护用品； 2. 严格按照操作规程操作； 3. 正确使用工具用具
	溺水危害	1. 注聚站污水池巡检； 2. 液下泵设备维护	1. 正确穿戴劳动保护用品； 2. 严格按照操作规程操作； 3. 正确使用工具用具
	粉尘危害	配制一定浓度的聚合物溶液	料仓内必须采取相应的通风措施和防尘措施
	粘滑摔伤	泵房内一切工作	采取防滑措施
	危化品危险	1. 配制聚合物溶液； 2. 相关指标测定操作	必须注意通风，并戴安全镜和手套等劳动防护用品，严格按相关危化品的操作规程进行
注聚井	1. 高压刺伤 2. 机械伤害	1. 注聚井开关井； 2. 检查、更换井口单流阀； 3. 注聚井井口取样； 4. 更换注聚井井口闸门； 5. 注聚井巡回检查； 6. 更换注聚井卡箍钢圈	1. 正确穿戴劳动保护用品； 2. 严格按照操作规程操作； 3. 正确使用工具用具； 4. 定期检测、保养各部件

续表

主要设施	安全风险	主要生产活动	消减措施
注聚井	火灾爆炸	井口动火	1. 动火必须有相关报告； 2. 严禁井场范围内吸烟； 3. 正确穿戴劳动保护用品； 4. 严格按照操作规程操作； 5. 正确使用工具用具
注聚管网	高压刺伤	1. 日常巡查； 2. 倒流程； 3. 管线焊补堵漏； 4. 挖沟作业	1. 正确穿戴劳动保护用品； 2. 严格按照操作规程操作； 3. 正确使用工具用具； 4. 定期检测、保养管线及各部件
	塌方掩埋	1. 管线堵漏； 2. 挖沟作业	1. 必须办理动土操作许可证； 2. 操作坑必须有斜坡

7.4.2 蒸汽吞吐采油安全管理

7.4.2.1 工艺原理

蒸汽吞吐又称循环注蒸汽、蒸汽浸泡或蒸汽激励，是指在同一口井中，先以较高的速度注入大量的蒸汽，然后关井焖井，在焖井数日原油黏度降到可自由流动后，开井排液采油，完成注蒸汽、焖井和开井采油生产三个过程的采油方法。

7.4.2.2 主要设备

注蒸汽设备主要包括注汽锅炉、水处理装置、注汽地面管线、注汽井口及井下装置等，如图 7－13 所示。按照注汽设备分类，蒸汽吞吐井可分为固定锅炉注汽和活动锅炉注汽，按照蒸汽吞吐过程分为：注汽前准备、挤注注汽前置剂、注蒸汽、资料测试、焖井放喷、提注汽管柱作业六个施工环节。

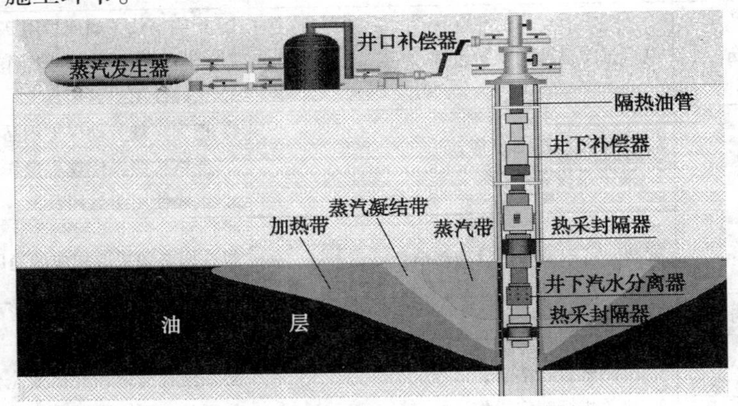

图 7－13　蒸汽吞吐流程图

（1）注汽锅炉也称为湿蒸汽发生器，如图 7－14 所示。注汽锅炉是稠油热采的关键设备，由锅炉本体设备和辅助设备两大部分组成。锅炉本体是注汽锅炉的骨架，由辐射段（炉膛）、对流段、过渡段和给水预热器组成。

（2）水处理装置如图 7－15 所示，其任务是降低水的硬度和脱氧，主要由两组软化器、除氧器和盐液箱、控制屏等辅助设施组成。水处理系统交换器的基本操作过程分交换（运行）、反洗、再生（进盐）、置换和正洗五大步骤。

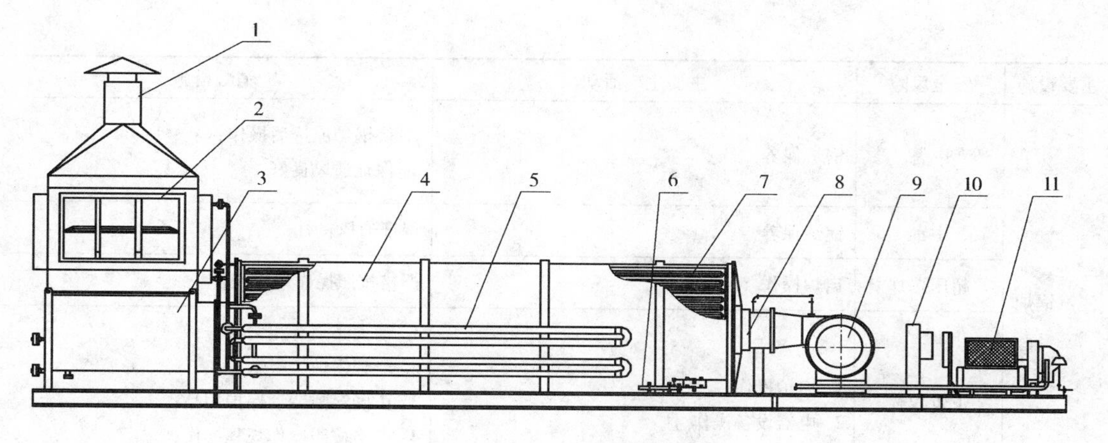

图 7－14　注汽锅炉结构示意图

1—烟囱；2—对流段；3—过渡段；4—炉衬；5—给水换热器；
6—燃油电加热器；7—辐射段；8—燃烧器；9—鼓风机；10—控制屏；11—压缩机

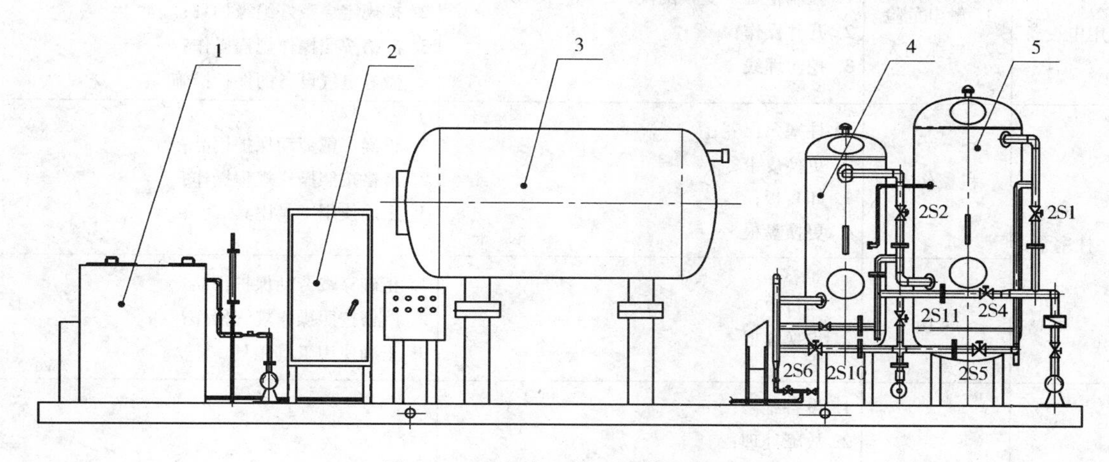

图 7－15　水处理装置结构示意图

1—盐液箱；2—控制屏；3—真空除氧器；4—一级软化器；5—二级软化器

7.4.2.3　生产活动中的安全风险及消减措施

蒸汽吞吐采油工艺过程的安全风险及消减措施见表 7－8。

表 7－8　蒸汽吞吐安全风险及消减措施

主要设施	安全风险	主要生产活动	消减措施
注汽锅炉	1. 触电危险 2. 电弧伤人	1. 锅炉保养； 2. 用电设备操作	1. 正确使用工具用具； 2. 按规定穿戴好绝缘护具； 3. 严格按照操作规程操作； 4. 做好电气设备的保护措施
	1. 机械伤害 2. 高压刺伤 3. 烫伤	1. 锅炉保养； 2. 锅炉巡回检查； 3. 资料测试	1. 正确穿戴劳动保护用品； 2. 严格按照操作规程操作； 3. 正确使用工具用具； 4. 定期检测、保养管线及各部件
	高空坠落	锅炉保养	1. 按照要求系好安全带； 2. 正确使用工具用具； 3. 严格按照操作规程操作

续表

主要设施	安全风险	主要生产活动	消减措施
注汽锅炉	中暑	锅炉保养	1. 待锅炉凉透后操作； 2. 保证通风良好
	中毒	锅炉保养	保证通风良好
	超压爆炸	启炉操作	严格按照操作规程操作
	火灾爆炸	1. 启炉操作； 2. 电器设备操作	1. 动火必须有相关报告； 2. 严禁锅炉旁吸烟； 3. 正确穿戴劳动保护用品； 4. 严格按照操作规程操作； 5. 正确使用工具用具
用电设备	1. 触电危险 2. 电弧伤人	1. 控制柜工、变频倒换； 2. 开井操作； 3. 挖沟埋线	1. 正确使用工具用具； 2. 按规定穿戴好绝缘护具； 3. 严格按照操作规程操作； 4. 做好电气设备的保护措施
柱塞泵	机械伤害	1. 柱塞泵保养； 2. 更换皮带； 3. 卸盲板； 4. 更换盘根	1. 正确穿戴劳动保护用品； 2. 严格按照操作规程操作； 3. 正确使用工具用具
	烫伤	1. 卸盲板； 2. 更换盘根	1. 正确穿戴劳动保护用品； 2. 严格按照操作规程操作； 3. 正确使用工具用具
井口装置	机械伤害	1. 设备维修； 2. 故障处理； 3. 资料测试； 4. 井口放喷； 5. 倒注停焖； 6. 更换压力表； 7. 更换掺水闸门； 8. 热洗空心杆解堵； 9. 稠油井洗井(同时空心杆进水)； 10. 酸洗空心杆； 11. 稠油井倒空心杆掺水流程开井	1. 正确穿戴劳动保护用品； 2. 严格按照操作规程操作； 3. 正确使用工具用具
	高压刺伤	1. 倒注停焖； 2. 资料测试； 3. 井口放喷； 4. 更换压力表； 5. 更换掺水闸门； 6. 热洗空心杆解堵； 7. 稠油井洗井(同时空心杆进水)； 8. 酸洗空心杆； 9. 稠油井倒空心杆掺水流程开井	1. 正确穿戴劳动保护用品； 2. 严格按照操作规程操作； 3. 正确使用工具用具； 4. 定期检测、保养各部件

续表

主要设施	安全风险	主要生产活动	消减措施
井口装置	烫伤	1. 资料测试； 2. 井口放喷； 3. 倒注停焖； 4. 更换压力表； 5. 热洗空心杆解堵操作； 6. 稠油井洗井(同时空心杆进水)； 7. 稠油井倒空心杆掺水流程开井	1. 正确穿戴劳动保护用品； 2. 严格按照操作规程操作； 3. 正确使用工具用具
	中毒	1. 资料测试； 2. 井口放喷； 3. 倒注停焖； 4. 更换压力表； 5. 更换掺水闸门； 6. 热洗空心杆解堵； 7. 稠油井洗井(同时空心杆进水)； 8. 酸洗空心杆； 9. 稠油井倒空心杆掺水流程开井； 10. 加降黏剂	1. 严格按照操作规程操作； 2. 采取必要的防中毒措施
	火灾爆炸	1. 井口动火； 2. 加降黏剂	1. 动火必须有相关报告； 2. 严禁井场范围内吸烟； 3. 正确穿戴劳动保护用品； 4. 严格按照操作规程操作； 5. 正确使用工具用具
	窒息冻伤	注二氧化碳施工	1. 正确穿戴劳动保护用品； 2. 严格按照操作规程操作
注汽管网	烫伤	1. 放空； 2. 拆装支线丝堵； 3. 日常巡检	1. 正确穿戴劳动保护用品； 2. 严格按照操作规程操作； 3. 正确使用工具用具
	高压刺伤	1. 扫线； 2. 管线焊补堵漏操作； 3. 挖沟作业； 4. 放空； 5. 拆装支线丝堵； 6. 日常巡检	1. 正确穿戴劳动保护用品； 2. 严格按照操作规程操作； 3. 正确使用工具用具； 4. 定期检测、保养管线及各部件
	塌方掩埋	1. 管线堵漏； 2. 挖沟作业	1. 必须办理动土操作许可证； 2. 操作坑必须有斜坡

7.4.3 蒸汽驱采油安全风险与消减措施

蒸汽驱是指在井网中划分出注汽井和采油井，在注汽井连续或间隙式注入高干度蒸汽，高温蒸汽将地下原油加热并驱向邻近的多口采油井，从采油井将原油持续采出的稠油开采方法，如图 7－16 所示。

蒸汽驱井主要设备及风险同蒸汽吞吐。

图 7－16　蒸汽驱示意图

7.4.4　电热采油安全风险与消减措施

7.4.4.1　工艺原理

电热采油工艺是利用电缆及其附件构成电流回路，将电能转化为热能，提高井筒内温度，降低井筒内稠油的黏度，一是达到降黏、清蜡、增产，二是降低抽油机悬点负荷，三是减少抽油杆断脱。

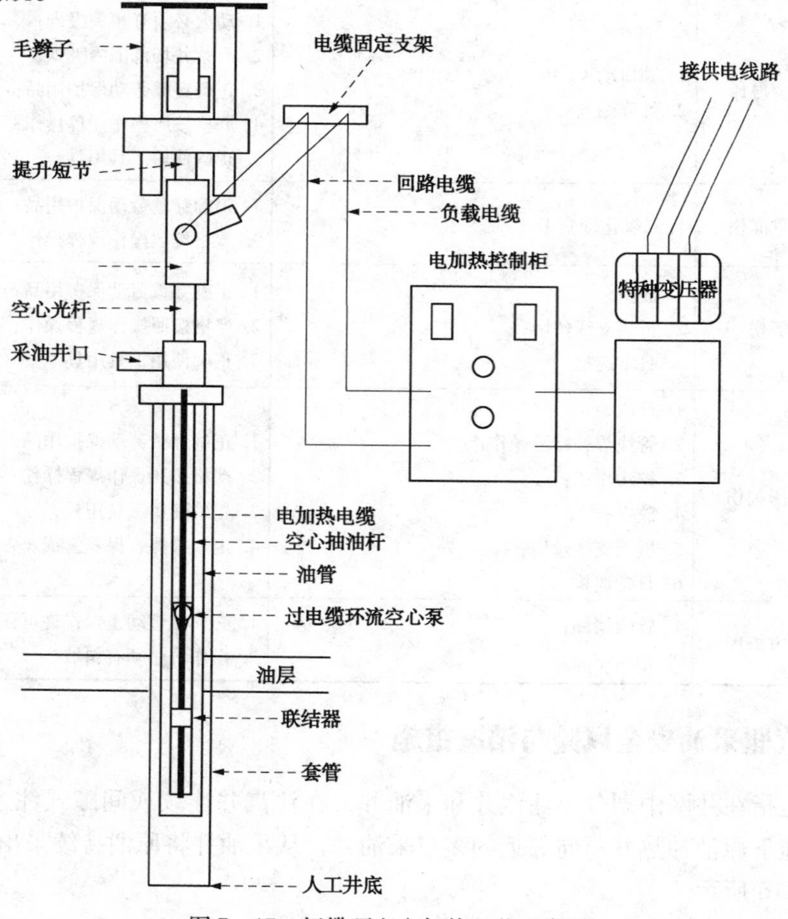

图 7－17　杆缆环空电加热工艺示意图

7.4.4.2 主要设备

该电加热工艺由空心抽油杆、加热电缆、过电缆泵等组成，如图7－17所示。由电缆引入器引入的特种加热电缆插入空心抽油杆内，穿过空心环流泵，进入泵下特种空心杆，到达下端电路连接器与特种空心杆、柱塞中心杆及空心抽油杆接通形成回路。通电后使两个载流导体基本上形成电流方向相反、其值大小相等的条件，在空心杆内壁产生工频集肤效应，使电流集中在管肤壁极薄层内流过，从而大幅度增加了交流阻抗。在集肤效应、铁损、临近效应和屏蔽效应的共同作用下，产生热量实现电热转换。由于加热体在油管内部，故产生的热量随时被所举升的介质带走，实现了从泵下、泵内到泵上对油井产液的全过程加热降黏。

7.4.4.3 生产活动中的安全风险及消减措施

蒸汽驱采油工艺过程的安全风险及消减措施见表7－9。

表7－9 蒸汽驱安全风险及消减措施

主要设施	安全风险	主要生产活动	消减措施
热电缆	触电危险	1. 连接或拆除热电缆； 2. 井口及抽油机操作	1. 正确使用工具用具； 2. 按规定穿戴好绝缘护具； 3. 严格按照操作规程操作； 4. 做好电器设备的保护措施； 5. 下加热电缆注意不要损坏绝缘保护

其余同有杆泵采油。

7.5 注水安全管理

7.5.1 工艺原理

油田注水开发是指利用人工注水来保持油层压力开发油田。目前，我国油藏基本上都采取了注水保持地层压力的开采方式。

7.5.2 主要设备

从水源到注水井的注水地面系统通常包括水源泵站、水处理站、注水站、配水间和注水井。水源水经处理后达到油田注水水质标准后，泵送到注水站。注水站是油田开发生产过程中的重要生产单元，是将采油过程中产生的污水经过沉降过滤处理后，用泵打入储水罐，经高压注水泵增压后，通过管线输送到注水井。

7.5.2.1 注水站

注水站设备主要包括注水泵、润滑系统、冷却系统、电气控制保护系统、储水罐和管汇等。目前油田常用的注水泵主要是电动离心泵机组和电动柱塞泵机组。

以离心式注水泵为主的大站系统，特点是流量大，维护简单，注水压力一般不超过16MPa，适合高渗透率、整装大油田注水。油田注水用的离心泵为高压多级分段式离心泵，如图7－18所示。主要由进、出水段，中段，叶轮，导叶，导叶套，泵轴和平衡装置等组成。主要泵型有：DF400－150，DF300－150，DF160－150，DF140－150和OK5F37等，平均泵效76%左右。

以柱塞式注水泵为主的小站系统，具有压力高、效率高、电力配套设施简单（指380V

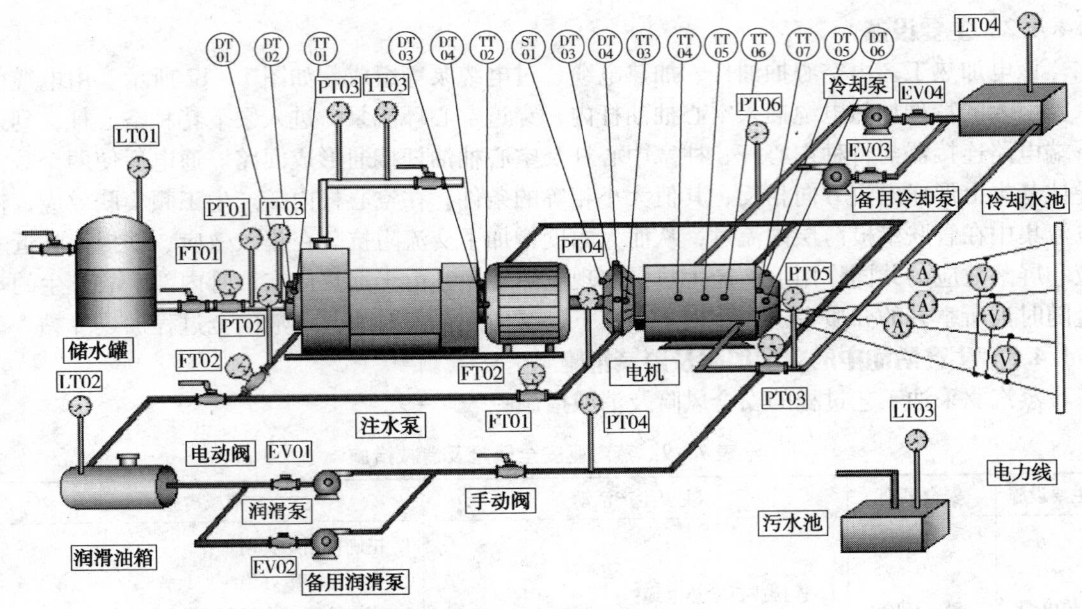

图 7－18　注水泵站工艺流程图

电压系统）等特点，适合注水量低、注水压力高的中低渗透率油田或断块油田。主要泵型有：3H－8/450，5ZBⅡ－210/176，3DZ－8/40，5ZBⅡ－37/170，5D－WS34/35，3S175/13 等，平均泵效 86% 左右。

7.5.2.2　配水间

配水间是控制和调节各注水井注水量的操作间，如图 7－19 所示。主要设备有分水器、计量仪表及辅助设备。分水器由来水阀门、单井管汇，及阀门组成，其作用是控制配水间工作，分配、控制、调节注水井生产。计量仪表由压力表和水量计量仪表组成，其作用是显示记录泵站来水压力、注水井压力及注入水量。辅助设备根据需要设置，包括洗井流程或自动化装置等。

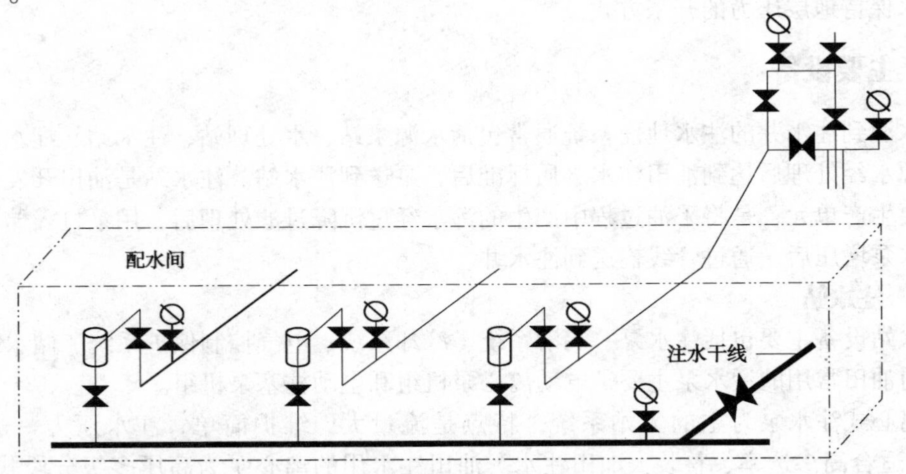

图 7－19　多井配水间注水流程示意图

7.5.2.3　注水井

注水井是指用来向油层内注水的井，主要是提高或保持地层能量，将层内原油驱向采油井。注水井井口采油树主要由阀门、四通、卡箍和连接管线等组成，其作用是保障配水间来水正确注入井筒，能够进行洗井、测调等维护操作。辅助设备根据需要设置，包括洗井流程或精细过滤装置等。目前国内陆上油田注水采油树多用 CYb－250 型。其强度试压50.0MPa，水压密封压力25.0MPa，工作压力25.0MPa。

7.5.2.4 注水管网

从注水站分水器至注水井口的管线流程叫注水管网。包括注水干线、支干线、配水间和单井注水管线四部分。主要用于高低压注入水的输送、分流等。

7.5.3 安全风险及消减措施

注水工艺过程的安全风险及消减措施见表 7－10。

表 7－10 注水安全风险及消减措施

主要设施	安全风险	主要生产活动	消减措施
注水站	1. 触电危险； 2. 电弧伤人	1. 冷却系统启、停操作； 2. 润滑油系统启、停操作； 3. 柱塞泵的启、停操作； 4. 高压离心泵启、停操作； 5. 日常巡检、维护； 6. 注水站紧急停电故障处理； 7. 挖沟埋线； 8. 更换电机	1. 正确使用工具用具； 2. 按规定穿戴好绝缘护具； 3. 严格按照操作规程操作； 4. 做好电气设备的保护措施
	高压刺伤	1. 注水泵加盘根； 2. 注水泵日常巡检、保养； 3. 更换注水泵流量计； 4. 更换注水泵出口压力表； 5. 更换注水泵单流阀； 6. 更换注水泵出口阀门； 7. 管线穿孔； 8. 更换高压阀门密封填料； 9. 更换安装法兰垫片； 10. 更换安装法兰阀门	1. 正确穿戴劳动保护用品； 2. 严格按照操作规程操作； 3. 正确使用工具用具； 4. 定期检测、保养管线及各部件
	机械伤害	1. 启、停注水泵； 2. 注水泵维护、保养； 3. 注水泵加盘根； 4. 更换注水泵流程阀门； 5. 拆装机械密封； 6. 拆装柱塞泵泵阀； 7. 机泵对正； 8. 更换高压阀门密封填料； 9. 柱塞泵例行保养； 10. 高压离心泵倒泵操作； 11. 更换离心泵密封填料； 12. 离心泵一级保养； 13. 更换低压离心泵的轴承； 14. 更换安装法兰垫片； 15. 清洗机泵轴瓦	1. 正确穿戴劳动保护用品； 2. 严格按照操作规程操作； 3. 正确使用工具用具

续表

主要设施	安全风险	主要生产活动	消减措施
注水站	高空坠落	注水站大罐检查、维护	按照要求系好安全带
	噪声伤害	泵房内进行巡检、维护	正确佩戴噪声防护装置
	火灾爆炸	1. 站内动火； 2. 电器设备操作	1. 动火必须有相关报告； 2. 严禁站内吸烟； 3. 正确穿戴劳动保护用品； 4. 严格按照操作规程操作； 5. 正确使用工具用具
	皮肤烫伤	1. 电机日常巡检、维护过程； 2. 清洗机泵轴瓦操作	1. 正确穿戴劳动保护用品； 2. 严格按照操作规程操作； 3. 正确使用工具用具
	溺水危害	1. 注水站污水池巡检； 2. 液下泵设备维护	1. 正确穿戴劳动保护用品； 2. 严格按照操作规程操作； 3. 正确使用工具用具
配水间	高压刺伤	1. 启停高压分水器； 2. 配水间取水样； 3. 清洗、更换单井流量计； 4. 更换高压分水器压力表； 5. 更换配水间高压分水器阀门； 6. 管线穿孔	1. 正确穿戴劳动保护用品； 2. 严格按照操作规程操作； 3. 正确使用工具用具； 4. 定期检测、保养管线及各部件
	机械伤害	1. 开关高压分水器闸门； 2. 清洗、更换单井流量计； 3. 更换高压分水器闸门	1. 正确穿戴劳动保护用品； 2. 严格按照操作规程操作； 3. 正确使用工具用具
注水井	高压刺伤	1. 注水井开关井； 2. 检查、更换井口单流阀； 3. 注水井井口取水样； 4. 更换注水井井口闸门； 5. 倒注水井正注流程； 6. 注水井反洗井； 7. 注水井巡回检查； 8. 光油管注水井测试	1. 正确穿戴劳动保护用品； 2. 严格按照操作规程操作； 3. 正确使用工具用具； 4. 定期检测、保养各部件
	机械伤害	1. 注水井开关井； 2. 检查、更换井口单流阀； 3. 注水井井口取水样； 4. 更换注水井井口闸门； 5. 倒注水井正注流程； 6. 注水井反洗井； 7. 注水井巡回检查； 8. 光油管注水井测试	1. 正确穿戴劳动保护用品； 2. 严格按照操作规程操作； 3. 正确使用工具用具
单井增压泵	触电危害	1. 启停柱塞泵； 2. 更换柱塞泵流量计； 3. 维护、保养柱塞泵电动机	1. 正确使用工具用具； 2. 按规定穿戴好绝缘护具； 3. 严格按照操作规程操作； 4. 做好电气设备的保护措施

续表

主要设施	安全风险	主要生产活动	消减措施
单井增压泵	皮带挤伤	1. 启动柱塞泵前盘泵； 2. 柱塞泵保养； 3. 更换柱塞泵皮带	1. 正确使用工具用具； 2. 按标准安装皮带护罩； 3. 严格按照操作规程操作
	高压刺伤	1. 柱塞泵加盘根； 2. 更换柱塞泵柱塞； 3. 更换柱塞泵流量计； 4. 更换柱塞泵出口压力表； 5. 更换柱塞泵单流阀； 6. 更换柱塞泵出口闸门	1. 正确穿戴劳动保护用品； 2. 严格按照操作规程操作； 3. 正确使用工具用具； 4. 定期检测、保养各部件
	机械伤害	1. 启、停柱塞泵； 2. 柱塞泵维护、保养； 3. 柱塞泵加盘根； 4. 更换柱塞泵皮带； 5. 更换柱塞泵柱塞； 6. 更换柱塞泵闸门	1. 正确穿戴劳动保护用品； 2. 严格按照操作规程操作； 3. 正确使用工具用具
注水管网	高压刺伤	1. 倒流程； 2. 日常巡检； 3. 管线焊补堵漏； 4. 挖沟作业	1. 正确穿戴劳动保护用品； 2. 严格按照操作规程操作； 3. 正确使用工具用具； 4. 定期检测、保养管线及各部件
	塌方掩埋	1. 管线堵漏； 2. 挖沟作业	1. 必须办理动土操作许可证； 2. 操作坑必须有斜坡

7.6 原油矿场处理安全管理

原油矿场处理是指油田矿场原油收集、原油处理和运输的全过程。按油田企业对原油生产各专业的划分，陆上原油集输的主要任务是接收采油专业通过单井管线或分队计量管线送来的油井采出物，在集中处理站（联合站）内进行油气水分离，原油脱水、稳定、储存、外输等工作。其生产过程如图 7－20 所示。

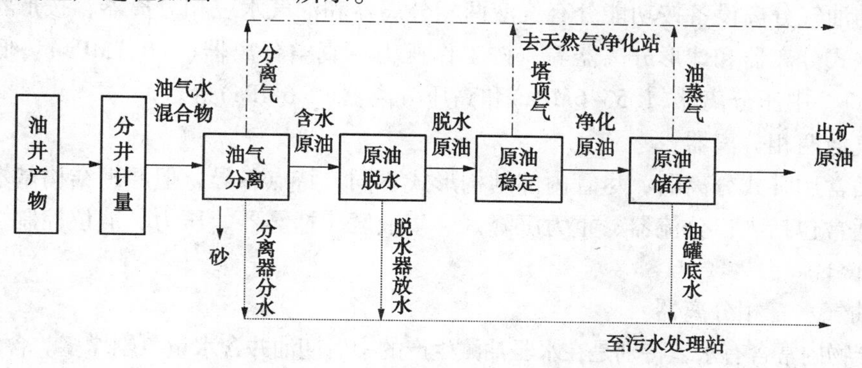

图 7－20　原油集输生产过程示意图

7.6.1 油气水分离

7.6.1.1 工艺原理

油气水分离是将油井产出的油、气、水、砂等多形态物质的混合物，通过三相分离器进行分离的过程，主要原理包括重力分离、碰撞分离和离心分离。

目前，大部分油田已实现分队计量，即各采油队来液分别进入三相分离器，分离出的天然气经天然气流量计计量后进入天然气总汇管线，分离出的含水原油经质量流量计计量后进入一次沉降罐，含油污水经污水流量计进污水处理站。由于原油中乳状液的存在，通常在进分离器前加入破乳剂。其工艺流程如图 7－21 所示。

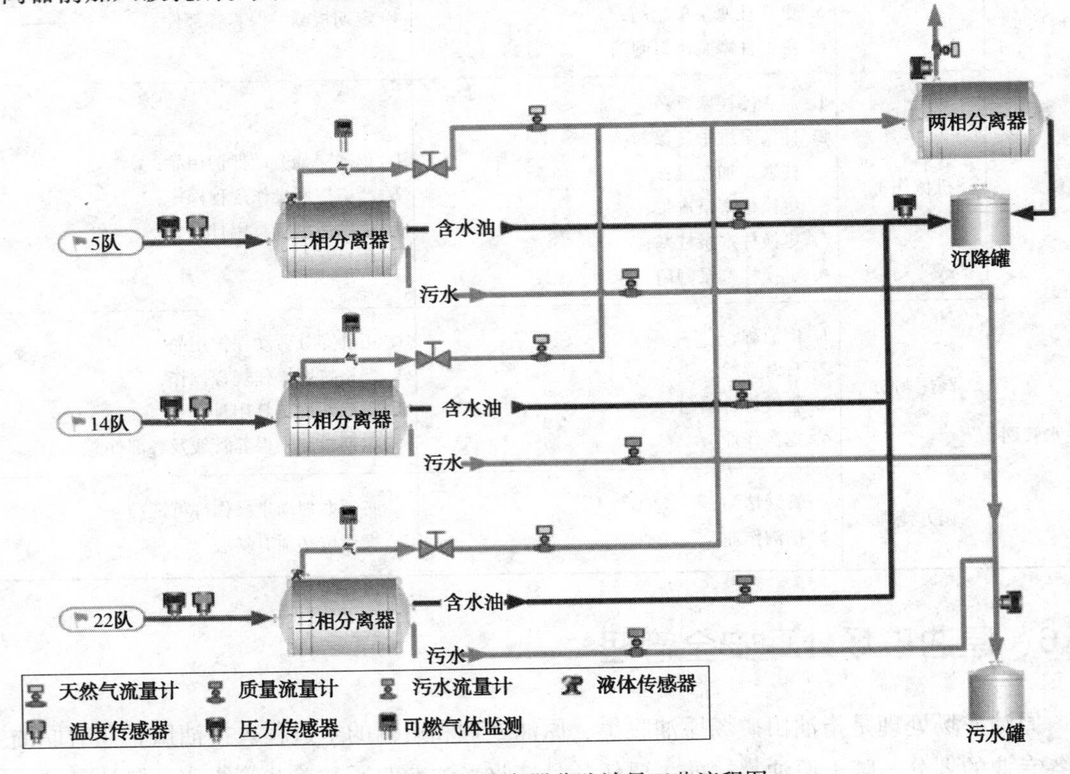

图 7－21　三相分离器分队计量工艺流程图

7.6.1.2 主要设备

常用的油气分离设备按功能分有气液两相分离器和油气水三相分离器，按形状分有卧式分离器、立式分离器和球形分离器等，按工作压力有真空分离器（＜0.1MPa）、低压分离器（＜1.5MPa）、中压分离器（1.5～6MPa）和高压分离器（＞6MPa）等。

（1）气液两相分离器

联合站常用卧式分离器，尽管内部结构形式不同，特点各异，但原理结构基本相同，其基本组成通常包括入口分流器、重力沉降区、集液区、捕雾器、压力、液位控制、安全防护部件等几部分。

（2）油气水三相分离器

油井产物内常含有水，特别是在水驱油藏生产的中后期油井含水量急剧增多。含水油井产物进入分离器后，在油气分离的同时，由于密度差，一部分水将与原油分离沉降至分离器底部。因而，处理这种含水原油的分离器必须有油、气、水三个出口，这种分离器称为三相分离器。

三相分离器也有立式和卧式之分，图7－22为卧式三相分离器，油气水混合物进入分离器后，入口分流器1将混合物初步分成气液两相，液相引至油水界面以下进入集液区。在该区内，依靠油水密度差使油水分层，底部为分出的水层，上部为原油和原油乳状液层。油和乳状液从堰板4上方流至油室5，经由液位控制的出油阀排出。水从堰板上游的出水阀排出，由油水界面控制排水阀开度，使界面保持一定高度。分流器分出的气体水平地通过重力沉降区，经除雾器4除雾后流出分离器。

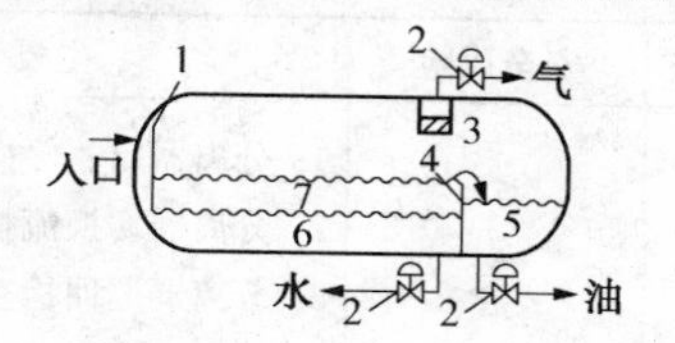

图7－22　卧式三相分离器原理图

1—分流器；2—控制阀；3—捕雾器；4—堰板；5—油室；6—水；7—油和乳状液

分离器压力由安装在气体管线上的控制阀2控制。分离器的液位依据气液分离需要可设在0.5～0.75D间，常采用0.5D。

为了提高油水分离效率，常在分离器内部增加整流、聚结、斜板等加速油水分离的构件；为防止旋涡产生，在排液口和排气口设置防涡器；为阻止液面波浪的传播，对较长的卧式分离器需安装防波板。

7.6.1.3　生产活动中的安全风险及消减措施

油水分离设备操作过程的安全风险及消减措施见表7－11。

表7－11　分离设备安全风险及消减措施

主要设施	安全风险	主要生产活动	消减措施
分离器	火灾爆炸	1. 分离器区用火作业； 2. 分离器内检维修操作； 3. 分离器停产清砂； 4. 流程切换操作	1. 动火必须有相关报告； 2. 按规定进行易燃易爆物质的控制； 3. 按规定控制着火源； 4. 严格按《进入受限空间安全管理规定》操作； 5. 按规定落实安全防范措施； 6. 现场要有监护人； 7. 正确使用工具用具； 8. 正确切换流程
	超压爆炸		1. 按压力容器使用规定由专业检测部门及时进行无损探查，保证容器安全性能； 2. 严格按规定控制运行参数； 3. 及时维护、保证监控系统正常运行； 4. 按时检查校验安全阀，保证灵活好用； 5. 保持紧急放空流程通畅
	1. 高压刺伤 2. 皮肤烫伤	1. 分离器启、停操作； 2. 分离器切换流程操作； 3. 分离器维护保养操作； 4. 更换保养阀门； 5. 更换压力表； 6. 更换分离器液位计； 7. 更换流量计； 8. 更换出油阀； 9. 压力水冲砂操作； 10. 分离器密封部位刺漏处理	1. 严格按照标准化规程操作； 2. 正确穿戴劳动保护用品； 3. 正确使用工具用具； 4. 按时检查校验安全阀，保证灵活好用

续表

主要设施	安全风险	主要生产活动	消减措施
分离器	机械伤害	1. 分离器启、停操作； 2. 分离器切换流程操作； 3. 分离器巡回检查操作； 4. 更换保养阀门； 5. 分离器维护保养操作； 6. 更换压力表； 7. 更换分离器液位计； 8. 更换流量计； 9. 更换出油阀； 10. 压力水冲砂操作； 11. 分离器密封部位刺漏处理； 12. 分离器出油阀解卡操作	1. 严格按照标准化规程操作； 2. 正确穿戴劳动保护用品； 3. 正确使用工具用具
	1. 高空坠落 2. 摔滑危害	1. 分离器启、停操作； 2. 分离器维护保养操作； 3. 分离器巡回检查操作	1. 严格按照标准化规程操作； 2. 正确穿戴劳动保护用品； 3. 做好防护措施； 4. 及时检修梯子和顶部平台； 5. 现场有监护人
	中毒窒息	1. 分离器内检维修操作； 2. 分离器停产清砂	1. 检修前对分离器内部进行置换、吹扫、通风； 2. 对有害气体分析检测； 3. 按规定佩戴正压式空气呼吸器或长管式面具
	淹溺	1. 分离器内检维修操作； 2. 分离器停产清砂	1. 切断介质来源； 2. 与分离器相连管线、阀门加装盲板断开
管网	1. 高压刺伤 2. 皮肤烫伤	1. 切换流程操作； 2. 更换阀门操作； 3. 更换压力表； 4. 更换阀门填料操作； 5. 管线打卡子堵漏	1. 严格按照标准化规程操作； 2. 正确穿戴劳动保护用品； 3. 正确使用工具用具； 4. 正确切换流程
	塌方掩埋	管线打卡子堵漏	1. 办理动土操作许可证； 2. 操作坑必须有斜坡
	机械伤害	1. 管线巡回检查； 2. 切换流程操作； 3. 更换阀门操作； 4. 更换压力表； 5. 更换阀门填料操作； 6. 管线打卡子堵漏	1. 严格按照操作规程操作； 2. 正确穿戴劳动保护用品； 3. 正确使用工具用具
药剂泵	触电危害	1. 启停药剂泵； 2. 维护、保养泵和电动机	1. 按标准化操作规程操作； 2. 按规定穿戴好绝缘护具； 3. 做好电气设备的保护措施； 4. 正确使用工具用具

续表

主要设施	安全风险	主要生产活动	消减措施
药剂泵	中毒	1. 加药操作； 2. 药剂泵维护、保养	1. 按标准化操作规程操作； 2. 正确使用防护装置； 3. 正确穿戴劳动保护用品； 4. 正确使用工具用具
	机械伤害	1. 启停药剂泵； 2. 加药系统巡回检查	1. 正确穿戴劳动保护用品； 2. 严格按照操作规程操作； 3. 正确使用工具用具

7.6.2 原油脱水

7.6.2.1 工艺原理

原油脱水包括脱除原油中的游离水和乳化水。常用方法主要有：重力沉降，化学脱水，电、磁聚结脱水，超声波脱水，机械法和离心力脱水等。在生产实践中，经常综合应用上述脱水方法以求得最好脱水效果和最低脱水成本。

（1）重力沉降脱水

重力沉降脱水是指在重力作用下，依靠油水的密度差而实现油水分离的方法。在油水混合物中，油的密度小，所受重力小；水的密度大，所受重力大，在重力差的作用下，水滴逐渐从油层中沉降分离出来。重力沉降脱水多用于原油中游离水脱除。

（2）化学破乳脱水

化学破乳脱水，是指在乳状液中加入一定的表面活性物质，破坏乳状液的稳定性，使乳状液破乳，促使水滴聚结、合并、沉降而实现油水分离的方法，加入的表面活性物质叫破乳剂。

（3）电场力脱水

电场力脱水是指将原油乳状液置于高压电场中，在电场力的作用下，削弱水滴界面膜的强度，促进水滴之间的碰撞，使其聚结、合并、沉降，从原油中分离出来的脱水方法。水滴在电场中聚结的方式主要有电泳聚结、偶极聚结和振荡聚结。

（4）电磁法脱水

电磁法脱水，是先将原油乳状液通过带电元件，使水滴带电；再使该乳状液通过与其流向垂直的单向磁场，在磁力线的作用下，水滴运动方向将发生偏移；偏向的带电水滴与电性不同的带电体相接触而中和，使水滴聚合在易被水润湿而不易被油润湿的聚合床上，从而达到油水分离的目的。

（5）超声波脱水

利用的超声波震动作用，降低乳化液的界面膜强度、加速聚结，即通过增大水滴粒径来提高分离质量和分离速度。用频率为15～17kHz，强度为0.1～0.2W/cm^{2}的超声波，与化学法和机械法联合使用，可取得很好的脱水效果。

（6）机械处理

为了克服重力沉降区内流场不均、加速乳化液颗粒或液滴的聚并，在沉降区加整流板、聚结介质(不锈钢波纹板、聚四氟乙烯波纹板、陶粒等)、导流板、斜板、丝装物或网状物等来改善重力沉降特性，这种方法称为机械处理。在油气水处理设备中广为采用。其中陶粒法脱水，就是利用陶粒的亲水性，使油水混合物中的水滴聚结、分离的方法。

（7）离心力脱水

离心力脱水，主要利用介质旋转流动过程中产生的离心力进行气液、液液或固液分离的方法，其分离过程一般只有几秒钟。

典型的原油脱水工艺流程如图7－23所示。

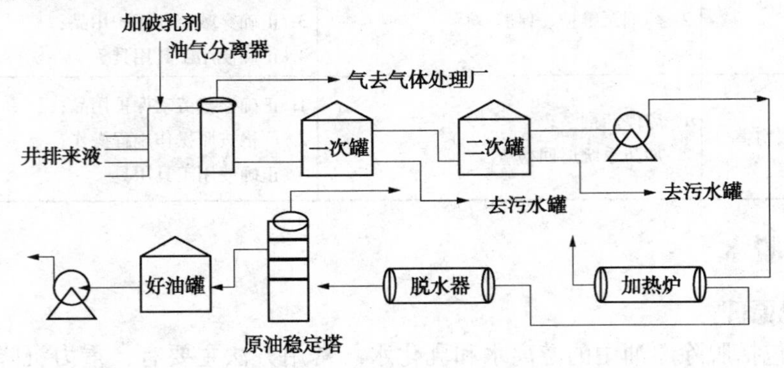

图7－23　高含水原油三段电化学脱水工艺流程

7.6.2.2　主要设备

常用的原油脱水设备有立式沉降罐（包括一次罐和二次罐）、卧式沉降罐、电脱水器、脱水泵、加热炉等。

（1）立式沉降罐

① 工作原理：立式沉降罐如图7－24所示。加入破乳剂的油水混合物由入口管经配液管中心汇管和多条辐射状配液管流入沉降罐底部的水层内。当油水混合物向上通过水层时，由于水洗作用使原油中的游离水、破乳后粒径较大的水滴、盐类和亲水固体杂质等并入水层，水洗过程至沉降罐油水界面处终止。由于部分水量从原油中分出，从油水界面向上流动的原油流速减慢，为原油中较小粒径水滴的沉降创造了有利条件。当原油上升到沉降罐上部液面时，其含水率大为减少。经沉降分离后的原油由中心集油槽排出沉降罐。罐内污水经虹吸管排出。沉降罐的水洗段约占1/3罐内液高，沉降段占2/3液高。定期清理罐底积存的污泥时，由管10排空罐内液体。配液管为沿长度方向在管底部钻有若干小孔的多孔管，沿罐中心向罐壁方向开孔，孔径逐渐增大，使

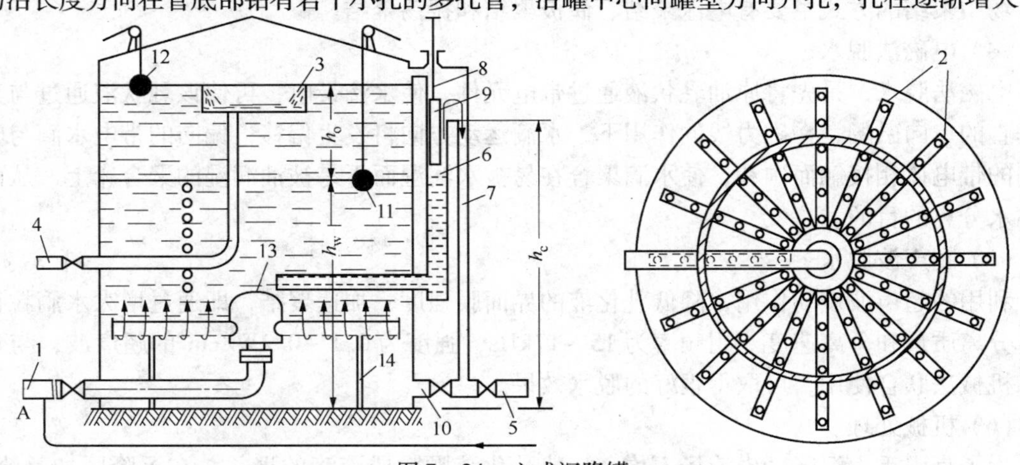

图7－24　立式沉降罐

1—油水混合物入口；2—辐射状配液管；3—中心集油槽；4—出油管；5—排水管；6—虹吸上行管；7—虹吸下行管；8—液力阀杆；9—液力阀柱塞；10—排空管；11、12—油水界面和油面浮子；13—配液管中心汇管；14—配液管支架

流出的油水混合物沿罐截面分布均匀。配液管离罐底高度约0.5～0.6m。在罐底部还有一条污水回掺管线将部分排出污水回掺至罐的入口管内，以增加管线内的含水率和加快水滴的聚结速度。

② 主要附件

机械呼吸阀：呼吸阀的作用是控制油罐的呼气压力和吸气真空度，保持罐内一定压力，既确保储罐的安全，又减少蒸发损耗。呼吸阀是拱顶储油罐最重要的附件。在拱顶储油罐的顶部通常需要同时安装机械呼吸阀和液压呼吸阀。机械呼吸阀的结构如图7－25所示。机械呼吸阀是靠阀盘重力与罐内外压力差产生的举力相平衡而工作的。当上举力大于阀盘重力时，阀盘沿导杆升起，油罐排出气体，泄压后阀盘靠自身重力落到阀座上；当罐内压力低于真空阀控制的压力时，真空阀盘沿导杆下降，外部气体进入罐内。

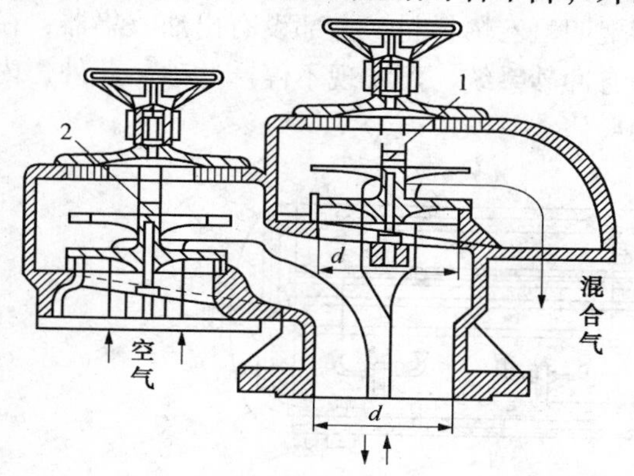

图7－25　机械式呼吸阀结构示意图

1—压力阀盘；2—真空阀盘

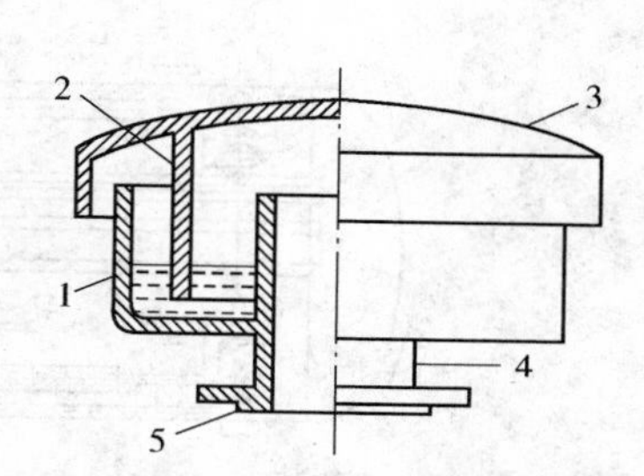

图7－26　液压呼吸阀结构示意图

1—盛液阀体；2—隔板；3—罩子；4—连接管；5—法兰

液压呼吸阀：液压呼吸阀的结构如图7－26所示。液压呼吸阀是靠阀体内密封液液位与罐内外压力差产生的举力相平衡而工作的。当罐内压力增高时，罐内气体克服密封液压力排出罐外；当罐内压力降低时，空气在大气压的作用下克服密封液压力进入罐内。

液压呼吸阀的控制压力一般比机械呼吸阀高出5%～10%，正常情况下它是不工作的，只是在机械呼吸阀失灵或其他原因使罐内出现过高的压力或真空度时才动作。因此液压呼吸阀又称液压安全阀。

（2）卧式沉降罐

卧式沉降罐的结构如图7－27所示。工作时，油水混和物经配液汇管、配渡管、槽形折

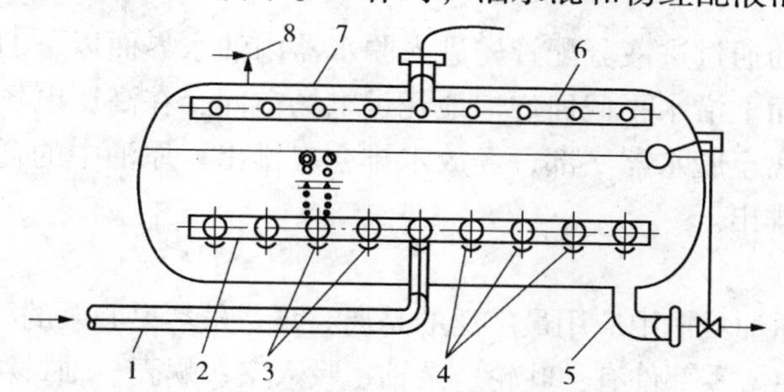

图7－27　卧式沉降罐结构示意图

1—油水混合物入口管；2—配液汇管；3—配液管；4—槽形折流板；5—排水管；6—集油汇管；7—壳体；8—安全阀

流板均匀地分散入脱水器底部的水层内，其中的游离水、破乳后粒径较大的水滴、盐类和亲水固体杂质等在水洗的作用下并入水层；原油及其携带的粒径较小的水滴在密度差的作用下，不断向上运动，在水洗的作用下水分不断从油中沉降出来；当原油上升到沉降罐上部液面时，其含水率大为减少，经集油汇管排出。沉降到底部的污水达到一定液位时，经由浮子连杆机构控制的放水阀排出。

卧式沉降罐具有一定的承压能力，常用于原油中气体较多，采用密闭流程的情况下。

(3) 电脱水器

各油田广泛采用大型卧式耐压电脱水器，其结构如图 7－28 所示。电脱水器的下部设有喇叭口进液分配头或双 H 型进油分配器，电脱水器上部设有网状平板电极组和绝缘棒引电装置，电极组采用平挂电极，绝缘吊挂采用聚四氟乙烯材料。上部设有出油收集器，在电脱水器底部设有放水收集器，电脱水器内部设有冲砂系统，可实现不停产冲砂。此外，内部还设有专用检修通道和检修平台，方便安装和检修。

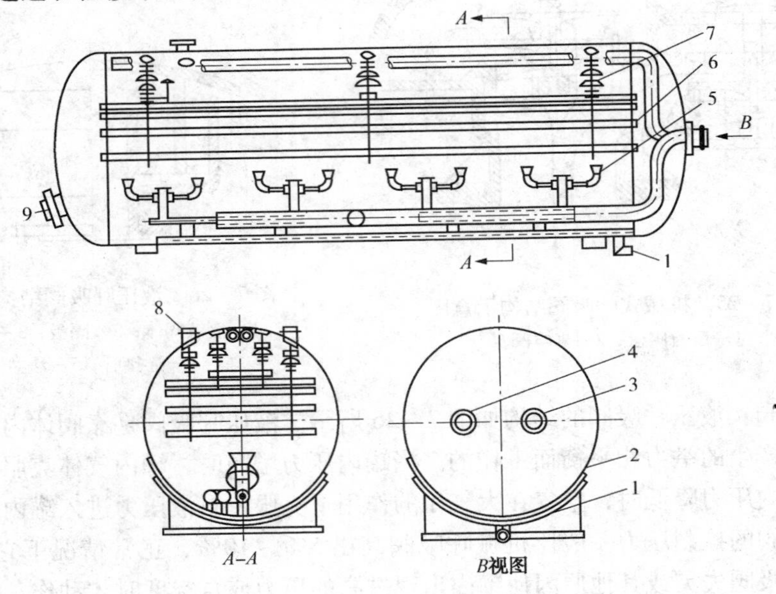

图 7－28　卧式静电脱水器结构示意图

1—放水排空口；2—壳体；3—净化油出口；4—含水油进口；5—进液分配头；6—电极；7—悬挂绝缘子；8—进线绝缘棒安装孔；9—人孔

工作时，含水原油通过进液分配管先进入脱水器内油水界面以下的水层中，经水洗作用除去游离水；再自下而上沿水平截面均匀地经过电场空间，在高压电场作用下，水滴不断聚结，合并，并沉降分离至脱水器底部，经放水排空口排出；原油中的含水率不断降低，最后经顶部出油收集管线排出。

(4) 脱水泵

泵的种类很多，原油集输中应用最广泛的是离心泵。虽然离心泵的种类繁多，结构各不相同，但构成离心泵的主要零部件有：叶轮、泵轴、吸入室、蜗壳、轴封箱和口环等，多级泵还装有导叶、诱导轮和平衡盘等。其中过流部件有吸入室、叶轮和蜗壳。其叶轮、叶轮螺母、轴套、联轴器等随泵轴一起旋转，构成了离心泵的转动部件；吸入室、蜗壳、托架(兼作轴承箱)等构成了离心泵的静止部件。液体流过的吸入室、叶轮和蜗壳等，称为过流部件。

图7－29为离心泵与管路联合工作的装置示意图。离心泵工作时，在驱动机的作用下，充满叶轮的液体由许多弯曲的叶片带动旋转，在离心力的作用下，液体沿叶片间流道，由叶轮中心甩向边缘，再通过蜗壳流向排出管。液体从叶轮获得能量，使压力能和速度能增加，并依靠此能量将液体输送到排出罐。

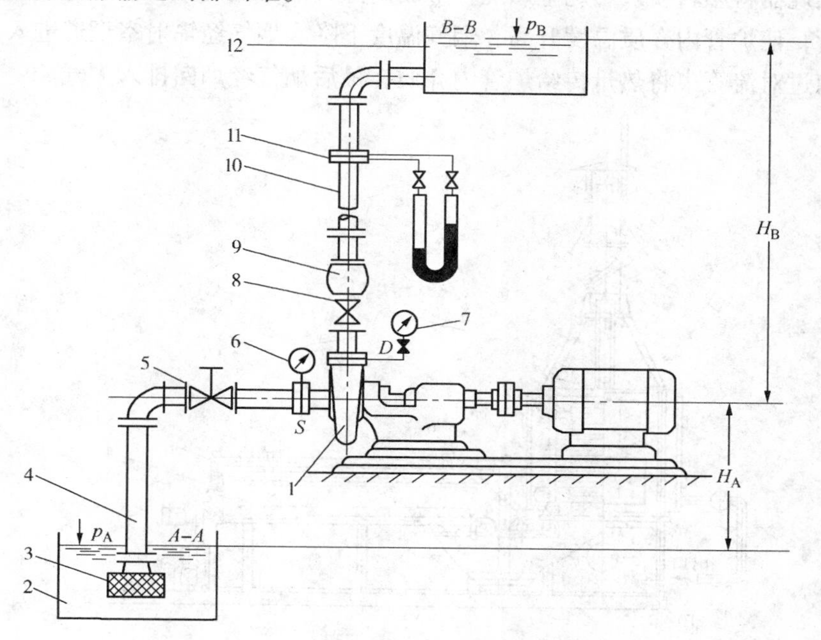

图7－29　离心泵与管路联合工作的装置示意图

1—泵；2—吸液罐；3—底阀；4—吸入管路；5—吸入管调节阀；6—真空表；7—压力表；8—排出管调节阀；9—单向阀；10—排出管路；11—流量计；12—排液罐

液体被甩向叶轮出口的同时，叶轮入口中心处就形成了低压，在吸入罐和叶轮中心处的液体之间就产生了压差，吸入罐中的液体在这个压差的作用下，通过吸入管流入叶轮中心，再由叶轮甩出，如此不断循环，吸入罐中的液体就会源源不断地输送到排出罐。

(5) 加热炉

加热炉是原油集输过程中常用的热力设备。常用于原油脱水、稳定、输送等环节中对介质加热。有水套加热炉、管式加热炉、热媒间接加热系统等。

① 水套加热炉

中间载热介质为水的火筒式间接加热炉称为水套加热炉，简称水套炉。由加热炉本体(包括炉体、火筒烟管、盘管、烟囱)、安全附件(包括安全阀、液位计、压力表等)、燃烧器、控制系统等主要部分组成。其中控制系统是燃料供给和加热炉功率调节的控制核心，它将工艺管道的燃料调节为燃烧器燃烧所需的燃料压力，并通过温度控制器控制和调节燃料流量，以达到调节燃烧器热负荷的目的。

工作原理：气体或液体燃料通过燃烧器在浸没在炉体下部的火筒内燃烧，燃料燃烧产生的火焰和热烟气通过火筒壁传递到炉内的浴液中去，然后浴液把设置在炉体上部的加热盘管内的被加热介质加热。

② 管式加热炉

炉内设有管排或盘管，热量通过管壁传给管内被加热介质而使温度升高的加热炉称为管式加热炉。

如图7－30所示，管式加热炉主要由辐射室、对流室、烟囱、燃烧装置及孔门组成。辐射室和对流室内分别设有辐射炉管和对流炉管。

工作时燃烧器将燃料喷入燃烧室燃烧，形成高温火焰和烟气。以辐射传热的形式将热量传给辐射炉管，使炉管内介质温度升高，烟气温度下降。烟气经辐射室烟道进入对流室，以较高的速度掠过对流管束将热量传给炉管内介质，最后烟气经烟囱排入大气。

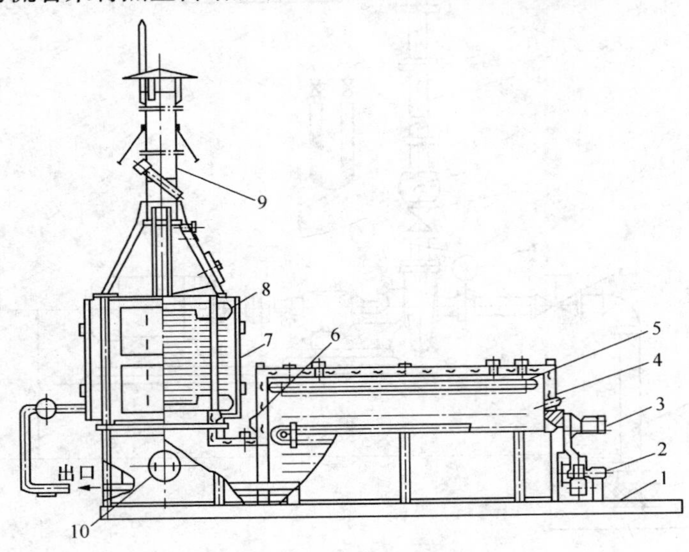

图7－30　管式加热炉

1—底座；2—风机；3—燃烧室；4—辐射室；5—辐射炉管；
6—防爆门；7—对流室；8—对流炉管；9—烟囱；10—人孔

③ 热管加热炉

热管加热炉是在水套加热炉的火筒尾部增加一束热管，这种采用热管技术的加热炉称为热管加热炉。热管是一种高效热力元件，其基本结构是具有一定真空度的密闭管子。管子下半部装有沸点低、热容大的导热介质。热管的特点是具有极好的导热性和均热性。在火筒上加装热管，热管的一端插入烟管内，另一端插入筒体的液体内，实现了烟气的高效传热。这种采用热管技术的加热炉称为热管加热炉。

工作时，热管下半部受热，导热介质蒸发至上半部。在热管上半部，导热介质冷凝放热，加热被加热介质，冷凝的导热介质沿热管壁流至热管下半部，再次蒸发、冷凝、放热，如此周而复始地循环，实现了热量的间接传递。热管的利用，强化了烟气与热载体的传热，提高了加热炉子的热效率，热管式加热炉的热效率可达89%以上。

④ 原油间接加热系统

原油间接加热系统由热媒加热炉、热媒供给、换热等部分组成，其流程如图7－31所示。

原油间接加热系统采用热稳定性较高的导热油为热媒，热媒品质高，性能稳定，可以避免炉管结焦，温升大，加热炉体积小，热效率高，容易实现自动控制。

原油间接加热系统常用于被加热介质黏度高、含杂质多、输量波动大等情况下的原油加热。

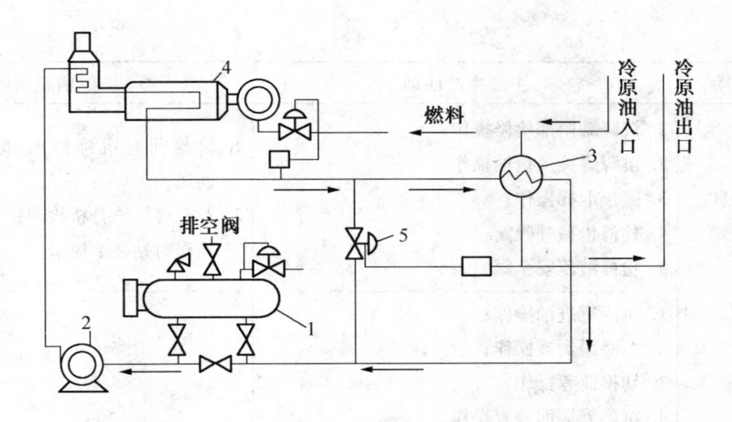

图 7－31　原油间接加热流程

1—热媒储罐；2—热媒循环泵；3—换热器；4—热媒加热炉；5—调节阀

7.6.2.3　生产活动中的安全风险及消减措施

油水分离工艺过程的安全风险及消减措施见表 7－12。

表 7－12　油水分离安全风险及消减措施

主要设施	安全风险	主要生产活动	消减措施
沉降罐	火灾爆炸	1. 罐区动火； 2. 罐内检修； 3. 沉降罐维护保养操作； 4. 沉降罐检尺量油操作； 5. 罐顶取样操作	1. 动火必须有相关报告； 2. 按规定进行易燃易爆物质的控制； 3. 按规定控制着火源； 4. 严格按《进入受限空间安全管理规定》操作； 5. 正确使用工具用具； 6. 正确切换流程； 7. 正确穿戴劳动保护用品； 8. 严禁穿铁钉鞋上罐； 9. 上罐前释放人体静电； 10. 按规定检查检测防雷防静电接地设施； 11. 保证油罐消防设施完好无堵塞； 12. 疏通阻火器或泡沫发生器； 13. 现场要有监护人
	冒罐	1. 沉降罐进油操作； 2. 沉降罐倒罐操作； 3. 切换流程操作	1. 严格按标准化规程操作； 2. 严密监控液位，及时倒罐； 3. 按规定检查维护液位计
	抽瘪胀裂	1. 沉降罐进油操作； 2. 沉降罐倒罐操作	1. 严格按标准化规程操作； 2. 按规定检修机械呼吸阀和液压呼吸阀； 3. 疏通阻火器或泡沫发生器
	1. 高处坠落 2. 摔滑危害	1. 沉降罐检尺量油操作； 2. 罐顶取样操作； 3. 沉降罐维护保养操作； 4. 检修机械呼吸阀； 5. 检修液压安全阀	1. 按标准化操作规程操作； 2. 严禁六级以上大风及雨雪天气上罐操作； 3. 上罐时扶好扶手； 4. 定期维修油罐护栏、扶梯； 5. 防滑处悬挂明显标志

续表

主要设施	安全风险	主要生产活动	消减措施
沉降罐	中毒窒息	1. 沉降罐内部检修操作； 2. 沉降罐检尺量油操作； 3. 罐顶取样操作； 4. 检修机械呼吸阀； 5. 检修液压安全阀	1. 检修前对沉降罐内部进行置换、吹扫、通风； 2. 对有害气体分析检测； 3. 操作时站在上风口
	机械伤害	1. 沉降罐进油操作； 2. 沉降罐倒罐操作； 3. 切换流程操作； 4. 沉降罐巡回检查操作； 5. 沉降罐维护保养操作； 6. 沉降罐内部检修操作； 7. 沉降罐检尺量油操作； 8. 罐顶取样操作； 9. 检修机械呼吸阀； 10. 检修液压安全阀	1. 正确穿戴劳动保护用品； 2. 严格按照操作规程操作； 3. 正确使用工具用具
罐区	火灾爆炸	罐区动火操作	1. 动火必须有相关报告； 2. 按规定进行易燃易爆物质的控制； 3. 按规定控制着火源； 4. 完善消防设施和消防预案
	1. 高压刺伤 2. 烫伤	1. 切换流程操作； 2. 更换阀门操作； 3. 更换阀门填料操作； 4. 管线打卡子堵漏	1. 严格按照标准化规程操作； 2. 正确穿戴劳动保护用品； 3. 正确使用工具用具； 4. 正确切换流程
	塌方掩埋	管线打卡子堵漏	1. 办理动土操作许可证； 2. 操作坑必须有斜坡
	机械伤害	1. 管线巡回检查； 2. 切换流程操作； 3. 更换阀门操作； 4. 更换阀门填料操作； 5. 管线打卡子堵漏	1. 严格按照操作规程操作； 2. 正确穿戴劳动保护用品； 3. 正确使用工具用具
	防火堤穿孔、坍塌、断裂		定期检查防火堤情况，对穿孔、坍塌、断裂处及时进行修复
电脱水器	1. 触电危害 2. 电弧伤人	1. 高压硅整流控制柜及电器； 2. 线路检查操作； 3. 脱水器启、停操作； 4. 脱水器巡检操作； 5. 变压器检查； 6. 脱水器检修操作； 7. 更换保险丝； 8. 倒线路操作； 9. 更换绝缘棒操作	1. 按标准化操作规程操作； 2. 按规定穿戴好绝缘护具； 3. 定期检查线路绝缘、接地设施； 4. 按标准化操作规程操作； 5. 绝缘棒引线安装牢固； 6. 严格按规程进行变压器一、二次接线； 7. 关闭脱水器顶部安全门； 8. 检修前拉下电源闸刀，挂上“禁止合闸”标识牌

续表

主要设施	安全风险	主要生产活动	消减措施
电脱水器	火灾、爆炸	1. 脱水器空载送电操作； 2. 脱水器内部检修操作； 3. 高压硅整流控制柜及电器； 4. 线路检查操作	1. 按标准化操作规程操作； 2. 彻底排净脱水器内油气； 3. 检修前对脱水器内部进行置换、吹扫、通风； 4. 对可燃气体分析检测； 5. 按规定控制着火源； 6. 完善消防设施和消防预案
	中毒窒息	脱水器内部检修操作	1. 检修前对脱水器内部进行置换、吹扫、通风； 2. 对有害气体分析检测
	机械伤害	1. 脱水器启、停操作； 2. 脱水器巡检操作； 3. 脱水器切换流程操作； 4. 脱水器内部检修操作； 5. 脱水器维护保养操作； 6. 更换脱水器压力表操作； 7. 更换脱水器阀门操作； 8. 脱水器清砂操作	1. 正确穿戴劳动保护用品； 2. 严格按照操作规程操作； 3. 正确使用工具用具
	1. 高压刺伤； 2. 烫伤	1. 脱水器进油操作； 2. 脱水器检修操作； 3. 脱水器切换流程操作； 4. 脱水器取样操作； 5. 脱水器放空、放水操作； 6. 更换脱水器压力表操作； 7. 更换脱水器阀门操作； 8. 脱水器清砂操作	1. 严格按照标准化规程操作； 2. 正确穿戴劳动保护用品； 3. 正确使用工具用具； 4. 正确切换流程
	1. 高处坠落； 2. 滑倒	1. 脱水器启、停操作； 2. 更换绝缘棒操作； 3. 脱水器维护保养操作	1. 按标准化操作规程操作； 2. 上脱水器时扶好扶手； 3. 定期维修顶部平台、扶梯； 4. 防滑处悬挂明显标志
	超压爆炸	脱水器进油操作	1. 按压力容器使用规定由专业检测部门及时进行无损探查，保证容器安全性能； 2. 严格按规定控制运行参数； 3. 及时维护、保证监控系统正常运行
泵房	1. 触电危害； 2. 电弧伤人	1. 用电控制柜及电气线路的检查操作； 2. 离心泵启停操作； 3. 离心泵倒运操作； 4. 电机维护保养	1. 按标准化操作规程操作； 2. 按规定穿戴好绝缘护具； 3. 正确使用工具用具； 4. 做好电气设备的接地保护措施
	火灾、爆炸	1. 泵房内动火操作； 2. 用电控制柜及电气线路的检查操作	1. 动火必须有相关报告； 2. 按规定进行易燃易爆物质的控制； 3. 按规定控制着火源； 4. 严格按照操作规程操作； 5. 及时维护泵房通风设施； 6. 完善消防设施和消防预案

续表

主要设施	安全风险	主要生产活动	消减措施
泵房	1. 高压刺伤； 2. 烫伤	1. 离心泵启停操作； 2. 离心泵倒运操作； 3. 离心泵日常巡检、维护； 4. 管线打卡子堵漏	1. 正确穿戴劳动保护用品； 2. 严格按照操作规程操作； 3. 正确使用工具用具
	噪声伤害	离心泵日常巡检、维护	1. 紧固地脚螺栓； 2. 防止汽蚀； 3. 正确使用噪声防护装置
	中暑	泵房内所有操作	注意通风降温
	机械伤害	1. 离心泵启停操作； 2. 离心泵倒运操作； 3. 离心泵日常巡检、维护； 4. 更换离心泵盘根； 5. 离心泵二保操作； 6. 更换机械密封操作； 7. 更换过滤器操作； 8. 电机轴承加润滑脂操作； 9. 离心泵例行保养； 10. 管线打卡子堵漏	1. 正确穿戴劳动保护用品； 2. 严格按照操作规程操作； 3. 正确使用工具用具； 4. 保持电机及泵旋转部位护罩完好
加热炉	1. 炉管破裂 2. 爆燃爆炸	1. 加热炉点炉操作； 2. 加热炉巡检操作； 3. 加热炉切换流程操作	1. 严格按照操作规程操作； 2. 正确穿戴劳动保护用品； 3. 正确使用工具用具； 4. 严格按要求监控运行参数； 5. 及时清理结焦
	1. 高压刺伤 2. 烫伤	1. 加热炉点炉操作； 2. 加热炉停炉操作； 3. 加热炉巡检操作； 4. 加热炉切换流程操作； 5. 更换水套炉液位计	1. 正确穿戴劳动保护用品； 2. 严格按照操作规程操作； 3. 正确使用工具用具； 4. 按规程倒通流程
	超压爆炸		1. 按压力容器使用规定由专业检测部门及时进行无损探查，保证容器安全性能； 2. 严格按规定控制运行参数； 3. 及时维护、保证监控系统正常运行
	触电危害	加热炉点炉操作	1. 正确使用工具用具； 2. 按规定穿戴好绝缘护具； 3. 按标准化操作规程操作； 4. 做好电气设备的接地保护措施
	机械伤害	1. 加热炉点炉操作； 2. 加热炉停炉操作； 3. 加热炉巡检操作； 4. 加热炉维护保养操作； 5. 加热炉切换流程操作； 6. 更换水套炉液位计	1. 正确穿戴劳动保护用品； 2. 严格按照操作规程操作； 3. 正确使用工具用具

7.6.3 原油稳定

7.6.3.1 工艺原理

原油稳定是指通过一定的工艺过程，把原油中的挥发性轻烃比较完全地分离出来，以降低原油的蒸气压，使原油在常温常压下储存时保持稳定，从而降低原油在储存中的蒸发损耗。

原油稳定基本方法可分为以降低压力实现的闪蒸稳定法和以提高温度实现的分馏稳定法两大类。

（1）闪蒸稳定法

液体混合物在加热、蒸发过程中所形成的蒸汽，始终与液体保持接触，直到达到某一温度之后，随着气液混合系统压力的降低，气相与液相最终分离开来，这种气液分离方式称为闪蒸。利用闪蒸原理使原油蒸气压降低，称闪蒸稳定。闪蒸分离稳定按操作压力的不同，又可分为负压闪蒸稳定和正压闪蒸稳定两种。

① 负压闪蒸稳定法

图7－32为原油负压闪蒸稳定原理流程。脱水后的原油经节流减压后呈气液两相状态进入稳定塔，进料温度一般为脱水温度，约在50～70℃范围内，塔顶与压缩机入口相连，由于进口节流和压缩机的抽吸，使塔的操作压力为0.05～0.07MPa，形成负压（真空）。原油在塔内闪蒸，易挥发组分在负压下析出进入气相，并从塔顶流出。气体增压、冷却至20～40℃左右，在三相分离器内分出不凝气、凝析油（或称粗轻油）和污水。不凝气送往气体处理厂，污水送往污水处理厂进一步处理。凝析油可单独输送至气体处理厂加工成液体石油产品；也可回掺至稳定原油内增加原油数量、提高原油质量；也可回掺至末级分离器或闪蒸塔入口原油内，提高油气分离效率。由塔底流出的稳定原油，增压后送往矿场油库。

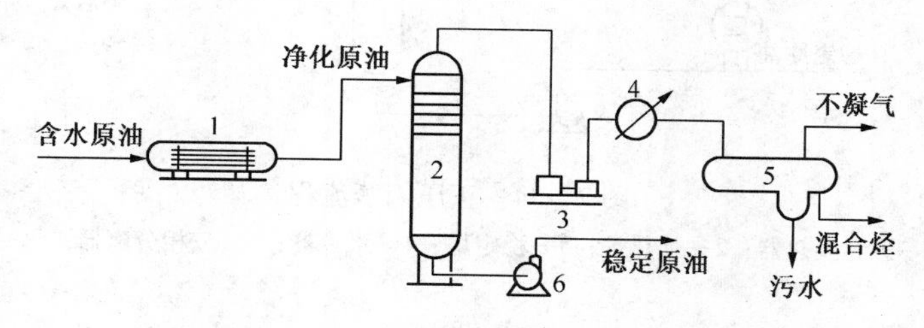

图7－32 负压闪蒸流程

1—脱水器；2—稳定塔；3—负压压缩机；4—水冷器；5—三相分离器；6—泵

负压稳定塔的关键参数是操作压力、温度和汽化率。汽化率为气相流量（mol或质量流量）与进料流量之比，也称气相产品收率或稳定装置的拔出率。汽化率由原油内溶解的C_1～C_4的含量和要求的原油蒸气压确定。操作压力和温度确定了原油的汽化率。

我国生产的重质原油较多，负压闪蒸稳定装置占已建稳定装置总数的82%左右。

② 微正压闪蒸稳定法

微正压闪蒸原理流程如图7－33所示，微正压闪蒸的闪蒸压力一般为0.103～0.105MPa（绝），适用于一般原油，其温度在80～95℃就可达到稳定目的。

③ 正压闪蒸稳定法

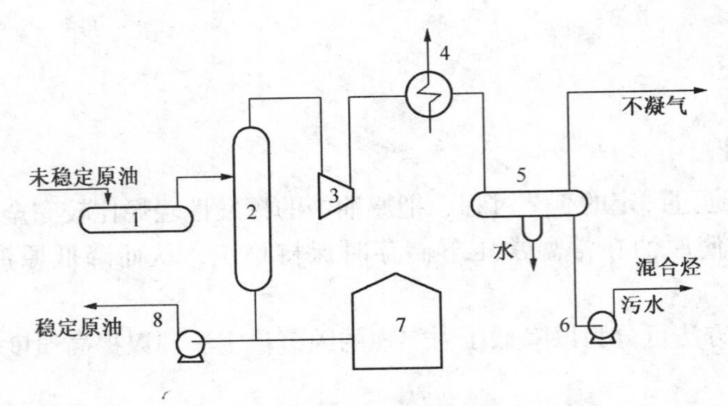

图 7－33　微正压闪蒸原理流程

1—电脱水器；2—闪蒸塔；3—压缩机；4—冷凝器；5—三相分离器；
6—烃泵；7—稳定原油储罐；8—稳定油泵

正压闪蒸的原理流程如图 7－34 所示。塔的操作压力为净化原油经加热炉后的余压，表压一般为 0.2MPa 左右。为使原油有规定的稳定深度，必须在塔内有相应的汽化率，因而净化原油需经换热器、加热炉升温后进入塔内。塔操作温度与操作压力有关，压力愈高，所需温度和能耗愈高。据估算，汽化率一定时，压力每提高 0.01MPa，操作温度约提高 4～5℃。因而，常利用脱水后原油的剩余压力作为塔的操作压力，尽量不再增压，此时对应的操作温度范围常在 80～120℃之间。塔顶闪蒸气的处理与负压闪蒸类同，若离气体处理厂较近不凝气可直接送往处理厂，否则在塔顶与水冷器间设置压缩机。据大庆油田和河南油田的经验，净化原油内的水能降低原油轻组分在气相内的分压，能提高汽化率和凝析油的收率。

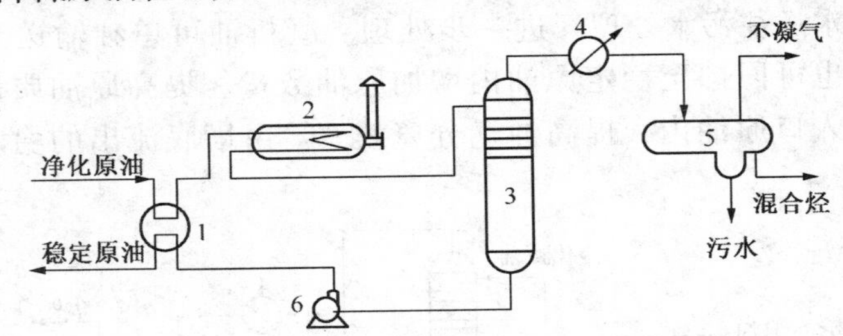

图 7－34　正压闪蒸流程

1—进料换热器；2—加热炉；3—稳定塔；4—水冷器；5—三相分离器；6—泵

（2）分馏稳定法

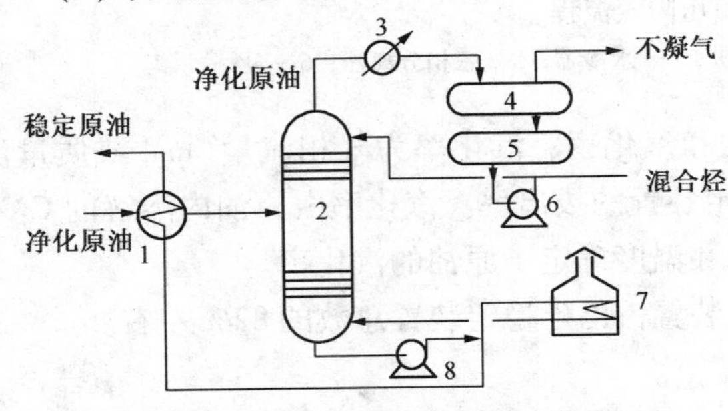

图 7－35　分馏稳定原理流程

1—进料换热器；2—稳定塔；3—冷却器；4—分离器；
5—回流罐；6—回流泵；7—再沸炉；8—塔底泵

分馏稳定法就是根据轻重组分挥发度不同的特点，利用精馏原理将原油中的 C_1～C_4 脱除出去，达到原油的稳定的方法。

原油的分馏过程是在分馏塔中进行的。根据分馏塔结构的不同，可分为全塔分馏，提馏分馏和精馏分馏三种形式；根据稳定热量供应的不同，又可分为进料加热，重沸加热和气提蒸汽加热等形式。分馏稳定法的原理流程见图 7－35。

脱水原油进换热器升温后进入稳定塔，

原油在塔内部分汽化，汽化部分在塔上部进行精馏。塔顶气相产品内较重组分经水冷后从气体中冷凝分离出来，部分作为塔顶液相回流送回塔内，其余轻油和以组分 $C_1 \sim C_4$ 为主的不凝气分别送往气体处理厂。塔底部分稳定原油经再沸炉加热后作为塔底回流，为塔提供分馏所需的热能并提供气相回流。其余的稳定原油与净化原油换热冷却后输往矿场油库。

（3）储油罐抽气稳定

常用的立式钢质储油罐是一种微压容器，其承压能力一般在 -500 ~ 2000Pa 之间。储油罐抽气稳定工艺中，一个关键的问题是确定合适的抽气量，控制合适的罐内压力。抽气压缩机的设计排量可取储油罐蒸发气量的 1.5 ~ 2 倍，罐内正常工作压力控制在 100 ~ 200Pa 之间，循环阀的动作压力一般为 100Pa，自动停机压力宜高于 100Pa，补气阀动作压力通常为 50Pa。

7.6.3.2 主要设备（以负压闪蒸稳定法为例）

（1）稳定塔

稳定塔是原油稳定的主要设备。尽管不同稳定方法中的稳定塔名称各异，但按其部结构来分，有板式塔和填料塔两大类。其结构如图 7 - 36 所示。

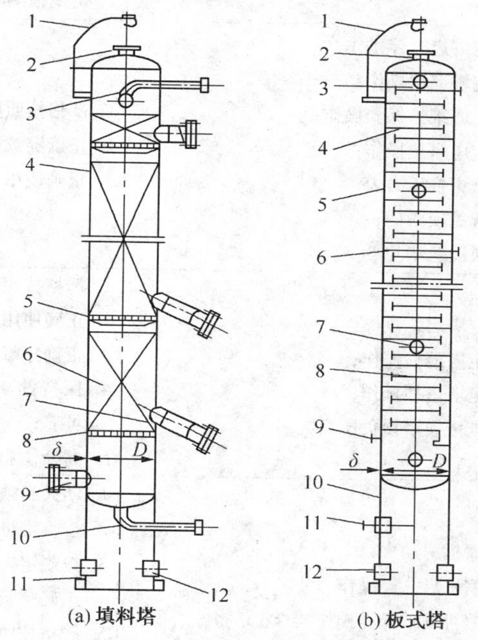

图 7 - 36 原油稳定塔结构示意图

（a）：1—吊柱；2—气体出口；3—喷淋装置；4—壳体；5—液体再分配器；6—填料；7—卸填料人孔；8—支撑装置；9—气体入口；10—液体出口；11—裙座；12—出入孔

（b）：1—吊柱；2—气体出口；3—回流液入口；4—精馏段塔盘；5—壳体；6—料液进口；7—人孔；8—提馏段塔盘；9—气体入口；10—裙座；11—釜液出口；12—出入孔

板式塔是分级接触型气液传质设备，在塔内装有一定数量的塔盘，气体以鼓泡或喷射的形式穿过塔盘上的液层，通过两相密切接触进行传质。根据塔盘的结构不同，又可分为浮阀塔、筛板塔、泡罩塔等。

填料塔是以填料作为气液接触的元件，在塔内装有一定的填料层，液体沿填料表面呈膜状向下流动，气体自下而上流动，气液两相在填料层中逆流接触传质。

（2）压缩机

常用的压缩机主要有离心式、往复式和螺杆式。原油集输过程中常用到往复活塞式压缩机和螺杆式压缩机。往复活塞式压缩机由气缸、活塞、气阀、曲柄连杆机构和机座等主要部件构成。而螺杆式压缩机是一种旋转式水力机械，靠主动螺杆和从动螺杆的相互啮合使被输送流体获得能量。

7.6.3.3 生产活动中的安全风险及消减措施

原油稳定工艺过程的安全风险及消减措施见表7－13。

表7－13 原油稳定安全风险及消减措施

主要设施	安全风险	主要生产活动	消减措施
稳定塔	火灾	1. 塔区动火； 2. 流程切换操作	1. 动火必须有相关报告； 2. 按规定进行易燃易爆物质的控制； 3. 按规定控制着火源； 4. 严格按照操作规程操作； 5. 正确穿戴劳动保护用品； 6. 按规程倒通流程并放空； 7. 定期检测稳定塔静电接地电阻
	机械伤害	1. 稳定塔启、停操作； 2. 稳定塔巡检操作； 3. 稳定塔维护保养操作； 4. 稳定塔塔顶操作； 5. 检查更换压力表； 6. 检查更换阀门； 7. 更换法兰垫片	1. 严格按照操作规程操作； 2. 正确穿戴劳动保护用品； 3. 正确使用工具用具
	高空坠落	1. 稳定塔启、停操作； 2. 稳定塔巡检操作； 3. 稳定塔塔顶操作； 4. 检查更换塔顶负压表	1. 严格按照操作规程操作； 2. 正确使用工具用具； 3. 正确穿戴劳动保护用品； 4. 保持踏板、扶手、平台等防护设施安全可靠； 5. 高处作业必须系安全带
压缩机	火灾爆炸	1. 压缩机房动火； 2. 压缩机启、停操作； 3. 压缩机维护保养操作	1. 动火必须有相关报告； 2. 按规定进行易燃易爆物质的控制； 3. 按规定控制着火源； 4. 正确穿戴劳动保护用品； 5. 严格按照操作规程操作； 6. 正确使用工具用具
	1. 触电危害； 2. 电弧伤人	1. 用电控制柜及电气线路的检查操作； 2. 压缩机启停操作； 3. 离心泵倒运操作	1. 按标准化操作规程操作； 2. 按规定穿戴好绝缘护具； 3. 正确使用工具用具； 4. 做好电气设备的接地保护措施
	机械伤害	1. 压缩机启、停操作； 2. 压缩机维护保养操作； 3. 孔板流量计检修； 4. 检查更换压力表； 5. 检查更换阀门； 6. 更换法兰垫片； 7. 压缩机巡回检查操作； 8. 压缩机紧急停车操作	1. 正确穿戴劳动保护用品； 2. 严格按照操作规程操作； 3. 正确使用工具用具

续表

主要设施	安全风险	主要生产活动	消减措施
压缩机	中毒	管线穿孔处理	1. 注意通风； 2. 正确使用防护面具
	噪声伤害	1. 压缩机巡检操作； 2. 压缩机维护保养操作	正确使用耳塞等防护装置
	中暑	压缩机房内所有操作	注意通风
三相分离器	火灾	三相分离器区动火操作	1. 动火必须有相关报告； 2. 按规定进行易燃易爆物质的控制； 3. 按规定控制着火源； 4. 严格按照操作规程操作； 5. 正确穿戴劳动保护用品
	憋压爆炸	三相分离器启、停操作	1. 正确切换流程； 2. 按标准化操作规程操作
	机械伤害	1. 三相分离器启、停操作； 2. 三相分离器巡检操作； 3. 三相分离器维护保养操作	1. 正确穿戴劳动保护用品； 2. 严格按照操作规程操作； 3. 正确使用工具用具
站内管网	憋压穿孔	1. 倒流程； 2. 日常巡检	1. 正确穿戴劳动保护用品； 2. 严格按照操作规程操作； 3. 正确使用工具用具

7.7 含油污水处理安全管理

油田污水处理是改变原水的水质，以满足油田采油工艺回用水水质标准的要求；当采出水回用有余，还需将采出水处理达到排放水质标准后外排。由于原水水质差异较大，处理后各种回用水质或外排水质不一样，一般需要多种基本的方法互相配合进行水质处理，按性质处理方法可分为物理法、化学法和生物化学法，其作用首先是去除悬浮杂质，其次是去除胶体物质和某些溶解的无机或有机污染杂质，最后对采出水的某些特殊性质需要加以调节，达到回用或外排的目的。

根据作用不同水质处理包括水质净化处理、水质软化处理、水质生化和氧化处理以及水质稳定处理四类。

7.7.1 工艺原理

油田常用的典型污水净化处理工艺有混凝沉降—过滤工艺、浮选—过滤工艺、旋流—过滤工艺等。

7.7.1.1 混凝沉降－过滤工艺

其工艺流程如图 7－37 所示，由原油脱水系统排出的含油污水，加入缓蚀剂、防垢剂和杀菌剂后，先进自然沉降罐进行一次除油，去除浮油、部分乳化油和大粒径的悬浮杂质，再进混凝沉降罐进行混凝沉降，进一步去除乳化油和悬浮杂质，经缓冲罐再次沉降和调储后，经泵提升进入压力滤罐，过滤后的净化水投加杀菌剂后输送到注水站。

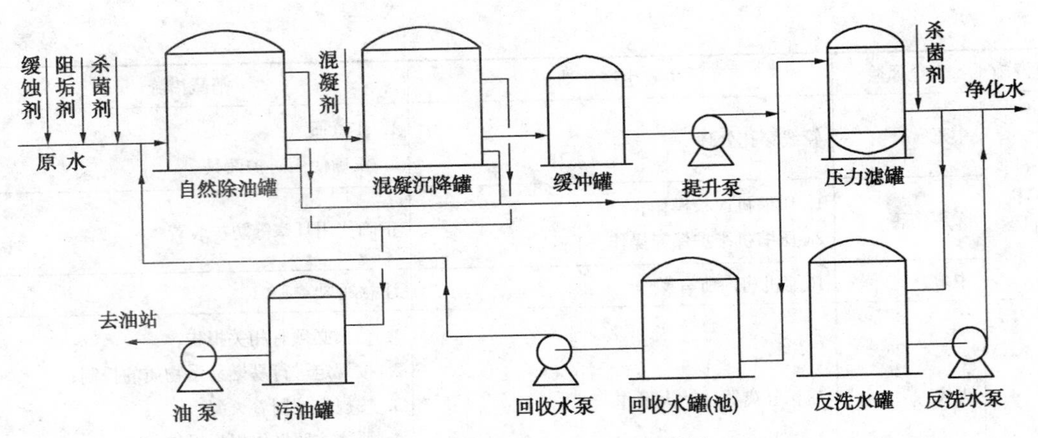

图 7－37　重力式污水处理流程图

这是目前常规污水处理用得较广泛的一种重力式处理流程，其处理效果良好，对原水含油量、水量变化波动适应性强，自然除油回收油品好，投加净化剂混凝沉降后净化效果好。但当处理规模较大时，压力滤罐数量较多、操作量大，处理工艺自动化程度稍低。当对净化水质要求较低，且处理规模较大时，可采用重力式单阀滤罐提高处理能力。

7.7.1.2　浮选－过滤工艺

其工艺流程如图 7－38 所示，由原油脱水系统排出的含油污水，加入缓蚀剂、防垢剂和杀菌剂后，先进气浮接收罐初步处理，加入浮选剂后进浮选装置进一步处理，加压后进压力滤罐过滤，过滤后的净化水投加水质稳定剂后输送到注水站。

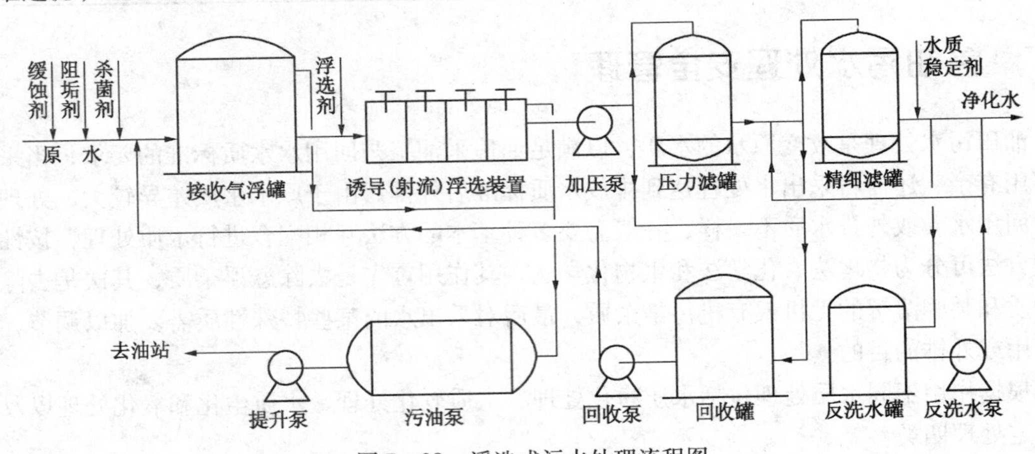

图 7－38　浮选式污水处理流程图

浮选流程处理效率高，设备组装化、自动化程度高，现场预制工作量小。因此，广泛应用于海上采油平台，在陆上油田，尤其是稠油污水处理中也被较多应用。但该流程动力消耗大，维护工作量稍大。

7.7.1.3　旋流－过滤工艺

该工艺流程如图 7－39 所示，从脱水转油站来的含油污水若压力较高，可进旋流除油器；若压力适中，可进接受罐除油，为了提高沉降净化效果，在压力沉降之前增加一级聚结（亦称粗粒化），使油珠粒径变大，易于沉降分离。或采用旋流除油后直接进入压力沉降。根据对净化水质的要求可设置一级过滤和二级过滤净化。

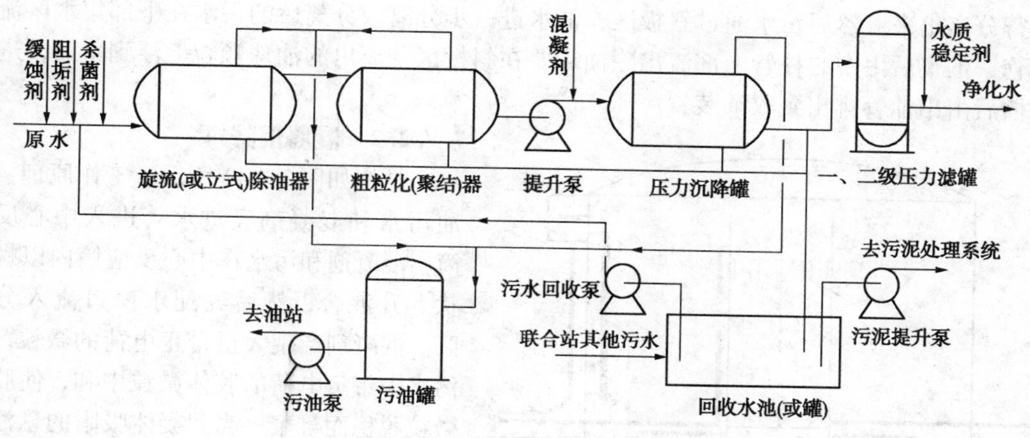

图 7－39　旋流污水处理流程图

7.7.2　主要设备

7.7.2.1　一次除油罐

一次除油罐又分自然除油罐和斜板除油罐等。

（1）自然除油罐

如图 7－40 所示，立式容器上部设收油构件，中上部设配水构件，中下部设集水构件，底部设排污构件。由原油脱水系统排出的含油污水经进水管流入罐内中心筒（混凝除油时为旋流反应筒），经配水管流入沉降区。水中粒径较大的油粒在油水相对密度差的作用下首先上浮至油层，粒径较小的油粒随水向下流动。在此过程中，一部分小油粒由于自身在静水中上浮速度不同及水流速度梯度的推动，不断碰撞聚结成大油粒而上浮，无上浮能力的部分小油粒随水进入集水管，经出水系统流出除油罐。

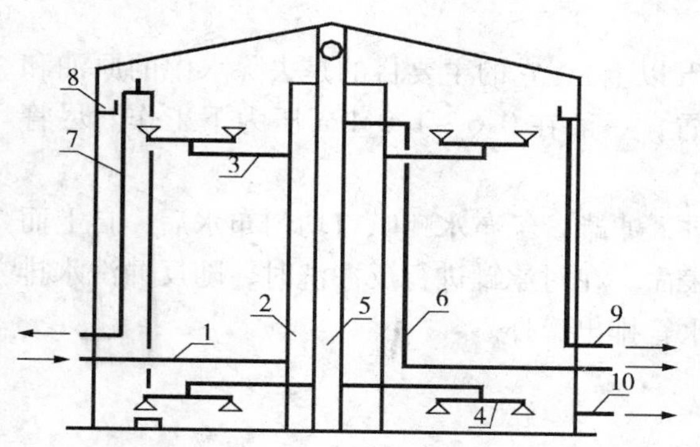

图 7－40　自然除油罐结构图

1—进水管；2—中心反应筒；3—配水管；4—集水管；5—中心柱管；6—出水管；7—溢流管；8—集油槽；9—出油管；10—排污管

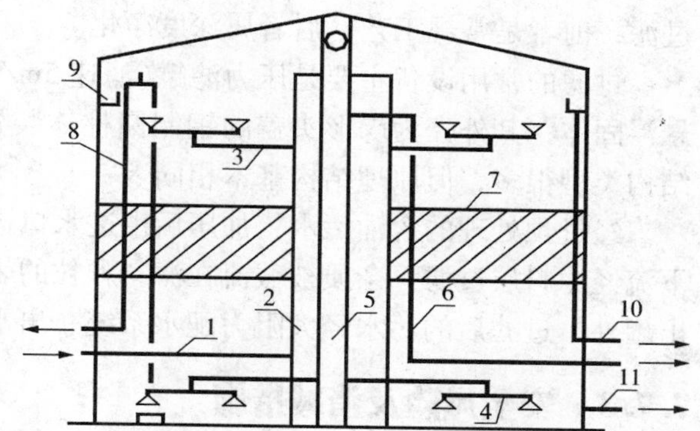

图 7－41　立式斜板除油罐结构图

1—进水管；2—中心反应筒；3—配水管；4—集水管；5—中心柱管；6—出水管；7—波纹斜板组；8—溢流管；9—集油槽；10—出油管；11—排污管

（2）斜板除油罐

立式斜板除油罐的结构型式与普通立式自然除油罐基本相同，其主要区别是在普通除油罐中心反应筒外的分离区一定部位加设了斜板组，如图 7－41 所示。

含油污水从中心反应筒出来之后，先在上部分离区进行初步的重力分离，较大的油珠颗粒先行分离出来，然后污水通过斜板区，油水进一步分离。分离后的污水在下部集水区流入集水管、汇集后由中心柱管上部流出除油罐。在斜板区分离出的油珠颗粒上浮到水面，进入集油槽后由出油管排出到收油装置。

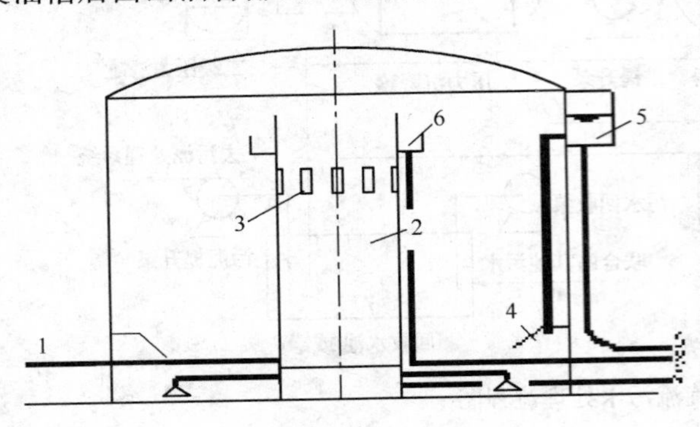

图 7－42　竖流式混凝沉降罐

1—进水管；2—絮凝筒；3—配水窗口；4—伞形集水槽；5—出水堰箱；6—收油槽

7.7.2.2　混凝沉降罐

结构如图 7－42 所示。工作原理：含油污水和混凝剂经进水管进入中心反应筒，混凝剂和污水在中心反应筒内以螺旋状上升混合，然后经配水窗口流入分离区。混凝剂产生大量带正电荷的微粒，与污水中带负电荷的胶体微粒中和，使胶体微粒脱稳而凝聚。当絮凝体吸附的悬浮物大部分为油粒时就上浮；吸附的悬浮物大部分为固体颗粒时就下沉，从而把油粒和其他悬浮物除掉。上面的油层进入集油槽内，经出油管流入回收油罐。污水经集水槽、出水堰箱、出水管流出罐外。

缓冲罐除起到沉降除油作用外，还兼有调储功能，结构和自然除油罐基本相同，但没有内部集、配水构件。

7.7.2.3　压力滤罐

含油污水经除油设备处理后，还存在一定数量的固体悬浮杂质，需过滤进一步处理。过滤是指污水流经颗粒介质或表层层面，油和杂质就被留在这些介质的孔隙里或表面，从而使水得到进一步净化的过程。过滤不仅能滤除水中的油、悬浮物和胶体物质，而且还可以除去细菌、藻类、病毒、铁和锰的氧化物、放射性颗粒等其他多种物质。分为颗粒层过滤和表面过滤，前者是常规工艺，后者属深度净化。

过滤的常用设备主要是压力滤罐(滤速 5m/h 以上)，它的主要目的是去除水中的原油和悬浮固体，其外壳为碟形头盖的钢制圆柱体装置，一般在 0.6～1.0MPa 压力下工作。尽管结构类型很多，但原理结构基本相同。

经过预处理的含油污水，加压后由进水口进入滤罐，经布水喇叭口均匀布水后，自上而下流经滤料层过滤，杂质被截流在滤料颗粒的表面。在对滤罐进行反冲洗时，随反冲洗水排出罐外。过滤后的污水经大阻力配水系统、出水管排出罐外。

7.7.3　安全风险及消减措施

污水处理工艺过程的安全风险及消减措施见表 7－14。

表 7－14　污水处理安全风险及消减措施

主要设施	安全风险	主要生产活动	消减措施
一次除油罐、混凝沉降罐及缓冲罐	冒罐事故	1. 除油罐进油操作； 2. 除油罐收油操作	1. 严格按照操作规程操作； 2. 严密监控运行参数； 3. 定期检查维护液位计和监控系统； 4. 保持溢流和超越流程通畅

续表

主要设施	安全风险	主要生产活动	消减措施
一次除油罐、混凝沉降罐及缓冲罐	抽瘪胀裂	1. 除油罐进油操作； 2. 除油罐排泥操作	1. 严格按照操作规程操作； 2. 严密监控运行参数； 3. 保持罐顶呼吸阀等安全设施灵活好用； 4. 保持天然气密闭及调压系统正常
	机械伤害	1. 除油罐投运操作； 2. 除油罐停运操作； 3. 除油罐正常运行操作； 4. 除油罐巡回检查操作； 5. 除油罐倒罐操作； 6. 除油罐收油操作； 7. 除油罐排泥操作； 8. 除油罐内部检修	1. 严格按照操作规程操作； 2. 正确穿戴劳动保护用品； 3. 正确使用工具用具
	高处坠落	1. 除油罐罐顶检修操作； 2. 除油罐巡回检查操作	1. 严格按照操作规程操作； 2. 正确穿戴劳动保护用品； 3. 严禁六级以上大风和雨雪天气上罐； 4. 上罐时扶好扶手； 5. 定期检查维护梯子、护栏
	烫伤	1. 除油罐巡回检查操作； 2. 除油罐切换流程操作	正确切换流程，防止憋压刺漏
	火灾	除油罐内部检修动火操作	1. 动火必须有相关报告； 2. 按规定进行易燃易爆物质的控制； 3. 按规定控制着火源； 4. 严格按照操作规程操作； 5. 正确穿戴劳动保护用品
	中毒窒息	除油罐内部检修	1. 检修前对除油罐内部进行置换、吹扫、通风； 2. 对有害气体分析检测
加药系统	触电危害	1. 启停计量泵； 2. 维护、保养计量泵电机； 3. 启动搅拌机构	1. 按标准化操作规程操作； 2. 按规定穿戴好绝缘护具； 3. 正确使用工具用具； 4. 做好电气设备的接地保护措施
	机械伤害	1. 启、停计量泵； 2. 计量泵维护、保养； 3. 计量泵电机保养； 4. 启动搅拌机构	1. 正确穿戴劳动保护用品； 2. 严格按照操作规程操作； 3. 正确使用工具用具
	中毒窒息	加药操作	1. 严格按相关操作规程进行； 2. 注意通风； 3. 戴好劳动防护用品
压力滤罐及配套设施	触电危害	1. 启动搅拌系统； 2. 滤罐反冲洗操作； 3. 维护、保养空压机； 4. 维护、保养电磁阀	1. 按标准化操作规程操作； 2. 按规定穿戴好绝缘护具； 3. 正确使用工具用具； 4. 做好电气设备的保护措施

续表

主要设施	安全风险	主要生产活动	消减措施
压力滤罐及配套设施	机械伤害	1. 滤罐投运操作； 2. 滤罐巡回检查操作； 3. 滤罐反冲洗操作； 4. 滤罐收油操作； 5. 检修蝶阀操作； 6. 检修进出口阀门； 7. 更换压力表； 8. 更换阀门	1. 正确穿戴劳动保护用品； 2. 严格按照操作规程操作； 3. 正确使用工具用具
	冒罐	滤罐反冲洗操作	及时监控反冲洗回收水罐液位
	高处坠落	罐顶搅拌机构检修操作	1. 严禁大风、雨雪等恶劣天气上罐； 2. 按标准化操作规程操作
	1. 高压刺伤 2. 烫伤	1. 滤罐投运操作； 2. 滤罐巡回检查操作； 3. 滤罐反冲洗操作； 4. 滤罐收油操作； 5. 检修蝶阀操作； 6. 检修进出口阀门； 7. 更换压力表； 8. 更换阀门	1. 正确穿戴劳动保护用品； 2. 严格按照操作规程操作； 3. 正确使用工具用具
	中毒窒息	压力滤罐内部构件检修	1. 检修前对除油罐内部进行置换、吹扫、通风； 2. 对有害气体分析检测

第 8 章　采气作业安全管理

采气工程是指在天然气开采过程中有关气田开发的完井投产作业、气井生产系统与采气工艺方式选择、井下作业工艺技术、试井及生产测井工艺技术、天然气生产、增产挖潜措施、井下作业与修井、地面集输与处理等工艺技术和采气工程方案设计的总称。我们通常所说的采气是指采气过程中天然气生产这个环节，即油气从地层→井底→井筒→井口→地面流程→集气管线的整个过程。根据气藏特性可分为：无水气井开采、气水同产井开采、含凝析油气井开采、低压气井开采和含硫气藏开采等工艺。本章将结合天然气开采工艺介绍天然气开采过程的安全风险及消减措施。

8.1　无水气井的开采安全管理

无水气藏是指气层中无边底水和层间水的气藏（也包括边底水不活跃的气藏）。这类气藏的驱动能力主要来自天然气弹性能量，进行衰竭式开采。开采过程中，除产少量凝析水外，气井基本产纯气（有的也产少量凝析油，但不属凝析气井）。

8.1.1　开采特征

大量的生产资料和动态曲线表明，无水气藏气井生产可分为四个阶段（图 8－1）。

(1) 产量上升阶段。仅井底受损害，而损害物又易于排出地面的无水气井才具有这个阶段的特征。在此阶段，气井处于调整工作制度和井底产层净化的过程。产量无阻流量随着井下渗透条件的改善而上升。

(2) 稳产阶段。产量基本保持不变，压力缓慢下降。稳产期的长短主要取决于气井的采气速度。

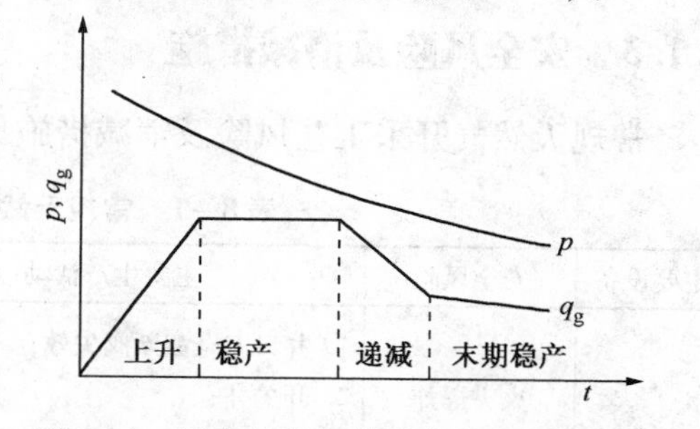

图 8－1　无水气藏气井生产阶段划分示意图

(3) 递减阶段。当气井能量不足以克服地层的流动阻力、井筒油管的摩阻和输气管道的摩阻时，稳产阶段结束，产量开始递减。

(4) 低压低产阶段。产量压力均很低，但递减速度减慢，生产相对稳定，开采时间延续很长。

8.1.2　开采工艺流程

采气（工艺）流程：把从气井采出的含有液（固）体杂质的高压天然气，变成适合矿场集输的合格天然气的设备、仪器、仪表及相应的管线等，按不同方式进行布置的方案（图 8－2）。

从气井采出的天然气，经采气树节流阀调压后进入加热设备（如水套炉、换热器）加热升温，升温后的天然气再一次经节流阀降压到系统设定压力后进入分离器，在分离器中除去液体和固体杂质，天然气从分离器顶部出口出来进入计量管段，经计量装置计量后，进入集气支线输出。分离出来的液(固)体从分离器下部进入计量罐计量，再排入油罐或污水池中。污水经集中处理后，直接排放或回注到地层。

由于采气井站各工艺设备区压力等级不同，为保证采气安全，在工艺设备各压力区(高压、中压、低压)分别安装有安全阀和放空阀，一旦设备超压，安全阀会自动开启泄压，同时启动井口自动切断系统，切断井口气源。对含硫化氢等腐蚀性气体较高的气井，在井口装有缓蚀剂注入装置，以便定期向井内注入缓蚀剂。

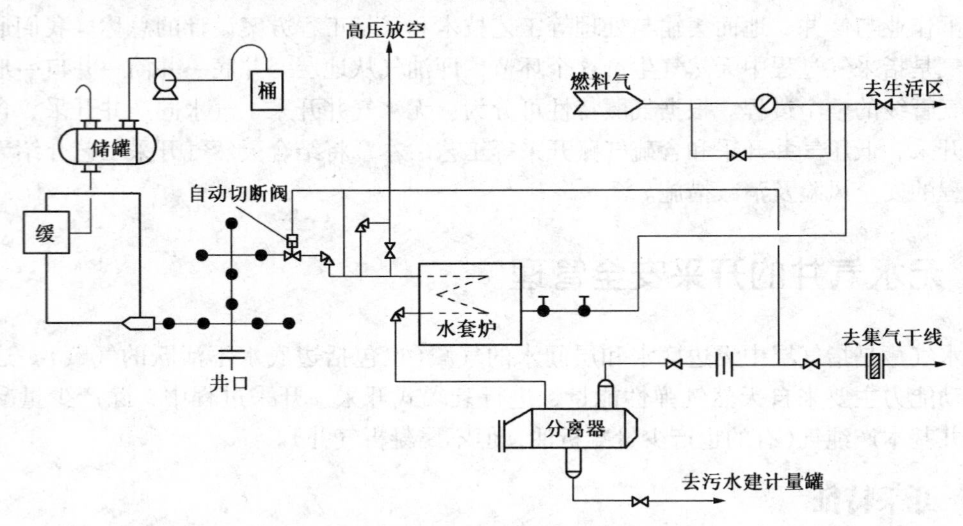

图 8-2　单井采气工艺流程图

8.1.3　安全风险及消减措施

常规天然气开采工艺风险及消减措施见表 8-1。

表 8-1　常规天然气开采工艺风险及消减措施

主要设备	安全风险	主要生产活动(状态)	消减措施
井口装置	火灾爆炸	1. 井口安全截断阀失效； 2. 开关井； 3. 加注液体泡排剂、投固体泡排剂	1. 检查、维护井口安全截断阀控制装置； 2. 严格按操作规程操作； 3. 严格执行防火防爆禁令
	高压刺伤	1. 油管、阀体刺穿； 2. 加注液体泡排剂、投固体泡排剂； 3. 放喷作业	1. 定期对井口高压管线(特别是弯头)、阀体进行壁厚检测；安装加厚直角式弯头； 2. 人员站位避开正对气流方向的弯头、阀体
	机械伤害	1. 操作阀门阀杆飞出； 2. 更换阀门、压力表未泄压到大气压； 3. 开关井操作过猛，高压管线抖动	1. 缓慢操作，人员身体部位勿正对阀杆； 2. 严格按照操作规程操作； 3. 用地锚或水泥基墩固定管线
	中毒	处理泄漏	1. 佩戴便携式检测仪； 2. 正确佩戴正压式空气呼吸器
节流管汇	火灾爆炸	阀门、弯头刺穿漏气	定期对高压管线(特别是弯头)、阀体进行壁厚检测

续表

主要设备	安全风险	主要生产活动(状态)	消减措施
节流管汇	高压刺伤	1. 油管、阀体刺穿； 2. 解堵作业； 3. 更换阀门钢圈、油嘴	1. 定期对管汇高压管线(特别是弯头)、阀体进行壁厚检测； 2. 解堵人员站位避开正对气流方向的弯头、阀体和气流出口； 3. 严格按照操作规程泄压，对泄压情况进行检查确认后再更换
	机械伤害	1. 操作阀门阀杆飞出； 2. 更换阀门、压力表未泄压到大气压	1. 缓慢操作，人员身体部位勿正对阀杆； 2. 严格按照操作规程操作泄压
	中毒	接触有毒气体的作业	1. 佩戴便携式检测仪； 2. 正确佩戴正压式空气呼吸器
蒸汽锅炉	火灾爆炸	1. 燃料气泄漏； 2. 锅炉超压(承压失效)； 3. 干烧； 4. 结垢堵塞	1. 定期燃料气管线进行检漏； 2. 定期检查附件，压力表、水位计、安全阀必须齐全合格； 3. 按照锅炉操作规程操作； 4. 定期清洗维护锅炉，使用脱盐水
水套加热炉	火灾爆炸	1. 水套加热炉点火； 2. 气盘管超压； 3. 干烧； 4. 气盘管刺穿	1. 按照水套加热炉操作规程操作； 2. 按时巡查气盘管压力、水位； 3. 投产前彻底返排井底砂子，定期检测水套炉前后端管道壁厚
电伴热器	触电	通电操作	按电气操作规程操作
	火灾	1. 电热丝短路； 2. 温控器失效	定期检查电伴热器工作情况
分离器	火灾爆炸	1. 开井操作过猛或上游节流阀失效导致压力猛增； 2. 下游通道未开启或下游管道堵塞引起分离器憋压； 3. 安全阀失效； 4. 分离器本体失效	1. 按照操作规程开井； 2. 定时巡回检查观察压力； 3. 定期检验压力表、安全阀； 4. 定期检测压力容器
计量装置	压力击伤	1. 清洗孔板； 2. 拆卸压力表	1. 按照操作规程操作； 2. 做好泄压确认

8.2 气水同产井开采的安全管理

气水同产井是指气井在生产过程中伴有地层水产出，而且产出水对生产有明显干扰的气井。在气田的开发历程中，气田和气井都面临一个较严峻的问题，就是产水气井数量在增加，产出水对气井稳定生产的影响越来越大，严重时导致气井水淹停产。因此，了解气田水的来源、气井出水的原因、产水对气井生产的影响和危害，掌握消除和延缓水害的工艺措施及气井排水采气工艺措施，对提高气田和气井采收率具有重要指导意义。

8.2.1 控水采气

气井在出水前和出水后，为了使气井更好地产气，都存在控制出水问题。对水的控制是通过控制气流带水的最小流量或控制临界压差来实现，一般通过控制井口角式节流阀或井口压力来实现。以底水锥进方式活动的出水气井，可通过分析氯离子，利用单井系统分析曲线，确定临界产量(压差)，控制在小于此临界值下生产，保持无水采气。其开采工艺流程与无水采气相同。

8.2.2 排水采气

为了消除地层水活动对气井产能的影响，可以加强排水工作。如在水活跃区打排水井或改水淹井为排水井等，减少水向主力气井流动的能力。气井排水采气的方法较多，常用的采气方法有利用气井本身能量带水采气、泡沫排水采气、小油管排水采气、气举排水采气、抽油机排水采气、电潜泵排水采气等。

8.2.1.1 泡沫排水采气

泡沫排水采气具有设备简单、施工容易、见效快、成本低、又不影响气井生产的优点，在采气生产中得到广泛应用。

泡沫排水采气工艺是往气井里加入表面活性剂的一种助排工艺。表面活性剂又叫发泡剂。向井内注入一定量的发泡剂，井底积液与发泡剂接触以后，借助天然气流的搅动，分散生成大量低密度的含水泡沫，降低井内液体的密度，减小液体的滑脱损失，提高采气井的带水能力，从而达到减少或清除井底积液的目的。常用泡沫排水采气工艺流程如图 8－3 所示。

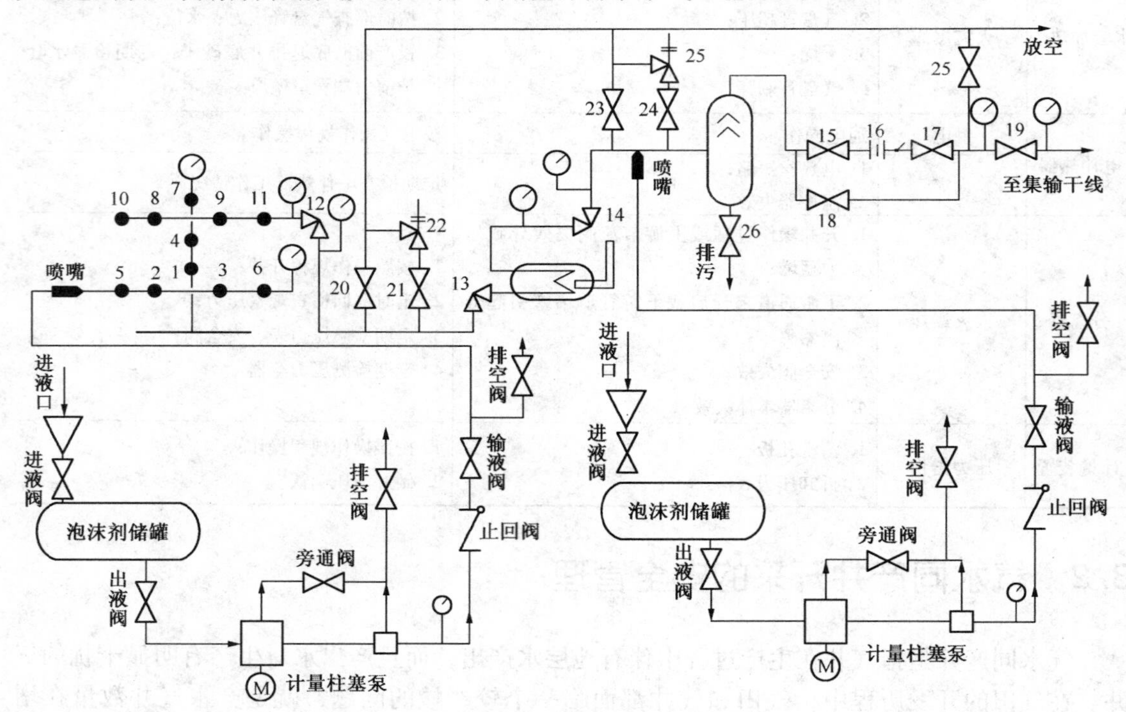

图 8－3　泡沫排水采气工艺流程图

1. 发泡剂注入方法

发泡剂注入方法有平衡罐自流注入、泵注入、泡排车注入。

(1) 平衡罐：平衡罐置于井场，起泡剂溶液盛于平衡罐内，平衡罐与井口套管环形空间连通，罐内溶液靠自重和高差流入环形空间，连续均匀地滴流到井底。使用平衡罐加发泡剂，不需动力是其最大的优点(图 8－4)。

（2）电动泵和柱塞计量泵：可根据井况需要选用，但井场无电源时，其使用受到限制。

（3）泡沫排水专用车：在汽车上安装一台柱塞泵和储罐，用汽车引擎的动力带动柱塞泵，方便灵活，适应性强。

（4）便携式投药筒：类似油井清蜡防喷装置，安装在采气树清蜡闸门上端，用于往井下投掷泡沫助采棒。

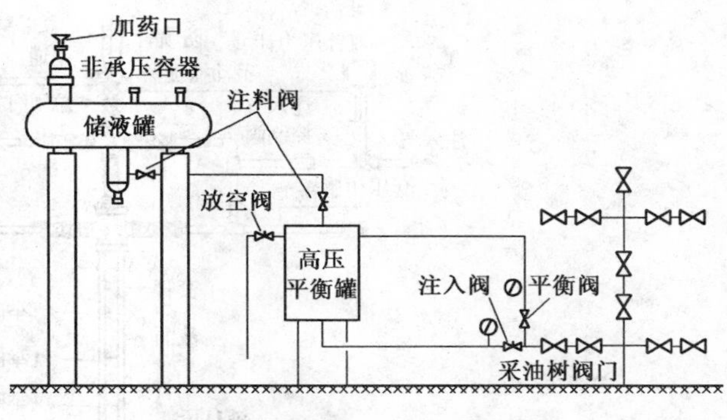

图 8－4　平衡罐注入发泡剂示意图

2. 生产活动中的安全风险及消减措施

泡沫排水采气主要安全风险及消减措施见表 8－2。

表 8－2　泡沫排水采气安全风险及消减措施

主要设备	安全风险	主要生产活动(状态)	消减措施
平衡罐	火灾爆炸	1. 平衡罐承压失效； 2. 井口压力高于平衡罐额定压力	1. 定期检测； 2. 操作前检查井口压力； 3. 使用后及时关闭平衡罐与井口连接阀门并泄压
	压力击伤	开关平衡罐阀门	按操作规程操作
电动泵	触电	开停泵	按操作规程操作，穿戴好防护用品
	机械伤害	接触转动部位	按操作规程操作，穿戴好防护用品
柱塞计量泵、泡沫排水专用车	高压刺伤	1. 高压管线、泵本体刺漏； 2. 管路憋压； 3. 连接井口管线	1. 定期检测； 2. 使用前检测加注管路； 3. 按操作规程操作
	机械伤害	接触转动部位	按操作规程操作，穿戴好防护用品
便携式投药筒	压力击伤	1. 开关阀门； 2. 堵头未上紧	1. 按规程操作； 2. 仔细检查

8.2.1.2　气举排水采气

气举排水采气是利用高压天然气（高压气井或压缩天然气）的能量，借助井下气举阀的作用，向产水气井的井筒注入高压天然气，来排除井内积液，恢复水淹气井生产能力的一种人工举升工艺。

8.2.1.3　柱塞间歇气举排水采气

（1）工艺原理

柱塞气举排水是在油管内放入一个带阀的金属长柱塞，作为气液之间的机械面（起封隔作用，防止气体上窜和液体下落），由地层和套管积蓄的天然气推动柱塞从井底上行，把柱塞之上的水排到地面。此种排水的方法，由于利用柱塞阻挡了水的下沉，比起没有柱塞的气举大大提高了举升效果。柱塞排水采气按井的类型（产量大小、产凝析油还是产水）和输气压力的高低，有多种安装形式，但最基本的是高压高产井和低压气井两种形式。柱塞排水采气工艺流程如图 8－5 所示，包括井下工具和井口装置两部分。

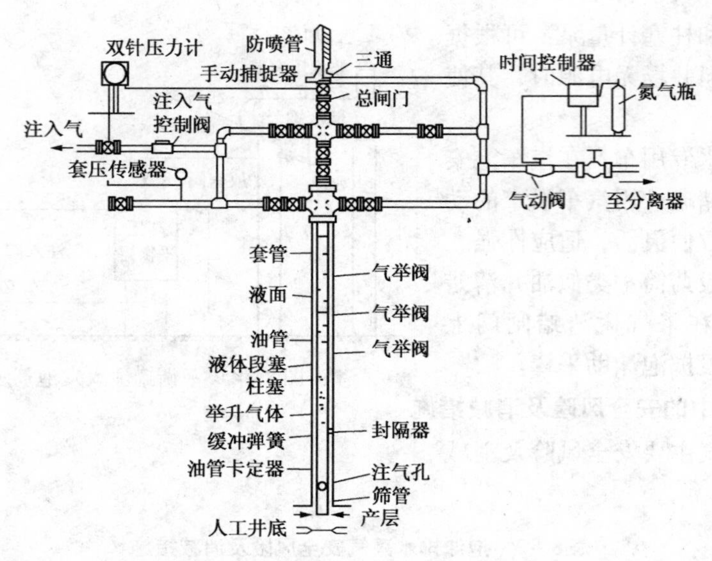

图 8－5　柱塞排水采气工艺流程图

（2）生产活动中的安全风险及消减措施

柱塞气举排水采气主要安全风险及消减措施见表 8－3。

表 8－3　柱塞气举排水采气主要安全风险及消减措施

主要设备	安全风险	主要生产活动（状态）	消减措施
井口装置	火灾爆炸	1. 防喷管失效 2. 装置漏气	定期检查

8.2.1.4　抽油机排水采气

（1）工艺原理

抽油机排水采气简称机抽，就是将游梁式抽油机和有杆深井泵装置用于油管抽水，油套管间的环形空间采气。工艺示意见图 8－6。

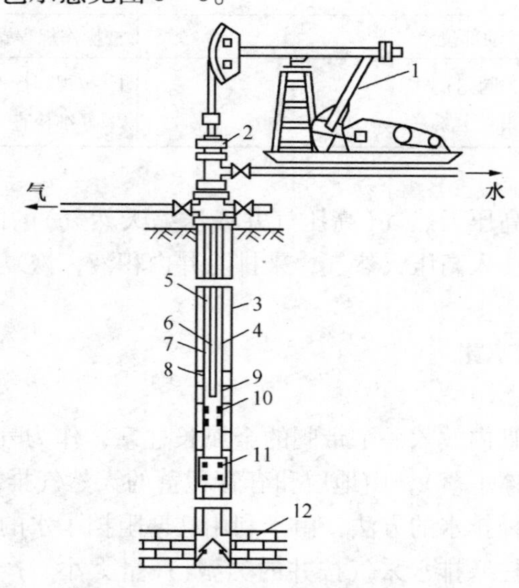

图 8－6　抽油机排水采气工艺示意图

1—抽油机；2—密封填料盒；3—套管；4—油管；5—抽油杆；6—阀罩；
7—上游动阀；8—柱塞；9—下游动阀；10—固定阀；11—井下气水分离器；12—气层

（2）生产活动中的安全风险及消减措施

抽油机排水采气主要安全风险及消减措施见表8－4。

表8－4　抽油机排水采气主要安全风险及消减措施

主要设备	安全风险	主要生产活动(状态)	消减措施
井口装置	火灾爆炸	密封盒漏气	定期检查维护
抽油机	机械伤害	检查、维护井口触碰抽油机活动部件	按照操作规程操作

8.2.1.5　电潜泵排水采气

（1）工艺原理

电动潜油(水)离心泵简称电潜泵，具有排水量大、自动控制、管理简便、增产效果显著等优点；应用电潜泵排水采气与应用电潜泵采油不同，一般要求选择耐高温、高压，抗盐水腐蚀，电力电缆抗气蚀性能好，气水分离器分离效率高的变频控制器控制的电潜泵机组才能获得好的效果。对含 H_2S，CO_2的气井，对井下装置的抗蚀要求高。

电潜泵机组装置如图8－7所示。由井下、地面和电力传送三部分组成。井下部分主要有多级离心泵、气液分离器、潜油(水)电动机、保护器和井下监控装置；地面部分主要有变压器、变频控制器、接线盒及井口装置；电力传送部分是电缆。

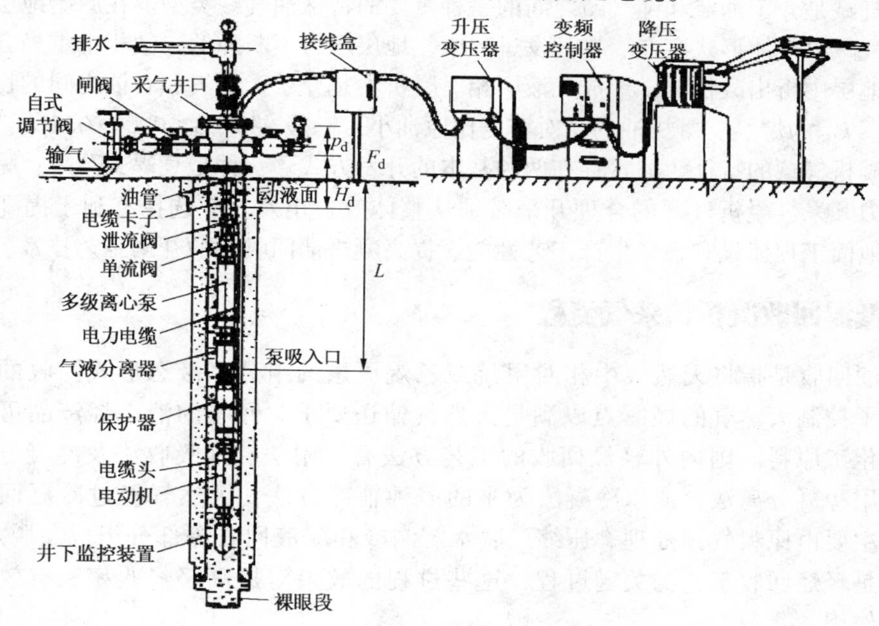

图8－7　电潜泵机组示意图

（2）生产活动中的安全风险及消减措施

电潜泵排水采气主要安全风险及消减措施见表8－5。

表8－5　电潜泵排水采气主要安全风险及消减措施

主要设备	安全风险	主要生产活动(状态)	消减措施
电路	触电	1. 启停泵操作； 2. 漏电	1. 安全操作规程操作； 2. 做好电路检查维护

8.2.1.6 超声雾化排水采气

超声雾化排水采气是利用超声波将积液雾化成细微的雾状液滴，并使雾状液滴均匀分布在气流中，形成均匀的两相流，依靠气井自身能量将液体携带至地面，保持气井稳定生产的采气工艺。常用的超声雾化排水采气流程如图 8－8 所示。

超声旋流雾化排水采气工艺是利用钢丝作业将一套超声波雾化装置下入并卡定在井内油管的设计深度，借助天然气流动能量，将大液滴打碎、雾化的排水采气工艺。该工艺具有能依靠气井自身能量连续排液；无需外界能量节约地面能源；不受积液介质的影响；不伤害气层；安装、管理方便；经济、实用等优点，在华北油田得到规模应用。

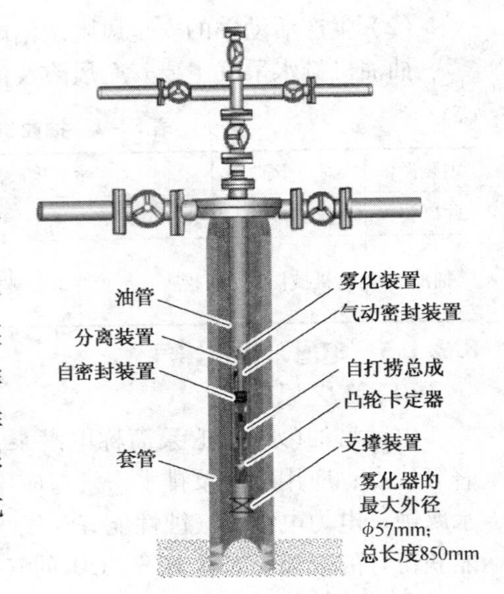

图 8－8 超声旋流雾化装置示意图

8.3 含凝析油气井开采的安全管理

凝析气藏是介于油藏和纯气藏之间的一种重要的特殊油气藏类型。在原始地层温度和压力下凝析气藏以气体形式存在。在开发过程中，地层压力不断降低，气相中重烃会发生相态变化，在地层中析出凝析油，形成气液两相。凝析油是介于天然气和石油之间的物质，主要成分是 $C_5 \sim C_{10}$的烷烃。凝析油的相对密度比原油小，一般在 0.66 ~ 0.84g/cm^3。

针对凝析气藏的特征，通常存在两种基本的开发方式。一种是衰竭式开采；另一种是保持地层压力开采。凝析气藏的合理开采必须从整体效益出发，应选择有利于提高气藏采收率、优化地面工程建设和设备生产工艺性能、提高凝析油回收率的开采工艺技术。

8.3.1 低温回收凝析油采气流程

凝析油回收是指将天然气中相对甲烷或乙烷更重的组分以液态形式回收的过程。其目的是为了控制天然气的烃露点以满足天然气输送要求；回收的液态烃产品可以作为优质燃料或化工原料。国内外轻烃回收的工艺方法有吸附法、油吸收法及冷凝分离法。目前普遍采用冷凝分离法，或以冷凝法为主的多种辅冷方法，天然气经过冷凝回收液烃的工艺过程主要由原料气预处理、压缩、脱水、制冷和凝液回收等部分组成。脱水、制冷、凝液回收是轻烃回收工艺的关键过程，这些过程的效果对提高轻烃收率、有效利用能量起着关键作用。

8.3.2 工艺过程

低温回收凝析油采气流程如图 8－9 所示。该工艺流程的特点是充分利用高压天然气的节流制冷，大幅度降低天然气的温度，使天然气中的重烃组分(丙烷、丁烷、戊烷以上组分)成液态凝析出来，进行回收。

从井口来的高压天然气，经一级节流降压后，进入常温高压分离器除去游离水和固体杂质，经计量装置计量后进入乙二醇混合室；天然气与从乙二醇注入泵注入的高压乙二醇贫液在混合室内混合后，进入 1 号换热器管程，与从低温分离器出来的冷天然气在 1 号换热器壳程内进行热交换，降温后的高压天然气由节流阀大幅度降压，使天然气温度急剧降低。由于温度下降，天然气中的重烃组分由气态变成液态凝析油，在低温分离器中被分离出来。被除去凝析油的天然气从分离器顶部出口进入1号换热器壳程，接受热量后进入2号换热器管程，与壳程内的饱合蒸气换热后温度升高到20℃左右进入天然气外输系统。分离器中分离出来的液态烃类、乙二醇富液，由分离器底部进入集液器，聚积后进入过滤器除去机械杂质，经缓冲罐降低压力，进入凝析油稳定塔，混合液体在稳定塔中经加热后，凝析油中的轻烃组分被除去，混合液进入三相分离器，在三相分离器中，凝析油、乙二醇富液由于密度的差异(凝析油的相对密度小，乙二醇富液的相对密度大)，凝析油在上部乙二醇富液在下部。凝析油、乙二醇富液分别从三相分离器的不同出口排出。凝析油进入油罐储存处理。乙二醇富液进入乙二醇提浓塔再生后重复利用。

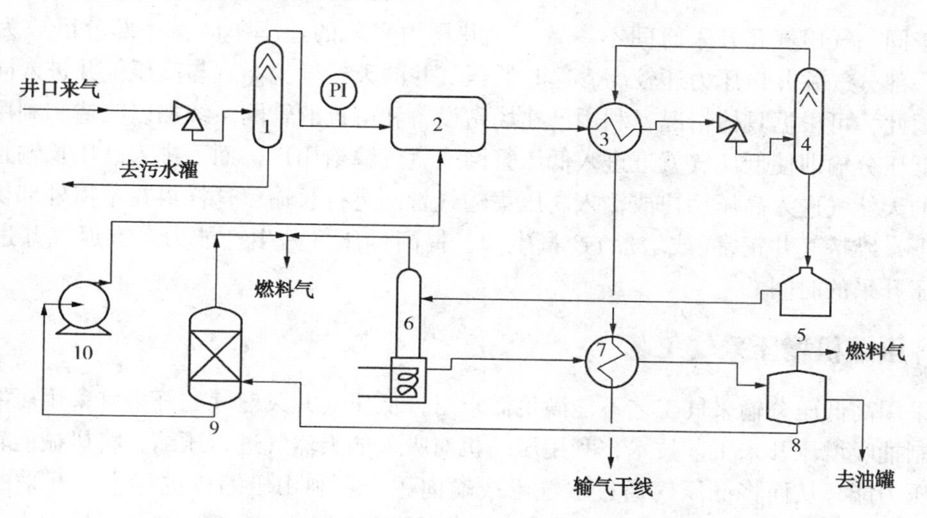

图8-9 节流膨胀低温分离回收凝析油流程

1—常温分离器；2—混合室；3—1号换热器；4—低温分离器；5—集液灌；6—稳定塔；7—2号换热器；8—三相分离器；9—提浓塔；10—甘醇泵

8.3.3 安全风险及消减措施

低温回收凝析油采气流程主要安全风险及消减措施见表8-6。

表8-6 低温回收凝析油采气流程主要安全风险及消减措施

主要设备	安全风险	主要生产活动(状态)	消减措施
分离器	火灾爆炸	1. 承压失效； 2. 安全阀失效	定期检测
集液灌、稳定塔、提浓塔	火灾爆炸	1. 原料泄漏； 2. 凝析油挥发	1. 定期检查维护； 2. 环境通风，杜绝火源
	中毒	接触乙二醇	1. 穿戴好劳动防护用品； 2. 不慎接触后立即用大量清水冲洗

8.4 低压气井开采的安全管理

气藏普遍采用衰竭式开采方式，随着采出程度的不断增加，气藏压力将逐渐降低，当气井的井口压力接近管网压力或低于管网压力时，气井因受管网压力的影响而难以维持正常生产，主要表现为气井排液困难，严重时由于井口压力低于管网压力而被迫关井停产。对这类处于低压条件下的气井，应采取有效措施，使其恢复正常生产和正常输气。目前常采用以下几种工艺措施。

8.4.1 高低压分输采气工艺技术

由于同一气田气井开采时间不一致，气井压力下降的速率不同，一部分已成为低压气井，而一部分气井井口压力还较高。这时低压气井的天然气就不宜与高压气井进入同一管网系统。因此，可根据具体情况，利用已建场站设备和就近的管网系统加以改造和利用。

高低压分输即使低压气就近进入低压管网或就近输给用户，而不进入高压长输管线，高压气井的天然气进入高压用户或输入高压集输气管网进行长输。这样可在不需外部供给能源的条件下，维持气井正常(或增加)产量生产，提高低压气井生产能力，推迟气井进入外加设备增压开采的时间。

8.4.2 压缩机增压采气工艺

当采用高低压分输采气工艺不能满足需求时，低压气井天然气的开采可采用压缩机对其进行强制抽吸增压开采工艺技术，利用压缩机对吸入的天然气进行压缩，将机械能转换成天然气的压力能，从而将低压气通过输气干线输向用户。利用压缩机进行增压开采的工艺技术，不仅可以提高低压气井天然气的输气压力，还可以进一步降低气井井口压力直至1个大气压，达到降低气井废弃压力，增加气井采出程度，提高气井最终采收率的目的。低压气井压缩机增压采气工艺主要用活塞式压缩机和螺杆式压缩机增压，而干线增压输气则大都使用离心式压缩机和活塞式压缩机。低压气井增压采气工艺一般采用下述方式。

8.4.2.1 区块集中增压采气

所谓区块集中增压，即以一个增压中心系统(增压站)，对全气田低压气井或气田部分低压气井集中增压。这种方式适用于纯气井或者产水量较小的气井，且气井较集中，气井到增压站的距离较近，集输管网配备良好。区块集中增压的优点是设备运行管理、维护、调度方便，机组利用率高、工程量少、投资省，不需建大量配套工程即可实现全气田增压等优点；其缺点是需征地建站，机组噪声污染大。区块集中增压采气流程如图8－10所示。

8.4.2.2 单井分散增压采气

所谓单井分散增压采气，是在单井直接安装低吸气压力、小压比的小型压缩机，把各气井的天然气增压输往集气站，再由站上的大型压缩机集中增压输往干线或用户。或在单井直接安装低吸气压力的多级压缩机，把气井的天然气增压至干线压力或用户用气压力，直接输送到集气干线或用户。其优点是可以靠近井口，减小由于距离带来的压力降，增压开采效果更佳。其缺点是需增加管理和基本建设投入、备用机组设置以及气量匹配等技术问题。单井增压采气流程如图8－11所示。

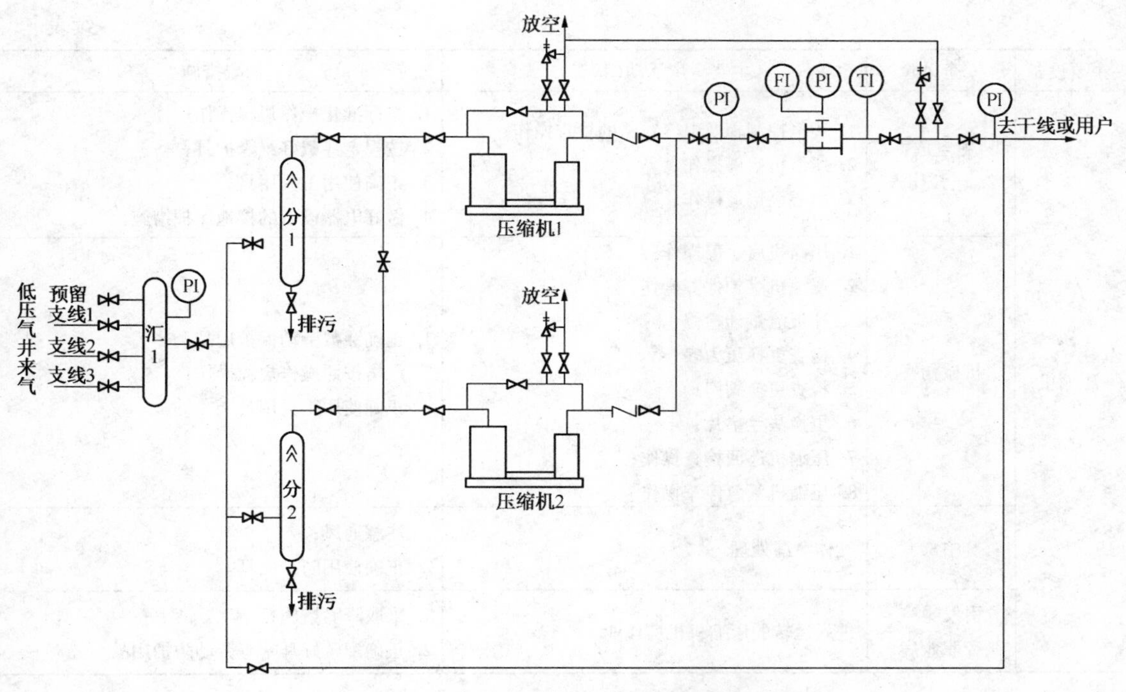

图 8－10 区块增压采气流程图(先增压后计量)

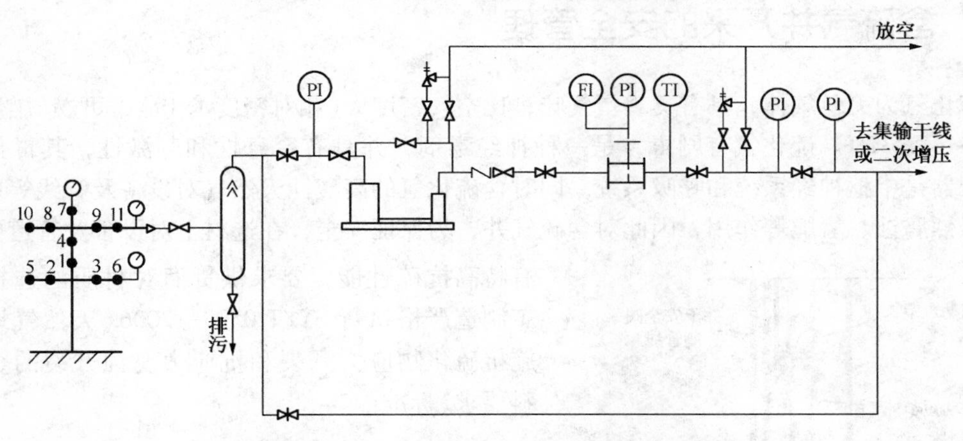

图 8－11 单井增压采气流程图(先增压后计量)

8.4.2.3 生产活动中的安全风险及消减措施

压缩机增压采气主要安全风险及消减措施见表 8－7。

表 8－7 压缩机增压采气主要安全风险及消减措施

主要设备	安全风险	主要生产活动(状态)	消减措施
压缩机	火灾爆炸	1. 压缩机下游阀门未打开，流程憋压； 2. 压缩机压力容器及安全阀失效； 3. 压缩机房天然气泄漏	1. 及时检查压力和设备状态，按操作规程操作； 2. 定期检测； 3. 安装固定式可燃气体检测报警仪，严格执行“用火作业管理规定”； 4. 正确穿戴劳动保护用品

续表

主要设备	安全风险	主要生产活动(状态)	消减措施
压缩机	1. 触电危害； 2. 电弧伤人	1. 用电控制柜及电气线路的检查操作； 2. 压缩机启停操作； 3. 离心泵倒运操作	1. 按标准化操作规程操作； 2. 按规定穿戴好绝缘护具； 3. 正确使用工具用具； 4. 做好电器设备的接地保护措施
	机械伤害	1. 压缩机启、停操作； 2. 压缩机维护保养操作； 3. 孔板流量计检修； 4. 检查更换压力表； 5. 检查更换阀门； 6. 更换法兰垫片； 7. 压缩机巡回检查操作； 8. 压缩机紧急停车操作	1. 正确穿戴劳动保护用品； 2. 严格按照操作规程操作； 3. 正确使用工具用具
	中毒	气体泄漏处理	1. 注意通风； 2. 正确使用防护面具
	引发噪声聋职业病	进入运转的压缩机机房作业	1. 采取降噪措施； 2. 正确配戴好耳塞等劳动防护用品

8.5 含硫气井开采的安全管理

硫化氢为无色气体，具有臭鸡蛋气味，比空气密度大(相对密度1.19)，可燃(燃烧限为4.3%～45.5%)。硫化氢有剧毒，是一种神经毒剂，并具有窒息性和刺激性，其毒作用的主要靶器是中枢神经系统和呼吸系统。同时含硫化氢的高酸性天然气对设备及管线等地面设施有强烈腐蚀、氢脆等作用，因此对含硫气井，为保证安全，在选材上对设备及管道要求具有特高抗硫性能，要求供货商对材质的选择和加工制造严格执行SY/T 0599—2006《天然气地面设施抗硫化物应力开裂和抗应力腐蚀开裂的金属材料要求》标准。

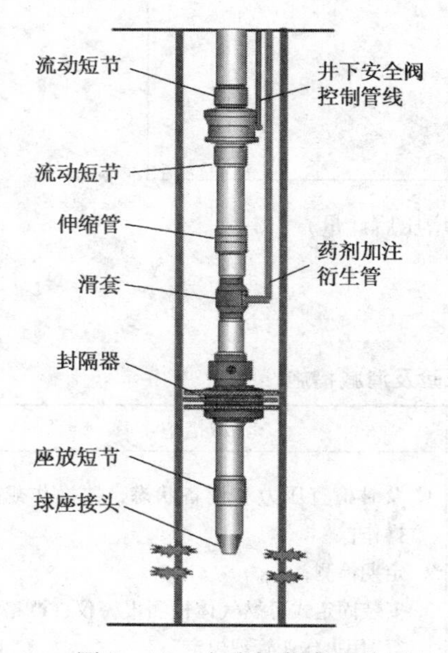

图8－12　含硫气藏直井常用完井管柱结构示意图

8.5.1　含硫气井常用的完井管柱结构

含硫天然气对井下管柱的腐蚀和硫沉积是含硫气藏开采需重点解决的难题。为保护套管管柱和油管外壁免受H_2S的腐蚀，在含硫气井完井管柱中通常会采用带永久式封隔器的完井管柱。在气层以上50～100m处下入抗H_2S、CO_2腐蚀的永久式封隔器密封油套管的环形空间，保护上部套管。如普光高含硫气田普遍采用如图8－12所示的完井管柱。与油管管柱一同入井的还有药剂加注衍生管，主要作用是加注缓蚀剂和溶硫剂，保护油管内壁和预防硫沉积。

8.5.2 开采工艺过程

含硫气井的开采与一般气井的开采在工艺过程方面有许多相同之处，也有不同之处。含硫气井的开采工艺过程如图8－13所示。

（1）主要设备：溶硫剂（缓蚀剂）注入装置、采气井口、水套炉、气液分离器、气液聚结器、计量装置、清管收发球装置（清管收、发两用装置）、污物储罐、溶硫剂再生装置、溶硫剂储罐、气田水储罐、缓冲罐、放空火炬等。

（2）主要流程

含硫天然气经采气井口节流阀降压以后，进入水套炉加热后再节流降压，经气液分离器和气液聚结器净化后，进入计量装置，最后进入集气管线。

气液分离器和气液聚结器排放的污物进入污物储罐，污物再进入溶硫剂再生装置，对污物进行处理。再生后的溶硫剂进入溶硫剂储罐，对处理后生成的硫进行回收，对分离出的气田水集中进行密闭回注。

站内放空阀放出的天然气经放空管线进入缓冲罐，对天然气进行分离后再进入放空火炬燃烧。

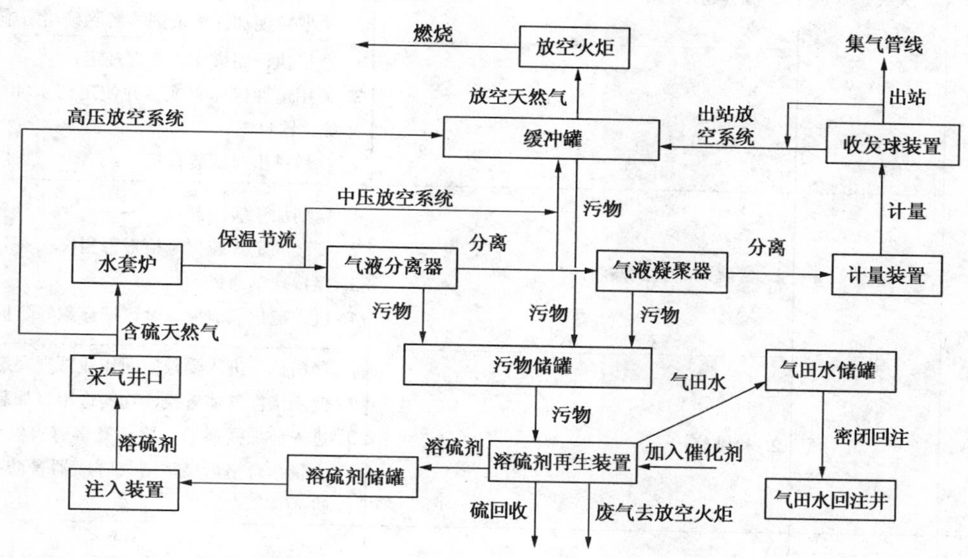

图8－13　含硫气井的开采工艺过程

8.5.3 安全风险及消减措施

含硫气井的开采主要安全风险及消减措施见表8－8。

表8－8　含硫气井的开采主要安全风险及消减措施

主要设备	安全风险	主要生产活动（状态）	消减措施
井口装置	火灾爆炸	1. 开关井； 2. 管道刺漏； 3. 高压管道氢脆、腐蚀漏气	1. 按规程操作； 2. 定期检测管道壁厚； 3. 定期加注缓蚀剂； 4. 安装井下安全阀和井口安全截断阀

续表

<table>
<tr><th>主要设备</th><th>安全风险</th><th>主要生产活动(状态)</th><th>消减措施</th></tr>
<tr><td>井口装置</td><td>中毒</td><td>含硫天然气泄漏</td><td>1. 安装固定式硫化氢检测报警仪；
2. 正确佩戴正压式空气呼吸器；
3. 一人作业一人监护</td></tr>
<tr><td rowspan="2">水套加热炉、节流装置</td><td>火灾爆炸</td><td>1. 阀门刺漏；
2. 高压管道氢脆、腐蚀漏气</td><td>1. 定期检测壁厚；
2. 定期加注缓蚀剂</td></tr>
<tr><td>中毒</td><td>含硫天然气泄漏</td><td>1. 安装固定式硫化氢检测报警仪；
2. 正确佩戴正压式空气呼吸器；
3. 一人作业一人监护</td></tr>
<tr><td rowspan="5">装置及流程</td><td rowspan="3">火灾爆炸</td><td>1. 天然气泄漏</td><td>1. 定期加注缓蚀剂；
2. 安装固定式可燃气体检报警测仪；
3. 保持现场通风；
4. 严格火源管理</td></tr>
<tr><td>2. 流程超压</td><td>1. 定期检测压力容器及安全阀；
2. 及时监控压力变化；
3. 采取定期加注溶硫剂等解除硫堵措施</td></tr>
<tr><td>3. 检维修</td><td>1. 严格执行用火作业管理规定；
2. 使用惰性气体置换，并使用清水冲洗，防止硫化铁自燃；
3. 物料进出口加装盲板</td></tr>
<tr><td rowspan="2">中毒</td><td>1. 含硫天然气泄漏</td><td>1. 定期加注缓蚀剂；
2. 安装固定式硫化氢检报警测仪；
3. 保持现场通风；
4. 进入硫化氢泄漏风险区域穿戴好防护用品</td></tr>
<tr><td>2. 检维修</td><td>1. 严格执行进入受限空间作业管理规定；
2. 使用惰性气体置换，物料进出口加装盲板；
3. 进入前加强通风，检测有毒有害气体及氧含量，合格后穿戴空气呼吸器等防护用品进入</td></tr>
<tr><td>收发球装置</td><td>压力击伤</td><td>开启收发球筒盲板</td><td>按照操作规程操作，做好泄压和确认</td></tr>
<tr><td>污水罐</td><td>中毒</td><td>1. 检测液位；
2. 污水拉运</td><td>1. 穿戴好空气呼吸器；
2. 拉运前检测污水 pH 值，呈酸性时采取中和措施</td></tr>
<tr><td rowspan="2">火炬</td><td>含硫化氢气体扩散</td><td>火炬熄灭</td><td>观察火炬系统，确保长明火</td></tr>
<tr><td>火灾爆炸</td><td>火炬回火</td><td>1. 检查液封装置是否完好；
2. 保持火炬正压状态</td></tr>
</table>

8.5.4 含硫气田地面集输工艺技术

与常规气田类似，高含硫天然气的集气方式主要有单井集气和集气站多井集气两种。输气方式则主要为干法输气和湿法输气(包括湿气混输、气水分输)，前者是指天然气脱水后输送，后者是指水套炉加热后的天然气湿气输送。短距离集气管线一般采用加热湿气输送，长距离管线则采用集气站脱水后干气输送。

高含硫天然气采用干气输送可有效提高输送过程的安全性。集气管线采用气液混输工艺，可以实现气田污水的集中处理，有效降低工程投资、解决集气站分离污水难于处理、维护费用高、环境污染等问题。

8.5.4.1 干气输送工艺

干气输送是指在气田内部建脱水装置，各井口来气分离后进入脱水装置，经处理后再进计量装置，经计量后进集气干线输往净化厂；使从集气站输至净化厂的过程中无凝析液产生，管线内腐蚀可得到有效控制。工艺流程如图 8 - 14 所示。

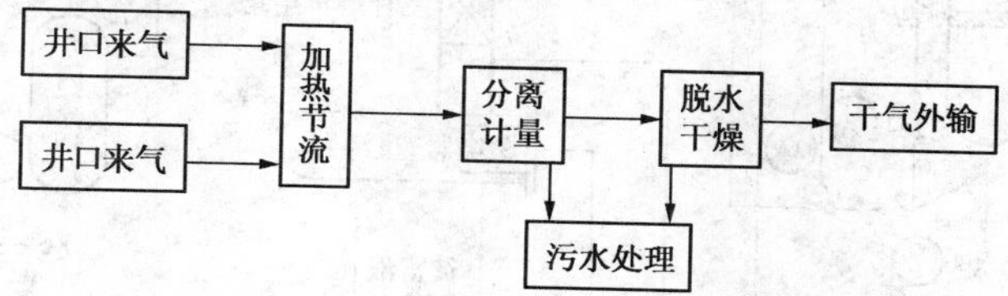

图 8 - 14　干气输送工艺流程

1. 脱水工艺

为了实现原料气的干气输送，必须在集气站对高含硫天然气进行脱水处理。可选的脱水工艺有低温分离、固体吸附和溶剂吸收三种方法。

(1) 低温分离脱水工艺

在井口可利用的压力能充足的条件下，优先选用不带外冷源的节流低温分离工艺。到气田开发后期依靠井口压力节流不足以产生足够的低温时，可以外加辅助冷源保证分离温度。不带外冷源的节流低温分离工艺流程如图 8 - 15 所示。

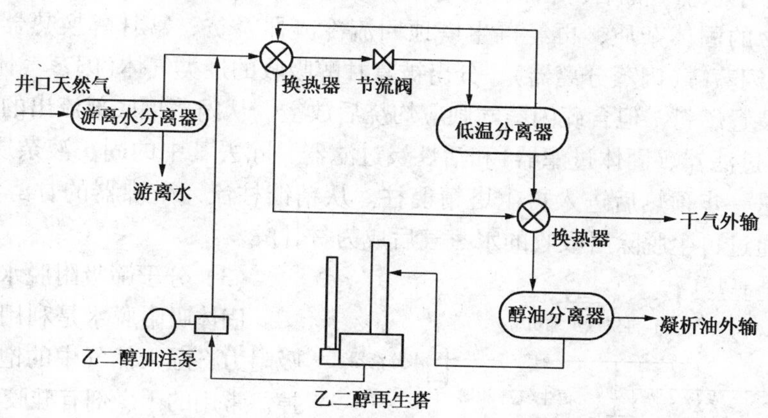

图 8 - 15　不带外冷源的节流低温分离工艺流程图

(2) 三甘醇脱水工艺

溶剂吸收法是利用脱水溶剂的良好吸水性能，使天然气在接触器或者吸收塔内与溶剂逆流接触进行气、液传质以脱出天然气中的水分。脱水剂中甘醇类化合物的应用最为广泛，其中三甘醇(TEG)溶剂为最佳。此工艺流程由高压吸收和低压再生两部分组成(图 8 - 16)。原料气先经过吸收塔外和塔内的分离器(洗涤器)除去游离水、液烃和固体杂质，如果杂质过多，还要采用过滤分离器。由吸收塔内分离器分离出的气体进入吸收段底部，与向下流过各层塔板或填料的甘醇溶液逆流接触，使气体中的水蒸气被甘醇溶液吸收。离开吸收塔的干气经气体、贫甘醇换热器先使贫甘醇进一步冷却，然后进入管道外输。

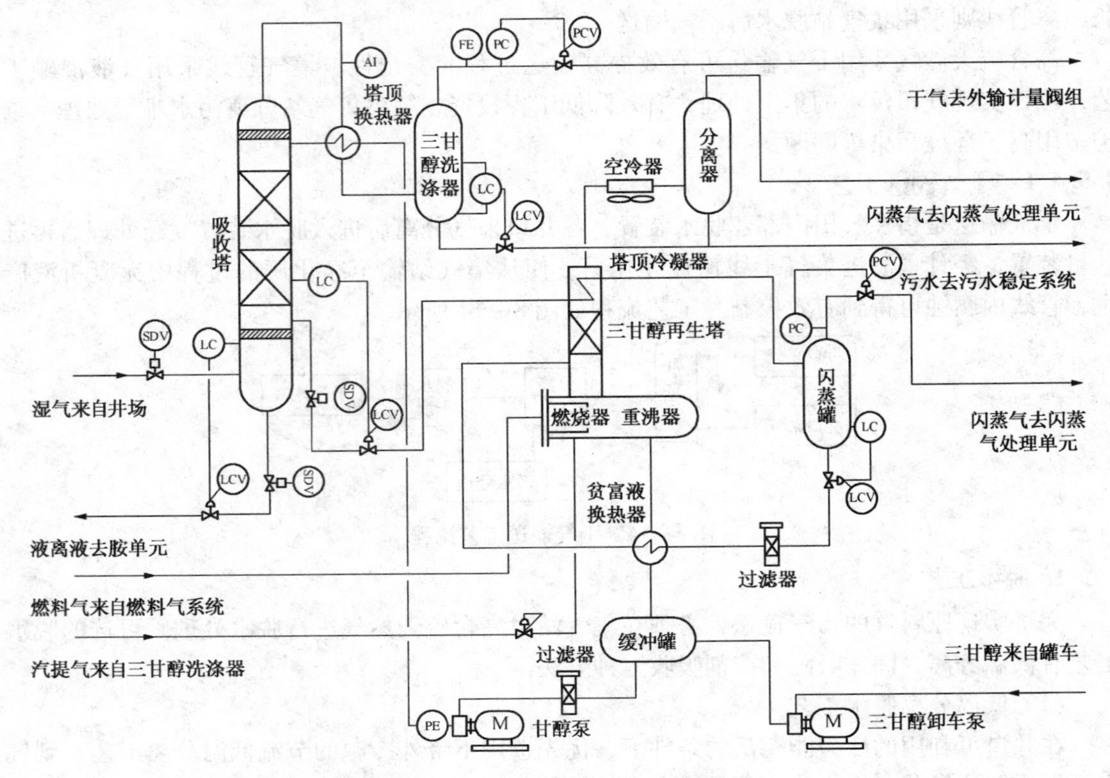

图 8-16　三甘醇脱水工艺流程图

吸收了气体中水蒸气的甘醇富液（富甘醇）从吸收塔下侧流出，先经高压过滤器除去原料气带入富液中的固体杂质，再经再生塔顶回流冷凝器及贫、富甘醇换热器（贫甘醇换热器）预热后进入闪蒸罐（闪蒸分离器），分出被富甘醇吸收的烃类气体（闪蒸气体）。该气体一般可以作为本装置燃料，但含硫闪蒸气则应灼烧后放空。从闪蒸罐底部流出的富甘醇经过纤维过滤器（滤布过滤器、固体过滤器）和活性炭过滤器，除去其中的固、液杂质后，再经贫、富甘醇换热器进一步预热后进入再生塔精馏柱。从精馏柱流入重沸器的甘醇溶液被加热到177～204℃，通过再生脱除所吸收的水蒸气后成为贫甘醇。

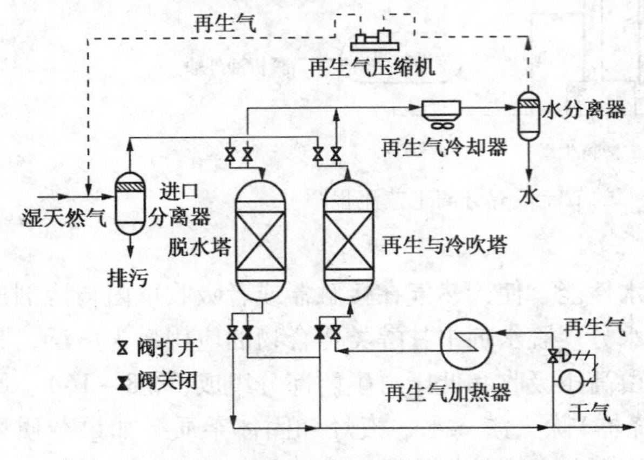

图 8-17　吸附法脱水双塔工艺流程图

（3）分子筛吸附脱水工艺

固体吸附脱水是利用干燥剂表面的吸附力将湿天然气中的饱和水吸附脱除掉。常用的干燥剂有硅胶、活性氧化铝、分子筛等，该类方法中分子筛脱水应用最广泛，技术成熟可靠，脱水后干气露点可达-60～-100℃。用于高含硫天然气脱水必须选用耐酸分子筛。典型分子筛脱水两塔流程如图 8-17 所示。

高含硫天然气采用分子筛脱水，在系统有压力能可利用的条件下尽可能使用湿气作为再生气，装置可节约一台压缩机，能耗也较小但脱水深度相对较低。在气田集输系统中使用分子筛脱水仅仅是为了满足输送过程的需要，所以水露点的要求不高，一般不低于 -60℃就可以了。

高含 H_2S 分子筛脱水系统通常在再生气冷却器入口处要加注溶硫剂以防止元素硫在冷却器中沉积导致堵塞。

脱水装置分离出来的污水中含有 H_2S、甲醇、缓蚀剂等化学药剂。再生气冷却分离出来的污水中溶解有大量的 H_2S，必须密封储存。这些污水应集中处理后回注地层，防止对地表水源产生污染。

2. 生产活动中的安全风险及消减措施

干气输送脱水工艺主要安全风险及消减措施见表 8 -9。

表 8 -9　干气输送脱水工艺主要安全风险及消减措施

主要设备	安全风险	主要生产活动(状态)	消减措施
再生塔	火灾爆炸	富液加热	1. 控制加热温度； 2. 定期对燃料管线验漏
甘醇泵	触电	启、停泵	1. 按照操作规程操作； 2. 定期检查线路
吸收塔	火灾爆炸	1. 天然气泄漏； 2. 设备超压	1. 保证液位高度，防止天然气沿富液管线逸出； 2. 定时巡回检查观察压力、验漏；安装固定式可燃气体检测报警仪； 3. 定期检验压力表、安全阀； 4. 定期检测压力容器
分离器	火灾爆炸	设备超压	1. 定时巡回检查观察压力、验漏；安装固定式可燃气体检测报警仪； 2. 定期检验压力表、安全阀； 3. 定期检测压力容器
闪蒸罐	爆炸	设备超压	1. 定时巡回检查观察压力； 2. 定期检验压力表、安全阀； 3. 定期检测压力容器

8.5.4.2　湿气输送工艺

湿气输送是指天然气不经过脱水处理，直接在水汽饱和条件下输送。由于天然气在输送过程中温度下降，在管道中会产生凝结水、凝析油。由此会带来腐蚀，段塞流等问题。湿气输送又可以分为湿气混输和湿气分输两种工艺。

(1) 湿气混输工艺

湿气混输工艺是指井口不设置分离器，井下采出的天然气、水和凝析油直接进入管道系统输送。采用混输集输工艺，井站设施简单，无生产分离器(图 8 -18)。集气管线采用气液混输工艺。

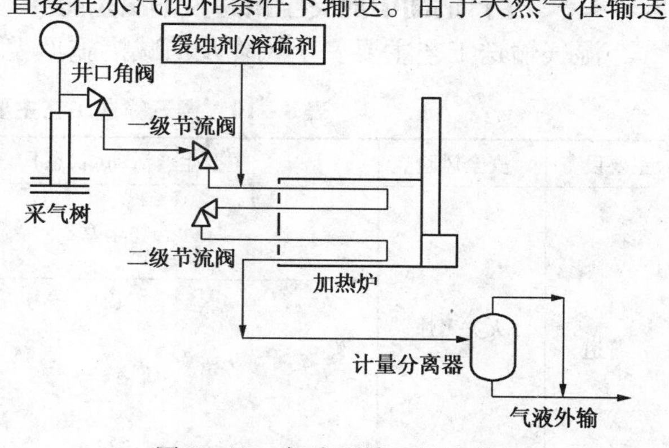

图 8 -18　气液混输工艺流程

正常生产情况下，管道系统中产生的水、凝液由天然气流直接携带至末站，需要定期进行清管作业保持管道输送能力。为了防止管道系统中形成水合物堵塞，需要在井场设置加热炉，并且采用保温管道，使输送温度高于水合物形成温度。

由于输送管道中常年存在游离水，为了降低腐蚀速率保护管道，必须连续加注缓蚀剂。通常采用的缓蚀剂为油溶性缓蚀剂和水溶性缓蚀剂两种。油溶性缓蚀剂用于管道内壁涂膜，一般情况下每3个月进行一次涂膜作业。水溶性缓蚀剂为连续加注，要求游离水中缓蚀剂的浓度要保持1000ppm以上。

井场必须设置水合物抑制剂的加注系统以保证管道系统的安全输送。湿气混输系统应进行段塞流分析，末站的分离器应能承受段塞流冲击。

（2）湿气分输工艺

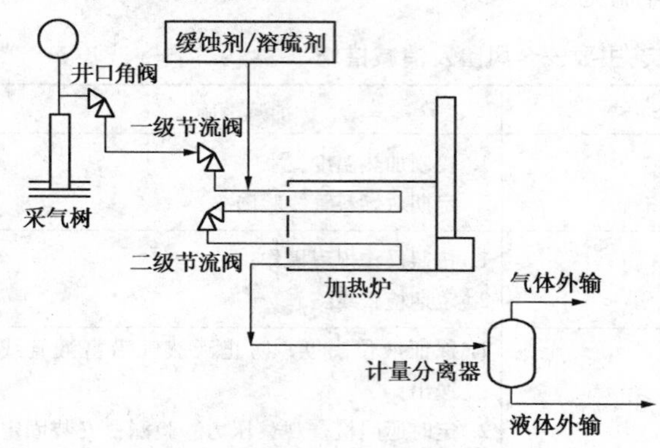

图8－19　气液分输工艺流程图

湿气分输工艺是指在井场设置分离器将游离水、凝析液和天然气分离后，再分别输送。与两相混输工艺相比，井场设备多了分离器、污水储罐和污水输送泵等设备(图8－19)。分输工艺的天然气含有水蒸气，在管道中仍然会有凝结水产生，为防止腐蚀和水合物的形成，输送管道仍需要加热保温和加注缓蚀剂、水合物抑制剂，所以井场的其他设备如加热炉、计量加药系统与混输工艺均无差别。污水可以通过车拉或管道输送到污水处理站。

湿气分输工艺优点：

① 集输管道在正常情况下为单相输送，清管通球的频率减少，方便操作管理；

② 采出的地层水量大时，流程适应能力较强；

③ 形成的段塞流的概率小。

湿气分输的缺点：

① 站内设备多，投资高；

② 分离的污水中含大量的H_2S，集气站污水系统产生的大量高含H_2S低压气必须回收处理；

③ 需要建设独立的污水输送管网，建设投资高。

8.5.4.3　生产活动中的安全风险及消减措施

湿气输送工艺主要安全风险及消减措施见表8－10。

表8－10　湿气输送工艺主要安全风险及消减措施

主要设备	安全风险	主要生产活动（状态）	消减措施
流程及管道	火灾爆炸	水合物堵塞	1. 安装加热炉，提高节流前气体温度； 2. 加注水合物抑制剂
		硫堵	1. 加注溶硫剂； 2. 管线定期清管，对容易发生硫沉积的地方，如井口、节流阀、分离器、阀门、三通及其他连接管件处应加强检查

续表

主要设备	安全风险	主要生产活动(状态)	消减措施
流程及管道	火灾爆炸	腐蚀泄漏	1. 加注缓蚀剂; 2. 选用抗硫材质的设备和管线; 3. 安装固定式可燃气体泄漏检测仪; 4. 安装井口安全截断阀
	中毒	腐蚀泄漏	1. 加注缓蚀剂; 2. 选用抗硫材质的设备和管线; 3. 安装固定式硫化氢泄漏检测仪; 4. 安装井口安全截断阀
管道	中毒	清管	采用全密闭式的清管流程方案，即各段管线的清管液体将从各首端输至末端，最后输至集气末站统一处理
	火灾爆炸	清管	采用全密闭式的清管流程方案，防止硫化铁遇空气自燃

8.6 天然气脱硫

8.6.1 天然气脱硫的目的

天然气脱硫，主要指脱除天然气中的 H_2S，有机硫化合物(硫醇、硫醚、COS 及二硫化物等)，使脱硫后的天然气质量达到管输气质标准。

天然气脱硫的目的是:①保护环境，改善生产现场的环境和保证生产人员健康。②保护设备、管线、仪表免受腐蚀，延长使用寿命。硫化氢易溶于水显酸性，对设备、仪表和管道造成严重的腐蚀作用，其腐蚀程度随压力和温度的升高更加剧烈，生成的硫化铁易堵塞设备和节流装置。硫化铁遇空气能引起自燃，并且还会产生氢脆腐蚀而引起事故发生。③防止催化剂中毒，保证生产的正常运行。如存在少量的硫化氢，也会使多种催化剂严重中毒而迅速失去活性。④保护钢的质量，使其不具有热脆性。炼钢燃料中如含有硫化物，硫会渗透进去，形成硫化铁，而使钢铁变脆。⑤化害为利，回收硫资源。将天然气中对生产有害的硫化物加以处理，用来生产硫产品，变废为宝。

8.6.2 脱硫方法分类

脱硫方法一般分为干法和湿法两大类。湿法脱硫按吸收和再生方式又可分为化学溶剂法、物理溶剂法、化学-物理溶剂法、直接氧化法、非再生性五大类，干法脱硫有硫化氢与固体脱硫剂直接起化学反应和吸附剂的吸附和催化作用两种。

8.6.2.1 湿法脱硫

(1) 化学溶剂法

采用一种溶于水的溶剂(即脱硫剂)，使之和酸性气体(主要是 H_2S 和 CO_2)反应而生成“复合物”，即溶剂以化学结合的方式“吸收”酸性组分，成为富液，然后利用富液温度升高和压力下降条件，使“复合物”分解而放出酸性组分。这类方法一般不受酸气分压的影响。在化学溶剂法中各种胺法应用最广，所使用的胺法有一乙醇胺法、二异丙醇胺法和甲基二乙醇胺法。

（2）物理溶剂法

当原料气中酸气分压大于0.5MPa和原料气中重烃浓度较低时，采用有机溶剂作为吸收剂来吸收原料气中的酸气组分是合理的。

（3）化学－物理溶剂法

化学－物理溶剂法对中至高酸气分压的天然气有广泛的适应性，并有良好的脱有机硫能力，能耗也较低。化学－物理溶剂法中应用最广的是砜胺法。

8.6.2.2 干法脱硫（分子筛法）

使用固体吸附剂脱除气体中的硫化物是传统方法之一，早期使用活性炭，后来使用分子筛。分子筛具有非常大的内表面积，约为600～1000m^2/g。其表面由于离子晶格的特点具有强极性，因而对极性分子和可极性的分子具有较强的吸附力及较强的吸附容量。天然气中的水、含硫化合物、二氧化碳就属于极性分子一类，因此，分子筛对它们具有较强的吸附力。分子筛对一些物质的吸附强度顺序如下：$H_2O \gg CH_3OH > CH_3SH > H_2S > COS > CO_2 \gg CH_4$。分子筛因其具有孔径均匀的微孔孔道而仅允许直径较其孔径小的分子进入孔内而得名。其又是一类强极性的吸附剂，对极性、不饱和化合物以及易极化分子有很高的亲和力。所以，分子筛可按分子尺寸、极性及不饱和度将复杂体系中的某些组分脱除或分离出来，是具有选择性的吸附剂。

（1）黄土脱硫

使用黄土即沼铁矿脱除H_2S是一种古老的脱硫方法。脱硫剂含黄土95.5%，木屑4.0%，石灰0.5%；木屑使之疏松，碱性条件有助于完成以上反应。在装入设备前需均匀喷水，使脱硫剂中的水分含量为30%～40%。脱除H_2S的适宜条件为28～30℃，脱硫剂湿度不少于30%，即使在常压下气体中的H_2S也可降至20 mg/m^3以下。

脱硫剂吸收H_2S饱和后，可在水蒸气存在下以空气使之再生，再生析出的硫存在于脱硫剂床层中，它会包围活性氧化铁而使H_2S无法与之反应；通常当脱硫剂的硫含量达到50%（干基）时，就应更换脱硫剂。

（2）海绵铁法

海绵铁法也是一种传统的气体脱硫方法，其性能与黄土类似，但它是人工制备的。海绵铁主要为Fe_2O_3，也含有一定量Fe_3O_4，粒度则主要集中于3～6nm。海绵铁亦需混入木屑及纯碱使用，并可脱除气流中的一部分硫醇。反应产物Fe_2S_3可与空气中的氧发生反应而析出硫黄。海绵铁可以将天然气中的H_2S含量降至20mg/m^3以下，甚至小于5mg/m^3。除此之外，也可用于处理天然气凝液。由于海绵铁脱硫活性高，设备投资低，脱硫剂较廉价，所以在处理含硫量较低的天然气方面应用较多。

（3）SulfaTreat

美国SulfaTreat公司开发的粒状脱硫剂除含Fe_2O_3及Fe_3O_4外还含有Fe_2O_4，后者与H_2S的反应为：

$$Fe_2O_4 + H_2S \rightarrow 2FeS + 4H_2O$$

SulfaTreat脱硫剂粒度为0.4～3nm，堆密度1121 kg/m^3，它的一个重要特点是具有流动性，因而便于装卸。SulfaTreat使用时要求气体含有饱和水，因此通常在脱硫塔前设水饱和器，据测定，在相对湿度为23%的条件下，其反应速度仅为饱和条件下的1/3。

SulfaTreat的优点是流动性好和易于装卸，废脱硫剂不自燃，因而安全性好。缺点是反应活性较低，一般情况下均需双塔串联运行以保证 H_2S 净化度和达到10% ~15%的硫容。

8.6.3 常规胺法

8.6.3.1 脱硫原理

醇胺按分子式可分为：伯胺含有—NH_2基团，表示为RNH_2；仲胺含有 $\rangle$NH 基团，表示为R_2NH；叔胺含有═N基团，表示为R_3N。作为有机碱，醇胺所具有的碱性使之可与酸气发生反应生成氨基甲酸盐和碳酸盐。这些反应均是可逆反应，这正是烷醇胺被选择成为主要的脱硫溶剂的化学基础。

8.6.3.2 工艺流程

如图8-20所示，胺法装置的基本流程主要由三部分组成：以吸收塔为中心，辅以原料气及净化气分离过滤的压力设备；以再生塔及重沸器为中心，辅以酸气冷凝器及分离器和回流系统的低压部分；溶液换热冷却、过滤系统和闪蒸罐等介于上面两部分压力之间的部分。

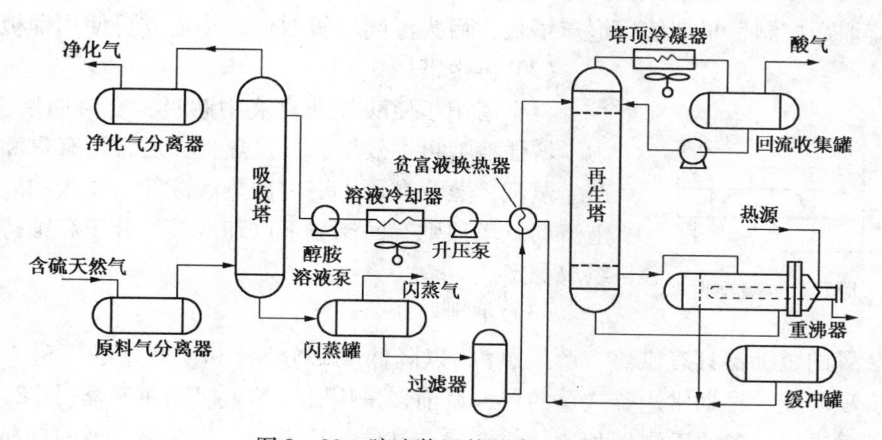

图8-20 胺法装置的基本工艺流程

含硫天然气经原料分离器除去液固杂质后从下部进入吸收塔，其中的酸气与从上部入塔的胺液逆流接触而脱除，达到净化要求的净化气出吸收塔顶，经净化气分离器除去夹带的胺液液滴后出脱硫装置。净化气通常需去脱水装置以达到水露点的质量要求。

吸收了酸气的胺液(通常称为富液)出吸收塔后通常降至一定压力至闪蒸塔，使富液中溶解及夹带的烃类闪蒸出来，此闪蒸气通常用作工业的燃料气。

经闪蒸后的富液进入贫富液换热器与已完成再生的热胺液(简称贫液)换热以回收其热量，然后从再生塔上部入塔向下流动，从塔下部上升的热蒸汽既能加热胺液又能汽提出胺液中的酸气。胺液流至再生塔下部时所吸收的酸气已解析出绝大部分，此时可称为半贫液。半贫液进入重沸器被重沸器内所产生的蒸汽进一步汽提，使所吸收的残余酸气析出而成为贫液。

出重沸器的热贫液经贫富液换热器回收热量，然后再经溶液冷却器冷却至适当温度，以溶液循环泵加压送至吸收塔，从而完成溶液的循环。

从再生塔顶部出来的酸气、蒸汽混合物入冷凝器使其中的水蒸气大部分冷凝下来，此冷凝水进入回流罐，作为回流液泵入再生塔。酸气则送至克劳斯制硫装置或其他酸气处理设施。

8.6.3.3 主要设备

从前面介绍的胺法工艺流程可见，核心设备为吸收塔、再生塔及重沸器，分别承担吸收酸气和从溶液中解吸酸气的职责。为了达到所有的工艺条件，有溶液循环泵及溶液冷却器、酸气冷凝器等；为了节能，配置了贫富液换热器；为了保持溶液及系统的清洁程度，设有原料气分离器和溶液过滤器；为了回收溶液吸收和夹带的烃类及降低酸气烃含量，设有富液闪蒸罐；为防止溶液进入输气管线，设有净化气分离器。下面主要介绍吸收塔、再生塔、重沸器、闪蒸罐和过滤器。

(1) 吸收塔

吸收塔是指以胺液脱除天然气中的 H_2S、CO_2 及有机硫化合物而达到所要求的净化指标的设备。由于反应的可逆性质，所以应采用气液逆流接触的传质设备。

逆流的气液传质设备有填料塔和板式塔两类。填料塔属于微分接触逆流操作，板式塔属于逐级接触操作。胺法工艺需考虑溶液的发泡问题。板式塔中气流从溶液中鼓泡通过，较易导致发泡，但由于有适当的板间距，泡沫不易连接。填料塔内溶液在填料表面构成连续相，一旦发泡则较难控制。事实上，大型胺法脱硫装置均使用有降液管的板式塔，板上的液层高度可由溢流堰高控制，早期使用泡罩塔板，后为浮阀塔板取代，小塔亦可使用筛板。

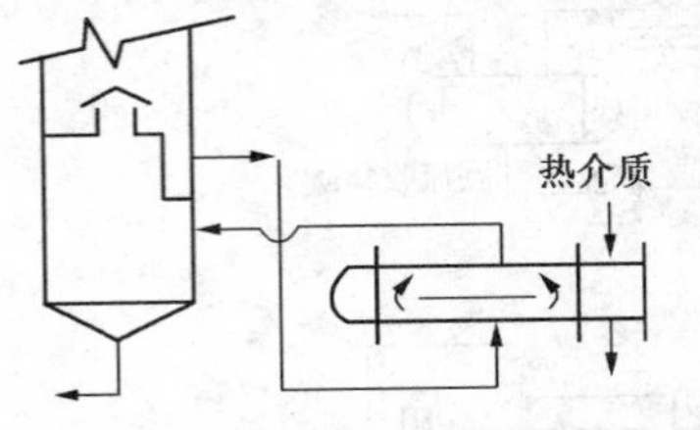

图 8-21　卧式热虹吸型重沸器

(2) 再生塔

再生塔用于使酸气从富液中解吸，富液向塔下部流动。为了增强溶液再生效果和提供热量，通常设有重沸器使胺液产生蒸汽，蒸汽在再生塔内加热溶液并与解吸的酸气一起向上流动，塔顶则有回流流下以降低酸气分压和维持系统溶液组成稳定。

(3) 重沸器

胺法装置的重沸器具有供热、产生蒸汽(以降低酸气分压)和使残余酸气进一步从溶液中解吸等多项功能。早期常用釜式重沸器，目前多采用卧式热虹吸型重沸器(图 8-21)。卧式热虹吸型重沸器与釜式重沸器相比，前者优点是传热系数较大，溶液停留时间较短，不易结垢，设备较紧凑且费用低。

(4) 闪蒸罐

闪蒸罐用于使吸收塔底流出的富液夹带和溶解的烃类逸出，即可回收用作工厂的燃料气，又可降低去后续硫磺回收装置的酸气中的烃含量。早期曾使用垂直的塔式结构，目前均使用可提供较大气液界面的卧式结构。

在烃类闪蒸出的同时常伴有酸气逸出，故在闪蒸罐上常设一吸收段以一小股溶液处理之。此外，如果系统存在液烃进入富液的可能性，闪蒸罐还应安排撇油设施。

(5) 过滤器

就胺法装置而言，要使其长周期、高效率地无故障运行，国内外的首要经验是保持系统(特别是溶液)的清洁，因为装置的发泡及腐蚀等问题常常是由于杂质所引起的。因此，溶液过滤器虽是装置的配套设施，但应给予应有的重视。除去溶液中的固体杂质需使用机械过滤器，而要脱除其中的均相杂质则需活性炭过滤器。

8.6.3.4 生产活动中的安全风险及消减措施

胺法脱硫工艺主要安全风险及消减措施见表 8-11。

表 8-11　胺法脱硫工艺主要安全风险及消减措施

主要设备	安全风险	主要生产活动(状态)	消减措施
吸收塔	火灾爆炸	1. 超压爆炸 2. 天然气泄漏	1. 定期检测压力容器、安全阀、压力表； 2. 定时巡查压力； 3. 安装固定式可燃气体检测报警仪； 4. 清洗容器，采取防止硫化亚铁自燃措施
	中毒	含硫天然气泄漏	1. 检查防止吸收塔富液液位过低； 2. 安装固定式硫化氢检测报警仪； 3. 正确佩戴正压式空气呼吸器； 4. 一人作业一人监护
再生塔	中毒	1. 巡查； 2. 清洗作业	1. 监控络合铁溶液性能，确保脱硫完全； 2. 正确佩戴正压式空气呼吸器； 3. 一人作业一人监护
升压泵	触电	启、停泵	1. 按照操作规程操作； 2. 定期检查线路
	中毒	循环泵故障	定时巡查防止吸收塔液位过低
净化气硫化氢在线监测仪	中毒	在线检测仪失效	按时进行人工取样分析
自控系统及装置	中毒	自控系统失效硫化氢溢出	1. 定期检验、调试自控系统； 2. 正确佩戴正压式空气呼吸器； 3. 一人作业一人监护； 4. 紧急情况下实施人工关断
闪蒸罐、分离器	火灾爆炸	设备超压	1. 定时巡回检查观察压力； 2. 定期检验压力表、安全阀； 3. 定期检测压力容器
	中毒	天然气泄漏	1. 正确佩戴正压式空气呼吸器； 2. 一人作业一人监护； 3. 安装固定式硫化氢检测报警仪
火炬	火灾爆炸	火炬回火	1. 检查液封装置是否完好； 2. 保持火炬正压状态
工艺流程及管道	硫化铁自燃爆炸	检维修	1. 使用惰性气体彻底置换； 2. 用水冲洗并保持湿润； 3. 按操作规程作业
正压式空气呼吸器	中毒、窒息	使用正压式空气呼吸器	1. 加强技能训练； 2. 检查面罩、气瓶及部件完好； 3. 保证压力充足； 4. 报警器完好有效

8.7　H_2S 的腐蚀与防护

8.7.1　H_2S 的腐蚀机理与腐蚀类型

H_2S 极易溶于水，形成弱酸，对金属是一种强烈的腐蚀剂，H_2S 对碳钢的腐蚀随着 H_2S

浓度的增加而增大，一般在(2.5～15.2)mm/a。同时含有 H_2S 和 O_2 时，引起的腐蚀比单纯含 H_2S 大得多。H_2S 不仅对钢材具有很强的腐蚀性，而且 H_2S 本身还是一种强的渗氢介质，H_2S 腐蚀破裂是由氢引起的。硫化物引起高强度钢应力腐蚀破裂的危险性也随 H_2S 浓度的升高而增大。在湿环境中，H_2S 的分压在 1.01325×10^{-4} MPa，就有硫化物应力腐蚀破裂的危险，这对于承受大应力的采气设备是个严重问题。

来自地层的天然气中除了含 H_2S 外，通常还有水、二氧化碳、盐类以及开采过程中进入的腐蚀性杂质，所以它比单一的 H_2S 水溶液的腐蚀性要强得多。气藏设施因 H_2S 引起的腐蚀破坏主要表现有如下类型：

(1) 电化学均匀腐蚀和局部腐蚀

这类腐蚀破坏主要表现为局部壁厚减薄、坑蚀或点蚀穿孔，它是 H_2S 腐蚀过程中阳极铁溶解的结果。

(2) 氢诱发裂纹(HIC)和氢鼓泡(HB)

HIC 和 HB 是一种由 H_2S 腐蚀阴极反应析出的氢原子，在 H_2S 的催化作用下进入钢材内部，使材料韧性变差；甚至在没有外加应力作用下，生成平行于板面、沿轧制方向有鼓泡倾向的裂纹，若在钢表面则为 HB。其形状如图 8－22(a)、图 8－22(b)所示。

(3) 硫化物应力开裂(SSC)

SSC 是一种由 H_2S 腐蚀阴极反应析出的氢原子，在 H_2S 的催化下进入钢中后，在拉伸应力作用下，生成的垂直于拉伸应力方向的氢脆型开裂。开裂的形状如图 8－22(c)、图 8－22(d)所示。SSC 其内因与氢诱发裂纹一致，只是多了一个外界应力的作用。

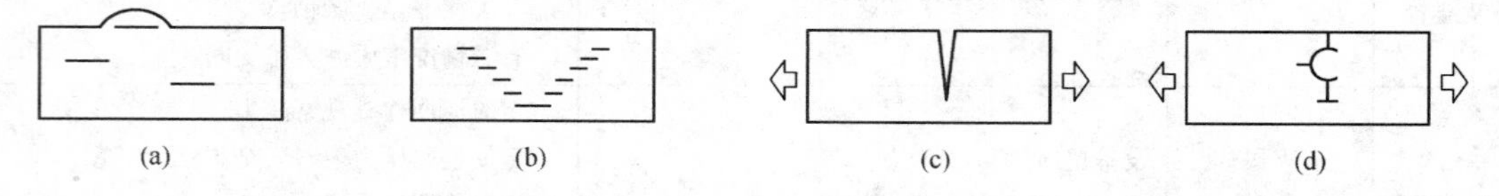

图 8－22　氢诱发裂纹与硫化物应力开裂示意图
(a)氢鼓泡和直裂纹；(b)台阶状裂纹；(c)、(d)硫化物应力开裂

(4)硫化氢对非金属材料的腐蚀

在地面设备、井口装置、井下工具中都有橡胶、浸油石墨、石棉绳等非金属材料作密封件。这些非金属材料在硫化氢环境下会产生破坏，橡胶会产生鼓泡胀大，失去弹性；浸油石墨及石棉绳上的油被溶解而导致密封件失效。

8.7.2　含硫气藏的防腐蚀技术

含硫气田腐蚀因素较多，因而防腐措施多种多样。归纳起来有下列三大类：

一是选择抗 H_2S 材质。选择抗 H_2S 材质应严格遵循我国石油天然气行业标准 SY 6137—1996《含硫气井安全生产技术规定》、SY/T 0599—2006《天然气地面设施抗硫化物应力开裂和抗应力腐蚀开裂的金属材料要求》。

二是采用合理的结构和制造工艺，以防止氢脆和硫化物应力腐蚀破裂。优质碳素钢、普通低合金钢经冷加工或焊接时，会产生异常金相组织和残余应力，将增加氢脆和硫化物应力腐蚀破裂的敏感性。因而，这些加工件使用前需进行高温回火处理，硬度应低于 HRC22。在现场焊接的设备、管线应缓慢冷却，使其硬度低于 HRC22。

三是选择有效的涂层与注入缓蚀剂，以保护膜的形式隔离腐蚀环境与材料的接触，这主要是防止电化学失重腐蚀，对氢脆和硫化物应力腐蚀破裂也有一定的减缓作用，将在后续重点介绍。

8.8 H_2S 的监测与人身安全防护

8.8.1 H_2S 监测

H_2S 气体是一种剧毒气体，吸入人体后会对人的健康造成威胁，吸入大量的 H_2S 甚至于造成人员伤亡，同时 H_2S 气体也是一种易燃易爆的气体，散发到空气中会对环境造成极大的影响，甚至可能引起火灾或爆炸，油气钻采现场准确地判明 H_2S 浓度，对于正确而适当地采取 H_2S 防护措施是必须的。目前 H_2S 浓度主要是通过 H_2S 检测仪来进行监测。

8.8.1.1 H_2S 检测仪器

在油气钻采现场 H_2S 检测仪器种类较多，分类方式也较多，可以按检测仪器的使用场所、被检定介质、检测原理、是否便于携带等多种方式来对其分类。

按使用场所可分为：环境 H_2S 检测仪、在线 H_2S 检测仪。

按被检定介质可分为：单一式 H_2S 检测仪、复合式 H_2S 检测仪。

按检测原理可分为：电子式 H_2S 检测仪、碘量法 H_2S 检测仪、乙酸铅式 H_2S 检测仪。

按是否便于携带可分为：便携式和固定式。

按是否防爆可分为：常规型和防爆型。

按功能可分为：气体检测仪、气体报警仪、气体检测报警仪。

按采样方式可分为：扩散式和泵吸式等。

下面按照使用场所分类方式对现场上常用的 H_2S 检测仪加以介绍。

1. 环境 H_2S 检测仪

主要用于监测在油气钻采现场环境空气中 H_2S 浓度。现场常用的有电子式 H_2S 检测仪和比色管式 H_2S 检测仪两类。

（1）电子式 H_2S 检测仪：在作业现场使用最广的一种 H_2S 监测仪器。主要采用敏感电子元件和环境中 H_2S 接触后电阻值的变化来确定环境中 H_2S 的浓度。

（2）比色管式 H_2S 检测仪：在含硫化氢作业现场中，浓度太高的情况下，用电子检测仪并不一定能测量出当前环境中 H_2S 浓度，此时应用显色长度 H_2S 检测仪来完成浓度监测。

显色长度检测仪也称作比色管检测仪，指特殊设计的泵及比色指示剂试管探测仪，带有检测管。将已知体积的空气或气体泵入检测管内，管内装有化学剂，可检测出试样中某种气体的存在并显示其浓度。试管中合成色带的长度反映试样中指定化学物质的即时浓度。

这种检测仪由一个抽吸装置和一个装有硅胶和醋酸铅颗粒带标度的玻璃试管组成，检测管出厂时两端是封口的，有效保存期为两年，使用前将两端封口剪掉。短管用来测量低浓度硫化氢空气，长管用来测量高浓度硫化氢空气，管上有刻度。空气中 H_2S 含量越高，检测管变黑的长度越长，可以从检测管刻度上读取 H_2S 的浓度。

2. 在线 H_2S 浓度检测仪

在采集输气站，脱硫车间等还经常用到通用型 H_2S 在线分析仪，用于对管道输送或容器中净化处理的介质气体 H_2S 动态监测，达到对介质气体的实时动态把握。AS－1100H_2S 在线分析仪专用于 H_2S 测试，是基于特有的和无干扰的乙酸铅纸带法，含有 H_2S 的被分析气体经过精确的压力和流量调节后，经增湿后，进入到含有乙酸铅纸带的样品池，H_2S 和乙酸铅反应生成硫化铅在纸带中呈褐色斑点，其颜色深浅反应 H_2S 的浓度，通过光电二极管检测，经微处理器进行数据处理产生数字和模拟信号输出。

8.8.1.2 电子式硫化氢检测仪

电子式 H_2S 检测仪反应灵敏，使用范围广，可以检测出任意浓度的 H_2S，可同时显示浓度，并按预设的值进行报警。目前，电子式 H_2S 检测仪在钻采作业现场得到了广泛的使用。

1. 电子式 H_2S 检测仪的分类

现场广泛使用的电子式 H_2S 检测仪可分为便携式和固定式两种。

（1）便携式 H_2S 检测仪

便携式 H_2S 检测仪体积较小，携带方便，由操作人员进入危险区时随身携带。

在危险场所应佩带便携式 H_2S 检测仪，用来监测不固定场所 H_2S 的泄漏和浓度变化。当 H_2S 的浓度可能超过在用的检测仪的量程时，应在现场准备一个量程达 1500mg/m^3 (1000ppm) 的检测仪器。

（2）固定式 H_2S 检测仪

固定式 H_2S 检测仪主要由主机、H_2S 探头以及信号传输线组成。它固定安装在油气钻采现场 H_2S 容易泄漏的地方，全天候地对危险区 H_2S 浓度进行监测。

现场需要 24h 连续监测 H_2S 浓度时，应采用固定式 H_2S 检测仪，用于监测井场中 H_2S 容易泄漏和聚集场所的 H_2S 浓度值，探头数可以根据现场气样测定点的数量来确定。检测仪探头置于现场 H_2S 易泄漏区域，主机可安装在控制室。

2. 电子检测仪的工作原理

H_2S 气体通过一个带孔眼的金属罩扩散进入传感器内，与热敏元件的表面发生作用，使传感器的电阻按照 H_2S 的总量等比例地减少，然后经信号放大器将电信号放大，并转换为 H_2S 的浓度显示在仪表上。同时，传感器还将信号输入报警电路，当 H_2S 达到预先调节的报警值时，视觉和听觉警报器报发出警报信号。

3. 电子式 H_2S 检测仪报警浓度的设置

现场 H_2S 检测仪报警浓度设置一般应有三级，其各级浓度设置为：

第一级报警值应设置在阈限值 15mg/m^3 (10ppm)；

第二级报警值应设置在安全临界浓度 30mg/m^3 (20ppm)；

第三级报警值应设置危险临界浓度 150mg/m^3 (100ppm)；

特别要求第三级报警信号应与第二级报警信号有明显区别，警示立即组织现场人员撤离。

4. 电子式 H_2S 检测仪的性能要求

H_2S 检测仪的性能应满足表 8－12 所确定的要求。H_2S 检测仪使用前应对下列三个主要参数进行测试：满量程响应时间、报警响应时间和报警精度。

表 8－12　硫化氢检测仪应满足的参数

参数名称	固定式	便携式
监测范围/(mg/m^3)(ppm)	0～150(100)	0～150(100)
显示方式	液晶显示或信号传送	液晶显示
监测精度/%	≤1	≤1

续表

参数名称	固定式	便携式
报警点/(mg/m^3)	0~150 连续可调	0~150 连续可调
报警精度/(mg/m^3)(ppm)	≤5(3.3)	≤5(3.3)
报警方式	蜂鸣器和闪光	蜂鸣器和闪光
响应时间/s	T_{50}≤30(满量程50%)	T_{50}≤30(满量程50%)
电源	220V，50Hz(转换成直流)	干电池或镍镉电池
连续工作时间/h	连续工作	≥1000
传感器寿命/a	≥1(电化学式)，≥5(氧化式)	≥1(电化学式)
工作温度/℃	-20~55(电化学式)，-40~55(氧化式)	-20~55(电化学式)，-40~55(氧化式)
相对湿度/%	≤95	≤95
校验设备	配备标准试样气	配备标准试样气
安全防爆性	本安防爆	本安防爆

5. 电子式 H_2S 检测仪的校验

电子式 H_2S 检测仪使用过程中要定期校验。固定式 H_2S 检测仪一年校验一次，便携式 H_2S 检测仪半年校验一次。

电子式 H_2S 检测仪在超过满量程浓度的环境中使用后应重新校验。极端湿度、温度、灰尘和其他有害环境作业条件下，检查、校验和测试的周期应缩短。极端湿度是指相对湿度大于95%的情况；极端温度是指低于-20℃、高于55℃(电化学式)或低于-40℃、高于55℃(氧化式)。

监测设备应由有资质的机构定期进行检定，除有资质的校验和检定机构外，生产厂家也具备监测仪的校验和检定资格；检查、校验和测试应作好记录，并妥善保存，保存期至少一年，这是我国目前含硫化氢气田的做法。H_2S 检测设备警报的功能测试至少每天一次。

8.8.2 硫化氢安全防护操作

8.8.2.1 正压式空气呼吸器的使用

1. 正压式空气呼吸装置

正压式空气呼吸装置是指供气装置供给面罩的压力总是高于外界环境压力的呼吸装置。主要分为空气呼吸站和便携式正压空气呼吸器两大类。

(1) 空气呼吸站

多人长时间在含硫环境中工作时应建立正压供气系统(空气呼吸站)。空气呼吸站主要组成有：气瓶组、空气压缩机、减压阀、压力表、拖车、软管、空气分配器、面罩、调节器等。

空气呼吸站是可以同时供多人使用的一种空气呼吸装置，假如操作者比较分散时，这种装置使用就不太方便。在我国石油天然气行业，当工作环境中 H_2S 浓度超过 $30mg/m^3$ 或浓度不清的情况下，工作人员的个人人身安全防护就主要靠便携式正压空气呼吸器。

(2) 正压式空气呼吸器

① 正压式空气呼吸器的组成。其主要由压缩空气瓶、背板及腰带、面罩、高压减压阀、供气阀、压力表等组成(图8-23)。

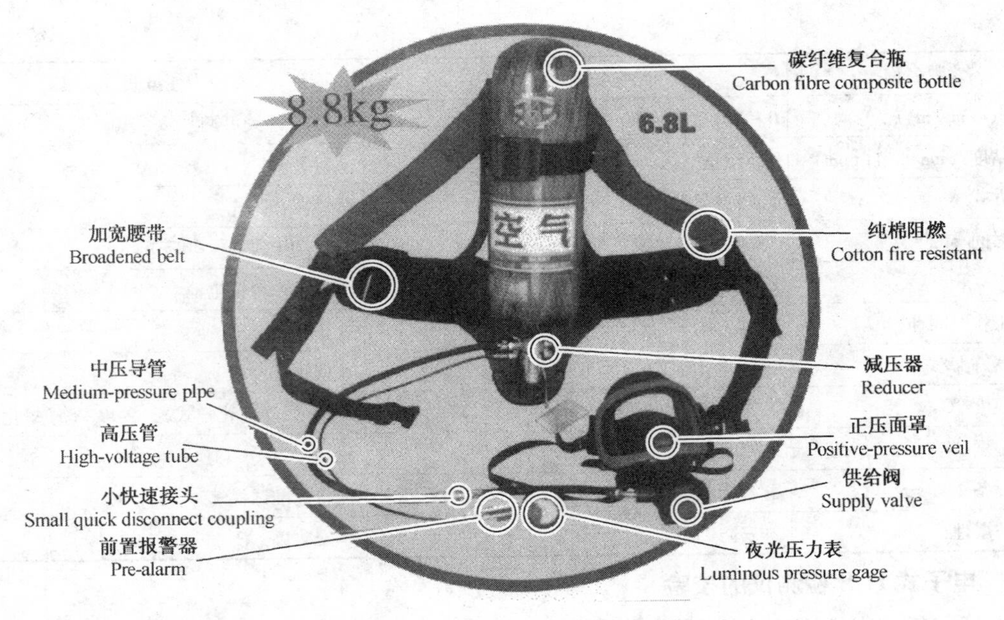

图 8－23　HZK－7 型空气呼吸器

② 正压式空气呼吸器的工作原理。正压式空气呼吸器属自给式开路循环呼吸器，是使用压缩空气的带气源的呼吸器，依靠使用者背负的气瓶供给所呼吸的气体。气瓶中高压压缩空气被高压减压阀降为中压 0.7MPa 左右输出，经中压管送至需求阀，然后通过需求阀进入呼吸面罩，吸气时需求阀自动开启供使用者吸气，并保持一个可自由呼吸的压力。呼气时，需求阀关闭，呼气阀打开。在一个呼吸循环过程中，面罩上的呼气阀和口鼻上的吸气阀都为单方向开启，所以整个气流是沿着一个方向构成一个完整的呼吸循环过程。

2. 正压式空气呼吸器的使用

以 HZK－7 型正压式空气呼吸器为例，介绍其使用方法。

（1）检查

① 压力检查

打开气瓶阀手轮两圈，观察压力表值，压力表值应在 24～30MPa，若合格，则继续进行下一步操作（不合格，则对气瓶进行充气后再进行使用）。

② 连接管路的密封性检查

把气瓶的阀门拧紧，仔细观察压力表上的示值在 1min 内的减小值不能超过 0.5MPa，否则空气呼吸器的连接管路需要更换。

③ 报警器检查

关闭气瓶阀，缓慢泄掉连接管路中的气体余压，当压力低于设定的报警压力值时（约 5MPa），报警器不断发出报警声；如果增加气体压力，报警声立即停止。若合格则继续下一步操作（若报警器不合格则不准使用）。

④ 面罩检查

仔细检查面罩有无破损，橡胶件有无老化现象，若无问题则继续进行下一步操作（若面罩损坏则需更换合格后才能进行下一步操作）。

（2）佩带

① 放长肩带，将呼吸器背在背部。

② 收紧肩带，直至背架与背部接触舒适为止。

③ 扣上腰带插扣，舌扣的凸面朝向身体一面，用双手抓住腰带的末端，用力拉紧。

④ 调整肩带，使装置的重力均匀分布在肩部和臀部。

⑤ 将面罩吊带套在颈部，将面罩挂在胸前。

⑥ 用双手拉开面罩头带，把面罩套在头上，然后依次收紧颈部、太阳穴及前额处的带子。

⑦ 检查面罩的密封性，用手掌盖住面罩接头入口，深吸一口气并屏住呼吸，若感觉面罩紧贴面部，表明面罩与面部接触的密封性能良好(反之则应继续拉紧头带)。

⑧ 按下呼吸器控制阀上的红色按钮，打开气瓶阀手轮约两圈。

⑨ 把呼吸控制阀与面罩接头连接好(此时控制阀将自动打开，空气进入面罩内)，空气呼吸器进入正常使用状态。

(3) 脱卸

① 将面罩和控制阀上的连接接头拆开。

② 松开面罩上的头带，从头上取下面罩。

③ 关闭气瓶阀，按下呼吸器控制上的红色按钮，放尽压力管中的余气。

④ 开腰带、肩带，脱下空气呼吸器并将之放回原处。

(4) 使用时间的计算

按照SY/T 6277《含硫油气田硫化氢监测与人身安全防护规程》，正压式空气呼吸器的使用时间取决于气瓶中的压缩空气数量和使用者的耗气量，而耗气量又取决于使用者所进行的体力劳动的性质。在确定时宜参照表8-13数据确定。

表8-13 不同劳动强度耗气量

序号	劳动类型	耗气量/(L/min)
1	休息	10~15
2	轻度活动	15~20
3	轻度工作	20~30
4	中强度工作	30~40
5	高强度工作	35~55
6	长时间劳动	50~80
7	剧烈活动(几分钟)	100

使用者可以通过下式计算正压式空气呼吸器的使用时间：

$$T=\frac{10pV\varepsilon}{Q_v}$$

式中 T——使用时间，min；

V——气瓶容积，L；

p——气瓶压力，MPa；

ε——校正系数，取0.9；

Q_v——消耗空气量，L/min。

示例：以一个工作压力30MPa(表压)的6.8L气瓶为例，气瓶中的空气体积为$6.8\times300=2040$L。使用者进行中强度工作时，该气瓶的理论使用时间为：$T=2040\times0.9/40=46$min。

8.8.2.2 急救方法

硫化氢中毒的急救方法有：口对口人工呼吸操作、口对鼻人工呼吸操作。

第9章　油气集输安全管理

9.1　油气集输泵站安全管理

9.1.1　油气集输泵站生产基本特点

油气集输泵站，指原油库、原油中转站、原油加热站、天然气集气站、天然气配气站、天然气压气站、轻烃储备站等泵站，是油田从事石油、天然气工业生产系统的重要组成部分，其主要任务，是担负着油田原油、天然气的加压、输送、外销和天然气、轻烃产品的生产、加工与储备等。

由于油气集输泵站设备、设施集中，工艺复杂，生产连续性强，高温高压，生产介质易燃易爆，因此，工艺技术的复杂性、生产过程的连续性和生产介质的易燃易爆性，是油田集输泵站生产的三个基本特点。这三个特点如果处理不好，都会给集输生产的安全带来严重影响。

9.1.2　原油库安全管理

原油库，是接收油田各采油厂采出的原油并经分离、脱水、脱气后集中存储、发放的站场，是协调油田原油生产、储备、输送的纽带，是油田石油储备和供应的基地。原油库建设，对加速油田经济发展具有相当重要意义。

9.1.2.1　工艺原理

即将油田各采油厂采集的原油，经过合理的工艺流程计量后统一集中储存，然后再经过原油二次自然沉降脱水、加温、加压后，经管道或者罐车输送到各个用户。图9－1是原油库一般工艺流程示意图。

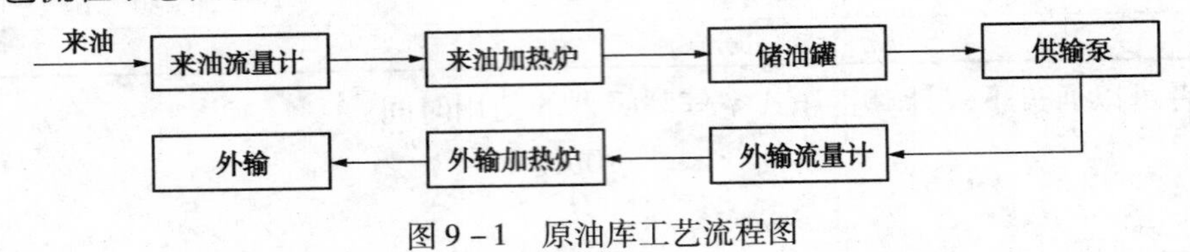

图9－1　原油库工艺流程图

原油库、原油中转站一般应具有以下主要功能：

（1）原油库（首站）的工艺流程应具有收油、储存、计量、正输、清管、站内循环等功能，必要时尚应具有装车、原油反输等功能。

（2）原油中转站的工艺流程应具有正输、压力越站、收发清管器或清管器越站的功能。当采用加热输送方式时，还应具有反输和热力越站功能。当中间泵站有分输时，尚应设置原油计量设施。

（3）末站的工艺流程应具有收油、储存、计量、装车（船）或去用户以及接收清管器的功能。当采用加热输送时，尚应具有站内循环和反输功能。

9.1.2.2 主要设备设施

原油库(原油中转站)主要设备设施有储罐、输油泵、加热炉等。

(1) 储罐及防火堤

在石油化工生产中，储罐是目前应用最普遍的一种液体储存设施，它可以储存多种产品和原料，如原油、汽油、柴油、煤油等。由于罐内储存着大量易燃易爆且又易流散的石油，一旦发生火灾或油品泄漏跑油事故，都会给企业造成巨大的经济损失，还会对操作人员的人身安全带来严重威胁。储罐防火堤，是有效控制泄漏的油品流散及火灾蔓延的可靠设施。因此，在油库生产活动中，确保储罐及防火堤的安全可靠运行，是集输企业安全工作的核心内容之一。

① 储罐安全要求

呼吸阀、液压安全阀底座应装设阻火器，阻火器每季至少检查1次。呼吸阀、液压安全阀冬季至少检查2次。甲、乙类液体常压储罐容器通向大气的开口处应有阻火器。

储罐液位检测宜采用自动监测液位系统，放水时应有专人监护。为防止储罐溢流、抽瘪或泵抽空，储油高度应控制在该罐上、下安全油位范围内，并宜单独设置高、低液位报警装置。

$5000m^3$以上的储罐进、出油管线应装设韧性软管补偿器。

浮顶罐的浮顶与罐壁之间应用两根截面积不小于$25mm^2$的软铜线连接。

浮顶罐竣工投产前和检修投用前，应对浮船进行不少于2次的起降试验，合格后方可使用。

储罐应有防雷、防静电接地装置，接地点沿罐底周边至少18m设置1处，单罐接地应不少于2处，接地电阻不应大于10Ω；罐顶阀体法兰等电位跨接线应用软铜线连接。

储罐防火间距，应能满足对着火罐的扑救和对相邻罐进行冷却保护的消防作业需要。

② 防火堤安全要求

原油储罐的四周应设防火堤。容量大于$20\times10^4m^3$的罐组防火堤内，油罐之间应设置隔堤。

为了防止泄漏的原油或着火油流渗出防火堤外，要求防火堤必须利用夯实后的非燃烧材料建造。砖石结构建造的防火堤，被火烧以后容易产生裂缝，并能形成蓄热体，产生高温，灭火过程中能降低喷水冷却效果，不宜直接采用。甲、乙类液体储罐防火堤应为土堤。

防火堤及隔堤必须具有能承受一定静压力的强度。为防止堤内地面污油渗到堤外，管道穿过防火堤的位置，必须用非燃烧材料填实。在堤内的雨水排出口应设置闸板、水封井。同时，为防止原油流到堤外，其堤内有效容量应能满足最大储罐工程容量的要求。

(2) 输油泵

输油泵是用来抽吸、输送原油，并向其提供、传递动能量的一种通用机械，是油田原油集输生产中不可缺少的重要的动力设备之一。用于原油输送的泵常用的有离心泵和往复泵两种类型。离心泵具有体积小，质量轻，流量大，使用、安装简便等一系列优点。如果利用多级叶轮串联，可以达到高压力的目的，因此，在输油生产中应用最为普遍。往复泵只有在要求流量小，压力高的情况下才使用，油田企业较少使用。

(3) 加热炉

加热炉是将燃料燃烧后产生的热量传递给被加热介质而使其温度升高的一种热动力设备，它被广泛应用于油田油气集输生产中的原油、天然气的加热，以达到输送、沉降、分离、脱水和初加工的目的，是油田生产的主要热力设备之一。

原油加热炉是依靠火焰的热辐射直接或间接对在炉管中流动的原油进行加热，由于输油生产持续不间断的工艺特点，因此，作好对原油加热炉的安全监控工作尤为重要，至少应做好以下四个方面：

① 对操作人员进行安全技术培训，取得相应的操作资格；

② 建立完善原油加热炉安全运行的各项制度、操作规程与台账；

③ 建立完善原油加热炉的安全运行监控系统，监控系统必须具有高度的可靠性和灵活的调节保护功能；

④ 确保安全附件齐全可靠，且按规定要求检验校准。

9.1.2.3 生产活动中的安全风险及消减措施

原油库生产活动中的安全风险及消减措施见表9－1。

表9－1 原油库生产活动中的安全风险及消减措施

主要设备	安全风险	主要生产活动	消减措施
储罐及防火堤	原油泄漏	1. 进油操作； 2. 倒罐操作； 3. 清罐与维修作业； 4. 防火堤坍塌损坏	1. 严格按照规程操作； 2. 按照要求巡检，及时发现并处理异常； 3. 正确使用工具、用具； 4. 定期检验储罐安全附件及防火堤等； 5. 定期校准可燃气体检报警仪
	火灾爆炸	1. 进油操作； 2. 倒罐操作； 3. 油罐检尺； 4. 检修机械呼吸阀； 5. 检修液压呼吸阀； 6. 清罐与罐区用火	1. 正确穿戴使用劳动防护用品； 2. 严格按照规程操作； 3. 按照要求巡检，及时发现并处理异常； 4. 正确使用防爆型器具； 5. 禁带火种，控制与消除火源； 6. 定期检查、校验安全设施(防火堤、消防、火灾报警、防雷防静电及可燃气体报警仪)齐全并保持完好； 7. 现场用火，按要求办理用火作业许可手续
	浮顶沉船	1. 进油操作； 2. 倒罐操作； 3. 清罐与维修作业	1. 严格按照规程操作； 2. 按要求定期检查和日常巡检，及时发现并处理异常； 3. 定期检查并保持高、低液位报警设施、连锁装置完好
	抽瘪或胀裂	1. 进油操作； 2. 倒罐操作	1. 严格按照规程操作； 2. 按照要求巡检，及时发现并处理异常； 3. 定期检查机械呼吸阀、液压呼吸阀、阻火器等安全附件，并保持完好
	高处坠落	1. 油罐检尺； 2. 检修机械呼吸阀； 3. 检修液压呼吸阀； 4. 清罐与维修作业	1. 正确穿戴使用劳动防护用品； 2. 严格按照规程操作； 3. 严禁大风雨雪等恶劣天气上罐； 4. 攀登罐扶好扶梯，作业时系好安全带； 5. 定期检查维护梯子、护栏
	人员中毒	1. 油罐检尺； 2. 检修机械呼吸阀； 3. 检修液压呼吸阀； 4. 清罐与维修作业	1. 正确穿戴使用劳动防护用品； 2. 严格按照规程操作； 3. 受限空间作业应办理作业票，佩戴空气呼吸器

续表

主要设备	安全风险	主要生产活动	消减措施
输油泵及泵房	原油泄漏	1. 输油泵启、停操作； 2. 更换泵盘根； 3. 更换阀门填料； 4. 更换泵机械密封； 5. 更换法兰垫片； 6. 更换压力表； 7. 清洗过滤器	1. 正确穿戴使用劳动防护用品； 2. 严格按照规程操作； 3. 按照要求巡检，及时发现并处理异常； 4. 正确使用工具、用具； 5. 定期校准可燃气体报警仪； 6. 定期检查设备运行监控系统并保持正常完好
	火灾爆炸	1. 输油泵启、停操作； 2. 更换泵盘根； 3. 更换阀门填料； 4. 更换泵机械密封； 5. 更换法兰垫片； 6. 更换压力表； 7. 清洗过滤器 8. 现场用火	1. 正确穿戴使用劳动防护用品； 2. 严格按照规程操作； 3. 按照要求巡检，及时发现并处理异常； 4. 正确使用工具、用具； 5. 禁带火种，控制与消除火源； 6. 加强通风，防止油气积聚； 7. 定期校准可燃气体报警仪； 8. 定期检查设备运行监控系统并保持正常完好； 9. 现场用火，按要求办理用火作业许可手续
	泵机组损坏	1. 输油泵启、停操作； 2. 离心泵保养	1. 严格按照规程操作； 2. 按照要求巡检，及时发现并处理异常； 3. 正确使用工具、用具； 4. 运行正常后，检查运行压力、振动、轴承温度等参数，确保在规定范围内运行
	电机烧毁	输油泵启、停操作	1. 严格按照规程操作； 2. 按照要求巡检，及时发现并处理异常
	管线憋压	输油泵启、停操作	1. 严格按照规程操作； 2. 按照要求巡检，及时发现并处理异常
	机械伤害	1. 输油泵启、停操作； 2. 更换泵盘根； 3. 更换阀门填料； 4. 更换泵机械密封； 5. 更换法兰垫片； 6. 更换压力表； 7. 清洗过滤器	1. 正确穿戴使用劳动防护用品； 2. 严格按照规程操作； 3. 定期检查并确认旋转部位防护罩完好； 4. 正确使用工具、用具
	触电	输油泵启、停操作	1. 正确穿戴使用劳动防护用品； 2. 严格按照规程操作； 3. 定期检查并确认电机接地和电缆绝缘层完好； 4. 正确使用电气防护工具、用具
加热炉	设备损坏	1. 加热炉点炉、停炉； 2. 更换液位计玻璃管； 3. 清理加热炉火嘴；	1. 正确穿戴使用劳动防护用品； 2. 严格按照规程操作； 3. 按照要求巡检，及时发现并处理异常； 4. 正确使用工具、用具

续表

主要设备	安全风险	主要生产活动	消减措施
加热炉	火灾爆炸	1. 加热炉点炉、停炉； 2. 更换液位计玻璃管； 3. 清理加热炉火嘴； 4. 现场用火	1. 正确穿戴使用劳动防护用品； 2. 严格按照规程操作； 3. 按照要求巡检，及时发现并处理异常； 4. 正确使用工具、用具； 5. 禁带火种，控制与消除火源； 6. 加热炉安全附件定期检验； 7. 加强通风，防止油气积聚； 8. 现场用火，按要求办理用火作业许可手续

9.1.3 天然气压气站安全管理

天然气压气站是在输气管道沿线，用压缩机对管输气体增压而设置的站场。压气站可分为长输管道压气站和带有轻烃处理功能的压气站两种类型。

长输管道压气站功能比较简单，只为上游天然气站输送来的天然气进行中间脱水、加压，或经站内旁通流程越站输送和为管道系统提供泄压处理措施。而带有轻烃处理功能的压气站除了上述功能外，还具有对酸性天然气进行脱硫、天然气凝液回收、液化石油气和稳定轻烃生产和对天然气出站进行冷却功能。本节所述，是针对带有轻烃处理功能的压气站。

9.1.3.1 工艺原理

压气站的工艺原理，是将天然气经过压缩机增压(高含硫天然气应首先脱硫处理)，然后通过天然气加热炉加热，输送到天然气干燥塔脱除水分，再经冷箱低温处理后输送到膨胀机膨胀，最终经过脱乙烷塔脱除天然气中的轻烃组分，产出合格的天然气输送至用户。压气站一般工艺流程见图9－2。

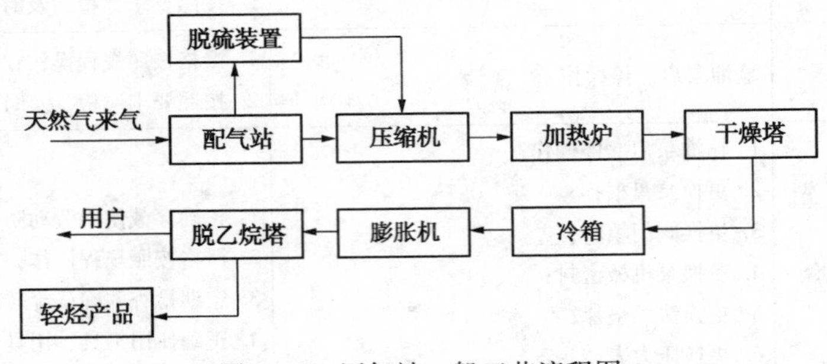

图9－2 压气站一般工艺流程图

9.1.3.2 主要设备设施

天然气压气站主要设备设施有分离器、天然气脱硫装置、天然气压缩机、加热炉、分子筛干燥塔、粉尘过滤器、轻烃回收装置、空气压缩系统、天然气放空排污装置等。

(1) 分离器

压气站的分离器主要有油水分离器、再生分离器和三相分离器。

(2) 天然气脱硫装置

在天然气中常含有 H_2S、CO_2 和有机硫化合物，这三者又通称为酸性组分或酸性气体。这些气相杂质的存在会造成金属材料腐蚀，并污染环境。因此，应对天然气中的硫进行脱除。

① 脱硫工艺原理

天然气进入脱硫装置的分离器后，首先脱出天然气中的水、重烃、杂质等，经过分离器进入脱硫塔。在脱硫塔中，天然气同溶剂逆流接触，在接触过程中，溶剂吸收天然气中的酸性气体，净化的天然气从塔顶出装置。塔底吸收了天然气酸性气体的溶剂进入闪蒸罐，将其中溶解的部分气体或烃类脱出，然后富液经过换热后进入溶剂再生塔中再生。在再生塔中，溶剂与酸性气体分离。分离后的溶剂返回在吸收塔中使用，酸性气体进入后续处理工序进行处理。

② 天然气脱硫方法

目前，国内外用于天然气脱硫的方法有很多，常用的有：间歇法、化学吸收法、物理吸收法、联合吸收法、直接转化法以及20世纪80年代工业化的膜分离法等。其中采用溶液或溶剂作为脱硫剂的脱硫方法习惯上称为湿法，而采用固体作为脱硫剂的脱硫方法习惯上称为干法。

(3) 天然气压缩机

天然气压缩机是压气站生产的主要动力设备，是压气站完成天然气管输任务的中枢。最常用于天然气管输的压缩机有螺杆式压缩机、活塞式压缩机和离心式压缩机三种。

① 螺杆式压缩机

螺杆式压缩机属于容积式压缩机，是一种借助于气缸内一个或多个转子的旋转运动所产生的工作容积的变化而实现气体压缩的容积型压缩机，分为单螺杆式压缩机及双螺杆式压缩机两种类型。单螺杆式压缩机的结构见图9－3。

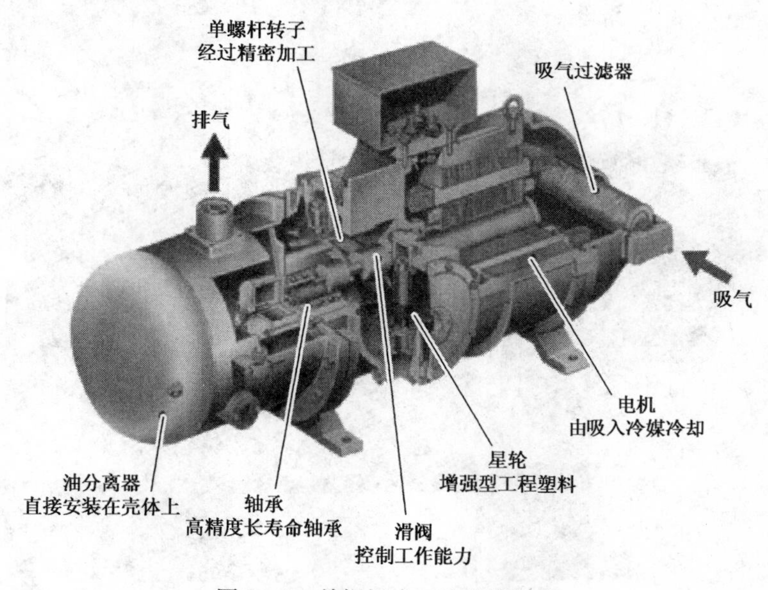

图9－3　单螺杆式压缩机结构图

② 活塞式压缩机

活塞式压缩机是以气缸、气阀和在气缸中作往复运动的活塞所构成的工作容积不断变化来完成的。活塞式压缩机曲轴每旋转一周所完成的工作，可分为膨胀、吸气、压缩和排气过程。活塞式压缩机的结构见图9－4。

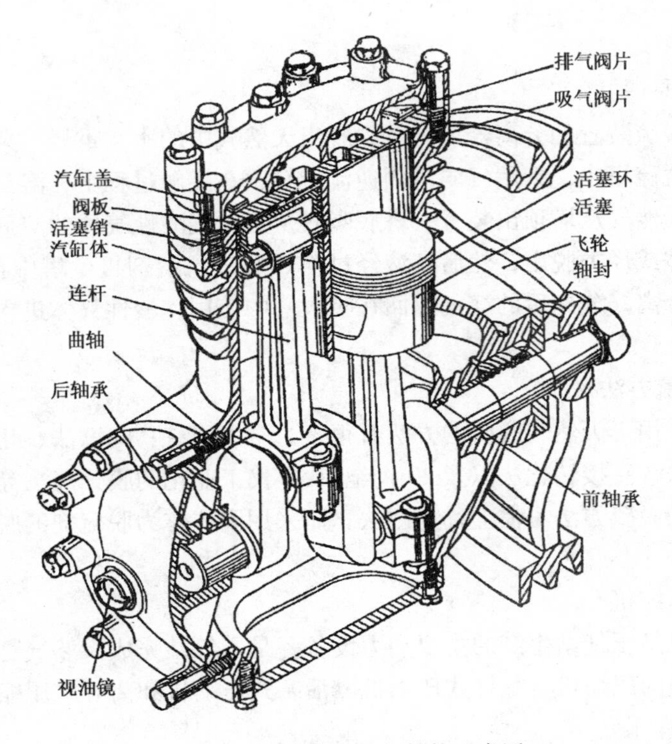

图 9－4　活塞式压缩机结构示意图

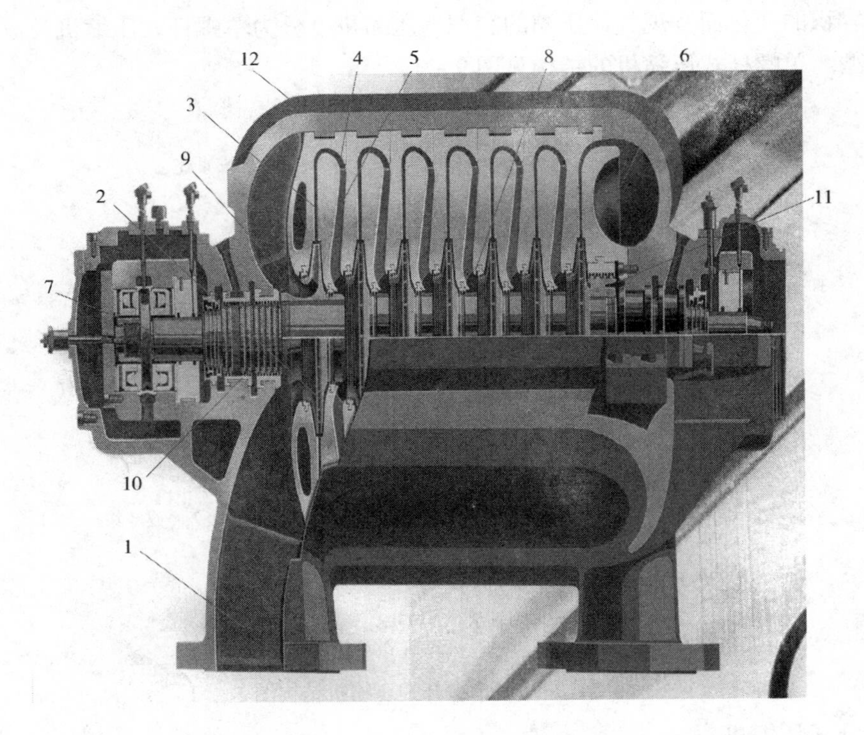

图 9－5　离心式压缩机纵剖面结构图

1—吸气室；2—叶轮；3—扩压器；4—弯道；5—回流器；6—蜗壳；7——主轴
8—级间密封；9—进气室；10—轴密封；11—平衡器；12—机壳

③ 离心式压缩机

离心式压缩机的工作原理是：当主轴带动叶轮旋转时，气体由吸气室吸入，通过高速叶轮对气体做功，使气体的压力、速度、温度得到提高，气体以很高的速度被离心力甩出叶轮后进入扩压器中。在扩压器中气体的部分动能转变成压力能，使速度降低而压力提高。接着通过弯道和回流器又被第二级吸入，通过第二级进一步提高压力。依次逐级压缩，一直达到额定压力，最后经排气管输出。离心式压缩机的结构见图9－5。

（4）轻烃回收装置

轻烃回收装置是天然气加工处理中的重要生产设施，主要回收天然气中乙烷（C_2）、丙烷（C_3）、丁烷（C_4）、戊烷及戊烷以上（C_5^+）等烃类组分，通常称为天然气凝液（NGL）回收，即轻烃回收。

轻烃回收主要有三种方法：吸附法、油吸收法、冷凝分离法。目前，企业普遍采用冷凝分离法进行轻烃回收。

冷凝分离法，是将增压后的石油气用冷剂制冷和膨胀制冷所提供的冷量，以实现石油气的部分液化冷凝，再根据轻重组分沸点的不同，用分馏塔将高沸点和低沸点的组分分离，从而达到回收石油气中的稳定轻烃、液化气的目的。按照提供冷量的制冷系统不同，冷凝分离法可分为冷剂制冷法、直接膨胀制冷法和联合制冷法三种。

9.1.3.3 生产活动中的安全风险及消减措施

压气站生产活动中的安全风险及消减措施见表9－2。

表9－2 压气站生产活动中的安全风险及消减措施

主要设备	安全风险	主要生产活动	消减措施
脱硫装置	人员中毒	1. 装置启运； 2. 装置停运； 3. 脱硫剂更换； 4. 装置检维修	1. 佩戴防护面具作业； 2. 进入受限空间佩戴正压空气呼吸器； 3. 作业完毕后，对拆卸部位进行漏点检查； 4. 制定装置检维修作业施工方案，安全措施可靠
	设备腐蚀损坏	1. 脱硫装置启运； 2. 脱硫装置停运； 3. 脱硫剂更换； 4. 脱硫装置检维修	1. 严格按照规程操作； 2. 按照要求巡检，及时发现并处理异常； 3. 正确使用工具、用具； 4. 正确穿戴使用劳动防护用品； 5. 及时清理管道或设备滤网
压缩机及现场	火灾爆炸	1. 压缩机启运； 2. 压缩机运行； 3. 压缩机加载； 4. 流程切换操作； 5. 压缩机检维修； 6. 现场用火作业	1. 新投运、检修或长时间停车后投运，应进行置换； 2. 严格按照规程操作； 3. 正确穿戴使用劳动防护用品； 4. 正确使用防爆型工具、电器； 5. 按照要求巡检，及时发现并处理异常； 6. 禁带火种，控制与消除火源； 7. 防静电设施定期检查； 8. 定期对压缩机装置电路进行维护保养； 9. 设备、管网定期测厚，安全附件定期检查校验； 10. 现场用火，按要求办理用火作业许可手续

续表

<table>
<tr><th>主要设备</th><th>安全风险</th><th>主要生产活动</th><th>消减措施</th></tr>
<tr><td>压缩机及现场</td><td>人身伤害</td><td>1. 压缩机启运；
2. 压缩机加载；
3. 流程切换操作；
4. 压缩机维护保养；
5. 更换压力表、液位计、温度计、流量计、阀门等操作；
6. 设备检维修用火</td><td>1. 严格按照规程操作；
2. 按照要求巡检，及时发现并处理异常；
3. 正确使用工具、用具；
4. 正确穿戴使用劳动防护用品；
5. 定期检查、校验仪表；
6. 现场用火，按要求办理用火作业许可手续</td></tr>
<tr><td rowspan="2">膨胀机</td><td>火灾爆炸</td><td>1. 膨胀机启运；
2. 膨胀机运行控制；
3. 膨胀机停运；
4. 流程切换操作；
5. 现场用火作业</td><td>1. 严格按照规程操作；
2. 按照要求巡检，及时发现并处理异常；
3. 正确使用工具、用具；
4. 定期对设备维护保养；
5. 监护联锁保护装置正常运行；
6. 现场用火，按要求办理用火作业许可手续</td></tr>
<tr><td>人身伤害</td><td>1. 膨胀机启运；
2. 膨胀机运行控制；
3. 膨胀机停运；
4. 流程切换操作；
5. 设备检维修作业</td><td>1. 严格按照规程操作；
2. 按照要求巡检，及时发现并处理异常；
3. 正确使用工具、用具；
4. 定期检查、校验仪表；
5. 定期进行检修，及时发现并处理异常；
6. 合理调节压力、转速；
7. 确保干燥塔分子筛脱水效果</td></tr>
<tr><td rowspan="2">热媒炉及现场</td><td>火灾爆炸</td><td>燃料气区检维修作业</td><td>1. 严格按照规程操作；
2. 按照要求巡检，及时发现并处理异常；
3. 正确使用工具、用具；
4. 正确穿戴劳动防护用品；
5. 定期检查、校验仪表；
6. 定期校准可燃气体报警仪；
7. 设备、管网定期测厚，安全附件定期检查校验；
8. 现场用火，按要求办理用火作业许可手续</td></tr>
<tr><td>人身伤害</td><td>1. 更换阀门、压力表、液位计、温度计；
2. 检维修作业；
3. 巡回检查</td><td>1. 严格按照规程操作；
2. 按照要求巡检，及时发现并处理异常；
3. 正确使用工具、用具；
4. 正确穿戴使用劳动防护用品；
5. 定期检查、校验仪表；
6. 定期校准可燃气体报警仪；
7. 设备、管网定期测厚，安全附件定期检查校验</td></tr>
<tr><td>螺杆机</td><td>火灾爆炸</td><td>1. 螺杆机开机；
2. 螺杆机运行；
3. 设备检修与现场用火</td><td>1. 严格按照规程操作；
2. 按照要求巡检，及时发现并处理异常；
3. 定期检查电机和控制柜；
4. 加强巡回检查；
5. 现场用火，按要求办理用火作业许可手续</td></tr>
</table>

续表

主要设备	安全风险	主要生产活动	消减措施
螺杆机	人身伤害	1. 螺杆机开机； 2. 螺杆机运行	1. 严格按照规程操作； 2. 按照要求巡检，及时发现并处理异常； 3. 正确使用工具、用具； 4. 正确穿戴使用劳动防护用品； 5. 定期检查、校验仪表； 6. 定期检查电机、控制柜和安全附件； 7. 设备、管网定期测厚，安全附件定期检查校验

9.1.4 轻烃储备站

轻烃储备站，是将天然气中脱出的乙烷(C_2)、丙烷(C_3)、丁烷(C_4)、戊烷及戊烷以上(C_5+)等重烃类组份的产品进行储存、销售的场所。轻烃储备站的主要生产设备设施是轻烃储罐。轻烃储罐按形状分为卧式圆柱形储罐、立式平底圆筒形、球形储罐等。目前我国使用范围最广泛、制作安装技术最为成熟的是卧式储罐、球形储罐。

9.1.4.1 球罐及其构造

球罐为一种钢制压力容器设备，适用于储存容量较大有一定压力的液体。在石油炼制工业和石油化工中主要用于储存液态或气态物料，如液氨、液化石油气、乙烯等。

球形罐与立式圆筒形储罐相比，在相同容积和相同压力下，球罐的表面积最小，故所需钢材面积少；在相同直径情况下，球罐壁内应力最小，而且均匀，其承载能力比圆筒形容器大1倍，因而，与立式圆筒形储罐或卧罐相比，其安全性能更为可靠。球罐的本体为正圆型罐体，其构造由本体、支柱(承)及附件组成，见图9-6所示。

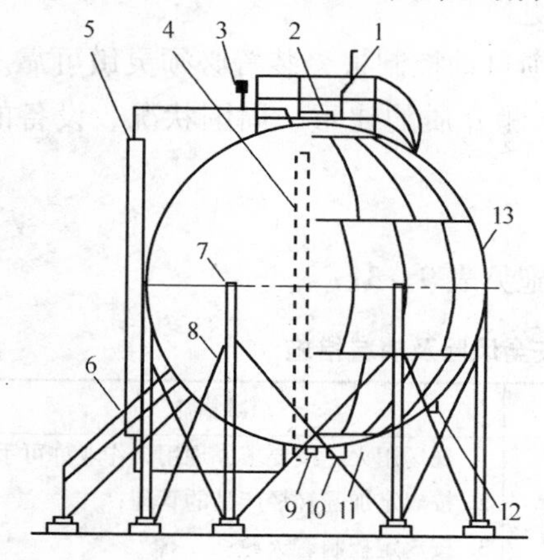

图9-6 球罐构造示意图

1—安全阀；2—人孔；3—压力表；4—气相进出口管口；5—液位计；6—盘梯；7—赤道正切柱支座；8—拉杆；9—排污管口；10—人孔及液相进出口管；11—温度计管；12—液面指示连接管口；13—球壳

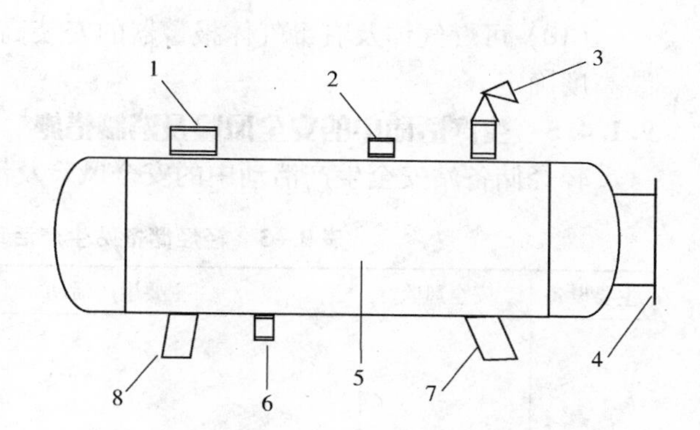

图9-7 卧式储罐示意图

1—人孔；2—压力表口；3—安全阀；4—液面计 5—筒体；6—排污；7，8—支座

9.1.4.2 卧罐及其构造

单罐容积小于150m³时，一般选用圆筒形储罐，卧式罐容量小，承压范围宽。卧式储

罐，是相对于立式储罐而言，左右均为椭圆封头，储罐下部具有两个全托支座，以便支撑储罐。常用卧式储罐的容积一般都不大于100m³，由罐体、支座及附件等组成，见图9－7。

9.1.4.3 轻烃储备站平面布置

轻烃储备站罐区宜布置在本站全年最小频率风向的上风侧或平行上风侧，选择通风良好的地段。灌瓶车间、压缩机室、仪表间、汽车装卸台等不宜远离罐区，应布置在灌装区邻近罐区和压缩机室附近。仪表间可与生产区的配电室，压缩机室连建。汽车槽车库应与辅助区的普通车分开，单独布置在灌装区靠近汽车装卸台的地方。轻烃储配站的其他布置及安全要求，应严格执行GB 50183的规定。

9.1.4.4 罐区一般安全要求

（1）非罐区生产运行管理人员严禁随意进入罐区，因工作需要必须进入时需经生产单位领导准许，并在专人陪同下方可进入。

（2）罐区生产运行管理人员必须经过专业培训，考试合格后，方可单独上岗操作。

（3）罐区内严禁烟火，不得存放易燃易爆物品，不得携带火种及穿铁钉鞋进入罐区；罐区内不得拍照、摄像和拨打手机。

（4）罐区检修作业，应提前制定检修方案，办理各项施工作业许可证，检修使用的工具、用具为防爆型。罐区用火，必须办理相关用火手续。

（5）储罐盛装液化气时不得超过规定的最高液位、最高工作压力；夏季温度超过安全值时应及时采取降温措施。

（6）储罐的安全阀、压力表、温度计等安全附件应定期检验校准，安全阀的根部阀门必须保持全开状态。

（7）罐区防雷、防静电接地保护装置应安全可靠，定期检测，并应符合GB 50057《建筑物防雷设计规范》和GB 12158《防止静电事故通用导则》的要求。

（8）罐区配备足够的消防灭火器材，定期检查、更换。

（9）罐区可燃气体报警器应定期校验，储罐的连锁自动控制报警装置必须灵敏可靠。

（10）可燃气体及有毒气体报警器的安装高度按探测介质的比重、周围状况、设备的安装高度确定。

9.1.4.5 生产活动中的安全风险及消减措施

轻烃储备站安全生产活动中的安全风险及消减措施见表9－3。

表9－3 轻烃储备站生产活动中的安全风险及消减措施

主要设备	安全风险	主要生产活动	消减措施
储罐及罐区	火灾爆炸	1. 罐区用火； 2. 罐内检修； 3. 维护保养操作； 4. 电气设施运行及检修	1. 现场用火，按要求办理用火作业许可手续； 2. 按规定加强轻烃产品的管理； 3. 按规定控制着火源； 4. 严格按照规程操作，正确切换流程； 5. 正确穿戴使用劳动保护用品和工具用具； 6. 上罐作业前消除人体静电，严禁穿铁钉鞋上罐； 7. 定期检查检测电气防护设施，罐区内电气设施满足防爆等级要求； 8. 保持罐区消防设施完好； 9. 现场检修有专人监护

续表

主要设备	安全风险	主要生产活动	消减措施
储罐及罐区	产品存储超限	1. 进液操作； 2. 倒罐操作； 3. 切换流程操作	1. 严格按标准化规程操作； 2. 严密监控液位，及时倒罐； 3. 按规定检查维护液位计
	高处坠落	1. 巡回检查； 2. 罐顶设施检维修	1. 六级以上大风及雨雪天气严禁上罐； 2. 攀登罐扶好扶梯，作业时系好安全带； 3. 定期维修储罐护栏、扶梯； 4. 易滑处悬挂安全警示标志
	中毒窒息	罐内检修作业	1. 检修前对储罐内部进行置换、吹扫、通风； 2. 对有害气体分析检测； 3. 作业时正确使用防护用品，佩戴正压空气呼吸器
	机械伤害	1. 切换流程； 2. 巡回检查； 3. 设施设备维修作业	1. 正确穿戴使用劳动防护用品； 2. 严格按照操作规程操作； 3. 正确使用工具、用具
轻烃泵及现场	轻烃泄漏	1. 轻烃泵启、停操作； 2. 轻烃泵检修	1. 严格按照规程操作； 2. 按照要求巡检，及时发现并处理异常； 3. 定期检查设备运行监控系统并保持正常； 4. 定期校准可燃气体报警仪
	火灾爆炸	1. 轻烃泵启、停操作； 2. 运行检查； 3. 设备设施检维修； 4. 现场用火作业	1. 正确穿戴使用劳动防护用品；作业前消除人体静电； 2. 严格按照规程操作； 3. 按照要求巡检，及时发现并处理异常； 4. 正确使用防爆型工具、电器； 5. 禁带火种，控制与消除火源； 6. 保持电气线路良好； 7. 定期检查校准可燃气体报警仪； 8. 现场用火，按要求办理用火作业许可手续
	超压爆炸	1. 轻烃泵启动操作； 2. 运行检查	1. 严格按照规程操作； 2. 按照要求巡检，及时发现并处理异常
	机械伤害	1. 轻烃泵启、停操作； 2. 运行检查； 3. 轻烃设备检修	1. 正确穿戴劳动防护用品； 2. 严格按照规程操作； 3. 定期检查并确认旋转部位防护罩完好； 4. 正确使用工具、用具。
	触电	1. 轻烃泵启、停操作； 2. 轻烃泵检修	1. 正确穿戴使用劳动防护用品； 2. 严格按照规程操作； 3. 定期检查并确认电机接地和电缆绝缘层完好； 4. 现场有人监护

续表

主要设备	安全风险	主要生产活动	消减措施
灌装台	轻烃泄漏	轻烃充装	1. 严格按照规程操作； 2. 按照要求巡检，及时发现并处理异常； 3. 定期检查、校验仪表，确保正常好用； 4. 定期校准可燃气体报警仪； 5. 定期检查自动联锁报警、紧急切断装置； 6. 定期检查装车鹤管及接头； 7. 充装时监护人员现场监护
	火灾爆炸	轻烃充装	1. 正确穿戴使用劳动防护用品； 2. 严格按照规程操作； 3. 监护人员现场监护，充装人员持有效证件作业； 4. 正确使用防爆型工具、电器； 5. 禁带火种，控制与消除火源； 6. 定期检查、检验安全附件与紧急切断装置； 7. 定期检查、校验仪表； 8. 按规定查验危险化学品运输证件及运罐车； 9. 充装台静电接地设施可靠； 10. 气温过高时或雷雨天气停止充装； 11. 控制灌装速度，缓慢充装； 12. 定时检查罐体温度，充装完毕后静停3～5min； 13. 释放操作人员人体静电； 14. 车辆进站前正确佩戴防火罩
	超压爆炸	轻烃充装	1. 严格按照规程操作； 2. 按规定查验危险化学品运输证件及运罐车； 3. 定期检查、检验安全附件；紧急切断装置，确保灵敏好用； 4. 监护人员现场监护，充装人员持有效证件作业； 5. 气温过高时，禁止灌装
消防泵房	触电危害	1. 用电控制柜及电气线路的检查操作； 2. 消防泵送电操作； 3. 电机维护保养	1. 按标准化操作规程操作； 2. 按规定正确穿戴使用绝缘护具； 3. 正确使用工具、用具； 4. 电气设备接地保护措施可靠； 5. 现场有专人监护； 6. 现场悬挂安全警示标识
	噪声伤害	机泵日常巡检、维护	1. 定期检查设备运行状况，保持正常完好； 2. 正确佩戴使用噪声防护设施
	机械伤害	1. 机泵日常巡检； 2. 更换泵盘根作业； 3. 电机轴承加润滑脂作业； 4. 机泵例行保养作业	1. 正确穿戴使用劳动保护用品； 2. 严格按照操作规程操作； 3. 正确使用工具、用具； 4. 机泵旋转部位防护罩可靠

续表

主要设备	安全风险	主要生产活动	消减措施
消防水罐	抽瘪胀裂	水罐进、出水操作	严格按照规程操作
	高处坠落	1. 水罐液位计维护； 2. 检修呼吸阀； 3. 水罐维护保养作业	1. 严格按照操作规程操作； 2. 严禁六级以上大风及雨雪天气上罐作业； 3. 攀登罐扶好扶梯，作业时系好安全带； 4. 定期维修水罐护栏、扶梯； 5. 防滑处悬挂安全警示标识

9.2 石油、天然气长输管道安全管理

石油、天然气长输管道，是指管道使用单位用于输送商品介质(油、气等)，并跨越辖区地区，且直径大于250mm，中间设有加压泵站的长距离的管道(一般大于50km)。长输管道是一种重要的运输载体，是油、气输送的主要方式，是国民经济的五大运输方式之一。

长输管道由于其输送距离较长，又往往需要穿越城乡等人员密集场所，一旦长输管道出现事故，无论是经济损失，还是社会影响，都是巨大的。因此，研究与分析长输管道的安全生产特点，制订各项有效的安全规章制度与措施，加强集输生产中的安全管理，防止管道运行中各类事故的发生，实现安全、经济地外输石油、天然气，是油田集输生产的重要任务。

9.2.1 管道的特点与分类

9.2.1.1 长输管道的特点

油田生产中用于原油的外输方式，主要有四种：汽车运输、火车运输、船舶运输和管道输送。这四种运输方式以管道输送最为安全、适用、经济。油气长输管道从安全、经济、方便等方面综合考虑，有以下六个方面的特点：即生产连续运行、运输距离长、工作压力高；外输能力大，便于管理；密闭输送，无噪声，无污染，隐蔽性好且受地理环境影响的因素少；能耗少，运费低，运行周期长；输送安全、方便等。

9.2.1.2 管道的分类

管道按输送的介质和管道的操作特点不同，管道可分为：常温输油管道、加热输油管道、顺序输送管道和天然气输气管道。

(1) 常温输油管道

常温输油管道是一种在管道敷设的沿线不加设任何加热装置，油品温度在近似于管道的环境温度下输送的管道。这种输送方式只适用于成品油、轻质油和低黏度、低凝固点的原油，有一定的局限性。

(2) 加热输油管道

加热输油管道是一种在管道敷设的沿线，建立安装许多加热站(加热炉)，对管道内的原油进行加热升温，促使管道内油品的最低温度始终保持在规定的范围内输送的管道。加热输油方式，不仅可以降低油品的黏度，改变油品的流动性，降低输送能耗，而且还能够在密闭输送的情况下，避免油品与火焰的接触，减少或降低生产中的火灾危险性，保证管道安全运行。加热输油管道适用于输送高黏度、高凝固点的油品。

(3) 顺序输送管道

顺序输送管道是一种把多种不同性质的油品，利用同一管道，进行分批、渐序地输送的管道。顺序输送可以充分利用管道和设备的输送能力，减少管道投资和外输成本。顺序输送管道适用于年输送能力少，外输油品种类多的企业。但是，在顺序输送过程中，存在着混油和经常需要切换流程的问题，需要企业慎重操作。

(4) 天然气输送管道

油田常用的天然气管道是伴生气集输管道和气层气集输管道。其中从油气分离器至净化、脱水站的伴生气集输管道和气井井口至净化、脱水、脱轻质油前的管道均为湿气集输管道，经净化、脱水、脱轻质油以后的输送或输配气管道为干气输气管道。天然气输气管道，是一种把集气站收集到的油田气层气、伴生气，进行净化、脱水及经过深冷、分离等初加工处理后，利用压缩机加压以后输送给用户的管道。天然气输气管道适用于经过气相、液相和固相分离后的干气输送。这样，可减少气体中液相、固相对管道的冲蚀、腐蚀和磨损，有利于管道安全运行。

9.2.1.3 管道安全设计考虑的因素

长输管道由于受温度、压力、介质性质的影响，运行中火灾、爆炸的危险性比较大，因此，管道在设计过程中必须考虑以下几个方面的因素。

(1) 确定外输能力

外输能力的设定，应根据原油、天然气外输量及已掌握的其他相关条件、信息、资料等，合理选配管径，使管道投产以后能够具有最大安全、经济、合理的外输能力。

(2) 输送工艺

必须在保证能够安全运行的原则下，确定外输能力、输送工艺、输送方式，确定输送压力、温度等参数以及加压、加热站(加热炉)的布置与设备的选用。

(3) 敷设方式

原油、天然气长输管道一般采用埋地弹性敷设，以改善管道的受力状态。所谓弹性敷设，就是在管道的设计、安装和敷设过程中，预先充分考虑到管道的热胀冷缩和悬空地段的自然下降问题，留有一定的伸缩余量。

9.2.2 管道安全保护

根据《石油天然气管道保护条例》(中华人民共和国国务院第313号令)，以及国家有关安全技术标准的要求，长输管道的安全保护主要有以下几个方面：自然地貌保护；穿越、跨越管段保护；阴极保护；管道与设备的自动控制保护。

管道安全保护，一般应根据管路走向、沿线地形、地质概况、穿跨越工程、有关敷设工程以及管道工艺方案等内容综合考虑。管道沿线应设计永久性地面标志桩(包括：测量桩、变坡桩、拐弯桩等)，并注明桩号、坐标、里程、转角度；盐碱地带或水洼、河流等区域应对管道做加强式防腐处理；管道穿越、跨越地段应加装套管和吊索；管道全线还应设计阴极保护设施。

9.2.2.1 自然地貌保护

(1) 安全距离

为了确保长输管道的安全运行，管道两侧应有一定距离的安全保护区域，一般不少于5~10m。在保护区域内不准建立和构筑任何生活设施，更不得有居民居住。管道沿途两侧不准挖土、堆物、种植深根植物。穿越河流的上下游保护区各不少于100m。

（2）管道标识

对于管道沿线经过的居民点、公路、铁路、河流穿越和改变管道走向的位置，为防止意外遭到毁损，应设立明显的管道标识。

9.2.2.2 穿越、跨越管段保护

在长输管道工程设计中，当需要跨越铁路、公路、河流和山谷等障碍物时，常采用跨越结构敷设管道。跨越结构是一种应用较广的特种结构，在设计上自成体系，极具其特殊性。目前常采用的结构形式有：梁式跨越、桁架式跨越、单管拱、组合拱跨越、悬索、斜拉索及其组合式跨越等。其中悬索、斜拉索两种结构形式是近年得到较快发展的新技术。

管道的穿越、跨越部分是管道安全管理比较薄弱的环节，必须加强保护，尤其是比较宽阔的河流段管道，应经常注意检查吊索的紧固度、吊索的腐蚀情况、弓型管道的对地垂直度、管道两端固定支墩的稳固性及管道的防腐情况等。

（1）热油管道穿越、跨越管段

带有防腐保温层的热油管道的穿越、跨越管段，管道上应禁止行人行走，以避免损坏保温材料和防腐涂层而影响管道的使用寿命。

（2）河底穿越管段

穿越河底的管道，应进行加强绝缘防腐处理，以增加管道的抗腐蚀能力。如果河水流速快，河床冲刷严重，应在管道外侧加设套管，并采用水泥现浇方式对管道进行保护，增加管道的稳定性，防止管道在水流作用下而漂浮悬空。

（3）悬索或拱型跨越管段

为保证整个管道悬索或拱型结构的稳定，应根据 GB 50011《建筑抗震设计规范》、GB 50007《地基基础设计规范》、GB 50017《钢结构设计规范》、GB 50010《混凝土结构设计》等规范要求设计。设计时应特别注意风荷载及雪荷载对管道、悬索或拱型的影响。另外，由于潮气、雨水及污染物的侵蚀而直接危及管架结构寿命，因此，应采用质量高，不易脱落、附着力强，耐水性好的防腐材料予以防腐处理。

9.2.2.3 阴极保护

敷设于地下的金属碳钢管道，如果不采取合理有效的防腐措施，管道在运行中，极有可能使管道遭到腐蚀而穿孔，造成原油的泄漏，同时也降低了管道的使用寿命。为了避免管道遭到土壤、空气的严重腐蚀，必须对管道施以保护。通常管壁保护除了防腐层保护以外，最为有效的方法是设置管道阴极保护设施。

阴极保护是防止管道发生腐蚀或降低腐蚀速度的一项重要措施，它可以有效地延长管道使用寿命。但是，如果使用不当，管道同样会遭到腐蚀。阴极保护效果的好坏，主要取决于三个主要因素：防腐绝缘层的质量；土壤腐蚀特性；阴极保护参数。

1. 防腐绝缘层的质量要求

管道外壁防腐绝缘层是实现阴极保护的关键因素。防腐绝缘层与金属管道的外壁必须要有良好的黏结性，要求电绝缘性能好，防水、耐热，化学稳定性高，具有较高的机械强度和韧性，在规定的温度范围内既不流淌又不脆裂。

2. 土壤腐蚀特性

土壤的腐蚀特性与土壤中的含水、含盐量(可溶性)有关，与土壤颗粒的大小、孔隙率也有关。土壤电阻率能够比较综合地反映出土壤的腐蚀性。土壤电阻率的大小决定了电流通过土壤的难易程度。电阻率越小，电流越易通过，则金属管道越易遭到腐蚀。通常情况下，

土壤温度增加，电阻率就下降，土壤中水溶性盐量增加，电阻率也会下降。因而，在土壤电阻率较低的地段，管道最容易遭到腐蚀破坏。所以，对该地区的管道，应选用加强型绝缘的防腐层。

3. 阴极保护参数

衡量阴极保护的基本参数有最小保护电位、最大保护电位和最小保护电流密度三个参数。

（1）最小保护电位

金属管道通电后能够达到完全保护的最低电位称为管道在土壤中的最小保护电位。最小保护电位应比管道对地自然电位（通电保护前，管道本身的对地电位）低0.20～0.30V。

（2）最大保护电位

是指当管道通入外加电流后，其负电位提高到一定程度，管道表面析出氢气时的电位。析出氢气是土壤溶液中氢离子在管道表面还原的结果。当管道通入直流电，其电位提高到一定数值后，由于土壤中氢离子在管道表面（腐蚀电池的阴极）的还原，会在管道表面析出氢气，电位越高，产生的氢气越多。氢气的析出会降低甚至破坏防腐层与管道表面的黏结力，使绝缘层老化，甚至会使管道发生氢脆现象，因此，应严格控制最大保护电位值。

（3）最小电流保护密度

是指管道金属受到保护所需要的最小电流密度，它取决于防腐层电阻和土壤电阻率。防腐层电阻越大，土壤电阻率也越大，需要的最小保护电流密度越低。

9.2.2.4 清管维护

在施工过程中，管道内往往会进入污水、淤泥、石块、焊渣等，甚至有时会将施工工具、焊条、等大宗物品遗留在管道内，如不能够及时清除，运行中很有可能造成管道的堵塞，甚至引起超压事故，因此，新建管道投产前必须要经过清管处理。另外，对于在运行的天然气管道，由于天然气中含的水分、凝析油、固体粉尘及硫化物等，会在管道内的低洼处慢慢积聚，这些成分在管道内不仅会加剧对管道氧化腐蚀的速度，而且还会促使管道内壁的粗糙度增大，减少管径截面积，增大输气阻力，减少输气量。所以，无论是投产前还是投产后，都需要定时对管道进行清管处理。目前国内常用于输气管道清管用的器具主要有橡胶清管球和皮碗清管器。

清管作业是一项非常严细的工作，必须严格按照安全操作规程与要求进行，并应根据管道各个阶段的不同特点，分别采取相应安全措施。清管作业的安全措施归纳起来主要有以下几个方面。

1. 制定清管方案

内容包括清管操作步骤、安全注意事项、可能发生事故的原因及应急预案。清管时应根据管道技术条件要求计算出通球参数：清管球或清管器的运行速度、站间清管需要的时间，清管所需要的压力等。

2. 清管作业安全事项

（1）在打开收、发球筒的快速盲板前，必须先关闭与之相连接的所有阀门放空或泄压，待球筒内压力降到零位后，才能打开收、发球筒的快速盲板。

（2）清管球装入球筒后必须及时安装好防松楔快，球筒加压以前应检查防松楔快及螺栓的紧固度。

（3）加压及打开盲板时，操作人员应避开收、发球筒的正前方和快速盲板的开启范围。

（4）通球作业和开启阀门的操作要缓慢，进气量保持稳定，球速不应太快，特别是当通球与置换同时进行时更应注意通球的速度，一般球速保持在3～5m/s。

（5）收取清管球或清管器时，应先关闭进球筒阀门，打开放空阀门与排污阀门，确认收球筒无压时再打开快速盲板。

9.2.2.5 输油管道的水击保护

在密闭的输油管道上，当油品突然停止流动时，会将液体流动的动能迅即地转化为压能。例如故障下阀门的突然关闭，会在该处引起压力的急剧升高，这种动能与压能急剧转换的现象称之为“水击”。发生水击时，如果未及时采取措施，水击压力值会随时间的延续而继续升高，从而引起管道全线超压，造成局部管道、设备损坏或超压爆炸事故。因此，在管道设计中必须充分考虑“水击”对管道的影响，采取相应的防御措施。常用的预防输油管道遭受水击措施有：

1. 管道泄压装置

（1）在沿线原油进站库管道上安装活塞式或胶囊式安全阀，当进站压力超过预定值时，安全阀会自动开启向事故油罐泄压。

（2）设计安装气动薄膜调节阀，当因突然停电等因素引起水击时，调节阀可迅速开启，使管道及时向事故油罐泄压。

2. 拦截压力波

即下游站由于事故突然停输或关闭时，立即用通讯的方式通知上游站，使其在水击压力波传到之前采取措施降低出站压力。例如关闭阀门、调节流量或停止部分输油泵等，使管道内产生一个负压力波以拦截下游传来的正压力波，避免管道超压。

3. 高点保护

在管道设计时，应保证管道沿途各处，包括高点处的动水压力均高于一定数值。根据有关资料介绍，原油管道的动水压力应高于0.098MPa，以防止管道形成液柱分离。

9.2.3 管道安全管理

随着我国国民经济的飞速发展，全社会的能源特别是作为重要能源和化工原料的油气资源的消耗迅速增加。管道运输由于其可靠性高、运输成本较低、输送量大、可以连续运输的优点，已经成为油气资源的主要输送手段，在国民经济发展和国防工业中发挥着越来越重要的作用，越来越受到全社会的重视。但随着油气管道的增多和管道服役时间的增长，管道的安全问题成为一个不容忽视的问题。管道一旦泄漏，轻则污染土地、环境，重则引起爆炸，给人民的生命财产安全带来很大威胁。

石油、天然气长输管道是油田乃至国家重要的能源运输动脉。在长输管道的设计、建设、使用、管理过程中，任一环节疏忽或大意，都有可能给管道的安全运行留有重大的事故隐患，轻者造成泄漏，重者会导致管道爆管，引发火灾爆炸事故，造成严重的设备损坏和人员伤亡事故。因此，掌握长输管道的安全特点，研究、分析管道运行中易发生的事故原因，从中找出解决和消除隐患的方法和对策，是油田集输企业安全工作的一项重要任务。

9.2.3.1 管道运行中存在的问题

1. 原油凝管事故

原油管道如因输油泵、热动力设备故障而停运，极易造成管道凝管事故(寒冷的冬季)。

凝管后，它不仅会造成管道的全线停输，而且还会影响整个油田、炼制企业的正常生产。原油长输管道发生凝管事故的原因有以下几个方面：

（1）管道设计偏大，投产以后原油外输量得不到保障，管道无油可输，而且系统中又无反输能力，因而造成了原油凝管事故。

（2）因修补、改造或采用间歇输送工艺等原因，致使管道停输时间过长，造成原油凝管。

（3）输油泵、加热炉因停电或其他故障无法运行，管道内的原油在无动能、无热能情况下凝管。

（4）原油输送过程中，保温效果差、输油温度低、热能损失大造成原油凝管。

（5）因管道外输量达不到负荷要求，在选用正输、反输工艺过程中，采取的措施不正确。

（6）长期没有进行清管的管道，在清管过程中由于受介质的压力、温度、流量及泥沙的影响，造成了管道凝管事故。

2. 管道因施工质量引起的事故

（1）腐蚀穿孔。管道在建设施工过程中，由于受机械损伤和施工质量等因素的影响，防腐层很容易遭到破坏，从而降低了管道的绝缘强度，土壤中的水分、盐、碱、有害化学成分及地下杂散电流，极易使管道遭到电化学腐蚀而穿孔。

（2）焊接质量及母材缺陷。焊接质量及母材的先天性缺陷对管道安全运行影响也很大，运行中有可能导致管道爆管事故。

（3）热变形。热变形也会使管道的强度遭到破坏。埋地输送的热油管道投产以后，由于管道操作温度与施工温度存在温差，管道沿其轴向会产生热膨胀变形。对于管道覆土比较深，埋地条件比较好的管段，由于土壤对管道产生的静摩擦力和管道固定墩的作用，基本上可以消除管道热变形。而对于埋设条件不良或地势低洼的水饱和地段，由于土壤松软，对管道的约束力较小，管道弯头处在两侧管道热应力作用下，会促使弯头产生热变形。操作温度越高，管道变形量越大。弯头热变形会导致弯头破裂，造成严重的油、气泄漏事故。

3. 违反操作规程引发的事故

长输管道是一个密闭输送的工艺系统。密闭、高压是原油长输管道的一大特点，运行中稍有不慎，便会造成大罐抽空、油罐冒顶跑油，甚至导致管道严重超压而发生爆管事故。因此，油田各集输企业必须严格按照操作规程办事，岗位操作人员应做到令行禁止，决不允许任何单位或个人只凭主观意愿擅自改变管道的运行参数，以保证管道的安全运行。

4. 自然灾害引起的事故

自然灾害如地震、洪水、泥石流等因素都可能对管道的安全运行造成危害。因此，在管道的设计、安装阶段，必须充分考虑建成后的管道能够保证具有一定的抗自然灾害的能力。

9.2.3.2 新建长输管道的投运

管道建成后，要经过吹扫、试压合格和设备、流程全线试运、启动的过程，才能转入正常运行，以促使管道在设计、施工过程中存在的缺陷与不合理的地方在投运过程中能够充分显现出来。另外，新建管道的投产，还与供需能力、电力、热力的供应等各方面密切相关。因此，在管道投运前，必须充分做好各项准备工作，确保投产一次成功。投运过程中应注意：

（1）泵站设备必须做单机试运，泵机组或压缩机组经72h连续试运正常。热力设备燃料供应正常，消防水量充足，热应力变化均匀，加热设备燃烧稳定，温度、压力控制系统的调节与保护措施安全可靠。

（2）站内联合试运。在管道、单机设备试运合格后，进行各站内的联合试运。内容包括工艺系统、冷却系统、电力系统、仪表系统、自动控制系统、连锁保护装置系统和通信系统等。

（3）全线联合试运。全线联合试运是包括各站在内的整个系统的试运。一般包括干线吹扫和站间管道整体试运两部分。如果是输送热油的管道，特殊情况下，在投油前还应对管道进行输送热水预热。热油管道预热必须做好以下准备工作：

① 首、末站准备足够容量的储油罐，用来专门接收或储存热水。储罐总容量，一般相当于1.5~2个站间管段的总水量；

② 沿线管道全部下沟回填，固定工作全部结束，符合要求，避免预热时热量的流失或管道产生过大的热变形；

③ 热水预热。热水预热方式有两种，可根据情况选取。一种是短距离管道，可采用单向预热，另一种是长距离管道，可采用正输、反输交替的方式预热。使用沥青防腐的管道，热水最高出站温度不得超过70℃。热水的排量应根据供水和加热炉的允许热负荷而定。在可能的情况下，应尽量加大供热负荷，缩短预热时间。

9.2.3.3 管道泄漏抢修

管道、设备及其保护设施的定期检修和自动保护系统的完好，是保证管道安全、平稳运行的关键。就管道、设备定期检修而言，它不仅可以保证其可靠运行，而且还可以消除或避免管道、设备在运行过程中事故和潜在隐患的突然发生。管道事故主要有管道穿孔、断裂、冻堵、结蜡、凝管及跑油、火灾等类型。

由于管道具有易燃易爆、输送压力高、站多线长、连续运行的特点，一旦发生事故，势必会引起全线停产。因此，各集输企业最好组织、建立一支具有一定专业技术水平的抢修队伍，配备必要的抢修设备、机具与器材，以利于管道穿孔、泄漏事故后的及时处理。对于管道穿孔、泄漏事故的处理，可根据事故的具体情况，采取不同的措施和方法。

1. 管道穿孔处理

如果管道泄漏事故属于穿孔类型，应根据穿孔情况选择合适的抢修方案。管道穿孔事故，一般有腐蚀性穿孔、焊接缺陷造成的穿孔、管道轻微裂纹造成的穿孔等。这类事故的特点是介质泄漏量小，不易被发现，对安全生产也不会造成大的影响。事故处理也比较简单，常用的处理方法有：

（1）夹具堵漏。夹具是最常用的处理低压泄漏的专用工具，俗称“卡子”“卡具”。夹具的构成由钢管夹、密封垫（如铅板、石棉橡胶板）和紧固螺栓等组成，如图9-8所示。常用的堵漏夹具是对开两半式的，使用时，先将夹具扣在穿孔处附近，然后穿上螺栓，螺栓的紧度以用力能使卡子左右移动为宜，然后将卡子慢慢移动至穿孔部位，上紧螺栓禁固。

（2）楔子堵漏法。楔子堵漏一般适用于系统压力不高（压力<0.5MPa），穿孔面积不大而且泄漏点几何形状比较圆滑情况下的管道封堵。

封堵时可根据泄漏点的形状和大小，选择合适的材料削成楔子，一般长60~100mm。

然后用锤子将楔子钉入穿孔处，并将楔子多余的外露部分处理掉。最后在穿孔处的周围用夹具进行加固或焊接。制作楔子的材料可根据穿孔具体情况选择，可为木制楔子，也可选择具有很好的可焊接性的金属楔子。

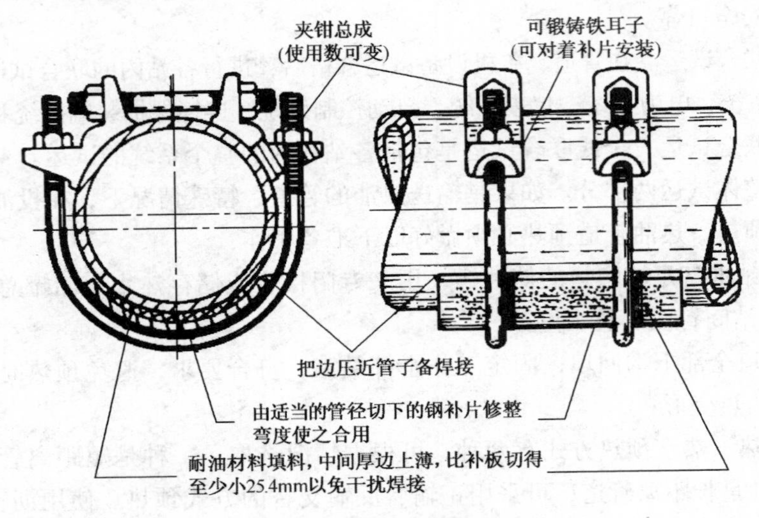

图 9－8　夹具堵漏施焊修补法示意

2. 管道破裂处理

管道破裂主要是因管道强度、韧性、焊接不良等因素的影响或管道受到严重破坏时出现的。管道破裂的特点，一般是泄漏量较大，封堵比较困难，现场不易施焊。根据管道的破裂情况可采用不同的封堵方案。

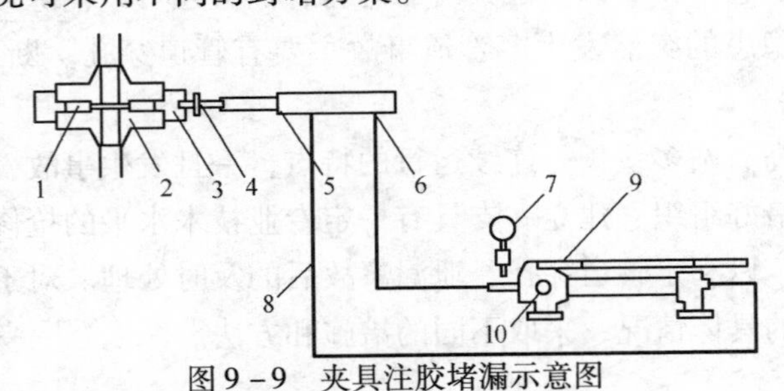

图 9－9　夹具注胶堵漏示意图

1—密封注剂；2—法兰；3—夹具；4—注射阀；5—注剂枪；6—快装接头；7—压力表；8—高压油管；9—手动液压泵；10—泄压阀

（1）夹具注胶堵漏。夹具注胶堵漏法，是目前国内外比较实用的堵漏方法，可以广泛用于管道、法兰、阀门、直管、弯头、三通等部位停产或不停产情况下的泄漏封堵。这种堵漏方法，实际上是将机械夹具和密封技术相互结合的运用。它的特点是在泄漏部位要事先套装和形成一付护胶夹具，再连通注胶枪（如图 9－9 所示），将专用密封剂强力注压进夹具内，充满夹具内腔，形成新的密封填层，达到止漏要求。

（2）管道封堵器封堵。对于管道泄漏比较严重，或需要更换管段、阀门等流程的封堵，可使用管道封堵器进行封堵。

管道封堵器的封堵，是在正常生产的情况下进行封堵作业的一种封堵方法。这种方法的特点是需要提前敷设一条临时复线，操作过程比较复杂，但是，能够可靠保证整个施工抢修过程的安全，非常值得推广。封堵器结构示意图如图 9－10 所示，不停输管道封堵器封堵如图 9－11 所示。

（3）停输封堵隔离。封堵隔离法就是在管道停输后，首先用扫线的方法将该管道的原油全部排除，然后用机械割管机切除需要更换的管段，再将敞口管道两端的原油、结腊层清除干净，并在敞口管道两端如图 9－12、图 9－13 所示，分别堆砌成封堵隔离墙。

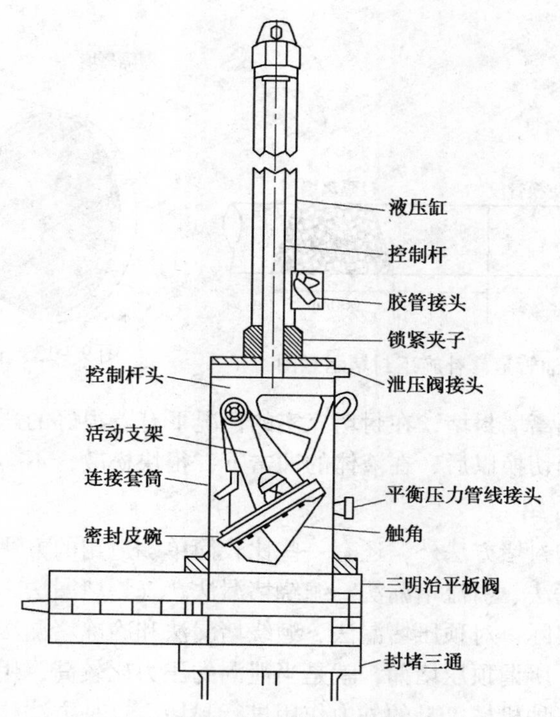

图 9－10 封堵器结构示意图

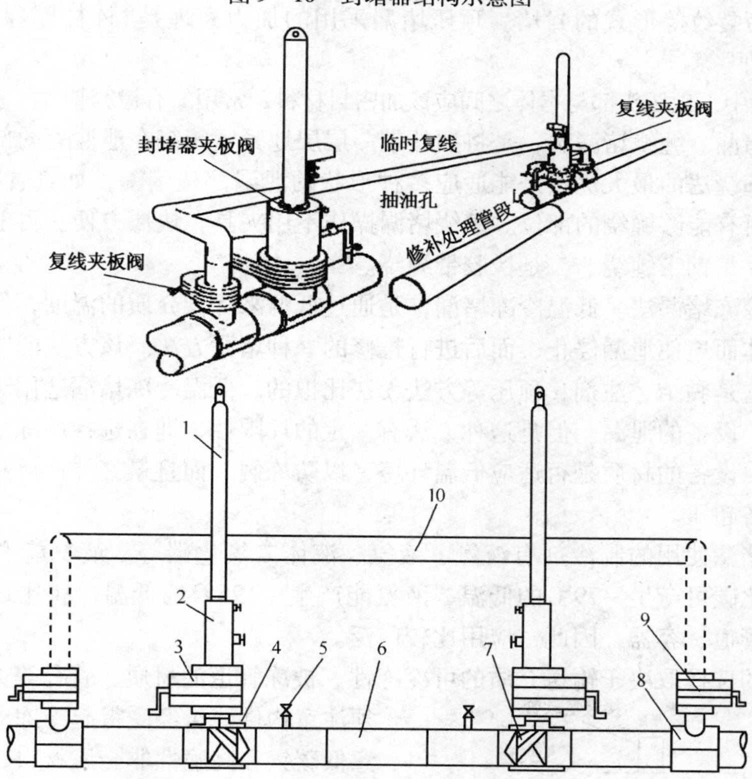

图 9－11 不停输管道封堵器封堵示意图

1—封堵器；2—封堵结合器；3—夹板阀；4—封堵三通；5—压力平衡阀；6—维修改造管段；7—封堵头；8—旁通三通；9—旁通夹板阀；10—旁通管道

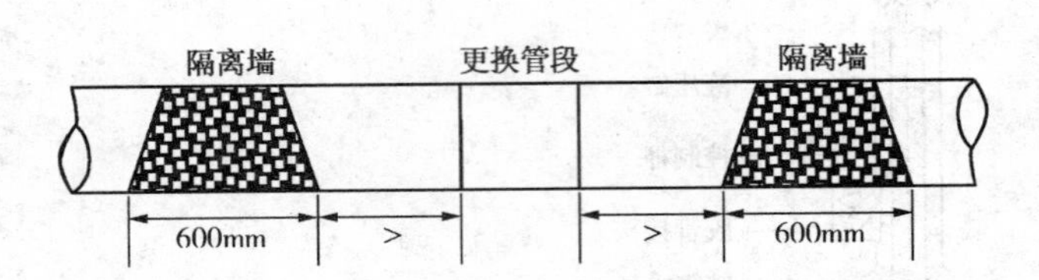

图 9－12　*DN*500 输油管道修补施工封堵示意图

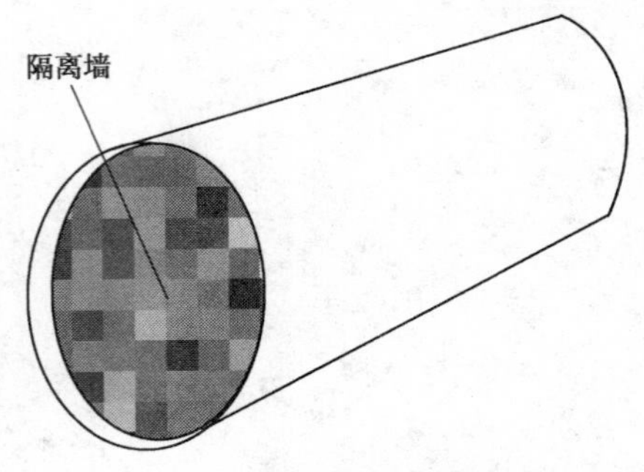

图 9－13　管道隔离墙封堵剖示图

实践证明，采用隔离墙封堵，在封堵充实的情况下有着很好的严密性，施工动火安全可靠，而且封堵物在流程切换以后，在液体的冲击下，很快松散，不会影响正常输油生产。

3. 其他堵漏方法介绍

除了上述的堵漏和封堵方法外，还有一些比较简单、适用的方法，如顶压堵漏法、顶压焊接堵漏法、填塞堵漏法、引流堵漏法、缠绕堵漏法、气囊堵漏法、内压堵漏法、冷冻堵漏法等。下面根据生产实际，对顶压堵漏法、缠绕堵漏法和冷冻堵漏法作简单介绍。

（1）顶压堵漏法。所谓顶压堵漏，就是当泄漏的压力比较高，用手的力量已经控制不住泄漏时，就需要借助各种机械工具的外力作用进行封堵，这种方法称便称为顶压堵漏法。它适用于孔洞、短裂纹等形式的封堵。顶压堵漏采用的加力原理是“杠杆原理”“斜面螺旋原理”和“液压原理”等。

在顶压堵漏中，顶压头部与本体之间应该加密封材料，常用的有橡胶垫片、密封圈等材料。

（2）缠绕堵漏。缠绕堵漏法，是将捆扎带一层层地紧紧缠绕在泄漏点的部位，使其达到堵漏的目的。缠绕法的最大优点是能适应多种形状的泄漏部位堵漏，如直管、弯头、法兰、活节、三通等所有能够缠绕的部位。缠绕堵漏操作不用夹具，快捷方便。目前，缠绕堵漏法有两种方法，一是钢带缠绕，二是橡胶带缠绕。

（3）低温冷冻堵漏法。低温冷冻堵漏，是通过低温来降低介质的温度，使泄漏点的局部介质冻结成固体而迫使泄漏停止，而后进行抢修的一种堵漏方法。该方法能够快速堵漏，操作简便易行，这是黏结、注剂、顶压等方法无法比拟的。低温冷冻堵漏适用于生产、输送液体介质的管道、设备的泄漏。但是这种方法有一定的局限性，即在选择冷冻堵漏时一定要注意所封堵管道、设备的材质是否适应低温环境，以防冻裂，而且最好停产后封堵，这样不会引起管道或设备超压。

目前冷冻堵漏使用的制冷剂有液氮、液氨、液体二氧化碳等。液氨能产生－25℃的低温、液体二氧化碳可产生－79℃的低温、液氮能产生－196℃的低温，相比之下，液氮能冷冻直径更大的管道、容器，因此，应用比较广泛。

冷冻技术的选择取决于输送介质的可冷冻性、被冻管道的材质、管径等方面的因素，必须注意构件能否经受得起冷冻应力，特别要注意低碳钢和高脆性非金属材料，应防止冷冻后胀破部件以及冷冻对密封材料造成的不利影响。管道的封堵如图 9－14 所示，根据需要可采用夹套（两半圆形组合的圆柱筒）套在要封

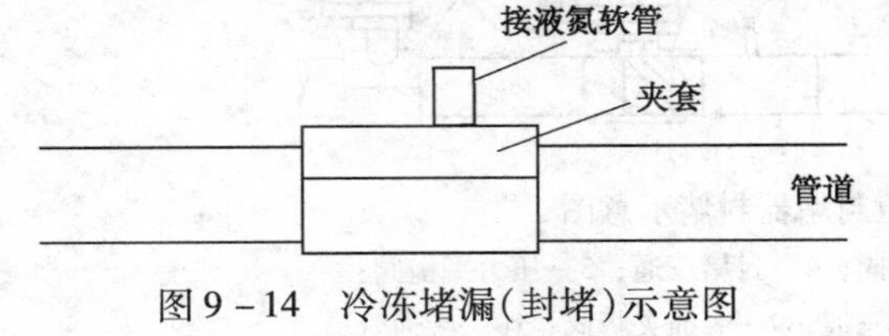

图 9－14　冷冻堵漏（封堵）示意图

堵的管道上，然后通入冷冻剂，逐渐将管内液体冻结形成栓塞而达到堵漏目的。

冷冻堵漏作业有着严格的科学技术要求，采用时应十分注意。如有的企业在处理液化气泄漏时，往泄漏处浇水，或用麻袋、棉被等物包裹喷水，想利用液化气气化吸热制冷原理来堵漏，结果是失败的。如1998年某煤气站液化气贮罐爆炸事故，就是选择了这种方法封堵，结果封堵无效，最终导致了液化气罐爆炸事故的发生。这种堵漏失败的原因，是因为冰是脆性的，在介质泄漏压力的作用下总有缝隙产生，根本封堵不住。正确的方法是立即对泄漏的物料作倒罐处理，降低泄漏贮罐压力，减少泄漏量。如是泄漏点处在储罐底部，应立即向罐内注水，封住向外泄漏的液化气，同时监控好周围一切火种。要想进行液化气冷冻封堵，只有选择一种凝固点比液化气（丙烷）凝固点还要低的冷冻剂才行，而丙烷凝固点达－100多℃，实际应用中是很难作到的。因此，在处理大量或大面积的液化气泄漏事故时，一定要根据现场实际情况，采取行之有效的封堵方法。

9.2.3.4 管道凝管事故处理

管道凝管事故，一般发生在原油管道的输送。高凝固点原油在管道输送过程中，有时因输油流速大幅度的降低、原油温度的突然下降，或停输时间过长等原因，都有可能造成原油凝管事故。凝管事故是原油长输管道事故中最为严重的事故，必须认真对待。原油凝管事故在不同阶段，可采取不同的措施。

（1）初始凝管状态的处理

管道出现凝管苗头，处于初始凝管状态时，可采取升温加压的方法顶挤。方法是启动所有泵站的加压设备和加热设备，在管道技术条件允许的最高压力和温度下，用升温加压后的热油顶挤和置换凝结的冷油。当在最高允许压力顶挤下管道流量仍继续下降，则在继续提高管道内油温的前提下，于管道的下游若干位置开孔泄流，以利于凝管事故的排除。

（2）凝结阶段的处理

如果管道在开孔泄流后，管道内的外输量仍继续下降，管道将进入凝结阶段。对于这种情况，可采用在沿线管道上开孔，分段强制挤压的方法排除管道内凝油。分段挤压时，应在开孔处选择安装加压泵、压风机或压井用的泥浆车。强制挤压的流体介质可采用低凝固点的油品或其他介质，如轻柴油、水或空气等。

9.2.3.5 管道火灾爆炸事故预防

原油管道同石油生产设备一样，是石油生产装置中不可缺少的组成部分。管道一旦发生破裂爆炸事故，容易沿着管道系统扩展蔓延，使事故迅速扩大。研究管道火灾爆炸事故的类型，预防和控制管道火灾爆炸事故发生，是实现油田安全生产的一项重要工作。

1. 管道系统火灾爆炸事故原因分析

（1）泄漏引起火灾爆炸

管道输送的是易燃易爆介质，管道破裂泄漏时极易导致火灾和爆炸事故。管道发生破裂泄漏的部位主要有：与设备连接的焊缝处；阀门密封垫片处；管段的变径和弯头处；管道阀门、法兰及其长期接触腐蚀性介质的管段等。管道泄漏的因素主要有三个方面：管道质量因素、管道工艺因素和外来因素破坏。

① 管道质量因素泄漏。如设计不合理，管道的结构、管件与阀门的连接形式不合理或螺纹制式不一致，未考虑管道受热膨胀问题；材料本身缺陷，管壁太薄、有砂眼，代替的材料不符合要求；加工不良，加工时，内外壁有刮伤；焊接质量低劣，焊接裂纹、错位、烧穿、未焊透、焊瘤和咬边等；阀门、法兰等处密封失效。

② 管道工艺因素泄漏。如管道中高速流动的介质冲击与磨损；反复应力的作用；腐蚀性介质的腐蚀；长期在高温下工作发生蠕变；低温下操作材料冷脆断裂；老化变质；高压物料窜入低压管道发生破裂等。

③ 外来因素破坏。如外来飞行物、与机器的振动、气流脉动引起振动地震，地基下沉；狂风等外力冲击；设备摇摆；施工造成破坏；操作失误，如错误操作阀门使可燃物料漏出；超温、超压、超速、超负荷运转；维护不周，不及时维修，超期和带病运转；管道人为“打孔盗油盗气”等。

(2) 管道内形成爆炸性混合物

① 在管道停输检修和投运时，未对管道进行置换，或采用非惰性气体置换，或置换不彻底，空气混入管道内，形成爆炸性混合物。

② 检修时在管道(特别是高压管道)上未堵盲板，致使空气与管道内可燃气体混合。

③ 负压管道吸入空气、系统操作有误，使管道中进入空气。

(3) 管道超压爆炸

长输管道的超压爆炸与管道加压设备运转、流程切倒等因素有关。如多台机泵运转，管道超负荷运行；流程切倒有误；管道内动能与压能急剧转换引起的水击，以及高压系统的物料倒流入低压管道，造成压力增加等。

(4) 管道内堵塞爆炸

管道发生堵塞，会使系统压力急剧增大，导致爆炸破裂事故。如加热设备故障，输送易凝液体或含水介质的管道，在低温环境条件下极易发生结冰“冻堵”，尤其是间歇使用的管道，流速减慢的变径处、可产生滞留部位和低位处。

由于管道与其他设备相连接，管道发生火灾，不但影响管道系统的正常运行，而且还会使整个生产系统发生连锁反应，事故迅速蔓延和扩大。特别是管道内介质有毒时，对人的生命威胁更大，在管道中传播的爆炸，一定条件下会发生由爆燃向爆轰转变，极易对生产设备、建筑物及周边环境造成严重破坏。

2. 管道火灾爆炸事故的预防

(1) 安全布置原则

① 输送火灾危险性为甲、乙类介质或有毒、腐蚀性介质的管道，不应穿过与其无关的建筑物、构筑物。

② 集中敷设于同一管架上的各种介质管道必须留有规定的间距。多层管架中的热料管道应布置在最上层，腐蚀性介质管道应布置在最下层。

③ 助燃与可燃介质管道之间，宜用不燃物料管道隔开或保持不低于250mm的间距。

(2) 选材、设计、加工、安装合理

① 根据输送介质的性质、温度、压力和流量等因素正确选择管材，不可随意选用代替材料或误用，不应使用存有缺陷的管材。为避免可燃液体管道在发生事故时液体漫流，可将管道敷设在不燃材料建造的地沟内，并保证良好的自然通风，以防止可燃蒸气积聚。高温物料管道应用不燃材料加以保温，以防止可燃物接触高温管道发生着火。

② 严格按照工艺设计要求设计，管道直径的设计值应尽量大些，弯曲和变径处应缓慢，尽量减少管道弯管和变径处，尤其是由水平向垂直过渡的弯管要少。管内壁应平滑，不应有折皱或凸起，不装设网格状的构件。

③ 管道的焊接质量符合要求，焊缝须作无损探伤检查。管道安装时的连接方式应合理，

遇有偏差，可用加偏垫或多层垫等方法消除断面偏差、空隙、错口或不同心等安装误差，以确保管道本体的应力符合设计要求。

（3）防腐措施

① 根据输送物料的腐蚀性选择耐腐蚀材料。

② 采取合理的防腐措施，如涂层防腐、衬里防腐、电化学防腐、使用缓蚀剂防腐等。

③ 定期检测管道的腐蚀情况，尤其是敷设于地下的管网系统，及时修复或更换腐蚀严重的部位。

（4）消除管道残余应力

① 设置管道减振装置。如安装管道滑动支撑、固定支架、弹簧吊架、止动器等措施，以约束管道在方向上的位移，削弱管口的应力和力矩，避免管道大幅度振动。

② 输送热油的管道，为了降低热应力因素的影响，可采用专用的热补偿器，以缓解热应力的热补偿，以及加设弯管，改变管道走向，增加管系总的可挠性或利用绝热保温等方法。

③ 针对不同外部载荷采取措施。如防止基础下沉，可采用改变管道设置位置或支撑方式或强化基础设计的方法；为预防外力冲击，可通过加强防护设施，增加管道可挠性设计、加护栏或套管以及加强施工监督等方法。

（5）严格安全操作

① 生产操作过程中，严格按照工艺要求控制物料的输送温度、压力、流速等工艺参数，输送速度不应高于工艺值。生产要害部位，如加热炉口、机泵等进出口处的管道工况条件比较差，易受交变载荷的影响，应特别注意。

② 冷却介质的输送管道要确保冷却介质的供应量，避免中断，必要时可安装双路水源和电源控制，以防止生产系统出现超温、超压现象。

③ 及时清除管道内的沉积物，并严禁采用非防爆工具或能产生火花的器具输通易燃的沉积物。

④ 在冰冻季节，应注意管道的防冻保护。如积水弯、压力表的弯管，排凝阀等处，发现问题要及时采取解冻措施。

⑤ 及时维护维修管道，严禁超负荷、超期和“带病”运转。

（6）加强防火安全管理

① 在用管道要按照《压力管道安全管理与监察规定》定期进行检验，检测管道的腐蚀、泄漏和受损情况，防止管道系统出现“跑、冒、滴、漏”现象。

② 停输检修和投运前应按规定进行管道的置换作业，检测合格后方可动火检修或投运。进行动火检修作业时，应严格执行动火作业的各项规章制度。

③ 严禁在管道周围堆放易燃易爆物品，需要散热的管道上严禁堆放各种杂物，管道的周围应杜绝各种火源。

（7）雷电、静电防护

管道导电性能应良好，并设置性能良好的防雷电、静电装置。地上或管沟敷设管道的始末端、支墩、支架处以及直线段，每100m应设置一处防雷电、静电接地装置，接地电阻不宜大于10Ω，接地点宜设在固定支墩、支架处。

（8）设置防火防爆安全装置

① 在容易发生超压爆炸的管道上需设置安全阀等防爆卸压装置。

② 在容易造成火焰传播的管道上需设置水封、沙封、阻火器。

③ 在高压和低压系统之间的接点处和容易发生倒流的管道上，需设置止回阀和切断阀。

第 10 章　海上作业安全管理

10.1　出海与环境条件管理

为加强海上平台、船舶、人员的安全管理，防止事故发生，根据《中华人民共和国安全生产法》《中华人民共和国海上交通安全法》和《安全生产许可证条例》，制订适用于海上航行、施工、作业的各类船舶、平台等设施的海上作业与气象条件管理规定。

10.1.1　船舶海上作业的基本条件

1. 人力资源条件

船舶管理公司根据作业区域，按照国际或国内的有关强制性规定和船舶安全环保的需要，为船舶聘用及配备合格、持证、健康的船员。船员岗位配置必须满足国家海事部门核准的《最低船员配备证书》和执行本次海上作业任务的要求，船员必须持有海事部门颁发的符合其岗位的证书上岗，船舶管理公司必须为船员提供雇主责任险和工伤保险。

2. 设备条件

出海船舶及其设备技术状况良好，满足海事部门和法定检验部门的现行要求，并取得检验证书或证明文件。对本航次作业任务中可能用到的设备、设施、器材等进行检查，消除一切可能的安全隐患，保证其处于良好工作状态。每次出航前必须对船上关键设备进行专门的试验或采取其他措施进行测试，确保其功能的可靠性。

3. 消防条件

船舶按有效的《防火控制图》配备的消防设备、设施、器材必须经船检部门检验合格且处于良好状态，必须符合交通部行业标准 JT/T 440—2001《船舶消防管理和检查技术要求》的规定，各种消防管理规章制度健全。

4. 安全管理条件

船舶符合海事部门安全检查标准，各种救生、助航设备处于良好状态，航海图书资料配备齐全，制定了完善的船舶航行计划及事故应急预案，《应变部署表》符合船舶实际情况，船舶 ISM 管理体系有效，安全管理制度健全，船舶管理公司为船舶投保了符合且有效的保险。

10.1.2　船舶出海作业的申报

船舶进出港或者在港内航行、停泊和作业均应到当地海事行政主管部门办理签证。办理签证时应如实填写《船舶进、出港签证报告单》和《船舶签证簿》，交验船舶证书和有关的文书、单证及船员证件。在港区内航行、作业、来往于港口与港口外作业点的船舶可向当地海事行政主管部门申请办理定期签证。船舶在港湾停泊时间不超过 72h 的，进出港签证可以在出港前同时办理，但装运危险货物的船舶除外。办理出港签证后 36h 内未能出港的船舶，应重新办理出港签证。

10.1.3 平台海上作业的基本条件

1. 人力资源条件

平台管理公司根据作业区域，按照国际或国内的有关规定和平台安全环保的需要，为平台聘用及配备合格、持证、健康的平台作业人员。平台作业人员的岗位配置必须满足海上作业任务的要求，必须严格执行《海洋石油安全管理细则》第四章“安全培训”的要求，按规定持证上岗，平台管理公司必须为平台作业人员提供雇主责任险和工伤保险。

2. 设备条件

平台上的各种设备必须符合《海洋石油安全管理细则》第21条的要求，平台及其设备技术状况良好，满足法定检验部门的现行要求，并取得检验证书或证明文件。定期对平台设备、设施、器材等进行检查，消除一切可能的安全隐患，保证其处于良好工作状态，并对平台上关键设备进行专门的试验或采取其他措施进行测试，确保其功能的可靠性。

3. 消防条件

平台按有效的《防火控制图》配备的消防设备、设施、器材必须经法定检验部门检验合格且处于良好状态，各种消防管理规章制度健全。

4. 安全管理条件

平台符合国家安全生产监督管理总局海洋石油作业安全办公室（海油安办）安全检查标准，各种救生、助航设备处于良好状态，制定了完善的事故应急预案，《应变部署表》符合平台实际情况，平台HSE管理体系有效，安全管理制度健全，平台管理公司为平台投保了符合且有效的保险。

10.1.4 平台的备案管理

平台（包括生产平台和作业平台）应按照《海洋石油安全管理细则》第二章“设施的备案管理”的要求，在规定的时间内，向海油安办有关分部备案。

10.1.5 海上主要环境影响因素

对海岸工程设施、港口码头设计、海上工程构筑物（各类平台等）及其配套设施、海底管线电缆及船舶的航行产生影响的主要环境影响因素有：浪、潮汐和潮流、热带气旋（台风）、寒潮、海冰、风暴潮等。

10.2 海上作业人员管理

《海洋石油安全管理细则》第88条规定：作业者和承包者的主要负责人和安全生产管理人员应当接受安全资格培训，经海油安办对其安全生产知识和管理能力考核合格，取得安全资格证书后，方可任职。

《海洋石油安全管理细则》第89条规定：作业者和承包者应当组织对海上石油作业人员进行安全生产培训。未经具有资质的安全培训机构培训合格的作业人员，不得上岗作业。作业者和承包者应当建立海上石油作业人员的培训档案，加强对出海作业人员（包括在境外培训的人员）的培训证书的审查。未取得培训合格证书的，一律不得出海作业。

10.2.1 人员的基本条件

从业人员应身体健康并经企业认可的医院按照有关标准进行体检，没有妨碍从事本岗位工作的疾病、生理缺陷。接触职业病危害因素的人员应有职业病防治部门出具的身体健康证明。经过安全和专业技术培训，具有从事本岗位工作所需的安全和专业技术知识。

10.2.2 持证要求

出海人员必须接受“海上石油作业安全救生”的专门培训，并取得具有资质的培训机构颁发的培训合格证书。

(1) 长期出海作业人员接受“海上石油作业安全救生”全部内容的培训，均应持有“海上求生”“海上平台消防”“救生艇筏操纵”“海上急救”和“直升机遇险水下逃生”五项安全培训证书，每5年进行一次再培训。

滩海陆岸石油设施上的长期出海作业人员接受“海上石油作业安全救生”内容的培训，均应持有“海上求生”“海上急救”“平台消防”三项安全培训证书，设施上配备救生艇筏的的人员还应持有“救生艇筏操纵”安全培训证书。每5年进行一次再培训。

滩涂油区作业人员接受“海上石油作业安全救生”内容的培训，均应持有“海上求生”“海上急救”“平台消防”三项安全培训证书。每5年进行一次再培训。

(2) 短期出海作业人员接受“海上石油作业安全救生”综合内容的培训，并取得培训机构出具的培训证明。每3年进行一次再培训。

(3) 临时出海人员接受“海上石油作业安全救生”电化教学的培训。每1年进行一次再培训。

(4) 没有直升机平台或者已明确不使用直升机倒班的海上设施人员，可以免除“直升机遇险水下逃生”内容的培训。

(5) 没有配备救生艇筏的海上设施作业人员，可以免除“救生艇筏操纵”的培训。

(6) 海上油气生产设施兼职消防队员应当接受“油气消防”的培训，并持有培训合格证书。每4年进行一次再培训。

(7) 从事钻井、完井、修井、测试作业的监督、经理、高级队长、领班，以及司钻、副司钻和井架工、安全监督等人员应当接受“井控技术”的培训，并取得具有资质的培训机构颁发的培训合格证书。每4年进行一次再培训。

(8) 稳性压载人员(含钻井平台、浮式生产储油装置的稳性压载、平台升降的技术人员)应当接受“稳性与压载技术”的培训，并取得具有资质的培训机构颁发的培训合格证书。每4年应当进行一次再培训。

(9) 在作业过程中已经出现或者可能出现硫化氢的场所从事钻井、完井、修井、测试、采油及储运作业的人员，应当进行“防硫化氢技术”的专门培训，并取得具有资质的培训机构颁发的培训合格证书。每4年进行一次再培训。

(10) 无线电技术操作人员应当按政府有关主管部门的要求进行培训，取得相应的资格证书。

(11) 属于特种作业人员范围的特种作业人员应当按照有关法律法规的要求进行专门培训，取得特种作业操作资格证书。

(12) 外方人员在国外合法注册和政府认可的培训机构取得的证书和证件，经中方作业者或者承包者确认后在中国继续有效。

（13）钻井、井下作业正副司钻应当接受“司钻安全操作技术”的培训，并取得具有资质的培训机构颁发的培训合格证书。每2年进行一次再培训。

（14）为海洋石油作业服务的船舶上的船员应按国家主管部门的规定进行培训，并持有与所在船舶相适应的“船员适任证”。

（15）无损检测人员应按国家主管部门的规定进行培训，并取得“无损检测人员资格证”，放射人员应按国家主管部门的规定进行培训，并取得相应的证书。

10.2.3 日常安全教育

（1）新员工入厂教育和在职员工的日常安全教育应结合海上安全生产实际情况，根据集团公司《安全教育管理规定》编制培训计划，确定培训内容，组织培训考核并作好记录。

（2）所有新入厂员工上岗前应进行三级安全教育并考核合格，员工岗位变动应重新进行相关岗位的安全教育后方可上岗。新入厂员工的安全教育至少应包括以下内容：

① 国家有关安全生产的法律、法规、标准；

② 通用安全技术、职业卫生基本常识；

③ 海上作业特点、风险情况和本岗位的操作规程和岗位应知应会；

④ 本岗位的职业病预防措施，劳动防护用品保管、使用方法；

⑤ 作业单位内部的有关管理制度；

⑥ 海上石油设施上安全装置的使用方法和注意事项；

⑦ 典型事故案例及其教训，预防事故的基本知识。

（3）在职员工应开展日常安全教育和安全活动，班组安全活动每月不少于两次，每次不少于1h。在职员工的安全教育至少应包括以下内容：

① 学习有关安全生产文件、安全技术规程、安全管理制度及安全技术知识；

② 讨论分析典型事故，总结和吸取事故教训；

③ 开展逃生、救生、防火、防爆、防中毒及自我保护能力训练，以及生产异常情况的紧急处理演练。

（4）不在设施上留宿的临时出海人员可以只接受作业者或者承包者现场安全教育。

10.3 海上设施、设备管理

海上石油作业涉及钻井平台、作业平台、采油平台、单点系泊、浮式储油装置、施工运输船舶等多种设施。由于海上石油作业受各种自然条件的限制和生产作业环境的影响，与陆地石油作业相比，存在着较大的风险。所有从事海上石油作业的人员都要掌握海上作业的基本安全知识。

10.3.1 海上石油设施的设计、建造、检验和资质要求

根据我国有关法律、法规的要求，海上石油设施必须由具备相应资质的单位按照相应的规则、标准进行设计、建造和检验。对海上石油设施和海上石油作业实行安全评价和审查制度、生产设施的发证检验和石油专业设备检验制度、作业许可和作业认可制度。未取得作业许可证和作业认可通知的海上石油设施，不得进行海上石油作业。

海上的固定石油天然气设施一般应具备承包者营业执照、安全证书、起货设备证书、国际防止油污证书、投保单、无线电报、电话证书和无线电台执照、作业许可证等。

海上移动式石油天然气设施一般要具备承包者营业执照、入级证书、国际吨位证书、国际载重线证书、安全证书、起货设备证书以及无线电报、电话证书、无线电台执照、国际防止油污证书、国籍证书、投保单和作业许可证等。

海洋石油作业守护船、海洋石油起重船、海洋石油物探船、三用工作拖轮、海洋石油固井船、海洋石油铺管船等石油专用工程船舶除了常规的船舶证书，还必须具备海上石油安全主管部门颁发的专用证书。

10.3.2 海上设备与装置安全要求

(1)海上石油通用设备与装置证书

起重设备应具有出厂合格证书和试验报告。主电站和应急电站设备应具有合格证书。船用设备必须有法定检验机构认可的检验证书。海上石油通用的所有设备与装置均应具备合格证书。海上石油作业设施均应具有安全手册。

(2)海上石油专用设备与装置证书

钻井主要专用设备和装置必须有出厂合格证书和修理后的检验、试验合格证书，主要包括钻井绞车、泥浆泵、转盘、井架、天车、游动滑车、大钩、水龙头、顶部驱动装置、动力电机等。

所有的井控设备、试油设备、固井设备、锚机设备必须有出厂合格证书和(或)修理后的检验、试验合格证书。部分井控装备还应具有试压报告。消防救生设备应有实际部署图和岗位布置表。探火和失火报警系统、可燃气体与硫化氢检测与报警系统必须有试验报告。所有防护器具必须有出厂合格证书。

油气生产、处理系统、注水系统、污水处理系统等专业设备应具有合格证书。

10.3.3 海上建设项目“三同时”

海上新建、改建、扩建项目的安全设施应与主体工程同时设计、同时施工、同时投入生产和使用。对于未通过“三同时”审查的建设项目，不准开工建设。

初次在海上使用的新技术、新工艺、新产品应做好试验，成熟以后，方可使用。

海上建设项目实行分级备案管理，新建油气田一期建设项目到海油安办备案，其他项目到石化分部备案。

10.3.4 建设工程设计资格与责任

(1)设计资格

从事海上石油建设工程勘察设计的单位，应具有国家有关法规规定的资格。设计审查由具有资质的发证检验机构负责。

(2)设计责任

建设项目实行设计项目终身负责制；设计单位不具备相应资质，或越级设计，由设计单位领导负责；委托不具备相应资质的设计单位进行设计时，由建设单位委托人负责；设计人员未按标准、规范进行设计，出现问题由设计人、校对人和审核人负责；对采用非标设计造成的缺陷，由设计人和审核人负责；由于设计原因造成事故或未遂事件的，按有关规定追究有关设计责任人和设计院长的责任。

10.3.5 海上生产设施管理

海上生产设施建设项目在建设的可行性研究阶段或者总体开发方案编制阶段，应委托有资质的评价机构进行建设项目安全预评价等有关评价并编制建设项目评价报告书。经过评审的评价报告书应向相关部门备案。

建设项目初步设计阶段，要编制建设项目初步设计《安全专篇》，重要的设计文件及《安全专篇》应当经发证检验机构审查同意。发证检验机构应在审查同意的设计文件、图纸上加盖印章，并将审查结果书面报海油安办或石化分部备案。

生产设施的建设应当由具有相应资质专业施工队伍施工，施工单位应当按照审查同意的设计方案或图纸施工。在生产设施整个建造过程中，作业者应当委托发证检验机构对整个施工过程实施发证检验。设施建设项目竣工并经发证检验机构检验合格的，发证检验机构应当为设施颁发最终检验证书或临时检验证书，并出具检验报告。

海上设施作业单位在设施取得了最终检验证书或临时检验证书并制定出试生产安全措施之后、试生产前45日向石化分部提出备案申请。试生产期限一般不超过6个月(最长不超过12个月)，试生产结束后向海油安办或石化分部提交安全竣工验收书面申请。并委托有资质的安全评价机构进行安全评价，编制建设项目安全验收评价报告书。经验收合格并办理安全生产许可证后的设施，方可正式投入生产使用。正式投用后的生产设施必须按照有关规定委托发证检验机构进行定期、临时检验，以维持有关证书的有效性。生产设施服役时间达到设计寿命时，对拟延寿设施开展延寿评估，取得发证检验机构颁发的有效证书后，方可继续使用；对报废设施的处置应按照国家有关法律法规及集团公司规定实施废弃处置。

生产设施有下列情形之一的，海上石油作业单位应当及时向海油安办石化分部报告：

(1) 更换或者拆卸井上和井下安全阀、火灾及可燃和有毒有害气体探测与报警系统、消防和救生设备等主要安全设施的；

(2) 变动应急预案有关内容的；

(3) 中断采油(气)作业10日以上或者终止采油(气)作业的；

(4) 改变海底长输油(气)管线原设计用途的；

(5) 超过海底长输油(气)管线设计允许最大输送量或者输送压力的；

(6) 海底长输油(气)管线发生严重的损伤、断裂、爆破等事故的；

(7) 海底长输油(气)管线输送的油(气)发生泄漏导致重大污染事故的；

(8) 位置失稳、水平或者垂直移动、悬空、沉陷、漂浮等超出海底长输油(气)管线设计允许偏差值的；

(9) 介质堵塞造成海底长输油(气)管线停产的；

(10) 海底长输油(气)管线需进行大修和改造的；

(11) 海底长输油(气)管线安全保护系统(如紧急放空装置、定点截断装置等)长时间失效的；

(12) 其他对安全生产有重大影响的。

10.3.6 海上作业设施的管理

海上作业设施在建造的可行性研究阶段，应委托有资质的安全评价机构进行建造项目预评价，编制建设项目预评价报告书。作业设施在设计、建造、安装以及生产作业的全过程中，作业设施的所有者委托有资质的发证检验机构进行发证检验。作业设施在首次投入使用之前或变更作业区块前15日，应当向石化分部提交备案申请书和相关资料。

通常情况下，作业设施从事作业活动的期限不超过1年，确需延长的，作业者应当提前15天提出延期申请，延期时间不得超过3个月。

作业设施有下列情形之一的，海上石油作业单位应当及时向海油安办有关分部报告：

（1）改动井控系统的；

（2）更换或者拆卸火灾及可燃和有毒有害气体探测与报警系统、消防和救生设备等主要安全设施的；

（3）变更作业合同、作业者或者作业海区的；

（4）改变应急预案有关内容的；

（5）中断作业10日以上或者终止作业的；

（6）其他对作业安全生产有重大影响的。

10.3.7 延长测试设施管理

海上油田（井）进行延长测试前，海上石油作业单位应当提前15日向海油安办有关分部申请延长测试设施备案。海上石油作业单位向石化分部提交延长测试设施资料，办理备案手续。当石化分部认为需要进行现场检查的进行配合，并对提出的问题进行整改。

通常情况下，海上油田（井）延长测试作业期限不超过1年。确需延期时，海上石油作业单位应当提前15日向海油安办有关分部提出延期申请，延期时间不得超过6个月。

海上油田（井）延长测试设施有下列情形之一的，海上石油作业单位应当及时向海油安办有关分部报告：

（1）改动组成延长测试设施的主要结构、设备和井控系统的；

（2）更换火灾及可燃和有毒有害气体探测与报警系统、消防和救生设备等主要安全设施的；

（3）改变应急预案有关内容的；

（4）其他对生产作业安全有重大影响的。

10.3.8 设备运行管理

设施上的各种设备应当符合下列规定：

（1）符合国家有关法律、法规、规章、标准的安全要求，有出厂合格证书或者检验合格证书；

（2）对裸露且危及人身安全的运转部分要安装防护罩或者其他安全保护装置；

（3）建立设备运转记录、设备缺陷和故障记录报告制度；

（4）制定设备安全操作规程和定期维护、保养、检验制度，制定设备的定人定岗管理制度；

（5）增加、拆除重要设备设施，或者改变其性能前，进行风险分析。属于改建、扩建项目的，按照有关规定向政府有关部门办理审批手续。

（6）海上石油作业单位应当制定生产设施、作业设施、延长测试设施及其专业设备的安全检查、检验、维护保养制度，建立安全检查、检验、维护保养档案。

（7）海上石油作业单位应当将危险区等级准确地标注在设施操作手册的附图上。对于通往危险区的通道口、门或者舱口，应当在其外部标注清晰可见的中英文“危险区域”、“禁止烟火”和“禁带火种”等标识。

救生设施符合以下规定：

配备的救生艇、救助艇、救生筏、救生圈、救生衣、保温救生服及属具等救生设备，应当符合《国际海上人命安全公约》的规定，并经海油安办认可的发证检验机构检验合格。海上石油设施配备救生设备的数量应当满足下列要求：

（1）配备的刚性全封闭机动耐火救生艇能够容纳自升式和固定式设施上的总人数，或者浮式设施上总人数的200%。无人驻守设施可以不配备刚性全封闭机动耐火救生艇。在设施建造、安装或者停产检修期间，通过风险分析，可以用救生筏代替救生艇；

（2）气胀式救生筏能够容纳设施上的总人数，其放置点应满足距水面高度的要求。无人驻守设施可以按定员12人考虑；

（3）至少配备并合理分布8个救生圈，其中2个带自亮浮灯，4个带自亮浮灯和自发烟雾信号。每个带自亮浮灯和自发烟雾信号的救生圈配备1根可浮救生索，可浮救生索的长度为从救生圈的存放位置至最低天文潮位水面高度的1.5倍，并至少长30m。

（4）救生衣按总人数的210%配备，其中：住室内配备100%，救生艇站配备100%，平台甲板工作区内配备10%，并可以配备一定数量的救生背心。在寒冷海区，每位工作人员配备一套保温救生服。对于无人驻守平台，在工作人员登平台时，根据作业海域水温情况，每人携带1件救生衣或者保温救生服。

（5）所有救生设备都应当标注该设施的名称，按规定合理存放，并在设施的总布置图上标明存放位置。特殊施工作业情况下，配备的救生设备达不到要求时，应当制订相应的安全措施并报海油安办有关分部审查同意。

消防设备应当符合下列规定：

（1）根据国家有关规定，针对设施可能发生的火灾性质和危险程度，分别装设水消防系统、泡沫灭火系统、气体灭火系统和干粉灭火系统等固定灭火设备和装置，并经发证检验机构认可。无人驻守的简易平台，可以不设置水消防等灭火设备和装置；

（2）设置自动和手动火灾、可燃和有毒有害气体探测报警系统，总控制室内设总的报警和控制系统；

（3）配备4套消防员装备，包括隔热防护服、消防靴和手套、头盔、正压式空气呼吸器、消防斧以及可以连续使用3h的手提式安全灯。根据平台性质和工作人数，经发证检验机构同意，可以适当减少配备数量；

（4）所有的消防设备都存放在易于取用的位置，并定期检查，始终保持完好状态。检查应当有检查记录标签。

设施上所有通往救生艇（筏）、直升机平台的应急撤离通道和通往消防设备的通道应当设置明显标志，并保持畅通。在设施的危险区内进行测试、测井、修井等作业的设备应当采用防爆型，室内有非防爆电气的活动房应当采用正压防爆型。海上石油作业单位应选用合格的石油专业设备。在役专业设备须经有资质的专业设备检验机构检验合格，方可投入使用。锅炉、压力容器、压力管道、起重设备等应委托有资质的检验机构进行检验并建立检验档案。

10.3.9 滩海陆岸设施管理

滩海是指海滨(岸)线0~20m水深的区域。

1. 设施建设

(1) 滩海陆岸石油设施应按无人值守设计，若有人值守时，应按照浅海石油作业有关规范、标准进行设计。

(2) 滩海陆岸井台、进海路应采取结构可靠的防护措施。

(3) 滩海陆岸井台应设置挡浪墙；进海路采用单车道时，应设置足够的错车道，路肩上应设置护轮带和一定高度的标志杆。

(4) 滩海陆岸井台顶、进海路顶应预留竣工后的沉降超高，沉降超高可根据地质情况、填筑材料及填筑压实度等因素分析确定。

2. 避难房建设

滩海陆岸井台上应设置暂避恶劣天气的应急避难房，应急避难房应当符合下列规定：

(1) 能够容纳全部生产作业人员。

(2) 结构强度比滩海陆岸井台高一个安全等级。

(3) 地面高出挡浪墙1m。

(4) 用基础稳定、结构可靠的固定式钢筋混凝土结构，或者采用可移动式钢结构。

(5) 配备可以供避难人员5日所需的救生食品和饮用水。

(6) 配备急救箱，至少装有2套救生衣、防水手电及配套电池、简单的医疗包扎用品和常用药品。

(7) 配备应急通信装置。

3. 救生设备配备

(1) 滩海陆岸生产设施上至少配备4个救生圈，每只救生圈上都拴有至少30m长的可浮救生索，其中2个带自亮浮灯，2个带自发烟雾信号和自亮浮灯。

(2) 每人至少配备1件救生衣，在工作场所配备一定数量的工作救生衣或者救生背心。在寒冷海区，每位人员配备1件保温救生服。

4. 消防设备配置

(1) 灭火器的配备应执行SY/T 6634《滩海陆岸石油作业安全规程》和设计文件的要求。

(2) 现场管理单位至少配备2套消防员装备，包括消防头盔、防护服、消防靴、安全灯、消防斧等，至少配备3套带气瓶的正压式空气呼吸器和可移动式消防泵1台。

(3) 所有的消防设备都存放在易于取用的位置，并定期检查，始终保持完好状态。检查应当有检查记录标签。

5. 值班车辆

(1) 接受滩海陆岸石油设施作业负责人的指挥，不得擅自进入或者离开。

(2) 配备通信工具保证随时与滩海陆岸石油设施和陆岸基地通话。

(3) 能够容纳所服务的滩海陆岸石油设施的全部人员，并配备100%的救生衣。

(4) 应采用低压轮胎，有良好的防滑性能，具有在应急救助和人员撤离等复杂情况下作业的能力。

(5) 参加滩海陆岸石油设施上的营救演习。

（6）在滩海陆岸石油设施进行施工作业期间，只要有人进入，应配备车辆守护值班。

6. 车辆通行管理

（1）滩海陆岸生产设施入口处应设置“危险”、“易滑”、“限制速度”、“除油田车辆外禁止通行”等组合式交通安全标志。

（2）车辆在滩海陆岸生产设施上应按限定速度行驶。在有会车平台的通井路上行驶时，就近平台的车辆应主动停靠让远离平台的车辆通行。

（3）大型施工车辆及多车辆进入滩海陆岸生产设施时，施工方车队负责人、滩海陆岸业主单位应指派专人到现场组织、指挥车辆通行。

（4）遇下列情况之一时，禁止车辆驶入滩海通井路：

① 冰雪路滑；

② 雨、雾、沙尘暴天气，能见度在100m以内；

③ 风力≥六级，高潮位距路面≤0.3m；

④ 风力<六级，高潮位距路面≤0.2m；

⑤ 风力≥八级；

⑥ 海浪对车辆安全行驶有影响。

（5）严禁微型车辆、农用运输车、摩托车和电动车辆驶入滩海通井路。

7. 门禁管理

（1）滩海陆岸生产设施入口处应设置门岗，必要时设挡车设施。进入滩海陆岸生产设施的车辆和人员，须经滩海陆岸业主单位许可。

（2）临时来访人员进入滩海陆岸生产设施，应接受滩海陆岸业主单位组织的安全教育。

10.4 海上作业现场管理

10.4.1 海上石油作业单位资质要求

在海上石油生产作业中，作业者和承包者应当确保海洋石油生产、作业设施安全条件符合法律、法规、规章和相关国家标准、行业标准的要求，建立完善的安全管理体系。

海上工程施工队伍应具有相应的资质，按照经发证检验机构审查的施工组织设计施工，并指定专人负责全过程安全监督。

10.4.2 直接作业环节安全要求

10.4.2.1 地球物理勘探作业

（1）安全生产组织保障

滩海石油地震队应建立HSE管理体系，建立健全组织机构和各项规章制度，明确安全管理责任人。滩海地震作业人员应接受HSE教育和技术培训，并持有“海上求生”、“海上急救”、“船舶消防”、”艇筏操纵”培训证书。新员工上岗前应接受岗前安全教育。全体员工应经县以上医院体检，达到上岗要求。通用设备应符合国家有关标准要求。其他设备(如水陆两栖设备、作业船舶、挂机艇、气枪震源等)应定期检验，保持状态良好、运转正常。企业应按国家、行业和企业有关标准和规定为员工配发合格的个人劳动防护用品。严格按照HSE体系规定，实施各项管理，保存HSE记录。

（2）滩海作业施工管理

① 施工准备

施工前，地震队应组织生产、HSE、质量等有关管理人员对施工项目进行工区踏勘，收集工区天气、水文、水域、地面、地下、民俗、文化与疫情等各种资料，编制工区踏勘报告，并设置陆上营地。组织生产、HSE、技术等有关人员识别项目危害因素，进行风险评价，确定目标、指标，编制管理方案、风险管理措施和应急预案，编制“项目 HSE 作业计划”。在滩涂地区或水域施工，应按要求办理相关手续或取得相应证书。

② 滩海作业安全要求

所有涉水作业人员应穿救生衣，且三人以上同行，互相保护。通过潮沟时应探明水深，超过安全水深（lm）应用渡运工具。滩涂淤陷区域，应配备便携式橡皮船和绳索。水深达到 1.5m 深的水域，应配备船舶。夏季施工，员工应佩戴遮阳帽，携带饮用水。滩海作业期间，应有专人负责按时收集天气预报，遇有五级以上风力、雷雨天气和能见度低于 200m 的雾天应停止涉海作业。遇有六级以上风力，应组织避风。收工时，应对作业人员与设备进行清点，确认无误后，方可离开现场。设备临时停放点应选择在安全区域，对确需在临时停放点过夜的设备应留专人看护。海上作业时，应在施工前选择好锚地和避风港湾。海上施工生活母船应建立领导值班制度，每天清点人数，负责处理应急事宜。多班组交叉作业的施工现场，应明确一名 HSE 管理责任人，负责施工现场 HSE 协调管理。班组应根据野外作业人员分布情况，划分作业点，明确作业点负责人及 HSE 职责。

③ 海洋物探

海洋地震勘探是在海水中进行人工地震的调查方法，具有 4 个特点：多数使用非炸药震源；水中激发，水中接收，水听器装在船后拖缆（浮缆、电缆、等浮电缆）上；走航连续记录；资料由计算机处理，工作效率高。

④ 海洋物探作业外在影响因素

海洋环境复杂多变，海洋物探作业常要承受台风（飓风）、波浪、潮汐、海流、冰凌等的强烈作用，在浅海水域还要受复杂地形，以及岸滩演变、泥沙运移的影响。温度、地震、辐射、电磁、腐蚀、生物附着等海洋环境因素，也对海洋物探作业有影响。在物探作业设计中考虑周期性的外在因素的作用和不定性，都是十分必要的。对其安全程度严格论证和检验是必不可少的。

（3）作业现场管理

① 气枪和压缩机。气枪是一种在水中快速释放压缩空气而产生爆炸效果的设备，它提供足够的能量用于地球物理勘探。压缩机则能根据需要而产生极高的气压。在潜水作业区附近不应该操作地震震源，如需要请和潜水操作员联系确定合适的时间表以保证对潜水员产生过大的爆炸噪声。气枪是一种需要特别管理和维护的设备，也是给作业人员带来危险的一种设备。用于控制气枪压力和激发的主开关必须在气枪工作甲板操作，同时必须遵守以下事项：

收放气枪必须使用安全带和救生衣；同时穿戴合格的安全帽、工作鞋等劳动保护用品；在气枪作业时，必须注意防止被缠住或绊倒；水下气枪上船时必须释放掉压力；要求在作业甲板设置气枪压力警示灯；尽量避免在甲板上实验气枪，如有必要实验，事先采取安全措施，并保持一定的安全距离，压力必须低于 500Psi，并且所有人员必须离开气枪 8m 之外，试枪过程中不能处理枪和人员穿戴保护装备；高压空气受伤，应在受伤 6h 以内送医救治。

② 海底电缆作业。在收放海底电缆之前，所有作业人员应该了解作业标准和收放的设备类型；检查电缆收放系统的所有设备的运转情况，包括轴、电缆盘、液压动力系统和管路等特殊设备；后甲板、仪器室和驾驶台之间的通信设备和监视设备良好的工作状况；作业前检查一下天气情况、水深、障碍物以及作业船舶附近的航行情况；收放人员穿戴救生衣、防滑安全鞋、安全帽、安全带等安全保护设备；除收放电缆人员外，无关人员不得进入作业现场；作业现场保持清洁、整齐。

③ 海上修理和维护。物探作业设备海上修理和维护之前，必须充分考虑以下因素：海上作业修理之前必须有修理计划，并制订相应的应急方案；所有作业人员必须熟悉公司制订的有关释放小艇的使用步骤；小艇作业人员必须有足够的经验，同时在艇作业人员除舵手外至少有两人；作业前，必须穿戴防护用品，特别是高纬度地区，需要穿戴防寒工作服；海上修理作业前及早了解海上天气预报，决定是否作业；海上作业前必须检查工作小艇的装备和运转，确保正常可用，同时配备至少2台以上无线电对讲机，并检查其工作性能，保持随时可用状态；检查所有修理和维护工作和备件；作业中，工作艇必须尽可能地远离物探船的螺旋桨区域，不能系靠在水中设备上，小艇工作时应该在水下设备的下风，确保设备和小艇的安全。

10.4.2.2 钻井作业

（1）钻井的基本条件

在钻井设施的工作人员持证资格应符合规定，装备(固定式设施、移动式设施)应具有相关的证书，钻井设施应在发证检验机构出具的证书，证件中所允许的海洋环境条件及适用海区范围内作业。使用移动式钻井平台作业时，在作业前应由具备资质的机构进行海洋工程地质调查，查明作业区域内水文、地质情况，并出具调查报告，在满足平台安全生产条件时才能作业。钻井设施在作业前应向海区主管安全生产的政府部门报告并备案。

（2）安全管理规定

在进行海上石油天然气钻井作业期间，应建立安全生产组织保障机构，明确安全管理责任人。健全安全管理制度(包括安全检查制度、工作许可制度、安全会议制度、安全生产记录、安全汇报等其他制度)。在钻井设施上的危险区、噪声区以及其他容易发生危险的区域，应设立明显的安全标志和警语。为确保职工安全，职工上岗作业应穿戴劳动防护用品，高空作业应系安全带，水面作业应穿救生衣、系安全带，特殊施工要穿戴相应的劳动防护用品。每座钻井设施除配备正常的劳动防护用品外，还至少应配备以下劳动防护用品：3套眼睛冲洗装置(其中钻台、钻井液循环场所、袋装钻井液药品区等处应各安装1套)；高噪声区出入口明显处应设防噪声护品；硫化氢防毒面具20套；使用时间不少于30min的正压式空气呼吸器10套，充气泵1台；防水、防爆手电10个；防火服2套；备用护目镜20个；备用安全帽20个。

10.4.2.3 井控要求

在实施海上钻井作业前，钻井工程设计中应有井控设计。探井的地质、工程设计中应提出防硫化氢气体和浅层气的措施。开发井设计中应标明含硫化氢气体和浅层气的地层深度及估计含量，并提出预防措施。海上石油作业单位应当制订油(气)井井控安全措施和防井喷应急预案。

钻井设施上应至少配用一套包括1个环形防喷器、1个全封闸板防喷器、1个半封闸板防喷器和1个四通组成的防喷器组。

储能器液体压力应保持 19.7MPa，储能器液体体积应至少为关闭全部防喷器所需液体容积的 1.5 倍，且储能器提供 1.5 倍容积的所需液体后的最小压力为 9.8MPa。两套动力源均能独立地恢复储能器的压力使之关闭全部防喷器。

每座浅海石油钻井设施上应至少配有一个司钻控制台和一个远程控制台，且两个控制台均能单独关闭和开启防喷器组。钻井设施应安装压井管汇和节流管汇，常备防喷物资并制订防喷措施。

（1）钻井作业应当符合下列规定：

① 钻井装置在新井位就位前，作业者和承包者应收集和分析相应的地质资料。如有浅层气存在，安装分流系统等；

② 钻井作业期间，在钻台上备有与钻杆相匹配的内防喷装置；

③ 下套管时，防喷器尺寸与所下套管尺寸相匹配，并备有与所下套管丝扣相匹配的循环接头；

④ 防喷器所用的橡胶密封件应当按厂商的技术要求进行维护和储存，不得将失效和技术条件不符的密封件安装到防喷器中；

⑤ 水龙头下部安装方钻杆上旋塞，方钻杆下部安装下旋塞，并配备开关旋塞的扳手。顶部驱动装置下部安装手动和自动内防喷器(考克)并配备开关防喷器的扳手；

⑥ 防喷器组由环形防喷器和闸板防喷器组成，闸板防喷器的闸板关闭尺寸与所使用钻杆或者管柱的尺寸相符。防喷器的额定工作压力不得低于钻井设计压力，用于探井的不得低于 70MPa；

⑦ 防喷器及相应设备的安装、维护和试验，满足井控要求；

⑧ 经常对防喷系统进行安全检查。检查时，优先使用防喷系统安全检查表。

（2）水下防喷器组应当符合下列规定：

① 若有浅层气或者地质情况不清时，导管上安装分流系统；

② 在表层套管和中间(技术)套管上安装 1 个或者 2 个环形防喷器、2 个双闸板防喷器，其中 1 副闸板为全封剪切闸板防喷器；

③ 安装 1 组水下储能器，便于就近迅速提供液压能，以尽快开关各防喷器及其闸门。同时，采用互为备用的双控制盒系统，当一个控制盒系统正在使用时，另一个控制盒系统保持良好的工作状态作为备用；

④ 如需修理或者更换防喷器组，必须保证井眼安全，尽量在下完套管固井后或者未钻穿水泥塞前进行。必要时，打 1 个水泥塞或者卸下桥塞后再进行修理或者更换；

⑤ 使用复合式钻柱的，装有可变闸板，以适应不同的钻具尺寸。

（3）水上防喷器组应当符合下列基本规定：

① 若有浅层气或者地质情况不清时，隔水(导)管上安装分流系统；

② 表层套管上安装 1 个环形防喷器、1 个双闸板防喷器；大于 13⅜″表层套管上可以只安装 1 个环形防喷器；

③ 中间(技术)套管上安装 1 个环形防喷器、1 个双闸板(或者 2 个单闸板)防喷器和 1 个剪切全封闭闸板防喷器；

④ 使用复合式钻柱的，装有可变闸板，以适应不同的钻具尺寸。

（4）水上防喷器组的开关活动，应当符合下列规定：

① 闸板防喷器定期进行开关活动；

② 全封闸板防喷器每次起钻后进行开关活动。若每日多次起钻，只开关活动一次即可；

③ 每起下钻一次，2 个防喷器控制盘(台)交换动作一次。如果控制盘(台)失去动作功能，在恢复功能后，才能进行钻井作业；

④ 节流管汇的阀门、方钻杆旋塞和钻杆内防喷装置，每周开关活动一次。

水下防喷器的开关活动，除了闸板防喷器 1 日进行开关活动一次外，其他开关活动次数与水上防喷器组开关活动次数相同。

(5) 防喷器系统的试压，应当符合下列规定：

① 所有的防喷器及管汇在进行高压试验之前，进行 2.1MPa 的低压试验；

② 防喷器安装前或者更换主要配件后，进行整体压力试验；

③ 按照井控车间(基地)组装、现场安装、钻开油气层前及更换井控装置部件的次序进行防喷器试压。试压的间隔不超过 14 日；

④ 对于水上防喷器组，防喷器组在井控车间(基地)组装后，按额定工作压力进行试验。现场安装后，试验压力在不超过套管抗内压强度 80% 的前提下，环形防喷器的试验压力为额定工作压力的 70%，闸板防喷器和相应控制设备的试验压力为额定工作压力；

⑤ 对于水下防喷器组，水下防喷器和所有有关井控设备的试验压力为其额定工作压力的 70%。防喷器组在现场安装完成后，控制设备和防喷器闸板按照水上防喷器组试压的规定进行。

(6) 防喷器系统的检查与维护，应当符合下列规定：

① 整套防喷器系统、隔水(导)管和配套设备，按照制造厂商推荐的程序进行检查和维护；

② 在海况及气候条件允许的情况下，防喷器系统和隔水(导)管至少每日外观检查一次，水下设备的检查可以通过水下电视等工具完成。

(7) 井液池液面和气体检测装置应当具备声光报警功能，其报警仪安装在钻台和综合录井室内；应当配备井液性能试验仪器。井液量应当符合下列规定：

① 开钻前，计算井液材料最小需要量，落实紧急情况补充井液的储备计划；

② 记录并保存井液材料(包括加重材料)的每日储存量，若储存量达不到所规定的最小数量时，停止钻井作业；

③ 作业时，当返出井液密度比进口井液密度小 $0.02g/cm^3$ 时，将环形空间井液循环到地面，并对井液性能进行气体或者液体侵入的检查和处理；

④ 起钻时，向井内灌注井液，当井内静止液面下降或者每起出 3～5 柱钻具之后应当灌满井液；

⑤ 从井内起出钻杆测试工具前，井液应当进行循环或者反循环。

(8) 完井、试油和修井作业应当符合下列规定：

① 配备与作业相适应的防喷器及其控制系统；

② 按计划储备井液材料，其性能符合作业要求；

③ 井控要求参照钻井作业有关规定执行；

④ 滩海陆岸修井作业应选用具有远程控制功能的相应压力级别的双闸板液控防喷器，高压、有毒有害气体油气井应增加剪切防喷器。

(9) 气井、自喷井、自溢井应当安装井下封隔器。在海床面 30m 以下，应当安装井下安全阀，并符合下列规定：

① 定期进行水上控制的井下安全阀现场试验，试验间隔不得超过 6 个月，新安装或者重新安装的也应当进行试验；

② 海床完井的单井、卫星井或者多井基盘上，每口井安装水下控制的井下安全阀；

③ 地面安全阀保持良好的工作状态；

④ 配备适用的井口测压防喷盒。

紧急关闭系统应当保持良好的工作状态。海上石油作业单位应当妥善保存各种水下安全装置的安装和调试记录等资料。

进行电缆射孔、生产测井、钢丝作业时，在工具下井前，应当对防喷管汇进行压力试验。

钻开油气层前 100m 时，应当通过钻井循环通道和节流管汇做一次低泵冲泵压试验。

放喷管线应当使用专用管线。在寒冷季节，应当对井控装备、防喷管汇、节流管汇、压力管汇和仪表等进行防冻保温。

10.4.2.4 钻井设备的安全要求

钻井专用设备包括：天车、游车、大钩、顶部驱动装置、水龙头、转盘、绞车、井架、钻井泵等。钻井专用设备应定期进行检验，并取得有效合格证书。

10.4.2.5 钻井作业安全

在充分完成作业前的准备工作后，作业期间的一般安全要求是：

① 在正常钻进或活动钻具时，刹把操作者不应离开岗位，并至少留 2 名钻工配合工作；

② 刹把操作者应是正、副司钻或其他具有司钻经历的持证人员；

③ 在现场培训操作钻机刹把的实习人员时，培训负责人应在现场指导；

④ 在深井阶段和起、下钻开始或结束阶段以及井下出现复杂情况时，实习人员不应操作刹把；

⑤ 在钻机刹把长期停用时应对其进行锁定；

⑥ 大钩的提升拉力不应大于钻柱或套管允许的抗拉负荷或钻机提升系统的安全负荷；

⑦ 钻井班每个班次应对游动系统的防碰装置进行一次功能试验；

⑧ 在切割大绳、滑移大绳、更换大绳、钻井绞车防碰系统拆卸、修理及安装、游车钢丝绳的穿绳股数发生变化、对防碰系统拆卸安装等工作后，应及时对防碰装置进行调整、校对和功能试验；

⑨ 处理井下事故或遇井下复杂情况时，吊卡活门应用安全绳固定；

⑩ 对钻井钻井液管线或固井管线进行试压时，不应对有压力的管线或连接处进行外力冲击；若连接处发生渗漏后，应先卸压再修理。

10.4.2.6 硫化氢防护管理

（1）钻遇未知含硫化氢地层时，应当提前采取防范措施；钻遇已知含硫化氢地层时，应当实施检测和控制。硫化氢探测、报警系统应当符合下列规定：

① 钻井装置上安装硫化氢报警系统。当空气中硫化氢的浓度超过 $15mg/m^3$（10ppm）时，系统即能以声光报警方式工作；固定式探头应当安装在喇叭口、钻台、振动筛、井液池、生活区、发电及配电房进风口等位置。

② 至少配备探测范围 $0 \sim 30mg/m^3$（0～20ppm）和 $0 \sim 150mg/m^3$（0～100ppm）的便携式硫化氢探测器各 1 套。

③ 探测器件的灵敏度达到 $7.5mg/m^3$（5ppm）。

④ 储备足够数量的硫化氢检测试样，以便随时检测探头。

（2）人员保护器具应当符合下列规定：

① 通常情况下，钻井装置上配备15～20套正压式空气呼吸器。其中，生活区6～9套，钻台上5～6套，井液池附近（泥浆舱）2套，录井房2～3套。钻进已知含硫化氢地层前，或者临时钻遇含硫化氢地层时，钻井装置上配备供全员使用的正压式空气呼吸器，并配备足够的备用气瓶。

② 钻井装置上配备1台呼吸器空气压缩机。

③ 医务室配备处理硫化氢中毒的医疗用品、心肺复苏器和氧气瓶。

（3）标志信号应当符合下列规定：

① 在人员易于看见的位置，安装风向标、风速仪。

② 当空气中含硫化氢浓度小于15mg/m^3（10ppm）时，挂标有硫化氢字样的绿牌。

③ 当空气中含硫化氢浓度处于15～30mg/m^3（10～20ppm）时，挂标有硫化氢字样的黄牌。

④ 当空气中含硫化氢浓度大于30mg/m^3（20ppm）时，挂标有硫化氢字样的红牌。

10.4.2.7 海上测井作业

（1）测井作业资格

作业单位应具有“放射性同位素许可证”、“放射性同位素登记证”、“危险品运输许可证”、“火工品使用证”、“爆炸物品储存许可证”。出海施工单位应经企业生产主管部门认可，海上测井作业人员还应持有“海上求生”、“救生艇筏操纵”、“平台消防”、“海上急救”培训合格证书，所使用的设备应有有资格单位颁发的产品检验合格证书，所使用的放射性活度测量仪应有“校验合格证”。

出海施工前，应将平台编号、作业内容、出发时间和人员名单报单位安全部门备案。施工单位安全监督人员应对施工安全组织、安全措施等实施安全监督和检查。施工单位安全监督人员发现有可能造成危及人员生命和财产安全的事故隐患时，有权要求停止施工，立即整改或限期采取有效措施消除隐患。

运输放射源和爆炸物品的车辆（船舶）应设置相应的安全标志。

测井施工作业使用放射源和爆炸物品的现场应设置相应的安全标志。

（2）吊装

设备吊装前，测井作业人员应了解吊装设备的吊升能力，井下仪器吊装应放在便于测井施工的位置。贮源箱、雷管保险箱、射孔弹保险箱均应单独吊装。雷雨天气停止吊装爆炸物品。每次乘吊篮人数不应超过6人。吊装过程中不允许人员在重物下面站立或通过。勘察设备摆放位置，确定吊装方法。测井设备的吊环、吊索应定期检查和探伤，并记录其结果。

（3）危险品运输及监护

① 放射源的领取和运输

测井队应配护源工。护源工负责放射源领取、押运、使用、现场保管及交还。领源时，护源工应持生产主管部门（调度室）签发的“领源通知单”到源库领取放射源，并与源库保管员办理检查和交接手续。护源工将放射源装人运源车，检查无误后锁闭车门。运源车宜采用运源专用车。运源车应按指定路线行驶，不应搭乘无关人员，不应在人口稠密区和危险区段停留。中途停车、住宿时应有专人监护。

② 爆炸物品的领取和运输

测井小队应配护炮工。护炮工负责爆炸物品从库房领出、押运、使用、现场保管及把剩余爆炸物品交还库房。护炮工持“施工通知单”领取爆炸物品。护炮工和保管员双方核对无误后办理领取手续。护炮工领取雷管时应使用手提保险箱，由保管员直接将雷管导线短路后放入保险箱内。运输射孔弹和雷管时，应分别存放在不同的保险箱内，分车运输，并由专人监护。运输爆炸物品的保险箱，应固定牢靠，且符合国家标准的规定。

道路、天气良好的情况下，汽车行驶速度不应超过60km/h；在因扬尘、雾、暴风雪等引起能见度低时，汽车行驶速度应在20km/h以下。运输爆炸物品的车辆应按指定路线行驶，不许无关人员搭乘。途中遇有雷雨时，车辆应停放在离建筑物200m以外的空旷地带。爆炸物品宜采用专车运输。

③ 测井作业安全要求

测井作业前，队长向钻井队(作业队、采油队)详细了解井下情况，并将有关数据书面通知操作工程师和绞车操作工，钻井队(作业队、采油队)应指定专人配合测井施工。

测井作业时，测井人员应正确穿戴劳动防护用品。作业区域内应戴安全帽，应遵守井场防火防爆安全制度，不动用钻井队(作业队、采油队)设备或不攀登高层平台。

测井施工前，应放好绞车掩木，复杂井施工时应对绞车采取加固措施，防止绞车后滑。

气井施工，发动机的排气管应戴阻火器，测井设备摆放应充分考虑风向。

接外引电源应有人监护，应站在绝缘物上，戴绝缘手套接线。

绞车和井口应保持联络畅通。夜间施工，井场应保障照明良好。

在上提电缆时，绞车操作者应注意观察张力变化，如遇张力突然增大，且接近最大安全拉力时，应及时下放电缆，上下活动，待张力正常后方可继续上提电缆。

测井作业时，应协调钻井队(作业队、采油队)及时清除钻台作业面上的钻井液。冬季测井施工，应用蒸汽及时清除深度丈量轮和电缆上的结冰。测井作业时，钻井队(作业队、采油队)不应进行影响测井施工的作业及大负荷用电。

下井仪器应正确连接，牢固可靠。出入井口时，应有专人在井口指挥。绞车到井口的距离应大于25m，并设置紧急撤离通道。

电缆在运行时，绞车后不应站人，不应触摸和跨越电缆。

仪器车和绞车上使用电取暖器时，应远离易燃物，负荷不得超过3kW，应各自单拉电源线。不应使用电炉丝直接散热的电炉。车上无人时，应切断电源。

遇有七级以上大风、暴雨、雷电、大雾等恶劣天气，应暂停测井作业；若正在进行测井作业，应将仪器起入套管内。

在测井过程中，队长应进行巡回检查并做记录。测井完毕应回收废弃物。

10.4.2.8 海上地质录井作业

(1) 录井准备

设施、仪器搬迁时，房内禁放易燃易爆物品，所有物品应固定牢靠。吊装、吊放应符合国标规定。仪器房运输时，应有专人押运，平稳行驶，以防仪器损坏。地质值班房、仪器房宜摆放在距离振动筛10~25m处，符合钻井井场布局要求。

录井仪器等设备安装、调校应符合行业标准的规定。仪器房中应配置室内可燃气体报警器，设置防火、防爆、防触电警示牌，并配2只灭火器，放置在便于取用的醒目之处。安全门应定期检查，保持灵活方便。电热器、烘样烤箱应距墙壁20m以外，周围禁放易燃物品。

烘样烤箱电源线应单独连接。

（2）录井作业

钻时录井、岩屑录井、岩芯录井、荧光录井、气测录井、工程录井作业时，按照行业标准执行。如遇特殊情况，按下列要求作业：

当发生井喷时，应按钻井施工单位的统一指挥，及时关闭所有录井用电，灭绝火种，并妥善保管资料。

遇中途测试、泡油解卡、爆炸切割、打捞套铣等特殊作业，应严格遵守钻井施工单位的有关安全规定和应急措施。

在新探区、新层系及已知含硫化氢地区录井时，应进行硫化氢监测，并配备相应的防毒面具。

吊套管上钻台时，核对入井套管编号的录井人员，应远离钻台大门坡道15m以外。

固井时，录井人员不应进入高压警戒区。

带电检修仪器应有可靠的安全措施，操作时应至少有2人在场实施监控。

（3）化学试剂的使用与管理

化学试剂、气体标样的存放和保管应执行行标中的规定。

地质值班房内不应存放非试验用易燃易爆物品。

10.4.2.9 采油(气)、井下作业

（1）基本条件

海上采油与井下作业人员应进行相关安全培训，在进行海上石油天然气开采的固定式设施和移动式设施应具有相关证书，海上采油与井下作业设施应在发证检验机构出具证书、证件中允许的海洋环境条件范围之内作业。移动式采油与井下作业平台，在作业前应由具备资质的机构进行海洋工程地质调查，查明作业区域内水文、地质情况，并出具调查报告；在满足平台自身安全和生产安全条件时才能作业。有人值守的海上采油设施、无人值守的海上采油设施和海上井下作业设施均应按照规定配备安全防护用品。

（2）安全生产规定

海上移动式采油与井下作业设施和有人值守的固定式采油设施都应成立安全生产领导小组和安全应急指挥小组，并负责所属的无人值守的采油设施(卫星平台)的安全。在采油与井下作业设施上的危险区、噪声区以及其他任何容易发生危险的区域，都应设明显的安全标志、警示信号和警语。上岗作业人员应正确穿戴劳动防护用品，采取相应的安全防护措施。采油与井下作业期间，在距设施5n mile内应有一艘符合《海洋石油作业守护船安全管理规则》要求的值班守护船，对采油与井下作业设施进行守护，并在作业过程中注意防火防爆、安全用电与安全起重作业，建立健全各项安全制度，记录并保存安全资料。

（3）井控要求

① 采油(气)井井控

采油(气)井安全阀设置符合海上作业的要求，油气井井口应设置易熔塞、火灾与可燃气体探测器、报警装置、应急关断等，应急关断应设置自动和手动两种方式。系统启动时应能紧急关闭所有井口安全阀和井下安全阀、排气阀。平台经理、安全监督和采油岗位操作人员熟悉应急关断系统，掌握检查内容，保证该系统处于良好的工作状态。油(气)井正常生产期间，安全阀应保持常开状态，不得随意关闭，液控系统达到不渗不漏。井下、井口安全阀每半年应检查、试验一次，使其始终处于正常工作状态。

② 井下作业中的井控

井下作业前，经过审批的井下地质、工程、施工设计中应有井控设计。含硫化氢气体的油气井所用的防喷器组应符合标准规定。起下作业、冲砂作业、钻水泥塞、桥塞、封隔器施工、打捞作业时严格按照放喷要求进行操作。施工时各道工序应衔接紧凑，尽量缩短施工时间，防止因停工等造成的井喷和对油层的伤害。施工井不能连续作业时，应装好采油井口装置。施工过程中发生溢流，应先压井后再进行施工。

③ 作业安全要求

采油专用设备的选择和装配应符合采油设计要求，并定期进行检验，取得有效合格证书。井下作业专用设备的选择符合相关标准要求，设备应定期进行检验、调试和保养。油气井生产或井下作业施工时，严格按照安全生产要求和步骤执行。

高处作业人员身体应满足基本条件要求，穿戴好劳保护品，落实作业安全措施，办理高处作业许可证。在风速超过15m/s等恶劣天气下，影响施工安全时，禁止进行高处作业。

舷外作业人员穿戴好劳保护品（救生衣），落实安全措施，办理舷外作业许可证，作业时有专人监护。在风速超过15m/s等恶劣天气下，影响施工安全时，禁止进行舷外作业。

起重作业操作人员应持有特种作业人员资格证书，熟悉起重设备的操作规程，并按规程操作；起重设备明确标识安全起重负荷；若为活动吊臂，标识吊臂在不同角度时的安全起重负荷；按规定对起重设备进行维护保养，保证刹车、限位、起重负荷指示、报警等装置齐全、准确、灵活、可靠；起重机及吊物附件按规定定期检验，并记录在起重设备检验簿上。设施的载人吊篮作业，还应当符合下列规定：

a）限定乘员人数；

b）乘员按规定穿救生背心或者救生衣；

c）只允许用于起吊人员及随身物品；

d）指定专人维护和检查，定期组织检验机构对其进行检验；

e）当风速超过15m/s或者影响吊篮安全起放时，立即停止使用；

f）起吊人员时，尽量将载人吊篮移至水面上方再升降，并尽可能减少回转角度。

10.4.2.10　弃井管理

（1）国家对弃井实施备案管理。作业者或承包者在进行弃井作业或者清除井口遗留物30日前，应当向海油安办石化分部报送下列材料：

① 弃井作业或者清除井口遗留物安全风险评价报告；

② 弃井或者清除井口遗留物施工方案、作业程序、时间安排、井液性能等。

弃井作业或者清除井口遗留物施工作业完成后15日内，作业者或者承包者应当向海油安办石化分部提交下列资料：

a）弃井或者清除井口遗留物作业完工图；

b）弃井作业最终报告表。

（2）对于永久性弃井的，应当符合下列要求：

① 在裸露井眼井段，对油、气、水等渗透层进行全封，在其上部打至少50m水泥塞，以封隔油、气、水等渗透层，防止互窜或者流出海底。裸眼井段无油、气、水时，在最后一层套管的套管鞋以下和以上各打至少30m水泥塞；

② 已下尾管的，在尾管顶部上下30m的井段各打至少30m水泥塞；

③ 已在套管或者尾管内进行了射孔试油作业的，对射孔层进行全封，在其上部打至少

50m 的水泥塞；

④ 已切割的每层套管内，保证切割处上下各有至少 20m 的水泥塞；

⑤ 表层套管内水泥塞长度至少有 45m，且水泥塞顶面位于海底泥面下 4 ~ 30m 之间。

（3）对于临时弃井的，应当符合下列要求：

① 在最深层套管柱的底部至少打 50m 水泥塞；

② 在海底泥面以下 4m 的套管柱内至少打 30m 水泥塞。

永久弃井时，所有套管、井口装置或者桩应当按照国家有关规定实施清除作业。对保留在海底的水下井口装置或者井口帽，应当按照国家有关规定向海油安办石化分部进行报告。

10.4.2.11　系物管理

（1）作业者和承包者应当加强系泊和起重作业过程中系物器具和被系器具的安全管理。

（2）作业者和承包者应当制定系物器具和被系器具的安全管理责任制，明确各岗位和各工种责任制；制定系物器具和被系器具的使用管理规定，对系物器具和被系器具进行经常性维护、保养，保证正常使用。维护、保养应当做好记录，并由有关人员签字。

（3）系物器具应当按照有关规定由海油安办认可的检验机构对其定期进行检验，并作出标记。海上石油作业单位为满足特殊需要，自行加工制造系物器具和被系器具的，系物器具和被系器具必须经海油安办认可的检验机构检验合格后，方可投入使用。

（4）箱件的使用应当满足下列要求：

① 箱外有明显的尺寸、自重和额定安全载重标记；

② 定期对其主要受力部位进行检验。

（5）吊网的使用应当符合下列要求：

① 标有安全工作负荷标记；

② 非金属网不得超过其使用范围和环境。

（6）乘人吊篮必须专用，并标有额定载重和限乘人数的标记，按照产品说明书的规定定期进行技术检验。

（7）系物器具和被系器具有下列情形之一的，应当停止使用：

① 已达到报废标准而未报废，或者已经报废的；

② 未标明检验日期的；

③ 超过规定检验期限的。

10.4.2.12　守护船管理

承担设施守护任务的船舶（以下简称守护船）在开始承担守护作业前，其所属单位应当向海油安办石化分部提交守护船登记表和守护船有关证书登记表，办理守护船登记手续。经海油安办石化分部审查合格后，予以登记，并签发守护船登记证明。未办理登记手续的船舶，不得用作守护船。守护船登记后，其原申报条件发生变化或者终止承担守护任务的，应当向原负责守护船登记的海油安办石化分部报告。守护船的登记证明有效期为 3 年，有效期满前 15 日内应当重新办理登记手续。

守护船应当在距离所守护设施 5n mile 之内的海区执行守护任务，不得擅自离开。在守护船的守护能力范围内，多座被守护设施可以共用一条守护船。

守护船应当服从被守护设施负责人的指挥，能够接纳所守护设施中人员最多的设施上的人数，并为其配备1日所需的救生食品和饮用水。

（1）守护船应当符合下列规定：

① 船舶证书齐全、有效；具备守护海区的适航能力；

② 在船舶的两舷设有营救区，并尽可能远离推进器，营救区应当有醒目标志。营救区长度不小于载货甲板长度的1/3，宽度不小于3m；

③ 甲板上设有露天空间，便于直升机绞车提升、平台吊篮下放等营救操作；

④ 营救区及甲板露天空间处于守护船船长视野之内，便于指挥操作和营救。

（2）守护船应当配备能够满足应急救助和撤离人员需要的下列设备和器具：

① 1副吊装担架和1副铲式担架；

② 2副救助用长柄钩；

③ 至少1套抛绳器；4只带自亮浮灯、逆向反光带和绳子的救生圈，绳子长度不少于30m；

④ 用于简易包扎和急救的医疗用品；

⑤ 营救区舷侧的落水人员攀登用网；

⑥ 1艘符合《国际海上人命安全公约》要求的救助艇；

⑦ 至少2只探照灯，可以提供营救作业区及周围海区照明；

⑧ 至少配备两种通信工具，保证守护船与被守护设施和陆岸基地随时通话。

（3）守护船船员应当符合下列条件：

① 具有船员服务簿和适任证书等有效证件；

② 至少有3名船员从事落水人员营救工作；

③ 至少有2名船员可以操纵救助艇；

④ 至少有2名船员经过医疗急救培训，能够承担急救处置、包扎和人工呼吸等工作；

⑤ 定期参加营救演习。

10.4.2.13 租用直升机

（1）作业者或者承包者应当对提供直升机的公司进行安全条件审查和监督。

（2）直升机公司应当符合下列条件：

① 直升机持有中国民用航空局颁发的飞机适航证，并具备有效的飞机登记证和无线电台执照；

② 符合安全飞行条件，并达到该机型最低设备放行清单的标准；

③ 具有符合安全飞行条件的驾驶员、机务维护人员和技术检查人员；

④ 对直升机驾驶员进行夜航和救生训练，保证完成规定的训练小时数；

⑤ 需要应急救援时，备有可以调用的直升机；

⑥ 完善和落实飞行安全的各种规章制度，杜绝超气象条件以及不按规定的航线和高度飞行。

（3）直升机应当配备下列应急救助设备。

① 直升机应急浮筒。

② 携带可以供机上所有人员使用的海上救生衣（在水温低于10℃的海域应当配备保温救生服）、救生筏及救生包，并备有可以供直升机使用的救生绞车。

③ 直升机两侧有能够投弃的舱门或者具备足够的紧急逃生舱口。

④ 在额定载荷条件下，直升机应当具有航行于飞行基地与海上石油设施之间的适航能力和夜航能力。

⑤ 飞行作业前，直升机所属公司应当制定安全应急程序，并与海上石油作业单位编制的应急预案相协调。

⑥ 直升机在飞行作业中必须配有 2 名驾驶员，并指定其中 1 人为责任机长；由中外籍驾驶员合作驾驶的直升机，2 名驾驶员应当有相应的语言技能水平，能够直接交流对话。

⑦ 海上石油作业单位及直升机所属公司必须确保飞行基地(或者备用机场)和海上石油设施上的直升机起降设备处于安全和适用状态。

⑧ 海上石油作业单位及直升机所属公司，应当通过协商制定飞行条件与应急飞行、乘机安全、载物安全和飞行故障、飞行事故报告等制度。

10.4.2.14　平台(船舶)压载、升降、拖带、吊装作业

(1) 海上移动式设施拖航、移位、就位、靠离井口、锚泊应按 SY 6346《浅海移动式平台拖带与系泊安全规定》、《海上拖航法定检验技术规则》执行。非浅海海上移动式设施的上述作业应严格按照船舶检验规范和设施的 HSE 操作规程执行。

(2) 座底式平台沉浮、自升式平台升降作业应按 SY 6428《浅海移动式平台沉浮与升降安全规定》执行。非浅海海上自升式平台升降作业的升降作业应严格按照船舶检验规范和平台操作手册执行。

(3) 半潜式平台的锚泊、压载作业应按平台操作手册执行。

(4) 大型结构物(如装船运输的导管架、井口平台、海底管线的浮拖)拖带前，应委托有资质的设计部门进行拖带设计计算，并经发证检验机构认可。

(5) 起重船进行海工吊装作业应执行 SY 6430《浅海石油船舶吊装作业安全规程》。非浅海超重船进行海工吊装作业时参照上述标准执行。

10.4.2.15　恶劣环境条件下作业

(1) 在预报恶劣天气到来前，大型吊装、起下管柱、高空作业及水面作业应提前采取避让措施，按照应急预案执行；发生应急预案未包括的紧急情况时，应停止作业；当出现需要紧急救助性作业时，由现场最高管理者请示上级决定，不具备请示条件的，由现场最高管理者依具体情况决定。

(2) 在易结冰水域作业的设施、船舶应满足作业海区的环境条件要求，作业前应制订详细的防范措施。

在每年冬季结冰期间，移动式油气生产、作业设施应根据海域的环境特点和平台适应水深及结冰情况安排作业。设计有冰期作业能力的，应严格按照设计要求的海洋环境条件进行作业。

因特殊情况需要在冰期进行施工作业的重大建设项目，由海上石油作业单位申请，上报直属企业有关部门协调、审批，方可组织施工作业。

10.4.2.16　作业准备阶段风险分析及控制措施

海上作业准备阶段工作主要包括升降平台、拖航移位、设施准备、人员物资准备等钻井作业前准备工作。海上作业准备阶段风险分析及控制措施见表 10－1。

表 10-1 海上作业准备阶段风险分析及控制

安全风险	危险源	控制措施
平台倾斜/倾覆	1. 大风等恶劣天气； 2. 各桩腿升降速度不一致； 3. 桩腿刺穿地层而难以拔出； 4. 平台载荷分布不均； 5. 漂浮状态下前后左右吃水不同； 6. 船体受腐蚀而破损或变形； 7. 升降系统故障或动力不足； 8. 不了解海况情况； 9. 船体进水； 10. 拖轮能力不足； 11. 拖缆受力过大断裂； 12. 平台起浮、下潜困难； 13. 平台走锚，定位困难	1. 选择合适天气拖航； 2. 做好防风准备； 3. 拖航前进行船体及密闭性检查； 4. 准备好堵漏材料及排水措施； 5. 选择合适的拖轮，取得适拖证书； 6. 升降船严格按照操作规程操作； 7. 就位前获得海底地质信息，了解航线海况； 8. 严格进行载荷计算； 9. 认真巡回检查，观察吃水情况； 10. 做好船体维护保养工作； 11. 作业前检查升降系统，保证动力充足； 12. 制定应急预案； 13. 严格按照起浮、下潜程序作业； 14. 检查压载系统，保证正常； 15. 按照规定操作放锚
碰撞	1. 拖航时速度过快； 2. 安全距离不足； 3. 靠船时风向流向选择不正确； 4. 平台物体固定不牢，平台倾斜时滑落碰撞； 5. 未开信号灯、未悬挂信号标	1. 严格控制航行速度； 2. 与邻近海上设施保持足够距离； 3. 拖航前对所有移动物体进行固定； 4. 开航行信号灯，悬挂拖航标
升降/锚泊系统损坏	1. 人员操作失误； 2. 桩腿润滑不足； 3. 各桩腿受力不均； 4. 锚机故障	1. 严格按照操作规程操作； 2. 桩腿润滑责任落实到人； 3. 严格进行载荷计算； 4. 压载时保证载荷均匀
火灾爆炸	1. 电路短路火灾； 2. 油泄漏遇火源； 3. 违章吸烟； 4. 生活区火灾； 5. 气瓶泄漏	1. 严格巡回检查制度； 2. 动用火管理规定，吸烟管理规定； 3. 井场周围设置隔离带； 4. 营房内严禁私接电线，做到人走电器切断电源； 5. 厨房用火规定； 6. 汽柴油使用安全规定； 7. 电器设备使用管理规定
人员落水	1. 恶劣天气如大风等； 2. 进入平台、船舶危险区域未做防护措施； 3. 人员配合失误； 4. 拖航期间未穿救生衣； 5. 安全意识淡薄	1. 恶劣天气禁止人员单独行动，禁止进入危险区域； 2. 做好防护措施； 3. 危险作业设专人监护； 4. 规定拖航期间穿救生衣； 5. 强化人员安全教育
高空坠落	1. 违章操作； 2. 安全保护装置(设施)失效； 3. 人员注意力不集中； 4. 恶劣的天气状况； 5. 配合不当； 6. 未执行作业许可制度	1. 作业过程中严格操作规程； 2. 保护设施必须进行检测； 3. 进行必要的高空作业培训； 4. 高空作业时设监护人，并配合密切； 5. 人员岗位培训； 6. 员工能力评价； 7. 执行作业许可制度

续表

安全风险	危险源	控制措施
物体打击	1. 连接部件松动； 2. 违章操作； 3. 吊车、绞车、滑轮等的吊环或钢丝出现故障或损坏； 4. 指挥配合不当； 5. 高压伤人，如冲桩管线损坏或摆动伤人	1. 严格巡回检查制度、交接班制度、岗位操作规程； 2. 高空作业设备安装牢固； 3. 定期检查刹车系统； 4. 起吊物体留有安全余量； 5. 定期检查吊环及吊索的可靠性； 6. 吊运物体拴牢； 7. 指挥配合密切； 8. 高空操作工具拴牢保险绳； 9. 对压力管线等高压容器进行检查； 10. 员工能力评价
人员触电	1. 违章操作； 2. 绝缘失效； 3. 人员配合不当； 4. 未设立安全警示标志； 5. 安全防护措施不当； 6. 未执行作业许可制度	1. 正确穿戴 PPE； 2. 作业过程中严格操作规程； 3. 严格巡回检查制度、交接班制度、岗位操作规程； 4. 有保护设施； 5. 人员岗位培训； 6. 电器安装维修设置安全标志； 7. 断电操作； 8. 执行作业许可制度
机械伤害	1. 违章操作； 2. 配合不当； 3. 运转或受力物体打击等	1. 严格巡回检查制度、交接班制度、岗位操作规程； 2. 指挥配合密切； 3. 人员定期岗位培训； 4. 劳保用品穿戴齐全； 5. 设备运转部位的防护装置齐全有效； 6. 安装维修运转设备设立安全标志
交通事故	1. 直升机事故； 2. 车、船状况不好； 3. 人员违章指挥； 4. 运输路线选择不合理； 5. 海况较差	1. 人员进行直升机水下逃生培训； 2. 与人员输送方签订安全协议； 3. 出发前认真检查车辆、船舶状况； 4. 按交通规则驾驶车辆； 5. 现场车辆调配严格执行统一指挥的要求； 6. 针对运输设备的情况认真勘查路线； 7. 加强对运输船舶的管理

10.4.2.17　海上钻井作业风险分析及控制措施

海上钻井作业风险分析及控制措施见表10－2。

表10－2　海上钻井作业风险分析及控制

安全风险	危险源	控制措施
井涌、井喷	1. 地层压力异常； 2. 起钻时未及时灌泥浆； 3. 地层漏失严重，误操作； 4. 泥浆比重不满足要求； 5. 相邻井影响； 6. 设计有误； 7. 测量有误	1. 按标准安装防喷装置； 2. 设计合理的钻井液密度； 3. 保持测量仪器的有效性； 4. 及时灌满泥浆； 5. 正确处理地层漏失或井涌； 6. 严格岗位操作规程； 7. 应急预案

续表

安全风险	危险源	控制措施
火灾爆炸	1. 失控井喷，气体遇明火； 2. 动火作业程序及审批不规范； 3. 风向标不灵敏，造成风向判断失误； 4. 放喷口附近有易燃物； 5. 电器火灾； 6. 油品火灾； 7. 其他易燃品火灾	1. 危险物品存放在远离火源； 2. 危险品存放区域有明显标志； 3. 设有风向标，并定期检查； 4. 严格执行动火工作许可证制度，加强监管； 5. 严格执行《试油技术规程》防止井喷； 6. 有对电器、易燃物品的管理规定
压缩气体爆炸	1. 罐体超压； 2. 罐体损坏； 3. 违章使用	1. 人员必须严格按操作规程操作； 2. 定期检查罐体是否完好； 3. 压缩气体罐分类，正确存放； 4. 压缩气体存放区域设立安全标识
高压管汇事故	1. 高压管汇安装不合格； 2. 管汇质量不合格； 3. 管汇超压； 4. 管汇振动损坏； 5. 人员误操作	1. 高压管汇使用前严格检查并试压； 2. 高压管汇按标准安装； 3. 严禁超压使用； 4. 试压时人员远离高压管汇； 5. 严格操作
钻具脱扣、断裂	1. 钻具管柱丝扣磨损或上扣扭拒不够，负荷过载； 2. 管柱钢级不够； 3. 管柱错扣； 4. 违章操作	1. 管柱钻具质量检验； 2. 丝扣检查； 3. 严格操作规程； 4. 严禁超载； 5. 钻具上扣扭拒值达到规范要求； 6. 严格按照操作规程操作
卡钻顿钻事故	1. 绞车刹车失灵； 2. 违章操作； 3. 井下有落物； 4. 井下情况复杂，如沉砂、磨屑、狗腿度大； 5. 钻具选择不当； 6. 井身质量差，钻井液性能差等	1. 控制钻井液密度； 2. 严格按钻井技术措施施工； 3. 严格控制狗腿度； 4. 确保刹车系统安全可靠； 5. 严禁违章操作
上顶下砸事故	1. 刹车和防碰装置失灵； 2. 违章操作，起下速度过快	1. 做好班前检查，保证刹车和防碰装置完好有效； 2. 严禁超速提升
固井事故	1. 固井水泥浆不合格或质量问题； 2. 违章操作； 3. 固井管线连接不牢； 4. 高压风险； 5. 候凝时间不够； 6.“灌香肠”； 7. 固井设备损坏等	1. 设计严格审批； 2. 严格操作规程； 3. 作业前设备检查； 4. 无关人员离开现场； 5. 避免作业中断； 6. 控制作业时间； 7. 做好事故应急部署等
管线泄漏	1. 管线固定不好； 2. 未进行试压实验； 3. 设备缺陷	1. 固定相关管线； 2. 对相关管线进行试压； 3. 定时检查，保证设备完好

续表

安全风险	危险源	控制措施
井下事故	1. 井下落物； 2. 管柱不符要求； 3. 误射事故； 4. 工具不符； 5. 解卡位置不符	1. 核对钻柱长度； 2. 做好井口保护； 3. 下钻严禁转盘转动，控制速度； 4. 严格按照操作规程作业； 5. 充分准备，选择合适工具
井架倾斜倒塌	1. 井架未进行第三方检验； 2. 井架保养不到位产生腐蚀； 3. 负荷过大	1. 执行第三方检验制度； 2. 制定维保制度； 3. 严格控制打捞解卡负荷，严禁超负荷
高空物品坠落	1. 自然环境影响，能见度不足； 2. 工具、物品无防坠落措施； 3. 吊装搬迁时各种罐、箱未放净； 4. 吊装违章操作	1. 在能见度小于30m的天气禁止进行高空作业； 2. 严格按吊装操作规程、人员高空操作规程进行作业； 3. 操作工具、物品系保险绳
人员落水	1. 恶劣天气如大风等； 2. 进入平台、船舶危险区域未作防护措施； 3. 人员配合失误； 4. 拖航期间未穿救生衣； 5. 安全意识淡薄	1. 恶劣天气禁止人员单独行动，禁止进入危险区域； 2. 做好防护措施； 3. 危险作业设专人监护； 4. 规定拖航期间穿救生衣； 5. 强化人员安全教育
高空坠落	1. 违章操作； 2. 安全保护装置(设施)失效； 3. 人员注意力不集中； 4. 恶劣的天气状况； 5. 配合不当； 6. 未执行作业许可制度	1. 作业过程中严格操作规程； 2. 保护设施必须进行检测； 3. 进行必要的高空作业培训； 4. 高空作业时设监护人，并配合密切； 5. 人员岗位培训； 6. 员工能力评价； 7. 执行作业许可制度
物体打击	1. 连接部件松动； 2. 违章操作； 3. 吊车、绞车、滑轮等的吊环或钢丝出现故障或损坏； 4. 指挥配合不当； 5. 高压伤人，如冲桩管线损坏或摆动伤人	1. 严格巡回检查制度、交接班制度、岗位操作规程； 2. 高空作业设备安装牢固； 3. 定期检查刹车系统； 4. 起吊物体留有安全余量； 5. 定期检查吊环及吊索的可靠性； 6. 吊运物体拴牢； 7. 指挥配合密切； 8. 高空操作工具拴牢保险绳； 9. 对压力管线等高压容器进行检查； 10. 员工能力评价
触电	1. 电器设备不符合规范； 2. 人员未正确佩戴PPE； 3. 临时接线不规范 4. 设备、线路腐蚀，绝缘性能不良 5. 未执行作业许可制度	1. 选用符合规范的电器设备，并定期检查更换； 2. 作业人员正确佩戴劳保用品并按规定进行电器作业； 3. 定期检查设备，保证设备绝缘良好； 4. 临时接线严格按照规定进行； 5. 执行作业许可制度

续表

安全风险	危险源	控制措施
硫化氢中毒	1. 无防护设施、防护设备； 2. 防护不当； 3. 监控设施失效； 4. 硫化氢气体溢出	1. 配备硫化氢监测和防护实施； 2. 对施工人员进行有关硫化氢的基本知识、人身安全防护方法及装置、急性硫化氢中毒的急救措施培训； 3. 随时保持监测和防护设施有效性、完好性； 4. 出现气体泄漏及时报警，执行应急预案
化学物品伤害	1. 残酸储存容积不够； 2. 盛放酸和残酸的容器、闸门、管线泄漏； 3. 作业中接触化学药品； 4. 化学药品泄漏； 5. 人员未正确穿戴 PPE	1. 加强化学品及残液的收集和管理； 2. 人员注意佩戴劳动保护用品； 3. 严格按照操作规程作业； 4. 危险化学品作业前进行提示； 5. 危险化学品存放处设置标识

10.5 航务管理

10.5.1 航道管理

中华人民共和国交通部(以下简称交通部)主管全国航道事业。各级交通主管部门设置的航道管理机构是对航道及航道设施实行统一管理的主管部门。航道建设和管理，必须遵守国家的法律、法规和规章，符合国家和交通部发布的有关航道技术标准。

10.5.1.1 国家航道

(1) 构成国家航道网、可以通航五百吨级以上船舶的内河干线航道；

(2) 跨省、自治区、直辖市，可以常年(不包括封冻期)通航三百吨级以上(含三百吨级)船舶的内河干线航道；

(3) 可通航三千吨级以上(含三千吨级)海船的沿海干线航道；

(4) 对外开放的海港航道；

(5) 国家指定的重要航道。

10.5.1.2 地方航道

(1) 可以常年通航三百吨级以下(含不跨省可通航三百吨级)船舶的内河航道；

(2) 可通航三千吨级以下的沿海航道及地方沿海中小港口间的短程航道；

(3) 非对外开放的海港航道；

(4) 其他属于地方航道主管部门管理的航道。

10.5.1.3 航道管理依据

航道管理主要依据的法律法规有:《中华人民共和国航道管理条例》《中华人民共和国航道管理条例实施细则》《中华人民共和国航标条例》《中华人民共和国招投标法》国家和省法规及技术规范。

10.5.1.4 航道的规划和建设

凡可开发通航和已通航的天然河流、湖泊、人工运河、渠道和海港航道，都应编制航道发展规划。航道发展规划应当根据国民经济、国防建设和水运发展的需要，按照统筹兼顾、综合利用水资源的原则进行编制。内河航道规划应当与江河流域规划相协调，结合城市建设，以及铁路、公路发展规划制定；海港航道规划应结合海港建设规划制定。

交通、水利、水电主管部门应按《条例》规定编制各类规划和设计文件。规划和设计文件的主管部门应向参加部门详尽提供有关资料，并在编制、审查的各个重要阶段，采纳有关部门的合理意见。各方意见不能协商一致时，应报请同级人民政府协调或仲裁。违反《条例》规定，未邀请有关主管部门参加编制的规划、设计文件，有关审批部门应不予批准。

航道的技术等级，是确定跨河桥梁、过船建筑物和航道建设标准的依据。内河航道技术等级的划分，应根据国家规定的全国内河通航标准，经过技术经济论证，充分考虑航运远期发展需要后确定。一至四级航道由省、自治区、直辖市交通主管部门或交通部派驻水系的管理机构提出方案，由交通部会同水利部及其他有关部门研究批准，报国务院备案。

五至七级航道由省、自治区、直辖市航道主管部门提出方案，经省级交通主管部门同意，报省、自治区、直辖市人民政府批准，并报交通部备案；其中五至七级跨省、自治区、直辖市的航道技术等级由有关省、自治区、直辖市航道主管部门共同提出方案，经有关省级交通主管部门同意，报有关省、自治区、直辖市人民政府联合审批，并报交通部备案。

七级以下的航道技术等级，按省、自治区、直辖市人民政府颁布的内河通航标准规定的审批权限办理。已经批准的航道技术等级不得随意变更，如确需变更，必须报原批准机关核准。

因建设航道及其设施，损坏或需搬迁水利水电工程、跨河建筑物和其他设施的，建设单位应当按照国家的规定给予赔偿、修复或搬迁，但原有工程设施是违章的除外。在行洪河道上进行航道整治，必须符合行洪安全的要求，并事先征求河道主管机关对有关设计和计划的意见，如意见不能协商一致时，报请同级人民政府协调或裁决。

10.5.1.5　航道的保护

航道和航道设施受国家保护，任何单位和个人不得侵占、破坏。航道主管部门负责管理和保护航道及航道设施，有权依法制止处理各种侵占、破坏航道和航道设施的行为。

航道管理机构应当加强航道管理和养护工作，维护规定的航道尺度，保持航道和航道设施处于良好技术状态，保障航道畅通。航道管理机构应定期发布内河航道变迁、航标移动、航道尺度和水情以及航道工程施工作业的航道通告。航道管理机构为了保证航道畅通，在通航水道上进行正常的航道养护工程，包括勘测、疏浚、抛泥、吹填、清障维修航道设施和设置航标等，任何单位或个人不得非法阻挠、干涉或索取费用。

修建与通航有关的设施，或者治理河道、引水灌溉，必须符合国家规定的通航标准和有关的技术要求，以及交通部和各省、自治区、直辖市人民政府颁发的有关技术标准、规范的规定，不得影响航道尺度，恶化通航条件，不得危害航行安全。与通航有关设施的设计文件中有关航道事项应事先征得航道主管部门同意。

任何单位和个人有违反前款规定行为的，航道主管部门有权制止；如工程已经实施，造成断航或恶化通航条件后果的，建设单位或个人应承担赔偿责任，并在航道主管部门规定的期限内拆除设施，恢复原有通航条件或采取其他补救措施。

在通航河流上建设永久性拦河闸坝，建设单位必须按设计和施工方案同时建设过船、过木、过鱼建筑物，并妥善解决施工期间的船舶、排筏安全通航问题，所需建设费用由建设单位承担。工程施工确需断航的，应修建临时过船设施或驳运设施。断航前必须征得交通、林业主管部门同意，并赔偿断航期间对水路运输所造成的经济损失。

在不通航河流或人工渠道上建设闸坝后可以通航的，建设单位应当同时建设适当规模的过船建筑物；不能同时建设的，应当预留建设过船建筑物的位置和条件。过船建筑物的建设费用，除国家另有规定者外，应由交通部门承担。

过船建筑物的建设规模，应依照批准的航运规划和交通部颁发的《船闸设计规范》的规定执行；对过木、过鱼建筑物的建设规模，由建设单位的主管部门与林业、渔业主管部门商定。过船、过木、过鱼建筑物的设计任务书、设计文件和施工方案，必须取得交通、林业、渔业主管部门的同意。工程竣工验收应有各该主管部门参加，符合设计要求后方可交付使用。

在原有通航河流上因建闸坝、桥梁和其他建筑物，造成断航、碍航、航道淤塞的，应由航道主管部门根据通航需要，提出复航规划、计划或解决办法，按管辖权限报经相应级别人民政府批准，由地方人民政府本着"谁造成碍航谁恢复通航"的原则，责成有关部门限期补建过船、过木、过鱼建筑物，改建或拆除碍航建筑物，清除淤积，恢复通航和原有通航条件。属于中央掌管的建设项目，由交通部与有关部协商责成办理。

在通航河段或其上游兴建水利、水电工程、控制或引走水源，建设单位应保证航道和船闸所需通航流量，并应事先与交通主管部门达成协议。在特殊情况下，由于控制水源或大量引水将影响通航的，建设单位在动工前应采取补救工程措施；同时应由县以上地方人民政府组织水利、水电、农业、林业、交通等有关部门共同协商，统筹兼顾给水、灌溉、水运、发电、渔业等各方面需要，合理制定水量的分配办法。

水利水电工程设施管理部门制定调度运行方案，涉及通航流量、水位和航行安全的，必须事先与交通主管部门协商，达成协议，并切实按协议执行。协商不能取得一致意见时，由县级以上人民政府裁定。遇到特殊情况，水利水电工程需要减流断流或突然加大流量，必须事前及时与交通主管部门联系并采取有效措施，防止由于水量突然减少或加大而造成事故。

因兴建水利工程或与通航有关的设施，对航道的水量有不利影响的，造成航道通航条件恶化的，危及或损坏航道设施安全的，建设单位应采取补救措施，或者予以补偿，或者修复。造成航道需要临时或永久改道的，所需费用由建设单位承担。

在通航河道的管理范围内，水域和土地的利用应当符合航运的要求，岸线的利用和建设，应当服从河道整治规划和航道整治规划。为确保航道畅通，航道管理机构有权制止在航道滩地、岸坡进行引起航道恶化，不利于航道维护及有碍安全航行的堆填、挖掘、种植、构筑建筑物等行为，并可责成清除构筑的设施和种植的植物。

在防洪、排涝、抗旱时，综合利用水利枢纽过船建筑物的运用，应当服从防汛抗旱指挥机构的统一安排，并应符合《船闸管理办法》的有关规定和原设计的技术要求。

内河航道上无主的人行桥和农用桥的维修、改建或拆除，应由所在地方人民政府负责，如因航运发展需要而改建的，由交通主管部门负责。

沿海和通航河流上设置的助航标志，必须分别符合下列国家标准：

（1）沿海助航标志应符合《中国海区水上助航标志》（GB 4696—1999）、《中国海区水上助航标志形状显示规定》（GB 16161—1996）；

（2）内河助航标志应符合：《内河助航标志》（GB 5863—1993）、《内河助航标志的主要外形尺寸》（GB 5864—1993）。

非航标管理部门在沿海和通航河流上设置专用航标，必须经航标管理部门的同意，标志设置单位应经常维护，使之保持良好技术状态。

助航、导航设施和测量标志是关系水运交通安全的公共设施，所在地人民政府对其设置占地，应给予支持。航标设施、附属设备及辅助设施的保护和管理，按国家有关规定执行。

在通航河流上新建和已建桥梁，必须根据航道主管部门的意见，建设桥涵标志或桥梁河段航标，同时按港监部门的意见，增设航行安全设施，其建设和维护管理工作，由桥梁建设或管理单位负责。建设其他与通航有关的设施，涉及航行安全和设施自身安全的，亦须设置航标予以标示，其设标和维护管理工作，亦由建设和管理单位负责。对设置和管理上述航标，建设或管理单位确有困难的，可以委托航道主管部门代设代管，有关设备和管理费用由委托单位负责。

除疏浚、整治航道所必须的排泥、抛石外，禁止向河道倾倒泥沙、石块和废弃物。在通航河道内挖取沙石泥土、开采沙金、堆放材料，必须报河道主管部门会同航道主管部门批准，涉及水上交通安全的，事先征得港监部门同意，并按照批准的水域范围和作业方式开采，不得恶化通航条件。

在狭窄的内河航道，沉船、沉物造成断航或严重危害航行安全的，应当立即进行清除，其费用由沉船、沉物所有人或经营人承担。船舶、排筏在内河浅险段航行，因违章、超载或走偏航道，发生搁浅，造成航道堵塞，航道条件恶化，航道主管部门采取疏浚、改道等应急措施，其经费由船舶、排筏所有人或经营人承担。

任何单位在通航水域进行工程建设，施工完毕必须按通航要求及时清除遗留物，如围埝、残桩、沉箱、废墩、锚具、沉船残体、海上平台等，并经航道主管部门验收认可。没有清除的，航道主管部门有权责成其限期清除，或由航道主管部门强制清除，其清除费用由工程施工单位承担。

10.5.2 港口管理

港口是运输网络中水陆运输的枢纽，是货物的集散地以及船舶与其他运输工具的衔接点。它可提供船舶靠泊、旅客上下船、货物装卸、存储驳运以及其他相关业务，并有明确的水域范围和陆运范围。

10.5.2.1 管理依据

《中华人民共和国港口法》、《中华人民共和国安全生产法》、《危险化学品安全管理条例》、《港口危险货物管理规定》(交通部2003年第9号令)、《水路危险货物运输规则》(交通部1996年第10号令)、《港口经营管理规定》(交通部2004年第4号令)，其他有关法律、法规、规章、规范性文件及技术规范。

10.5.2.2 管理规定

1. 港口管理部门

交通运输部负责全国港口经营行政管理工作。省、自治区、直辖市人民政府交通运输(港口)主管部门负责本行政区域内的港口经营行政管理工作。省、自治区、直辖市人民政府、港口所在地设区的市(地)、县人民政府确定的具体实施港口行政管理的部门负责该港口的港口经营行政管理工作。本款上述部门统称港口行政管理部门。

2. 资质管理

(1) 从事港口经营，应当申请取得港口经营许可。从事港口经营(港口理货、船舶污染物接收除外)，应当具备下列条件：

① 有固定的经营场所。

② 有与经营范围、规模相适应的港口设施、设备，其中：

a）码头、客运站、库场、储罐、污水处理设施等固定设施应当符合港口总体规划和法律、法规及有关技术标准的要求；

b）为旅客提供上、下船服务的，应当具备至少能遮蔽风、雨、雪的候船和上、下船设施；

c）为国际航线船舶服务的码头（包括过驳锚地、浮筒），应当具备对外开放资格；

d）为船舶提供码头、过驳锚地、浮筒等设施的，应当有相应的船舶污染物、废弃物接收能力和相应污染应急处理能力，包括必要的设施、设备和器材；

e）有与经营规模、范围相适应的专业技术人员、管理人员；

f）有健全的经营管理制度和安全管理制度以及生产安全事故应急预案。

（2）从事港口理货，应当具备下列条件：

① 与经营范围、规模相适应的组织机构和管理人员、理货员；

② 有固定的办公场所和经营设施；

③ 有业务章程和管理制度。

（3）从事船舶污染物接收经营，应当具备下列条件：

① 有固定的经营场所；

② 配备海务、机务、环境工程专职管理人员至少各一名，专职管理人员应当具有三年以上相关专业从业资历；

③ 有健全的经营管理制度和安全管理制度以及生产安全事故应急预案

④ 使用船舶从事船舶污染物接收的，应当拥有至少一艘不低于300总吨的适应船舶污染物接收的中国籍船舶；使用港口接收设施从事船舶污染物接收的，港口接收设施应处于良好状态；使用车辆从事船舶污染物接收的，应当拥有至少一辆垃圾接收、清运专用车辆。

从事港口装卸和仓储业务的经营人不得兼营理货业务。理货业务经营人不得兼营港口货物装卸经营业务和仓储经营业务。

（4）申请从事港口经营，应当提交下列相应文件和资料：

① 港口经营业务申请书；

② 经营管理机构的组成及其办公用房的所有权或者使用权证明；

③ 港口码头、库场、储罐、污水处理等固定设施符合国家有关规定的竣工验收证（明）书及港口岸线使用批准文件；

④ 使用港作船舶的，港作船舶的船舶证书；

⑤ 负责安全生产的主要管理人员通过安全生产法律法规要求的培训证明材料；

⑥ 证明符合第七条规定条件的其他文件和资料。

符合资质条件的，由港口行政管理部门发给《港口经营许可证》，有效期为三年。

3. 经营管理

港口经营人应当按照核定的功能使用和维护港口经营设施、设备，并使其保持正常状态。港口经营人变更或者改造码头、堆场、仓库、储罐和污水垃圾处理设施等固定经营设施，应当依照有关法律、法规和规章的规定履行相应手续。从事港口旅客运输服务的经营人，应当采取必要措施保证旅客运输的安全、快捷、便利，保证旅客基本生活用品的供应，保持良好的候船条件和环境。

港口经营人应当优先安排抢险、救灾和国防建设急需物资的港口作业。政府在紧急情况下征用港口设施，港口经营人应当服从指挥。港口所在地的市、县人民政府认为必要时，可以直接采取措施，进行疏港。港口内的单位、个人及船舶、车辆应当服从疏港指挥。港口经营人应当依照有关法律、法规和交通运输部有关港口安全作业的规定，加强安全生产管理，完善安全生产条件，建立健全安全生产责任制等规章制度，确保安全生产。

港口经营人应当依法制订本单位的危险货物事故应急预案、重大生产安全事故的旅客紧急疏散和救援预案以及预防自然灾害预案，并保障组织实施。制订的各项预案应当报送港口行政管理部门和港口所在地海事管理机构备案。

4. 监督检查

港口行政管理部门应当依法对港口安全生产情况和本规定执行情况实施监督检查，并将检查的结果向社会公布。港口行政管理部门应当对旅客集中、货物装卸量较大或者特殊用途的码头进行重点巡查。检查中发现安全隐患的，应当责令被检查人立即排除或者限期排除。

各级交通运输（港口）主管部门应当加强对港口行政管理部门实施《中华人民共和国港口法》和本规定的监督管理，切实落实法律规定的各项制度，及时纠正行政执法中的违法行为。港口行政管理部门的监督检查人员依法实施监督检查时，有权向被检查单位和有关人员了解情况，并可查阅、复制有关资料。监督检查人员实施监督检查，应当两个人以上，并出示执法证件。监督检查人员应当将监督检查的时间、地点、内容、发现的问题及处理情况作出书面记录，并由监督检查人员和被检查单位的负责人签字；被检查单位的负责人拒绝签字的，监督检查人员应当将情况记录在案，并向港口行政管理部门报告。被检查单位和有关人员应当接受港口行政管理部门依法实施的监督检查，如实提供有关情况和资料，不得拒绝检查或者隐匿、谎报有关情况和资料。

10.5.3 航标管理

航标对支持水运、渔业、海洋开发和国防建设等具有重要作用。中国海事局对我国沿海航标实行统一管理与维护。随着航运的发展，天然标志如山峰、岛屿等渐渐不能满足船舶航行的需要，航标就是在这种情况下逐步发展起来的。航标设置在通航水域及其附近，用以表示航道、锚地、碍航物、浅滩等，或作为定位、转向的标志等。航标也用以传送信号，如标示水深，预告风情，指挥狭窄水道交通等。永久性航标的位置、特征、灯质、信号等都载入各国出版的航标表和海图。现代航标管理分为沿海航标管理和内河航标管理。

10.5.3.1 沿海航标管理

（1）航标定义

“航标”，与《中华人民共和国航标条例》中使用的同一用语含义相同，即指供船舶定位、导航或者用于其他专用目的的助航设施，包括视觉航标、无线电导航设施和音响航标。

公用航标，是指在沿海为各类海上船舶提供助航、导航服务而设置的航标。

专用航标，是指在沿海专用航道、锚地和作业区以及相关陆域，为特定船舶提供助航、导航服务或者保护特定设施等而设置的航标。

（2）航标规划

交通部海事局负责组织编制全国沿海航标总体规划，报交通部批准。

沿海航标管理机构负责本辖区范围内的沿海航标总体规划，报交通部海事局批准。

辖区沿海航标总体规划应当符合全国沿海航标总体规定的要求。沿海航标管理机构可以根据海上交通发展的需要，对沿海航标总体规划进行局部调整，报交通部海事局备案；但对沿海航标总体规划作重大变更的，应当报交通部海事局批准。

(3) 航标配布

设置沿海航标，应当以经依法批准的沿海航标配布图和沿海航标配布方案为依据，做到标位准确、安装牢固，效能可靠。海峡进出口段及通海河口段的航标配布，应注意连贯、衔接，明确航道的方向与界限，不得与其他标识相混淆。设置沿海航标，应当按照国家有关规定向沿海航标管理机构提出申请，取得沿海航标管理机构的同意。

港口、航道、桥梁以及沿海其他建设工程涉及沿海航标建设的，在履行基本建设程序审查批准过程中，沿海航标管理机构参加沿海航标设计方案的审查确定工作。承揽沿海航标建设工程项目的可行性研究、勘察设计、施工和监理的单位，应当具备国家规定的相关资质。沿海航标建设工程项目竣工后，应当经沿海航标管理机构对航标效能进行验收；验收合格的，方可投入使用。

(4) 航标维护

负责沿海航标维护的单位，应当建立沿海航标维护质量保证体系，健全、落实沿海航标维护管理制度，加强对沿海航标的维护，保证其处于正常使用状态。配布沿海航标，应当选用符合国家标准的航标设备，并配备足够的备用航标设备。任何单位和个人发现沿海航标发生位移、漂失或者效能失常，应当及时向沿海航标管理机构报告。

沿海出现影响沿海航行安全的沉没物、漂浮物、搁浅物，其所有人或者使用人、管理人应当及时向沿海航标管理机构报告，并按沿海航标管理机构的要求设置航标；不能按沿海航标管理机构的要求设置航标的，可以委托沿海航标维护单位设置航标，并承担有关费用。

船舶、设施所有人或者使用人以及沿海航标维护单位，发现沿海出现沉没物、漂浮物、搁浅物，应当及时向沿海航标管理机构报告。需要打捞清除沿海沉没物、漂浮物、搁浅物的，应当遵守国家有关规定。发生下列情况，应当报沿海航标管理机构备案：

① 沿海航标的维护单位发生变更；

② 沿海航标的管理单位发生变更；

③ 公用航标改为专用航标；

④ 专用航标改为公用航标。

沿海航标的设置、失常、拆除、恢复或者发生其他较大变化，应当按国家有关规定发布航标动态通告。

(5) 航标保护

任何单位或个人不得侵占、破坏沿海航标。在沿海航标保护范围内，不得进行下列影响沿海航标效能的行为：

① 种植植物。

② 设置灯具或者音响装置。

③ 设置非航标标志。

④ 堆放物件。

⑤ 修建建筑物、构筑物。

⑥《航标条例》中禁止的其他行为。

因施工需要移动或者拆除沿海航标，应当经沿海航标管理机构同意。禁止下列危害沿海航标的行为：

① 非法侵占、损坏沿海航标设施。

② 非法移动、拆除沿海航标。

③ 非法改变沿海航标效能。

④ 在沿海航标设施上攀架物品。

⑤ 在沿海航标设施上拴系船舶、牲畜、渔具。

⑥ 其他损坏沿海航标的行为。

船舶、设施触碰沿海航标，船舶、设施所有人或使用人应当立即向沿海航标管理机构报告。

（6）监督检查

沿海航标管理机构应当建立健全沿海水域航标监督检查制度，并组织落实。沿海航标管理机构应当依法履行职责，对发现的航标隐患，应当责令有关单位和个人立即消除或者限期消除。沿海航标管理机构的工作人员依法在沿海水域进行航标监督检查，任何单位和个人不得拒绝或者阻挠。有关单位或者个人应当接受沿海航标管理机构依法实施的航标监督检查，并为其提供方便。

10.6 船舶运行管理

10.6.1 船舶营运系统

海上运输属高风险行业，船上空间有限，在人员、货物、设备等的相互干扰中易引发事故；船体属于薄壳系统，运动于礁石、浅滩间，航行于急流、狂风巨浪或浓雾中，难免会发生事故。现代科技的进步和船舶作业人员教育培训门槛的提高为有效遏制海上事故的发生起到了关键作用。同时，作为航运企业的安全管理人员，必须了解船舶营运的特殊性，掌握科学的安全管理理论和方法，更好地防止事故的发生。

海上船舶运行应遵守的法律法规主要有：《中华人民共和国海上交通安全法》、《防治船舶污染海洋环境管理条例》、《中华人民共和国船舶污染海洋环境应急防备和应急处置管理规定》、《中华人民共和国船舶签证管理规则》、《中华人民共和国船舶最低安全配员规则》、《中华人民共和国船舶安全检查规则》、《中华人民共和国船舶载运危险货物安全监督管理规定》、《沿海海域船舶排污设备铅封管理规定》、《中华人民共和国航运公司安全与防污染管理规定》、《中华人民共和国船舶安全营运和防止污染管理规则（国内安全管理规则）》等。遵守的国际公约主要有：《1974 年国际海上人命安全公约》、《1978 年海员培训、发证和值班标准国际公约》、《国际防止船舶造成污染公约》、《1972 年国际海上避碰规则公约》、《1969 年国际船舶吨位丈量公约》、《1966 年国际载重线公约》等。

10.6.1.1 船舶

（1）船舶主要构成

① 船体系统：包括船舶甲板、上层建筑、舱室、船壳板（包括列板、边板等）等。

② 操纵系统：主要有侧推器、车、舵、锚、缆等。

③ 通导系统，包括雷达、罗经等助航仪器及 GMDSS 通信系统。

④ 动力系统：包括主机（主推进动力装置）、辅机（辅助动力装置）、各类泵系等。

此外还有货物运输系统和安全应急系统等。

(2) 海上石油作业船舶主要类型

海上石油作业船舶主要有油轮、货轮、拖轮以及起重船、敷缆船、物探船、破冰船等特种用途船，其中大多数拖轮兼具守护、消防、供应及应急救助功能。

(3) 船舶固有风险

船舶固有风险源于人、机、货集中在有限的船体空间内，潜在的隐患、危险等事故源较多，易在外界能量或偶合条件的作用下发生事故。

若不考虑船外环境，则船舶风险类型与陆地工业风险相同，主要有火灾、爆炸、设备故障、触电、物体打击和机械伤害等。考虑船外环境影响因素，则船舶固有风险主要有搁浅、触礁、碰撞、倾覆等。

10.6.1.2 船员

船员是船舶营运系统中最具主观能动性的因素，肩负着保证船舶航行作业安全和防止海洋污染的使命，其素质及行为直接关系到能否安全、优质、经济、高效地完成船舶营运任务。

(1) 船员对船舶安全的影响

主要包括道德、身心、业务能力、责任心、沟通交流等职业素质，有良好的职业素质才能有良好的行为习惯。《1978 年海员培训、发证和值班标准国际公约》即 STCW 公约对船员的业务素质及安全值班行为标准作了明确规定。

(2) 船员持证上岗要求

① 身体健康，符合海船船员体检标准，特别是关于视觉、听觉和讲话能力等方面的标准。

② 经过相应的船员教育和培训，并取得合格的证书。

③ 按照规定经过适任考试和评估，并完成相应的船上培训和见习。

④ 所持有证书等级和种类应与所在船舶的种类、航区、大小等相适应。

⑤ 应在适任证书适用范围内担任相应职务或担任低于适任证书适用范围内的职务。

10.6.1.3 航行环境

(1) 人工环境

人工环境主要指航道和港口。航道的风险源于浅滩、礁石、航道弯曲狭窄、流向流速多变的急流；江河内及入海口航道的频繁迁移；航标的灭失和移位等。

港口的风险首先来自管理缺失及调度失误，其次是搁浅、触礁、抛锚挂触海底管缆，以及船与船间、船与码头、浮筒、灯标以及其他港口设施间的碰撞。

(2) 海洋环境

主要是指海洋气象海况对船舶的影响。包括雾、雨、霾等能见度不良的天气，风浪、潮流，以及海底底质等，上述因素对船舶航行安全影响最大。其他还有突发性大风、雷暴等强对流天气以及海啸等。

10.6.2 船舶作业主要风险

船舶作业的关键性操作主要有进出港航行、狭水道航行、系泊作业、能见度不良条件下航行、大风浪天航行、油轮装卸运输、海工吊装、海上拖航移位、高空舷外作业等。受操作人员、设备和周围作业环境因素的影响，存在的危险主要有碰撞、搁浅、触礁、火灾/爆炸、溢油污染、倾覆和人员伤害等。危害分析结果分别见表 10－3～表 10－17。

表 10－3　进出港口操作危害分析

步骤	主要危害	产生原因
进出港口前准备	碰撞、物体打击、搁浅	1. 未掌握港口安全航行信息； 2. 未召开抵港安全会议； 3. 未进行相关设备的准备、检查和试验； 4. 需要引航的港口未准备引航； 5. 甲板作业人员未按要求穿戴劳保用品
进出港口航行	碰撞、搁浅	1. 人员操作不当，未严格履行值班职责，疏于职守； 2. 有引航员在船时船长放弃自己的职责、值班驾驶员配合不及时； 3. 未按照航行安全操作规程操作； 4. 未进行离港前安全检查； 5. 未及时与过往船舶联系避让，或避让不协调

表 10－4　狭水道航行操作危害分析

步骤	主要危害	产生原因
进出狭水道前准备	搁浅	1. 未全面掌握狭水道水文资料； 2. 航线选择失当； 3. 未选择通过狭水道的合适时机
进入狭水道航行	碰撞、搁浅、触礁、溢油污染	1. 未备妥双锚、应急舵； 2. 未使用安全航速； 3. 未掌握水道潮流对航行的影响； 4. 未遵守避碰规则

表 10－5　系泊作业操作危害分析

步骤	主要危害	产生原因
系泊作业准备	搁浅、触礁	1. 未掌握泊位附近的风流、水深情况、回旋范围以及泊位附近船舶交通状况等信息； 2. 未掌握本船旋回性能、停船冲程、装载情况以及吃水等信息； 3. 未制订靠泊计划； 4. 人员没有到位或准备不及时； 5. 系泊工具及设备不到位
系泊作业	物体打击、搁浅、触礁、溢油污染	1. 作业人员责任心不强，没有履行岗位职责； 2. 没有控制好船舶余速、提前调整好靠拢角度； 3. 持缆人员没有紧握缆绳，站在绳圈中、紧挨滚筒、跨越缆绳； 4. 没有根据吨位、装载情况、风流等因素来决定系缆数量
系泊值班	火灾/爆炸、碰撞、溢油污染、人落水	1. 值班人员未履行系泊值班职责，擅离职守； 2. 未及时收听气象预报并采取有效措施； 3. 没有根据泊位潮汐情况，及时调整舷梯、安全网、缆绳

表 10－6　能见度不良条件下航行危害分析

步骤	主要危害	产生原因
进入雾区前准备	碰撞、搁浅	1. 未掌握雾区资料、航海警告和雾航警报； 2. 设备没有检查； 3. 自动操舵没有改成人工操舵

续表

步骤	主要危害	产生原因
雾中航行	碰撞、搁浅、触礁、溢油污染	1. 值班人员疏于职守； 2. 没有按规定开启号灯、雾笛； 3. 未认真瞭望； 4. 没有使用安全航速； 5. 没有遵守雾航避让规定

表 10－7　大风浪天航行危害分析

步骤	主要危害	产生原因
大风浪航行前准备	碰撞、搁浅、触礁、倾覆、溢油污染、人落水	1. 没有对风时和风区等情况进行综合分析； 2. 没有对设备、设施进行开航前检查； 3. 轻载及空载船没有给压载水舱注满水，未进行调载； 4. 船长、轮机长没有亲临现场指挥； 5. 水密设施、排水设施没有检查； 6. 固定活动部件或移动货物未进行有效固定； 7. 应急设备没有检查或处于可用状态
大风浪航行	碰撞、搁浅、触礁、倾覆、溢油污染、人落水	1. 未掌握大风浪操纵船舶的要领； 2. 航行中疏于定位和瞭望，值班责任心不强； 3. 水密设施损坏，导致舱室进水，产生自由液面，使船体稳性丧失； 4. 货物发生横移，导致船舶发生横倾，稳性降低

表 10－8　冰区航行危害分析

步骤	主要危害	产生原因
进入冰区前准备	碰撞、搁浅、船舶进水	1. 未及时获取有效的海冰预报，开航前没有备足速干水泥等堵漏器材； 2. 应急设备没有检查； 3. 没有合理压载； 4. 水舱添注太满，导致结冻使船体膨胀变形或冻裂； 5. 未将机器冷却水改为内循环； 6. 未提前制订冰区航行应急计划
冰区航行	碰撞、搁浅、触礁、溢油污染、船舶进水	1. 没有对全船进行安全巡查，并确保 24h 通信畅通； 2. 进入冰区时，没有从下风侧进入，并尽量选择冰量少、冰质弱的区域或在冰裂缝中航行； 3. 没有掌握作业区域潮流资料，船身被随流漂移的浮冰挤压，导致船舶操纵失控； 4. 冰区航行经常转向、没有采取小舵角转向，导致损伤舵叶，使用倒车时没有采取“冰区倒车法”； 5. 没有采取有效手段不间断的测定船位并反复核对，确保船舶航行在计划航线上； 6. 没有使用安全航速； 7. 有破冰船引航时没有保持安全距离
冰区靠泊作业	碰撞	1. 靠泊平台、井口、码头等海上设施时，没有缓用车舵，控制好船速，导致冰块突然开裂发生碰撞； 2. 靠泊平台和井口时，若其周围冰层较厚，没有先满航破冰，再进行靠泊

表 10－9　油轮装卸运输危害分析

步骤	主要危害	产生原因
油轮装卸运输前准备	火灾、爆炸、溢油污染	1. 没有提前收听气象预报，不符合作业时气象条件，造成船舶碰撞溢油等事故发生； 2. 没有提前通知海上装置停止影响油品装卸作业安全的一切作业，如明火作业等，防止油类着火爆炸； 3. 没有通知码头或者平台等驱赶、清理海上装置附近影响安全的船舶； 4. 在装卸油前没有准备足够的缆绳，备妥应急拖缆，防止在装卸过程中缆绳突然断裂的危险； 5. 没有在船首和船尾按规定备妥应急拖缆，必要时其他船舶不能及时施救
装卸和停泊作业	火灾、爆炸、溢油污染	1. 未先接地线，有试压装置的未进行试压； 2. 未停止明火作业、关闭危险电源； 3. 人员误操作； 4. 装卸过程中值班人员未进行不间断巡视、监控； 5. 未设置警戒线
航行运输	火灾、爆炸、溢油污染	1. 未严格执行《国际海上避碰规则》及有关的航行规定，造成海损事故引起火灾、爆炸、水域污染等； 2. 未经允许，进行锅炉吹灰； 3. 对可移动物件没有绑扎牢固，导致撞击产生火花等
油轮清舱	火灾、爆炸、窒息	1. 现场没有安全员监督； 2. 对清舱工具、车辆、设备、除气、测氧、测爆工作等未进行检验； 3. 作业所用工具为非防爆工具，施工人员未穿防静电工作服或穿着带铁钉的鞋； 4. 人员下舱作业前未对作业舱室进行除气，并进行测氧、测爆； 5. 未布设消防器材，未布设围油缆

表 10－10　海工吊装作业危害分析

步骤	主要危害	产生原因
吊装作业前准备	物体打击、倾覆	1. 未掌握预吊构件的技术数据和施工海域周围的井口分布、水深底质以及海底管缆走向等资料； 2. 起重船、辅助船设备、设施未进行全面检查； 3. 起吊装置未进行检查； 4. 吊物质量超过起重机额定负荷或质量不清； 5. 被吊物埋在地下或被压住情况不明，斜拉斜吊； 6. 起重机制动器或安全装置失灵，吊钩螺母防松装置损坏，钢丝绳损伤达到报废标准； 7. 被吊物捆绑不牢或吊挂不平衡，棱角处与钢丝绳之间未加衬垫； 8. 被吊物上有人或活动物件； 9. 能见度不良无法看清场地、被吊物情况和指挥信号； 10. 气象、海况等外界因素不利于吊装作业

续表

步骤	主要危害	产生原因
吊装作业	物体打击、倾覆	1. 作业人员未按规定正确选用和佩戴个人劳动保护用品； 2. 吊装作业时，现场作业人员没有服从司索指挥的统一指挥； 3. 未掌握或听从作业过程中发出的紧急停止信号； 4. 吊装物件时，吊物上、吊臂下站人； 5. 司索指挥、起重工、起重机司机未按照重大吊装要求执行

表 10－11　锚泊作业危害分析

步骤	主要危害	产生原因
锚泊作业前准备	搁浅、触礁、溢油污染	1. 未对水文资料、潮汐、风浪、水深、障碍物等进行综合分析； 2. 动力设备没有处于良好状态； 3. 没有检查锚机及其附属设备； 4. 锚机没有进行试运转
抛起锚作业	搁浅、触礁、溢油污染	1. 没有选择合适的抛锚地点(抛锚点不具备足够的富余水深、良好的底质和海底地形，不符合水深要求的足够回旋余地；没有良好的避风浪的条件，没有远离航道和通航密集区及海底电缆等水中障碍物)； 2. 没有根据锚设备设计强度、本船锚机的最大拉力负荷、船龄确定抛锚最大水深；没有考虑涌浪、恶劣气象的影响； 3. 没有按照抛起锚操作规程作业； 4. 没有按照锚泊值班制度要求执行

表 10－12　救生(助)艇释放及回收作业危害分析

步骤	主要危害	产生原因
救生（助）艇释放及回收前准备	淹溺、物体打击	1. 放艇前，没有检查、配齐艇内属具及备品，机动艇没有检查储油是否充足，没有发动机器试运转； 2. 吊艇机械没有进行运转试验，没有检查制动器； 3. 导向滑车、吊艇滑车、钢丝绳及吊艇钩等没有检查； 4. 艇底塞、首尾缆没有备妥； 5. 放艇时没有经过船长审批； 6. 放艇前，没有清理艇下船旁附近障碍物
救生（助）艇释放及回收	淹溺、物体打击	1. 没有执行“应变部署表”规定，艇长不是持证艇员担任，没有受过训练的人作指挥； 2. 乘员没有穿救生衣； 3. 在主船余速大于 5 级、上风处放艇； 4. 救生艇在航行时，没有遵守有关安全航行的规章制度； 5. 救生艇返回本船时没有及时起吊收妥

表 10－13　高处及舷外作业危害分析

步骤	主要危害	产生原因
高处、舷外作业前准备	物体打击、淹溺	1. 高处作业前，没有经船长批准，大副或大管轮没有在现场监控，施工人员没有达到两人以上； 2. 高处、舷外作业用的绳索、滑车、安全带、救生衣、坐板、跳板及其他用具不合格，使用前没有经过检查

续表

步骤	主要危害	产生原因
高处、舷外作业	物体打击、淹溺	1. 高处、舷外作业前，大副或大管轮没有检查工作环境的安全性，布置安全措施及注意事项； 2. 高处人员没有做到穿软底鞋、服装轻便、不得穿长大衣、长筒靴。下面人员没有戴安全帽。作业期间抛掷工具、把工具插在腰间或装在口袋内； 3. 进行作业时，没有备救生圈，工作人员没有穿救生衣； 4. 跳板作业时，没有检查并试验其安全性。每块跳板超过两人作业； 5. 作业时，没有关闭舷边出水孔； 6. 在船首部位进行舷外作业，没有保证锚已制牢； 7. 航行时进行舷外作业

表 10－14　平台拖航移位作业危害分析

步骤	主要危害	产生原因
靠泊平台	碰撞	1. 拖航前未召开拖航会议，未制订详细的拖航作业方案； 2. 主拖轮、辅助船没有按照拖航要求进行检查和准备； 3. 未进行作业前风险分析，对平台周围环境影响因素估计不足； 4. 未掌握好船舶余速
接拖及起拖	碰撞、人员受伤	1. 主拖缆与平台龙须缆在连接过程中没有使用专用工具，徒手、骑跨拖缆操作； 2. 平台未降至水面，平台、船舶没有连接好起拖； 3. 起拖时平台锚头和桩脚没有完全离底； 4. 拖缆初始受力时船舶没有缓慢用车； 5. 主拖轮未控制好船身与平台距离； 6. 甲板作业人员未按要求穿戴劳动保护用品
拖航	碰撞、搁浅、触礁、溢油污染、主拖缆断裂	1. 未按规定显示拖带指示信号； 2. 主拖轮疏于值守，未及时发布航行警告提醒过往船舶避让； 3. 拖航过程中拖带双方通信不畅，指挥不明； 4. 没有调节拖带速度，采用大舵角转向； 5. 未及时关注拖缆机运行工况； 6. 未及时收听航经海域气象预报，遇到恶劣天气未及时驶入避风锚地
平台就位	平台碰撞井口、主拖缆断裂	1. 距目的井位附近 2n mile 左右时，主拖轮没有减速并将拖缆收至 100m 左右； 2. 没有测水深，平台桩腿没有下降接近地面； 3. 辅助船没有到位带缆、主拖轮拖缆没有保持在受力状态； 4. 没有掌握好辅助船吊拖速度和方向、平台插桩时机； 5. 人员指挥失误或操作失误； 6. 平台就位后，没有进行压载
解拖	碰撞、人员伤害	1. 收主拖缆时琵琶头没有使用鲨鱼钳抱牢，收拖缆过快，没有控制好船舶与平台的距离； 2. 解掉卸扣后，人员没有迅速撤到安全区域

表 10－15　船舶电气作业危害分析

步骤	主要危害	产生原因
船舶电气作业前准备	物体打击、触电	1. 电气作业前没有经过轮机长和船长的批准； 2. 现场作业没有监护人，没有悬挂禁止合闸并有人看护； 3. 电气作业人员在作业前没有穿防静电服（适用于油轮），随身携带火柴或打火机； 4. 作业前，作业人员没有进行测量仪表的测试工作，没有检查工具和防护用具是否完好，进入泵间没有带防爆手电筒； 5. 检修前没有切断电源，遇有特殊情况没有执行带电检修措施
电气作业	物体打击、触电	1. 测量电气设备、线路绝缘电阻之前，没有切断电源，大电容器没有放电； 2. 带负荷拉开动力配电箱的闸刀开关； 3. 随意更改熔断器的容量； 4. 电器或线路拆除后，线头没有及时用绝缘包布包扎； 5. 随意架设临时电缆、电线、天线，在电缆和电气设备上悬挂物件； 6. 操作者手上有油、水等污物时，进行电气设备的操作； 7. 清洁电气设备，没用使用电气清洗剂、电气防护剂

表 10－16　海工抛起锚作业危害分析

步骤	主要危害	产生原因
拖轮与平台或工程船接/解锚	碰撞、锚缆断裂、人员受伤	1. 拖轮未掌握好流向、流速； 2. 主拖缆与锚头缆在连接过程中没有使用专用工具，徒手、骑跨拖缆操作； 3. 锚缆初始受力时船舶没有缓慢用车，慢慢受力； 4. 工程船或平台未按拖轮要求及时刹放锚缆； 5. 甲板操作人员没有迅速撤到安全区域； 6. 未连接好锚漂
拖轮给平台或工程船抛锚	碰撞、锚缆断裂、人员受伤	1. 拖轮未按照工程船要求船速以内驶向锚点； 2. 抛锚过程中拖轮、工程船没有时刻保持通信畅通； 3. 定位人员定锚位失误； 4. 工程船未控制好防锚缆速度； 5. 甲板操作人员没有迅速撤到安全区域
起锚	碰撞、锚缆断裂、人员受伤	1. 气象、海况恶劣； 2. 没有准备好作业工具，撬棍、大锤、钳子、撇缆绳等； 3. 收锚缆速度过快，或没有控制好拖轮船身运动态势； 4. 甲板操作人员没有迅速撤到安全区域

表 10－17　物探船作业危害分析

作业内容	作业步骤	主要危害	产生原因
测量船作业	选择点位	碰撞、搁浅、触电	1. 航速快，不注意避让，急速转弯，不注意观察周边情况，船员忽视瞭望； 2. 船驾、水手等忽视瞭望，不注意水深变化在浅水域行驶速度快； 3. 设备通电前未做用电安全检查，供电线路老化、破损漏电，作业完毕未切断设备电源

续表

作业内容	作业步骤	主要危害	产生原因
测量船作业	投放标志	人员落水	1. 海上作业人员未进行四小证培训； 2. 未配救生设施或救生设施失效； 3. 抛放标志时重心倾斜于舷外
放缆船作业	放缆、收缆	人员落水、机械伤害、碰撞	1. 踩在湿滑的线缆上作业； 2. 乘坐人员未对称坐稳抓牢舷边绳索； 3. 穿拖鞋作业； 4. 收、放线缆时重心倾斜于舷外； 5. 上下船嬉闹、争抢、拥挤； 6. 收上的线缆没有及时摆放整齐、作业甲板线缆凌乱； 7. 未正确穿戴劳保用品、未按操作规程作业被绞车、线缆绞伤； 8. 放缆船、挂机相互追逐，视线不清，未能及时发现水上船舶、障碍物
气枪船作业	沉枪、收枪	机械伤害、搁浅	1. 未检查吊链、卡子、吊绳、滑轮、保险装置、液压起吊管路，是否有无松动、破损； 2. 操作手未得到指令，擅自做沉枪、收枪工作； 3. 气枪达到沉放深度后，未拧紧各保险装置； 4. 收放气枪时吊臂下有人； 5. 气枪收起后未锁好保险装置； 6. 在涌浪和风浪较大情况下收枪时，气枪过早提出水面，剧烈晃动的船体将导致气枪摆动幅度加大，在接近船舷时会对收枪人员造成碰撞、挤压等伤害； 7. 违章在水深小于1.5m区域沉枪作业
	气枪激发	高压气体伤害、听力损伤	1. 气枪未沉到水下激发； 2. 收枪前未排空高压气体； 3. 激发时，周围100m内有其他船只，150m以内有人涉水； 4. 冒险在大风浪中作业，枪体被晃出水面时激发； 5. 高压阀门、高压气泵未检测； 6. 高压管汇、管路有损坏，安全阀排气孔位置不合理； 7. 作业人员作业时未按规定佩戴防噪声耳罩或耳塞
挂机作业	运送人员物资	碰撞、人员落水、火灾、迷途	1. 新手独自上岗操作，违章吸烟； 2. 相互追逐，违章操作、碰撞、挂网、冲滩； 3. 距离大船、渔船太近； 4. 停靠位置选择不当； 5. 未配备救生设施，未穿救生衣； 6. 相邻挂机跳跃通过； 7. 急转弯，人员未抓紧安全绳索； 8. 油箱漏油，油箱油路渗油、漏油、曝晒； 9. 电机超负荷运转过热； 10. 电台、GPS电能耗尽，未配备用电池，突发恶劣天气迷失方向，未带罗盘、GPS

续表

作业内容	作业步骤	主要危害	产生原因
罗利冈作业	运送人员物资	碰撞、人员落水、倾覆、迷途、抛锚、火灾、人身伤害	1. 油水，灯光、制动、方向不好会导致抛锚或者倾覆，失去控制； 2. 过沟时准备不足导致翻车，进水； 3. 堤坝或桥梁塌陷或负载摆放不均及人员操作不当导致翻车； 4. 陷落污泥中，导致设备损坏； 5. 通信器材失灵或没电； 6. 人员在车上打闹，导致人身伤害； 7. 吸烟或者电气线路故障
生活母船	登船、下船	人员落水	1. 上下母船无他人协助，未抓牢缆绳，风浪大； 2. 未设置登船舷梯，救生设施未按规定配备或未检定失效
	生活	火灾、疾病传染、食物中毒、落物伤害、烫伤	1. 厨房用油、用气违反安全管理规定； 2. 母船居住人员私拉乱接电线，存放易燃易爆物品，违章动用明火； 3. 安全意识淡薄，自我保护意识差，乱扔烟头； 4. 灭火器失效或不会正确使用，电器设施和线路存在隐患； 5. 未及时打扫生活区卫生； 6. 施工前未进行体检，临时用工隐瞒传染病史； 7. 生活区通风条件差，未坚持定期对生活区进行消毒，未配备队医和药品； 8. 食品采购、储存、加工、运送环节未严格执行食品卫生管理规定，食用腐烂变质或不符合卫生标准的食品，饮用未检测或未达标的饮用水； 9. 生活区物件未固定牢固，船体摆动物件倾倒、滚落、滑落造成人员伤害； 10. 在涌浪和风浪较大情况下，母船摆动幅度大，就餐人员拥挤易被热汤、开水烫伤
	设备充电	触电、火灾	1. 供电线路老化、破损漏电； 2. 设备通电前未做用电安全检查，设备接地不良； 3. 违规使用大功率电器，违规使用禁止使用的电器； 4. 供电线路老化、破损，负载过大，设备过热； 5. 值班人员未按时进行检查

10.6.3 ISM规则及安全管理体系

ISM规则全称为《国际船舶安全营运和防止污染管理规则》。该规则为强制性规则，1998年7月1日起适用于客船、高速客船，500总吨及以上的油船、化学品船、气体运输船、散货船和高速货船；2002年7月1日起适用于移动式近海钻井装置和500总吨及以上其他货船。上述船舶及其公司应分别在上述日期前取得“安全管理证书”和“符合证明”。

10.6.3.1 ISM 规则

（1）鲜明的针对性

作为国际性管理规则，所提供的是船舶安全营运和防止污染的管理标准，把重点放在公司管理上，而不是把重点直接放在船舶技术操作上。并主要从以下几个方面提供管理标准：

① 安全管理：要求负责船舶营运的公司制定安全和环保方针，并建立和实施安全管理体系；

② 安全操作和维护：要求船舶按照体系规定的程序、方案和须知进行操作和维护，从而保证船舶操作和维护规范化，满足强制性国际国内规定和规则的要求；

③ 防止污染：要求负责船舶营运的公司在所制订的安全管理体系中包括防止污染的措施、准备方案和技能等方面的规定，从而使船舶在实现安全操作的过程中同时实现防污操作。

（2）全面的相关性

ISM 规则从管理出发，涉及公司及船舶安全和防止污染的方方面面。所要求的安全管理体系不仅已经涉及从事管理船舶安全和防止污染工作以及从事相关审核的公司及船上的所有人员，而且也涉及船籍国主管机关、港口国有关当局和船籍国认可的机构等各有关方面。

（3）完整的系统性

把公司的船舶安全和防止污染管理作为一个完整的系统对待，再以科学的系统管理方法加以明确规定，这是 ISM 规则的显著特点之一。

（4）不断的自我完善性

任何一个安全管理体系都是不断发展并在发展中得到进一步完善；没有最好的安全管理体系，只有在运行过程中趋于更好。

（5）广泛的适用性

ISM 规则不仅适用于船舶，也适用于负责船舶营运的公司及所有相关人员。

10.6.3.2 NSM 规则

（1）NSM 规则概述

《中华人民共和国船舶安全营运和防止污染管理规则》简称《国内安全管理规则》或 NSM 规则，是为了保障水上交通安全，保护水域环境，应用《国际船舶安全营运和防止污染管理规则》(ISM 规则)的原理，结合我国实际制定的规则。

（2）生效情况

2001 年 7 月 12 日，交通部发布了《中华人民共和国船舶安全和防止污染管理规则》，截至目前，该规则先后对三批船舶生效，分别是：

① 第一批适用船舶：自 2003 年 1 月 1 日起对国内跨省航行载客定额 50 人及以上的客船（包括客渡船、旅游船、高速客船）、150 总吨及以上的气体运输船和散装化学品船生效；

② 第二批适用船舶：自 2004 年 7 月 1 日起对载客定额 50 人及以上所有跨省航行的客船（内河客渡船除外）和 500 总吨及以上的油船（港内作业除外）生效；

③ 第三批适用船舶：自 2007 年 7 月 1 日起对国内跨省航行的 500 总吨及以上散货船及其他货船生效。

（3）NSM 规则与 ISM 规则的区别和联系

① NSM 和 ISM 规则具有相同的特性以及内容和结构，但适用范围不同。NSM 规则是适

用国内航行的船舶和公司，而 ISM 规则适用于国际航行的船舶和公司。其二是两规则均对船舶分船种分期实施。然而 ISM 规则适用所有船种，而 NSM 规则目前只对客、气、化、油四类船种生效。

② NSM 规则完全涵盖了 ISM 规则有关船舶安全和防污染的所有内容，其核心是要求公司建立、实施、保持并不断改进安全管理体系，以此来规范公司及船舶管理，并不断提高其安全管理水平。

③ 国际航行的航运公司和船舶相对比较规范，在实施 ISM 规则方面易于推行。而国内航运公司安全管理意识薄弱，包括组织机构在内的基础差，因此，对国内航线船舶强制实施 NSM 规则，未通过审核认证的船舶将不得营运，以此来强制此类船舶归并到经认可的管理公司加以管理。

10.6.3.3 安全管理体系

安全管理体系是指能够使公司人员有效实施公司安全和环境保护方针的结构化和文件化的管理体系。因此，作为一个安全管理体系，首先要以实施公司安全和环境保护方针为目的；其次是要能够保证这一方针得以有效实施。

（1）安全管理体系的特点

① 闭环、动态、自我调整和自我完善；

② 涉及船舶安全和防止污染的一切活动；

③ 将船舶安全和防止污染管理中的策划、组织、实施和检查监控等活动要求集中、归纳、分解和转化为相应的文件化的目标、程序、方案和须知；

④ 体系本身使体系文件受到控制。

（2）建立安全管理体系的步骤

建立安全管理体系大体上要经过公司最高管理层和专门工作班子的 NSM 规则培训、制订计划、公司安全管理现状的评估、安全管理体系设计、安全管理体系文件编写、船岸人员的安全管理体系培训、安全管理体系在试点船及岸上运行、内审、管理型复查、纠正不符合规定的情况、外部审核和各船推行等 11 个基本步骤。

（3）安全管理体系文件构成

① 安全管理手册

是阐述公司安全和环保方针的纲领性文件，是体系的灵魂，是熟悉和实施安全管理体系的指南。

② 安全管理程序

是指为了完成某项安全和防污染活动所规定的方法。

③ 安全管理须知

是指为了完成某项安全和防污染活动所规定的具体防范或注意事项。

④ 安全管理活动记录

是指为完成的安全和环保活动或达到的结果提供客观证据的文件。

10.6.3.4 安全管理体系(SMS)审核

（1）概述

安全管理体系审核是指为判断安全管理体系是否符合 ISM 或 NSM 规则，安全管理活动和有关结果是否符合安全管理体系规定和计划安排，和这些安全管理体系规定和计划安排是否得到有效实施并适合于达到安全和防污染目标的，系统而独立的审查。

安全管理体系审核的实质是对安全管理体系文件及其活动的符合性的审查判断和对其有效性的评价。

安全管理体系审核不同于船舶检验，也不能代替船舶检验。二者对象不同，检验是针对船舶及其设备进行的，审核是针对管理进行的；检验是全面地、逐项地进行，而审核是全面抽样地进行。

安全管理体系审核也不同于安全检查。安全检查主要针对设备的缺陷或人的违章进行，审核则主要针对导致设备缺陷和人的违章的原因，特别是管理上的原因。

（2）审核发证机构

中华人民共和国海事局是负责我国航运公司安全管理体系审核发证管理的主管机关。通过审核的公司将取得主管机关签发的“符合证明”即 DOC 证书，通过审核的我国船舶将取得“安全管理证书”即 SMC 证书。

10.7 海上应急

10.7.1 船舶应急

10.7.1.1 概述

船舶应急（又称船舶应变）是指在船舶发生各种意外事故等紧急情况后的处置方法和措施。船舶应急主要分为消防、救生、堵漏和油污应急四种。

10.7.1.2 应变信号

（1）消防

由警铃或汽笛发出连续短声，持续 1min，另加火灾部位指示信号：一长声为船前部；两长声为船中部，三长声为船后部；四长声为机舱；五长声为上层建筑。

（2）救生

包括人落水和弃船。左舷人落水由警铃或汽笛连续发出三长两短声（右舷为三长一短），持续 1min。弃船时由警铃或汽笛连续发出七短一长声，持续 1min。

（3）堵漏

由警铃或汽笛连续发出两长一短声，持续 1min。

（4）油污

按《船上油污应急计划》中规定的信号，我国船舶大都采用一短两长一短声表示。

各类应急情况的警报解除信号为一长声（持续 4 ~ 6s）或口头宣布。

10.7.1.3 船舶应急组织分工

应急组织分工应根据应急性质、船员职务及其工作能力等因素来进行。各类应急的组织分工如下：

（1）各级指挥人员

① 船长：是各类应急情况的总指挥，替代人为大副；

② 大副：是各类应急情况的现场指挥。但事故现场在机舱时，由轮机长担任现场指挥，并负责保障船舶动力。

③ 值班驾驶员：船舶在港停泊发生应急情况时，如果船长和大副均不在船，则由值班驾驶员全权负责应变指挥。

(2) 船舶应变部署表和应急须知

① 应变部署表：既是船舶发生海事时应采取应急措施的计划，也是平时应急演习的检查依据。每一条船舶应根据本船的设备和船员技术状况和人员数量，编制应急部署表和应急须知，规定船舶在各种应急情况下的组织分工及每位船员的岗位和职责。

② 应急须知：船上每位人员应配备一份必须遵循的应急须知，即船上将应急部署表中的每个人的职责分别制成应变卡，俗称床头卡，分派给相应的船员；客船上应在乘客舱室、集合地点和其他乘客处所张贴用适当文字书写的图解和应急须知，向旅客通知集合点、应急情况时采取的行动、救生衣的穿着方法等内容。

10.7.1.4 应急演练

船舶应定期组织船员开展各项应急演练，按要求，每月应开展一次消防和救生演习，每季度开展一次堵漏演习，每次演练完毕后应由船长负责讲评，并将演练情况记入《航海日志》。

10.7.2 海上石油设施应急

10.7.2.1 海上值守

海上值守是指守护船为海上石油设施提供的守护任务，守护范围为设施周围5n mile之内的区域，分为日常值守和应急值守，在守护期间，守护船服从所守护设施负责人的管理，并时刻处于应急待命状态，做好各项应急准备。《海洋石油安全生产规定》第二十二条要求，“作业者和承包者应当建立守护船值班制度，在海洋石油生产设施和移动式钻井船(平台)周围应备有守护船值班”。

10.7.2.2 海上石油设施应急组织机构

海洋石油设施应成立以设施负责人(一般为平台值班经理)为组长的应急组织机构，明确设施人员的应变职责，组织编制应急反应预案，并定期开展演练。

10.7.2.3 应急演练

海上石油设施应当组织本单位相关人员定期开展各类应急预案的演练，各类应急演练不应超过规定的时间间隔要求。

(1) 消防演习：每倒班期一次；

(2) 弃平台演习：每倒班期一次；

(3) 井控演习：每倒班期一次；

(4) 人员落水救助演习：每季度一次；

(5) 硫化氢演习：钻遇含硫化氢地层前和对含硫化氢油气井进行试油或者修井作业前，必须组织一次防硫化氢演习；对含硫化氢油气井进行正常钻井、试油或者修井作业，每隔7日组织一次演习；含硫化氢油气井正常生产时，每倒班期组织一次演习。不含硫化氢的，每半年组织一次。

10.7.3 海上应急处置

10.7.3.1 海上应急的特点

(1) 逃生空间有限：海上石油设施设备和人员高度集中，一旦出现应急事件，人员难以及时撤离危险区域；

(2) 施救难度大：海上石油设施结构复杂，救援空间狭小，难以展开有效的施救，且海上突发事件的发生往往伴随着恶劣的气象海况，人员落水后搜救难度大，生还概率小，为施救工作增加了不利因素；

（3）外部救援滞后：海洋石油设施自身应急救援力量有限，当事件超出自身控制能力时，周围可利用的应急救援力量受环境和空间的限制，难以在短时间内到达现场。

10.7.3.2 应急事件分类

（1）海难事件：平台遇险（包括平台失控漂移、拖航遇险、被碰撞或翻沉）、平台失控（包括平台断损、桩腿断损）、船舶海损（包括碰撞、搁浅、触礁、翻沉、断损）和人员落水、海冰等事件；

（2）溢油事件：海上油井、船舶、平台、码头等石油设施发生的油类溢出或漏泄事件，油类包括原油、石油脑、成品油、润滑油、天然气（含 LNG、LPG、CNG）等；

（3）气象灾害事件：系指强烈的天气系统（如台风、寒潮、强对流、温带气旋等）产生的大风（蒲氏风力八级以上，含八级，下同）、强降水（日降水量 100mm 以上）、强雷暴、极端低温冻害、冰雪（冻雨）、大雾及其衍生海洋风暴潮、巨浪和海冰等灾害，并严重影响到正常生产和职工生命安全的事件。

10.7.3.3 应急处置措施

（1）海难

① 首先搜救、救助遇险人员。

② 发生火灾爆炸未翻沉，在救助遇险人员的同时组织消防设施、消防船舶进行灭火，并启动《火灾爆炸应急预案》。

③ 船舶或海上石油设施在漂浮状态因断缆、断锚链、动力故障、操纵失控等原因造成的失控漂移，应调动救助拖轮前往救助。

④ 因桩腿、龙骨架失效、海冰等造成平台或船舶失稳或翻沉，可采用直升机、守护船或破冰船搜救遇险人员。

⑤ 如发生其他次生灾害，同时启动相关专项应急预案。

⑥ 因施救无效，危及船舶、海上石油设施及救援人员安全，且符合人员撤离条件时，应立即组织人员撤离。遇险人员应急撤离条件包括：

a）当预报或检测到船舶或设施所处海域将出现超过设计允许的严重冰情，危及人员、设施安全时；

b）当预报船舶或设施所处海域将发生海啸危及人员生命安全时；

c）船舶或设施发生火灾，经采取措施无效，危及人员生命安全时；

d）发生爆炸危及船舶或设施人员生命安全时；

e）船舶或设施浮体破损严重进水，拖航过程中遇险漂移失去稳性，经采取措施无效可能倾覆时。

（2）落水人员搜救

① 确定落水人员数量及搜寻基点，立即搜救遇险人员；确定搜寻基点应考虑如下因素：

a）通报遇险的时间和位置。

b）救助船驶抵失事海域的时间。

c）救助船到达之前的时间内，落水人员受风流影响的漂移量。

② 根据气象和海况，组织其他救助队伍和搜救力量，迅速搜救落水人员，必要时，调用救援直升机参与海空协同搜救；

③ 医疗救护人员、现场抢救设施及救护车等在指定港口或码头应急待命。

（3）溢油

① 首先以果断的措施切断溢油源；

② 只要海况允许，用最快速度利用围油栏或围堰等进行围控，根据具体情况立即布放一道或数道围油栏或围堰等，防止溢油继续漂移扩散；

③ 尽可能依靠机械的方法将围控的浮油回收，回收时可用浮油回收船、撇油器、油拖网、油拖把、吸油材料以及人工捞取等；

④ 使用消油剂和现场焚烧法将残余溢油强制消除，使用消油剂之前，必须征得当地海事主管机关同意，具体应按照《海洋石油勘探开发化学消油剂使用规定》要求实施；

⑤ 根据溢油现场情况，启动相关专项预案；

⑥ 优先保护原则：首先保护人命和财产安全；其次控制污染源，围控海（水）上溢油，避免或减轻对环境的损害，特别是对环境敏感区域的损害。环境敏感区的优先保护次序可根据环境、资源对溢油的敏感程度、现有应急措施的可行性和有效性、可能造成的经济损失以及清理油污的难易程度等因素来确定。

（4）气象灾害应急

① 当预报有气象灾害事件（可预报且影响时间长）对船舶或设施将要造成重大破坏时：

a）根据灾害预报预警及警报信息，确定灾害具体类型及影响的时间空间及人员范围；

b）利用各种通信手段将灾害警报迅速传达到范围内的各单位及个人；

c）应急措施应尽可能提前实施完成，原则不少于6h，对于台风、风暴潮等严重灾害不少于12h；

d）及时收集应急行动信息，了解防御所措施及能力，做好抢险救灾准备；

e）严密监视气象灾害事件，及时汇报灾害信息。

② 当气象灾害发生时间超过受灾区域物资储备支持时限，对受灾人员及设备设施安全造成严重威胁时：

a）尽可能保持与受灾区域作业人员保持通信联系，及时清点受灾区域作业场所数量及人员信息，制订营救方案和营救路线；

b）组织抢险救灾队伍、运输车辆、照明设施，及各类抢险救灾、救护救生器材，根据制定的营救方案和营救路线随时前往受灾区域进行营救活动；

c）及时清理受灾现场遗留的堆积物、抢险设备；

d）当风暴潮、海啸超过沿岸所在地风暴潮的设防标准，或强热带风暴（台风）、飓风对船舶和设施造成威胁时：

e）对险区及遇险的人员及设施进行连续检测、监控，及时获取受灾情况；

f）收集现场资料，及时调整行动方案，组织行动方案的实施工作，并及时报告；

g）监控应急行动的实施过程，并对事态发展进行跟踪分析；

h）联系已签有服务协议的直升机公司，救援直升机做好随时待命的准备；事件危及人员生命安全时，立即利用救援直升机组织人员撤离。

③ 当海冰对船舶或设施造成严重破坏时：

a）停止海上石油作业，切断工艺流程，采取保护措施，防止油气泄漏；

b）组织人员有序撤离；

c）组织专家对事态发展进行跟踪分析，制订石油设施防护措施和抢险方案；

d）组织工程抢险力量，先利用专业破冰船实施破冰措施，后对石油设施进行抢险；

e）收集现场资料，及时调整抢险方案。

10.7.3.4　应急处置终止

经应急处置后，确认以下条件同时满足时，经上级应急指挥中心同意，可下达应急终止指令。

（1）海难事件

① 人员完全脱险；

② 灾情得到有效的控制；

③ 石油设施的险情得到有效控制。

（2）溢油事件

① 国家及政府主管部门应急处置已经终止；

② 溢油得到有效控制，清污工作基本完成；

③ 社会影响减到最小。

（3）气象灾害

① 国家及政府主管部门应急处置已经终止；

② 气象灾害事件影响已经结束；

③ 伤亡人员得到有效安置；

④ 环境污染得到有效控制；

⑤ 经济损失和社会影响减到最小。

第11章 油田建设安全管理

油田建设施工，涉及焊割作业、安装作业、高处作业、临时用电、起重作业、受限空间作业、用火作业、破土作业、施工机械使用、打桩作业等内容，危险因素多，属事故多发行业。常见的事故主要有：高处坠落、物体打击、触电、坍塌、机械伤害、火灾、爆炸、中毒、车辆伤害等。

11.1 压力容器制造

11.1.1 施工流程

施工准备→封头制造→筒体制造→质量检验→产品试板评定→配管阻焊→热处理→试压→除锈刷漆→检验出厂→施工准备→零部件验收→吊装→焊接切割→焊后热处理→探伤作业→试压→除锈刷漆。

11.1.2 主要设备

焊接设备、起重设备、运输设备、剪板机、卷板机、刨边机、压力机、机加工设备等。

11.1.3 安全风险及消减措施

压力容器制造活动过程中的安全风险及消减措施见表11－1。

表11－1 压力容器制造安全风险及消减措施

阶段/活动/区域	安全风险	可能产生的后果	风险消减措施
封头制造	1. 领料时野蛮装卸、超载运输； 2. 号料切割时，焊接电缆和气焊胶管、电源线交混在一起； 3. 气瓶运输、存放、使用不当； 4. 焊割作业时周围有可燃物； 5. 雨雪等恶劣天气进行焊接切割作业	1. 物体打击 2. 材料损失 3. 设备损坏 4. 火灾、爆炸 5. 触电	1. 正确装卸材料，严禁超载货物； 2. 气焊胶管不应有老化、破皮现象，电、火焊把线与电源线不得交混在一起； 3. 氧气、乙炔气瓶必须有防震圈和防护帽；不得混装；气焊作业时，两瓶安全距离不小于5m，离用火点、明火安全距离不小于10m
筒体制造	1. 压头滚板机电源未装漏电保护器、未接地线； 2. 焊接时，电焊机电源未装漏电保护器、未接地线；电缆在过路、易损地段无保护措施；电焊机无防雨防潮保护措施；改变电焊机接头、换焊件需改变二次回路时带电作业；电缆绝缘损坏	1. 火灾、爆炸 2. 灼烫 3. 物体打击 4. 触电	1. 遵守安全用电有关规定； 2. 有电气焊工及焊机操作规程，人员持证上岗，正确穿戴劳动保护用品

续表

阶段/活动/区域	安全风险	可能产生的后果	风险消减措施
热处理	配电箱缺少漏电保护器；固定不牢固或没有防雨防潮措施；电线绝缘不好、线头包扎不牢等	触电	必须装漏电保护器；固定牢固；电线绝缘好、线头包扎牢固；正确佩戴劳保用品
检验出厂	1. 起重机械带病使用； 2. 使用不合格吊具、索具；吊装场地有缺陷，汽车吊未打支腿、未加支腿垫板； 2. 未办“三超”拉运手续；无专人护送；车上无明显标志；拉运前不勘察线路等； 3. 违反起重“十不吊”规定	1. 起重伤害 2. 设备损失	1. 起重机械定期年检合格； 2. 起重机司机、司索指挥、司索人员持证上岗； 3. 严格执行起重“十不吊”规定； 4. 遵守操作规程； 5. 作业人员都必须穿戴规定的劳保用品

11.2 储罐安装

11.2.1 施工流程

施工准备→基础施工及验收→底板铺焊及检验→罐体附件预制→第一节壁板及角钢圈焊接→拱顶罐罐顶安装→液压顶升→组焊其他罐壁板→外部盘梯安装→角缝组焊→浮顶罐罐顶安装→转动浮梯或其他附件安装→浮顶罐密封装置安装→充水试验→防腐保温→投产保运→焊接切割→吊装作业→高处作业→焊缝探伤。

11.2.2 主要设备

焊接设备、履带挖掘机、推土机、叉车、移动电站等。

11.2.3 安全风险及消减措施

储罐安装活动过程中的安全风险及消减措施见表11－2。

表11－2 储罐安装安全风险及消减措施

阶段/活动/区域	安全风险	可能产生的后果	风险消减措施
厂区平面布置	道路凹凸不平，通道不畅	车辆伤害	1. 施工前对施工人员进行HSE教育 2. 现场按四通一平整理
预制作业	1. 电动器具漏电； 2. 违反操作规程； 3. 罐板搬运过程的起重装卸与交通运输伤害； 4. 电气焊作业违章	1. 触电 2. 机械伤害 3. 火灾、爆炸	1. 确认所有电动器具质量可靠，接地和漏电保护完好； 2. 旋转机械的旋转部位防护完好，遵守操作规程； 3. 板料卷制和起重搬运等危险区不得站人，钢板拉运中要固定牢靠； 4. 气瓶储存、运输和使用符合安全要求

续表

阶段/活动/区域	安全风险	可能产生的后果	风险消减措施
液压顶升	1. 液压缸倾斜、歪倒；液压缸上升不稳、不均衡； 2. 罐壁板与底板未完全脱开，起升不平衡； 3. 罐顶、壁板有未焊接或其他未固定物品；交接班交接不清； 4. 恶劣天气进行顶升作业； 5. 起升时罐顶站人	1. 设施损失 2. 物体打击 3. 高处坠落	1. 起升前检查罐壁板与底板连接的措施件焊道是否全部打开； 2. 检查液压阀组、配管是否合格，及时清理污染物，操作人员及时停止起升，关闭相应控制阀； 3. 严禁七级以上大风天气顶升作业；顶升过程中严禁人员上罐顶； 4. 标出作业区，无关人员禁止入内
浮顶罐密封装置安装	密封橡胶搬起、放下不统一	挤伤	统一指挥，一起用力，加强防护
充水试验	登高不注意脚下	高处坠落	加强人员教育和监督
投产保运	无保运措施、违章用火	1. 火灾 2. 设施损坏 3. 各类伤害	制定实施施工措施
焊接切割	1. 电源未装漏电保护器、未接地线； 2. 焊接电缆在过路、易损地段无保护措施；电缆绝缘损坏； 3. 电焊机无防雨防潮措施； 4. 改变电焊机接头、换焊件需改变二次回路时带电作业或带电搬焊机； 5. 焊接电缆和气焊胶管、电源线交混在一起； 6. 气瓶运输、存放、使用不当气焊气割作业工具损坏； 7. 作业时焊件未及时固定、工具材料掉落、周围有可燃物； 8. 坑沟内焊接切割作业未采取保护措施； 9. 储罐无通风设施；噪声；电焊粉尘排放和被人体吸入； 10. 雨雪等恶劣天气进行焊接切割作业	1. 触电 2. 设备损坏 3. 火灾爆炸 4. 灼烫 5. 物体打击	1. 电气焊工持证上岗； 2. 遵守工种安全操作规程、焊机操作规程，“十不焊割”规定； 3. 对人员进行教育监督； 4. 遵守安全用电有关规定； 5. 氧气、乙炔气瓶必须有防震圈和防护帽；存放时不得混装； 6. 气焊作业时，两瓶安全距离不小于5m，离用火点、明火安全距离不小于10m
吊装作业	1. 违反“十不吊”规定； 2. 吊物不拴溜绳； 3. 使用不合格吊具、索具； 4. 离高压线路太近； 5. 起吊作业前，吊车不打支腿或不按规定加支腿垫板	1. 起重伤害 2. 设备损失 3. 触电	1. 起重机械定期年检，有检验报告； 2. 钢丝绳和吊具等必须符合有关技术要求和使用安全系数； 3. 执行操作规程； 4. 严格执行起重机“十不吊”规定
搭设脚手架	脚手架搭设不合格	高处坠落	1. 严格按照标准规定进行搭设，确认地基平整夯实，抄平； 2. 钢立柱应加设垫板或底座，不能直接立于土地面上，垫板厚度不小于50mm；所有脚手架临边都必须装设扶手和挡板； 3. 搭设完毕经检查验收合格后交付使用

续表

阶段/活动/区域	安全风险	可能产生的后果	风险消减措施
高处作业	1. 不系安全带； 2. 储罐顶部预留口、平台周边、其他预留洞口无防护； 3. 高处作业面材料机具乱放；工具、材料掉落； 4. 夜间或光线不足时施工； 5. 雨雪、大雾、大风等特殊天气进行露天高处作业； 6. 高处作业未按规定办理作业票、安全防护措施不落实	1. 高处坠落 2. 物体打击	1. 脚手架搭设人员持证上岗； 2. 按规定办理作业票； 3. 六级以上强风或大雨、雪、雾天不得从事高处作业； 4. 高处作业人员应使用工具带，小型金属材料及工具应事先放在工具带内，较大工具应用绳子拴在固定构件上； 5. 正确使用合格安全带； 6. 尽量避免夜间或光线不足时施工。否则，加强灯光照明

11.3 长输管道工程

11.3.1 施工流程

交接桩与测量放线→障碍物清理→防腐管拉运→布管→沟上阻焊→焊缝探伤→补口→管沟开挖→下沟→沟下组对→探伤→管沟回填→通球扫线→试压。

11.3.2 主要设备

除上述焊接设备、推土机、叉车、移动电站等以外，还有：单斗挖掘机、吊管机、清管器等。

11.3.3 安全风险及消减措施

长输管道工程活动过程中的安全风险及消减措施见表11-3。

表11-3　长输管道工程安全风险及消减措施

阶段/活动/区域	安全风险	可能产生的后果	风险消减措施
测量放线 作业带清理	1. 测量放线和作业带扫线时不注意； 2. 沼泽地段人员与设备陷入； 3. 沙漠地段人员迷失方向或失踪； 4. 林区乱砍乱伐、吸烟等	1. 跌落损伤 2. 滑倒 3. 蚊叮虫咬 4. 淹溺 5. 跨步电压触电 6. 森林火灾 7. 工农纠纷	1. 划线过程中，积极与地方有关部门和人员联系，共同看线，现场确认； 2. 对局部线路走向有重大争议地段，及时向监理、业主反映，并采取措施； 3. 在山区，测量人员要穿防滑胶鞋； 4. 森林、茂密草丛中和夏季测量时，采取防护措施，配备蛇药、驱蚊虫药等； 5. 高压线下，不使用金属质标尺；拉杆采用绝缘材料，禁止在高压线下久留； 6. 没有事先获取当地环境、水文地质资料前，不得冒险进入沙漠、戈壁；洪水期的季节性河流和沼泽作业时，要提防山洪暴

续表

阶段/活动/区域	安全风险	可能产生的后果	风险消减措施
测量放线作业带清理			发、滑坡、崩塌、泥石流等危害；进入水网湿地，采取措施，防止人员、设备陷入，雷雨天气不要在凸起的地貌、构建物、高压线或孤树下停留、避雨，应停止工作，人员车辆撤离到安全地域； 7. 在沼泽水网施工时，施工机械应更换湿地专用履带板； 8. 进入沙漠、戈壁等无人区，要配备通信设备，加强通信联络
现场用电	1. 配电箱、开关箱无漏电保护器，不防雨；电线绝缘不好、线头包扎不牢等； 2. 临时线路横穿道路无保护措施；架在钢脚手架上；雨天架在树上； 3. 手持电动工具漏电；在易燃易爆场所使用不防爆电器； 4. 电动机、发电机、配电屏（柜）等金属外壳接地	1. 触电 2. 火灾	执行《施工现场临时用电安全技术规范》JGJ 46—2005 等
食堂住宿	1. 炊事人员不进行查体； 2. 原料不新鲜、变质；饭菜原料清洗不干净，消毒不好； 3. 食品存放不当；四害较多； 4. 炊事机械不接地或接地不良； 5. 违章使用燃气设施；	1. 食品中毒 2. 传染病 3. 触电 4. 火灾	1. 炊事人员每年进行查体，有健康证；食堂有《餐饮许可证》； 2. 制定卫生管理制度、宿舍管理制度； 3. 不购买不新鲜、变质食品或放置时间过长； 4. 厨具清洗干净，按规定消毒； 5. 加强用气管理；
布管	1. 管堆堆放过高，管子从爬犁上滚下； 2. 人员坐在拖管的爬犁上； 3. 吊装时人员配合不利	1. 物体打击 2. 起重伤害	1. 管堆堆放采取防滑落措施； 2. 运输过程中禁止人货混装
沟上组焊	1. 倒链架不稳，管口挤手、撬棍打滑或脱手； 2. 地基松软，吊装设备倾覆； 3. 使用磨光机不带护目镜	1. 物体打击 2. 机具伤害	1. 对管时倒链架要稳固； 2. 配电箱安装漏电保护器；电焊机按规定打接地； 3. 执行自然保护区野外施工防火规定
焊缝探伤	射线探伤未设警戒线或明显警告标志，现场无监护人	电离辐射	设置警戒线和警示标识，加强监护。
补口	1. 油漆调配时现场有烟火； 2. 油漆气味散发被人体吸入； 3. 使用电动钢丝轮时不注意； 4. 加热设施使用不当	1. 火灾 2. 中毒 3. 机械伤害	1. 穿戴防护用品，必要时佩戴防毒面具； 2、易燃、易爆、有毒材料应分别存放，不应与其他材料混放； 3. 作业完后应将残存的易燃、易爆、有毒物质及其他杂物按规定处理

续表

阶段/活动/区域	安全风险	可能产生的后果	风险消减措施
管沟开挖	1. 挖破管线造成介质泄漏、挖坏地下设施； 2. 挖出的土离沟边太近、堆放过高、基坑斜度不够等； 3. 无防塌方措施； 4. 沟槽开挖时无临时过桥或临时过桥设置不当； 5. 人工开挖人员之间距离太近；机械开挖时设备距离沟槽边缘过近	1. 塌方 2. 机械伤害 3. 人员坠落 4. 碰伤	1. 与建设方沟通，搞清地下情况； 2. 按施工措施要求采取相应保护措施或制订应急预案； 3. 进行放坡或支撑防护； 4. 沟槽边缘堆土高度不得大于1.5m； 5. 进行降水，采取防塌措施； 6. 人工开挖间距不得小于2～3m；机械开挖间距大于10m； 7. 保留预留通道，设置临时过桥等措施
扫线试压	1. 试压封头不符合规定； 2. 封头对面或两侧较近距离内放置设备或有人员走动； 3. 升压过快管线爆裂，封头堵头飞出	1. 物体打击 2. 设备损坏	1. 按标准要求选择适宜的方法； 2. 设置警示标志，设专人监督； 3. 人和设备不得在排放口，管线两侧一定距离范围内不得站人或摆施设备； 4. 按施工技术措施控制压力，防止过压；选用合格的收发球装置
维护与服务	1. 带压修复； 2. 无保运措施、违章用火	1. 火灾、爆炸 2. 设施损失	1. 严禁带压修复工艺，用火按规定执行； 2. 按施工组织措施采取保运

11.4 管道穿越工程

11.4.1 施工过程

穿越工程包括：新建或改、扩建的输送原油、天然气、煤气、成品油等管道穿越河流、湖泊、山林、公路、铁路等难以通过的地方、地下障碍物工程的施工。

穿越工程施工方法可分为五类：定向钻穿越施工、顶管穿越施工、大开挖施工、盾构穿越施工(隧道)、矿山法隧道穿越施工。不同类型的施工方法，有不同的施工流程或过程，如定向钻穿越施工，钻导向孔、扩孔、回拖等。

顶管穿越施工是在管道需要穿过公路、铁路及其他重要地面设施时，不影响交通和不破坏地面设施的穿越施工工法。主要包括螺旋钻机顶管、千斤顶顶管、平衡法(泥水平衡或土压平衡)顶管穿越施工工法等。

大开挖施工：一般应用穿越三级及三级以下公路、乡间土路以及其他不适宜用钻孔法、顶管法等施工的公路以及季节性河流、中小沟渠的穿越施工。大开挖施工作业视对具体穿越点的环境地貌影响大，方法多样，施工单位应分别制订施工方案或作业计划书，根据现场情况和施工要求，灵活采用全开挖、半幅开挖等方法。

11.4.2 主要设备

挖掘机、吊管机、电焊机、运输车辆、风动凿岩机、空压机、吊管机、定向穿越钻机、盾构机、钻(冲)桩机等。

11.4.3 安全风险及消减措施

管道穿越工程活动过程中的安全风险及消减措施见表11－4。

表11－4 管道穿越工程安全风险及消减措施

阶段/活动/区域	安全风险	可能产生的后果	风险消减措施
一般规定	1. 安全措施不当或无应急措施； 2. 人员进行危险区或无关人员进入现场。	人身伤害	1. 穿越施工应制订施工方案，报业主批准后实施。向员工进行交底，制订安全措施和应急预案，应配备足够的应急资源并进行应急演练； 2. 穿越施工作业区应设置安全警戒区，防止无关人员进入施工场地，避免发生事故
定向钻穿越施工	1. 入土角、出土角或曲率半径不符合设计要求，导向孔偏差大； 2. 遇到除适合施工的地质条件(岩石、沙土、粉土、黏性土)外的地质条件，不采取相应措施； 3. 管段二次倒运； 4. 钻机安装场地平整时，挖掘机挖坏地下油管线； 5. 设备运转时电气部分未安装漏电保护器	1. 卡钻、钻杆损坏 2. 砸伤、碰伤 3. 油泄漏 4. 环境污染	1. 根据设计交底(桩)与施工图纸放出钻机场地控制线及设备摆放位置线确保钻机中心线与入土点、出土点成一条直线，管段预制场地与入土点、出土点成一直线； 2. 定向穿越钻机的安装场地应根据钻机和附属设备的要求，结合现场实际条件进行布置； 3. 控向操作应由经过培训合格的人员操作； 4. 配电箱必须安装漏电保护器； 5. 施工前必须有可靠的安全措施对工作坑排水、防灌、防塌；工作坑应足够宽敞，符合规范要求，留有安全空间； 6. 当穿越公路及道路时，在人员和设备工作的所有穿越区及其附近，应有道路信号和信号员警告接近的车辆减速； 7. 牵引作业时，应设专人指挥，设专人监护，无关人员应离开现场
顶管穿越施工	1. 作业前未检查确认沿线地下障碍物； 2. 往坑内吊放设备、构件时下方有人； 3. 工作坑壁失稳； 4. 工作坑内降水不好，地面水流入坑内	1. 原有地下管线破坏 2. 物体打击 3. 塌方伤人	1. 顶管作业不得在汛期内易被淹没的地点施工，确因地理、时间条件限制，必须采取围堰防护等安全措施； 2. 请建设单位提供地下管线资料，调查确认地下情况，制订相应的施工方案； 3. 往坑内吊放设备、构件时，严禁下方有人，安全管理人员严格检查制度落实； 4. 严格按施工方案执行，实施坑壁支护、降水，每天进行坑壁稳定性进行检查，发现异常情况及时处理

续表

阶段/活动/区域	安全风险	可能产生的后果	风险消减措施
大开挖施工	1. 河流开挖 (1)不了解河流情况； (2)施工对河床、河堤的结构及河床的生态系统造成破坏； (3)管沟两侧不按规定采取措施 2. 道路开挖 (1)不设置警示牌； (2)合理组织施工，尽量缩短阻断交通的时间； (3)开挖管沟时，对地质情况不掌握； (4)开挖管沟时，不仔细检查沟壁，发现裂纹等不正常情况时，不采取支撑或加固措施	1. 河流开挖 (1)生态破坏 (2)管沟塌陷 2. 道路开挖 (1)阻碍交通 (2)塌方 (3)人员伤害	1. 河流开挖 (1)施工前要及时与当地水利部门取得联系，掌握近几年有关河流的汛情、水位、河床构造、河堤构造等基本资料； (2)施工对河床、河堤的结构及河床的生态系统会造成一定影响，应与水利部门协同解决，最大限度予以恢复； (3)施工中，在管沟两侧设置挡土板等防塌陷措施，施工人员密切注意管沟四壁的情况，发现异常应停止工作立即撤离； (4)危险部位施工应具备详细的逃生措施和方案，对全员进行教育，组织现场实地的逃生演习 2. 道路开挖 (1)开挖前将公路予以封闭，设置昼夜可视施工警示牌； (2)管段的预制应先于道路开挖进行，预制地点选在道路侧的作业带上，合理组织施工，尽量缩短阻断交通的时间； (3)开挖管沟时，避免发生塌方事故、开挖过程如遇到地下管道、电缆以及不能识别的物品时，停止作业，采取必要的措施后方准施工； (4)经常检查沟壁，如发现裂纹等不正常情况时，应采取支撑或加固措施。非工作人员不准在沟内停留
盾构、矿山法隧道穿越施工	1. 隧道较长且阴暗，空气流通不畅； 2. 可燃气体和有毒气体浓度超标； 3. 隧道内施工时，遇到紧急情况时隧道内外人员联系不上； 4. 遇到紧急情况时逃生不及时； 5. 用电设施存在问题	1. 窒息 2. 中毒 3. 塌方 4. 触电 5. 爆炸	1. 隧道及竖井施工中设安全员进行巡视，监控影响安全施工的人文、环境因素，竖井口应设防洪墙和安全护栏； 2. 设双回路电源，并有切断装置，保证照明、交通要道、工作面和设备集中处应设置安全照明； 3. 增加通风设备，应使用仪器对可燃气体和有毒气体进行监测，令其浓度控制在安全允许值以内，超过安全允许值严禁施工，并采取应急措施进行处理； 4. 配电箱应设置在避水、干燥的地方，且接地良好，并封堵，设专人管理并定期检查、维护和保养； 5. 在隧道口安装鼓风机进行强制换气，施工前在隧道内安装好照明设施，隧道内应定时通风；

续表

阶段/活动/区域	安全风险	可能产生的后果	风险消减措施
盾构、矿山法隧道穿越施工			6. 隧道内外配备对讲机或强调开手机，保持通信畅通； 7. 在隧道内的两侧设置挡土板等防塌陷措施，注意隧道四壁的情况，发现异常应停止工作立即撤离； 8. 应有详细的逃生措施和方案，组织现场实地的逃生演习
管道清管、试压	1. 管线或阀门不合格，试压过程相关人员靠近观察或无关人员进入试压区； 2. 带压过程中打开盲板观察清扫、试压表不符合规范要求、失灵，在清管试压过程中，压力升高引起爆管； 3. 收球桶连接不牢、没有设置专用的接收球筒或收球筒不合格； 4. 试压作业区和试压管道两端无安全警示标识； 6. 试压前应编制清管、试压施工方案； 7. 夜间施工没有配备足够的照明设施；在有人和交通道口无警示标识	1. 爆炸伤人 2. 试压球飞出伤人或损坏设备	1. 管线试压应按设计、规范要求和试压方案执行； 2. 保证临时配管、管件、阀门、法兰、垫片、螺栓和其他试压配件质量合格； 3. 试压现场要设立警戒线，试压端设立安全警示牌。试压禁区要设专人把守； 4. 收球装置按要求制作，每次通球结束后，打开观察阀门，放掉剩余压力，确认压力表回零之后方可进行取球作业； 5. 设置专用的收球筒，避免扫线球高压射出，在接收球作业区设置安全围栏； 6. 夜间施工要配备照明设施；在有人烟和交通道口要设置红色信号灯作警示

11.5 检、维修作业

11.5.1 主要过程

进设备作业、高处作业、工业用火、防腐保温等。

11.5.2 主要设备

焊接、切割设备、吊装设备、通风设施等。

11.5.3 安全风险及消减措施

检、维修作业活动过程中的安全风险及消减措施见表11－5。

表11－5　检、维修作业安全风险及消减措施

阶段/活动/区域	安全风险	可能产生的后果	风险消减措施
进设备作业	1. 未办理进设备作业票； 2. 作业时设备内气体未经检测或可燃气体浓度超标；使用的测爆仪未定期校验；设备内油污不清除或清除不彻底；	1. 中毒、窒息 2. 火灾、爆炸 3. 高处坠落	1. 应办理进设备作业票； 2. 气体检测仪器要定期检定合格； 3. 作业前进行可燃气体检测，设备内保证通风良好，设置防爆通风装置，与容器相连所有的管道必须采取隔离措施；

续表

阶段/活动/区域	安全风险	可能产生的后果	风险消减措施
进设备作业	3. 设备所有人孔通气孔未打开，没有强制通风；设备外无人监护； 4. 照明设施不是安全电； 5. 施工前未进行安全及应急教育、技术交底		4. 电源电压不大于36V，在潮湿和易触及带电体场所的照明电源电压不大于24V，在特别潮湿的场所、导电良好的地面、金属容器内工作照明，电源电压应不大于12V； 5. 配备足够消防器材，工具设备应符合防爆要求； 6. 作业后检查无火灾隐患方可离开
高处作业	1. 脚手架搭设不合格； 2. 高处作业不系安全带、酒后上岗、梯子打滑等	高处坠落	1. 有资质的单位搭设，架子工持证上岗； 2. 遵守高处作业的有关规定
工业用火	1. 不按规定办理用火作业票；未按规定进行监护； 2. 施工前未进行安全教育、技术交底； 3. 相关流程不关断不泄压，同一流程同时两处或两处以上用火，置换、蒸煮等达不到要求； 4. 带压不置换用火不能提供稳定正压； 5. 使用非防爆器具； 6. 消防器材设施配备不齐或失效； 7. 氧气、乙炔瓶间距及与明火距离不符合安全要求； 8. 用火后存在遗留火种	火灾、爆炸	1. 用火前必须办理用火作业票，安全监护人应逐项检查措施落实情况； 2. 严禁超出用火报告中的作业范围用火； 3. 对设备容器上下多部位多次取样检测，保证设备容器内任何部位的可燃气体浓度小于其爆炸下限的25%； 4. 气体检测仪器要定期检测合格； 5. 特种作业人员持证上岗； 6. 施工人员正确佩戴合格劳动保护用品； 7. 现场配备足够消防器材，施工使用工具设备应符合防爆要求； 8. 用火结束，必须检查确认无火灾隐患后方可离开

11.6 房屋建筑工程

11.6.1 施工流程

施工准备→测量、定位→打桩→基槽开挖、施工降水→地基处理→基础(毛石筑砌、钢筋浇筑)施工→主体结构施工(钢筋、模板、混凝土工程)→屋面工程→装饰工程、幕墙工程施工→配套工程→竣工清理。

每一项又分若干过程。如模板作业包括：准备工作、模板加工制作、模板吊装、模板组拼、安装支撑、固定、模板拆除等。钢筋加工绑扎作业包括：钢筋加工、吊装至作业区、钢筋绑扎。

11.6.2 主要设备

除通用设备外，有：塔吊、物料提升机与外用电梯、打桩设备等。

11.6.3 安全风险及消减措施

房屋建筑工程活动过程中的安全风险及消减措施见表11－6。

表 11-6　房屋建筑工程安全风险及消减措施

阶段/活动/区域	安全风险	可能产生的后果	风险消减措施
测量定位	路面凹凸不平	摔伤、绊倒	教育员工对复杂地形存在的各种危害引起重视，根据实际情况采取相应措施
土石方及基坑作业	1. 未编制施工方案或者安全措施不完善； 2. 施工机械作业位置、顺序不符合要求； 3. 挖掘机司机无证或违章作业； 4. 围护缺失，其他人员进入挖土机作业区	1. 坍塌 2. 机械伤害 3. 机械倾覆 4. 触电	1. 编制施工方案，完善的安全措施并经审批后实施； 2. 按照有关施工标准、规范、规程和设计文件执行
基坑支护	1. 设计缺陷或者支护方案不符合要求、没有按规定放坡或设置可靠支撑； 2. 临边防护不符合要求、未设置人员上下通道或设置不合理、基坑垂直作业缺乏有效隔离防护等； 3. 积土、料具堆放、机械设备施工不合理使坑边荷载超载	1. 坍塌 2. 高处坠落	1. 认真按设计要求采取各种支护措施，寒冷地区应考虑土体冻胀力的影响； 2. 支撑安装必须按设计位置进行，施工过程严禁随意变更； 3. 挡土板或板桩与坑壁间的回填土应分层回填夯实； 4. 支撑的安装和拆除顺序必须与设计工况相符合，并与土方开挖和主体工程的施工顺序相配合；分层开挖时先撑后挖；同层开挖时边开挖边支撑； 5. 钢筋混凝土支撑强度必须达设计要求（或达75%）后，方可开挖支撑面以下土方；钢结构支撑必须严格材料检验和保证节点的施工质量，严禁在负荷状态下进行焊接； 6. 合理布置锚杆的间距与倾角，锚杆上下间距不宜小于2.0m，水平间距不宜小于1.5m；锚杆倾角宜为15°~25°，且不应大于45°；最上一道锚杆覆土厚不得小于4m； 7. 锚杆的实际抗拔力经计算后，还应按规定方法进行现场试验后确定； 8. 采用逆做法施工时，要求其外围结构必须有自防水功能；基坑上部机械挖土的深度，应按地下墙悬臂结构的应力值确定；基坑下部封闭施工，应采取通风措施
打桩	1. 高处维修桩机不系安全带； 2. 不按负载配用电缆；电缆接线不符合要求； 3. 水泥粉尘	1. 高处坠落 2. 火灾 3. 触电 4. 粉尘	1. 按操作规程操作； 2. 正确穿戴合格劳动保护用品； 3. 电气线路、接地等按规定架设
基础施工	1. 灰土垫层使用手持电动工具时未按规定正确戴绝缘手套； 2. 水涵沙施工振动器漏电； 3. 毛石、混凝土预制件等物料野蛮装卸	1. 触电 2. 物体打击	1. 落实基坑支护措施； 2. 执行安全用电有关规定； 3. 不野蛮装卸

续表

阶段/活动/区域	安全风险	可能产生的后果	风险消减措施
模板施工	1. 操作人员从高处随便抛丢工具、材料，工具乱放； 2. 模板上施工荷载超过规定或堆放不均匀； 3. 不按照顺序拆除； 4. 模板拆除区未设置警戒线且无人监护； 5. 模板随意放置、堆放占用消防通道、人行道	1. 高处坠落 2. 坍塌 3. 物体打击	1. 吊装时应绑缚牢固，并根据情况调整吊装位置，现场施工人员待钢管吊装至1m左右要扶稳，慢慢降落至作业层； 2. 戴手套，随身佩带工具，严禁上下抛掷工具或材料； 3. 吊装前检查是否绑缚牢固，“四口”、“五临边”做好防护措施，危险区域悬挂警示标牌，严禁人员进入； 4. 梁模板拆除时，拆除支架部分水平拉杆和剪力撑，而后拆除梁与楼板模板的连接角模及梁侧模板；下调支柱顶翼托螺杆后，先拆钩头螺栓，然后拆下U形卡和L形插销，再用钢钎轻轻撬动钢框竹编模板，或用木锤轻击，拆下第一块，然后逐块逐段拆除；拆除跨度较大的梁底模板时，从跨中开始下调支柱顶翼托螺杆，然后向两端逐根下调，再按要求做后续作业；拆除梁底模支柱时，亦从跨中向两端作业； 5. 分片拆除柱模板时，从上口向外侧轻击和轻撬连接角模，使之松动。适当加设临时支撑或在柱上口留一个松动穿墙螺栓，防止整片柱模倾倒伤人
钢筋加工绑扎	1. 钢筋加工机械安装不符合要求或保护装置缺陷； 2. 使用机械加工钢筋时不规范操作； 3. 钢筋切割机、调直机不接地； 4. 开关箱不接地、固定不牢	1. 机械伤害 2. 触电	1. 展开圆盘钢筋要一头卡牢，防止回弹； 2. 钢筋堆放应分散、规整摆放，避免乱堆和叠压； 3. 使用钢筋切断机时，在活动刀片前进时禁止送料，手与刀口的距离不得少于15cm； 4. 使用除锈机除锈时应戴口罩和手套，带钩的钢筋禁止上机除锈； 5. 上机弯曲长钢筋时，应有专人扶住并站于弯曲方向的外面，防止碰撞伤人； 6. 调直钢筋时，在机器运转中不得调整滚筒、严禁戴手套操作，调直到末端时，人员必须躲开，防止钢筋甩动伤人； 7. 钢筋切割机、调直机外壳接地； 8. 开关箱接地、固定牢固
主体结构施工	1. 塔吊、物料提升机与外用电梯； 2. 脚手架搭设不合格； 3. 脚手板铺得不密实、有探头板	高处坠落	1. 塔吊、物料提升机与外用电梯，应由有资质的单位搭设，由特检部门进行检验合格，出具《合格报告》方可使用； 2. 脚手架搭设要有专项方案并经批准；有资质的单位和持证架子工搭设，并进行验收； 3. 认真进行技术和安全交底，执行安全技术操作规程； 4. 注意“三宝”、“四口”、“五临边”的防护； 5. 按规定系好安全带

续表

阶段/活动/区域	安全风险	可能产生的后果	风险消减措施
屋面工程	1. 屋顶防水保温防水卷材烘烤操作不当； 2. 矿砂珍珠岩粉末、保温料与水泥搅拌产生轻微粉尘； 3. 楼板灌缝掉落沥青伤人； 4. 平板震动器未安装漏电保护器，设施及线路绝缘老化，线头包扎不牢固； 5. 高处作业无安全措施	1. 灼烫 2. 触电 3. 高处坠落	1. 按操作规程操作，正确穿戴合格劳保用品； 2. 电气设备必须安装漏电保护器；使用前对设备、电缆、线路等进行安全检查； 3. 高处作业见“高处作业”措施
装饰工程	1. 油漆作业时有人吸烟； 2. 高处作业无安全措施	1. 火灾 2. 高处坠落	1. 油漆作业禁止烟火，施工产生的废料及时回收处理； 2. 高处作业见“高处作业”措施
配套工程	1. 高处作业无安全防护措施； 2. 攀登时梯子不稳进行作业	高处坠落	1. 正确搭设脚手架； 2. 高处作业见“高处作业”措施

11.7 公路桥梁工程

11.7.1 施工流程

11.7.1.1 道路施工施工流程

原地面清理、压实→路基及涵洞等构造物施工→路面基层施工→路面面层施工→道路辅助工程施工(砌筑路缘石等)→铺筑沥青砼路面→路容整理(临时占用或破坏的植被/农田的恢复)→竣工验收。

11.7.1.2 桥梁工程施工流程

布设测量控制网→基桩施工→上部工程施工(墩、台施工)→梁板施工→墩、台、梁安装→桥面安装→伸缩缝安装→栏杆、护栏安装→竣工验收。

11.7.1.3 砌筑防护工程

(1) 大型挡土墙工程：基础、墙身、面板预制、面板安装、加筋土挡土墙总体等。

(2) 防护工程：护岸、导流工程等。

(3) 引道工程：路基、路面、挡土墙、小桥、涵洞等。

(4) 匝道工程：路基、路面、通道、挡土墙等。

(5) 隧道工程：明洞回填、洞身开挖、混凝土衬砌、隧道路面基层面层等。

11.7.2 主要设备设施

(1) 道路施工

平地机、压路机、挖掘机、推土机、自卸汽车、装载机、洒水车、摊铺机、拌合机、发电机、锯缝机、刻纹机等。

(2) 桥梁基础施工

桩机、冲击钻机、泥浆泵、装载机、泥浆净化装置、发电机、汽车吊、空压机、输送泵、拌和楼、龙门架、螺纹机、钢筋加工胎模等。

（3）桥梁主体施工

桩机、钻机、塔吊、施工升降机、架桥机、空压机、电焊机、钢筋弯曲机、钢筋切割机、对焊机、砂浆搅拌机、混凝土搅拌机、混凝土拌和楼、混凝土输送泵、混凝土泵车、混凝土罐车、千斤顶、高压油泵、真空压浆机、真空吸浆机、钢轨、脚手架、三脚架、万能杆件、变压器、发电机、水泵、汽车吊、卷扬机、电动葫芦、注浆机、鼓风机等。

（4）隧道施工

凿岩台架、空压机、运药车、凿岩机、装载机、挖掘机、自卸车、通风机、抽水机、潜水泵、砼喷射机、砼拌合站、砼运输车、砼输送泵、二次衬砌台车、变压器、发电机、潜孔钻机、注浆泵、钢筋调直机、钢筋弯曲机、钢筋切割机、电焊机、热合机、水幕降尘器等。

（5）检验、试验、检测设备设施

万能压力机、压力机、强制式水泥混凝土搅拌机、水泥净浆搅拌机、水泥砂浆搅拌机、抗折试验机、温湿控制仪、水泥混凝土养护箱、干燥箱、沥青搅拌机、沥青延度仪、沥青旋转薄膜烘箱、沥青车辙试验机、路面构造深度测定仪等。

11.7.3 安全风险及消减措施

公路桥梁工程活动过程中的安全风险及消减措施见表11－7。

表11－7 公路桥梁工程安全风险及消减措施

阶段/活动/区域	安全风险	可能产生的后果	风险消减措施
测量定位	路面凹凸不平	摔伤、绊倒	1. 教育职工对复杂地形存在各种危害引起重视； 2. 根据实际情况采取相应措施
清理场地	1. 在密林、从草区域或在防火等级较高的场地内施工不注意； 2. 在公路、街道、交通繁忙的道路上测量时，不注意； 3. 测量人员在高压线附近工作时，易引发触电事故； 4. 拆除建筑物时，易引发触电、挖断油气管线、建筑物倒塌、高处坠落等事故	1. 触电 2. 坍塌 3. 火灾 4. 交通事故	1. 施工前，了解地下设施的状况，核实位置，研究确认加固或迁移方案； 2. 施工前应清理现场，平整地面，检查、试运转施工机具设备，施工中定期检查； 3. 对于路基下的坟坑和废弃的水井、人防设施、地下管道等应在路基外封堵，并按技术规定及时处理，确认合格； 4. 清除的丛草、树木严禁放火焚烧； 5. 拆除建(构)筑物前，应制订安全可靠的拆除方案； 6. 在公路、街道、交通繁忙的道路上测量时，应有专人警戒； 7. 高压线附近工作时，必须保持足够的安全距离，在移动塔尺的过程中，必须将塔尺收好，防止高压触电，遇雷雨时不得在高压线、大树下停留

续表

阶段/活动/区域	安全风险	可能产生的后果	风险消减措施
土方工程	1. 施工中人机配合不好，操作人员视线受阻等； 2. 沟槽开挖时堆土过高； 3. 吊装管子与其他工序交叉施工时不注意； 4. 深基坑开挖施工中采用降水作业时，存在现场临时用电布置范围广，电器机具分布零散，施工场地潮湿等不利因素，易引发触电伤害，降水作业过程中，土方开挖、管线吊装、混凝土浇筑、检查井砌筑等工序交叉进行； 5. 路基压实作业过程人不注意离压路机太近	1. 人身伤害 2. 机械伤害 3. 塌方 4. 物体打击 5. 高处坠落	1. 土方开挖前，了解土质、地下水等情况，查清地下管道、电缆等危险物以及文物古迹情况并加设标记，设置防护栏杆，进行安全技术交底； 2. 开挖深度超过 2m 时，应视为高处作业，要设置警告标志。在街道、居民区、行车道和现场通道附近开挖土方时，设置警告标志和高度不低于 1.2m 的双通道防护栏或定型护身栏，夜间设红灯示警； 3. 在沟槽（坑）边缘堆土高度不得超过 1.5m； 4. 靠近建筑物、设备基础、电杆及各种脚手架附近挖土时，采取安全防护措施； 5. 高陡边坡处施工，作业人员必须系安全带；如遇地下水涌出，应先排水；开挖作业应与装运作业面相互错开，严禁上、下同时作业；高边坡开挖，作业人员要戴安全帽，专人监护，防止上部塌方和物体坠落；深基坑开挖抛土距坑边缘不能太近；高边坡浆砌和干砌有人看管，作业人员必须戴安全帽； 6. 滑坡地段的开挖，应从滑坡体两侧向中部自上而下进行；弃土不得堆在主滑区内；开挖挡墙基槽也应从滑坡体两侧向中部分段跳槽进行，并加强支撑，及时砌筑和回填墙背；施工中要设专人观察，严防塌方； 7. 沟槽(坑)回填时，必须在构筑物两侧对称回填夯实；使用推土机回填时，严禁从一侧直接将土推入沟槽(坑)；使用手推车回填时，沟槽(坑)边应设挡板，卸土时不得撒把； 8. 运土方车辆通过窄路、交叉路口、铁路道口和交通繁忙地段以及转弯时，应注意来往的行人、车辆；重车运行，前后两车间距必须大于 5m，下坡时，间距不小于 10m，严禁车斗上乘人；悬崖陡壁处应设防护栏杆； 9. 路基地层中有水时，应先将水排除疏干；道路扩建中，挖掘道路边缘进行接茬处理时，不得影响现况道路的稳定； 10. 路基施工中，在场地狭小、机械和车辆作业繁忙的地段应设专人指挥交通； 11. 使用手推车、土坡道运输、地下通道、涵洞和管道填土时应符合相关要求

续表

阶段/活动/区域	安全风险	可能产生的后果	风险消减措施
石方工程	1. 石方爆破作业采用炸药的运输、保管不当； 2. 爆破作业区域有人员、设备； 3. 爆破作业区域内有高压电线、输油管线、输气管线等； 4. 用人力冲击法打松软岩眼时，操作人员之间动作不协调或操作失误； 5. 爆破方法不当	1. 人身伤害 2. 设备损失 3. 机械伤害	1. 爆破施工应由具有相应爆破施工资质的企业承担，由经过爆破专业培训、具有爆破作业上岗资格的人员操作； 2. 施工前，应编制爆破专项施工方案，按规定程序经批准后实施
防护工程	1. 边坡防护作业，人员在倾斜的工作面上施工； 2. 砌石作业过程中，边坡上部的石块滑落； 3. 石块的搬运过程中，因场地窄小，石块滚落； 4. 抹面、勾缝作业时，人员直接在坡面上行走	高处坠落	1. 脚手架要搭设牢固； 2. 砌石作业必须自下而上进行；护墙砌筑时，墙下严禁站人；抬运石块上架，跳板应坚固，并设防滑条； 3. 抹面、勾缝作业必须先上后下；严禁在坡面上行走，上下必须用爬梯，作业在脚手架上进行；架上作业时，架下不准有人操作或停留，不得上面砌筑、下面勾缝
打桩	1. 高处维修桩机不系安全带； 2. 不按负载配用电缆；电缆接线不符合要求； 3. 水泥粉尘	1. 高处坠落 2. 火灾 3. 触电 4. 粉尘	1. 按操作规程操作； 2. 正确穿戴合格劳动保护用品； 3. 电气线路、接地等按规定架设
钻孔灌注桩基础施工	1. 钻机的安全装置不齐全或设备操作不当等； 2. 钻机安设不平稳； 3. 施工中产生的泥浆和废水等使现场湿滑； 4. 钻孔程控后，没有采取防护措施，操作人员及行人易掉入钻孔中	1. 机械伤害 2. 设备倾覆 3. 人身伤害 4. 触电	1. 检查钻机及其配套设备是否完好正常； 2. 钻机安设平稳、牢固，钻架应加设斜撑或缆风绳；钻机平台和作业平台应搭设坚固牢靠，并满铺脚手板，设防护栏、走道；杂物及障碍物应及时清除； 3. 采用液压电动反循环机钻孔前，随时检查液压油、润滑油情况； 4. 钻机皮带转动部分，不得外露；所使用的电气线路必须是橡胶防水电缆； 5. 拆换钻杆或钻头要迅速快捷，保证联接牢靠；严防工具、铁件及螺帽等掉入孔内； 6. 采用冲击钻孔时，选用的钻锥、卷扬机和钢丝绳，当断丝超过5%时，必须立即更换； 7. 卷扬机上的钢丝绳应排列整齐；严禁人员在其上面跨越；卷筒上的钢丝绳，不得全部放完，最少保留3圈，严禁手拉钢丝绳卷绕； 8. 滑移钻台时，应防止挤压电缆线及同水管路。发现电缆破损要立即处理；

续表

阶段/活动/区域	安全风险	可能产生的后果	风险消减措施
钻孔灌注桩基础施工			9. 钻孔过程中，必须保持孔内水位的高度及泥浆的稠度，严防坍孔； 10. 钻孔使用的泥浆，应设置泥浆循环净化系统，防止对环境的污染； 11. 钻机停钻，必须将钻头提出孔外，置于钻架上，严禁将钻头停留孔内过久； 12. 采用冲抓或冲击钻孔，应防止碰撞护筒、孔壁和钩挂护筒底缘；提升时，应缓慢平稳，提升高度应分阶段严格控制； 13. 对于已埋设护筒未开钻或已成桩护筒尚未拔除的，应加设护筒顶盖或铺设安全网遮罩
挖孔、沉管灌注桩基础施工	1. 挖孔过程中，孔壁坍塌； 2. 挖孔施工时，使用的电器设备不当； 3. 挖孔施工时，孔内空气不流通； 4. 挖孔与混凝土浇注等工序同时进行时，机械的振动造成孔壁不稳定； 5. 挖孔施工时，地面监护人员擅自离岗或与孔内施工人员沟通不及时	1. 窒息、中毒 2. 坍塌 3. 触电 4. 人身伤害	1. 挖孔灌注桩，按设计在无水或少水的密实土层或岩层中进行；挖孔较深或有渗水时，必须采取孔壁支护及排水、降水等措施，严防坍孔； 2. 人工挖孔，应经常检查孔壁的稳定及吊具设备等；孔顶出土机具应有专人管理，并设置高出地面的围栏，孔口不得堆积土渣及工具，设常备的梯子；夜间作业应悬挂示警红灯；挖孔作业暂停时，孔口应设置罩盖及标志； 3. 所用电器设备，必须装设漏电保护装置，孔内照明应使用36V电压的灯具； 4. 孔内挖土人员的头顶部应设置护盖；取土吊斗升降时，挖土人员应在护盖下面工作；相邻两孔中，一孔进行浇注混凝土作业时，另一孔的挖孔人员应停止作业，撤出井孔； 5. 人工挖孔作业前，应先用鼓风机将孔内空气排出更换，二氧化碳气体含量超过0.3%时，应采取通风措施，含量虽不超过规定，但作业人员有呼吸不适感觉时，亦应采取通风或换班作业等措施；空气污染超过三级标准浓度值时，要有安全可靠的措施； 6. 挖孔桩需要嵌岩或孔内有岩层需要爆破时，应采取浅眼爆破法，严格控制炸药用量，严格执行爆破安全规程； 7. 人工挖桩孔采用混凝土护壁时，每挖深1m，应立即浇注护壁，护壁厚度不小于10cm；

续表

阶段/活动/区域	安全风险	可能产生的后果	风险消减措施
挖孔、沉管灌注桩基础施工			8. 机钻成孔完成后，人工清孔验孔要先放安全防护笼，笼距孔底不得大于1m； 9. 人工挖孔采用混凝土护壁时，应对护壁进行验收，孔内护壁应满足强度要求，孔底末端护壁应有可靠防滑壁措施； 10. 在较好土层，人工挖扩桩孔不采用混凝土护壁时，必须使用安全防护笼进行施工，防护笼每节长度不超过2m； 11. 挖出的土方应随出随运； 12. 孔内人员作业时，孔上必须有监护人员，不得擅自撤离岗位，应随时注意孔壁变化及孔底施工情况，发现异常立即协助孔内人员撤离
墩台工程	1. 脚手架没有详细的施工方案； 2. 脚手架的安全网等防护设施不配套； 3. 模板施工时，施工区域下面同时进行其他工序的施工，容易造成物体打击； 4. 雨雪、大风、雾等恶劣天气施工，容易造成高处坠落和物体打击； 5. 操作人员直接从脚手架或模板上爬上爬下； 6. 混凝土浇注施工时，作业平台窄小，容易造成高处坠落； 7. 模板、脚手架的拆除施工，没有详细的方案措施	1. 高处坠落 2. 物体打击 3. 脚手架倾覆	1. 就地浇筑墩台混凝土，必须搭设好脚手架和作业平台，墩身高度在2～10m时，平台外侧应设栏杆及上下扶梯，10m以上时，还应加设安全网； 2. 模板就位后，应立即用撑木等固定其位置；用吊机吊模板合缝，模板底端应用撬棍等工具拔移，不得徒手操作； 3. 树立高桥墩的墩身模板过程中，作业人员必须系好安全带，并拴于牢固地点； 4. 整体模板吊装前，模板要连接牢固，内撑拉杆、箍筋应上紧；吊点要正确牢固；起吊时，应拴好溜绳，并听从信号指挥；不得超载； 5. 用吊斗浇筑混凝土，应设专人指挥；升降斗时，下部的作业人员必须躲开，上部人员不得身倚栏杆推吊斗，严禁吊斗碰撞模板及脚手架； 6. 在围堰内浇筑墩台混凝土，应安设梯子或设置跳板，供作业人员上下； 7. 凿除混凝土浮浆及桩头，作业人员必须按规定佩戴防护用品；使用风镐凿除桩头，应检查确保安全可靠，严禁风枪对人； 8. 采用吊斗出渣，应拴好挂钩，关好斗门；吊机扒干转动范围内，不得站人； 9. 拆除模板，应划定禁行区，严禁行人通过

续表

阶段/活动/区域	安全风险	可能产生的后果	风险消减措施
砌筑墩台施工	1. 墩台施工，作业场地狭窄，如果作业平台、护栏、扶梯等安全防护设施不到位； 2. 机械吊运材料和人员砌筑施工交叉作业； 3. 大块石料的运输，由于受场地限制	1. 物体打击 2. 高处坠落	1. 砌筑墩台前，应搭设好脚手架、作业平台、护栏、扶梯等安全防护设施； 2. 人工、手推车推(抬)运石块或预制块件时，脚手跳板应铺满，其宽度、坡度及强度应经过设计；脚手架和作业平台上堆放的物品不得超过设计荷载； 3. 吊机、桅杆吊运砌筑材料时，应听从指挥；砌筑材料吊运到砌筑面时，作业人员应避让，待停稳后方可上前砌筑，不得将手伸入砌体缝隙之间； 4. 人工抬运大块石料，应捆绑牢靠，动作协调一致，缓慢平放，防止撞伤人； 5. 吊机下方严禁站人
上部工程施工作业、预制构件安装作业	1. 构件吊装，由于施工方案、技术措施的不到位； 2. 当吊装现场有高压线或遇有大风、雷雨等恶劣天气； 3. 吊装使用的起重设备不能满足要求或介于临界状态时； 4. 吊装就位时，施工人员的操作不当	1. 触电 2. 高处坠落 3. 设备倾覆 4. 机械伤害 5. 物体打击	1. 装配式构件(梁、板)的安装，应制定安装方案；起重设备执行特种设备的有关规定； 2. 根据吊装构件的大小、质量，选择适宜的吊装方法和机具，不准超负荷； 3. 吊钩的中心线，必须通过吊体的重心，严禁倾斜吊卸构件；吊装偏心构件时，应使用可调整偏心的吊具进行吊装；安装的构件必须平起稳落，就位准确； 4. 安装涵洞预制盖板时，应用撬棍等工具拔移就位；单面配筋的盖板上应标明起吊标志；吊装涵管应绑扎牢固
就地浇筑上部结构施工	1. 浇筑施工前，没有搭设好作业平台，或作业平台施工面积小，防护措施不到位； 2. 交叉作业时，施工人员不熟悉安全操作细则，没有采取相应的安全技术措施； 3. 支架和模板未经设计计算或施工中偷工减料，容易造成支架倾覆； 4. 支架、模板拆除时，没有按照设计好的方案施工，容易造成物体打击、高处坠落或支架倾覆事故	1. 高处坠落 2. 物体打击	1. 钢筋混凝土或预应力混凝土就地浇筑时，应先搭设好脚手架、作业平台、护栏及安全网等安全防护设施； 2. 作业前，对机具设备及其拼装状态、防护设施等进行检查，主要机具应经过试运转；施工工艺及技术复杂的工程，应进行技术交底； 3. 采用翻斗汽车或各种吊机提吊翻斗运送混凝土，不得超载、超速；严禁在未停稳前，翻斗或启斗，斗内不得载人； 4. 在支架上浇筑混凝土，对简支梁、连续梁、悬臂梁的浇筑顺序，应严格按设计和有关规定办理； 5. 施工中，应随时检查支架和模板；支架、模板拆除，应按设计和施工的有关规定程序进行

续表

阶段/活动/区域	安全风险	可能产生的后果	风险消减措施
基础施工	1. 灰土垫层使用手持电动工具时未正确戴绝缘手套； 2. 水涵砂施工振动器漏电； 3. 毛石、混凝土预制件等物料野蛮装卸	1. 触电 2. 物体打击	1. 落实基坑支护措施； 2. 执行安全用电有关规定； 3. 不野蛮装卸
路基、路面工程	压实填土时机械碰撞	机械伤害	教育施工人员增强安全意识
路面工程	1. 施工中不注意接触灼热的沥青拌合料； 2. 沥青拌合料的送料、摊铺、碾压等工序，多种设备作业； 3. 自卸车在卸料的过程中，撑起的料斗与空中电缆线太近； 4. 人员在设备下面休息时，设备突然启动； 5. 沥青洒布作业时，液态沥青喷溅	1. 烫伤 2. 机械伤害	1. 沥青加热及混合料拌制，宜设在人员较少、场地空旷的地段； 2. 满载沥青的洒布车应中速行驶，尽量避免紧急制动；行驶时严禁使用加热系统； 3. 正确穿戴劳保用品； 4. 沥青拌合料摊铺过程中，设专人指挥交通，并设置警戒区；送料的自卸车需规定好行驶线路
混凝土预制场施工作业（拌和场）	清理设备未切断电源	机械伤害	1. 清理设备时切断电源； 2. 搅拌站应安装在具有足够承载力、坚固、稳定的基座上；操作点应设平稳的作业平台、防护栏杆及扶梯； 3. 搅拌站的电器设备和线路应绝缘良好；搅拌站内，所有机械设备的转动部分，必须设有防护装置； 4. 搅拌站的机械设备安装完毕，经检查确认后，进行空载运转，试运转正常后，方可作业

11.8 海上平台工程

11.8.1 施工流程

施工准备→施工管理→陆上预制→导管架装驳→桩管装船→人员上下船→平台拖航→海底探摸→浮吊、船舶就位→导管架吊装就位→桩管接桩、打桩→平台吊装→灌浆→撤离平台。

11.8.2 安全风险及消减措施

海上平台工程活动过程中的安全风险及消减措施见表 11－8。

表 11-8　海上平台工程安全风险及消减措施

阶段/活动/区域	安全风险	可能产生的后果	风险消减措施
一般规定	1. 出海人员无"四小证"、特种作业人员无安全操作证； 2. 人员出海不穿救生衣、防鲨服，高处、舷外作业不系安全带； 3. 进出入平台等易燃易爆区域吸烟、携带火种； 4. 人员酒后上岗； 5. 使用不合格船舶； 6. 船舶停靠时缆绳达不到使用要求、系缆不规范； 7. 人员上下船	1. 人身伤害 2. 火灾爆炸 3. 设备损失 4. 船舶碰撞 5. 人员坠海	1. 出海人员需取得"四小证"、特种作业人员持证上岗； 2. 施工前对施工人员进行 HSE 教育； 3. 必须正确穿戴劳保用品，禁止在平台等易燃易爆区域吸烟、携带火种； 4. 禁止酒后上岗； 5. 使用经安全检查合格的船舶； 6. 检查更新缆绳，按规范进行系缆； 7. 船舶靠稳，带缆完毕船员确认无问题后再上下船
码头滑道	1. 船舶停靠时缆绳达不到使用要求、系缆不规范； 2. 码头滑道泥沙淤积，潮水低时船舶搁浅； 3. 上下船无栈桥（登船梯）或搭设不合格	1. 船舶受损 2. 人身伤害 3. 船舶搁浅 4. 落水、淹溺	1. 检查更新缆绳，按规范进行系缆； 2. 及时检查清淤； 3. 按标准制作栈桥（登船梯）； 4. 专人负责管理，及时更新维护设备、设施
应急	1. 无应急预案（处置措施）； 2. 应急准备不足； 3. 发生气象、海况恶劣及船舶故障等突发事件，未及时撤离	1. 损失扩大 2. 人员伤亡 3. 设备、设施损坏	1. 按规定制订应急预案，定期演练，并进行效果评价； 2. 按要求配备应急资源，明确责任，专人负责落实； 3. 及时请求救援，按应急预案进行处置
导管架装驳	1. 选用钢丝绳、滑车、索具不合适；滑移时信号不明确； 2. 卷扬机不同步；卷扬机速度过快；设备老化、保养不到位； 3. 潮差不适合且未对浮船进行调载情况下，进行导管架滑移装驳；设备（滑轮、卷扬机）固定不牢靠； 4. 浮船甲板承载力不够； 5. 下部滑块间隙过大； 6. 滑移过程中危险区域站人； 7. 导管架在浮船上封装不牢； 8. 浮船拖航时载人； 9. 夜间装驳照明不足	1. 人员伤害 2. 设备损坏 3. 翻沉及损坏	1. 施工前进行认真检查，有问题及时进行调整； 2. 施工前划分危险区域； 3. 认真进行安全交底； 4. 实施装驳前，对封装相关参数进行计算，并报有关部门认可后方可进行封装； 5. 禁止浮箱载人； 6. 浮船调载到设计高度
桩管装船	1. 装载桩管驳船装偏、超重； 2. 桩管加固不牢固； 3. 装船后桩管两侧预留通道狭窄	1. 船舶翻沉 2. 吊物坠海	1. 认真检查装载情况； 2. 认真检查桩管加固，不符合要求严禁出海； 3. 保证船两侧的通道宽度

续表

阶段/活动/区域	安全风险	可能产生的后果	风险消减措施
平台拖航	1. 上下船走道不规范或固定不牢； 2. 拖航航速过快； 3. 拖航海况不好； 4. 拖航缆绳老化或选择不当； 5. 拖航时缺少守护船舶	1. 人员坠海 2. 发生碰撞 3. 浮船倾覆 4. 拖缆断裂	1. 严格按施工组织设计施工； 2. 按规定设置走道； 3. 检查走道是否固定牢靠； 4. 按规定选择适航海况； 5. 对选择钢丝绳等进行参数计算，使用前进行安全检查； 6. 按规定配备守护船舶
海底探摸	1. 潜水设备有问题； 2. 潜水员潜水下潜、上浮过快； 3. 吊装作业时潜水员进行海底探摸； 4. 探摸时潜水设备出现故障等突发事件，未及时撤离； 5. 水上、水下通信设施不畅通	1. 人员伤害 2. 设备损坏 3. 减压病	1. 使用前进行安全检查； 2. 严格按潜水规范操作； 3. 吊装作业时严禁进行潜水； 4. 配备备用通信设施； 5. 执行应急措施
浮吊、船舶就位	就位区域海底海管、海缆较多 周围构筑物较多	1. 海管、电缆损坏 2. 发生碰撞	1. 精确掌握海管、海缆路由，制订严格的就位抛锚方案； 2. 由物探部门配合进行 GPS 定位； 3. 严格按措施设计方位就位
桩管接桩、打桩	1. 桩锤运输时放置不当； 2. 存在电缆老化等现象； 3. 浮吊作业时指挥、操作不当； 4. 冲击锤套筒与桩管间隙过大； 5. 接桩焊接脚手架等保护措施搭设不牢； 6. 接桩焊接未达到强度提前摘吊钩； 7. 打桩过快或溜桩 8. 打桩时导管架上人员滞留； 9. 涌浪较大时桩管进行对接，焊接时上部急于拆卸索具	1. 船舶翻沉 2. 人员落水 3. 设备损坏 4. 桩管坠海 5. 吊物坠海 6. 人员伤亡 7. 桩管断裂	1. 正确放置，采用符合要求的固定方式，加强安全检查； 2. 解固一根吊装一根； 3. 根据桩管内径调整好夹具尺寸； 4. 采用套筒内加导向块的方式调整间隙； 5. 在桩管上部焊接卡板、桩管之间焊接牢固； 6. 打桩前检查，人员及时撤离导管架； 7. 船体晃动较大时停止施工； 8. 拆卸索具时下部施工人员撤离
撤离平台	1. 人员上下船时，注意力不集中； 2. 气瓶等物品混装、混放； 3. 撤离时平台上可能存在各类隐患	1. 人员落水 2. 人员伤害 3. 设备损坏 4. 火灾等	1. 专人负责清点； 2. 加强教育，互相监护； 3. 分类摆放，做好加固等保护措施； 4. 要求职工进行自检、专职安全员巡回检查，最后撤离

11.9 铺管船建造

11.9.1 施工过程

分若干分段，陆地预制、船坞合拢。

11.9.2 主要设备、设施

除通用设备外，主要设备、设施有：气囊、牵引绞车、小绞车、固定地牛、汽车吊、辅助渔船、系泊缆等。

11.9.3 安全风险及消减措施

铺管船建造工程活动过程中的安全风险及消减措施见表 11 – 9。

表 11 – 9 铺管船建造安全风险及消减措施

阶段/活动/区域	安全风险	可能产生的后果	风险消减措施
整个建造过程	1. 违反用电规定； 2. 违反吊装作业规定； 3. 违反高处作业规定	1. 触电 2. 起重伤害 3. 物体打击 4. 高处坠落	执行相关规定、制度
船坞合拢	1. 舱室照明不足； 2. 密闭空间焊接发生爆炸事故	火灾、爆炸	1. 每合拢一个分段，把船用防爆灯接上用于照明； 2. 严禁两瓶进仓；气焊作业完毕后必须将氧气、乙炔带拖出舱外； 3. 加强通风。装轴流风机、离心风机，用风管送到舱底，保证密闭空间有良好的通风； 4. 加强安全教育，每天进行巡检
气囊下水	下水前作业气囊顶升、撤坞墩过程中，安全措施不利	1. 气囊爆炸 2. 搁浅 3. 船体撞损 4. 船舱进水 5. 人员落水 6. 身体撞伤 7. 物体打击	1. 严格按照措施执行； 2. 舱内涂敷在分段完成的过程中完成，合拢后只做焊缝处理； 3. 气囊在入厂时查验其检验证书和外观破损情况，由专业人员进行操作，充气速度不能太快，压力在允许满范围内；充气后对气囊进行严格检查； 4. 严格控制气囊摆放几何尺寸和气压； 5. 要在船左、右舷带缆加缓冲结控制船体的行进方向和距离，防止跑到对面的浅水区； 6. 码头前沿水域清除所有渔船，值班拖轮停泊在安全区； 7. 发现船舱进水，马上进行堵漏和排水； 8. 上船人员必须穿救生衣、系安全带，防止人员落水； 9. 船体下水速度快且要进行 90° 调头，船上人员必须靠边抓牢/系好安全带； 10. 船台上所有可移动物体尽量清下船，确实需要随船下水的要绑扎牢固，保证下水时在原地不动； 11. 船体下水后，由海洋工程服务公司专业人员负责船舶的系缆就位

11.10 海底管道工程

11.10.1 施工流程

施工准备→钢管拉运→卸管、散管→组对、焊接→焊缝探伤→防腐→穿管→试压→通球扫线→上滑道→附件安装→管段下水→海上拖运→水平口、立管施工→管道海上试压通球→平台工艺施工→撤离平台。

11.10.2 安全风险及消减措施

海底管道工程活动过程中的安全风险及消减措施见表11-10。

表11-10 海底管道工程安全风险及消减措施

阶段/活动/区域	安全风险	可能产生的后果	风险消减措施
穿管	1. 小管段吊运不合理; 2. 卷扬机操作不当,钢丝绳断裂; 3. 穿管工序混乱	1. 人员伤害 2. 设备损坏	1. 专人监护,协调配合; 2. 统一指挥,专人监护,协调配合
上滑道	吊装设备配合不协调	1. 人员伤害 2. 设备损坏	协调配合,加强监督
附件安装	1. 阳极块、牵引头等附件上面的毛刺划伤人; 2. 搬运、组装时附件滑落	1. 人员伤害 2. 设备损坏	1. 清理打磨附件毛刺,穿戴好劳保用品; 2. 进行人员岗位安全技能知识培训
管段下水	1. 指挥牵引不协调(如小滑车失控); 2. 浮筒处理不当(如绑扎不牢,浮筒倾斜); 3. 浮筒串联使用的钢丝绳未梳理、紧固	1. 人员伤害 2. 设备损坏	1. 统一指挥,协调作业; 2. 下水前专人进行检查、紧固; 3. 加强巡检
海上拖运	1. 船没停稳上、下船;船舷边走动,精力不集中; 2. 使用的船只与被拖管线不相匹配; 3. 管线与海上建筑物相刮;管线与过往船只相撞; 4. 解桶处理不当,如:打捞解桶绳漂及挂缆时,操作不当; 5. 回收浮筒、牵引缆操作不当	1. 落水 2. 设备设施损坏	1. 加强教育,互相监护; 2. 进行技术计算确认,提供安全数据;牵引船与监护船协调拖管;专用船两侧护航; 3. 穿戴救生衣,正确操作
水平口、立管施工	1. 工程船就位、离位不当(如:对原有海底电缆、海管路由轨迹未采集整理,抛锚、起锚指挥不当); 2. 海管打捞处理不当; 3. 使用钢丝绳进行海管捆绑; 4. 对口、焊接施工不当; 5. 海管下放不统一,致使海管断裂、弯曲; 6. 立管入卡,吊装斜拉	1. 刮坏海底电缆、海管 2. 人身伤害 3. 损伤管材 4. 设施损坏	1. 配备专人对已建海底电缆、海管路由轨迹采集整理,使用卫星定位; 2. 设备监控就位,注意监控工程船离位防止发生走锚现象; 3. 穿救生衣,统一指挥,搭建防护架,潜水员配合; 4. 配备相适应的吊带、缆绳; 5. 统一指挥,正确操作,固定海管吊机、船舶配合协调; 6. 采用理论和实际施工相结合

续表

阶段/活动/区域	安全风险	可能产生的后果	风险消减措施
平台工艺施工	1. 上下平台没有保护措施； 2. 夜晚或在暗处施工时照明不足	1. 淹溺 2. 人身伤害 3. 设备损坏	1. 穿救生衣，搭建防护装置； 2. 备足照明设备

11.11 海底电缆工程

11.11.1 施工流程

施工准备→海底电缆等设备材料装、卸船→乘船出海→平台用火作业→电缆护管法兰焊接→往平台上搬运设备材料→平台边缘和甲板下作业→船舶就位→起吊埋设犁→敷设牵引钢丝绳→水下作业→海底电缆端登平台→电缆敷设→电缆终端制作、固定→电缆检测试验、接线→撤离平台→人员设备材料登岸→船舶作业。

11.11.2 安全风险及消减措施

海底电缆工程活动过程中的安全风险及消减措施见表11-11。

表11-11 海底电缆工程安全风险及消减措施

阶段/活动/区域	安全风险	可能产生的后果	风险消减措施
乘船出海	1. 上下船时船没停稳上、下船； 2. 船舷边走动，精力不集中； 3. 在气象、海况恶劣的情况下出海	1. 挤伤 2. 人员伤亡 3. 设备损坏	1. 安全监督检查，加强教育； 2. 注意收集天气和海况预报，选择适合天气和海况出海施工
平台用火作业	1. 不按规定办理用火报告； 2. 用火措施落实不到位； 3. 消防器材设施配备不齐全； 4. 用火前未进行气体浓度检测或检测仪器不符合要求； 5. 超出作业范围用火； 6. 氧、乙炔瓶间距或两瓶距火源安全距离不够； 7. 焊接把线、胶管不符合要求，如：距离过长搭在容器、管线上，老化破皮等； 8. 用火作业后遗留火种	火灾、爆炸	1. 按规定办理用火报告，制定切实可行的防范措施； 2. 用火前安全监护人员根据用火报告措施及平台安全要求逐项落实后再用火； 3. 对检测仪器定期检验，用火前按措施进行气体浓度检测； 4. 氧、乙炔瓶间距不小于5m，两瓶距火源不小于10m； 5. 制定切实可行的防范措施，并监督落实； 6. 用火后检查无火灾隐患后方可离开
平台边缘和甲板下作业	施工场地窄小，操作不便；平台边缘湿滑，无防护栏	淹溺	加强安全监护；系安全带，增设护栏
船舶就位	1. 抛锚时，人员未离开危险区 2. 船舶就位时，施工人员挂系缆绳	1. 物体打击 2. 人身伤害	1. 听从指挥，监督执行安全措施 2. 禁止施工人员挂系缆绳

续表

阶段/活动/区域	安全风险	可能产生的后果	风险消减措施
水下作业	1. 潜水设备使用前未进行安全检查； 2. 潜水员潜水下潜、上浮过快； 3. 探摸时潜水设备出现故障等突发事件，未及时撤离	1. 设备损坏 2. 挤伤、砸伤 3. 减压病	1. 使用前进行安全检查，保留潜水备用设备； 2. 严格按潜水规范操作； 3. 探摸时潜水设备出现故障等及时请求救援，按应急预案进行处置
海底电缆端登平台	1. 滑轮固定不牢、挡板不紧。步缆机操作人员不专心或脱岗；绳扣捆绑不牢； 2. 牵引绳阻力增大时，信号传递不及时； 3. 非操作人员靠近电缆盘或敷缆设备	1. 物体打击 2. 人员伤害 3. 机械伤害	1. 严格检查固定方式，监督执行安全防护措施； 2. 加强劳动纪律教育，施工前进行安全检查； 3. 专人负责，联络信号明确； 4. 分工明确，专人监督检查
电缆敷设	施工人员在船舷边走动，注意力不集中	人员落水	加强安全教育，专人负责检查监督
电缆终端制作、固定	1. 使用电工刀、锯弓时，操作不当； 2. 固定电缆时不按要求使用安全带、救生衣。	1. 人身伤害 2. 落水、淹溺	1. 正确操作，加强监护； 2. 按相关规定执行
电缆检测试验、接线	1. 试验区域不挂警示牌、警戒带； 2. 电缆接线端子加工时接触不牢、固定不紧	1. 触电 2. 设备损坏	1. 悬挂明显标识；专人监督检查； 2. 按相关规定执行
人员设备材料登岸	1. 抬设备时配合不协调； 2. 工具材料乱扔、乱放； 3. 滑轮固定不牢、挡板不紧	1. 人员挤伤、砸伤 2. 物体打击 3. 设施受损	1. 听从指挥； 2. 专人负责，按指定区域堆放； 3. 严格检查固定方式，监督执行安全防护措施

11.12 防腐保温工程

11.12.1 施工流程

施工准备→脚手架搭设→除锈→质量检验→防腐保温→竣工清理

11.12.2 安全风险及消减措施

防腐保温工程活动过程中的安全风险及消减措施见表11－12。

表11－12 防腐保温工程安全风险及消减措施

阶段/活动/区域	安全风险	可能产生的后果	风险消减措施
脚手架搭设	1. 人员无证上岗； 2. 不系安全带； 3. 高处作业平台周边、预留洞口缺乏安全保护	1. 高处坠落 2. 物体打击	1. 脚手架安装拆卸人员持证上岗； 2. 脚手架搭设完后要组织验收； 3. 高处作业平台周边、预留洞口采取安全防护措施

续表

阶段/活动/区域	安全风险	可能产生的后果	风险消减措施
除锈	1. 风沙管绑扎不牢；沙子过筛不细，粗颗粒阻塞管路； 2. 用燃气设施加热时使用不当、泄漏； 3. 枪头指向人员、设备	1. 物体打击 2. 设备损坏 3. 影响健康 4. 人身伤害 5. 火灾	1. 配合作业，统一协调； 2. 操作前要巡回检查一遍后，确保安全方可开工；多次过筛减少粗颗粒；操作前进行检查，正确使用； 3. 除锈时禁止枪头指向人员、设备
防腐保温	1. 未办理工业用火、高处作业、受限空间作业等相关许可证，进行作业； 2. 油漆调配时现场有烟火； 3. 作业人员未正确佩戴防护用具，防腐漆气味散发被人体吸入；高处作业无安全措施； 4. 工业用火、受限空间作业时未按规定进行相关气体浓度检测或检测仪器未经定期检验； 5. 所有人孔、通风口未打开，施工环境通风不好，缺少强制通风	1. 中毒、窒息 2. 高处坠落 3. 物体打击 4. 机械伤害 5. 火灾、爆炸	1. 办理工业用火、高处作业、受限空间作业等许可证并经审批后实施； 2. 防腐作业人员穿戴防护用品； 3. 用于防腐作业的易燃、易爆、有毒材料应分别存放，不应与其他材料混淆放；挥发性的物料应装入密闭的容器存放； 4. 作业场所应保持整洁，作业完后应将残存的易燃、易爆、有毒物质及其他杂物按规定处理； 5. 尽量避免夜间或光线不足时施工；加强灯光照明； 6. 容器内作业加强通风，夏季高温时间作业采取防中暑措施； 7. 工业用火、受限空间作业时按规定进行气体浓度检测合格后方可进行作业，作业时将相关通风口打开，必要时进行强制通风

11.13 电气安装工程

11.13.1 施工流程

施工准备→安装土建预埋件及预留洞→户外构架、立柱、避雷针的拉运及安装→接地安装→户外隔离开关、断路器等设备的就位及安装调试→主变拉运及安装→母线安装→电缆敷设、户外设备导线连接、二次回路接线→电气实验、单体试动及整体联动→竣工清理。

11.13.2 安全风险及消减措施

电气安装工程活动过程中的安全风险及消减措施见表 11－13。

表 11－13 电气安装工程安全风险及消减措施

阶段/活动/区域	安全风险	可能产生的后果	风险消减措施
立杆	1. 构件、立杆、避雷针等拉运未采取必要的保护措施； 2. 电柱起吊时倒杆、倒杆范围内站人； 3. 钢丝绳损坏、绳扣没拴牢；	1. 人员伤害 2. 起重伤害	1. 按规定设置固定等保护措施； 2. 按电力线路施工规程操作； 3. 使用相应钢丝绳，明确吊物负荷，栓牢钢丝绳；

续表

阶段/活动/区域	安全风险	可能产生的后果	风险消减措施
立杆	4. 吊件没有垂直升降，作业者缺少工具袋，材料放置不当； 5. 使用撬杠滚动电杆拴钢丝绳时，下层电杆滑动；手或脚伸到电杆和撬杠下； 6. 摘卸起吊钢丝绳前，杆下的操作人员不离开起吊钢丝绳的落地范围； 7. 回土没填满夯实，电杆不牢固便松开钢丝绳		4. 人员远离倒杆距离，远离钢丝绳落地范围； 5. 回填土填满夯实； 6. 戴好安全帽，劳保齐全
户外隔离开关、断路器等安装调试	1. 滚杠移动设备时，信号不明确，注意力不集中； 2. 滚杠移动设备时滚杠摆放不合理； 3. 登高作业梯子不稳不牢	1. 人员伤害 2. 设备倾倒 3. 高处坠落	1. 统一指挥，信号明确，协调配合，加强监护； 2. 正确摆放滚杠； 3. 梯子放牢，下面人员扶好梯子
主变拉运及安装	1. 吊物捆绑不牢或不平衡进行吊装作业； 2. 钢丝绳捆绑在吊物的棱角处吊装作业	1. 起重伤害 2. 人员伤害 3. 设备损坏	1. 捆绑牢固，吊点找准加衬垫物； 2. 将物品放置吊篮吊斗中
盘柜等设备拉运及安装	1. 机械就位时，易造成盘柜倾倒； 2. 配电盘、柜及内部电器安装不牢固、松动； 3. 配电盘、柜内不设N线和PE线接线端子直接用导线连接，配电箱内导线接头未做处理	1. 碰伤人员 2. 摔坏盘柜	1. 吊点找准，人员扶好； 2. 配电盘、柜安装应牢固，其水平和垂直误差应符合规范要求，配电盘、柜内的电器包括插座应按规定位置紧固在电器安装盘上，并能防尘、防潮； 3. 配电盘、柜的安装盘上应有N线和PE线接线端子板；导线的颜色标志应符合规定要求，导线分支接头不得直接连接或用螺栓连接，必须焊接并包扎好，不得有外露带电部分
母线安装	1. 人工就位时，出现踩空，步调不一致，拼装盘柜时用力不一致信号不明确； 2. 基础钻孔时，手持电钻漏电，没有防护措施	1. 盘柜损坏 2. 触电	1. 专人监护； 2. 加装漏电保护器，电动工具接地，穿戴劳保齐全
电缆敷设、户外设备导线连接、二次回路接线	1. 平直、煨弯母线使用木榔头敲击、易掉头 2. 盘柜顶安装母线，传递方法不当； 3. 紧固母线螺栓，扳手搭不好、易滑脱； 4. 使用电钻未戴绝缘手套，未站在绝缘垫子上，电钻外壳未接地； 5. 施放电缆时转弯内侧站人、信号不明确； 6. 剥切电缆头时刀具不快、刀口向内用力过猛	1. 物体打击 2. 刮伤人 3. 触电事故 4. 带倒线盘伤人 5. 将人带倒挤伤	1. 作业前检查工具； 2. 正确递运； 3. 加强教育、监督； 4. 戴绝缘手套，外壳接地，装漏电保护器； 5. 正确架设电缆盘
电气试验、单体试动及整体联动	1. 设备试运转时电气部分漏电伤人； 2. 操作人员对系统回路开关位置不清楚； 3. 用电设备接地不良	1. 设备损坏 2. 人员受伤 3. 触电	1. 设备按规定接地接零； 2. 熟悉图纸，清楚回路； 3. 送电前认真检查设备； 4. 装设防护圈栏，标明危险区； 5. 使用前检查，设备按规定接地接零

第12章　供用电安全管理

电能具有利用效率高、易于转换成其他形式的能量、传输方便、容易实现自动化等优点。但也有很大的缺点，如果电气设备质量不合格、安装不恰当、使用不合理、维修不及时，尤其是电气工作人员缺乏必要的电气安全知识，不仅会造成电能浪费，而且会发生电气事故，损坏电气设备造成停电停产，造成人身触电伤亡、电气火灾，甚至影响电力系统运行或造成电网大面积停电。只有不断增强安全生产意识，严格执行HSE管理程序，扎实做好安全生产工作，及时发现和消除安全隐患，才能确保安全生产无事故。

12.1　电力系统

12.1.1　电力系统的组成

电力系统是由发电厂、输电网、配电网和电力用户组成的整体，是将一次能源转换成电能并输送和分配到用户的一个统一系统。发电厂将一次能源转换成电能，经过电网将电能输送和分配到电力用户的用电设备，从而完成电能从生产到使用的过程。

12.1.2　电力系统的运行状态

电力系统的运行状态可分为3种：正常状态、紧急状态(事故状态)和恢复状态(事故后状态)。电力生产部门通过对电力设备、设施的巡视、维护、检修等手段以及电力调度的调控手段，使电力系统始终处于正常状态；或通过事故抢修将电力系统从紧急状态尽快地恢复到正常状态，从而保证工业生产和人民生活用电的稳定。图12－1画出了3种运行状态及其相互间的转化关系。

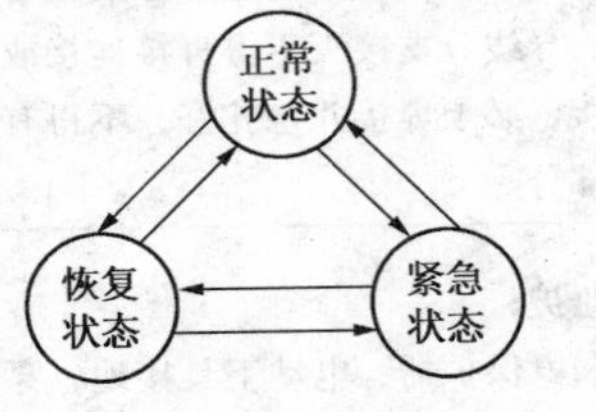

图12－1　电力系统运行状态示意图

12.2　主要电气设备

电气设备是电力系统中发电、输电、变电、配电、用电设备的总称，它包括发电机、变压器及各种高低压开关设备、保护设备、导线、电缆以及各种用电设备。电气设备有多种分类方法，常见的分类方法主要有电压分类法、电能性质分类法、所属电路性质分类法和设备组合分类法等。

12.2.1　高压设备与低压设备

通常把1kV以上的电气设备称为高压设备，而将1kV及以下的电气设备称为低压设备。

12.2.2　交流设备、直流设备和交直流两用设备

按电能性质分类，有交流设备、直流设备和交直流两用设备。

12.2.3 一次设备和二次设备

如按设备所属电路的性质分类，可分为一次设备和二次设备等两类。再将一次设备按功能分类，又可分为发电设备、变换设备、控制设备、保护设备、补偿设备和用电设备等多种类别。

12.2.4 单个设备、成套设备

按设备组合分类，又可分为单个设备、成套设备两种类别。

12.3 电气安全事故

电气事故是与电相关联的事故，包括人身事故和设备事故。人身事故和设备事故都可能导致二次事故，而且二者可能是同时发生的。按照电能的形式，电气事故可分为触电事故、雷击事故、静电事故、电磁辐射事故和电气装置事故。

12.3.1 触电事故

触电事故是由电流及其转换成的其他形式的能量造成的事故，分为电击和电伤。

电击是电流直接作用于人体造成的伤害，分为直接接触电击和间接接触电击。前者是触及正常状态下带电的带电体时发生的电击，也称为正常状态下的电击；后者是触及正常情况下不带电，而在事故状态下意外带电的带电体时发生的电击，也称为故障状态下的电击。

电伤是电流转换成热能、机械能等其他形式的能量作用于人体造成的伤害。电伤分为电弧烧伤、电流灼伤、皮肤金属化、电烙印、机械性操作、电光眼等伤害。

人体触电的方式有很多，常见的有直接触电(包括单相触电、两相触电、人体过分接近高压带电体造成弧光放电)、间接触电(包括接触电压触电和跨步电压触电)、感应电压触电、剩余电荷触电、静电触电等。

12.3.2 雷击事故

雷击事故是由自然界中相对静止的正负电荷形式的能量造成的事故。雷电具有电流大、电压高的特点，一旦击中人或设备，就会造成致命的打击。

12.3.3 静电事故

静电事故是工艺过程中或人体活动中产生的、相对静止的正电荷和负电荷形式的能量造成的事故。静电放电的最大威胁是引起火灾或爆炸事故，也可能造成对人体的伤害。

12.3.4 电磁辐射伤害

电磁辐射伤害是指电磁波形式的能量辐射造成的伤害。在高频电磁场的作用下，人体因吸收辐射能量，各器官会受到不同程度的伤害，从而引起各种疾病。电磁辐射还能造成感应放电和电磁干扰。

12.3.5 电气装置故障及事故

电气装置故障及事故包括异常停电、异常带电、电气设备损坏、电气线路损坏、短路、

断线、接地、电气火灾等。电气装置故障及事故的危害主要体现在电气火灾或爆炸事故、异常带电事故、异常停电事故等，导致人员伤亡和重大财产损失。

12.4 防止人身触电的技术措施

12.4.1 直接触电的防护措施

防止直接触电的防护措施包括绝缘、屏护、障碍、间距、电气隔离、安全电压、漏电保护等。

(1) 绝缘

是指利用绝缘材料对带电体进行封闭和电位隔离。良好的绝缘是保证设备和线路正常工作的必要条件，也是防止触电事故最基本的措施。设备或线路绝缘必须与所采用的电压相符合，必须与周围环境和运行条件相适应。

(2) 屏护

是采用遮栏、护罩、护盖或围栏等把危险的带电体同外界隔离开来，以防止人体触及或接近带电体所引起的触电事故。屏障除能防止无意触及带电体外，还应使人意识到超越屏障或围栏会发生危险，而不会去随意触及带电体，所以屏护装置往往与安全标志、安全色配合使用。屏护装置主要用于电气设备不便于绝缘或绝缘不足以保证安全的场合，对于高压设备，不论是否有绝缘，均应采取屏护或其他防止接近的措施。屏护装置应有足够的尺寸、安装牢固，金属材料制成的屏护装置应可靠接地(或接零)，遮挡出入口的门上应根据需要安装信号装置和联锁装置。

(3) 设置障碍

可防止无意触及或接近带电体，但它不能防止有意识移开、绕过或翻越该障碍触及或接近带电体，所以是一种不完全的防护。

(4) 间距

是指带电体与地面之间、带电体与其他设备和设施之间、带电体与带电体之间必要的安全距离。安全距离的大小决定于电压高低、设备类型、环境条件和安装方式等，还要考虑周围环境的影响，也要符合人—机工程学的要求。表 12－1 列出了设备不停电的安全距离(GB 26860 电力安全工作规程发电厂和变电站电气部分)。

表 12－1 设备不停电的安全距离

电压等级/kV	10 及以下	35	110	220
安全距离/m	0.7	1.0	1.5	3.0

注：表中未列电压按高一挡电压等级的安全距离。

12.4.2 间接触电的防护措施

(1) 保护接地

保护接地是故障情况下可能出现接触电压的电气装置外露可导电部分(如外壳、构架或机座)与独立的接地装置相连接，如图 12－2 所示。保护接地适用于各种不接地电网，包括交流不接地电网(IT 系统、TT 系统)和直流不接地电网，也包括高压不接地电网。在这类电网中，凡由于绝缘破坏或其他原因面可能呈现危险电压的金属部分，除另有规定外，均应接地。

（2）保护接零

保护接零是将电气设备在正常情况下不带电的金属部分与电源零线紧密连接起来。如图12－3所示，在中性点直接接地的三相四线制配电网（TN系统）中，采用保护接零的设备发生碰壳故障时，故障电流经电源相线和零线构成回路，由于回路阻抗很小，使接地故障转换为单相短路故障，短路电流很大，使线路上的保护装置迅速可靠地动作，迅速切断故障设备供电，缩短了接触电压持续时间，从而消除电击的危险。

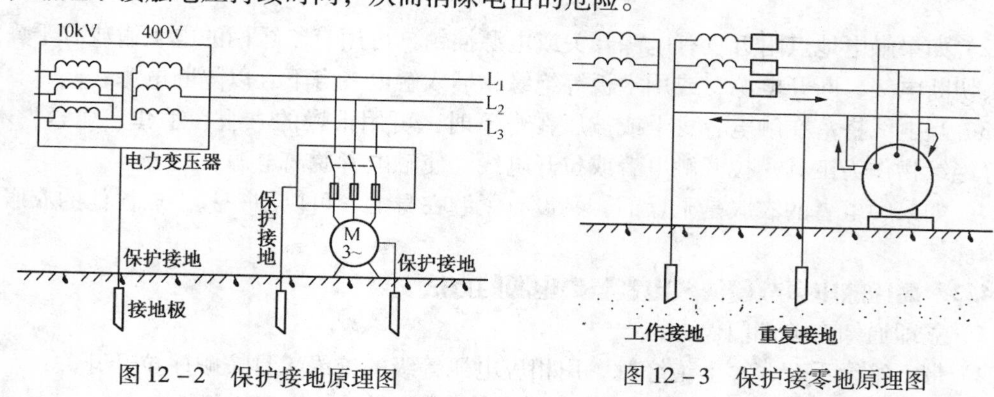

图12－2 保护接地原理图

图12－3 保护接零地原理图

12.4.3 其他电击预防技术

12.4.3.1 双重绝缘

指同时具备工作绝缘（基本绝缘）和保护绝缘（附加绝缘）的绝缘。前者是带电体与不可触及的导体之间的绝缘，是保证设备正常工作和防止电击的基本绝缘；后者是不可触及的导体与可触及的导体之间的绝缘，是当工作绝缘损坏后用于防止电击的绝缘。加强绝缘是指相当于双重绝缘保护程度的单独绝缘结构。具有双重绝缘和加强绝缘的电气设备属于Ⅱ类设备，Ⅱ类设备的铭牌上应有“回”形标志，电源连接线应符合加强绝缘要求。

12.4.3.2 安全电压

是在一定条件下、一定时间内不危及生命安全的电压。具有安全电压的设备属于Ⅲ类设备。《安全电压》（GB 3805）规定工频安全电压有效值的限值为50V，将安全电压额定值（工频有效值）的等级规定为42V、36V、24V、12V和6V。采用安全电压，必须具备以下条件：

（1）安全电压的供电电源要使用隔离变压器，使其输入电路与输出电路实现电路上可靠隔离，或采用独立电源；

（2）隔离变压器的低压侧出线端不准接地；

（3）设备及其附件没有能被人身触及的带电体（低于25V时不要求）；

（4）采用超过24V的安全电压时，必须采取防止直接触及带电体的保护措施。

12.4.3.3 电气隔离

是采用变比为1∶1的隔离变压器实现工作回路与其他电气回路电气上的隔离。隔离变压器二次边必须保持独立，应保证电源电压 $U \leqslant 500V$，线路长度 $L \leqslant 200m$。

12.4.3.4 漏电保护装置

主要用于防止接触电击，也用于防止漏电火灾和监测一相接地故障。漏电保护仅能用作附加保护而不应单独使用。用作防止触电事故时，其动作电流最大不宜超过30mA。

12.4.4 触电急救

触电急救的关键在于能否迅速脱离电源和进行正确的现场触电急救。由于电流作用时间越长，伤害越重，所以首先要使触电者尽快脱离电源。

12.4.4.1 低压触电事故使触电者脱离电源的方法

(1) 如果触电地点附近有电源开关或电源插销，可立即拉开开关或拔出插销，断开电源；

(2) 如果触电地点附近没有电源开关或电源插销，可用有绝缘柄的电工钳或有干燥木柄的斧头切断电线，断开电源，或用木板等绝缘物插入触电者身下，以隔断电源；

(3) 当电线搭落在触电者身上或被压在身下时，可用干燥的衣服、手套、绳索、木板、木棒等绝缘物作为工具，拉开触电者或拉开电线，使触电者脱离电源；

(4) 如果触电者的衣服是干燥的，又没有紧缠在身上，可以用一只手抓住他的衣服，拉离电源。

12.4.4.2 高压触电事故使使触电者脱离电源的方法

(1) 立即通知有关部门停电；

(2) 带上绝缘手套，穿上绝缘靴，用相应电压等级的绝缘工具按顺序拉开开关；

(3) 抛掷裸金属线使线路短路接地，迫使保护装置动作，断开电源。

12.4.4.3 触电急救

触电急救的基本原则是“迅速、就地、准确、坚持”八个字，当触电者脱离电源以后，应判断其伤害程度，根据情况采取不同急救方法(参见 DL/T 692《电力行业紧急救护技术规范》)：

(1) 若触电者神志清醒，应使其就地平躺，暂时不要让触电者站立或走动，以减轻心脏负担，同时注意观察，有必要时请医生诊治，避免发生迟发性假死。

(2) 若触电者神志不清，但呼吸、心跳正常，应抬到附近空气清新的地方，平躺休息，解开衣领以利呼吸，并应立即请医生诊治。如果发现呼吸困难、脉搏变浅或发生痉挛，应准备心跳呼吸停止时的进一步救护。

(3) 如果触电者呼吸停止，但有心跳，应采用人工呼吸法抢救；如果触电者有呼吸无心跳，应采用胸外心脏挤压法进行抢救；如果触电心跳均已停止，则应立即按心肺复苏法就地进行抢救。

在进行现场抢救的同时，还应尽快通知医务人员赶至现场急救，同时做好送往医院的准备工作。

12.5 电气设备安全

12.5.1 电气设备安全的基本要求

要保证电气设备的安全运行，必须满足三个条件：设备质量可靠、合理的运行维护、足够的安全距离。

12.5.1.1 设备质量可靠

电气设备本身质量可靠，安全设施齐全，则耐受外界不利因素冲击的能力就强，当环境突变或人员有失误时，也能有效地避免事故发生，因此设备质量可靠是保证设备安全的先决条件。

12.5.1.2　合理的运行维护

正确地使用和维护电气设备，包括以下几个方面：

（1）使设备工作在额定参数的范围内，避免过电压、过负荷、过热等异常现象，坚持定期巡视和维护，及时发现和排除运行中的不安全因素；

（2）防止误操作，不仅要求配电装置应具备防误操作的闭锁功能，提高设备可靠性，更要求运行人员严格执行操作规程，防止误操作事故；

（3）配备完善的继电保护装置及合理的保护方案；

（4）坚持进行设备技术监督，如对设备绝缘的预防性试验，在线监测，及时发现不安全因素，保证设备安全运行。

12.5.1.3　足够的安全距离

安全距离就是在各种工况条件下，带电导体与附近接地的物体、地面、不同带电导体之间，必须保持最小空气间隙。常见室内外配电装置的安全净距见表 12－2、表 12－3。（表中数据取自 DL/T 5352　高压配电装置设计技术规程）。

表 12－2　室内配电装置最小安全净距

mm

名称 \ 额定电压/kV	1～3	6	10	35	110
带电部分至接地部分	75	100	125	300	850
不同带电部分之间	75	100	125	300	900
带电部分至栅栏	825	850	875	1050	1600
带电部分至网状遮栏	175	200	225	400	950
带电部分至板状遮栏	105	130	155	330	880
无遮栏带电体至地面间	2375	2400	2425	2600	3150
不同时停电检修的无遮栏导体间	1875	1900	1925	2100	2650
穿墙套管至屋外通道路面	4000	4000	4000	4000	5000

表 12－3　室外配电装置最小安全净距

mm

名称 \ 额定电压/kV	1～10	35	110	220
带电部分至接地部分	200	400	900	1800
不同带电部分之间	200	400	1000	2000
带电部分至栅栏	950	1150	1650	2550
带电部分至网状遮栏	300	500	1000	1900
无遮栏带电体至地面间	2700	2900	3400	4300
不同时停电检修的无遮栏导体间	2200	2400	2900	3800

12.5.2　电气设备安全运行

保证设备的安全运行，主要取决于运行技术的科学性、规范性、普遍性和实用性，维护保养主要包括日常的巡视、检查、清扫和预防性试验，并根据运行情况进行周期性的检修和试验。

12.5.2.1　高压电气设备安全运行的条件和基本要求

（1）变配电所及值班室内配备必要的用具和器材，以确保运行维护时使用；

（2）变配电所及值班室内配备必要的备品、备件，以备出现故障时使用；

（3）检修、试验、安装等作业完成后，主管电气技术的负责人应对安装质量、检修质量、试验结果进行检验及审核，并应符合相关标准的要求，断路器、隔离开关、跌落式熔断器、负荷开关等高压电器，在新装或检修后均应做拉合试验、预防性试验、调整试验，合格后方可投入运行使用；

（4）高压配电装置扩建、改建或结线方式变更后，应对其安装质量进行验收，合格后应及时更改变配电所(室)的操作模拟板，使其对应现场的实际状态，所有开关的拉、合状态应与设备的运行状态一致，更改部分必须出示文件，并组织运行人员学习，备忘；

（5）带有出气瓣的充油设备，投入运行前应将胶垫取下，以保证运行过程中畅通；

（6）高压配电装置的设备区域内不得种植高秆及爬蔓类植物，不得堆放易燃、易爆、易腐、易污及有其他危险危害的物品或杂物；

（7）高压配电所(室)应是一个秩序良好、整洁卫生、保卫严密、通信方便、道路畅通的场所，保持六防三通，即防火、防水、防漏、防雨、防盗、防小动物、通风良好、道路畅通、通信正常；

（8）制定并执行管理制度和操作规程，运行中的巡视、检查、维护、保养、检修、试验必须记入运行日志。

12.5.2.2　低压电气设备安全运行的条件和基本要求

（1）定期巡察低压电气的运行情况，定期吹除柜、箱内设备元件上的尘土，紧固所有螺母和螺栓；

（2）低压配电室应设置与实际相符的操作模拟图板和系统接线图，统一编制配电柜的编号，标明负荷名称及容量，并与低压系统操作模拟图板上的编号对应一致；

（3）低压配电装置所控的负荷，必须分路清楚，严禁一闸多控和混淆，重要负荷必须与一般负荷分开，低压控制电器的额定容量应与受控负荷实际需要相匹配，各级保护装置的选择和整定，均应符合动作选择性的要求，母线、导线或电缆的载流量必须满足系统负荷的需要；

（4）低压配电装置的仪表及信号指示灯、报警装置应功能正常、完好齐全，开关的操作手柄、按钮、锁键等操作部件上所标示的“合”、“分”、“运行”、“停止”等字样应与设备的实际运行状态相对应，不得混淆；

（5）装有低压电源自投系统的配电装置，应定期做投切试验，检验其动作的可靠性，两个电源的联络装置处，应有明显的标志，当联锁条件不同时具备的时候，不能投切，严禁改动其二次接线；

（6）低压配电装置与自备发电设备的联锁装置应动作可靠，严禁自动发电设备与电力网私自并联运行；

（7）空气开关、交流接触器以及刀开关的灭弧罩必须三相齐备且完好，灭弧罩内不得存有电弧后的金属珠粒；

（8）严禁在低压配电装置操作维护的通道上堆放其他物品；

（9）低压电器的备品备件应齐全完好，并应分类存放于取用方便的地方，低压配电装置的前后应设置固定的照明装置，重要场所的配电装置应设事故照明；

（10）低压配电装置的安装和试验应符合电气装置安装工程及验收规范的要求。

12.5.2.3 架空电力线路安全运行的条件和基本要求

（1）投入运行的架空线路及其杆塔，每经过一次大雨之后，应对杆塔进行填土夯实，位于河谷、河滩、河岸、沟边易被水冲击的杆塔必须加强防洪措施；

（2）根据防雷接地的要求，对架空线路的防雷接地设施进行巡视检查、调整；

（3）随时掌握架空线路路径区域的污源性质及污秽等级，严格执行周期清扫，贯彻反污技术措施；

（4）树木生长季节，要加强巡视，组织人力修剪树木，保证导线与树木的安全距离；

（5）架空线路在过负荷运行或气温变化较大及气候条件恶劣时，应加强导线弧垂、交叉跨越距离、导线接头的巡视检查；

（6）设立线路保护区，保护区内不得进行有碍运行的生产活动，进行农田水利建设及打桩、钻采、开挖、起重等有碍运行的作业时，必须经电力部门批准，并采取相应的安全防护措施，以防止杆塔倒塌、断线及触电事故发生；

（7）定期组织人员进行巡视、检查、检修线路，并及时消除有碍运行的隐患；

（8）建立每条线路的运行档案，并设专人管理。

12.5.2.4 电力电缆安全运行的条件和基本要求

（1）各种电压等级的电缆线路，应备有一定的余量和备品，以便满足事故的需要，其长度应略大于运行电缆，至少应能满足一次处理事故的用量；

（2）运行中的电缆线路，应根据负荷重要程度和条数、型号、规格，备有一定数量的备用电缆和各种电缆头及其附件；

（3）停止运行48h以上的电缆线路，重新投入运行前，应摇测绝缘电阻，已敷设的备用高压电缆应长期充电，以防受潮并便于及时更换；

（4）电缆线路的正常工作电压，规范规定一般不超过其额定电压的15%；

（5）电缆线芯运行时的最高温度及直埋电缆表面温度，不得超过规范规定的允许值；

（6）正常运行条件下，电缆长期允许负荷须按经济电流密度考虑，紧急事故时，允许短时间过负荷；

（7）电缆在检修、试验或移动过程中可以弯曲，但弯曲半径应符合规范的要求；

（8）直埋电缆的途径应有动土管理制度，任何单位和个人不得从事有碍于电缆安全运行的活动，必须动土时应有批准手续和防护方法；

（9）建立巡视检查、运行维护制度，建立每条电缆的运行档案，并设专人负责。

12.5.3 防爆电气设备

防爆电气设备的类型、级别、组别在外壳上应有明显的标志。有粉尘和纤维爆炸性混合物的场所内，电气设备外壳温度一般不超过125℃。如不能保证这一要求，也必须比混合物自燃点低75℃或低于自燃点的三分之二。工厂用防爆电气设备环境温度为+40℃。电气设备上凡能从外部拆卸的坚固件，如开关箱盖、观察窗、机座、测量孔盖、放油阀或排油螺丝等，均必须有闭锁结构。闭锁结构必须使用螺丝刀等一般工具不能松开或难以松开的坚固装置。进线装置必须有防松和防止拉脱的措施，并有弹性密封垫或其他密封措施。接线盒的电气间隙、漏电距离均应符合要求。接地端子应有接地标志，并保持连接可靠，有防松、防锈措施。

12.5.4 防雷

常用的防雷装置包括避雷针、避雷线、避雷网、避雷带、避雷器等。一套完整的防雷装置包括接闪器、引下线和接地装置。避雷针主要用来保护露天变配电设备、保护建筑物和构筑物；避雷线主要用来保护电力线路；避雷网和避雷带主要用来保护建筑物；雷避器主要用来保护电力设备。根据不同的保护对象，对于直击雷、雷电感应、雷电侵入波均应采用各自相应的防雷措施。

（1）直击雷的防护

第一类工业、第二类工业和第一类民用建筑物、构筑物以及第三类工业和第二类民用建筑物的易受雷击部位均应采取防直击雷措施。此外，有爆炸和火灾危险的露天设备（如露天油罐、露天贮气罐等）、高压架空电力线路、发电厂和变电站等也应采取防直击雷措施。装设避雷针、避雷线、避雷网、避雷带是防护直击雷的主要措施；

（2）感应雷防护

感应雷能产生很高的冲击电压，在电力系统中应与其他过电压同样考虑。在建筑物和构筑物中，主要考虑由反击引起的爆炸和火灾事故。第三类建筑物一般不考虑雷电感应的防护。为了防止静电感应产生的高压，应在建筑物内的金属设备、金属管道、结构钢筋等予以接地，接地装置可以同其他接地装置共用。建筑物的不同屋顶，应采取相应的防止静电感应的措施。为防止静电感应，平行、交叉管道、管道与金属设备或金属结构之间距离小于规定值时，应用金属线跨接；管道接头、弯头等接触不可靠的地方，也应用金属线跨接；其接地装置也可与其他接地装置共用；

（3）雷电侵入波防护

变配电装置对于雷电侵入波的防护主要采用阀型避雷器，对于重要电力用户，可采用直接埋地电缆供电，进户处将电缆的金属外皮接地，其他用户可采用在进户入安装避雷器的方法，为了防止沿架空管道传播的雷电侵入波，应在管道进户处及邻近的100m内，采取1～4处接地措施，可在管道支架处接地。

12.5.5 静电防护

由于静电火花、静电力以及静电场场强的作用，生产过程中产生的静电可造成爆炸和火灾、电击、妨碍生产等形式的危害。消除静电的措施大致可分为三类：

第一类是泄漏法，即采取接地、增湿、加入抗静电添加剂等措施，以加快消除生产工艺过程中产生的静电电荷，防止静电的积累。

第二类是中和法，即采用各种静电中和器，在带静电体附近使空气电离，通过气体导电使已经产生的静电得到中和而消除，避免静电的积累。

第三类是工艺控制法，即在材料选择、工艺设计、设备结构等方面采取措施，控制静电的产生，使之不超过危险程度。

常用的消除静电危害的措施主要有静电接地、增湿、加抗静电添加剂、利用静电中和器及工艺控制等。静电接地是消除静电危害最简单的方法，属于泄漏法。接地主要是消除导体上的静电。单纯为了消除导体上的静电，接地电阻1000Ω即可；但如果是绝缘体上带有静电，为了防止火花放电，宜在绝缘体与大地之间保持$10^6 \sim 10^9 \Omega$的电阻。在有火灾和爆炸危险的场所，为了避免静电火花造成事故，应采取下列措施：

(1) 凡用来加工、存贮、运输各种易燃液体、气体和黏体易燃品的设备、贮存池、贮气罐以及产品输送设备、封闭的运输装置、排注设备、混合器、过滤器、升华器、吸附器等都必须接地。

(2) 厂区及车间的氧气、乙炔等管道必须连接成一个连续的整体，并予以接地；其他所有可能产生静电的管道和设备，特别是局部排风的空气管道，都必须连接成连续的整体并予以接地；非导电管道上的金属接头必须地；可能产生静电的管道两端和每隔200~300m处均应接地；平行管道相距10cm以上时，每隔20m应用连接线连接起来，管道之间和管道与其他金属物件交叉或接近间距小于10cm时，也应相互连接起来。

(3) 注油漏斗、浮动罐顶、工作站台、磅秤称、金属检尺等辅助设备或工具均应接地。

(4) 油槽车应带金属链条，链条的一端与油槽车底端相连，另一端与大地接触；油槽车装卸油之前，应同贮油设备跨接并接地；其他运输设备加油时，也应将其不带电的金属部分互相连接成一个整体，并予以接地；装卸完毕应先拆除油管后拆除跨接线和接地线；

(5) 可能产生和积累静电的固体和粉体作业中，压延机、上光机、各种辊轴、磨、筛、混合器等工艺设备均应接地。

12.5.6 临时发电和应急送电管理

12.5.6.1 临时发电

常见的小型发电机组有汽油发电机、柴油发电机和燃气发电机等。临时发电工作应遵循以下安全管理规定：

(1) 发电机组与建筑物或其他装置间的距离应保持最少1m以上，机组运行时不得在排气口附近放置任何可燃物品；

(2) 发电机组不得在燃气设施(装置)禁区内运行，安全距离应符合相关要求；

(3) 接线操作必须停电进行，发电机组的接线、启动、运转、停止和拆线工作应由两人进行，必须一人监护，一人操作。

12.5.6.2 应急送电管理

重要的用电场所(用户)都应制定突然断电的应急处置预案，安全高效地组织好应急送电工作，将突然断电的损失降低到最小。应急送电工作应严格按流程操作：

(1) 发生突然断电时，应首先断开所有可能授电的进线开关并闭锁，在开关的操作机构把手或操作按钮上悬挂“禁止合闸，有人工作”标示牌；断开各分路开关和各用电设备开关，为送电做好准备；

(2) 查明并消除引起断电的原因，如为上级电网原因，应做好启动临时发电设备的准备，接入临时电源线路，启动临时发电机组；

(3) 合上主电源开关(临时发电机组开关)；

(4) 依次合上各分路开关；

(5) 依次合上各用电设备负荷开关(大型动力设备的启动亦应遵照相关流程操作)。

12.5.7 保证电气安全的组织措施和技术措施

12.5.7.1 保证电气安全的组织措施

在电气设备上工作，保证安全的组织措施包括工作票制度、工作许可制度、工作监护制度、工作间断制度、转移和终结制度。

所谓工作票，就是批准在电气设备上进行工作的凭证和依据，是不同于口头命令或电话命令的书面命令形式。必须依据工作票上所填内容核实保安措施，工作负责人和工作许可人明确安全职责，凭工作票履行工作许可手续。

工作许可制度是指工作许可人在完成施工现场的安全措施后，会同工作负责人到工作现场所作的一系列证明、交代、提醒和签字而准许检修工作开始的过程。

认真执行工作监护制度，可以对工作人员工作过程中的不安全动作、错误做法及时纠正和制止。

工作间断是指工作过程中工作人员从工作现场撤出而停止一段时间工作的情况。根据实际存在，工作间断主要有两种：

（1）当天短时间之内的工作间断，工作间断时间中工作现场的安全措施全部原封不动，工作票不回交值班许可人，工作间断后开工也无需通过许可人；

（2）隔日工作间断，工作间断的时间较长，每日收工清扫现场，开放已封闭通路，将工作票回交值班员收执，次日复工时需取得值班员许可并取回工作票，然后带领工作班人员进入工作地点恢复工作。

工作转移到不同的工作地点时，特别应该注意的是新工作地点的环境条件对工作将产生的影响。工作负责人在每转移到一个新工作地点时，都要向工作人员详细交代带电范围、安全措施和应予注意的其他问题，这是工作转移制度的主要内容。

办理工作终结手续有三个步骤：工作完毕后进行自查整理；作出工作结论和设备现状交接；履行工作终结手续。

12.5.7.2 保证电气安全的技术措施

在电气设备上工作，保证电气安全的技术措施包括：停电、验电、装设接地线、悬挂标示牌和装设遮栏。重点是停电验电和装设接地线，核心是装设接地线。必须将可能送电到作业部位的各方面及作业部位可能产生感应电压的地方都装设好接地线，以防止人身触电事故的发生。

12.5.8 “三三、二五制”

三图：操作系统模拟图、二次接线图、电缆走向图。

三票：运行操作票、检修工作票、临时用电票。

三定：定期检修、定期清扫、定期试验。

五规：指运行规程、检修规程、试验规程、事故处理规程、安全工作规程。

五记录：运行记录、检修记录、试验记录、事故处理记录、设备缺陷记录。

12.5.9 办公及生活用电安全

对办公及生活室用电提出了如下基本要求：

（1）办公及生活电气线路的设计安装必须符合《建筑电气工程施工质量验收规范》（GB 50303）、《民用建筑电气设计规范》（JGJ/T 16）等有关国家或行业标准的要求；

（2）正确使用零线和保护线，正确设置接零或接地保护；

（3）三相五线制、单相三线制电源进户的低压用户，保护地线应随电路送至所有电器的电源处，工作零线和保护零线在进户的线路上进行可靠接地；

（4）三相四线制、单相两线制电源进户的低压用户，保护接零必须重复接地；

（5）必须加装漏电保护器；

（6）用户应了解用电电路的设置，了解简单的电工基础知识；

（7）办公及生活用电器必须按其说明书的要求进行安装及使用，严禁超负荷运行，禁止一只插座上插用多个负荷或随意增大某个回路上的负荷；

（8）多雷地区用电必须有良好的防雷措施。

12.6 电工器具管理

12.6.1 小型电气设备

常用的小型电气设备有单相电气设备、手持式电动工具、携带式电气设备、移动式电气设备等。

12.6.1.1 单相电气设备

为了保证单相电气设备安全运行，必须按其特点在三相低压电网中使用，并根据中性点接地或不接地的运行方式不同，正确选择配电接线方式。单相电气设备安全运行的要求包括：

（1）单相电气设备的接线及使用中都应尽量保持三相负荷的平衡，使中性点的电压偏移和工作零线的电流保持在允许范围以内；

（2）三相四线系统中工作零线的截面积至少为相线截面积的1/3，单相系统的工作零线必须与相线的截面积相同，以保证电流回路的畅通和电源的需要；

（3）单相电气设备必须装设漏电保护装置，加强线路及设备的绝缘并装设其他保护装置，如过负荷、短路、接地保护等；

（4）单相电气设备的供电线路应采用三相五线制或单相三线制，电气设备的金属外壳必须经保护线接零，接零必须可靠；

（5）加强电气设备的管理，电气设备的安装、维修必须由电工进行，非电气人员不得更改接线方式，禁止乱接乱挂，胡修乱拆；

（6）普及安全用电知识，让使用者掌握安全用电技术，保证用电安全；

12.6.1.2 手持式电动工具

手持式电动工具必须按照《手持式电动工具的管理、使用、检查和维修安全技术规程》（GB 3787）、使用说明书、实际使用条件等制定安全操作规程，确保不发生事故。手持式电动工具安全使用的要求包括：

（1）合理选用手持电动工具的类别，一般场所应选Ⅱ类电动工具，潮湿或金属构架上等导电良好的作业场所，必须使用Ⅱ类或Ⅲ类工具，锅炉、金属容器、管道等狭窄且导电良好的场所，应使用Ⅲ类工具，爆炸性气体场所除上述要求外，必须使用防爆型电动工具；

（2）导线、电缆及插座开关必须满足《手持式电动工具的管理、使用、检查和维修安全技术规程》的相关要求；

（3）使用手持电动工具的场所其保护接地的接地电阻必须小于4Ω；

（4）手持电动工具的动力部件，必须按有关标准装设机械防护装置，如防护罩、保护盖等，不得任意拆除或更换，并保持完好；

（5）必须建立安全管理制度及维修检修制度并严格执行，工具应由专人保管，保持手持电动工具的正常使用及运行；

（6）借用归还时必须仔细检查，破损的必须及时报告，经修复后才能借出使用。

12.6.1.3 携带式电气设备

可参与手持电动工具的相关要求进行维护、保养和使用，并根据自身的特点，做到以下几点：

（1）使用前要进行检查和检测，主要项目有外观检查有无破损、接线是否正确、附件是否齐全完好，摇测绝缘电阻是否达到标准要求等；

（2）使用时接线必须正确，使用插头、插座连接的必须符合相关国家标准，电源开关必须一机一闸一保护（设置漏电保护器），单相设备应用双极开关；

（3）必须做好保护接零或接地，且保护线不得单独敷设，必须与电源线采用相同的绝缘防护措施；

（4）木质或其他绝缘材料制成的地板上使用携带式电气设备时，不采用保护接零或接地，使用的单相电源，应在相线和火线上均装设熔断器；

（5）金属容器或构架、潮湿狭窄等导电良好的场所作业时，携带式电器设备应采用安全电压、隔离变压器或双重绝缘的设备，隔离变压器必须是双线圈式，一次、二次和外壳均可靠接零/接地，并设熔断器；

（6）电缆在穿过道路或人多、易受机械伤害的地方须穿保护管并设立明显的标志，防止电缆受伤；

（7）容量较大且操作复杂的携带式电气设备在使用前应由监护人检查线路及现场安装情况，经验收合格后方可使用，使用中应由监护人现场监护，并按操作规程进行。

12.6.1.4 移动式电气设备

可参与手持电动工具的相关要求进行维护、保养和使用，并根据自身的特点，做到以下几点：

（1）使用前要进行检查和检测，主要项目有外观检查有无破损、接线是否正确、附件是否齐全完好，摇测绝缘电阻等电气试验及检查等，均应按固定设备要求进行；

（2）必须按使用说明书的要求接线，并按规定的程序要求操作和使用，任何人不得随意更改或简化，使用中应有人监督；

（3）移动式电气设备应纳入企业电气设备的管理系统，必须设专人保管、维护保养和操作，并建立设备档案，定期检修，详细填写运行日志，记录运行情况；

（4）电源必须符合要求，线路应采用高强铜芯橡皮护套软绝缘电缆，工作零线或保护零线的截面应与相线相同，并有防止电缆受损的措施，一般采用架设或穿钢管保护的方式；

（5）应使用与其配套的控制箱（柜），并与设备一同进行检测、试验，自制的控制箱必须满足设备正常使用和安全的要求；

（6）接地应符合固定电器设备的要求；

（7）固定电源或移动式发电机供电的移动式机械设备，应与供电电源的接地装置有金属的可靠连接，中性点不接地的电网中，可在移动式机械附近装设若干接地体，以代替敷设接地线，并可利用附近的自然接地体接地；

（8）移动式电气设备应有防雨及防雷设施，必要时应设临时工棚，移动时不得手拉电源线，电源线必须有可靠的防护措施；

（9）移动式发电设备，任何时候都不得与电网并网使用；

（10）工作人员必须经过相应的技术培训并取得一定资质，移动式电气设备的使用应与其说明书中使用范围相符，严格区分防爆电气与非防爆电气设备的使用范围。

12.6.2 电气安全用具

常用电气安全用具分为基本安全用具、辅助安全用具和防护安全用具三类，其分类方法和基本用途见表12－4。

表12－4 常用安全用具一览表

类别	基本安全用具	辅助安全用具	防护安全用具		
			个体防护用具	安全技术防护用具	登高作业安全用具
名称	绝缘棒、绝缘夹钳、验电器、高压核相器、钳形电流表等	绝缘手套、绝缘靴、绝缘垫、绝缘台、绝缘绳、绝缘隔板、绝缘罩等	安全帽、护目镜、防护面罩、防护工作服等	携带型接地线、临时遮栏及各种标示牌等	安全带、竹(木)梯、软梯、踩板、脚扣、安全绳、安全网

12.6.2.1 电工安全用具的保管要求

（1）电工安全用具必须放在通风良好的室内保管，且周围不得有污物和腐蚀，不得使其受到操作和污染，电工安全用具应分类保管且地点固定；

（2）电工安全用具须专人保管，建立管理制度，并严格执行，有详尽记录，电工安全用具不得借予外人使用，严禁用其他工具代替安全用具；

（3）电工安全用具使用后交还时，必须严格检查验收，以便及时修理和更换；

（4）安全用具应定期维修保养，及时发现用具的隐患，以便修理或报废；

(5)安全用具应定期校验，主要项目如耐压试验、泄漏电流试验、拉力试验、载荷试验等。

（6）对于绝缘工具的保管，除满足以上要求外，还应注意以下几点：

① 绝缘工具使用后应用不掉纤屑的棉布蘸酒精将其表面擦干净，不得用水或其他清洗剂清洗；

② 绝缘杆应放在专用的木架上，不得靠墙角或在地面上放置以防受潮，绝缘钳有条件的可放在立柜内平置保管；

③ 绝缘手套、绝缘靴、绝缘鞋应放在箱或柜内，绝缘垫、绝缘台、绝缘隔板应放在专用的支架上；

④ 所有绝缘工具不得放在过冷、过热、阳光曝晒和有酸、有减、有油等腐蚀性地方，以防老化，同时应与其他硬、刺、脏、废物严格分开，并严禁重压。

12.6.2.2 绝缘棒

主要用于接通或断开隔离开关、跌落熔断器、装卸携带型接地线以及带电测量和试验等，一般用电木、胶木、环氧玻璃棒或环氧玻璃布管制成。绝缘棒由工作部分、绝缘部分和握手部分构成。根据电压等级的不同，绝缘部分的长度不得小于表12－5中所列的数值(GB 26860电力安全工作规程发电厂和变电站电气部分)，握手部分的长度不应小于表12－6中所列的数值。

表12－5 绝缘杆最小有效绝缘长度

电压等级/kV	10(6)	35	110	220
最小有效绝缘长度/m	0.7	0.9	1.3	2.1

表12-6　绝缘杆握手部分最小长度

电压等级/kV	10(6)	35V	110	220
握手部分最小长度/m	0.3	0.6	0.9	1.1

绝缘棒的使用方法：

（1）应选择电压等级合适而且试验合格的绝缘杆；

（2）使用前，对绝缘杆进行外观检查，其外表应干净、干燥，外观上无裂纹、划痕等外部损伤，若绝缘杆的堵头有破损，应禁止使用；

（3）丝扣要拧紧，节与节之间的连接应牢固可靠，避免在操作中脱落；

（4）使用时操作人员应尽量减少对杆体的弯曲力，以防损坏杆体。人体应与带电设备保持足够的安全距离，注意防止绝缘杆被人体或设备短接，保持有效的绝缘长度；

（5）使用后要及时将杆体表面的污迹擦拭干净，并把各节分解后装入专用的工具袋内或存放在指定专用位置。

12.6.2.3　绝缘手套

绝缘手套是使佩戴者的双手与带电体绝缘，防止触电的个人防护用品。可作为高压电气设备操作的辅助安全用具及低压电气设备操作时的基本安全用具。绝缘手套的使用方法：

（1）进行设备验电，倒闸操作，装拆接地线等工作应戴绝缘手套；

（2）绝缘手套使用前应进行检查。检查检验合格，在有效使用期内，表面无划伤、穿刺、裂痕，无嵌入物，无油污或化学污染；

（3）进行气密性检查，检查是否漏气。具体方法是，将手套从口部向上卷，稍用力将空气压至手掌及指头部分，检查上述部位有无漏气，如有则不能使用；

（4）使用时应将上衣袖口套入手套筒口内，必须双手戴好，使用时注意防止尖锐、带毛刺的物体刺破手套，严禁将绝缘手套包裹在工具上使用；

（5）使用后应将沾在表面的脏污擦净、晾干。

12.6.2.4　绝缘靴

绝缘靴用于电气作业人员的保护，防止在一定电压范围内的触电事故。绝缘靴的使用方法：

（1）绝缘靴使用前应检查：无外伤、无裂纹、无漏洞、无气泡、无毛刺、无划痕等缺陷。如发现有以上缺陷，应立即停止使用并及时更换；

（2）穿绝缘靴时，应将裤腿套入靴筒内，要避免接触尖锐的物体，避免接触高温或腐蚀性物质，防止受到损伤；

（3）雷雨天气或一次系统有接地时，巡视高压设备应穿绝缘靴；

（4）使用后应将沾在表面的脏污擦净、晾干。

第13章　社区安全管理

13.1　社区安全管理概述

社区是由聚集在某一地域内按一定社会制度和社会关系组织起来的，具有共同人口特征的地域生活共同体。也就是说，社区是聚居在一定地域范围内的人们所组成的社会生活共同体。其成员有着共同的兴趣，彼此认识且互相来往，行使社会功能，创造社会规范，形成特有的价值体系和社会福利事业。

油田企业的社区，主要承担着油田职工住宅小区的规划建设、物业四保（环卫、绿化、维修、治保）、卫生服务、学前教育、社区文化、部分市政设施及部分改制企业移交人员的管理服务等职能。

社区服务过程的风险。服务过程存在触电、高处坠落、物体打击、机械伤害、车辆伤害、火灾、爆炸、中毒、淹溺等诸多风险。

13.2　社区危害因素

13.2.1　天然气的特性及危害

天然气从广义上理解，是指以天然气状态存在于自然界的一切气体。在石油地质学中所指的天然气是指与石油有相似产状的、通常以烃类为主的气体，即指油田气、气田气、凝析气和煤层气等，住宅小区主要是家庭生活使用天然气，主要危害是火灾爆炸和中毒。

（1）爆炸。天然气不需要蒸发、熔化等过程，在正常条件下就具备燃烧条件，比液、固体易燃，燃烧速度快，放出热量多，产生的火焰温度高，热辐射强，造成的危害大。天然气的爆炸浓度极限范围宽，爆炸空气重，易扩散积聚，爆炸威力大。引起火灾爆炸的因素主要归纳为静电、碰撞摩擦、动火作业、电气设备开关产生的电火花等等。

（2）中毒。天然气的主要成分是甲烷，它本身是一种无毒可燃的气体。同其他所有燃料一样，天然气的燃烧需要大量氧气。如果居民用户在使用灶具或热水器时不注意通风，室内的氧气就会大量减少，造成天然气的不完全燃烧。不完全燃烧的后果就是产生有毒的一氧化碳，最终可能导致使用者中毒。

13.2.2　硫化氢的特性及危害

住宅小区中的雨污排、污水泵房、检查井、化粪池等受限空间都会产生硫化氢等有毒有害气体，有的甚至含量极高，一旦无防护措施进入含硫化氢作业区域作业，将导致灾难性的悲剧。

H_2S 是一种无色剧毒的可燃气体。低浓度时有臭鸡蛋味，而在高浓度时由于嗅觉迅速麻痹而闻不到其臭味，导致昏迷、呼吸麻痹，甚至突然死亡。因此，嗅觉不能作为鉴定 H_2S 是否存在的依据，必须使用化学试剂或测量仪器来测定 H_2S 的存在及含量。

H_2S 除了会对人体健康产生危害，还会产生火灾或爆炸、造成环境污染等。

13.2.3 二氧化硫的特性及危害

常温下 SO_2为无色有刺激性气味的有毒气体，密度比空气大，易液化，易溶于水，大气主要污染物之一。轻度中毒时，发生流泪、畏光、咳嗽，咽、喉灼痛等；严重中毒可在数小时内发生肺水肿；极高浓度吸入可引起反射性声门痉挛而致窒息。皮肤或眼接触发生炎症或灼伤。长期低浓度接触，可有头痛、头昏、乏力等全身症状以及慢性鼻炎、咽喉炎、支气管炎、嗅觉及味觉减退等。

SO_2的污染具有低浓度、大范围、长期作用的特点，其危害是慢性的和叠加累进性的。大气中的 SO_2对人类健康、建构筑物材料等方面都会造成危害和破坏。SO_2是形成硫酸型酸雨的根源，当它转化为酸性降水时，对人类和环境的危害更加广泛和严重。

13.2.4 一氧化碳的特性及危害

一氧化碳是大气中分布最广和数量最多的污染物，也是燃烧过程中生成的重要污染物之一。大气中的一氧化碳主要来源是内燃机排气，其次是锅炉燃料的燃烧。

一氧化碳中毒，亦称煤气中毒。一氧化碳是无色、无臭、无味的气体，故易于被人忽视而致中毒。一氧化碳中毒的原因是因为一氧化碳进入人体之后会和血液中的血红蛋白结合（血液中的血红蛋白是血液中的一种蛋白质，负责运载人体中所必须的氧，一氧化碳和血红蛋白的结合力强于氧气和血红蛋白的结合力），进而使血红蛋白不能与氧气结合，从而引起机体组织出现缺氧，导致一氧化碳中毒。常见于家庭居室通风差的情况下，煤炉产生的煤气或液化气管道漏气或工业生产煤气中的一氧化碳吸入而致中毒。

13.2.5 农药的特性及危害

按《中国农业百科全书·农药卷》的定义，农药主要是指用来防治危害农林牧业生产的有害生物（害虫、害螨、线虫、病原菌、杂草及鼠类）和调节植物生长的化学药品，但通常也把改善有效成分物理、化学性状的各种助剂包括在内。

农药的的主要危害是中毒和环境污染。

（1）农药中毒。轻者表现为头痛、头昏、恶心、倦怠、腹痛等，重者出现痉挛、呼吸困难、昏迷、大小便失禁，甚至死亡。

（2）环境污染。农药流失到环境中，将造成严重的环境污染，有时甚至造成极其危险的后果。

13.2.6 液化石油气的特性及危害

液化石油气是指经高压或低温液化的石油气，简称“LPG”或“液化气”。其成分是丙烷、正丁烷、异丁烷及少量的乙烷、大于 C_5的有机化合物、不饱和烃等。液化石油气具有易燃易爆性、气化性、受热膨胀性、滞留性、带电性、腐蚀性及窒息性等特点。

液化石油气极易燃，与空气混合能形成爆炸性混合物。遇热源和明火有燃烧爆炸的危险。与氟、氯等接触会发生剧烈的化学反应。其蒸气比空气重，能在较低处扩散到相当远的地方，遇火源会着火回燃。

液化石油气的残液在常压下 C_4很快气化，C_5组分也随之气化，并与周围的空气混合，形成爆炸气体，一遇明火，就会立即燃烧或爆炸。有的居民不了解这一道理，随便将残液倒在地沟里、下水道里、厕所里、路沟里、暖气沟里、脸盆里等。遇明火后均造成了不同程度的燃烧、爆炸事故，有的还损失惨重。因此，钢瓶剩有残液时，用户千万不要自行处理，乱倒残液，要送液化石油气站统一回收和处理。

13.2.7 沼气的特性及危害

沼气，顾名思义就是沼泽里的气体。人们经常看到，在污水沟或粪池里，有气泡冒出来，如果我们划着火柴，可把它点燃，这就是自然界天然发生的沼气。沼气，是各种有机物质，在隔绝空气(还原条件)，并在适宜的温度、湿度下，经过微生物的发酵作用产生的一种可燃烧气体。沼气中含有一定量的硫化氢，是一种剧毒气体。而且沼气比较易燃，与空气混合能形成爆炸性混合物，遇热源和明火有燃烧爆炸的危险。

13.2.8 垃圾的特性及危害

13.2.8.1 生活垃圾

生活垃圾一般可分为四大类：可回收垃圾(废纸、塑料、玻璃、金属和布料)、厨余垃圾(剩菜剩饭、骨头、菜根菜叶、果皮等食品类废物)、有害垃圾(废电池、废日光灯管、废水银温度计、过期药品)和其他垃圾(砖瓦陶瓷、渣土、卫生间废纸、纸巾等难以回收的废弃物)。目前常用的垃圾处理方法主要有综合利用、卫生填埋、焚烧和堆肥。

目前垃圾处理的方法还大多处于传统的堆放填埋方式，占用上万亩土地；并且虫蝇乱飞，污水四溢，臭气熏天，严重地污染环境。

13.2.8.2 医疗垃圾

医疗垃圾是指接触过病人血液、肉体等，而由医院生产出的污染性垃圾。如使用过的棉球、纱布、胶布、废水、一次性医疗器具、术后的废弃品、过期的药品等等。据国家卫生部门的医疗检测报告表明，由于医疗垃圾具有空间污染、急性传染和潜伏性污染等特征，其病毒、病菌的危害性是普通生活垃圾的几十、几百甚至上千倍，如不加强管理、随意丢弃，任其混入生活垃圾、流散到人们生活环境中，就会污染大气、水源、土地以及动植物，造成疾病传播，严重危害人的身心健康。因此，医疗垃圾处理不当，会成为医院感染和社会环境公害源，更严重可成为疾病流行的源头。

13.3 社区生产活动中的安全风险及消减措施

社区生产活动中的安全风险及消减控制措施见表 13－1。

表 13－1 社区生产活动中安全风险控制措施

项目	安全风险	主要生产活动	消减措施
物业服务	火灾爆炸	食堂作业	1. 正确穿戴劳动防护用品； 2. 制订应急措施，加强培训教育； 3. 进入污水泵房等场所必须办理作业证，先进行强排风，检测空间内的易燃气体的浓度，合格后方可作业； 4. 认真执行规章制度和操作规程； 5. 准备好消防设施设备； 6. 使用防爆工具

续表

项目	安全风险	主要生产活动	消减措施
供水	拥挤踩踏	1. 高层建筑作业； 2. 下水道清淤、疏通； 3. 污水泵房作业； 4. 居民用气、用电作业； 5. 加油加气站作业； 6. 金属焊接作业； 7. 大型聚集活动	1. 制订应急措施，加强培训教育； 2. 专人进行安全巡视和疏散引导
	拥挤踩踏 物体打击	幼儿园活动	1. 制订应急措施，加强培训教育； 2. 专人进行安全巡视和疏散引导
		维修作业	1. 正确穿戴劳动防护用品； 2. 认真执行规章制度和操作规程； 3. 制订应急措施，加强培训教育
	物体打击 中毒	电梯维修	1. 正确穿戴劳动防护用品； 2. 认真执行规章制度和操作规程； 3. 制订应急措施，加强培训教育
		食堂作业	1. 正确穿戴劳动防护用品； 2. 制订应急措施，加强培训教育； 3. 进入有毒有害气体作业场所必须办理作业证，检测空间内的有毒气体的浓度，合格后方可作业； 4. 认真执行规章制度和操作规程； 5. 加强培训教育和检查
	中毒 坍塌	1. 医疗污水处理； 2. 居民用气； 3. 喷洒农药； 4. 污水泵房、检查井、化粪池作业	1. 正确穿戴劳动防护用品； 2. 制订应急措施，加强培训教育； 3. 进入有毒有害气体作业场所必须办理作业证，检测空间内的有毒气体的浓度，合格后方可作业； 4. 认真执行规章制度和操作规程； 5. 加强培训教育和检查
		垃圾场无害化填埋	1. 认真执行规章制度和操作规程； 2. 制订应急措施，加强培训教育； 3. 加强检查； 4. 雨天时注意地面情况，做好警示标识
	坍塌 触电	水、电、气、暖地下管线作业	1. 认真执行规章制度和操作规程； 2. 制订应急措施，加强培训教育； 3. 加强检查； 4. 雨天时注意地面情况，做好警示标识
		用电维修	1. 正确穿戴劳动防护用品； 2. 认真执行规章制度和操作规程； 3. 制订应急措施，加强培训教育； 4. 设置用电警示标识
	高处坠落	高处绿化修剪	1. 正确穿戴劳动防护用品； 2. 认真执行规章制度和操作规程； 3. 制订应急措施，加强培训教育； 4. 加强检查

续表

项目	安全风险	主要生产活动	消减措施
供水	高处坠落 病疫传染	1. 居民楼楼顶，外墙施工； 2. 路灯维修； 3. 悬挂条幅，灯笼； 4. 电梯作业； 5. 检查井、雨排井、化粪池井口作业	1. 正确穿戴劳动防护用品； 2. 认真执行规章制度和操作规程； 3. 制订应急措施，加强培训教育； 4. 加强检查
		医疗垃圾和生活垃圾处理	1. 正确穿戴劳动防护用品； 2. 认真执行规章制度和操作规程； 3. 制订应急措施，加强培训教育； 4. 加强检查和员工健康查体
	病疫传染 淹溺	幼儿园活动	1. 正确穿戴劳动防护用品； 2. 认真执行规章制度和操作规程； 3. 制订应急措施，加强培训教育； 4. 加强检查和员工健康查体
		人工湖作业	1. 设立警示标识； 2. 认真执行规章制度和操作规程； 3. 制订应急措施，加强培训教育； 4. 加强检查和巡视
	车辆伤害	垃圾车辆作业	1. 正确穿戴劳动防护用品； 2. 认真执行规章制度和操作规程； 3. 制订应急措施，加强培训教育； 4. 日常检查车辆安全技术状况； 5. 恶劣天气做好安全行车措施； 6. 遵守交通信号或交警指挥
	车辆伤害 硫化氢中毒	公务用车作业	1. 正确穿戴劳动防护用品； 2. 认真执行规章制度和操作规程； 3. 制订应急措施，加强培训教育； 4. 日常检查车辆安全技术状况； 5. 恶劣天气做好安全行车措施； 6. 遵守交通信号或交警指挥
		私家车驾驶	
		治安巡逻	
		生物滤池配水室清洗滤头	1. 正确穿戴劳动防护用品； 2. 办理进入有毒有害工作场所作业证； 3. 办理进入受限空间作业证，进入受限空间先进行强排风； 4. 施工前检测空间内的硫化氢的浓度，合格后方可施工； 5. 制订应急措施，加强培训教育； 6. 认真执行规章制度和操作规程
供热	高空跌落	1. 除油沉砂池清淤； 2. 脱水机房沉淀池清淤； 3. 反冲废水池清理滤料； 4. 提升泵房潜水泵检修； 5. 污水检查井清理打捞堵塞污泥及碎石； 6. 维修污水厂格栅清污机，启闭机、电潜泵等设备； 7. 加氯作业； 8. 除油沉砂池清淤	1. 正确穿戴劳动防护用品，正确使用安全带； 2. 办理进入有毒有害工作场所作业证； 3. 办理进入受限空间作业证； 4. 制订应急措施，加强培训教育； 5. 认真执行规章制度和操作规程

续表

<table>
<tr><th>项目</th><th>安全风险</th><th>主要生产活动</th><th>消减措施</th></tr>
<tr><td rowspan="11">供热</td><td rowspan="2">高空跌落
淹溺</td><td>1. 反冲废水池清理滤料；
2. 提升泵房潜水泵检修；
3. 修泵作业风险；
4. 启闭机操作</td><td>1. 正确穿戴劳动防护用品，正确使用安全带；
2. 办理进入有毒有害工作场所作业证；
3. 办理进入受限空间作业证；
4. 制订应急措施，加强培训教育；
5. 认真执行规章制度和操作规程</td></tr>
<tr><td>生物滤池配水室清洗滤头</td><td>1. 正确穿戴劳动防护用品，正确使用安全带；
2. 办理进入受限空间作业证；
3. 制订应急措施，加强培训教育；
4. 认真执行规章制度和操作规程</td></tr>
<tr><td rowspan="2">淹溺
物体打击</td><td>1. 除油沉砂池清淤；
2. 脱水机房沉淀池清淤；
3. 提升泵房潜水泵检修；
4. 污水检查井清理打捞堵塞污泥及碎石</td><td>1. 正确穿戴劳动防护用品，正确使用安全带；
2. 办理进入受限空间作业证；
3. 制订应急措施，加强培训教育；
4. 认真执行规章制度和操作规程</td></tr>
<tr><td>反冲废水池清理滤料</td><td>1. 正确穿戴劳动防护用品；
2. 办理进入受限空间作业证；
3. 制订应急措施，加强培训教育；
4. 认真执行规章制度和操作规程</td></tr>
<tr><td rowspan="2">物体打击
锅炉爆炸</td><td>1. 提升泵房潜水泵检修；
2. 挖掘机挖掘作业风险；
3. 修泵作业风险</td><td>1. 正确穿戴劳动防护用品；
2. 办理进入受限空间作业证；
3. 制订应急措施，加强培训教育；
4. 认真执行规章制度和操作规程</td></tr>
<tr><td>蒸汽锅炉运行</td><td>1. 加强管理，提高操作人员责任心；
2. 确保锅炉安全附件、报警装置、联锁装置可靠；
3. 严格执行安全操作规程；
4. 制订应急措施，加强培训教育；
5. 加强巡检力度，闲杂人员禁止入内等</td></tr>
<tr><td>粉尘污染</td><td>煤场、灰场及上煤；除尘设施运行</td><td>1. 加强煤场、灰场的管理；
2. 上煤系统采取密闭、隔离或粉尘收集装置；
3. 严禁吹扫方式清扫积尘；
4. 加强除尘器的运行等</td></tr>
<tr><td>噪声污染</td><td>动力设备(风机、循环泵等)运行</td><td>1. 设计、安装施工严格按照规范；
2. 在满足要求时尽量采用低速低噪的设备；
3. 采取合理运行参数调节；
4. 风机间、泵房、换热站内采取隔音措施等</td></tr>
<tr><td>烫伤</td><td>管网运行</td><td>1. 加强运行及维护保养管理；
2. 制订应急措施，加强培训教育；
3. 加强日常的巡回检查，发现问题及时处理</td></tr>
<tr><td>摔伤、砸伤、触电等危害</td><td>供暖设施检维修、改造时</td><td>1. 加强施工现场的三标管理；
2. 小区内检维修、改造时，应设警示、提醒、告知等措施；
3. 制订应急措施，加强培训教育；
4. 在施工现场应设现场安全监督员等</td></tr>
</table>

参 考 文 献

1 国家安全生产监督管理总局政策法规司．安全生产法律法规汇编(2010年版)．北京：中国矿业大学出版社，2010.

2 国家安全生产监督管理总局政策法规司．安全文化知识读本．北京：煤炭工业出版社，2011.

3 栾兴华．化险为夷——企业安全文化建设实务．深圳：海天出版社，2009.

4 徐德蜀，邱成．安全文化通论．北京：化学工业出版社，2004.

5 陈安标，卢万选，肖宗敏等．油田企业领导干部HSE培训教材．北京：中国石化出版社，2009.

6 潘玉存，王礼，常洪宽等．健康安全管理体系．北京：中国石化出版社，2004.

7 吴穹，许开立．安全管理学．北京：煤炭工业出版社，2003.

8 张景林，崔国璋．安全系统工程．北京：煤炭工业出版社，2005.

9 林柏泉．安全学原理．北京：煤炭工业出版社，2006.

10 罗云等．安全经济学导论．北京：经济科学出版社，1993.

11 栗继祖．安全心理学．北京：中国劳动社会保障出版社，2007.

12 宋大成．危险识别与评价．北京：煤炭工业出版社，2008.

13 国家安监总局．安全评价．北京：煤炭工业出版社，2005.

14 罗云，樊运晓，马晓春．风险分析与安全评价．北京：化学工业出版社，2004.

15 罗云，吕海燕，白福利．事故分析预测及事故管理．北京：化学工业出版社，2006.

16 罗云等编著．现代安全管理(第二版)．北京：化学工业出版社，2010.

17 郝志强．油田企业班组安全教育读本．北京：中国石化出版社，2009.

18 刘衍胜．生产经营单位主要负责人安全培训教材．北京：气象出版社，2007.

19 王来忠，史有刚．油田生产安全技术(第二版)．北京：中国石化出版社，2007.

20 杨川东主编．采气工程．北京：石油工业出版社，2001.

21 钟孚勋主编．气藏工程．北京：石油工业出版社，2001.

22 王凯全主编．石油化工安全概论．北京：中国石化出版社，2006.

23 刘衍胜编．生产经营单位安全管理人员安全培训教材．北京：气象出版社，2007.

24 常子恒．石油勘探开发技术．北京：石油工业出版社，2001.

25 董定龙等编．石油石化职业病危害因素识别与防范．北京：石油工业出版社，2007.

26 王玉元等编．安全工程师手册．成都：四川人民出版社，1996.

27 中国石油化工总公司安监局．石油化工安全技术(中级本)．北京：中国石化出版社，1998.

28 国家安全生产监督管理局．危险化学品经营单位安全管理培训教材．北京：气象出版社，2002.

29 全国注册安全工程师执业资格考试辅导教材编审委员会组织编写．安全生产技术．北京：煤炭工业出版社，2004.

30 徐明等编．企业安全生产监督管理．北京：中国石化出版社，2004.

31 中国安全生产协会注册安全工程师工作委员会，中国安全生产科学研究院组织编．安全生产事故案例分析．北京：中国大百科全书出版社，2011.

32 李继志，陈荣振．石油钻采设备及工艺概论．东营：石油大学出版社，1992.

33 陈庭根，管志川主编．钻井工程理论与技术．东营：石油大学出版社，2000.

34 中国石油天然气集团公司HSE指导委员会编．钻井作业HSE风险管理．北京：石油工业出版社，2001.

35 陈清远．钻井工程安全作业全书．合肥：安徽文化音像出版社，2004.

36 龙凤乐．油田生产安全评价．北京：石油工业出版社，2005.

37 袁建强，田华，于乐成等编著．钻井作业人员HSE培训教材．北京：中国石化出版社，2009.

38 郭书昌，刘喜福等编．钻井工程安全手册．北京：石油工业出版社，2009.
39 集团公司井控培训教材编写组编．钻井井控工艺技术．东营：中国石油大学出版社，2008.
40 石兴春．井下作业工程监督手册．北京：中国石化出版社，2008.
41 董国勇，吴苏江，周爱国．井下作业 HSE 风险管理．北京：石油工业出版社，2002.
42 郭云，刘竹文，陈向文等．井下作业人员 HSE 培训教材．北京：中国石化出版社，2009.
43 孙永壮，崔德秀，王维东．井下作业井控与有毒有害气体防护技术．东营：中国石油大学出版社，2007.
44 亢峻星．海洋石油勘探．北京：中国石化出版社，2006.